Statusseminar
im Auftrag des Bundesministeriums für Forschung und Technologie (BMFT)
vom 13. bis 15. Februar 1984 in Bad Neuenahr

Keramische Komponenten für Fahrzeug-Gasturbinen III

Herausgeber:
Projektträgerschaft „Metallurgie, Werkstoffentwicklung, Rückgewinnung" des BMFT bei der DFVLR, Köln
Wissenschaftliche Leitung und Redaktion:
W. Bunk, M. Böhmer, H. Kißler

Springer-Verlag Berlin Heidelberg New York Tokyo 1984

Professor Dr. rer. nat. Wolfgang Bunk
Direktor des Instituts für Werkstoff-Forschung
der Deutschen Forschungs- und Versuchsanstalt für Luft- und Raumfahrt e.V., Köln-Wahn

Dr.-Ing. Manfred Böhmer
Dipl.-Ing. Hermann Kißler
Wissenschaftliche Mitarbeiter am Institut für Werkstoff-Forschung
der Deutschen Forschungs- und Versuchsanstalt für Luft- und Raumfahrt e.V., Köln-Wahn

Mit 339 Abbildungen und 46 Tabellen

CIP-Kurztitelaufnahme der Deutschen Bibliothek
Keramische Komponenten für Fahrzeug-Gasturbinen III: Statusseminar im Auftrag des Bundesministeriums für Forschung und Technologie vom 13.–15. 2. 1984 in Bad Neuenahr / Hrsg.: Projektträgerschaft „Metallurgie, Werkstoffentwicklung, Rückgewinnung" bei der DFVLR, Köln. Wissenschaftliche Leitung und Redaktion: W. Bunk, M. Böhmer, H. Kißler. – Berlin, Heidelberg, New York, Tokyo: Springer 1984.

ISBN-13:978-3-540-13529-6 e-ISBN-13:978-3-642-82299-5
DOI: 10.1007/978-3-642-82299-5

NE: Bunk, Wolfgang (Red.); Deutsche Forschungs- und Versuchsanstalt für Luft- und Raumfahrt ⟨Köln⟩ / Projektträgerschaft „Metallurgie, Werkstoffentwicklung, Rückgewinnung"

2362/3020 – 5 4 3 2 1 0

Inhaltsverzeichnis

V o r w o r t

Von 1974 bis 1983 wurde vom Bundesministerium für Forschung und Technologie (BMFT) in der Keramik- und Kraftfahrzeug-Industrie sowie an verschiedenen Forschungsinstituten das Forschungsprogramm "Keramische Bauteile für Fahrzeug-Gasturbinen" gefördert. Unter dem Gesichtspunkt größer werdender Umweltverschmutzung, teurer werdender Treibstoffe sowie knapper und seltener werdender metallischer Rohstoffe hatte das Projekt zum Ziel, keramische Komponenten für den Einsatz in einer Kleingasturbine zu entwickeln, welche durch Erhöhung der Arbeitstemperaturen verbesserte Wirkungsgrade, vollständige Verbrennung und erschütterungsfreien Lauf gestattet bei gleichzeitiger Einsatzmöglichkeit von alternativen Treibstoffen.

Auf zwei Status-Seminaren im Frühjahr 1978 sowie Herbst 1980 wurden die Zwischenergebnisse der Forschungsvorhaben vorgestellt und in Tagungsbänden veröffentlicht. Der vorliegende dritte Band enthält die Abschlußberichte aller am Progamm beteiligten Forschungsvorhaben, welche auf einem Status-Seminar vom 13. - 15. Februar 1984 in Bad Neuenahr vorgetragen wurden. Auch über die zahlreichen sich während der Förderungs- und Entwicklungszeit abzeichnenden Nebenentwicklungen auf Werkstoff- und Anwendungsseite sowie die Aussichten und Notwendigkeiten weiterer Arbeiten für die Zukunft wird berichtet.

Ausrichtung und Organisation des Seminars lagen im Auftrag des Bundesministeriums für Forschung und Technologie beim Projektträger und Projektbegleiter des Programms, dem Institut für Werkstoff-Forschung der Deutschen Forschungs- und Versuchsanstalt für Luft- und Raumfahrt.

Köln, im März 1984 W. Bunk, M. Böhmer, H. Kißler

ERÖFFNUNG UND BEGRÜßUNG

Wolfhart v. Stackelberg

Bundesministerium für Forschung und Technologie, Bonn

Meine sehr verehrten Damen, meine Herren,

im Auftrag des Bundesministers für Forschung und Technologie, Herrn Dr. Heinz Riesenhuber, begrüße ich Sie hier in Bad Neuenahr zum 3. BMFT-Statusseminar "Keramische Bauteile für Fahrzeug-Gasturbinen". Die Grüße der Bundesregierung gelten hierbei ganz besonders unseren ausländischen Gästen

aus	Belgien
	Brasilien
	Großbritannien
	Italien
	Japan
aus den	Niederlanden
aus	Österreich
	Schweden
aus der	Schweiz
und aus den	USA.

Und diese Aufzählung kann keinen Anspruch auf Vollständigkeit erheben. Über die starke internationale Resonanz freue ich mich um so mehr, als ich hierin eine Art Qualitätsbeweis für die im Rahmen des Programms geleistete Arbeit erkennen möchte.

Ein Jahrzehnt Forschungsarbeit zum Thema "Keramische Bauteile für Fahrzeug-Gasturbinen" liegt hinter uns. Mehr noch als bei den beiden vorangegangenen Statusseminaren ist daher eine kritische Würdigung des Erreichten notwendig. Ferner gilt es, Entscheidungen für den weiteren Weg zu treffen.

Lassen Sie mich meine Eindrücke in wenigen Sätzen zusammenfassen:

1. Der Werkstoff Keramik hat nichts von seiner Faszination eingebüßt. Die Anwendung von keramischen Werkstoffen in Verbrennungskraftmaschinen ist heute auf der ganzen Welt ein Forschungsthema von größtem Interesse, weit mehr noch als vor 10 Jahren.
2. Seit 1974 sind bedeutende Fortschritte in der Handhabung dieses Werkstoffes erzielt worden. Sie werden hier auf diesem Statusseminar bei vielen Vorträgen Ergebnisse erfahren, die Skeptiker vor einem Jahrzehnt nicht für möglich gehalten hätten.
3. Wir sind aber noch weit davon entfernt, daß der Werkstoff Keramik nun aufgrund seiner günstigen Eigenschaften schon auf breiter Front an Stelle konkurrierender Werkstoffe bei Verbrennungskraftmaschinen treten könnte. Ein solcher plötzlicher Durchbruch ist auch für die nähere Zukunft nicht zu erwarten. Nur die Methode der kleinen, sorgfältig überlegten und mühsam durch Forschungsarbeit erkämpften Fortschritte führt hier zum Ziel.
4. Dieses Ziel ist keine Utopie. Der Werkstoff Keramik ist noch lange nicht ausgereizt. Keramische Werkstoffe werden in der gesamten Technik in Zukunft eine immer bedeutendere Rolle spielen. Sie werden unsere technische Welt nachhaltig verändern.

Die Keramik wird daher neben

Hochtemperaturwerkstoffen
Pulvermetallurgie
Verbundwerkstoffen und
Polymeren mit besonderen Eigenschaften

einen der fünf Schwerpunkte im künftigen Programm Materialforschung der Bundesregierung bilden. Das Programm wird Mitte 1984 veröffentlicht werden. Eine nahtlose Fortführung der Keramikforschung ist also sichergestellt. Und auch die im Programm "Keramische Bauteile für Fahrzeug-Gasturbinen" bereits bewährte Zusammenarbeit zwischen Grundlagenforschung und Anwendungstechnik wird in der Form von Verbundprojekten beibehalten werden.

Ich wünsche dieser Veranstaltung einen guten Erfolg, Ihnen allen interessante Einblicke in die geleistete wissenschaftliche Arbeit und fruchtbare Diskussionen, und schließlich wünsche ich Ihnen einen angenehmen Aufenthalt in dieser schönen Stadt.

Die keramische Fahrzeuggasturbine

E. Tiefenbacher

Daimler-Benz Aktiengesellschaft

Die Entwicklung von Fahrzeuggasturbinen begann vor mehr als 30 Jahren. Trotz aller Bemühungen ist es aber bis heute noch nicht gelungen, solche Turbinen, die im Leistungsbereich bis etwa 300 kW liegen, in Serie zu bringen. Über Entwicklungskosten liegen nur von einigen neueren, staatlich geförderten Programmen aus den USA einigermaßen zuverlässige Daten vor (Bild 1). Sonstige Aufwendungen, die weltweit von vielen Firmen erbracht wurden und werden, sind mit Sicherheit um ein Vielfaches höher. Warum arbeitet man trotz der bisher ausgebliebenen Erfolge weiterhin an der Fahrzeuggasturbine ? Eine Antwort auf diese Frage ist im Grunde schon bei den Übersichtsvorträgen der letzten beiden Statusseminare gegeben worden. Im Rahmen der vorliegenden Ausführungen soll nur auf zwei Punkte noch einmal näher eingegangen werden, nämlich auf Verbrauch und Schadstoffemission.

Der Verbrauch eines gasturbinengetriebenen Fahrzeugs muß sich am Verbrauch des mit Kolbenmotor angetriebenen messen. Hierbei darf nicht übersehen werden:

1. Trotz der rund 100jährigen Entwicklungszeit des Kolbenmotors sind immer noch Verbesserungen seines Wirkungsgrades möglich.

2. Zur Einsparung von Kraftstoff werden die Fahrzeuge - vor allem PKW, von denen hier fast ausschließlich die Rede ist - kleiner, leichter und aerodynamisch besser, so daß auch aus diesen Gründen der Kraftstoffverbrauch zurückgeht.

In Bild 2 ist dargestellt, wie sich die Flottenverbräuche der in den USA verkauften Fahrzeuge aufgrund gesetzlicher Vorschriften zwischen 1978 und 1985 verringern müssen. Im gleichen Bild ist auch eine Darstellung der von der deutschen Automobilindustrie gemachten Zusage über eine Verbrauchsverringerung bis zum Jahre 1985 wiedergegeben. Die beiden Kurven können allerdings nicht direkt miteinander verglichen werden, da ganz verschiedene Fahrzyklen zugrunde liegen. Bemerkenswert ist aber, daß in beiden Fällen erhebliche Verbrauchsverringerungen erreicht werden, also ein eindeutiger Trend festzustellen ist, an dem sich auch turbinengetriebene Fahrzeuge orientieren müssen. Hinzu kommt, daß bei den leichteren und aerodynamisch besser durchgebildeten Fahrzeugen die Antriebsleistungen geringer werden können. Dies ist für Turbinen insofern ungünstiger, als bei ihnen mit kleiner werdender Leistung überproportional ansteigende Sekundärverluste auftreten.

Um nun einen grundsätzlichen Vergleich zwischen Kolbenmotor - in diesem Fall dem Ottomotor - und der Gasturbine durchführen zu können, sollen die idealen thermischen Kreisprozesse beider Antriebsmaschinen betrachtet werden. Beim Ottomotor ist der Wirkungsgrad des Idealprozesses im wesentlichen eine Funktion des Verdichtungsverhältnisses ε und des Luft-Kraftstoffverhältnisses λ . Nimmt man für λ 1 und für ε den sehr hohen Wert von 13,5 an, so ergeben sich für den maximalen Wirkungsgrad etwa 50 %. Bei der Gasturbine ist der Wirkungsgrad stark von der maximalen Prozeßtemperatur abhängig. Nimmt man für diese einen Wert von 1350 °C an, so wird der Wirkungsgrad rund 70 %, also bezogen auf den Ottomotor um den Faktor 1,4 besser.

In Bild 3 ist anhand von bei Daimler-Benz untersuchten Fahrzeugturbinen dargestellt, wie die Temperaturen im Laufe der Jahre gesteigert wurden. Zum Vergleich sind auch die entsprechenden theoretischen Ideal-Prozeßwirkungsgrade eingetragen.

Natürlich müßten nun eine Reihe wichtiger weiterer Fragen diskutiert werden. Hierzu gehört unter anderem: wie weit ist der Ottomotor vom Idealwirkungsgrad entfernt; glaubt man, mit der Gasturbine näher an den Idealwirkungsgrad zu kommen, wie steht es mit dem Teillastverhalten, der Beschleunigungsreserve, dem Einfluß der Leistungsgröße. Es müßte ein Vergleich mit dem Dieselmotor, ein Vergleich zwischen Forschungs- und Serienstadium durchgeführt und schließlich auch über Kosten gesprochen werden. Es müßte aber auch auf den weltweit gesehen riesigen Aufwand, der für die Weiterentwicklung des Ottomotors getrieben wird, hingewiesen werden, der unter anderem auch dazu geführt hat, daß er sich dem theoretischen Grenzwert schon relativ weiter genähert hat.

Die Diskussion dieser Fragen würde weit über das eigentliche Thema hinausführen. Festgehalten werden soll: Die Gasturbine hat, sofern sie mit hohen Temperaturen betrieben werden kann, verglichen mit dem Ottomotor ein erhebliches Potential im thermischen Wirkungsgrad, so daß allein schon aus diesem Grund ihre intensive Weiterentwicklung durchaus lohnend ist.

Zur Illustration soll an dieser Stelle auch ein Vergleich des Kraftstoffverbrauchs zwischen einem modernen, sparsamen Fahrzeug, dem Mercedes-Benz 190 E, und einem turbinengetriebenen Fahrzeug gebracht werden, wie es von Ford/Garrett im Rahmen eines der amerikanischen Programme entwickelt wird (Bild 4). Die Werte für das Turbinenfahrzeug sind allerdings gerechnet.

Bezüglich der bei einer Verbrennung entstehenden Schadstoffe hat die Gasturbine im Vergleich zu Kolbenmotoren den Vorteil, daß bei ihr die Verbrennung stationär bzw. mindestens quasistationär erfolgt, daß ein sehr hoher Luftüberschuß vorhanden ist und daß wegen der hohen Vorwärmung infolge des Wärmetauschers die Luft schon Temperaturen um 900 °C hat, bevor die Verbrennung einsetzt.

Soweit heute überschaubar, wird es mit der von Daimler-Benz entwickelten Gasturbine z. B. möglich sein, auch die für Kalifornien ins Auge gefaßten, sehr strengen Abgasbestimmungen zu erfüllen, ohne das ein Katalysator notwendig ist. Ein Problem besteht zur Zeit noch mit dem Kaltstart. Eine weitere Voraussetzung ist, daß die theoretischen Verbrauchswerte auch wirklich erreicht werden. Die Gasturbine wird allerdings bezüglich der Emissionen nicht besser sein als ein Ottomotor mit Katalysator, sie kann aber auf dieses nicht billige und möglicherweise störanfällige Aggregat verzichten.

Anhand einiger Beispiele sollen nun typische Probleme geschildert werden, wie sie bei der Entwicklung keramischer Turbinen auftreten können, Probleme, die neben vielen anderen Ursache dafür sind, daß solche Turbinen noch nicht so rasch in einer Serienproduktion stehen werden.

Wie bekannt, entschloß man sich 1978 bei Daimler-Benz in Verbindung mit dem Projekt "Auto 2000" auch zur Darstellung einer Hochtemperatur-Gasturbine. Dieser Beschluß war ohne Zweifel sehr riskant, da damals kaum Betriebserfahrungen mit keramischen Turbinenrädern vorlagen. Drei Prototypen waren bis dahin erprobt worden, von denen zwei bei den Versuchen zu Bruch gingen, während eines eine Laufzeit von 12 h bei 50 000/min und 1080 °C Gastemperatur auswies. Es war also völlig unsicher, ob es innerhalb des vorgegebenen Zeitrahmens gelingen würde, eine Turbine zum Laufen zu bringen. Aus dieser Situation entstand zwangsweise ein erheblicher Termindruck, der u. a. zur Folge hatte, daß zur Verringerung jedes Risikos Aufbau des Triebwerks und Anordnung im Fahrzeug weitgehend konventionell gehalten wurden.

Bestimmend für die Gesamtanordnung (Bild 5) waren die im wesentlichen vorgegebenen Platzverhältnisse, die unter anderem dazu führten, daß der Wärmetauscher als Einscheiben-Aggregat oberhalb der Turbine zu liegen kam, während die Brennkammer seitlich angeordnet wurde. Die Luft wird von vorne angesaugt, das Abgas wie bei sonstigen Serienfahrzeugen unter dem Fahrzeugboden nach hinten geführt. Das automatische Getriebe ist wie bei Kolbenmotoren auf der Abtriebsseite der Turbine angeflanscht.

Für die Festlegung der Auslegungsdaten einer Gasturbine sind zulässige Turbineneintrittstemperatur und zulässige Umfangsgeschwindigkeit der Turbinenräder wesentliche Parameter. Ausgehend von den 1978 vorgelegenen Erkenntnissen und Erfahrungen mit keramischen Werkstoffen, speziell mit heißgepreßtem Siliziumnitrid, wurde für einen ersten Entwicklungsschritt eine Frischgastemperatur von 1250 °C festgelegt, während in einem zweiten Schritt 1350 °C angestrebt werden sollte. Die Festlegung der Umfangsgeschwindigkeit war besonders schwierig, da nicht bekannt war, welche Festigkeit insbesondere bei höheren Temperaturen im Turbinenrad tatsächlich erreicht werden konnte und wie weit diese durch Oxidationseinflüsse verringert wird. Auch war eine Berücksichtigung der bei der Berechnung hochbeanspruchter Keramikbauteile anzuwendenden statistischen Methoden nicht möglich.

Probleme dieser Art werden aber alle durch die Terminsituation gelöst: Die Turbinenräder wurden nur überschlägig berechnet, wobei zwangsweise die zulässige Beanspruchung konservativ angesetzt werden mußte. Die hieraus sich ergebende Umfangsgeschwindigkeit von 370 m/s an der Schaufelspitze hat allerdings zur Folge, daß der Turbinenwirkungsgrad gegenüber einer optimal ausgelegten Turbine um rund 3 % kleiner ist.

Gaserzeuger- und Arbeitsturbinenrotor sind zusammen mit dem Reduziergetriebe in Bild 6 dargestellt. Beide Turbinenräder sind aus heißgepreßtem Siliziumnitrid hergestellt und mit metallischen Wellen verbunden. Eine genaue Festigkeitsberechnung wird erst jetzt mit Hilfe eines neuentwickelten FE-Verfahrens durchgeführt, nachdem mehrere 100 h Betriebserfahrung mit keramischen Laufrädern vorliegen. Infolge der komplizierten Geometrie insbesondere am Übergang zwischen Turbinenschaufel und Radkörper ergaben sich dabei erhebliche Schwierigkeiten.

Die weitere Auslegung der Gasturbine, insbesondere die Festlegung des Druckverhältnisses, erfolgte nach üblichen Optimierungsverfahren bzw. nach vorliegenden Erfahrungswerten. Theoretische Verbrauchs- und Leistungswerte sind in [1] und [2] angegeben.

Das erste komplette Triebwerk befand sich im April 1981 auf dem Prüfstand. Der Erstlauf erfolgte am 15.5.81 im Beisein des Bundesministers für Forschung und Technologie.

Im weiteren Verlauf der Entwicklung traten neben den spezifischen Gasturbinenproblemen, wie Startschwierigkeiten, ungleichmäßige Strömungs- und Temperaturverteilungen, zu hohe Leckagen usw., vor allem zwei gravierende Probleme auf, die unmittelbar durch die Verwendung von Keramik bedingt waren. Das erste war das völlig unerwartete Auftreten von schweren Schaufelschäden, wie in Bild 7 dargestellt. Eine Erklärung für diese Erscheinung war zunächst nicht möglich, sie führte jedoch zu einer Krise, da wieder grundsätzliche Zweifel an der Eignung von Keramik speziell für das Turbinenlaufrad laut wurden.

Sehr sorgfältige Untersuchungen der Bruchausgangsstellen ergaben schließlich folgendes: Zunächst konnte nur eine Schaufel abgebrochen sein; diese mußte in einer Art Domino-Effekt die Zerstörung aller weiteren herbeigeführt haben. Die Betrachtung der primären Bruchausgangsstelle zeigte weiterhin, daß hier Rückstände des für die Gehäuse-Isolation verwendeten Materials vorhanden waren. Damit war die Schadensursache erkannt: aus der Isolation ausgebrochene Stücke beschädigten eine Schaufel, die Bruchstücke dieser Schaufel zerstörten alle übrigen. Die Abhilfe bestand darin, die Isolation sehr viel sorgfältiger auszubilden und vor allem Anrisse und an Kanten bereits angebrochene Stücke auszubessern. Seitdem diese Maßnahmen durchgeführt worden waren, konnten über 100 Stunden Laufzeit an Triebwerken gefahren werden, ohne daß ein derartiger Schaden nochmals auftrat.

Das zweite Problem betraf die Arbeitsturbine. Schon relativ früh war durch die während der Fertigung durchgeführten sehr eingehenden Prüfungen festgestellt worden, daß Festigkeit und Weibull-Wert viel ungünstiger waren als beim Gaserzeugerrad (Bild 8). Diese Erscheinung hatte zur Folge, daß die Ausschußquote bei Arbeitsturbinenrohlingen relativ hoch war. Eine beabsichtigte Vergrößerung des Außendurchmessers der Turbinenräder, um zu höheren Umfangsgeschwindigkeiten und damit besseren Wirkungsgraden zu kommen, erschien aufgrund dieses Größeneinflusses zu riskant und wurde deshalb nicht ausgeführt. Am nachhaltigsten wurde das Turbinenprogramm aber dadurch gestört, daß Risse und Abplatzungen, die seither nur sehr selten im Gefolge einer Glühbehandlung von 24 Stunden Dauer bei 1000 °C auftraten, plötzlich an allen Arbeitsturbinenrohlingen zu beobachten waren (Bild 9). Eine Wiederholung der Glühung brachte eine Verstärkung der Rißbildung, teilweise fertigbearbeitete Radkörper, die bei einer ersten Glühung keine Schädigungen aufwiesen, zeigten nach einer Wiederholungsglühung ebenfalls Risse. Das Schlimmste war, daß fertig bearbeitete Turbinenräder nach einer nochmaligen Glühung dieselbe Schädigung zeigten (Bild 10).

In einem Fall trat eine derartige Schädigung erst im Betrieb in der Turbine ein und führte schon nach einer sehr geringen Laufstundenzahl und bei einer sehr mäßigen Betriebsbeanspruchung, nämlich bei einer Drehzahl von 10 000/min und einer Temperatur von ca. 950 °C zum Bruch mit erheblichen Folgeschäden (Bild 11). Dies war im übrigen der erste Schaden eines Rades in der Turbine, der auf einen Materialfehler zurückgeführt werden konnte.

Der erwähnten, anfänglich sehr selten aufgetretenen Rißbildung war zunächst keine weitere Bedeutung zugemessen worden, da an den kleineren Gaserzeugerrädern bei gleichem Glühprozeß eine derartige Erscheinung nicht beobachtet worden war und sie später im Betrieb ohne Schaden viel höheren Temperaturen bei Laufzeiten bis ca. 100 Stunden ausgesetzt worden waren.

Das Problem der Rißbildung bei den Arbeitsturbinenrädern ist zur Zeit noch nicht geklärt, im Grunde handelt es sich dabei um Fragen der Pulverzusammensetzung und der Heißpreßbedingungen. Äußerst unangenehm waren und sind die Auswirkungen auf das Turbinenprogramm: zunächst mußten sämtliche vorhandenen Rohlinge und Räder nochmals überprüft werden. Das negative Ergebnis dieser Prüfung bedeutete, daß der erhebliche Aufwand, der für die Weiterverarbeitung der Rohlinge erbracht wurde, zum großen Teil vergeblich war; der in der Turbine aufgrund des Bruchs aufgetretene Folgeschaden war erheblich, und schließlich ist noch gar nicht abzusehen, bis wann der eigentliche Schaden erkannt und beseitigt ist.

Natürlich müssen nun in stärkerem Maße, als es bisher der Fall war, andere Firmen in die Produktion entsprechender Rohlinge eingeschaltet werden. Auch dies bedingt einen erheblichen zusätzlichen Aufwand hinsichtlich Abwicklung von Bestellungen, Lagerhaltung, Erstellung von Spezifikationen, Festlegung sowie Durchführung von Prüfungen.

Bis wann wieder einsatzfähige Turbinenräder zur Verfügung stehen, ist noch gar nicht absehbar. Als Konsequenz dessen laufen zur Zeit Triebwerke mit Arbeitsturbinenrädern, von denen bekannt ist, daß sie vorgeschädigt sind.

Es soll noch ein weiterer Problemkreis angesprochen werden, nämlich die Isolation. Eine Gasturbine besitzt keinen Kühlwasserkreislauf. Die sich an der Oberfläche einstellende Temperatur hängt wesentlich von der Güte der zur Anwendung kommenden Isolation ab. Ohne auf Einzelheiten einzugehen, soll nur gesagt werden, daß handelsübliche Isolationsmaterialien für eine Hochtemperaturturbine weder von der Wärmeleitzahl, noch von der mechanischen Festigkeit, noch von der Erosionsbeständigkeit den zu stellenden Anforderungen genügen.

Dieses Beispiel - die Wärmeisolation - soll hier nur exemplarisch als eine Art Routineproblem dastehen, wie es noch eine ganze Reihe bei keramischen Hochtemperaturturbinen gibt. Hier handelt es sich einfach darum, erhöhte Anforderungen durch gezielte Weiterentwicklungen zu erfüllen.

Das zweite Beispiel - die Schäden an der Arbeitsturbine - hatte gezeigt, wie ein Werkstoff, nämlich Siliziumnitrid, bzw. ein Fertigungsverfahren, nämlich Heißpressen, plötzlich versagen, wenn der Durchmesser einer Scheibe von 120 auf 150 mm und die Dicke von 30 auf 36 mm erhöht werden. Es kann zwar angenommen werden, daß speziell dieses Problem durch weitere Verfahrensentwicklung gelöst werden kann, es ist aber nicht in diesem Umfang und vor allem in dieser Tragweite erwartet worden.

Das erste Beispiel - die Schaufelschäden - sollte zeigen, wie ein bisher praktisch problemlos verwendetes Bauelement - die aus keramischem Fasermaterial bestehende Isolation - plötzlich ein prinzipielles Problem, nämlich die Haltbarkeit keramischer Turbinenschaufeln, aufwerfen kann. Zu bedenken ist dabei, daß die Schaufeln aus heißgepreßtem Siliziumnitrid, also der an sich besten Keramik, bestanden.

Im Prinzip kann über andere, in der Turbine verwendete Keramikbauteile analoges gesagt werden: Die entscheidenden Probleme treten erst in der Maschine auf. Es bereitet schon große Schwierigkeiten, ein kompliziertes Bauteil wie ein Leitgitter oder ein Turbinenrad herzustellen; es ist ein erheblicher Entwicklungsaufwand notwendig, um mit einem solchen Bauteil an einem Komponentenprüfstand brauchbare Ergebnisse zu erhalten; es ist aber noch sehr viel schwieriger, gute Ergebnisse auch in einer Maschine zu bekommen, wo beispielsweise ein Leitgitter nicht mehr in keramische Watte eingepackt werden kann, weil es Kräfte übertragen muß und vor allem dicht mit den umgebenden Teilen verbunden werden muß, und wo letzten Endes auch nach Verbrauch und Leistung gefragt wird. Wenn über Erfolge bei Komponentenversuchen geredet wird, ist allergrößte Skepsis am Platze !

Wie steht es nun um die Zukunft der Fahrzeuggasturbine ? Die weltweit laufenden Entwicklungen sind als ein starkes Stimulans anzusehen, die noch zu bewältigenden Probleme sind aber immens. Wer wagt es, Aussagen über Kosten, Zuverlässigkeit und Lebensdauer höchstbeanspruchter Bauteile aus keramischen Werkstoffen zu machen, wo man heute weder die Herstellungsverfahren für eine wirtschaftliche Produktion kennt, in manchen Fällen ja noch nicht einmal in der Lage ist, ein brauchbares Funktionsmuster herzustellen ! Ein Erfolg erscheint nur möglich unter aktiver Teilnahme einer starken keramischen Industrie, die auch bereit ist, hohe Risiken einzugehen. In dieser Beziehung muß man in der Bundesrepublik aber große Sorgen haben und mit Neid nach Japan blicken oder nach USA, wo z. B. für eines der beiden AGT-Programme bei zwei Keramikfirmen nur zur Entwicklung und Verbesserung des Herstellungsverfahrens jeweils 1000 Turbinenrotoren hergestellt wurden bzw. werden.

Angesichts all dieser Umstände erscheint es reichlich naiv, wenn gelegentlich gesagt wird: Das Problem der Fahrzeuggasturbine ist an sich gelöst, man braucht nur noch die heißen Teile aus einem anderen Werkstoff zu machen.

Für die Weiterentwicklung keramischer Werkstoffe hat die Gasturbine aber entscheidende Anstöße gegeben. Ihre eigene Zukunft ist aber noch unsicher, sicher dagegen ist die Zukunft keramischer Werkstoffe.

Schrifttum

[1] Strackerjan, B. Rahmenbedingungen für den Automobilbau der Zukunft und ihre Auswirkungen auf den Mercedes-Benz Forschungs-Personenwagen "Auto 2000" ATZ 82 (1980) 2, Seite 69 - 74

[2] Strackerjan, B. Der Mercedes-Benz Forschungspersonenwagen "Auto 2000" ATZ 83 (1981) 9, Seite 395 - 401

Firma	Zeitraum	Entwicklungsaufgabe	Zuschüsse aus öffentlichen Mitteln in Mio Dollar *)
Ford	1971 - 1978	Keramische Einwellenturbine	20
Verschiedene	1975 - 1982	Studien, Werkstoffe, Komponenten	13
Detroit-Diesel (GM)	1978 - 1982	Keramifizierung einer Nutzfahrzeugturbine	43
Garrett/Ford	1979 - 1985	Keram. Einwellenturbine	53
Detroit-Diesel (GM)	1979 - 1985	Keram. Zweiwellenturbine	59

*)Eigene Aufwendungen der Firmen sind nicht enthalten

Bild 1: Amerikanische Programme zur Entwicklung von Keramik-Turbinen

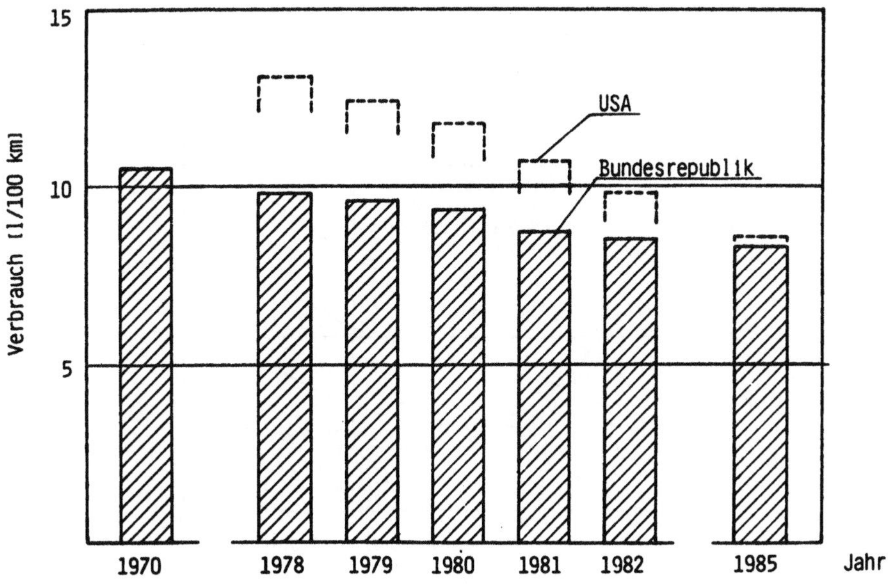

Bild 2: Flottenverbrauch
Bundesrepublik Deutschland (nach DIN 70 030 Teil 1, 1/3 Gewichtung)
USA (Fuel Economy-Werte)

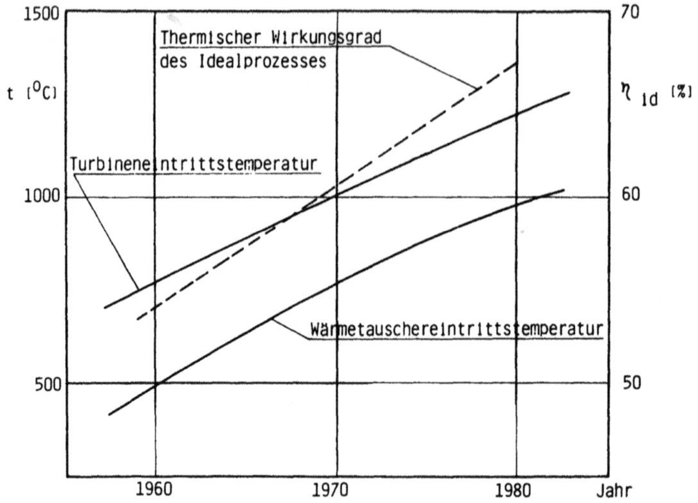

Bild 3: Temperaturen und Prozesswirkungsgrade von bei Daimler-Benz untersuchten Fahrzeuggasturbinen

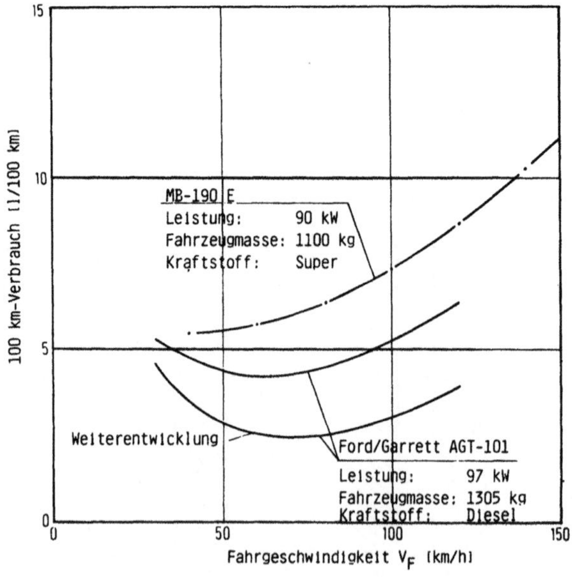

Bild 4: Kraftstoffverbrauch Mercedes-Benz 190 E (gemessen) im Vergleich zum gerechneten Verbrauch eines mit der AGT 101 angetriebenen Fahrzeugs

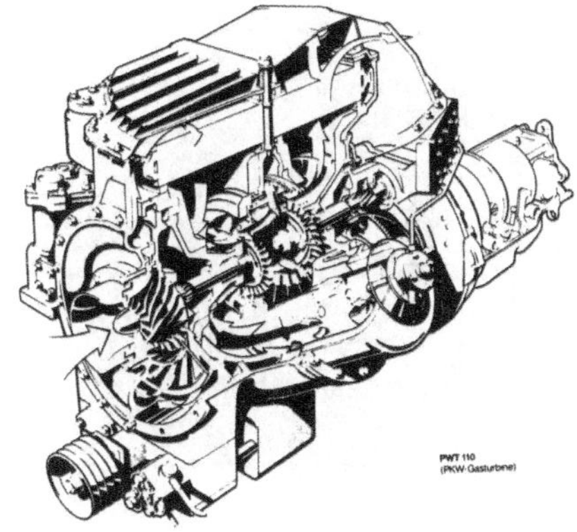

Bild 5: Mercedes-Benz-Gasturbine

Bild 6: Gaserzeuger, Arbeitsturbine und Reduziergetriebe

Bild 7: Beschädigtes Turbinenrad

Turbinenradtyp	Jahr	Volumen des zylindr. Rohlings [cm^3]	Volumen des Turbinenrades [cm^3]	Biegefestigkeit (BMFT-Probengrösse) [N/mm^2]	Weibullwert m [-]
1. Turbinenrad	1976	524	129	567	4,9
Gaserzeugerturbine	1980	300	96	773	16,2
Arbeitsturbine	1980	552	157	539	5,7

Bild 8: Biegefestigkeit und Weibullwert bei verschiedenen Bauteilgrössen

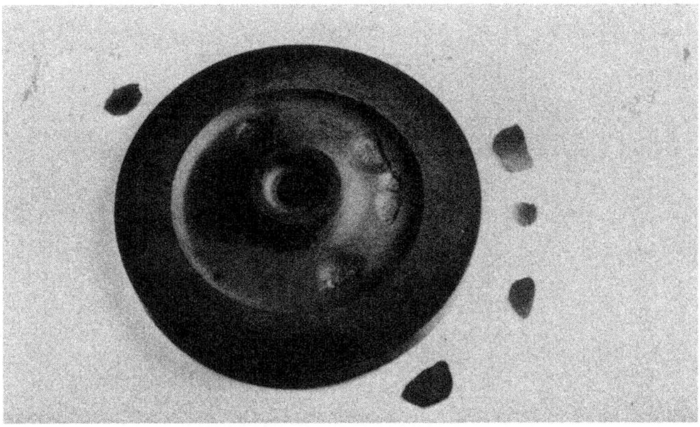

Bild 9: Beschädigungen an einem Arbeitsturbinenradrohling nach Glühbehandlung (Material NH 206)

Bild 10: Arbeitsturbinenrad aus NH 206 mit Rissen nach Glühung an Luft

Bild 11: Im Betrieb zerstörtes Arbeitsturbinenrad aus NH 206

Bericht der Projektträgerschaft über das Förderungsprogramm "Keramische Bauteile für Fahrzeug-Gasturbinen"

M. Böhmer

DFVLR Deutsche Forschungs- und Versuchsanstalt
für Luft- und Raumfahrt e.V.
- Institut für Werkstoff-Forschung -
Köln-Porz

Die Entwicklung der keramischen Gasturbine im heutigen Maßstab wurde in den Vereinigten Staaten im Jahre 1971 mit der Förderung durch die DARPA bei den Firmen Ford und Westinghouse initiiert. Selbstverständlich gab es auch in früheren Jahren, beispielsweise in Großbritannien und Deutschland, bereits Arbeiten zur Entwicklung von Gasturbinen als Fahrzeugantrieb; alle diese Arbeiten mußten jedoch aus prinzipiellen Überlegungen bzw. wegen technischer Unzulänglichkeiten der verwendeten Werkstoffe wieder eingestellt werden. Nach den intensiven Arbeiten vor allem bei der Firma Ford in USA wurde auch in der Bundesrepublik in den Jahren 1973 und 74 ein entsprechendes Programm diskutiert und Ende 1974 begonnen. In der damaligen Zeit, vor allem ausgelöst durch die erste Ölkrise, wurden eine Reihe alternativer Fahrzeug-Antriebe diskutiert und entwickelt. Über die Vorteile einer keramischen Gasturbine als Kraftfahrzeug-Antrieb soll hier nicht noch einmal im Detail gesprochen werden, da bereits im Beitrag von Herrn Tiefenbacher darauf eingegangen worden ist.

Die beiden ersten Bilder sollen nur noch einmal die Argumente, welche für eine keramische Gasturbine sprechen, zusammenstellen. Bild 1 listet die Vorteile eines solchen Antriebs auf unter den Gesichtspunkten der Rohstoffeinsparung, der Umweltbelastung sowie der Energieeinsparung, während Bild 2 die Entscheidungskriterien bei der Bewilligung des Förderprogramms "Keramische Bauteile für Fahrzeug-Gasturbinen" des Bundesministeriums für Forschung und Technologie (BMFT) darstellt.

Andere alternative Fahrzeug-Antriebe, welche in verschiedenen Ländern in Angriff genommen wurden, sind der Stirling-Motor, der Elektromotor sowie verbesserte Kolbenmotoren. Zu Beginn der Förderung ist häufig gefragt worden, warum gerade die Gasturbine und nur die Gasturbine in unserem Land gefördert und entwickelt wurde. Eines der Argumente für diese Entscheidung sind sicher die finanziellen Möglichkeiten gewesen, welche nur zur Verfügung gestanden haben und welche es unzweckmäßig erscheinen ließen, mehrere Konzepte gleichzeitig zu verfolgen. Für die Entwicklung der Gasturbine als Fahrzeug-Antrieb sprach weiterhin, daß dieses sehr ehrgeizige Ziel der Realisierung eines Fahrzeug-Antriebs aus keramischen Werkstoffen das am meisten risikobehaftete Projekt der vorgeschlagenen Konzepte für alternative Fahrzeug-Antriebe gewesen ist und auch heute noch ist. Das Status-Seminar wird sicher im Lauf der nächsten 3 Tage die Schwierigkeiten bei der Werkstoff- und Komponenten-Entwicklung aufzeigen, zum anderen wird zu erkennen sein, daß aus dieser sehr stark risikobehafteten Entwicklung wegen der intensiven Forschung auf breitem Gebiet eine Reihe von "Spin offs" und "Abfallprodukten" werkstofflicher Art und vor allem auf der Anwendungsseite entstanden sind. Dies war und ist Ziel einer Förderung, welche durch ein Werkstoffreferat des BMFT erfolgt.

So wurde in den ersten Jahren unserer Förderung nur die keramische Gasturbine gefördert. Erst zu einem späteren Zeitpunkt, als in anderen Ländern, wie USA, Japan usw., auch keramische Bauteile für Otto- und Dieselmotoren in den Vordergrund des Interesses rückten, wurde parallel zu dem hier vorgestellten Programm das Programm "KEBOD" ("Keramische Bauteile für Otto- und Dieselmotor") initiiert. Nachdem die Werkstoffe im Jahre 1979/80 einen gewissen Entwicklungsstand erreicht hatten, wurde dieses rein anwendungsorientierte Programm unter Beteiligung einer Werkstofffirma und drei Anwenderfirmen in einem Nachbarreferat des BMFT gefördert.

Bild 3 zeigt den bereits erwähnten Überblick über die finanziellen Inhalte des Programms "Keramische Bauteile für Fahrzeug-Gasturbinen". Aus diesem Bild gehen die während der gesamten Laufzeit aufgewendeten Mittel hervor, wobei natürlich betont werden muß, daß von den einzelnen Industriefirmen teilweise erheblich höhere Mittel aufgewendet wurden. Das Bild zeigt, daß etwa 97 Mio DM für die Entwicklung der keramischen Komponenten aufgewendet wurden, wovon ca. 53 Mio DM als Fördermittel vom BMFT zugeschossen wurden. Die Industrie beteiligte sich mit ca. 44 Mio DM der dort aufgewendeten Gesamtmittel in Höhe von ca. 88 Mio DM, da die Förderquote für dieses Forschungsvorhaben 50 % betrug. Universitäten und Institute, 100 %-ig gefördert, erhielten ca. 9 Mio DM. Aus der unteren Aufteilung geht die Verteilung der Mittel auf die verschiedenen Industrien hervor. Der größere Anteil für den Werkstoff Siliciumnitrid gegenüber Siliciumcarbid ist darauf zurückzuführen, daß die SiC-Entwicklung erst zu einem späteren Zeitpunkt des Programms einsetzte.

Bild 4 zeigt den entsprechenden Überblick über die Mittelverteilung während der letzten Phase des Programms von 1980 bis 1983 bzw. seit dem letzten Status-Seminar. Es zeigt ferner, daß während der letzten 3 Jahre der Anteil der Gasturbinen-Industrie gegenüber den Keramik-Aktivitäten im Verhältnis zu den durchschnittlichen Zahlen über 9 Jahre (Bild 3) gestiegen ist, was auf die wachsenden Prüfstands- und Komponentenkosten mit forschreitender Entwicklung zurückzuführen ist.

Im Gegensatz zu den bekannten derzeit laufenden amerikanischen Programmen AGT 100 (Detroit-Diesel-Allison) und AGT 101 (Ford-Garrett), welche sich in ihrem Aufbau als "Primecontractors" mit "Subcontractors" an die vorherigen Programme bei Ford und Westinghouse angeschlossen hatten, wurde in unserem Programm von vornherein der Weg gewählt, alle am Programm beteiligten Firmen als direkte Zuwendungsempfänger aufzunehmen. Durch die bewußte Beteiligung von konkurrierenden Firmen sowie Einbeziehung mehrerer Gasturbinenfirmen war unseres Erachtens eine effektive Nutzung der zur Verfügung stehenden Mittel gewährleistet. Dazu trug selbstverständlich auch bei, und das sollte nicht verschwiegen werden, daß die Industriefirmen durch ihre Eigenbeteiligung von 50 % ein straffes Arbeitsprogramm einhielten.

In Bild 5 werden die Entwicklungsziele der am Programm beteiligten Gasturbinenfirmen vorgestellt. Die einzelnen Beiträge dieser Firmen während des Status-Seminars werden mehr ins Detail gehen, dieses Bild soll die Abgrenzung der einzelnen Arbeiten gegeneinander erläutern. Das Volkswagenwerk hat als Entwicklungsziel eine Gasturbine für einen Mittelklasse-Pkw, welcher einen Hybridrotor, d.h. einen Rotor mit in eine metallische Scheibe eingesetzten keramischen Schaufeln, für die temperaturmäßig niedriger beanspruchte Arbeitsturbine und einen rein keramischen, monolithischen, Rotor für die Kompressorturbine vorsieht. Die Firma Daimler-Benz entwickelt eine Gasturbine für einen großen Pkw mit einer Leistung von ca. 150 kW mit monolithischen Rotoren aus heißgepreßtem Siliciumnitrid für beide Stufen. Die Turbine der Firma MTU ist als reine Lkw-Gasturbine ausgelegt, welche man glaubt,wegen der geringeren Temperaturbelastung, mit einem Hybridrotor konstruieren zu können.

Die Entwicklungsziele der einzelnen am Programm beteiligten Keramikfirmen sollen hier nicht aufgezählt werden, da diese im einzelnen in den verschiedenen Vorträgen vorgestellt werden. Vielmehr soll die bereits genannte Verknüpfung der einzelnen Firmen in einer Matrix dargestellt werden. Aus Bild 6 geht hervor, daß für jedes Bauteil jeweils Keramikfirmen mit Konstrukteuren zusammenarbeiten. Für das besonders risikobehaftete Projekt des Rotors haben alle drei Gasturbinenfirmen, wie aus Bild 5 bereits hervorging, Aufgaben übernommen. Die letzte Spalte zeigt den Rekuperator, ein Konzept, welches im Gegensatz zu den amerikanischen Programmen von Anfang an verfolgt wurde. Der Rekuperator ist gegenüber dem Regenerator aus ingenieurmäßigen Gründen vorteilhaft, bietet jedoch von der Werkstoffseite eine große Anzahl von Problemen. Obwohl wesentliche Fortschritte in den letzten Jahren hinsichtlich der Rekuperator-Entwicklung erzielt worden sind, konnte die Tauglichkeit dieses Bauteils für die Kraftfahrzeug-Anwendung bis zum Ende des Programms noch nicht nachgewiesen werden.

Neben diesen Firmen wurden eine Reihe von Forschungsinstituten in das Programm einbezogen, welche in erster Linie grundsätzliche Werkstoff-Fragen bearbeiteten sowie Prüfaufgaben für die entwickelten Werkstoffe übernahmen.

Bild 7 zeigt im Zusammenhang die Entwicklungsziele, welche bis zum Ende des Programms im vergangenen Jahr erreicht werden sollten. Inwieweit diese Ziele erreicht werden konnten, werden die einzelnen

Beiträge, vor allem die der Gasturbinenfirmen, zeigen.

Abschließend noch ein kurzer Hinweis auf ein Implementing Agreement, welches etwa in der Mitte der gesamten Laufzeit des Programms unter dem Dach der IEA, der Internationalen Energie Agentur in Paris, zwischen dem Department of Energy der Vereinigten Staaten und der DFVLR im Auftrag des BMFT abgeschlossen wurde. Diese Vereinbarung verfolgt vier Ziele (Bild 8):

- Technischer Informationsaustausch: Dieser Punkt beinhaltet in erster Linie den Austausch der Zwischen- und Schlußberichte der am Programm beteiligten Firmen und Institute, jedoch auch gemeinsame Veranstaltung von Tagungen und Kolloquien und die Ermöglichung des gegenseitigen Besuchs und der Besichtigung von Firmen und Forschungsinstituten.
- Eigenschaftsuntersuchungen an keramischen Werkstoffen: Neben der Untersuchung von ausgetauschten keramischen Werkstoffen soll damit zusammenhängend der Versuch der Vereinheitlichung von Prüfmethoden unternommen werden.
- Methoden der Lebensdauervorhersage: Die Lebensdauervorhersage als einer der wesentlichen Punkte der Konstruktion und Auslegung von keramischen Bauteilen wurde intensiv durch Austausch von Vorhersagemethoden und Prüfstandsergebnissen von Bauteilen untersucht.
- Zerstörungsfreie Prüfung keramischer Werkstoffe: Die wichtigste Prüfmethode für den Einsatz keramischer Bauteile in hochbeanspruchten Maschinen ist die zerstörungsfreie Prüfung. Daher lag von Anfang an ein Hauptaugenmerk auf der Entwicklung von Prüfverfahren bzw. deren Anwendung für komplizierte keramische Bauteile. Die Zusammenarbeit auf diesem Sektor zwischen entsprechenden Instituten in den Vereinigten Staaten und Deutschland kann als sehr erfolgreich bezeichnet werden.

Sicher hat diese intensive Zusammenarbeit zwischen beiden Ländern der weiteren Entwicklung der Werkstoffe und Bauteile für die Anwendung in der Gasturbine wesentliche Ideen und Anstöße gebeben.

Wenn dieses Status-Seminar auch primär den Zweck verfolgt, Geldgeber und Öffentlichkeit über den erreichten Stand eines 10-jährigen Forschungsprojekts zu unterrichten, so ist doch zu hoffen, daß bei dieser Gelegenheit auch weitere nationale und internationale Kontakte geknüpft und gepflegt werden können, welche letztendlich eine Beschleunigung oder Vereinfachung der Bemühungen zur Realisierung einer keramischen Fahrzeug-Gasturbine sowie hochbeanspruchter Bauteile im Maschinenbau allgemein bewirken sollen.

In diesem Sinne wünscht die Projektträgerschaft und Projektbegleitung allen Teilnehmern der Tagung sowie allen am Programm beteiligten Firmen viel Erfolg.

VORTEILE EINER KERAMISCHEN GASTURBINE GEGENÜBER METALLISCHEN KOLBENMOTOREN

ROHSTOFFE

- Einsparung seltener, teurer oder strategisch wichtiger Rohstoffe

UMWELTBELASTUNG

- keine Zusätze im Treibstoff (z.B. Blei)
- USA-Grenzwerte für Schadstoffemission werden unterboten
- Erschütterungsfreiheit, da rotierende Arbeitsweise
- geringere Geräuschbelästigung als Diesel-Motor

ENERGIE

- Kraftstoff-Verbrauch niedriger als Otto-Motor, vergleichbar Diesel-Motor
- höhere Leistung bei gleichem Volumen und niedrigerem Gewicht
- Vielstoff-Fähigkeit
  - 70 % des Rohöls kann genutzt werden (Diesel-Motor 50 %, Otto-Motor 20 %)
  - Verwendung alternativer Treibstoffe (Methanol, Äthanol, Wasserstoff, Kohlenstaub usw.) ohne wesentliche Umbauten möglich.

Bild 1

BMFT-FÖRDERPROGRAMM

"KERAMISCHE BAUTEILE FÜR FAHRZEUG-GASTURBINEN"

ZIELE	- ANWENDUNG NICHTSTRATEGISCHER WERKSTOFFE
	- VERWENDUNG VARIABLER BRENNSTOFFE
	- UMWELTFREUNDLICHKEIT
	- HÖHERE LEISTUNG UND KLEINERES GEWICHT BEI GLEICHEM BAUVOLUMEN
LÖSUNGSMÖGLICHKEIT	ARBEITSTEMPERATUR 1350 °C
WEG	- NEUE WERKSTOFFE
	- SILIZIUMNITRID Si_3N_4
	- SILIZIUMKARBID SiC
	- NEUE VERFAHRENSTECHNIKEN
	- NEUE KONSTRUKTION

Bild 2
Entscheidungskriterien bei der Aufstellung des Förderprogramms "Keramische Bauteile für Fahrzeug-Gasturbinen"

	FÖRDERSUMME	GESAMTMITTEL
INDUSTRIE	43.791	87.582
UNIVERSITÄTEN UND INSTITUTE	9.351	9.351
G E S A M T	53.142	96.933

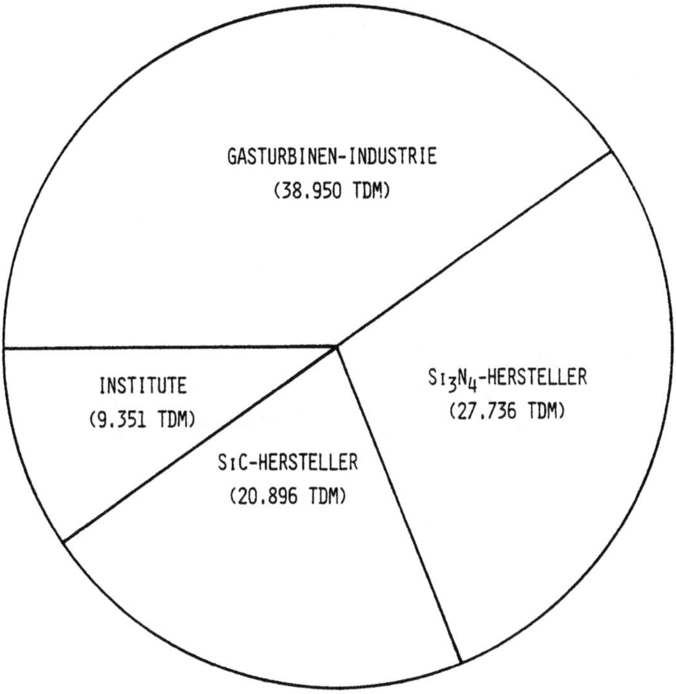

AUFTEILUNG DER INSGESAMT AUFGEWENDETEN MITTEL

Bild 3
Mittelverbrauch während der gesamten Laufzeit (1974-1983) im Programm "Keramische Bauteile für Fahrzeug-Gasturbinen" in TDM

	FÖRDERSUMME	GESAMTMITTEL
INDUSTRIE	14.569	29.138
UNIVERSITÄTEN UND INSTITUTE	4.146	4.146
G E S A M T	18.715	33.284

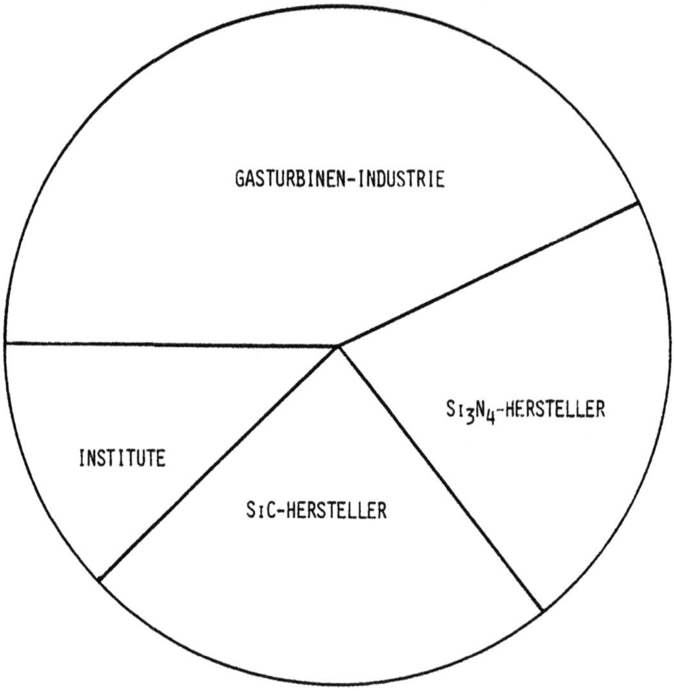

AUFTEILUNG DER GESAMTMITTEL

Bild 4

Mittelverbrauch in der letzten Phase (1980-1983) im Programm "Keramische Bauteile für Fahrzeug-Gasturbinen" in TDM

ENTWICKLUNGSZIELE DER AM PROJEKT BETEILIGTEN GASTURBINEN-FIRMEN

FIRMA	TRIEBWERKS-LEISTUNG	ENTWICKELTE BAUTEILE	ROTORKONZEPT
VOLKSWAGEN-WERK	100 kW	- ROTOR - STATOR - (BRENNKAMMER)	- HYBRIDROTOR - MONOLITH. RBSN-ROTOR
DAIMLER-BENZ	150 kW	- ROTOR - EINLAUFSPIRALE - REKUPERATOR	MONOLITH. HPSN-ROTOR
M T U	300 kW	- ROTOR - STATOR - BRENNKAMMER	HYBRIDROTOR

Bild 5

AUFGABEN DER FIRMEN

	BRENNKAMMER	EINLAUFSPIRALE/ LEITAPPARAT	EINZELSCHAUFELN/ ROTORKRANZ/ROTOR	REKUPERATOR
WERKSTOFF	ANNAWERK ROSENTHAL SIGRI	ANNAWERK ROSENTHAL SIGRI	ANNAWERK E S K FELDMÜHLE	ROSENTHAL
KONSTRUKTION	M T U V W	M T U V W	D B M T U V W	D B

Bild 6

Zusammenarbeit zwischen Keramik- und Gasturbinen-Industrie im Programm "Keramische Bauteile für Fahrzeug-Gasturbinen"

ENTWICKLUNGSZIELE BIS 1983

PROJEKT "KERAMISCHE BAUTEILE FÜR FAHRZEUG-GASTURBINEN"

1. STATISCHE BAUTEILE (BRENNKAMMER, EINLAUFSPIRALE, NASENKONUS, LEITAPPARAT, TURBINENRING)

   HERSTELLUNG VON ORIGINAL-BAUTEILEN AUS VERSCHIEDENEN WERKSTOFFEN UND 200 H-ERPROBUNG IM SIMULIERTEN FAHRZYKLUS BEI EINER MAXIMALEN BRENNKAMMERAUSTRITTSTEMPERATUR VON 1625 K UND EINEM BRENNKAMMEREINTRITTSDRUCK VON 5 BAR.

2. WÄRMETAUSCHER

   HERSTELLUNG DES Si_3N_4-REKUPERATORS MIT EINER WANDSTÄRKE VON 0,2 MM, EINEM DRUCKVERHÄLTNIS VON 5, EINER ZULÄSSIGEN LECKRATE VON 0,5 % UND EINER MAXIMALEN TEMPERATUR VON 1475 K (WT-EINTRITTSTEMPERATUR), ERPROBUNG IM 10 H-TEST.

3. ROTOR

   - METALL-KERAMIK-RAD (PKW + LKW)
     200 H-LAUF IM FAHRZYKLUS
     (TURBINENEINTRITTSTEMPERATUR 1525 K)
   - VOLLKERAMIK-RAD (PKW)
     50 H-LAUF IM FAHRZYKLUS
     (TURBINENEINTRITTSTEMPERATUR 1625 K).

Bild 7

IEA -IMPLEMENTING AGREEMENT

FOR A PROGRAMME OF RESEARCH
AND DEVELOPMENT ON HIGH TEMPERATURE
MATERIALS FOR AUTOMOTIVE ENGINES

ANNEX I:

CERAMIC FOR AUTOMOTIVE GAS TURBINE ENGINES

- SUBTASK 1: TECHNICAL INFORMATION EXCHANGE
- SUBTASK 2: INVESTIGATION OF CERAMIC MATERIALS' PROPERTIES
- SUBTASK 3: EXCHANGE OF LIFE ESTIMATE TECHNIQUES AND RESULTS FOR CRITICAL COMPONENTS
- SUBTASK 4: NONDESTRUCTIVE EVALUATION OF CERAMIC MATERIALS

Bild 8
IEA-Vertrag über die Zusammenarbeit mit entsprechenden Förderprogrammen in den USA

SINTERVERHALTEN VON SILICIUMNITRID-PULVERN

H. Hausner, R. Peitzsch

Technische Universität Berlin

G. Wötting

DFVLR, Köln

Übersicht:

Der Einfluß der chemischen und physikalischen Charakteristik von Siliciumnitridpulvern, die sich in ihren Herstellungsverfahren unterscheiden, auf deren Sinterkinetik und die erzielbaren Sinterdichten wird untersucht.

1. Einleitung

Siliciumnitrid läßt sich, wie auch Siliciumcarbid, als Material mit überwiegend kovalenter Bindung nicht ohne zusätzliche Maßnahmen sintern. Der Selbstdiffusionskoeffizient von Stickstoff in α-und ß-Si_3N_4, der als der geschwindigkeitsbestimmende Faktor angesehen werden kann, liegt im Temperaturbereich von 1500-1700°C nur bei 10^{-17} bis 10^{-19} cm^2/sec. (1). Oberflächendiffusion und Verdampfungs- Kondensationsvorgänge, die mit niedriger Aktivierungsenergie ablaufen, bewirken nur eine Kornvergröberung, jedoch keine Verdichtung. Weiterhin befinden sich bei nichtoxidischen Stoffen in den meisten Fällen thermodynamisch stabile Oxidschichten auf den Pulverteilchen, die den Sintervorgang in negativer Weise beeinflussen. Im Gegensatz zum Siliciumcarbid kommt beim Sintern von Siliciumnitrid noch erschwerend hinzu, daß man bei den erforderlichen Sintertemperaturen in den Zersetzungsbereich des Nitrids kommt; der Dissoziationsdruck von N_2 erreicht bei ca. 1900°C 1 bar.

Um eine Sinterung zu erreichen, muß man daher von Pulvern im Submikronbereich ausgehen, Sinteradditive zusetzen und durch zusätzliche verfahrenstechnische Schritte günstige Sinterbedingungen schaffen.

In der vorliegenden Arbeit wird die Charakteristik unterschiedlicher Siliciumnitridpulver in ihrer Auswirkung auf deren Sinterverhalten untersucht.

2. Literatur

In der Literatur sind eine Vielzahl von Sinterzusätzen beschrieben, z.B. MgO (2), Y_2O_3 (3), CeO_2 (4) und ZrO_2 (5). In vielen Fällen werden auch Mischungen verschiedener Oxide verwendet, wie MgO + BeO (6), Y_2O_3 + MgO (7) oder Y_2O_3 + Al_2O_3 (8). Nichtoxidische Additive wurden vorgeschlagen, um die durch die Oxide hervorgerufene Glasphasenbildung an den Korngrenzen, die eine Verschlechterung der Hochtemperatureigenschaften bewirkt, zu eliminieren oder zumindest deren Konzentration zu senken. In diesem Zusammenhang wurden Sinterhilfsmittel wie Be_3N_2 + Mg_3N_2 (9), $BeSiN_2$ (10) oder Zr + AIN (11) verwendet. Das Sintern von Sialon-Systemen wird in (12) beschrieben.

Im allgemeinen wird unter Stickstoff bei Temperaturen zwischen 1700 und 2100°C gesintert. Die Proben können in eine Pulverschüttung eingebettet werden, welche aus Siliciumnitrid, Bornitrid und dem entsprechenden Additiv besteht. Auf diese Weise wird die Ausbildung der Gleichgewichtsdrücke der verschiedenen gasförmigen Verbindungen in der Nähe der Probe erleichtert. Durch Anwendung eines erhöhten Stickstoffdrucks kann die Zersetzung des Siliciumnitrids zurückgedrängt werden (13), wobei auch hier dafür gesorgt werden muß, daß ein Verlust von Silicium in Form von Si-Dampf oder gasförmigen Siliciumverbindungen im System vermieden wird (14,15). Die von verschiedenen Autoren angegebenen N_2-Drucke liegen zwischen 2 und 80 bar Kürzlich wurde über eine Zweistufensinterung unter Stickstoffdruck berichtet, bei der ein relativ niedriger Stickstoffdruck bis zur Eliminierung der gesamten offenen Porosität und erst anschließend ein höherer Stickstoffdruck angewandt wird, wodurch die Sinterdichte bis zu 99 % th.D. gesteigert werden kann (16). Eine weitere Prozeßvariante, die der Vollständigkeit halber erwähnt werden soll, ist das Nachsintern von reaktionsgebundenem Siliciumnitrid (RBSN). Hier wird das Sinteradditiv dem Siliciumpulver schon vor dem Nitridieren zugesetzt oder das RBSN mit einer das Additiv in gelöster Form enthaltenden Flüssigkeit imprägniert und dann bei hohen Temperaturen die vollständige Verdichtung erreicht. Falls der Dampfdruck des Additivs genügend groß ist, ist es auch möglich, dieses ins Pulverbett einzubringen und

RBSN in einer solchen Pulverschüttung nachzusintern(17,18).

Die Sintermechanismen und die sie begleitenden Umwandlungsvorgänge wurden kürzlich in (19) diskutiert. Es besteht generell Übereinstimmung, daß die Verdichtung in Siliciumnitrid durch Flüssigphasensintern erfolgt. Durch eine Reaktion der Sinterzusätze mit auf der Pulveroberfläche vorhandenem SiO_2 bzw. mit dem Siliciumnitrid selbst wird eine flüssige Oxynitridphase gebildet, aus der sich ß-Si_3N_4 ausscheidet. Auch für den Fall der nichtoxidischen Zusätze kann jedoch nicht ausgeschlossen werden, daß die Gegenwart von Sauerstoff für die Erzielung hoher Sinterdichten notwendig ist.

3. Experimentelles

In Tabelle 1 sind verschiedene Synthesemöglichkeiten zur Herstellung von Siliciumnitrid zusammengestellt. Neben der Herstellung aus metallischem Silicium und Stickstoff oder aus Quarzsand, Kohle und Stickstoff, besteht die Möglichkeit, Siliciumnitrid durch Reaktion von $SiCl_4$ mit NH_3 in der flüssigen Phase über das Imid oder aber durch Reaktion der beiden Komponenten in der Gasphase herzustellen. Der Schwerpunkt der hier diskutierten Untersuchung lag auf Pulvern, die durch Nitridierung von metallischem Silicium gewonnen und durch eine Attritormahlung auf eine Korngröße im Submikronbereich gebracht worden waren. In Bild 1 ist der Aufbereitungs-und Herstellungsgang der Proben gezeigt. Falls die Pulver bereits eine genügende Feinheit hatten, z.B. bei Gasphasen - oder bei industriell aufbereiteten Pulvern, konnte auf die Attritormahlung verzichtet werden. Es wurde dann nur eine Mischung mit den Sinterzusätzen in mit RBSN ausgekleideten Mahlbehältern durchgeführt. Falls die Sinteradditive in Säure löslich sind, kann natürlich auch bei einer Attritormahlung mit anschließender Säurebehandlung die Mischung von Pulver und Additiv nur nachträglich vorgenommen werden. Die Mahl- bzw. Mischsuspensionen wurden unter Durchmischung mit einem Magnetrührer eingedampft, granuliert und zu Prüfkörpern von 10 mm Durchmesser und 5 mm Höhe verpreßt. Für die Anfertigung größerer gesinterter Platten mit ca. 45 mm Kantenlänge und 5-8 mm Dicke wurde der Versatz sprühgetrocknet. Die Proben wurden zur Zersetzung der zugegebenen Preßhilfsmittel bei 550°C 1 h an Luft geglüht und anschließend unter verschiedenen Bedingungen gesintert (20). Zur Untersuchung der Sinterkinetik wurde ein Hochtemperaturdilatometer (Bild 2) entwickelt, das es gestattet, das Schwindungsverhalten der Prüfkörper bis zu einem Stickstoffdruck von 50 bar bei Temperaturen von max. 2300°C zu untersuchen (21,22).

4. Ergebnisse und Diskussionen

4.1 Pulvercharakteristik und Sinterdichte

In Tabelle 2 und Bild 3 ist die Charakteristik von vier Siliciumnitridpulvern gezeigt, die nach verschiedenen Verfahren hergestellt wurden. Mit einem Zusatz von 2 Gew.% MgO wurde nach einer Sinterung von 10 min bei 2000°C unter einem Stickstoffdruck von 50 bar beim Pulver A eine Sinterdichte von 3.07 g/cm^3 (96.5 % th.D.), beim Pulver B 2.37 g/cm^3, beim Pulver C 2.38 g/cm^3 und beim Pulver D 2.52 g/cm^3 erzielt. Aus den lichtmikroskopischen Aufnahmen der Anschliffe (Bild 4) gehen die relativen Unterschiede in den Sinterdichten gut hervor. Da durch eine unterschiedliche Korngrößenverteilung und Kornmorphologie die Gründichten, die natürlich die erzielbaren Sinterdichten beeinflußt, in den Preßlingen stark schwanken, wurde zur Beschreibung der Sinteraktivität, der Ausdruck $\rho_S - \rho_G / \rho_T - \rho_S$ verwendet, wobei ρ_G, ρ_S und ρ_T jeweils die Grün-, die Sinter- und die theor. Dichte bedeuten. Aus Tab. 2 geht hervor, daß die Sinteraktivitäten in der Reihenfolge A,D,C,B abnehmen. Pulver A hat die größte spez. Oberfläche und auch den höchsten Sauerstoffgehalt, was auf die Schmelzphasenkonzentration einen entscheidenden Einfluß hat und damit auch die hohe Sinteraktivität erklärt (23). Pulver B, das wie A durch Nitridierung von metallischem Silicium hergestellt wird, besteht zu einem hohen Anteil aus ß-Si_3N_4, hat allerdings eine geringe Oberfläche und einen vergleichsweise niedrigen Sauerstoffgehalt. Die niedrige Sinteraktivität wird durch die beiden letzten Faktoren und nicht durch den hohen ß-Anteil bedingt, da durch Aufmahlung im Attritor zu 18 m^2/g, was gleichzeitig zu einem Anstieg des Sauerstoffgehalts auf 1.6 Gew.% führt, eine Steigerung der Sinterdichte auf 2.9 g/cm^3 (Sinteraktivität = 3.5) erreicht wird. Das Pulver C weist neben einer geringen Oberfläche einen hohen Kohlenstoffgehalt auf, der mit dem Sauerstoff unter Bildung von CO und SiO reagieren kann, wodurch die Konzentration an flüssiger Phase stark herabgesetzt wird. In Vergleichsversuchen wurde das Pulver A mit Kohlenstoff versetzt, was einen spontanen Abfall der Sinterdichte trotz gleichbleibender spez. Oberfläche nach sich zog. Dies beweist, daß der sinterhemmende Faktor beim Pulver C der hohe Kohlenstoffanteil ist und unterstreicht die Bedeutung der Sauerstoffkonzentration für die Sinterung. Das Pulver D ist ein gasphasenabgeschiedenes Pulver, hat eine hohe Reinheit sowie einen restlichen amorphen Si_3N_4- Anteil. Die nadelige Morphologie weist auf die Bildung über die Gasphase hin, ebenso wie beim Pulver C aufgrund der Morphologie eine zumindest teilweise Bildung über die Gasphase angenommen werden kann. Herstellungsbedingt hat das Pulver einen geringen Gehalt an Chloriden, weitere Verunreinigungen sind Ti und Mo. Das Pulver hat eine niedrige spez. Oberfläche, einen sehr niedrigen Sauerstoffgehalt,weist jedoch eine vergleichsweise hohe Sinteraktivität auf. Durch die ungünstige Kornmorphologie lassen sich allerdings nur geringe Gründichten und parallel hierzu ungenügende Sinterdichten erzielen. Falls hier durch entsprechende Aufbereitungsschritte Verbesserungen erzielt werden, könnte die Verwendung eines solchen Pulvers infolge des geringeren Verunreinungsgrades Vorteile hinsichtlich des Hochtemperaturverhaltens der gesinterten Teile bringen.

Bild 5 zeigt Bruchzähigkeitswerte von Sinterproben, die aus verschiedenen Pulvern unter Zusatz von 2 Gew.% MgO (2000°C, 10', 50 bar N_2) hergestellt worden waren, in Abhängigkeit von der Sinterdichte. Im betrachteten Dichte- bzw. Porositätsbereich kann der Zusammenhang durch eine lineare Funktion beschrieben werden. Das Pulver A zeigt mit 8.6 $MNm^{-3/2}$ den höchsten Wert, der mit einer hohen Raumtemperatur Biegefestigkeit von 600 MNm^{-2} parallel geht. Längere Sinterzeiten führen zu einer Kornvergröberung und zu einem Abfall der K_{Ic}- Werte.

4.2 Sinterkinetik

In Bild 6 ist das Schwindungsverhalten des PulversA ohne Zusatz eines Sinteradditivs gezeigt. Die Verdichtung ist bis zu der hier verwendeten Sintertemperatur von 2150°C vernachlässigbar gering. Im Gegensatz dazu zeigt Bild 7 das Sinterverhalten des gleichen Pulvers bei Zusatz von 2 Gew.% eines stickstoffgesättigten MgOreichen Glases. Parallel durchgeführte DTA-Versuche zeigten, daß dieses Glas oberhalb 1300°C als Schmelze vorliegt. Die Sintergeschwindigkeit des Versatzes erreicht bei 1300°C ihr erstes Maximum, das durch Umlagerungsvorgänge im Pulver infolge der auftretenden Schmelzphase bewirkt wird. Anschließend nimmt die Sintergeschwindigkeit ab, um dann bedingt durch das Einsetzen von Lösungsvorgängen im Bereich von 1500 und 1600°C wieder anzusteigen (die niedrigste eutektische Temperatur im System MgO - SiO_2 liegt bei 1543°C). Oberhalb von 1600°C wird durch Ausbildung eines starren Gerüsts infolge des Wachstums von ß-Teilchen und durch die Zunahme des Dampfdrucks der flüssigen Phase die Verdichtungsgeschwindigkeit verringert. Durch die Verwendung des stickstoffgesättigten Glases ist es somit möglich, den Umlagerungsvorgang vom Lösungs - Wiederausscheidungsvorgang beim Flüssigphasensintern von Si_3N_4 deutlich zu trennen. In Bild 8 ist die Sinterkinetik der Pulver A, C und D gezeigt bei einem Zusatz von 2 Gew.% MgO. Die verschiedenen Pulverqualitäten wirken sich deutlich auf die Sinterkinetik aus. Das Pulver A zeigt infolge der größeren Feinheit und des höheren Sauerstoffanteils einen frühen Sinterbeginn, die Sintergeschwindigkeitskurve ähnelt näherungsweise der Kurve, wie sie sich beim Glaszusatz ergibt, ist jedoch zu höheren Temperaturen verschoben. In Abhängigkeit von der spez. Oberfläche bzw. dem Verunreinigungsgrad an Sauerstoff liegt der Sinterbeginn bei den Pulvern C und D bei höheren Temperaturen. Außerdem verhindert die stengelige Kornform beider Pulver einen ausgeprägten Umlagerungseffekt. Bild 9 zeigt die Sinterkurven für eine Mischung aus Pulver A + 5 Gew.% Y_2O_3 bzw. 5 Gew.% Y_2O_3 - 1 Gew.% Al_2O_3. Aus den Phasenbeziehungen im Dreistoffsystem Y_2O_3 - Al_2O_3 - SiO_2 und der berechneten Zusammensetzung der Sekundärphase geht hervor, daß durch den Al_2O_3- Zusatz die eutektische Temperatur von 1660°C auf 1345°C gesenkt wird, was sich in den Sintertemperaturen deutlich auswirkt. Daneben ist bekannt, daß Al_2O_3 bei Abwesenheit von Alkalien in Gläsern in 6er - Koordination vorliegt und die Viskosität von Schmelzen verringert. Der frühe Sinterbeginn infolge des Vorliegens einer Schmelzphase macht sich natürlich in negativer Weise bei den Hochtemperatureigenschaften bemerkbar, falls keine Resorption oder Kristallisation der Glasphase stattfindet, wobei jedoch die Entglasung durch das Al_2O_3 erschwert werden dürfte.

5. Schrifttum

(1) KIJIMA, K., SHIRASAKI, S. — Nitrogen Self-Diffusion in Silicon Nitride. J. Chem. Phys. 65 (1976) 2668-2671

(2) TERWILLIGER, G.R., LANGE, F.F. — Pressureless Sintering of Si_3N_4. J. Mater. Sci. 10 (1975) 1169-1174

(3) ROWCLIFFE, D.J., JORGENSEN, P.J. — Development of a Low-Cost-Process for the Fabrication of Fully Dense Silicon Nitride High-Temperature Gas Turbine Components. Rept. NSF/RA - 770 443. NIIS - PB - 280 653 (1977)

(4) PRIEST, H.F.; PRIEST, G.L.; GAZZA, G.E. — Sintering of Si_3N_4 Under High-Nitrogen Pressure. J. Am. Ceram. Soc. 60 (1977) 80-81

(5) BULJAHN, S.T.; STERMER, P.E. — High Density, High Strength Si_3N_4 Ceramics Prepared by Pressureless Sintering of Partly Crystalline, Partly Amorphous Si_3N_4- Powder. US - Patent 4.073.845 (Febr. 1978)

(6) ODA, I.; KANENO, M.; YAMAMOTO, N. — Pressureless Sintered Silicon Nitride. in: Nitrogen Ceramics, 359-365. F.L. Riley (ed.) Nordhoff, Leyden (1977)

(7) GIACHELLO, A.; MARTINENGO, P.; TOMASINI, G.; POPPER, P. — Sintering and Properties of Silicon Nitride Containing Y_2O_3 and MgO. Am. Ceram. Soc. Bull 59 (1980) 1212-1215

(8) SMITH, J.T.; QUACKENBUSH, C.L. — A Study of Sintered Si_3N_4 Compositions with Y_2O_3 and Al_2O_3 Densification Additives. in: Proc. Int. Symp. in Densification and Sintering of Oxide and Non-Oxide Ceramics 426-442. Sh. Somiya, Sh. Saito (eds.) Tokyo Institute of Technology (1979)

(9) GRESKOVICH, C.D.; PROCHAZKA, S.; ROSOLOWSKI, D.H. — Basic Research on Technology Development for Sintered Ceramics. Rept. AFML - TR - 76 - 179 (1976)

(10) PROCHAZKA, S.; GRESKOVICH, C.D. — Development of a Sintering Process for High-Performance Silicon Nitride. Rept. AMMRC TR 78-32 /1978)

(11) PEITZSCH, R.
HAUSNER, H.

Sintering of Silicon Nitride with Non-Oxide Additives
in: Int. Symp. on Ceramic Components for Engine
Hakone (Japan) 1983
(to be published)

(12) GAUCKLER, L.J.
BOSKOVICH, S.
PETZOW, G.
TIEN, T.Y.

Status Report on Densification of ß-Si_3N_4 Solid Solutions Containing AIN : Al_2O_3 During Chemical Reaction
in: Nitrogen Ceramics 405-414
F.L. Riley (ed.)
Nordhoff, Leyden (1977)

(13) MITOMO, M.

Pressure Sintering of Si_3N_4
J. Mater. Sci. 11 (1976) 1103-1107

(14) PROCHAZKA, S.
GRESKOVICH, D.

Development of a Sintering Process for High-Performance
Silicon Nitride
Rept. AMMRC TR 78-32 (1978)

(15) SINGHAL, S.C.

Thermodynamic Analysis of the High-Temperature Stability of Silicon Nitride and Silicon Carbide
Ceram. Int. 2 (1976) 123-130

(16) GRESKOVICH, D.

A Gas Pressure Sintering Process for Producing Dense Si_3N_4
in: Progress in Nitrogen Ceramics 283-292
F.L. Riley (ed.)
Martinus Nijhoff Pub. Boston, The Hague (1983)

(17) GIACHELLO, A.
POPPER, P.
Post-Sintering of Reaction-Bonded Silicon Nitride
Ceram. Int. 5 (1979) 110-114

(18) MANGELS, J.A.
TENNENHOUSE, G.J.
Densification of Reaction-Bonded Silicon Nitride
Am. Ceram. Soc. Bull 59 (1980) 1216-1218, 1222

(19) HAMPSHIRE, S.
JACK, K.H.
Densification and Transformation Mechanisms in Nitrogen Ceramics
in: Progress in Nitrogen Ceramics 225-230
F.L. Riley (ed.)
Martinus Nijhoff Publ.
Boston, The Hague (1983)

(20) WÖTTING, G.
HAUSNER, H.
Influence of Powder Properties and Processing Parameters on the Sintering of Silicon Nitride
in: Progress in Nitrogen Ceramics, 211-218
F.L. Riley (ed.)
Martinus Nijhoff Publ.
Boston, The Hague (1983)

(21) WÖTTING, G.
Untersuchung des Sinterverhaltens von Siliciumnitridpulvern
Dissertation Technische Universität Berlin 1983

(22) WÖTTING, G.
PEITZSCH, R.
HAUSNER, H.
Investigation of the Sintering of Silicon Nitride by Dilatometry Under High Nitrogen Pressure
Science of Sintering (to be published)

(23) WÖTTING, G.
HAUSNER, H.
Einfluß der Si_3N_4- Pulvercharakteristik auf das Gefüge der Sinterkörper
Keram. Z. 32 (1980) 579-581

Tab. 1: Synthesemöglichkeiten für Siliciumnitridpulver

- $3\,Si + 2\,N_2 \longrightarrow Si_3N_4$
- $3\,SiO_2 + 6\,C + 2\,N_2 \longrightarrow Si_3N_4 + 6\,CO$
- $SiCl_4 + 6\,NH_3 \longrightarrow Si(NH)_2 + 4\,NH_4Cl$

  $3\,Si(NH)_2 \longrightarrow Si_3N_4 + 2\,NH_3$
- $3\,SiCl_4 + 4\,NH_3 \longrightarrow Si_3N_4 + 12\,HCl$

Tab. 2: Charakteristik von Siliciumnitridpulvern

Pulver	A	B	C	D
Herstellungs-Methode	$Si + N_2$	$Si + N_2$	$SiO_2 + C + N_2$	$SiCl_4 + NH_3$
β-Si_3N_4 (Gew.%)	3	75	7	5
O (Gew.%)	2,5	1,2	1,65	1,0
C (Gew.%)	0,1	0,3	1,05	-
Σ Fe,Al,Ca... (Gew.%)	0,09	0,39	0,06	0,03 (überw. Mo,Ti,Cl)
Kristalliner Anteil (%)	100	100	100	60
Spez.Oberfl. (m^2/g)	21,5	3,7	4,8	3,7
Sinteraktivität*	10,5	0,5	0,9	1,4
Hersteller	H.C.Starck	H.C.Starck	Toshiba	GTE

*Sinteraktivität= $(\rho_S-\rho_G)$ / $(\rho_T-\rho_S)$ S=Gesintert, G=Grün, T=Theoretisch

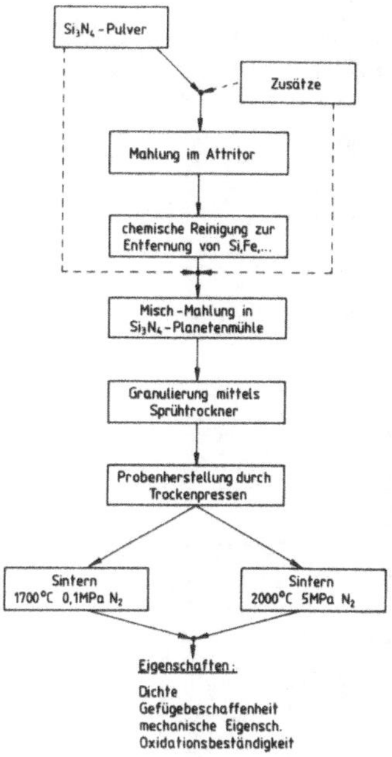

Bild 1: Pulveraufbereitung und Probenherstellung

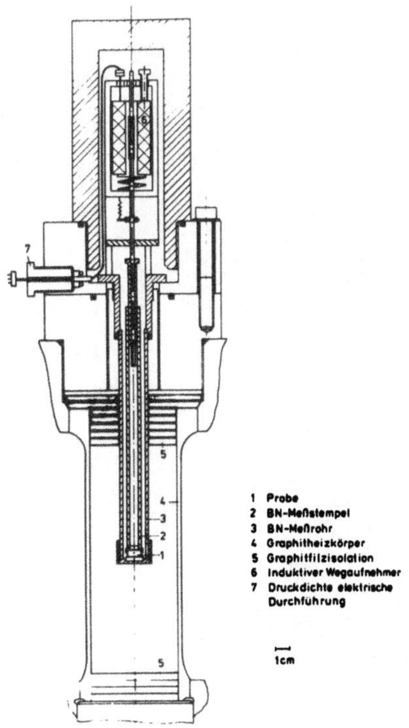

Bild 2: Hochtemperaturdilatometer

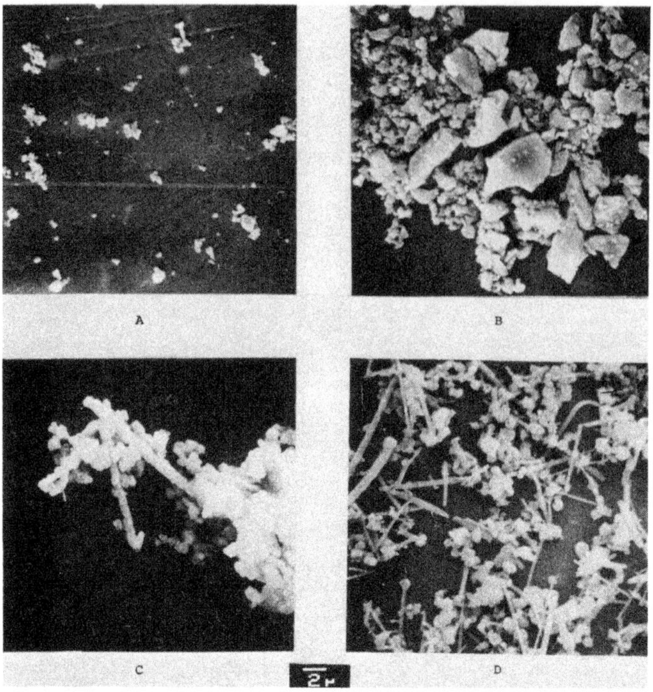

Bild 3:
Morphologie der
Si_3N_4- Pulver

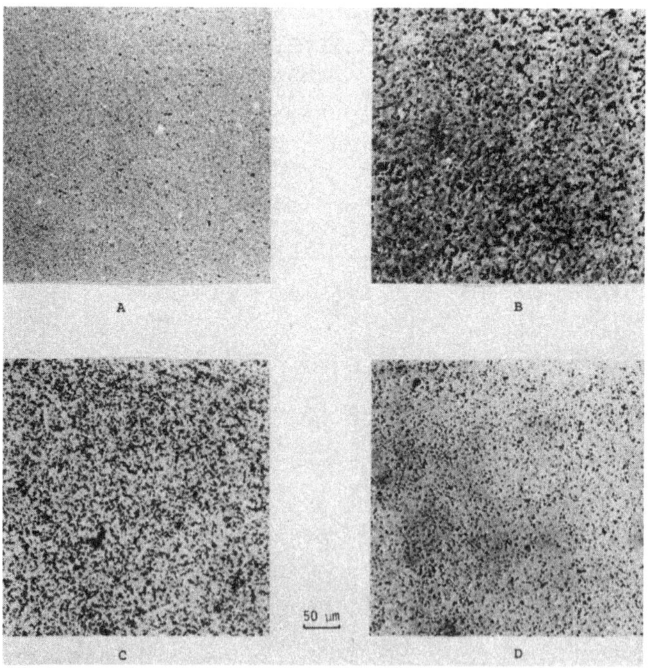

Bild 4:
Gefüge von Si_3N_4-Sinterkörpern aus verschiedenen Pulvern
(2 Gew.% MgO
2000 °C/10 min.
50 bar N_2)

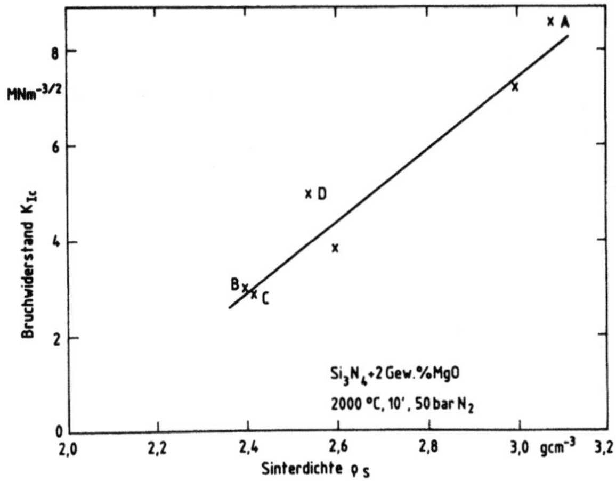

Bild 5:
Bruchzähigkeit von Si_3N_4- Sinterkörpern aus verschiedenen Pulvern (2 Gew.% MgO, 2000°C/10', 50 bar N_2)

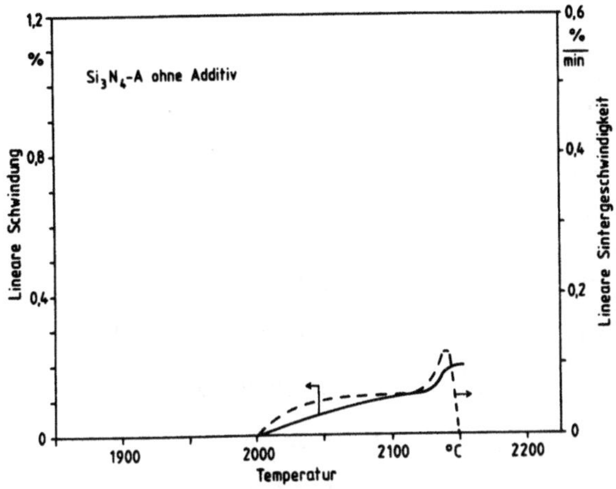

Bild 6:
Sinterverhalten von Si_3N_4 ohne Sinteradditiv (50 bar N_2)

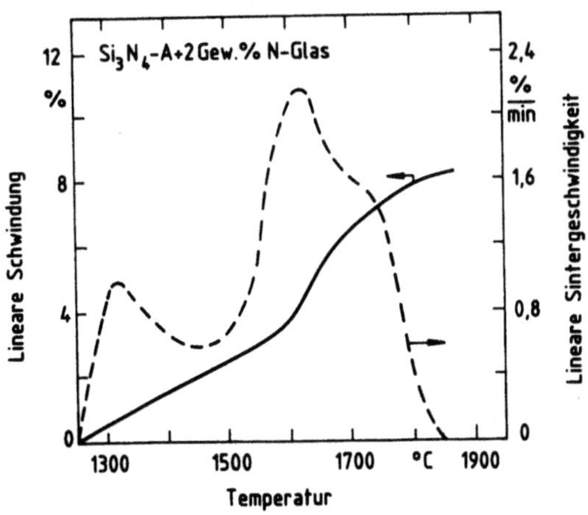

Bild 7:
Sinterverhalten von Siliciumnitrid mit 2 % Glaszusatz (50 bar N_2)

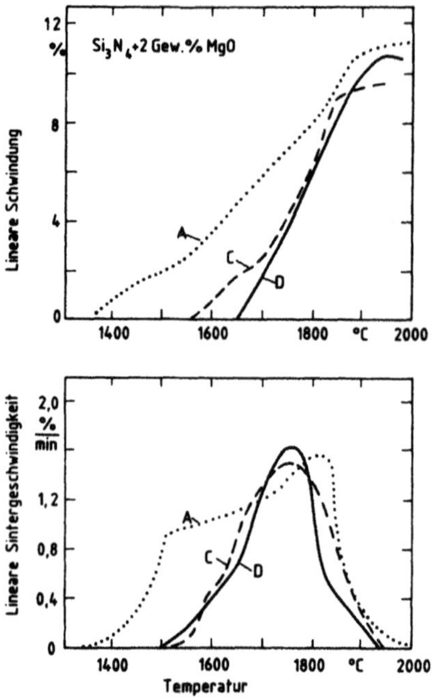

Bild 8:

Sinterverhalten verschiedener Si_3N_4 - Pulver

(50 bar N_2)

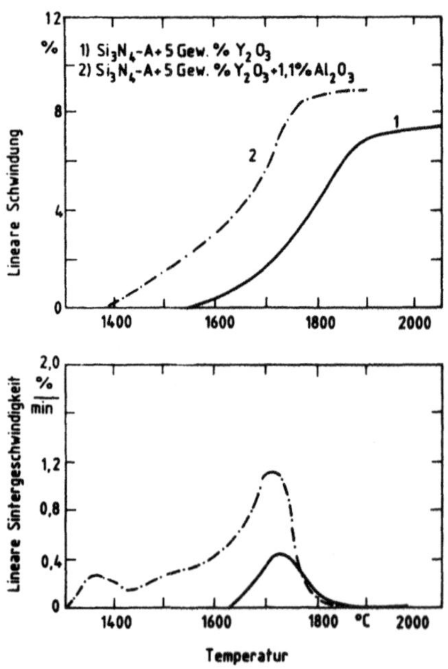

Bild 9:

Sinterverhalten von Si_3N_4 bei unterschiedlichen Sinterzusätzen

(50 bar N_2)

ENTWICKLUNG UND HERSTELLUNG VERBESSERTER ALPHA-SILIZIUMNITRIDPULVER FÜR DAS HEISSPRESSEN UND SINTERN

Gerd Schwier

Hermann C. Starck Berlin
Werk Goslar

Übersicht

Für Hochtemperaturbauteile aus heißgepreßtem oder gesintertem Siliziumnitrid werden hochwertige Siliziumnitridpulver benötigt. Diese sollen sich sowohl für die Verarbeitung mit bestimmten Formgebungsverfahren eignen als auch zur Verbesserung der Hochtemperatureigenschaften der Bauteile mit beitragen. Entsprechend diesen Forderungen wurden feine Sinterpulver entwickelt, die chemische Reinheit verbessert und eine weitgehende Pulvercharakterisierung betrieben. Mit der angewendeten Pulverherstellungstechnologie der Nitrierung von Si-Pulvern mit anschliessender Mahlung und chemischer Nachreinigung lassen sich gezielt hochreine Alpha-Si_3N_4-Pulver mit unter 0,1 % metallischen Verunreinigungen und relativ niedrigen Sauerstoffgehalten herstellen. Die Pulverfeinheiten reichen von 4 bis 25 m^2/g spezifischer Oberfläche. Die morphologischen Besonderheiten dieser verschieden feinen Pulver, wie Durchschnittskorngröße, Kornverteilung, Kornform und Agglomerate werden diskutiert.

1. Einleitung

Siliziumnitrid läßt sich nur mit beträchtlichen Anteilen von Sinterhilfsmitteln unter Druck oder drucklos dicht sintern. Entsprechend des zunehmenden Interesses am Werkstoff gesintertes Siliziumnitrid (SSN) hat sich der Schwerpunkt dieses Entwicklungsvorhabens in der dritten Phase von 1980 bis 1983 deutlich in Richtung Entwicklung und Herstellung feiner sinteraktiver Si_3N_4-Pulver verschoben. Damit wird dem Verarbeiter solcher Pulver die Möglichkeit gegeben, sowohl beim Heisspressen als auch beim Sintern mit geringeren Gehalten an Sinteradditiven ausreichend verdichtete Bauteile herzustellen. Hochtemperaturbauteile aus Siliziumnitrid gilt es in erster Linie in ihren Hochtemperatureigenschaften wie z.B. Kriechbeständigkeit, Festigkeit, Oxidationsbeständigkeit und Zuverlässigkeit zu verbessern. Ausschlaggebend dafür ist die Herstellung eines geeigneten Sintergefüges hinsichtlich Zusammensetzung und Microgefügeausbildung. Von Seiten der Herstellung der reinen Si_3N_4-Pulver stellt sich die Aufgabe, dafür geeignet feine, reine und homogene Si_3N_4-Pulver, vorzugsweise in der Alpha-Modifikation, herzustellen.

Bereits im vorangegangenen Forschungsvorhaben war die Entwicklung und Herstellung hochwertiger Alpha-Si_3N_4-Pulver in einem reproduzierbaren Verfahren betrieben worden. Aus den möglichen Si_3N_4-Pulverherstellungsverfahren wurde bei der Firma Hermann C. Starck Berlin die Nitrierung von Siliziumpulvern gewählt. Zu dieser Pulverherstellung wurde u.a. anläßlich des letzten Status-Seminars 1980 berichtet. Das Verfahren hat sich als flexibel und geeignet zur gezielten Herstellung bestimmter Si_3N_4-Pulverqualitäten erwiesen. Ausgehend von geeignet reinen und feinen Siliziumpulvern wird zunächst ein Alpha-Siliziumnitrid erzeugt, aus dem durch Mahlung Si_3N_4-Pulver der gewünschten Feinheit und durch nachfolgende chemische Reinigung schließlich hochreine Alpha-Si_3N_4-Pulver hergestellt werden. In dieser Projektphase seit 1980 wurden neue feinere Si_3N_4-Pulver entwickelt, die bestehenden Pulverqualitäten in ihrer Reinheit verbessert und eine weiterreichende Pulvercharakterisierung betrieben.

2. Allgemeine Anforderungen an Alpha-Si_3N_4-Sinterpulver

Pulvereigenschaften können in den drei Kategorien Morphologie, chemische Zusammensetzung und kristallographischer Zustand charakterisiert werden. An ein keramisches Sinterpulver, wie das undotierte Si_3N_4-Pulver, werden entsprechend diesen drei Kategorien Anforderungen an Pulvereigenschaften gestellt, um bestimmte Auswirkungen im keramischen Sinterteil zu erzielen. Tabelle 1. Inwieweit reale Pulverherstellungsmöglichkeiten und ideale Pulvereigenschaften einander angenähert werden können, ist z.T. eine Frage der Pulverherstellungsverfahren, inwieweit ideale Pulvereigenschaften erforderlich sind, wird von den Endprodukteigenschaften bestimmt.

Für einen Pulverhersteller stellt sich die Aufgabe, Pulver zu erzeugen, die sowohl für die Weiterverarbeitung geeignet sein sollen als auch der geforderten Produktqualität gerecht werden müssen. Bild 1 zeigt diese direkten und indirekten Abhängigkeiten von Pulverqualität, Verarbeitung und Produktqualität in allgemeiner Art.

- Die Pulvermorphologie nimmt direkt Einfluß auf das Verarbeitungsverhalten und kann noch indirekten Einfluß über die Ausbildung des Sintergefüges auf das Endprodukt ausüben. Bei feinen Si_3N_4-Pulvern scheint außer der mittleren Korngröße am wesentlichsten die Frage zu sein, ob harte Agglomerate vorliegen, die nicht in den Formgebungsprozeß gelangen dürfen.
- Die chemische Zusammensetzung relativ hochreiner Pulver hingegen hat nur begrenzte direkte Auswirkungen auf das Verarbeitungsverhalten, dafür möglicherweise um so mehr auf die Endproduktqualität. Speziell bei Hochtemperaturbauteilen spielen jene Begleitelemente des Si_3N_4-Pulvers wie Kalzium und Sauerstoff eine wichtige Rolle. Bezüglich kritischer Verunreinigungen trägt aber genauso die Pulververarbeitung Verantwortung und über die Wahl von Qualität und Menge der Sinteradditive werden die Hochtemperatureigenschaften im wesentlichsten bestimmt.

3. Si_3N_4-Pulverentwicklung während des Forschungs- und Entwicklungsvorhabens

Die Pulververarbeiter bedienen sich vielfältiger z.T. auch patentierter Sintermischungsrezepturen, so daß ein Vorstoffhersteller von Si_3N_4-Pulvern einerseits nicht aufgefordert ist, fertige Sintermischungen herzustellen. Hinzu kommt, daß im Rahmen der Massenherstellung beim Verarbeiter außer den Sinteradditiven auch weitere auf den Formgebungsprozeß abgestimmte Zusätze homogen zugemischt werden müssen, so daß sich die Operation der Sintermischungsherstellung sowieso in einem Arbeitsablauf beim Verarbeiter durchzuführen empfiehlt. Siehe dazu auch Bild 1.
Die Aufgabenstellung für die Weiterentwicklung von Alpha-Si_3N_4-Pulvern zum Sintern und Heißpressen konzentrierte sich daher auf die Herstellung der reinen Si_3N_4-Pulver, die den Erfordernissen der Weiterverarbeitung gerecht werden und insbesondere für das kostengünstige drucklose Sintern geeignet sein sollen. Neben dem Ziel, feinere sinteraktivere Alpha-Si_3N_4-Pulver mit hoher, homogener Reinheit zu erzeugen, stellte sich als spezielle Aufgabe, diese feinen Pulver auch mit möglichst geringem Sauerstoffgehalt zu entwickeln.

3.1. Entwicklung sauerstoffarmer Si_3N_4-Pulver

Sauerstoff ist mengenmäßig das Hauptbegleitelement in feinen, reinen Si_3N_4-Pulvern. Da die Si_2ON_2-Gehalte auf max. 0,2 % beschränkt sind in den hier vorgestellten Alpha-Si_3N_4-Pulvern, ist anzunehmen, daß der Sauerstoff überwiegend als SiO_2 vorliegt. Aufgrund der Hydrolyseneigung von feinem Si_3N_4 ist ferner anzunehmen, daß der SiO_2-Gehalt die Si_3N_4-Partikel oberflächlich bedeckt. Diese SiO_2-Gehalte in Si_3N_4-Pulvern haben einerseits eine sinterfördernde Wirkung, andererseits können sich darüber niedrig schmelzende glasartige Sekundärphasen im Sintergefüge ausbilden, die das Hochtemperaturverhalten beeinträchtigen. Als Lösungsmöglichkeiten bieten sich an, diese Glasphasen zu rekristallisieren oder diese weitgehend zu vermeiden. Entweder löst man die SiO_2-Gehalte in stabilen Mischphasen oder man minimiert die SiO_2-Gehalte durch eine reduzierende Behandlung des Formkörpers, damit SiO_2 über SiO abgebaut wird oder man minimiert die SiO_2-Gehalte bereits im Si_3N_4-Pulver.

Zunächst schien das Ziel, sowohl feinere als auch sauerstoffarme Si_3N_4-Pulver zu entwickeln, als unvereinbar. Die Hydrolyseneigung feiner Si_3N_4-Pulver und die Art ihrer Herstellung, bei der eine naßchemische Nachreinigung durchgeführt wird, schienen zwangsläufig mit höherer Pulverfeinheit zu höheren Sauerstoffgehalten zu führen. Wie Bild 2 zeigt, konnten aber die Sauerstoffgehalte im Laufe der letzten drei Jahre in den Standard-Si_3N_4-Pulverqualitäten generell abgesenkt und darüberhinaus noch eine besonders sauerstoffarme Pulverqualität H 1-B neu entwickelt werden, die nur noch 0,8 % O besitzt statt 1,2 % O in der sonst vergleichbar feinen und reinen Pulverqualität H 1.

Ermöglicht wurde dies vorwiegend durch die Verwendung sauerstoffärmerer Si-Pulver zur Nitrierung, aber auch durch eine verkürzte, weniger intensive Nachbehandlung mit HF-haltigen Säuregemischen. Nicht zum Erfolg hatte der anfangs beschrittene Weg geführt, nur durch eine intensivere HF-Behandlung zu niedrigen Sauerstoffgehalten zu gelangen. Höhere SiO_2-Gehalte im Si_3N_4 bedürfen einer längeren und intensiveren HF-Behandlung, wodurch erhöhte Materialverluste infolge Hydrolyse auftreten und dennoch nicht die gewünschten niedrigen Sauerstoffgehalte erzielt wurden.

Im Bild 3 wird der Frage nachgegangen, wo die Grenzen einer Sauerstoffminimierung in Si_3N_4-Pulvern dieser Herstellungsart liegen könnten. Dabei wird die Annahme getroffen, daß der Sauerstoff sich in Form von SiO_2 oberflächlich auf den Pulverpartikeln befindet, was zumindest überwiegend der Fall sein dürfte. Nimmt man ferner an, daß die Si_3N_4-Partikel eine sphärische Kornform und eine einheitliche Korngröße besitzen, können für unterschiedliche Korngrößen aus den SiO_2-Gehalten die Dicke der SiO_2-Hüllen um derartige sphärische Si_3N_4-Partikel berechnet werden. In Bild 3 sind diese Linien gleicher Hüllendicke für 0,3 nm, 1 nm und 3 nm eingezeichnet. Aus den zur Verfügung stehenden durchschnittlichen Korngrößendaten wurden jene herangezogen, die der Realität am nächsten zu kommen scheinen. Am wahrscheinlichsten erscheinen Werte, die zwischen BET-Korngröße und der aus REM-Pulverbildern abgeschätzten Durchschnittskorngröße liegen. Dementsprechend lägen gut 1 nm dicke SiO_2-Hüllen vor, was etwa 2 bis max. 3 Molekküllagen SiO_2 entsprechen würde.

Insofern ist die als Grenzwert anzunehmende einmolekulare Bedeckung noch nicht erreicht und theoretisch eine weitere Absenkung der SiO_2-Gehalte in Si_3N_4-Pulvern möglich. Da die idealisierten Annahmen bei realen Pulvern aber in Kornform und Kornverteilung abweichen, sind die praktischen Erfolge abzuwarten. Hinzu kommt die Frage, ob noch sauerstoffärmere Pulver sinnvoll sind. Sinnvoll wären diese nur, wenn in der Pulverweiterverarbeitung die niedrigen SiO_2-Gehalte aufrecht erhalten werden können durch entsprechend wasserfreies Arbeiten.

3.2. Entwicklung feinerer Si_3N_4-Sinterpulver und Korngrößenanalyse zur Pulvercharakterisierung und Qualitätsüberwachung

Im Laufe dieser Entwicklungsphase wurde das feinste Alpha-Si_3N_4-Pulver LC 12 fertig entwickelt zur Produktionsreife. Bild 4 zeigt das neue LC 12-Pulver und das bei Anfang der Entwicklungsphase Mitte 1980 noch typische Pulver H 1. Bis vor kurzem war auch das Instrumentarium zur Korngrößencharakterisierung und Produktqualitätssteuerung noch begrenzt. Zwar wurde zur Qualitätssteuerung die für feine Sinterpulver wohl entscheidendste Kenngröße, die spezifische Oberfläche (BET), herangezogen, aber eine vertrauenswürdige Korngrößenanalyse fehlte noch.

3.2.1. Durchschnittliche Teilchengröße

Als Charakterisierungsmöglichkeiten der Pulverfeinheit stehen eine ganze Reihe von Verfahren zur Verfügung, die z.T. nicht vergleichbar sind, weil sie auf unterschiedlichen Meßverfahren beruhen und weil nicht vergleichbare Pulverfeinheitseigenschaften verglichen werden. In Bild 4 werden beispielsweise einige Möglichkeiten zur Angabe der durchschnittlichen Pulverfeinheit angegeben und der Begriff "Korngröße" differenziert.

- Die Primärkristallitgröße kann aus Halbwertsbreiten von Röntgenfeinstrukturpeaks mittels Vergleichssubstanzen ermittelt werden. Die Primärkristallitgröße sagt nur etwas über die durchschnittliche Kristallgröße einer bestimmten Phase in einem polykristallinen Material aus und hat nichts mit real vorliegenden Teilchen zu tun.
- Diese realen Pulverteilchen - wie sie auf REM-Pulverbildern erscheinen - bestehen aus Primärkörnern und ggf. aus Agglomeraten, die aus solchen Primärkörnern aufgebaut werden. Die durchschnittliche Primärkorngröße kann direkt aus REM-Pulverbildern ermittelt oder indirekt bestimmt werden nach verschiedenen Verfahren wie BET oder Medianwerten von Korngrößenverteilungen. Dabei sind die Eigenheiten solcher indirekter Verfahren zu beachten.
- An Originalpulvern kann zunächst nur eine Teilchengröße ermittelt werden, die ggf. stark durch Agglomerate bestimmt sein kann. Die FSSS-Korngröße reagiert vom

Meßprinzip her nur auf dichte Agglomerate mit zu höheren Werten verschobenen Teilchengrößen. Medianwerten von Korngrößenverteilungen von Originalpulvern sind nur im Vergleich mit deglomerierten Pulvern aussagefähig, dann z.B. kann etwas über das Ausmaß der Agglomeration ausgesagt werden.

In Bild 4 sind für zwei recht unterschiedlich feine Alpha-Si_3N_4-Pulver mit jeweils über 90 % Alpha-Phase, aber mit einer spezifischen Oberfläche von typisch 9 m^2/g (bei H 1) und typisch 23 m^2/g (bei LC 12), dargestellt. Die durchschnittlichen Pulverfeinheitswerte von Primärkristallitgröße und Teilchengröße der Originalpulver liegen über eine Größenordnung auseinander und zeigen damit, daß eine begriffliche Abgrenzung der "Korngrößenwerte" und genauso eine Angabe der Meßmethode unabdingbar ist.

3.2.2. Korngrößenverteilung

Die Ermittlung vertrauenswürdiger Korngrößenverteilungen feiner Pulver ist mit einer geeigneten Probenvorbehandlung verbunden. Ohne eine wirkungsvolle Deglomeration mittels starker Ultraschallbehandlung und geeigneten oberflächenaktiven Zusätzen zur Suspension, die vermessen werden soll, sind keine Verteilungen der Primärkörner sondern nur zufällige Agglomeratverteilungen zu erhalten. Nachdem die Probenaufbereitung befriedigend gelöst war, wird jetzt aus den zur Verfügung stehenden Korngrößenanalysenmethoden die mit Microtrac bevorzugt. Die Analysen selbst sehr feiner Pulver können in kurzer Zeit durchgeführt werden.

Die mit Microtrac erhaltenen Korngrößenverteilungen der erzeugten Standard-Si_3N_4-Pulverqualitäten zeigt Bild 5. Die feinsten Pulverqualitäten LC 10 und LC 12 zeigen die engste Primärkornverteilung, d.h. im deglomerierten Zustand. Ganz anders sehen die Kornverteilungen aus, wenn die Kornverteilungen von Originalpulvern damit verglichen werden. Bild 6 zeigt für die drei unterschiedlich feinen Si_3N_4-Pulver LC 1, LC 10 und LC 12 beide Kornverteilungskurven. Offensichtlich neigen feiner werdende Pulver zu stärkerer Agglomeration und machen eine intensive Deglomeration vor der Korngrößenanalyse ebenso notwendig wie natürlich auch bei der Weiterverarbeitung. Zwischen den in Bild 6 gezeigten extremen Verteilungskurven sind je nach Intensität der Deglomeration mittels Ultraschall beliebige weitere zu erhalten, die aber keine Aussagekraft haben.

3.2.3. Pulvermorphologie

Für die gleichen drei unterschiedlich feinen Si_3N_4-Pulver zeigt Bild 7 die Pulvermorphologie in REM-Bildern. Darin sieht man, wie mit zunehmender Pulverfeinheit bei den Qualitäten LC 1 über LC 10 bis hin zum LC 12 die Kornform einheitlicher rundlich und die Primärkornverteilung enger wird, so wie es auch die Microtrac-Kornverteilungen zuvor ausgesagt haben. Zu erkennen ist an den Pulverbildern in Bild 7 auch die Agglomeration der Pulver, eine Quantifizierung oder nur qualitative Wertung ist aber nicht möglich.

Bei dem sehr feinen Si_3N_4-Pulver LC 12 ist eine fotografische Darstellung von diskreten Pulverteilchen, von echtem Primärkorn, wie sie im deglomerierten Pulver vorliegen sollte, kaum möglich. In Bild 8 ist versucht worden, das Originalpulver und ein mit Ultraschall deglomeriertes Pulver darzustellen. Im weitgehend deglomerierten Zustand ist die sehr einheitlich rundliche Primärkornausbildung besser zu erkennen, obwohl immer einige Submicronpartikel zusammenhängen. Zur Agglomeratqualität kann aufgrund der Auflösung mittels Ultraschall gefolgert werden, daß es sich um weiche Agglomerate handelt.

Harte Agglomerate mit Sinterbindungen zwischen den Primärkörnern sind nur in der gröbsten Pulverqualität H 2 vorhanden. Bild 9 zeigt dieses Pulver H 2 mit 4 m^2/g (BET) und das mit 9 m^2/g (BET) wesentlich feinere Pulver H 1. Beide Pulver unterscheiden sich nur in der Aufmahlung und basieren auf dem gleichen Siliziumnitrid. Die harten Agglomerate vom H 2-Pulver sind mit Ultraschall nicht aufzulösen. Diese Agglomerate sind größtenteils porös, so daß die FSSS-Methode mit 1,5 µm Durchschnittskorngröße eine wesentlich niedrigere Durchschnittskorngröße ergibt als der Medianwert mittels Microtrac von 4,4 µm. Beim stärker aufgemahlenen Pulver H 1 sind diese porösen harten Agglomerate verschwunden, die Kornverteilung wird enger und es ist bereits eine Tendenz zum rundlichen Korn bei feinen Teilchen zu erkennen.

Diese morphologischen Besonderheiten der verschiedenen Pulverqualitäten sind zusammenfassend in Tabelle 2 dargestellt. Darin werden die Kornbereiche und Durchschnittskorngrößen nach den verschiedenen Kriterien von Primärkorn und Teilchengröße des Originalpulvers getrennt aufgeführt. Das Ausmaß der Agglomeration wurde versucht mit dem Verhältnis der Medianwerte d 50 von Microtrac-Korngrößenverteilungen auszudrücken. Ferner sind in Tabelle 2 die Kornform gekennzeichnet und die Pulverdichten aufgeführt. Die zunehmenden Pulverdichten beim feinsten Pulver LC 12 dürften aufgrund der stärkeren Agglomeration erklärlich sein. In das Verhältnis der Pulverdichten aus Schüttdichte und Klopfdichte gehen die Kornverteilung, Kornform und Agglomerate mit ein. Dieses Verhältnis wird bei gröberen Pulvern zur Darstellung der inneren Teilchenreibung herangezogen. Dem kann bei den hier vorliegenden sehr feinen Pulvern aber weniger Bedeutung zugemessen werden.

3.3. Verbesserung der Si_3N_4-Pulverreinheit

Bereits die zu Ende der zweiten Entwicklungsphase im Jahre 1980 hergestellten Si_3N_4-Pulver waren von durchschnittlich hoher chemischer Reinheit und hoher Phasenreinheit. Um für Hochtemperaturbauteile von Seiten der Si_3N_4-Pulverzusammensetzung günstige Voraussetzungen zu schaffen, wurden - wie zuvor getrennt berichtet - die Sauerstoffgehalte deutlich erniedrigt, aber auch die Begleitelemente Kalzium, Eisen und Aluminium noch weiter verringert. Erreicht wurden diese höheren Reinheiten sowohl durch Verwendung reinerer Siliziumpulver zur Nitrierung als auch durch eine effizientere Pulvernachreinigung. Die Ca-Werte wurden z.B. gegenüber 1980 mehr als halbiert, auf jetzt unter 100 ppm.

Tabelle 3 zeigt den gegenwärtigen Entwicklungsstand bei den fünf Standardpulverqualitäten. Entsprechend den drei Kategorien zur Pulvercharakterisierung werden dort die wichtigsten Pulverdaten aufgeführt. Die Hauptunterschiede bei den Pulverqualitäten bestehen in der Feinheit. Die speziellen morphologischen Unterschiede waren zuvor in Kapitel 3.2. im Detail besprochen worden, insbesondere die mit steigender Pulverfeinheit einheitlich rundlicher werdende Kornform, die enger werdenden Kornverteilungen, aber auch das Problem der Agglomerate. Hinsichtlich der Pulverreinheit bestehen nur geringe Unterschiede bei den Pulverqualitäten. Die LC-Pulverqualitäten sind ärmer im Kohlenstoffgehalt und bei allen Pulverqualitäten ist mit zunehmender Pulverfeinheit eine leichte Abnahme in den metallischen Verunreinigungen festzustellen, wie z.B. beim Eisen und Kalzium. Das Niveau der Sauerstoffgehalte liegt jetzt bedeutend niedriger als früher. Zusätzlich zu den hier aufgeführten fünf Standardpulvern wird seit kurzem das besonders sauerstoffarme Versuchspulver H 1-B hergestellt mit nur noch 0,8 % O, das sonst ganz dem Standardpulver H 1 entspricht. In der Phasenreinheit besitzen alle Pulver einen über 90 % betragenden Alpha-Phasengehalt, durchschnittlich nur 3 - 4 % Beta-Phase, praktisch kein freies Silizium und nur einen unter 0,2 % betragenden Siliziumoxidnitridgehalt.

Bezüglich der Eignung derartiger Si_3N_4-Pulver für Hochtemperaturbauteile sind theoretisch günstige Voraussetzungen gegeben. Eine abschließende Beurteilung der Pulver und eine Korrelation von Bauteileigenschaften mit den Pulvereigenschaften, über die zu Beginn des Berichtes allgemein gesprochen wurde, ist sicherlich schwierig und zum gegenwärtigen Zeitpuntk noch nicht bekannt geworden.

4. Anhang

Tabellen und Bilder.

Tabelle 1: Anforderungen an ein keramisches Sinterpulver

Anforderungen	Auswirkungen
1. Morphologie	
1.1. Feine Korngröße < 1 µm ideal: < 0,5 µm	Hohe Sinteraktivität
1.2. Enge Kornverteilung ideal: monodispers	Homogenes Sintergefüge
1.3. Äquiaxiale Kornform ideal: sphärisch	Hohe Gründichte, wichtig für einige Formgebungsverfahren
1.4. Keine harten Agglomerate ideal: keine Agglomerate	Kontrollierbare Gefügebestandteile Homogene Sintermischungen Homogenes Sintergefüge mit minimalen Gefügefehlern
2. Chemische Zusammensetzung	
2.1. Kontrollierbare Reinheit bzgl. Art u. Menge von Verunreinigungen	Kontrollierbare Gefügebestandteile
2.2. Homogenität bzgl. Verteilung von Verunreinigungen	Homogenes Sintergefüge
3. Kristallographischer Zustand	
3.1. Kontrollierbare Phasen Art und Menge von Phasen	Sinterverhalten, Gefügeausbildung
3.2. Homogenität bzgl. Verteilung von Phasen	Sinterverhalten, Gefügeausbildung
3.3. Gitterfehlstellen	Sinterverhalten, Gefügeausbildung

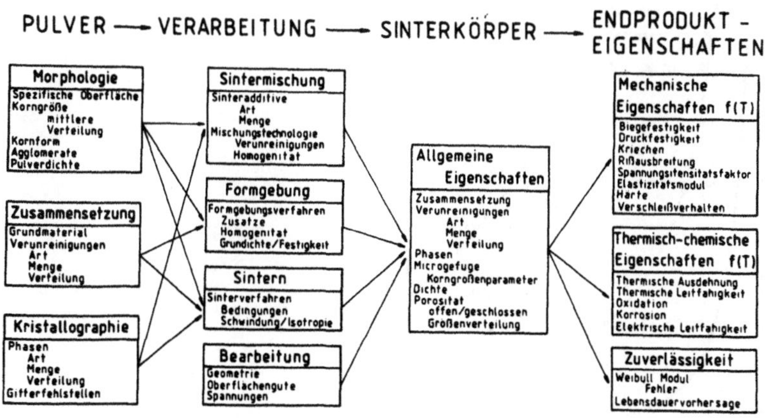

Bild 1: Abhängigkeit von Pulvereigenschaften, Verarbeitungsbedingungen und Endproduktqualität

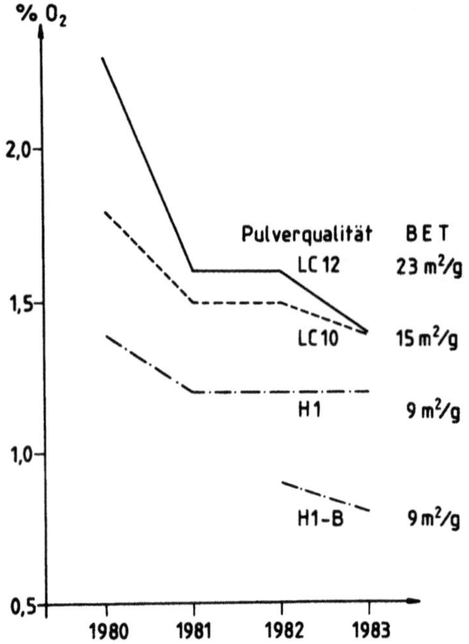

Bild 2:

Entwicklung sauerstoffarmer Si_3N_4-Pulver

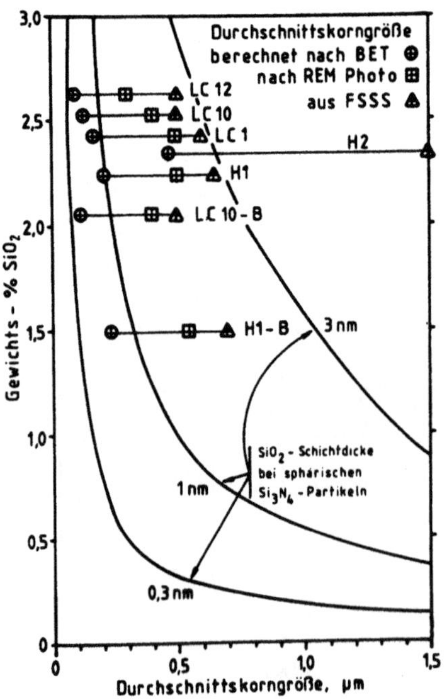

Bild 3:

Abschätzung der SiO_2-Hüllen auf Si_3N_4-Pulverpartikeln

(µm)	Ø Primärkristallitgröße aus Halbwertsbreite	(µm)
0,19	α-Phase	0,11
< 0,1	β-Phase	< 0,05
	Ø Primärkorngröße	
0,21	nach BET	0,08
0,7	aus REM-Pulverbild	0,3
1,0	aus Korngrößenanalyse deglomerierter Pulver d50 Microtrac	0,55
	Ø Teilchengröße von teilweise agglomerieten Originalpulvern	
0,65	nach FSSS	0,50
2,9	aus Korngrößenanalyse d50 Microtrac	4,7

Bild 4:

Charakterisierungsmöglichkeiten der durchschnittlichen Feinheit von Si_3N_4-Pulvern

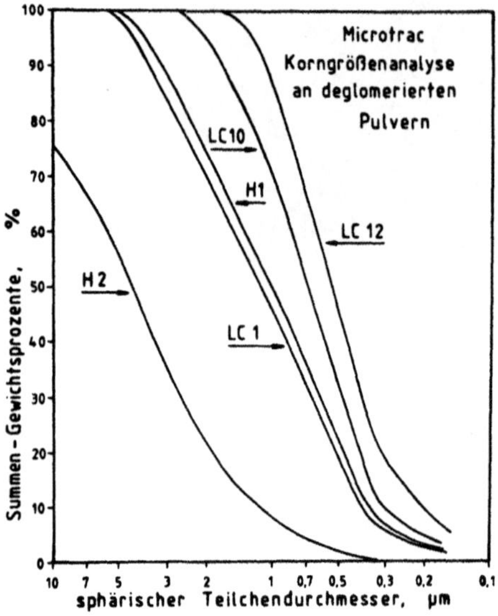

Bild 5:

Korngrößenverteilung von Si_3N_4-Pulvern

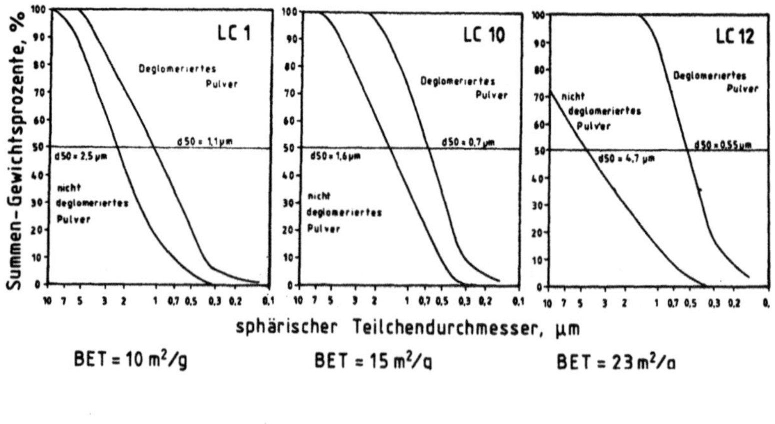

Bild 6:

Microtrac-Korngrößenanalyse von Si_3N_4-Pulvern verschiedener Feinheit

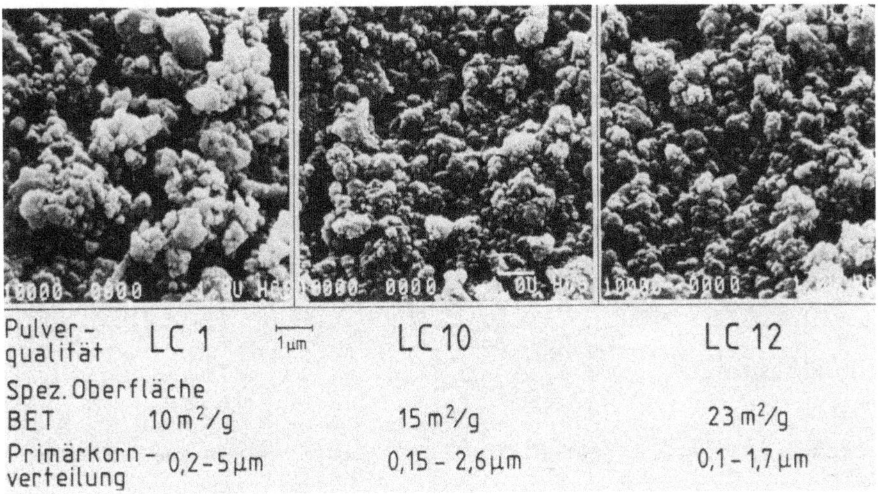

Bild 7:

Zur Morphologie und Feinheit von Si_3N_4-Pulvern

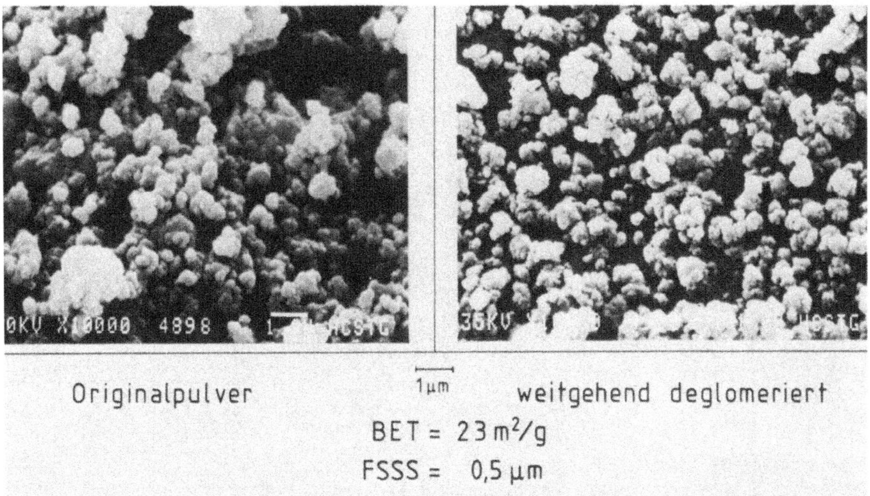

Bild 8:

Morphologie und Feinheit des Si_3N_4-Pulvers LC 12

Bild 9: Morphologie und Feinheit der Si_3N_4-Pulver H 2 und H 1

Typische Analysen		Si_3N_4-Sinterpulverqualitäten H1	LC1	LC10	LC12
Korngrößenbereich					
Primarkorn					
- Microtrac	μm	0,15 - 5	0,15 - 5	0,1 - 2,6	0,1 - 1,7
- REM-Pulverbild	μm	0,2 - 5	0,2 - 5	0,1 - 3	0,1 - 1,5
Originalpulver (z.T. agglomeriert)					
- Microtrac	μm	0,4 - 10	0,4 - 10	0,3 - 7	0,4 - 20
Durchschnittskorngröße					
Primarkorn					
■ Microtrac d50	μm	1,0	1,1	0,7	0,55
- REM-Pulverbild	μm	0,7	0,6	0,5	0,3
Originalpulver (z.T. agglomeriert)					
o Microtrac d50	μm	2,9	2,5	1,6	4,7
- FSSS	μm	0,65	0,6	0,5	0,5
- BET	μm	0,21	0,18	0,13	0,08
Agglomeration					
■ Microtrac d50 Originalpulver / o Microtrac d50 Primarkorn		2,9	2,3	2,2	8,5
Art der Agglomerate		weich	weich	weich	weich
Kornform		unregel-mäßig blockig	unregel-mäßig blockig	rundlich bis blockig	über-wiegend rundlich
Pulverdichte					
o Schüttdichte	g/cm³	0,45	0,45	0,40	0,60
● Klopfdichte	g/cm³	0,66	0,69	0,56	0,80
Teilchenreibung					
o Schüttdichte / ● Klopfdichte		0,68	0,65	0,71	0,75

Tabelle 2: Zur Morphologie von Si_3N_4-Sinterpulvern

Tabelle 3:

Alpha-Si_3N_4-Standardpulver

PULVER - EIGENSCHAFTEN Typische Analyse	Alpha-Si_3N_4-Pulverqualitäten H2	H1	LC 1	LC10	LC12
MORPHOLOGIE					
Spezifische Oberfläche					
BET m^2/g	4	9	10	15	23
Durchschnittskorngröße					
FSSS µm	1,5	0,65	0,60	0,50	0,50
Schüttdichte g/cm^3	0,53	0,45	0,45	0,40	0,60
Klopfdichte g/cm^3	0,83	0,66	0,69	0,56	0,80
CHEMISCHE ZUSAMMENSETZUNG					
Nichtmetallische Bestandteile					
N %	38,35	38,40	38,47	38,40	38,47
O %	1,25	1,25	1,30	1,35	1,40
C %	0,30	0,40	0,14	0,15	0,17
F %	0,05	0,08	0,07	0,12	0,12
Metallische Verunreinigungen					
Fe %	0,07	0,02	0,03	0,02	0,01
Al %	0,08	0,08	0,05	0,05	0,04
Ca %	0,010	0,008	0,008	0,006	0,005
Na %	0,001	0,001	0,001	0,001	0,001
K %	$<0,001$	$<0,001$	$<0,001$	$<0,001$	$<0,001$
KRISTALLOGRAPHISCHE PHASEN					
Alpha-Si_3N_4 %	>90	>90	>90	>90	>90
Beta-Si_3N_4 %	4	4	3	3	3
Freies Si %	0,5	0,04	0,06	0,04	0,03

GEFÜGECHARAKTERISIERUNG VON Si_3N_4-MISCHKRISTALLKERAMIKEN UND MÖGLICHKEITEN DER VERBESSERUNG DER HOCHTEMPERATUREIGENSCHAFTEN

P. Greil, G. Petzow

Max-Planck-Institut für Metallforschung
Institut für Werkstoffwissenschaften
Stuttgart

Übersicht:

Druckloses Sintern von Si_3N_4-Werkstoffen gelingt nur mit sinterfördernden Zusätzen, die durch Bildung einer Schmelze eine vollständige Verdichtung ermöglichen. Die Kenntnis der auftretenden Phasengleichgewichte mit den Sinterzusätzen ist deshalb Voraussetzung für eine gezielte Gefügeentwicklung. Nur die Si_3N_4-Mischkristallbildung eröffnet die Möglichkeit, nahezu einphasige Sintergefüge mit nur noch äußerst geringen Glasanteilen in den Korngrenzen herzustellen.

Gefügeuntersuchungen an gesinterten ß-SiAlON-Mischkristallkeramiken mit hochauflösenden TEM-Methoden bestätigen einen starken Einfluß geringer Sauerstoffanteile auf die Sinterfähigkeit und die Bildung der nur 1-3 nm dicken intergranularen Glasphasenschichten. Deren Zusammensetzung konnte mit der Elektronenenergieverlustspektroskopie (EELS) quantitativ ermittelt werden und zeigt die starke Sauerstoffanreicherung in den Korngrenzen. Die dünne Glasschicht setzt bei Temperaturen über 1000°C die mechanischen Werkstoffeigenschaften herab. Eine Steigerung der Hochtemperatureigenschaften kann aber durch Auskristallisation der verbliebenen Glasphase erzielt werden. Am Beispiel Y_2O_3-haltiger ß-SiAlON-Keramiken wurde die Kinetik der Y-Al-Granatkristallisation aus der Glasphase untersucht und ihr Einfluß auf die Verbesserung der Hochtemperatureigenschaften beschrieben.

1. Einleitung

Si_3N_4-Pulver benötigen für eine rasche und vollständige Verdichtung beim drucklosen Sintern zusätzliche Sinterhilfsmittel, die eine Schmelzphase bilden und dadurch die Diffusionsvorgänge im Sinterkörper stark beschleunigen. Sinteraktive Si_3N_4-Pulver weisen deshalb neben einer hohen spezifischen Oberfläche auch einen charakteristischen Sauerstoffgehalt auf (Bild 1), der die Bildung einer silikatischen Schmelzphase beim Sintern fördert [1]. Beim Abkühlen erstarrt aber ein Teil der Schmelzphase als Glas zwischen den Korngrenzen, das wiederum bei hohen Einsatztemperaturen der Werkstoffe durch beschleunigtes Rißwachstum und Korngrenzengleiten zu einem frühzeitigen Versagen des Werkstoffs schon unter geringen Belastungen führt [2].

Das Sintern von Si_3N_4-Mischkristallkeramiken bietet hingegen die Möglichkeit, durch den Einbau einer verschwindenden Übergangsschmelze in einen Si_3N_4-Mischkristall, dichte Werkstoffe mit nur äußerst geringen Glasanteilen herzustellen, wodurch deutlich verbesserte Festigkeits- und Kriecheigenschaften bei hohen Temperaturen zu erwarten sind [3]. Grundlegende Voraussetzung für das Sintern von Si_3N_4-Mischkristallkeramiken und damit Schwerpunkt in der ersten Programmphase war die Untersuchung der Phasenbeziehungen von Si_3N_4 mit den Sinterzusätzen sowie des Einflusses der Sinteratmosphäre auf das Sinterverhalten und die Phasengleichgewichte [4-6]. Auf der Basis der ermittelten Phasenbeziehungen können die für Mischkristallkeramiken mit möglichst geringem Glasgehalt günstigsten Herstellungsbedingungen und Werkstoffzusammensetzungen eingeengt werden.

Die Charakterisierung von Gefüge und Hochtemperatureigenschaften unterschiedlich zusammengesetzter Si_3N_4-Mischkristallkeramiken stand im Mittelpunkt der zweiten Programmphase. Von besonderer Bedeutung für die Gefügeausbildung und das Hochtemperaturverhalten ist hierbei die Verteilung und Zusammensetzung der noch vorhandenen Glasphase, die mit TEM-Methoden untersucht wurden [7] und eine starke Abhängigkeit von Werkstoffzusammensetzung und Herstellungsbedingungen zeigen.

Als Konsequenz aus diesen Untersuchungen wurden in der letzten Programmphase Untersuchungen zur Kristallisation der Glasphase im Si-Al-Y/N-O System begonnen, die eine weitestgehende Auskristallisation der zum drucklosen Sintern notwendigen Schmelzphase zum Ziel hatten.

2. Mischkristallbildung

Si_3N_4 bildet durch den Einbau bestimmter Elemente Mischkristalle in der α- und ß-Si_3N_4 -Kristallstruktur. Der ß-Si_3N_4-Mischkristall mit Al und O besitzt ein konstantes Kation/Anion-Verhältnis von 3/4 und kann durch die Summenformel $Si_{6-x}Al_xO_xN_{8-x}$ mit $0 < x \leq 4.2$ beschrieben werden [4,8]. Obwohl die Bildung einer völlig glasfreien ß-Sialonkeramik möglich sein sollte, konnte bisher nur im System Si-Be-O-N ein annähernd glasfreies Mischkristallgefüge hergestellt werden [9]. Während die Mischkristallbildung mit der ß-Si_3N_4-Kristallstruktur nur in wenigen Me-Si-O-N Systemen gefunden werden konnte, tritt die Mischkristallbildung mit der α-Si_3N_4-Kristallstruktur in einer größeren Zahl von quinären Me-Si-Al-O-N Systemen auf, Tabelle 1.

Die α-Si_3N_4-Mischkristalle unterscheiden sich von den ß-Sialonen durch eine ABCD-Stapelfolge der Si-N-Schichten (anstatt AB AB AB in den ß-Sialonen) und dem Einbau bestimmter Metallionen wie Li^+, Ca^{2+}, Y^{3+} in zwei große Hohlräume pro Elementarzelle [10]. Die Summenformel der α-Si_3N_4-Mischkristalle lautet $Me_x(Si,Al)_{12}(O,N)_{16}$ mit $x \leq 2$, wobei ebenfalls ein konstantes Kation/Anion-Verhältnis von 3/4 herrscht. Bild 2 zeigt schematisch die Lage der zwei möglichen Ebenen in MeSiAlON-Systemen mit konstantem Kation/Anion-Verhältnis sowie die Ausschnitte der α- und ß-Mischkristallstrukturen. Konstitutionsuntersuchungen zur Bildung der α-Si_3N_4-Mischkristalle im System Si_3N_4-Y_2O_3-AlN zeigen, daß im Gegensatz zu den ß-Sialonen, bei einer Sintertemperatur von 1700°C kein lückenloser α-Mischkristallbereich existiert, sondern ein ß-Si_3N_4-α-Mischkristall-Gleichgewicht gebildet wird [11], Bild 3. Ausgehend von diesem Phasengleichgewicht können einphasige α-Mischkristallkeramiken aber auch zweiphasige ß-Si_3N_4-α-Mischkristall-Keramiken hergestellt werden, so daß die Variationsmöglichkeiten der Mischkristallwerkstoffe beträchtlich erweitert werden.

3. Reaktionssintern

Die Verdichtung sauerstoffhaltiger α-oder ß-Si_3N_4-Mischkristallkeramiken läuft über ein Reaktionssintern mit flüssiger Phase ab [12]. Der Schmelzphasenanteil hängt von den Sinterzusätzen sowie der Sauerstoffverunreinigung im Ausgangspulver ab und bestimmt die Sinterkinetik und die Gefügeausbildung [7]. Thermodynamische Berechnungen der auftretenden Phasengleichgewichte lassen insbesondere die Bedeutung der Sinteratmosphäre auf das Sinterverhalten erkennen [6]. Mit steigender Sintertemperatur und -dauer führt die thermische Zersetzung der sauerstoffreichen Schmelzphase und des Mischkristalls zu einem stark zunehmenden Gewichtsverlust, wobei hauptsächlich N_2 und SiO als gasförmige Zersetzungsprodukte entstehen. In der Sinteratmosphäre muß deshalb ein entsprechender SiO Partialdruck, z.B. durch Einbetten der Sinterkörper in eine Si_3N_4-SiO_2-Pulvermischung, erzeugt werden. Dadurch kann eine drastische Verringerung des Gewichtsverlustes erreicht werden (Bild 4) und gleichzeitig werden höhere Sintertemperaturen sowie höhere Dichte ermöglicht. Druckloses Sintern von ß-Sialonkeramik zu vollständiger Dichte gelingt deshalb nur, wenn durch einen geringen Sauerstoffüberschuß eine ausreichende Schmelzphasenmenge erzeugt wird, Bild 5. Beim Heißpressen reicht hingegen schon ein weit geringerer Sauerstoffanteil aus, um eine vollständige Verdichtung zu erreichen.

4. Gefügecharakterisierung

Die geringe Korngröße in den gesinterten Si_3N_4-Keramiken erfordert den Einsatz hochauflösender Analysenmethoden, wie sie die Durchstrahlungselektronenmikroskopie (TEM) bietet. Die Charakterisierung der intergranularen Glasphase wird erschwert durch die äußerst geringe Dicke der Korngrenzenschichten von nur 1-3 nm und ihrer aus den leichten Elementen Si, Al, O und N bestehenden chemischen Zusammensetzung.

Besonders geeignet für die Untersuchung der Gefügeverteilung der intergranularen Glasphase ist die Dunkelfeldabbildung im TEM, die gegenüber anderen TEM-Verfahren den Vorteil geringerer experimenteller Anforderungen aufweist [13]. Bild 6a zeigt eine TEM-Dunkelfeldabbildung einer dicht gesinterten ß-SiAlON-Mischkristallkeramik (x = 0.7), in der deutlich die Verteilung der Glasphase in Tripelpunkten und Korngrenzen zu erkennen ist. Eine Erhöhung des Schmelzanteils beim Sintern führt zu einer Zunahme des Glasphasenanteils in den Tripelpunkten, während der Glasanteil in den Korngrenzen nahezu konstant bleibt [14]. Die Dicke der Glasphasenschicht in den Korngrenzen beträgt nur 1.5 - 2.1 nm und entspricht damit nur 5-9 SiO_4-Tetraederlängen. Nur Kleinwinkelkorngrenzen enthalten keine Glasschicht, während in allen anderen Korngrenzen Glasphase auftritt.

Die chemische Analyse der Glasphasenzusammensetzung erfolgt durch die Elektronenenergieverlustspektroskopie (EELS) in einem hochauflösenden TEM [15]. Über die Ergebnisse der qualitativen Analyse insbesondere der Anreicherung von Verunreinigungselementen wie Mg und Ca in der Glasphase wurde schon berichtet [16]. Die quantitative Analyse der Elemente Si, Al, O und N in der Glasphase einer ß-SiAlON-Mischkristallkeramik (x = 0.7) läßt trotz erheblicher Fehlergrenzen eine starke Sauerstoffanreicherung in der Glasphase gegenüber dem Mischkristall erkennen, Bild 6b. Das Si/O-Verhältnis in der Glasphase schwankt um 0.5 und entspricht somit in seinem Atomverhältnis einem SiO_2-Glas, das noch 5-8 At.-% Al und 6-10 At.-% N gelöst hat. Es ist aber davon auszugehen, daß die Glaszusammensetzung nicht der bei Sintertemperatur im Gleichgewicht stehenden Schmelze entspricht, sondern von der Abkühlungsgeschwindigkeit, dem Schmelzvolumen und dem vorhergehenden Sinterprozess abhängt. Ein Abschrecken, ohne Auskristallisation der bei 1750°C stickstoffreicheren Schmelzphase im Si-Al-O-N-System [17] in den amorphen Zustand, erfordert Abkühlgeschwindigkeiten über 500 °C/min [18]. Geringere Abkühlgeschwindigkeiten, wie sie in technischen Sinterprozessen vorliegen, lassen eine Abnahme des N-Gehalts im Restglas erwarten.

In Abhängigkeit vom Schmelzphasenvolumen können beim Sintern unterschiedliche Korngrenzen und Kornformen ausgebildet werden. Aus TEM-Gefügeuntersuchungen von ß-SiAlON-Keramiken mit unterschiedlichem Schmelzphasenvolumen geht deutlich hervor, daß beim Heißpressen in schmelzphasenarmen Zusammensetzungen vorwiegend gekrümmte Korngrenzen auftreten, Bild 7a, in denen häufig Korngrenzenversetzungen beobachtet werden. Steigender Schmelzphasenanteil fördert das idiomorphe Kristallwachstum mit geraden Korngrenzen und der einfachen Flächenkombination $\{10\bar{1}0\}+\{0001\}$, Bild 7b. Die Änderung der Kornform mit steigendem Schmelzanteil wird durch den Formparameter $F_1 = 4\pi A/U^2$ ausgedrückt, Bild 8. A ist die Schnittfläche und U der Umfang des Si_3N_4-Mischkristallkorns im TEM-Bild. Aus der Abnahme des Formfaktors mit steigendem Glasanteil zeigt sich das bevorzugte Längenwachstum in der kristallographischen c-Richtung der Si_3N_4-Mischkristalle sobald ein ausreichender Schmelzphasenanteil zur Verfügung steht. Das c/a-Verhältnis kann in schmelzphasenreichen ß-SiAlON Zusammensetzungen Werte von 5-10 erreichen.

5. Hochtemperatureigenschaften

Die Werkstoffeigenschaften der Si_3N_4-Keramiken werden bei Temperaturen über 1000°C wesentlich von der intergranularen Glasphase beeinflußt, während bei Raumtemperatur Gefügefehler und Gefügeausbildung die mechanischen Eigenschaften prägen. Drucklos gesinterte Si_3N_4-Werkstoffe, die einen hohen intergranularen Glasanteil bis 10 Vol.-% und mehr enthalten können, besitzen zwar eine höhere Raumtemperaturfestigkeit als glasphasenarme Mischkristallkeramiken, zeigen aber über der Glaserweichungstemperatur (1000-1200°C) einen drastischen Festigkeitsabfall und eine geringe Kriechbeständigkeit [19]. Durch die Lokalisierung der Kriechverformung auf den Glasanteil zwischen den Korngrenzen, bestimmen dessen Volumenanteil und Zusammensetzung den Kriech- und Bruchvorgang bei hohen Temperaturen. Ansätze zur Verbesserung der mechanischen Hochtemperatureigenschaften konzentrieren sich deshalb auf die Kontrolle von Anteil und Zusammensetzung der Glasphase.

Eine Erhöhung der Hochtemperaturfestigkeit kann durch die Auskristallisation der noch vorhandenen Glasphase nach einer gezielten Glühbehandlung erreicht werden. Voraussetzung ist aber eine Glaszusammensetzung, aus der eine gegenüber dem Si_3N_4-Mischkristall stabile Verbindung kristallisieren kann, wie z.B. der

Y-Al-Granat, 3 $Y_2O_3 \cdot 5$ Al_2O_3, in Y_2O_3-haltigen ß-SiAlON-Keramiken. Der kubische Y-Al-Granat besitzt einen Schmelzpunkt von 1970°C und liegt damit deutlich über der Erweichungstemperatur der Glasphase und den vorgesehenen Einsatztemperaturen der Si_3N_4-Keramiken. Die Kristallisationskinetik von 3 $Y_2O_3 \cdot 5$ Al_2O_3 in einer dicht gesinterten ß-SiAlON-Mischkristallkeramik (x = 1.5) ist in Bild 9 als Zeit-Temperatur-Umwandlungsdiagramm (ZTU) dargestellt [20]. Die maximale Kristallisationsgeschwindigkeit ist bei 1400°C zu beobachten und die nach dem Sintern noch vorhandene Y_2O_3-Al_2O_3-haltige Glasphase konnte zu mehr als 98 Masse-% auskristallisiert werden. In unlegiertem Si_3N_4 konnte dagegen keine Kristallisation der Glasphase erreicht werden. Für die Auskristallisation der intergranularen Glasphase als Y-Al-Granat eignen sich deshalb besonders Mischkristallzusammensetzungen mit einem höheren Al- und O-Anteil. Nach der Glaskristallisation besteht das Gefüge aus ß-SiAlON-Kristallen und großen, einkristallinen Y-Al-Granatbereichen in den Tripelpunkten, Bild 10.

Nach der Auskristallisation der Glasphase ist eine deutliche Steigerung der Festigkeit über 1000°C gegenüber den nur gesinterten und glasphasenhaltigen Werkstoffen festzustellen. Bild 11 zeigt den Verlauf der Vierpunktbiegebruchfestigkeit über der Temperatur einer drucklos gesinterten, Y_2O_3-haltigen α/ß-SiAlON-Keramik vor und nach der Auskristallisation der Glasphase als Y-Al-Granat. Durch die starke Verringerung des Glasgehalts wird die Kriechverformung vor dem Hochtemperaturbruch verlangsamt. Bild 12 zeigt die Last-Durchbiegungskurven einer α-Si_3N_4-Mischkristallkeramik, deren Kurvenform bei einer Prüftemperatur von 1350°C mit steigender Auskristallisation immer mehr einer elastischen Geraden angenähert wird.

Gute Oxidationsbeständigkeit ist eine der Schlüsseleigenschaften keramischer Werkstoffe, die in Motoren und Turbinen bei hohen Temperaturen eingesetzt werden. Unter den Si_3N_4-Werkstoffen ragen die ß-SiAlON-Mischkristallkeramiken mit den besten Oxidationseigenschaften heraus. Sie weisen weit geringere Oxidationsraten als z.B. mit MgO oder Y_2O_3 heißgepreßte Werkstoffe auf [19], Bild 13. Mit steigendem Al- und O-Gehalt der Mischkristalle nimmt die Oxidationsbeständigkeit zu, wobei in der schützenden Oxidschicht neben Cristobalit (SiO_2) auch Mullit (2 $SiO_2 \cdot 3\ Al_2O_3$) als kristalline Bestandteile gebildet werden. Während der Oxidation oder Glühbehandlung können im Gefüge neue Phasen auftreten (innere Oxidation) [21] und in der Glasphase gelöste Verunreinigungen wie z.B. Mg und Ca können entlang der Korngrenzen an die Oberfläche diffundieren [22]. Nach der Auskristallisation der Glasphase als Y-Al-Granat tritt in den ß-SiAlON-Keramiken eine weitere Erhöhung der Oxidationsbeständigkeit bis 1300°C ein [20].

6. Zusammenfassung und Ausblick

Das drucklose Sintern von Si_3N_4-Werkstoffen gilt als aussichtsreiches Herstellungsverfahren auch für komplizierte keramische Bauteile. Die als Sinterhilfen notwendigen Pulverzusätze führen aber zur Bildung dünner Glasphasenschichten in den Korngrenzen und setzen dadurch die guten Werkstoffeigenschaften des Si_3N_4 bei hohen Temperaturen herab. Das Ziel der durchgeführten Untersuchungen war deshalb einerseits die thermodynamische Beschreibung der wichtigsten Si_3N_4-Systeme unter Einschluß der für das Sintern wichtigen Gasphase zu vervollständigen, andererseits den Einfluß der intergranularen Glasphase in Si_3N_4-Mischkristallkeramiken auf die Hochtemperatureigenschaften dieser Werkstoffgruppe zu vermindern.

Die Gefügeuntersuchung im hochauflösenden Durchstrahlungselektronenmikroskop läßt erkennen, daß in den gesinterten ß-SiAlON-Mischkristallkeramiken immer noch geringe Glasphasenanteile in Tripelpunkten und als dünne Korngrenzenschichten von nur 1.5 - 2.1 nm Dicke auftreten. Die Sintergeschwindigkeit und das Kristallwachstum werden mit steigendem Schmelzphasenanteil beschleunigt und zeigen eine starke Abhängigkeit vom Sauerstoff/Stickstoffverhältnis in den Ausgangspulvern und der Sinteratmosphäre. Die Zusammensetzung der Glasphase, die durch Elektronenenergieverlustspektroskopie bestimmt wurde, läßt eine starke Sauerstoffanreicherung von 55-60 At.-% gegenüber dem Si_3N_4-Mischkristall mit 5-10 At.-% erkennen, wobei eine Stickstofflöslichkeit von nur 6-10 At.-% ermittelt wurde.

Die weitere Entwicklung der hochauflösenden Analysenmethoden ist notwendig, um das Verhalten der dünnen Glasphasenschichten bei hohen Temperaturen besser beschreiben zu können, wobei besonders das Kristallisationsverhalten im Vordergrund steht. Die Auskristallisation der intergranularen Glasphase als Y-Al-Granat, 3 $Y_2O_3 \cdot 5\ Al_2O_3$, konnte durch Temperaturauslagerung bei 1400°C von Y_2O_3-haltigen ß-SiAlON-Keramiken erreicht werden. Mit steigendem Legierungsgrad der Mischkristalle nimmt die Kristallisationsfähigkeit der Glasphase zu. Verbunden mit der Glaskristallisation ist eine deutliche Steigerung der Hochtemperaturfestigkeit und Oxidationsbeständigkeit.

Als Konsequenz aus den gewonnenen Ergebnissen zeichnen sich zwei Zielrichtungen für eine weitere Verbesserung der Hochtemperatureigenschaften von Si_3N_4-Mischkristallkeramiken ab: Die Verminderung des Glasphasenanteils wird zum einen durch Reaktionssintern in höherkomponentigen α/ß-Si_3N_4-Mischkristallsystemen angestrebt, zum anderen wird die Kristallisation der Glasphase durch Kristallisationsglühung nach dem Sintern verfolgt. Das Ziel ist es, durch weitgehende Unterdrückung der Glasphase, die Festigkeits- und Verschleißeigenschaften drucklos gesinterter Si_3N_4-Werkstoffe bei hohen Temperaturen zu verbessern, gleichzeitig aber die gute Sinterfähigkeit beizubehalten.

Danksagung

Für die experimentelle Durchführung der EELS-Untersuchungen möchten wir Herrn E. Bischoff, Max-Planck-Institut für Metallforschung, danken.

Schrifttum

[1] Lou, L.K.V.
Mitchell, T.E.
Heuer, A.H.
Impurity Phases in Hot-Pressed Si_3N_4
J. of Am.Cer.Soc. 61 (1978) 392-396

[2] Lange, F.F.
High-Temperature Strength Behavior of Hot-Pressed Si_3N_4: Evidence for Subcritical Crack Growth
J. Am.Cer.Soc. 57 (1974) 84-87

[3] Pasco, W.D.
Greskovich, D.D.
Sintered Si_3N_4 for High Performance Thermochemical Applications
Final Report 1981-1982, SRD-82-045, AMMRC TR-82-22, (1982)

[4] Gauckler, L.J.
Untersuchung über Herstellung, Aufbau und Eigenschaften von neuartigen, hochwarmfesten Keramikwerkstoffen auf Siliziumnitridbasis
BMFT-FB T 79-174, (1979)

[5] Weiss, J.
Petzow, G.
Optimierung von Mischkeramiken auf der Basis von Siliziumnitrid
Abschlußbericht, FV-01ZC027-A-ZC/NT/NTS 1006 (1980)

[6] Weiss, J.
Gauckler, L.J
Lukas, H.L.
Petzow, G.
Determination of Phase Equilibria in the System Si-Al-Zr/N-O by Experiment and Thermodynamic Calculation
J. of Mat.Science 16 (1981) 2997-3005

[7] Greil, P.
Einfluß der intergranularen Glasphase auf die Hochtemperatureigenschaften von ß-SiAlONen
Diss., Univ. Stuttgart (1982)

[8] Gauckler, L.J.
Lukas, H.L.
Petzow, G.
Contributions to the Phase Diagram Si_3N_4-AlN-Al_2O_3-SiO_2
J. Am.Cer.Soc. 58 (1975) 346-347

[9] Shaw, T.M.
Krivanek, O.L.
Thomas, G.
Glass-free Grain Boundaries in BeSiN Ceramics
J. Am.Cer.Soc. 62 (1979) 305-306

[10] Hampshire, S.
Park, H.K.
Thompson, K.M.
α-SiAlON Ceramics
Nature 274 (1978) 880-882

[11] Huang, Z.K.
Greil, P.
Petzow, G.
Formation of α-Si_3N_4 Solid Solutions in the System Si_3N_4-AlN-Y_2O_3
J. Am.Cer.Soc. 66 (1983) C-96-97

[12] Boskovic, S.
Gauckler, L.J.
Petzow, G.
Tien, T.Y.
Reaction Sintering Forming ß-Si_3N_4 Solid Solutions in the System Si,Al/N,O: Sintering of Si_3N_4-AlN-Al_2O_3 Mixtures
Powd. Met. Int. 11 (1978) 169-172

[13] Clarke, D.R.
On the Detection of Thin Intergranular Films by Electron Microscopy
Ultramicroscopy 4 (1979) 33-44

[14] Greil, P.
Weiss, J.
Evaluation of the microstructure of ß-SiAlON solid solution materials containing different amounts of amorphous grain boundary phase
J. Mat.Sci. 17 (1982) 1571-1578

[15] Voy, D.L.
Mater, D.M
The Quantitation of Electron Energy Loss Spectra
J. Microscopy 124 (1981) 37-48

[16] Petzow, G.
Weiss, J.
Lorenz, J.
Rühle, M.
Beiträge zur Entwicklung von Si_3N_4- und SiC-Werkstoffen
in Keramische Komponenten für Fahrzeug-Gasturbinen II, Springer-Verlag (1981) 297-320

[17] Naik, I.K
Gauckler, L.J
Tien, T.Y.
Solid-Liquid Equilibria in the System Si_3N_4-AlN-SiO_2-Al_2O_3
J. Am.Cer.Soc. 61 (1978) 332-335

[18] Drew, R.A.L.
Hampshire, S.
Jack, K.M.
Nitrogen Glasses
Special Ceramics 7 (1981) 119-132

[19] Petzow, G.
Greil, P.

Pressureless Sintered Si_3N_4 Alloys for Application in Automotive Engines

Proc. Int. Symp. on Ceramic Components in Engines, Hakone/Japan (1983)

[20] Greil, P.
Bressiani, J.C.
Petzow, G.

Crystallization of Y-Al-Garnet in Pressureless Sintered ß-SiAlON Materials

to be publ. in ref. [19]

[21] Lange, F.F.
Davis, B.I.
Metcalf, M.G.

Strengthening of Polyphase Si_3N_4 Materials through Oxidation

J. Mat.Sci. 18 (1983) 1497-1505

[22] Lewis, M.H.
Barnard, P.

Oxidation Mechanisms in Sialon Ceramics

J. of Mat.Sci. 15 (1980) 443-448

Tabelle 1: Mischkristallbildung in den untersuchten Siliciumnitridsystemen

Quaternäre Systeme		Mischkristallbildung
Si-Al-O-N		β-$Si_{6-x}Al_xO_xN_{8-x}$
Si-Be-O-N		β-$Si_{6-x}Be_xO_{2x}N_{8-2x}$
(Si-Mg-O-N		β-$Si_{6-x}Mg_xO_{2x}N_{8-2x}$)*

Quinäre Systeme	Mischkristallbildung		
Si-Al-Be-O-N	β-ss ** +	β-$Si_{6-x-y}Al_xBe_yO_{x+2y}N_{8-x-2y}$	
Si-Al-Zr-O-N	β-ss **		
Si-Al-Y-O-N	β-ss ** +	α-$Y_x(Si,Al)_{12}(N,O)_{16}$	$x \leq 2$
Si-Al-Mg-O-N	β-ss ** +	α-$Mg_x(Si,Al)_{12}(N,O)_{16}$	"
Si-Al-Li-O-N	β-ss ** +	α-$Li_x(Si,Al)_{12}(N,O)_{16}$	"
Si-Al-Mn-O-N	β-ss ** +	α-$Mn_x(Si,Al)_{12}(N,O)_{16}$	"

* bei 1750 °C nicht stabil

** β-$Si_{6-x}Al_xO_xN_{8-x}$

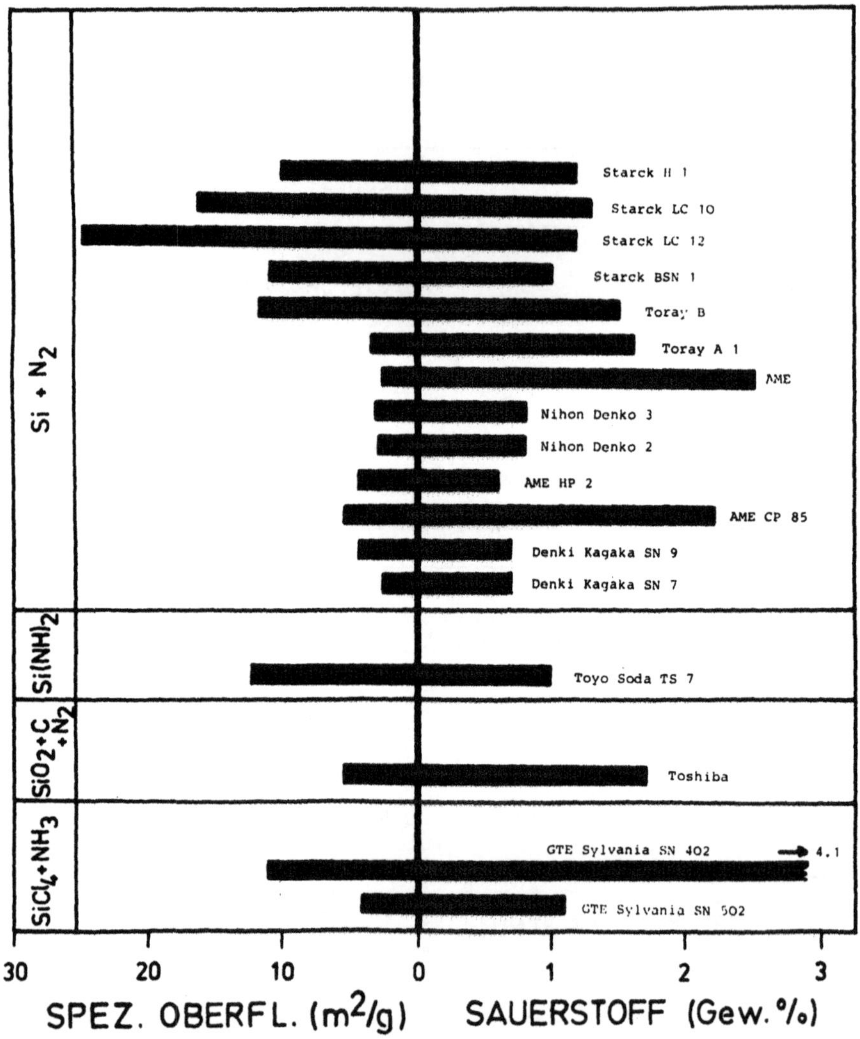

Bild 1: Sauerstoffgehalt und spezifische Oberfläche (BET) von Si_3N_4-Pulvern, die nach verschiedenen Herstellungsverfahren produziert wurden (Stand 1983).

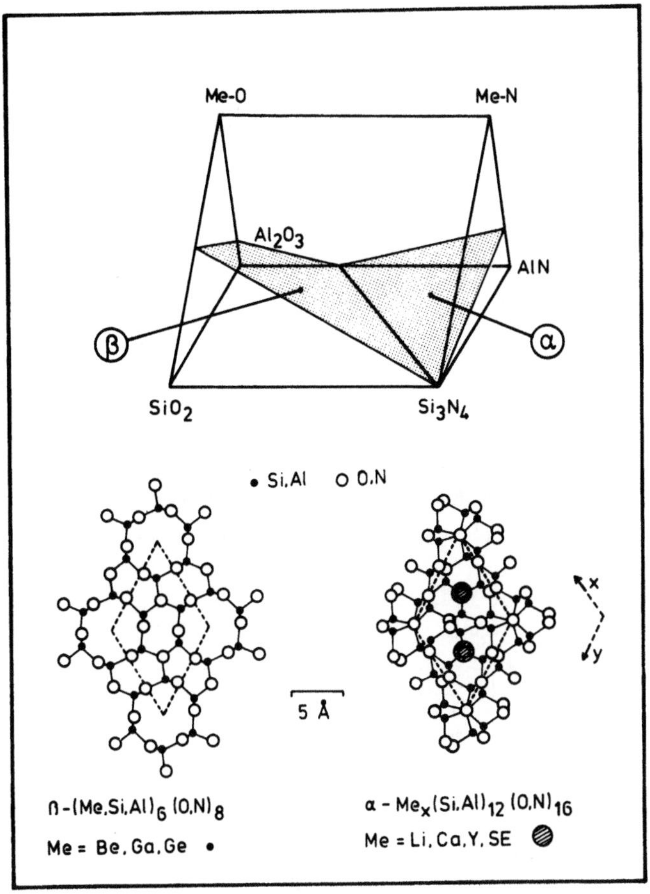

Bild 2: Lage der zwei möglichen Ebenen in MeSiAlON-Systemen mit konstantem Kation/Anion-Verhältnis von 3/4. Im unteren Bildabschnitt sind Ausschnitte der α- und β-Si_3N_4 - Mischkristallstrukturen senkrecht zur c-Richtung dargestellt. In den α-Mischkristall können pro Elementarzelle bis zu zwei Metallatome in große Hohlräume eingebaut werden.

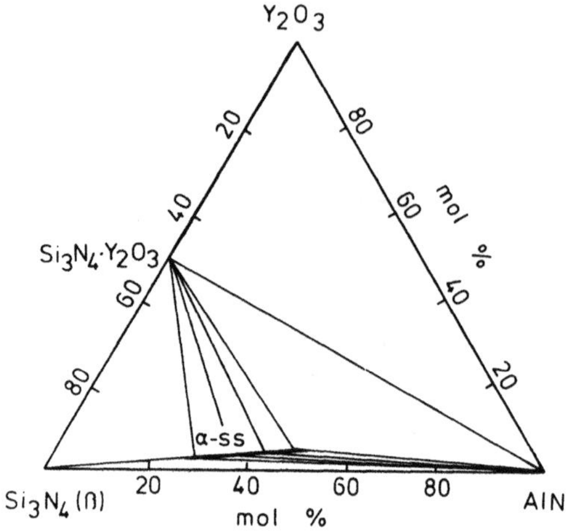

Bild 3: Isothermer Schnitt bei 1700°C des Systems Si_3N_4-AlN-Y_2O_3 mit dem Löslichkeitsbereich des α-$Y_x(Si,Al)_{12}(N,O)_{16}$-Mischkristalls (α-ss) [11].

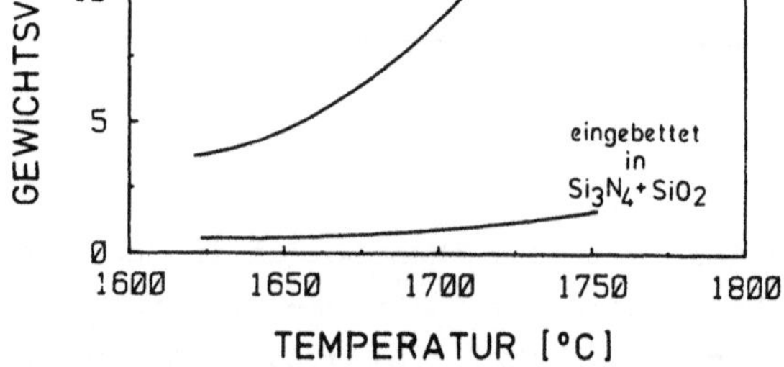

Bild 4: Einfluß der SiO-Atmosphäre durch Einbetten des Sinterkörpers in eine Si_3N_4/SiO_2-Pulvermischung auf den Gewichtsverlust von ß-Sialon beim drucklosen Sintern.

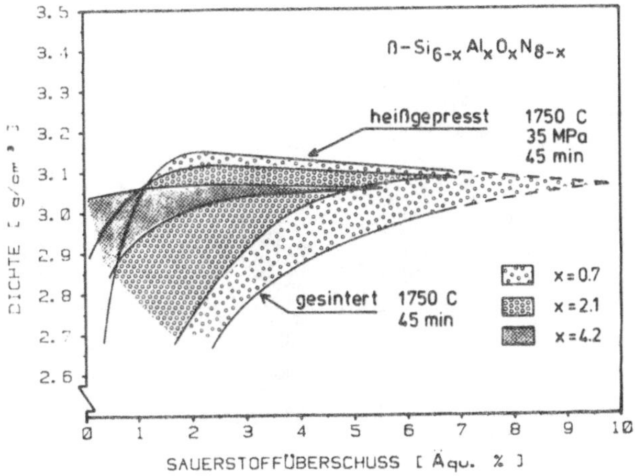

Bild 5: Dichte von ß-Sialon in Abhängigkeit vom Sauerstoffüberschuß gegenüber der theoretischen Mischkristallzusammensetzung. Beim Heißpressen (obere Kurven) reichen geringere Sauerstoffgehalte zur vollständigen Verdichtung aus, als beim drucklosen Sintern (untere Kurven).

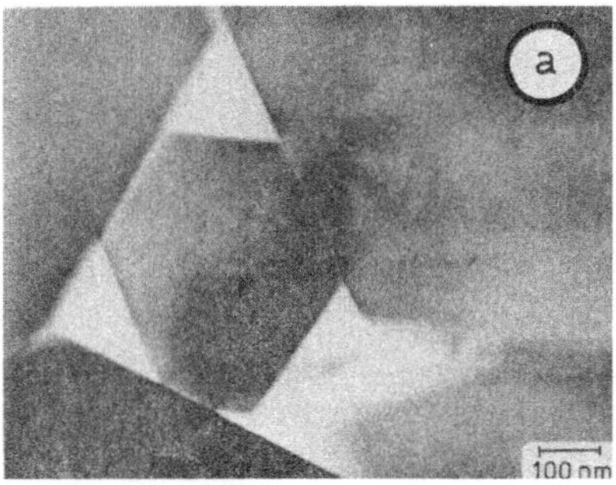

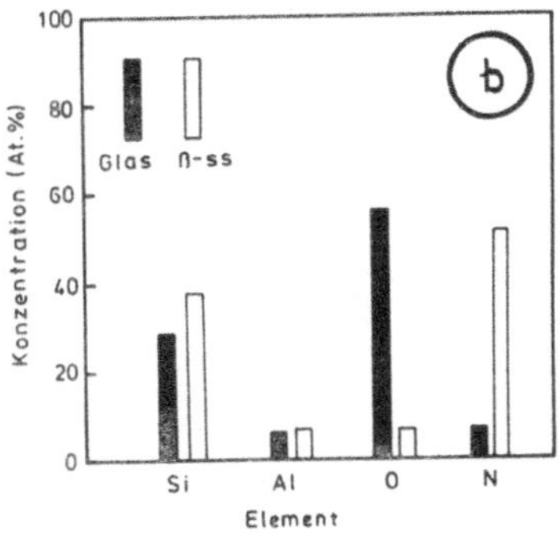

Bild 6 a,b: Darstellung der intergranularen Glasphase (helle Bereiche) im TEM mit Dunkelfeldabbildung (a) und Bestimmung ihrer chemischen Zusammensetzung mit EELS (b). In der Glasphase tritt gegenüber dem Mischkristall eine starke Sauerstoffanreicherung auf.

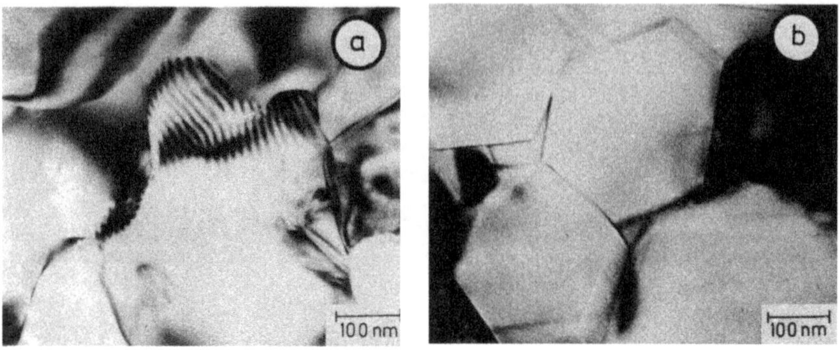

Bild 7 a,b: TEM-Hellfeldabbildung von glasphasenarmem Gefüge mit gekrümmten Korngrenzen (a) und glasphasenreichem Gefüge mit geraden Korngrenzen (b) in einer ß-Sialonkeramik mit x = 0.7.

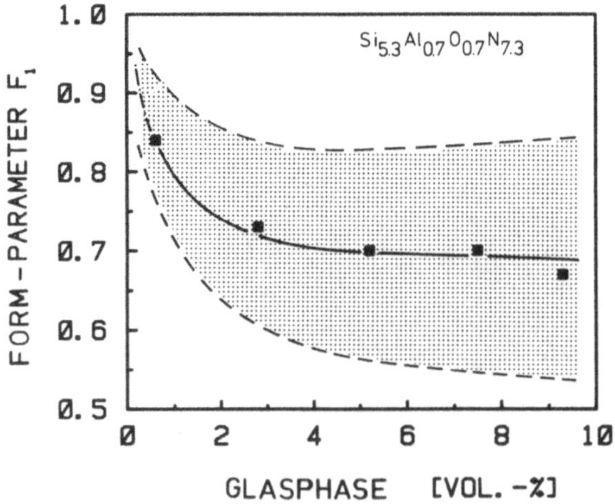

Bild 8: Formparameter $F_1 = 4\pi A/U^2$ einer ß-Sialonkeramik (x = 0.7) in Abhängigkeit vom intergranularen Glasanteil. Mit steigendem Glasanteil nimmt das Längenwachstum der Kristalle zu und F_1 fällt ab.

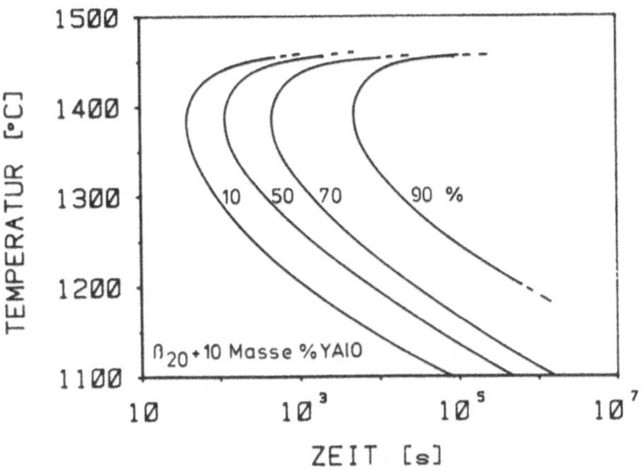

Bild 9: Zeit-Temperatur-Umwandlungs-Diagramm der Kristallisation von YAG, 3 $Y_2O_3 \cdot 5\ Al_2O_3$, aus der intergranularen Glasphase in einer gesinterten ß-$Si_{6-x}Al_xO_xN_{8-x}$-Keramik (x = 1.5).

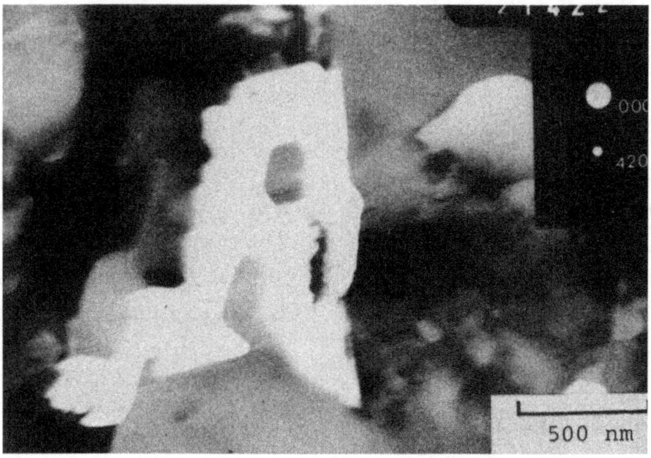

Bild 10: TEM-Dunkelfeldabbildung des in den Tripelpunkten auskristallisierten YAGs (helle Bereiche) in ß-Sialon (x = 1.5). Der YAG bildet große einkristalline Bereiche mit gleicher kristallographischer Orientierung.

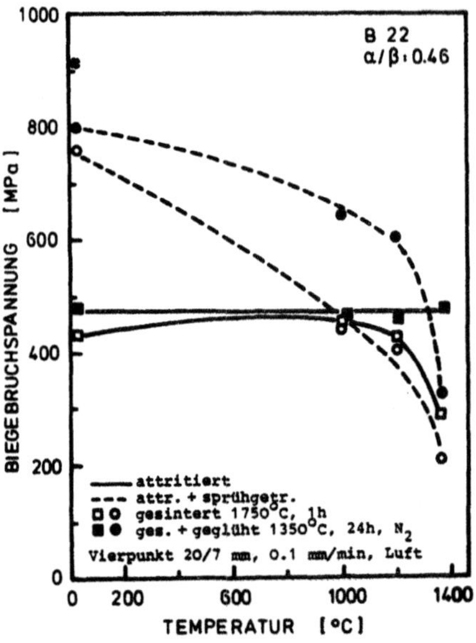

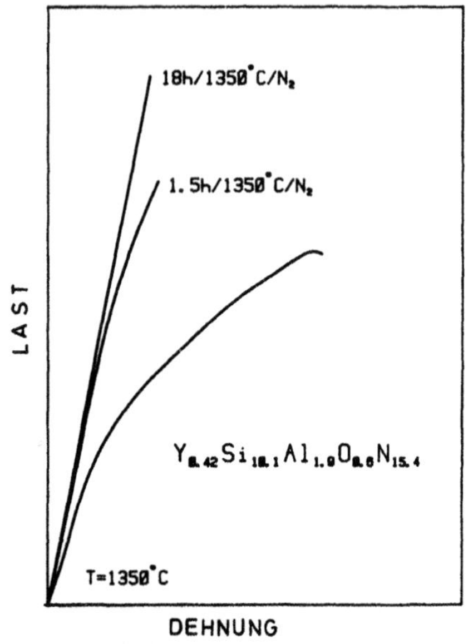

Bild 11: Einfluß der Glasphasenkristallisation auf die Biegebruchspannungen von gesinterten α/ß-Si_3N_4-Mischkristallkeramiken. Nach der Glaskristallisation bleibt im attritierten und gesinterten Pulver die RT-Festigkeit bis 1400°C konstant.

Bild 12: Last-Dehnungs-Kurven einer gesinterten α-$Y_{0.42}Si_{10.1}Al_{1.9}O_{0.6}N_{15.4}$ - Keramik in Abhängigkeit von der Kristallisationszeit bei 1350°C. Belastungsgeschwindigkeit 0.1 mm/min.

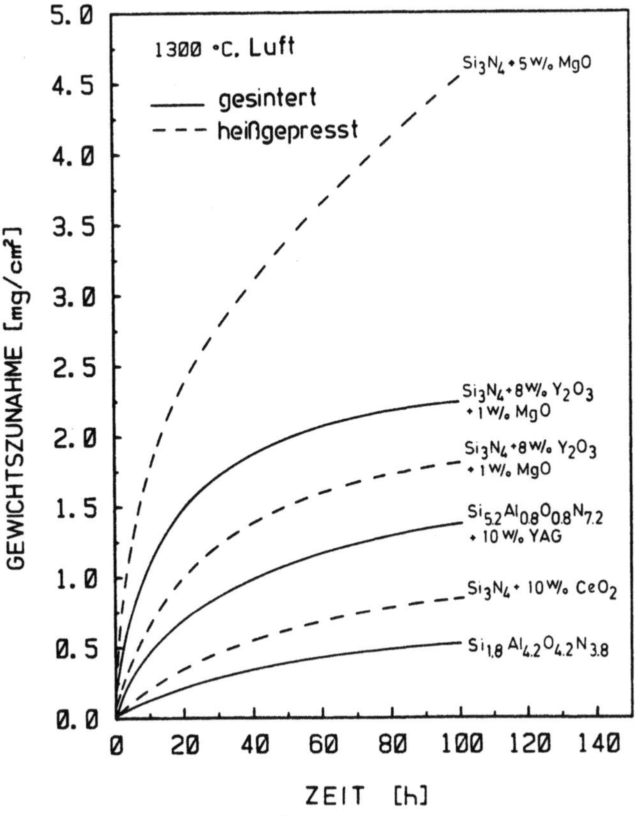

Bild 13: Vergleich des Oxidationsverhaltens heißgepreßter und gesinterter Si_3N_4-Werkstoffe, die mit unterschiedlichen Sinterzusätzen verdichtet wurden [19]. Die ß-Sialonkeramik (x = 4.2) weist den geringsten Gewichtszuwachs unter den berücksichtigten Werkstoffen auf.

Entwicklung von Siliciumnitrid-Bauteilen für den Gasturbinenbau

Dr.K.Berroth; Dr.A.Krauth

Rosenthal Technik AG
Werksgruppe IV
Ingenieurkeramik
8672 Selb

Zusammenfassung

Im vom BMFT-geförderten Gemeinschaftsprojekt "Keramische Bauteile für Fahrzeug-Gasturbinen" wurde von Rosenthal der Werkstoff Siliciumnitrid reaktionsgebunden (RBSN) bearbeitet. Neben der Entwicklung des Werkstoffes wurde vor allem die keramische Prozeßtechnologie für eine wirtschaftliche Herstellung hochbeanspruchter Bauteile erarbeitet. Die keramischen Formgebungsverfahren Isostatisches Pressen mit Nachbearbeitung, Spritzguß und Folientechnik wurden dabei entwickelt und erprobt.
Die hergestellten Komponenten waren

Brennkammer (mehrere Versionen)
Nasenkonus
Leitschaufeln, Leitschaufelsegmente, Leitkranz
monolithisches Turbinenrad mit Schaufel
rekuperative Wärmetauscher (mehrere Versionen).

Die bei den einzelnen Formgebungsverfahren erreichten anwendungsspezifischen Werkstoffkennwerte sind in Tab. 1 zusammengefaßt und sind jetzt Stand der Technik für die Serienfertigung [1, 2, 3, 4].

1. Einleitung

Um Gasturbinen als alternative Antriebssysteme wirtschaftlich zu betreiben, muß die Verbrennungstemperatur des Treibstoffes so hoch liegen, daß herkömmliche (metallische) Werkstoffe nicht mehr eingesetzt werden können. Im Rahmen des vom BMFT geförderten Gemeinschaftsprojektes "Keramische Komponenten für den Fahrzeug-Gasturbinenbau" wurde bei Rosenthal Werkstoff- und Prozeßtechnik von reaktionsgebundenem Siliciumnitrid (RBSN) mit Zielrichtung Serienfertigung entwickelt.

Da von Anwenderseite hohe Anforderungen an die Bauteilzuverlässigkeit und Lebenserwartung von keramischen Komponenten (Bild 1, Anforderungsspektrum) zu stellen sind, ist die sicher reproduzierbare, statistisch abgesicherte Herstellung ein wesentliches Kriterium für die Auswahl und Durchführung des keramischen Formgebungsprozesses. Aus Prototypen lassen sich zwar erste Aussagen über die prinzipielle Verwendbarkeit eines bestimmten Werkstoffes erhalten, für zuverlässige Angaben über Reproduzierbarkeit und Ausfallwahrscheinlichkeit ist jedoch eine aufwendige Entwicklung an der Komponente in der Serie notwendig (Bild 2, Entwicklungsmechanismus). Gleichbleibende Rohstoffe, spezifizierte Prozeß- und Kontrollschritte sind für eine solche Entwicklung unerläßlich. Durch ein Netz von Prozeß- und Qualitätsspezifikationen wurde deshalb das gesamte Herstellungsverfahren nach jedem durchgeführten Entwicklungsschritt festgeschrieben. Schwerpunkte der Entwicklungsarbeiten waren

- Rohstoffauswahl und Charakterisierung
- Rohstoffkonditionierung
- Masseaufbereitung (formgebungsspezifisch)
- Formgebungsverfahren Spritzguß
Folientechnik
- Thermische Behandlung mit Ausbrennen von temporären organischen Bindern und Nitridierungsprozeß.

Neben diesen Schwerpunkten wurden Test- und Untersuchungsmethoden überprüft und entwickelt, die eine effiziente Prozeßkontrolle und Qualitätssicherung ermöglichen [1, 5, 6, 7, 8].

2. Rohstoffe

Die Rohstoffeigenschaften sind wesentliche Parameter bei der Herstellung von keramischen Bauteilen, sie beeinflussen neben jedem Prozeßschritt auch ganz entscheidend die Werkstoff- und Bauteilqualität. Wichtigste Voraussetzung für eine serienfähige Fertigung ist deshalb eine stets gleichbleibende Rohstoffqualität.

Im Verlauf des Projektes wurden viele Si-Pulverqualitäten auf ihre Einsatzmöglichkeiten hin untersucht, wobei vor allem die Verarbeitungseigenschaften bei Masseaufbereitung und Formgebung, die Nitridierbarkeit sowie die erreichbaren Werkstoffeigenschaften überprüft wurden. Die wichtigsten Eigenschaften der Si-Pulver sind:

1. Korngröße, Korngrößenverteilung, Kornform (Bild 3, 4)
2. Chemische Reinheit
3. Reproduzierbare Herstellung

Vor allem bei der reproduzierbaren Herstellung traten immer wieder Probleme mit handelsüblichen Produkten auf. Es war deshalb notwendig, alle handelsüblichen Si-Qualitäten intern zu konditionieren.

Aus dem derzeit handelsüblichen Angebot konnte auf Grund dieser Vorarbeiten ein geeignetes Aufbereitungsaggregat gefunden und in den Prozeß integriert werden. Damit kann von Lieferanten unabhängig, aus gut zugänglichen Si-Qualitäten die Aufbereitung der benötigten Si-Pulver intern erfolgen.

Neben den keramischen Rohstoffen kommt vor allem beim Spritzguß und bei der Folientechnik auch organischen Binder- und Plastifizierungsmitteln eine große Bedeutung zu. Hier muß eine gute Verträglichkeit der Komponenten mit Silicium und untereinander gewährleistet sein. Kritisch dabei ist vor allem die Lagerbeständigkeit der organischen Komponenten im Anlieferungszustand sowie in Massen und Halbfertigproduken.

3. Masseaufbereitung

Grundvoraussetzung für die Herstellung von hochbeanspruchten Bauteilen ist eine homogen aufbereitete, gut verarbeitbare Masse. Eine geeignete Sprühgranulataufbereitung für die homogene Vermischung von Si-Pulver mit anorganischen und organischen Additiven wurde entwickelt.

Beim Spritzguß wird eine gut fließfähige thermoplastische Masse gefordert. Si und Kunststoffmischungen werden in aus der Kunststofftechnik eingeführten Knetmischern aufbereitet. Wichtig ist hierbei, daß hohe Scherkräfte zur Homogenisierung aufgebracht werden können.

Für die Folientechnik wurden Gießschlicker mit wasser- und lösungsmittellöslichen Bindern entwickelt und erprobt. Diese Binder wurden neben verarbeitungsspezifischen Aspekten auch unter dem Gesichtspunkt der Wiederaufarbeitbarkeit von Folienrücklauf ausgewählt.

4. Formgebung

Die wirtschaftliche Art der Formgebung für eine Serienfertigung ergibt sich meist aus der Geometrie des Bauteils und den geforderten Maßtoleranzen.
Prototypen wurden zunächst immer aus isostatisch verdichtetem Material hergestellt, weil hier die Werkstoffhomogenität über das gesamte Bauteil gewährleistet war und weil mit dieser Technik eine hohe Verdichtung erreicht wird, die notwendig ist, um hohe Werkstoffdichten im nitridierten Teil zu erhalten.

Für Brennkammern kann als Formgebungsverfahren das Strangpressen und vor allem der Schlickerguß genannt werden. Hier ist jedoch auch das Isostatische Pressen auf Dorn mit anschließender Grünbearbeitung vertretbar. Für diese Anwendung hat sich RBSN jedoch nicht bewährt.

Ebenfalls in Isopreßtechnik wurden Prototypen eines Einlaufkonus gefertigt. Hier wäre Spritzguß oder Schlickerguß ebenfalls denkbar (Bild 5).

Für komplex geformte Bauteile wie Leit- und Laufradschaufeln bzw. Leitkranzsegmente und Axialrotoren bietet sich die Spritzgußtechnik an. Diese Technik wurde für die Herstellung von oben genannten Teilen entwickelt. In Bild 6 ist der gesamte Prozeßablauf beschrieben.

Für die Werkstoffentwicklung stand ein Stäbchenwerkzeug zur Verfügung, um damit die Werkstoffeigenschaftswerte zu ermitteln. Es waren stark gegenläufige Parameter zu optimieren (Bild 7, Optimierung). Mit der Spritzgußtechnik wurden mehrere Versionen von Leitapparaten hergestellt (VW/MTU/DFVLR), (Bild 8).
Mit dieser Technik werden serienmäßig bereits mehrere 100.000 Teile in einer mittleren Werkstoffqualität hergestellt (Bild 9, Schweiß- und Verdampferdüsen).

Die für die Gasturbine angestrebten rekuperativen Wärmetauscher wurden zunächst in Wickeltechnik aus wellförmiger Folie hergestellt. Danach wurde die Strangpreßtechnik von Einzelschichten erprobt (Bild 10).
In Sägetechnik aus Iso-Material hergestellte Gegenstrom-Wärmetauscher waren die Vorläufer für die Folien-Laminiertechnik.
Es wurden zunächste Module aus glatten Folien mit breiten Stegabstützungen auf-

gebaut (Bild 11). Nach einer Konzeptänderung von DB wurde die Entwicklung von prägbaren Folien notwendig, da sehr kleine Trennwände und Stegbreiten und eine hohe Wärmetauscherfläche gefordert waren. In Bild 12 sind die Anforderungen sowie die erreichten Daten zusammengefaßt. In Bild 13 sind Ausschnitte aus Wärmetauschermodulen und Laminierstellen gezeigt. Da RBSN immer porös ist, wurden Methoden zur Sekundärabdichtung untersucht und erprobt (Bild 14, Abdichtvarianten, Gasdurchlässigkeit) [3, 4, 9, 10, 11].

5. Temperaturbehandlung

5.1 Ausheizen der organischen, temporären Binder

Bei Spritzguß- und Folientechnik ist es notwendig die organischen Bindemittel vor dem Nitridierungsbrand aus dem Bauteil auszubrennen. Dieses Ausbrennen muß bei Temperaturen bis maximal 350 °C erfolgen.
Es wurden Temperatur-Zeit-Programme für Umluftöfen erstellt, die ein rißfreies Ausbrennen von komplexen Bauteilen mit großen Wandstärkenunterschieden erlauben. Sie wurden mit Labortrockenschränken für kleine Bauteilzahlen ermittelt und auf Produktionsaggregate übertragen.

5.2 Nitridieren

Beim Nitridieren wird Si in Si_3N_4 umgewandelt. Für den Nitridierprozeß wurden Vakuum-Haubenöfen mit bis zu 2 m³ Brennraum entwickelt. Es wurden Einflüsse von Zusätzen und Verunreinigungen im Stickstoff auf die Nitridierergebnisse und Werkstoffeigenschaften ermittelt. Diese Untersuchungen waren Grundlage für die Erstellung von Temperatur-Zeit-Gasdruck-Programmen, die eine Serienfertigung erlauben (Bild 15, Nitridierofen).

5.3 Endbearbeitung Bauteilmontage

Nach dem Nitridierungsbrand müssen manche Bauteile zur Verbesserung der Oberflächengüte und für die Einhaltung sehr enger Toleranzen nachbearbeitet werden. Dies erfolgt mit speziell entwickelten Bearbeitungstechniken und -werkzeugen.
Das Zusammenfügen von mehreren Komponenten zu einem funktionsfähigen Aggregat stellt ebenfalls hohe Anforderungen. Es wurden Verbindungstechniken für Keramik-Keramik und Keramik-Metall entwickelt und erprobt (Bild 16, Federelement Rotor-Welle) [12, 13].

6. Prüftechnik und Qualitätssicherung

Für die Ermittlung der Eigenschaften von Werkstoff und Bauteil wurden z.T. aufwendige Prüfmethoden entwickelt und erprobt. Die für die Ermittlung von Werkstoffeigenschaften zur Verfügung stehenden Apparaturen und Meßgeräte sind in Bild 17 dargestellt.

Die Masseeigenschaften werden mit einem Rotationsviskosimeter getestet und speziellen Prüfapparaturen für plastische und thermoplastische Massen [1, 4, 5, 6, 7, 8].

7. Werkstoffentwicklung

Durch Maßnahmen, die vor allem im Bereich der Si-Pulverkonditionierung lagen, wurden die Werkstoffeigenschaften weiterentwickelt. Hier ist vor allem die systematische Untersuchung von Kornverteilungskurven und Kornform zu nennen, die zu optimalen Packungsdichten in Masse und Bauteil führen. Hohe Packungsdichten bei sehr feinem Korn sind Voraussetzung für die gute Oxidationsbeständigkeit des Werkstoffs. Es lassen sich damit feinporige RBSN-Gefüge mit sehr kleinen Porenkanalradien und hoher Dichte herstellen (Bild 18).

Die Verbesserung der Gasdichtigkeit, des Thermoschockverhaltens und der Oxidationsbeständigkeit sollte vor allem bei der Folientechnik durch die Umsetzung der bei der Pulverkonditionierung gewonnenen Ergebnisse zu erreichen sein.

8. Schrifttum

1	MAIER, H.R. NINK, H. KRAUTH, A.	Statistische Festigkeitseigenschaften, Krafteinleitung und Bauteilzuverlässigkeit am Beispiel von reaktionsgebundenem Siliciumnitrid Ber.Dt.Keram. Ges. 54 (1977), Nr. 12 S. 413 bis 416

2 KRAUTH, A.

Recuperative ceramic heat exchanger and stator parts for gas turbine applications

Proceedings of the Fifth Army Materials Technology Conference. Held at Newport, Rhode Island, March 21-25, 1977.Co-sponsored by Army materials and Mechanics Research Center, Energy Research and Development Administration and Defense Advance Research Projects Agency.
Published in cooperation with the Metals and Ceramics Information Center Columbus, Ohio. Ceramics for High Performance Applications II, 539 - 548, Editors J.J. Burke, E.N. Lenoe, R.N. Katz.

3 POHLMANN, H.J.
MAIER, H.R.
KRAUTH, A.

Keramische Wärmetauscherkonzepte für spezielle Anwendungen

Vortrag DKG-Jahrestagung 4. und 5.10.1977, Timmendorfer Strand

4 MAIER, H.R.
POHLMANN, H.J.
KRAUTH, A.

Anwendungsorientierte Prüftechnik am Beispiel von keramischen Wärmetauschern

Vortrag DKG-Jahrestagung, 4. und 5.10.1977 Timmendorfer-Strand

5 MAIER, H.R.
POHLMANN, H.J.
KRAUTH, A.

Design Criteria and Structural Testing of Ceramic Components

Held at London, Dec. 14-15, 1977. British Ceramic Society, Basic Science Section Symposium on the Mechanical Engineering Properties and Applications of Ceramics.
Proceedings of the British Ceramic Society No. 26, July 1978, 17 - 30.The Mechanical Engineering Properties and Applications of Ceramics, edited by Dr.D.J. Godfrey, Shelton House Stoke on Trend

6 MAIER, H.R.
KRAUTH, A.
GEBHARD, W.

Statistische und bruchmechanische Festigkeitsaspekte bei hohen Temperaturen, Laufradschaufeln aus reaktionsgebundenem Siliciumnitrid

Diskussionstagung, Hochtemperatureigenschaften keramischer Werkstoffe, DKG-Fachausschuß Keramische Werkstoffe in der Technik, 16./17.2.1978, Baden-Baden
Ber.Dt.Keram. Ges. 55 (1978), Nr. 8
S. 402 bis 406

7	MAIER, H.R. POHLMANN, H.J. KRAUTH, A.	Qualitätssicherung und Prüftechnik Lehrgang Keramik im Apparate und Maschinenbau, Konstruieren mit keramischen Werkstoffen VDI-Bildungswerk 33-28-01, 8./9.5.1979 Düsseldorf
8	HÜBNER, G. KRAUTH, A.	Qualitätssicherung und Prüftechnik für keramische Werkstoffe Vortrag VDI-Bildungswerk
9	KRAUTH, A.	Ceramic Recuperative Heat Exchanger Presentation at the DOE Highway Vehicle System Contractors Coordination Meeting, May 10, 1978, Troy, Michigan
10	SCHINDLER, St. KRAUTH, A.	Recuperative Ceramic Heat Exchanger Vortrag anläßlich "European Colloquium on Ceramics in advanced Energy Technologies" in Petten, September 23, 1982.
11	KRAUTH, A.	Recuperative Ceramic Heat Exchanger for gasturbine and other application Vortrag anläßlich "The International Symposium on Ceramic Components of Engine" in Hakone, Japan 17. - 21. Oktober 1983
12	MAIER, H.R. POHLMANN, H.J. KRAUTH, A.	Fügetechniken für Bauteile aus keramischen Werkstoffen Lehrgang Keramik im Apparate und Maschinenbau - Konstruieren mit keramischen Werkstoffen, VDI-Bildungswerk 33-28-01 8./9.5.1979, Düsseldorf
13	BURGHARDT, H. KRAUTH, A. RUSKA, J.	Fügetechnik für Bauteile aus keramischen Werkstoffen Vortrag VDI-Bildungswerk

	ISO/TP	Spritzguß Serie	Spritzguß Entwicklung	Folie	Strang
Dichte [g/cm³]	2,20 - 2,60	2.45 - 2.65	2,65	2,35	2.35
Biegefestigkeit [N/mm²]	150 - 200	200 - 240	270 - 300	180	200
Weibullmodul	18 - 20	18	15	12	15
E-Modul [N/mm²]	←	200 - 170			→
Wärmeleitfähigkeit [W/mK]	←	14 - 10			→
Wärmeausdehnungskoeffizient [1/k]	←	~3			→
Porosität offen [%]	25 - 8.5	20 - 7	7	20	18
Oxidationsbeständigkeit					
900°C [mg/cm²]			<2.5		
1250°C [mg/cm²]		<3	<1.5		
Oberflächengüte as fired Ra [/um]	←	1,0 - 3,0			→
Toleranzen as fired	←	DIN 7168 mittel			→

Tab. 1: Werkstoffkennwerte

Anforderung / Bauteil	Statischer Betrieb max. Temperatur °C	max. Zugfestigkeit N/mm²	Wechsellast	Oxidation, Korrosion	Formgebung
Brennkammer Einlaufschnecke	1300 / 1550 1350	Spannungsspitzen an Lufteintrittslöchern		X X	dünnwandig großes Volumen
1. Stator 1. Turbinenschaufel	1350 1300	70 110 (Zentrifugal und notch Spannungen)	Temperaturwechsel $\Delta T \geq 500$ K/s	X	komplexe Schaufelgeometrie
1. Turbinen Rotor	Rand 1150 Kern 430	380 im Kern	450 N/mm² nach Kaltstart	-	dichwandiges Bauteil
Gaskanal	1150 / 1280			X	dünnwandig großes Volumen
2. Turbinen Stator 2. Turbinenschaufel	1150 / 1280 1100 / 1230	50 150 (Zentrifugal und notch Spannungen)	Gastemperaturwechsel $\Delta T \geq$ 500 K/s	X	komplexe Schaufelgeometrie
Wärmetauscher	Eintritt 970 / 1280 Austritt 330 / 330			SO_2-Korrosion	dünnwandige Matrix

Bild 1: Anforderungsspektrum keramischer Komponenten für Gasturbinen

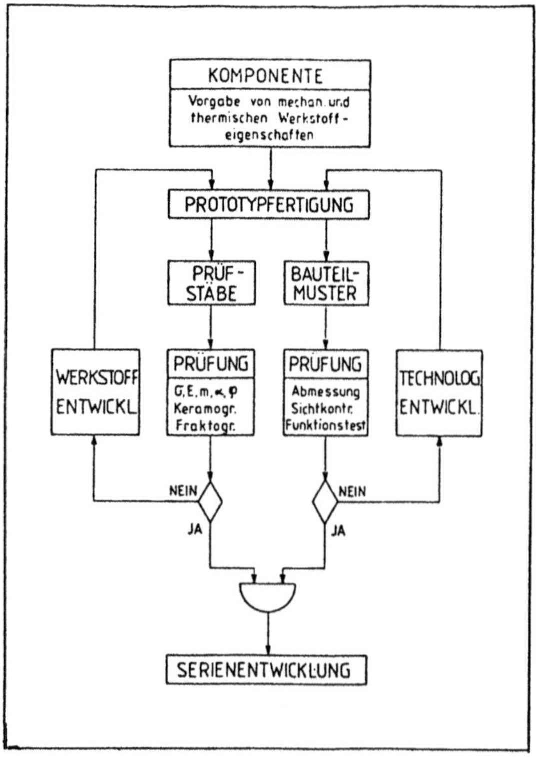

Bild 2: Entwicklungsmechanismus

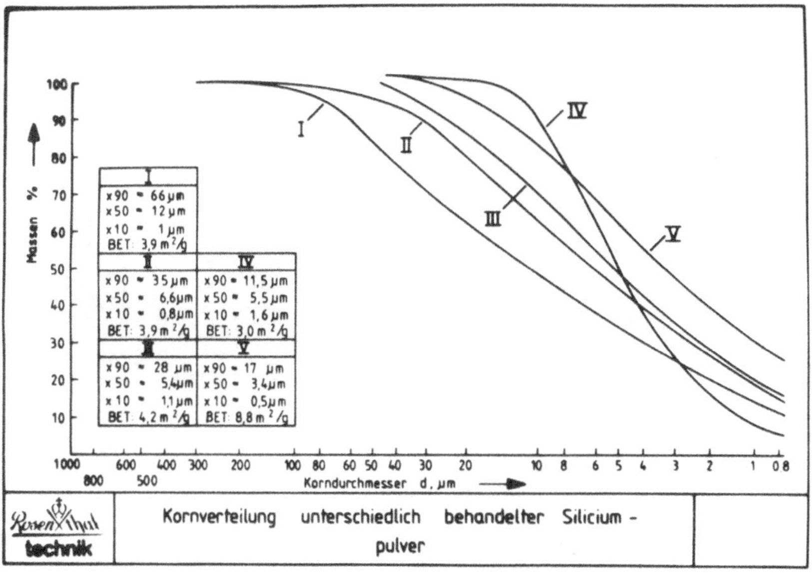

Bild 3: Korngröße, Korngrößenverteilung

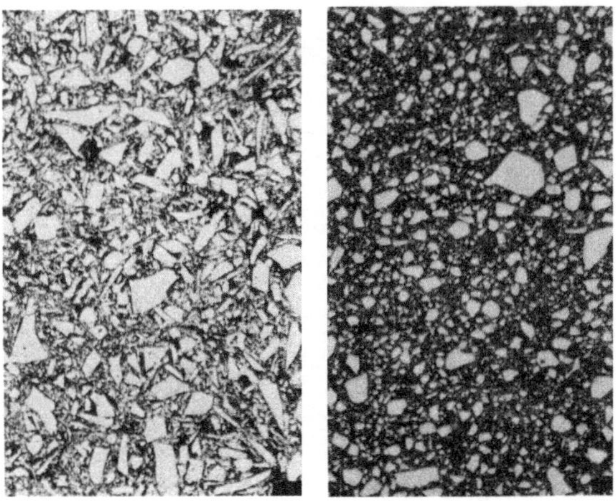

Bild 4: Kornform

Bild 5: Einlaufkonus und Brennkammer

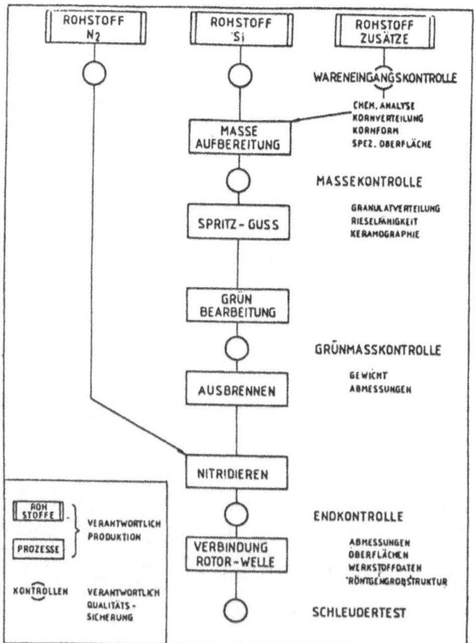

Bild 6: Herstellungstechnik Spritzguß

Hoher Plastifiziereranteil	-	gute Fließfähigkeit
	-	niedrige Werkstoffdichte
	-	schlechte Oxidationsbeständigkeit
	-	hohe Schwindung
Feines Pulver	-	homogenes, feinporiges Gefüge
	-	hohe Festigkeit
	-	schlechte Plastifizierbarkeit
	-	lange Mischzeiten
Grobes Pulver	-	hohe Dichte
	-	gute Plastifizierbarkeit
	-	schlechte Festigkeit
	-	inhomogenes, grobporiges Gefüge

Bild 7: Optimierungsparameter Spritzguß

Bild 8: Leitapparat

Bild 9: Spritzgußteile
Schweiß- und Verdampferdüsen (Serie) , Gasturbinenteile (Entwicklung)

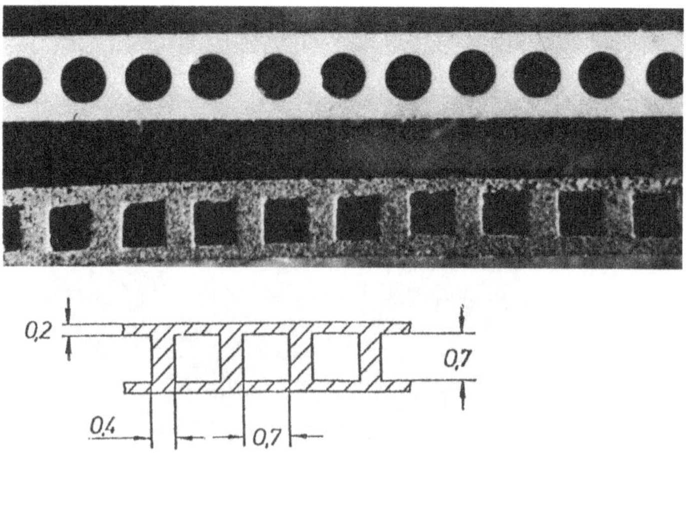

Bild 10: Strangpreßtechnik von Einzelschichten für Wärmetauscher

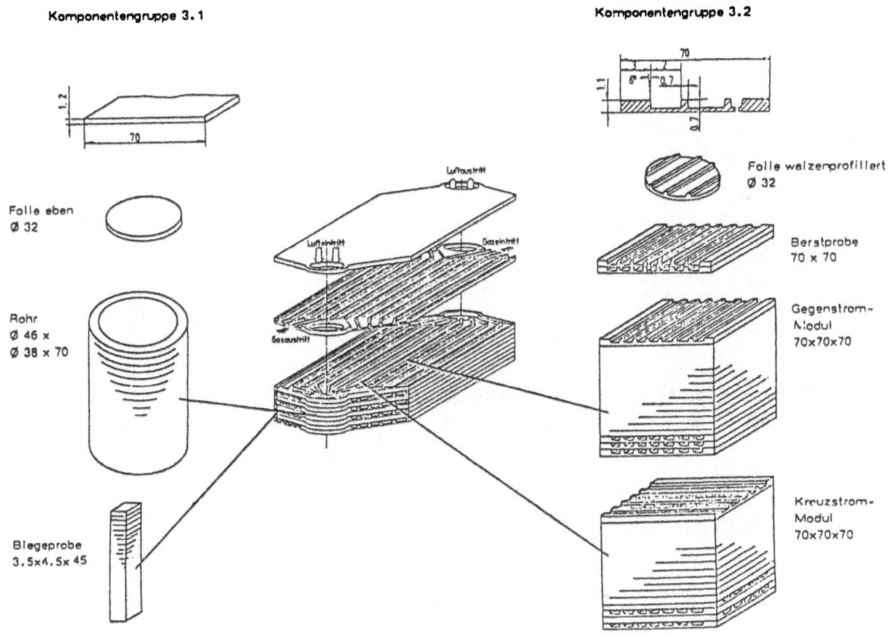

Bild 11: Konzeptänderung DB mit Entwicklungslinien

Bezeichnung	Forderung DBAG	1980	1982
Geometrie Maße in mm	Dicke der Trennwand 0,2 Stegbreite 0,2 Steghöhe 0,7	ca. 0,4 0,5 - 0,6 0,68	ca. 0,2 0,3 - 0,45 0,6
Dichte [g/cm³] Porosität [%]	max. min.	2,3 ca. 28	2,38 ca. 25
Oxidationsverhalten	keine Materialschädigungen nach Glühung bei 1200 °C/20 h 1000 °C/200 h	nicht ausreichend	nicht ausreichend (Rißbildung bei Glühungen im Ofen)
Gasdurchlässigkeit bei Δp = 5 bar [g/m².s]	$1{,}25 \cdot 10^{-1}$	$8{,}5 \cdot 10^{-1}$ bis $1{,}0 \cdot 10^{0}$ $7{,}0 - 8{,}0 \cdot 10^{-4}$	$1{,}5 - 2 \cdot 10^{-3}$ $2{,}5 - 7{,}5 \cdot 10^{-4}$
Berstverhalten [bar]	50	annähernd erreicht	nicht ausreichend (Brüche ab 6 bar Berstdruck)
Thermoschock-verhalten	keine Rißbildung bei $\Delta T \sim 800$ °C in 3 sec bei Matrixwürfelgröße 70 x 70 x 70 mm	nicht ausreichend, Rißbildung	nicht ausreichend, Rißbildung

Bild 12: Anforderung und erreichte Daten Wärmetauschermodule

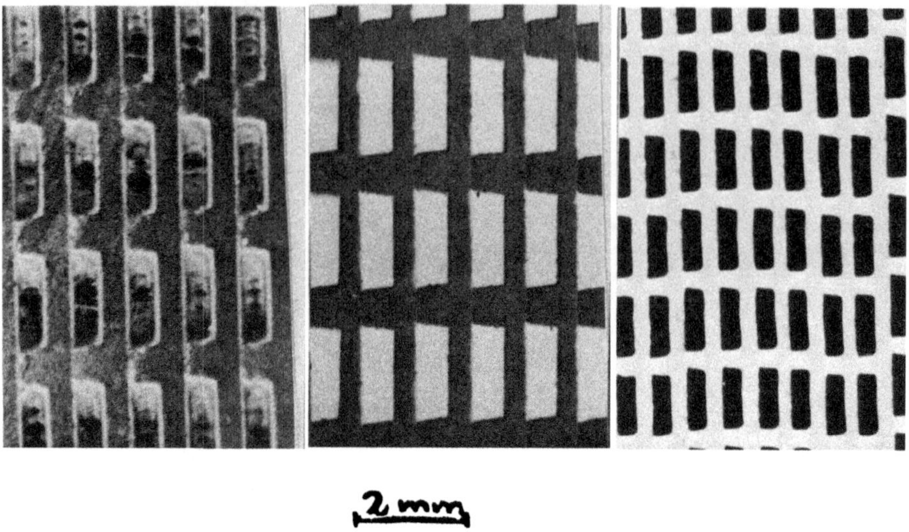

Bild 13: Ausschnitte Wärmetauschermodule

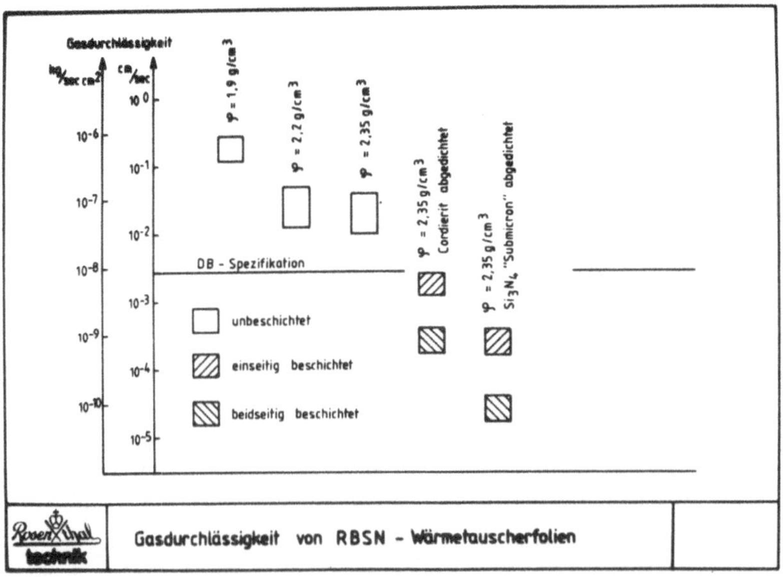

Bild 14: Gasdurchlässigkeit

Bild 15: Nitridierofen

Bild 16: Federelement Rotor-Welle

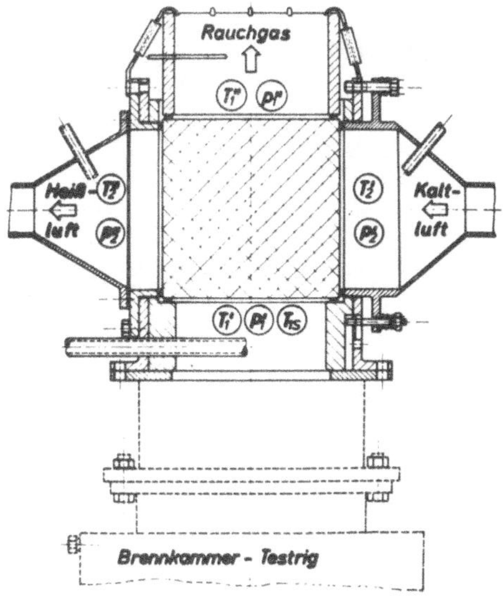

Bild 17: Apparate und Meßgeräte zur Ermittlung der Bauteileigenschaften

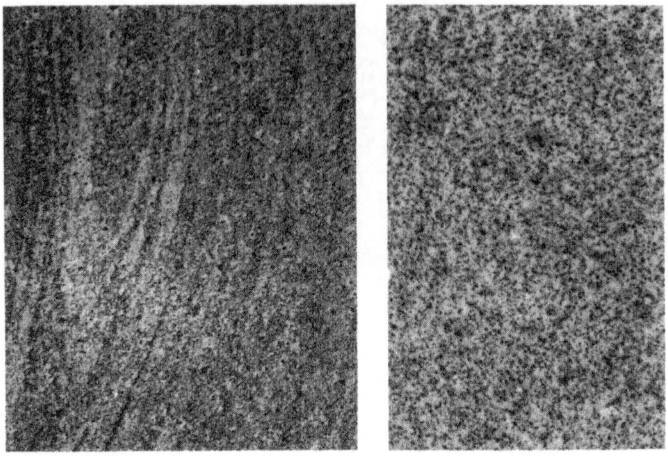

Bild 18: RBSN-Gefüge

HERSTELLUNG VON BAUTEILEN AUS REAKTIONSGESINTERTEM SILIZIUMNITRID IM SPRITZGIESSVERFAHREN

U. Dworak, H. Olapinski, D. Fingerle
Feldmühle AG Plochingen

1. Einleitung

Im Rahmen des vom BMFT im Zeitraum von 01.07.1974 bis 30.06. 1983 geförderten Projektes über keramische Bauteile für Fahrzeuggasturbinen hat die Fa. Feldmühle Aktiengesellschaft das Vorhaben "Formgebung von RBSN mittels des Spritzgußverfahrens" bearbeitet. Die Zielsetzung des Forschungsvorhabens war es, eine Materialentwicklung nach Maßgabe der Anforderungen der Turbinenhersteller durchzuführen und dann, aufbauend auf gesicherten Werkstoffkenngrößen, diese Eigenschaften auf Bauteile zu übertragen.

2. Stand der Technik bei Projektbeginn

Bei Beginn des Forschungsprojektes im Jahre 1974 lagen die maximal erreichbaren Festigkeitswerte für RBSN nach dem Spritzgußverfahren bei 120 MPA. Phänomene der inneren Oxidation und Beeinflussung des Kriechverhaltens waren noch vollkommen unbekannt. Im Zuge der fortschreitenden Entwicklung wurden aufgrund des wechselseitigen Erfahrungsaustauschs zwischen Keramikherstellern und Anwenderfirmen die Entwicklungskriterien für einen anwendungsgerechten Hochtemperaturwerkstoff erarbeitet.

3. Werkstoffentwicklung

Hauptziele der Materialentwicklung waren die Optimierung der mechanischen Eigenschaften, die Einengung der Streubreite von Festigkeitswerten, die Optimierung des Oxidationsverhaltens und der mit der inneren Oxidation verbundenen Langzeitstabilität. Wesentliches Kriterium hierfür war die Anhebung der Dichte des Werkstoffs, die jedoch nur dann zur Festigkeitssteigerung führt, wenn sie homogen über den ganzen Formkörper und nicht nur zonar im Mikrogefüge vorliegt. Bild 1 zeigt die Dichte/Festigkeitskorrelation für verschiedene Versuchsvarianten. Die Voraussetzung für einen langzeitstabilen Werkstoff ist neben einer möglichst geringen Porosität eine außerordentlich hohe Homogenität dieser Porosität bei möglichst kleineren Porenradien. Hierzu kommt die Forderung nach hoher Reinheit des Werkstoffs, was den Einsatz von Nitridierungskatalysatoren stark einschränkt. Die Umsetzung der genannten Kriterien im Rahmen der Werkstoffentwicklung soll im folgenden kurz skizziert werden.

3.1 Fertigungsschema von spritzgegossenen RBSN-Bauteilen

Die Fertigung von Bauteilen aus reaktionsgebundenem Siliziumnitrid erfolgt in den Verfahrensschritten siehe Bild 2.

3.2 Experimentelle Durchführung der Nitridierungsversuche

Die Dichte des reaktionsgesinterten Siliziumnitrid ergibt sich aus der Vorverdichtung des Ausgangsmaterials Silizium und der ohne äußere Volumenänderung eintretenden Gewichtszunahme durch Stickstoffaufnahme während der Nitridierung. Hohe Dichte im reaktionsgebundenen Fertigteil bedingt somit eine möglichst hohe Gründichte des Silizium-Vorkörpers und eine möglichst vollständige Nitridierung.
Die Optimierung dieses Prozesses erfolgte durch sehr intensive Studien über den Verlauf der Reaktionskinetik des Nitridierungsprozesses. Die Reproduzierbarkeit der in diesen Untersuchungen gewonnenen optimierten Bedingungen wurde durch die

kontinuierliche Registrierung der Temperatur an verschiedenen Positionen einer Brenncharge, durch Messung des Stickstoffverbrauchs sowie durch kontinuierliche Registrierung der Gewichtsänderung der gesamten Brennchargen sichergestellt.
In Bild 3 ist die von uns verwendete thermogravimetrische Ofensteuerung schematisch dargestellt.

3.3 Einfluß der Kornverteilung auf Verdichtung und Nitridierungsablauf

Die Verdichtung des Siliziumrohstoffs hängt ganz wesentlich von seiner Partikelgrößenverteilung ab. Breite Partikelgrössenverteilungen führen hierbei in der Regel zu gut verdichtbaren Pulvern. Derartige Pulver, wie sie häufig für reaktionsgebundenes Siliziumnitrid eingesetzt werden, weisen Teilchen bis zu 30 µm auf. Solche Partikel werden jedoch ohne Nitridierungskatalysatoren innerhalb vernünftiger Zeiten nicht vollständig zu Siliziumnitrid umgesetzt, so daß sich der Dichtegewinn im Siliziumvorkörper praktisch im Endprodukt nicht auswirkt.
Die groben Siliziumpartikel werden bis zu Temperaturen unterhalb des Schmelzpunktes des Silizium nur teilweise zum Nitrid umgesetzt. Bei Überschreitung des Schmelzpunktes kommt es zur Ausbildung unterschiedlicher Fehlstellen.
Bild 4 veranschaulicht in einem Beispiel die Entstehung großer Poren aus groben Siliziumpartikeln als eine Fehlerart, die vermieden werden muß. Die großen Poren entstehen durch Ausfliessen des noch nicht umgesetzten Si in die umgebende feinporöse Matrix (Schwammeffekt).
Bei Einsatz von Nitridierungskatalysatoren kann diese Fehlerart durch vollständige Reaktion, auch der groben Teilchen, vermieden werden und somit die gewünschte Dichtesteigerung realisiert werden. Eine signifikante Festigkeitssteigerung konnte durch diese Maßnahme nicht erzielt werden, da sich lediglich isolierte hochdichte Si_3N_4-Zonen ausbilden. Auch diese Zonen sind aufgrund ihrer unterschiedlichen Elastizitätsmoduli in Wechselwirkung mit der Matrix festigkeitsmindernd.

Aufgrund dieser Erkenntnis wurde die Entwicklung nur noch mit sehr feinkörnigen Pulvern weitergeführt, wobei die maximale Partikelgröße auf 10 µm festgelegt wurde. Es kam nun darauf an, das Siliziumpulver trotz dieser gravierenden Einschränkung im Hinblick auf die Verdichtbarkeit durch Variation der Kornverteilungskurve sowie der die Kornmorphologie beeinflussenden Prozeßparameter auf die höchstmögliche Packungsdichte zu optimieren. Entsprechende Sicht- und Mahlverfahren wurden für die weitere Versuchsführung eingesetzt.
Konventionelle Mahltechniken führen bei Einhaltung der o.g. Bedingungen zu hohen Feinanteilen und somit zu sehr unbefriedigender Verdichtbarkeit des Pulvers. Zur Lösung der Aufgabe wurden verschiedene Pulvermischungen mit definierter Kornverteilung hergestellt. Hierbei konnten jedoch nur unwesentliche Steigerungen der Verdichtbarkeit erreicht werden.
Deutliche Fortschritte wurden durch ein zweistufiges Mahlverfahren erzielt, wobei die erste Stufe in einer Strahlmühle mit integriertem Sichter durchgeführt wurde.
Bild 5 veranschaulicht das Verfahrensprinzip der Strahlmühle. Die Sichtung garantiert, daß Partikel größer 10 µm zurückgehalten werden. Partikel kleiner 10 µm werden ausgetragen und es resultiert eine im Vergleich zu Ergebnissen bei konventionellen Mühlen sehr enge Kornverteilung. Die Verdichtbarkeit dieses Pulvers ist jedoch relativ gering.
Durch eine nachgeschaltete Trockenmahlung in einer Kugelmühle kann die Kornverteilung nun gezielt verbreitet und der Punkt der optimalen Verdichtbarkeit eingestellt werden. Hierbei spielt die sich nach dieser Trockenmahlung ergebende Kornmorphologie eine nicht unbedeutende Rolle.
Bild 6 zeigt die entsprechenden Kornverteilungskurven.

4. Festigkeit, Oxidationsbeständigkeit und Kriechverhalten von RBSN

Gemäß der zuvor beschriebenen Verfahrensweise konnte eine Eigenschaftsoptimierung im Hinblick auf den Einsatz als Gas-

turbinenwerkstoff erreicht werden. Von den Anwendern wurden neben hoher Biegebruchfestigkeit über 300 MPa eine möglichst niedrigste Kriechverformung bei Temperaturen bis zu 1250°C und Festigkeitsstabilität bei zyklischer thermischer Belastung an Luft bis zu mindestens 3000 Stunden gefordert.
Untersuchungen von Prof. Thümmler und Mitarbeitern zeigten, daß die an RBSN-Werkstoffen beobachtete Kriechverformung eine Folge der inneren Oxidation ist, wie ein Vergleich der Kriechverformung an Luft bzw. unter Vakuum zeigt (Bild 7).
Weiterhin wurde bei der vergleichenden Untersuchung verschiedener RBSN-Werkstoffe, ein Zusammenhang zwischen der Kriechverformungund den mit Hilfe der Quecksilberporosimetrie ermittelten Poren- bzw. Porenhalsradien gefunden (Bild 8).
Durch Entwicklung eines homogenen Werkstoffes mit möglichst kleinen Poren- bzw. Porenhalsradien konnte ein in Bezug auf mechanische wie auch thermische Stabilität gleichermaßen optimales reaktionsgebundenes Si_3N_4 entwickelt werden, dessen Materialeigenschaften in Bild 9 zusammengestellt sind.

5. Bauteilentwicklung

Parallel zur zuvor beschriebenen Materialentwicklung von RBSN wurde eine Masserezeptur entwickelt, die ein thermoplastisches Formgebungsverfahren zum Spritzgießen ermöglichte. Hierzu wurden sehr umfangreiche Arbeiten zur Optimierung von Spritzmassen, Maschineneinstellparametern sowie Werkzeugauslegungen zunächst an Bauteilen für die Biegebruchprüfung durchgeführt.
Im Zuge der Entwicklung stellte sich heraus, daß eine homogene Formfüllung nicht mit dem gleichen Plastifizierungsversatz auf komplizierte Bauteile übertragbar war. Entsprechende Anpassungen mußten vorgenommen werden.
Im ersten Entwicklungsabschnitt wurden im wesentlichen Kleinteile, das heißt, Biegestäbchen und Turbinenschaufeln aus Silizium-Metallpulver nach der Spritzgießtechnik hergestellt.
Nach Optimierung der relevanten Prozeßparameter konnten bei spritzgegossenen Kleinteilen (bis zu 3 ccm Spritzvolumen)

Festigkeiten bis zu 350 MPa erreicht werden.
Bild 10 zeigt einen mit unseren RBSN-Schaufeln bestückten Versuchsrotor mit metallischer Nabe.
Dieses Konzept wurde von unserem Partner im Zuge seiner Entwicklungsresultate verlassen. Als neues Entwicklungsziel wurde an der Realisierung eines spritzgegossenen Radialturbinenrotors aus RBSN für Schleudertests beim Anwender gearbeitet. Hierbei mußte festgestellt werden, daß ein nahtloser Übergang vom Spritzgießen geringvolumiger Bauteile durch einfache Anpassung der üblichen Verarbeitungsparameter nicht möglich ist. Im folgenden soll auf die Untersuchungen zum Spritzgießen des Radialturbinenrotors näher eingegangen werden.
Bild 11 zeigt die Abmessungen des Versuchsrotors. Bei dieser Geometrie ist gewährleistet, daß beim Schleudertest der Scheibe die auftretenden Spannungen den Beanspruchungen in einem Turbinenrotor entsprechen. Für die Herstellung der Versuchsteile stand eine Schneckenkolben-Spritzgießmaschine mit einer Schließkraft von 160 kN zur Verfügung.
An dieser Maschine, die eine Schließeinheit mit hydraulisch betätigtem Doppelkniehebel aufweist, lassen sich die Funktionsgeschwindigkeiten digital, die anderen Betriebsvariablen wie Drücke und Zeiten analog einstellen.
Für schnelles Einspritzen wurde ein (Blasen)-Speicher und ein für einen erhöhten spezifischen Einspritzdruck vergrößerter Einspritzzylinder vorgesehen. Die Schneckenvorlaufgeschwindigkeit läßt sich dreifach sowie die Formschließ- und -öffnungsgeschwindigkeit zweifach abstufen. Der Schneckenantrieb, der Düsenverschluß sowie die Auswerfbetätigung erfolgen hydraulisch.

Das Spritzwerkzeug für den Rotor wurde mit einer Drei-Kreiskühlung ausgelegt. Damit ist eine getrennte Temperierung des Ober- bzw. Unterteils sowie der Düse möglich. Bild 12.
Bei Untersuchungen mit Spritzmassen unterschiedlichen Füllgrades unter Verwendung unterschiedlicher Plastifikationen hat es sich gezeigt, daß dem Füllvorgang besondere Bedeutung zukommt.

Formfüllvorgang

Im Gegensatz zum Metalldruckguß, bei dem das flüssige Metall meist als Freistrahl ("jetting") in das Werkzeug eintritt und von der dem "Anschnitt" gegenüberliegenden Werkzeugwandung die Form füllt, erfolgt beim Spritzgießen die Formfüllung durch eine Quellströmung, das heißt, die Kavität wird von der Angußstelle ausgehend gefüllt. In Bild 13 ist der Füllvorgang schematisch dargestellt. Während des Werkzeugfüllvorgangs entsteht ein Druckabfall vom Vorlageraum im Spritzzylinder zum Werkzeug hin, der durch den Strömungswiderstand des Werkzeugs bedingt ist. Im Werkzeug selbst baut sich mit Fortschreiten der Formfüllung ein Druckprofil auf, das dadurch gekennzeichnet ist, daß der Druck an der Fließfront Null ist und am Anschnitt seinen größten Wert besitzt. Beim Füllen des Spritzgießwerkzeugs kommt die durch den Anguß bzw. Anschnitt einströmende Masse mit den gekühlten Werkzeugwandungen in Berührung und erstarrt dort zu einer Feststoffschicht; mit wachsender Formfüllzeit wird diese erstarrte Schicht zunehmend dicker. Die dann nachfolgend eingespritzte Schmelze strömt zwischen diesen erstarrten Schichten hindurch und friert nach Anlegen der Fließfront an der Wandung in gleicher Weise ein.

Für eine Kreisscheibe mit zentralem Punktanschnitt, wie sie unserem Turbinenrotor entspricht, erhält man die in Bild 14 dargestellten Strömungsprofile. Berücksichtigt man bei der Beschreibung des Füllvorgangs mit Einfrieren an der Wand, Wärmekonvektion und Wärmedissipation, so erhält man die in Bild 15 dargestellten Temperatur- und Geschwindigkeitsverteilungen. Es ist zu erkennen, daß im Einlaufbereich durch die hohen Schergeschwindigkeiten in Wandnähe und die schlechte Wärmeleitfähigkeit der Masse ein Maximum der Massetemperatur T_M entsteht. Bei hohen Formfüllgeschwindigkeiten wird durch die hohe Schergeschwindigkeit dieses Maximum noch ausgeprägter. Dadurch ergibt sich ein quasi blockförmiges Fließen. Wird die Einspritzgeschwindigkeit noch weiter gesteigert, so erhält man infolge der zunehmenden Trägheitskräfte bei konstanter Fließhemmung einen Freistrahl, wie er im Metalldruckguß zu beobachten ist. Bild 16.

Formfüllstudien mit plastifiziertem Si-Material haben gezeigt, daß der Formfüllvorgang nicht eindeutig einem der oben beschriebenen Mechanismen zuzuordnen ist. Bild 17.
Bis zum engsten Querschnitt des Rotors erhält man eine Quellströmung. Nach der engsten Stelle ergibt sich eine Formfüllung, die mit einem "Freistrahl" zu vergleichen ist, d.h., die äußere Kontur wird von außen her erst vollständig gefüllt. Bei dem hohen anorganischen Anteil der Masse läßt diese nur eine relativ geringe elastische Deformation zu. Bei hoher Deformationsrate reißt die Fließfront auf, wodurch sich eine Art Freistrahl bildet.
Dies ist der Fall (Bild 17) in Umfangrichtung nach Durchströmen der Engstelle. Grundsätzlich kann die Bildung eines Freistrahls durch Temperierung des Werkzeugs und /oder langsamer Einspritzgeschwindigkeit bei ggf. höherer Massetemperatur reduziert werden.
In Bild 18 ist die entsprechende Füllstudie eines Spritzmasseversatzes mit größerem Plastifizierungsmittelanteil dargestellt, der eine höhere elastische Deformationsmöglichkeit der Masse ergibt.
Bei diesem Füllvorgang wurde die Grenze der von der Spritzgußmasse ertragbaren elastischen Deformation noch nicht überschritten. Bei dieser Spritzgußmasse erhält man beim Spritzen eine Quellströmung, auch noch nach dem Durchströmen der Engstelle.
Durch Optimierung der Spritzgußparameter wie Massetemperatur, Einspritzgeschwindigkeit, Einspritzzeit, Nachdruck und Werkzeugtemperatur konnte eine wesentlich verbesserte Formfüllung erreicht werden, die zum Endergebnis Bild 19 führte. Die Formfüllung erfolgte ohne Oberflächenfehler.
Bild 20 zeigt das Bruchbild eines mit Quellströmung gefüllten Rotors. Mit optimierten Fertigungsparametern wurden größere Serien dieses Turbinenrotors gespritzt (Bild 21) und weiterverarbeitet.
Bei den nachgeschalteten Ausheiz- und Sinterprozessen haben sich dennoch Fehlstellen im Bauteil gebildet, die nicht überwunden werden konnten.
Geringfügig unter der äußeren Wandung des Spritzteils wurden in dünnen Schichten Aufkonzentrationen des niedermolekularen

Anteils des Spritzversatzes festgestellt.
Diese sind durch Dissipationseffekte zustande gekommen und führten - nachdem im Ausheizprozeß die Plastifikatoren ausdiffuniert waren - zu Bereichen geringerer Dichte bzw. mangelhafter Vorverdichtung der Si-Partikel.
Diese Fehlstellen konnten durch den nachfolgenden Reaktionssinterprozeß und die damit verbundene Reduktion der inneren Porosität nicht mehr ausgeheilt werden. Für reaktionsgebundenes Si_3N_4, das keine Sinterschwindung aufweist, ist dieser Umstand besonders gravierend; bei schwindenden Massen wäre ein Ausheileffekt eher zu erreichen.
Aus diesen Gründen konnte das Projekt nicht bis zum Schleuderversuch fortgeführt werden. Bei hinsichtlich Spritz- und Ausheiztechnik geometrisch günstigerer Ausführung des Rotors wären die beobachteten Schwierigkeiten sicherlich überwindbar.

Neuere Entwicklungen im Bereich der Nitrid- und Carbidkeramiken zielen darauf ab, die vom RBSN bekannten guten Hochtemperatureigenschaften auch bei dicht gesinterten Werkstoffen zu realisieren.
Diese Werkstoffe zeigen aufgrund besserer Reproduzierbarkeit unter industriellen Fertigungsbedingungen sowie geringeren Beschränkungen in der Wahl der Geometrie (Wandstärke) ein höheres Potential für eine breite Kommerzialisierung. Fa. Feldmühle hat neben ihren Aktivitäten innerhalb des Gasturbinenprojektes seine Werkstoffpalette um dichte Nitrid- und Carbidkeramiken erweitert. Wir gehen davon aus, daß dieser Werkstoffgruppe eine zunehmende Bedeutung zukommt. Damit bietet Feldmühle - in Verbindung mit den bereits am Markt eingeführten Oxidkeramiken - das gesamte Spektrum moderner Strukturkeramik für technische Anwendungen an.

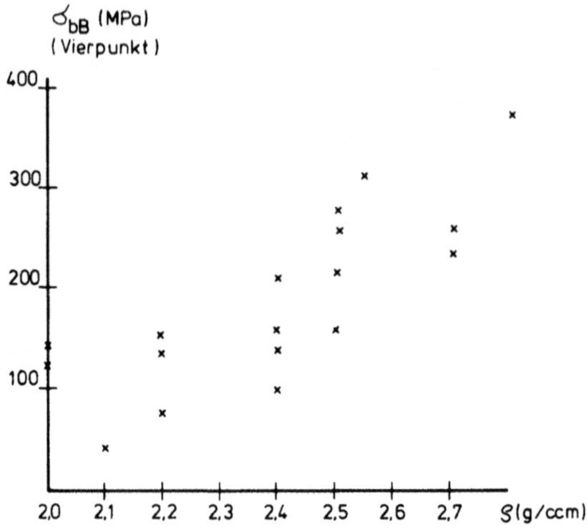

Bild 1: Dichte/Festigkeit von RBSN-Werkstoffen

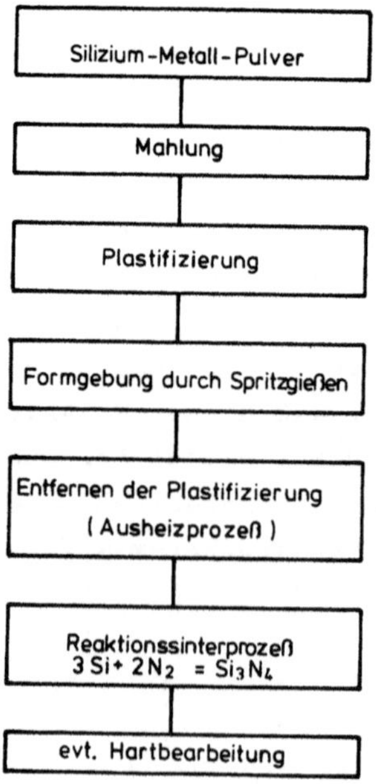

Bild 2: Verfahrensschema zur Herstellung von spritzgegossenem reaktionsgebundenem Siliziumnitrid

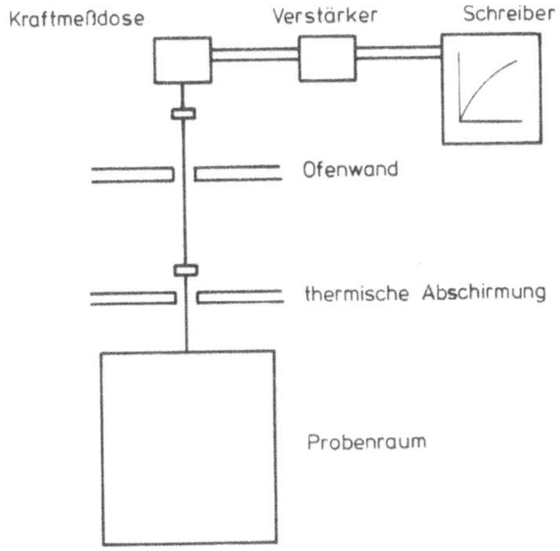

Bild 3: Thermogravimetrische Ofensteuerung

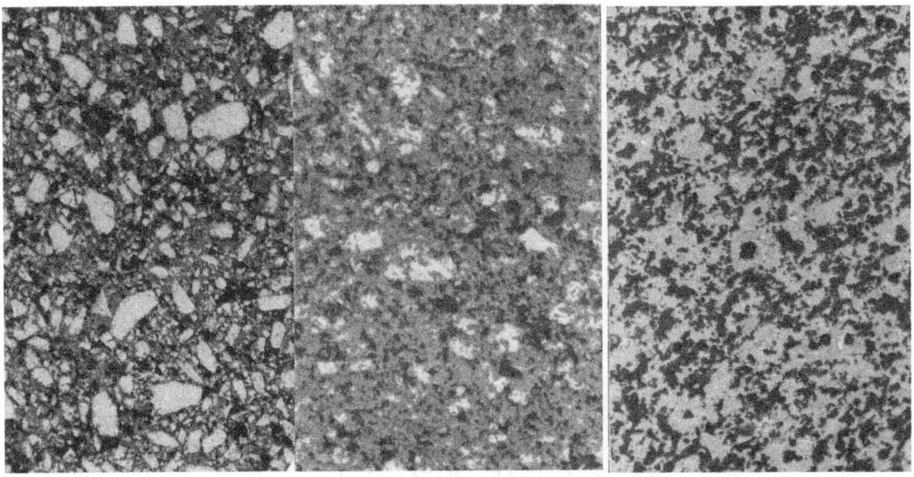

Bild 4: Entstehung großer Poren aus groben Siliziumpartikeln

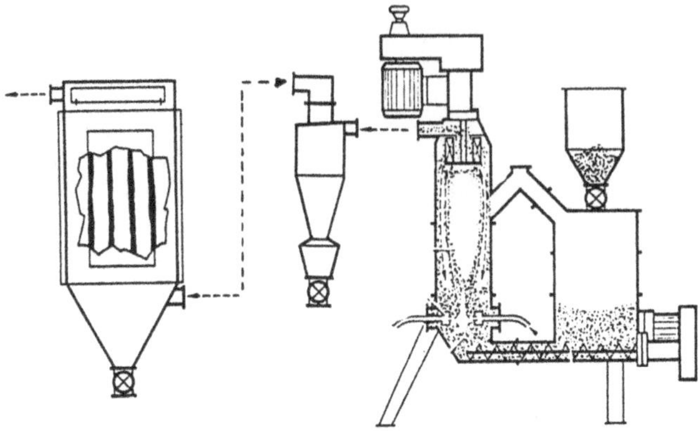

Bild 5: Fließbettgegenstrahlmühle (Schematische Darstellung)

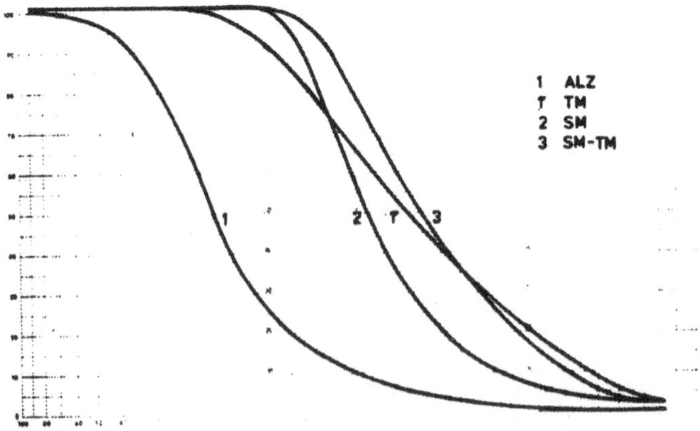

Bild 6: Kornverteilungskurven unterschiedlich aufbereiteter Si-Pulver

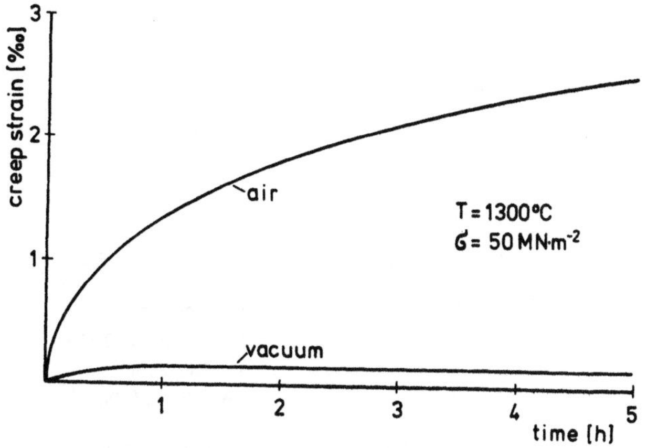

Bild 7: Kriechverformung von RBSN unter Vakuum bzw. an Luft

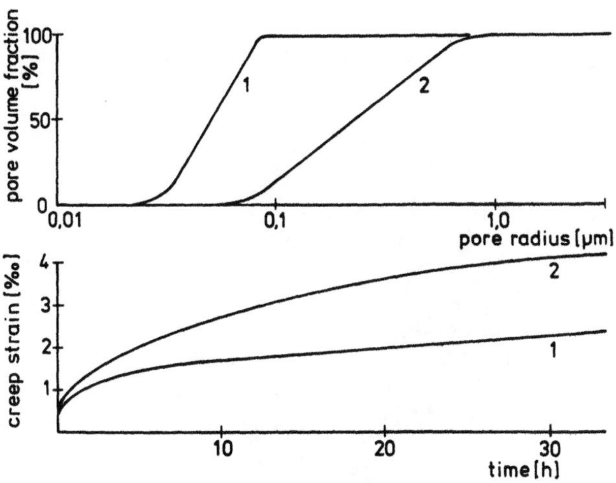

Bild 8: Zusammenhang zwischen Kriechverformung und Porositätsverteilung

δ_B-4-Punkt	350 N/mm²
Weibull-Modul	17,6
K_{Ic}	107 N/mm$^{3/2}$
E-Modul	190 000 N/mm²
Porosität	19 %
Porositätsverteilung	95 % < 0,017 µm
Oxidation	< 0,5 mg/cm² bei 1260°C/3000h < 0,7 mg/cm² bei 900°C/1000h
Langzeitstabilität	kein Festigkeitsabfall nach 3000h bei 900°C

Bild 9: Eigenschaften von spritzgegossenem reaktionsgesintertem Siliziumnitrid

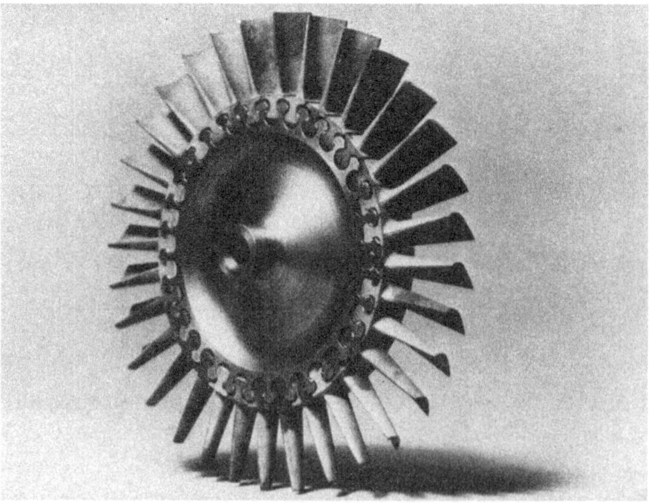

Bild 10: Versuchsrotor mit metallischer Nabe

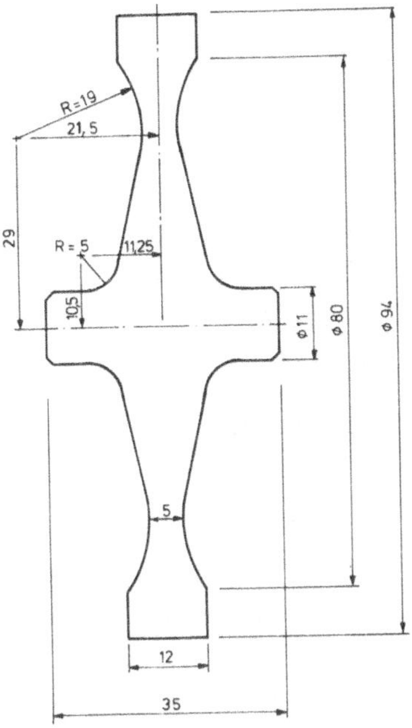

Bild 11: Abmessungen des Versuchsrotors

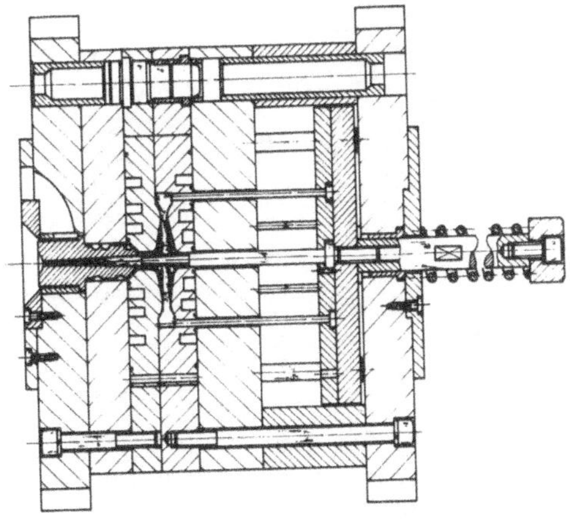

Bild 12: Spritzgießwerkzeug für Si_3N_4-Versuchsrotor

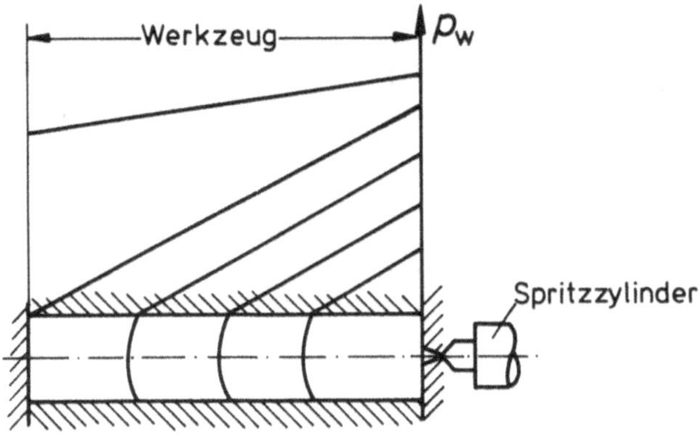

Bild 13: Schematische Darstellung des Füllvorgangs

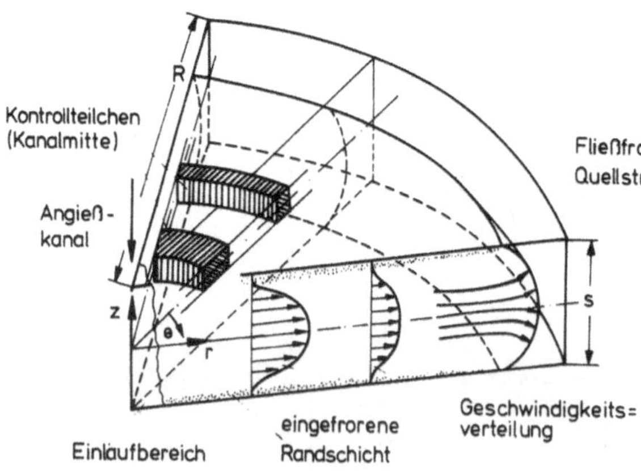

Bild 14: Radialströmungsprofil beim Füllen einer Kreisscheibe

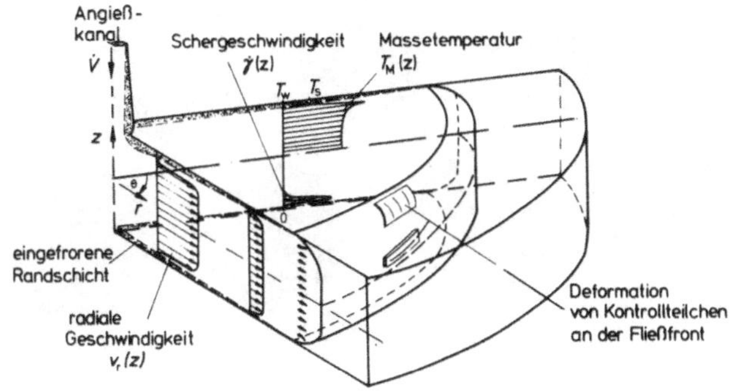

Bild 15: Radialströmungsprofil bei hohen Formfüllgeschwindigkeiten

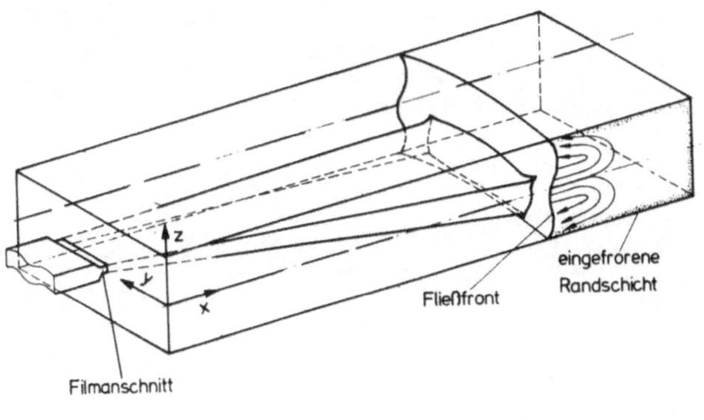

Bild 16: Strömungssituation bei extrem hohen Einspritzgeschwindigkeiten (Freistrahlbildung)

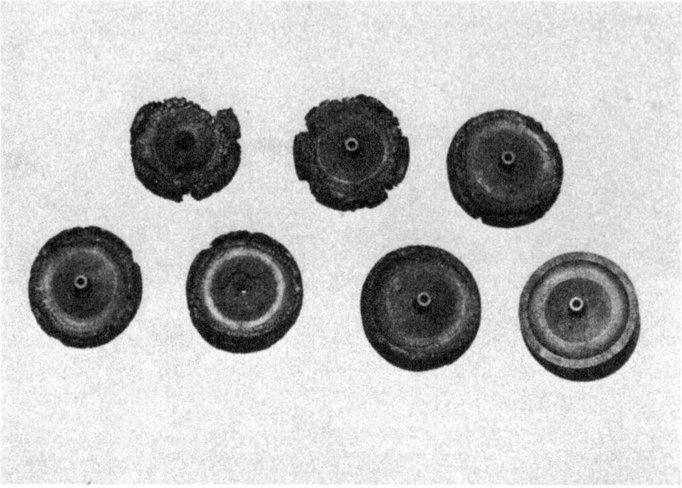

Bild 17: Formfüllstudie mit Si-Spritzgießmasse

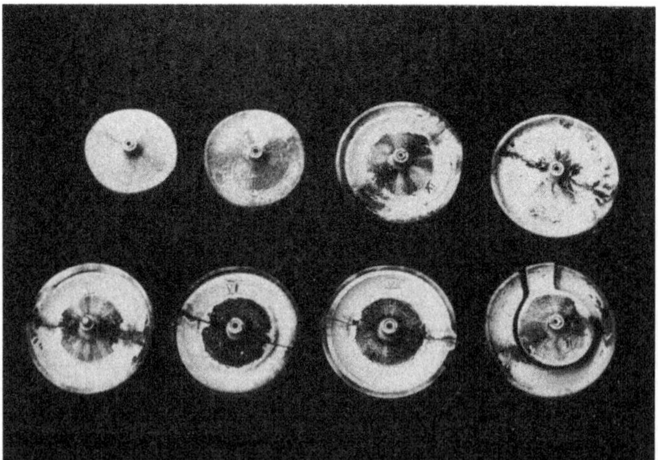

Bild 18: Formfüllstudie mit Si-Spritzgießmasse

Bild 19: Spritzgegossene Rotorscheiben
Rohling/Fertigteil

Bild 20: Bruchbild eines mit Quellströmung
gefüllten Rotors

Bild 21: Spritzgegossene Si-Turbinenrotoren

ENTWICKLUNG VON GASTURBINENBAUTEILEN AUF DER BASIS VON SILIZIUMNITRID

E. GUGEL UND G. LEIMER

Annawerk Keramische Betriebe GmbH
Geschäftsbereich Ceranox, Rödental

1. Einleitung

Siliziumnitrid war zu Beginn des Programmes im Jahre 1973 der einzige Werkstoff, mit dem technische Fortschritte und Realisierungschancen für die Fahrzeuggasturbine möglich erschienen. Erst später kamen, durch das drucklos sinterfähige Siliziumkarbid initiiert, auch Siliziumkarbidwerkstoffe in dieses Förderprogramm.

Anfänglich waren reaktionsgesintertes und heißgepreßtes Siliziumnitrid die beiden existierenden Werkstoffvarianten. Erst relativ spät kam das drucklos gesinterte Siliziumnitrid dazu. Die positiven Entwicklungsergebnisse zum letztgenannten Werkstoff resultierten aus der allgemeinen Beschäftigung mit dem Sintern kovalenter Verbindungen, überwiegend hier aber wieder aus den hervorragenden Arbeiten zu den Sialon-Werkstoffen. Bezogen auf die Ziele des Programmes ist gerade das gesinterte Siliziumnitrid besonders hervorzuheben. Denn nur dieses scheint nach dem derzeitigen Wissensstand für einige Gasturbinenkomponenten das Anforderungsprofil erfüllen zu können, einerseits bezüglich der erforderlichen technischen Eigenschaften und andererseits wegen der Chance zu einer wirtschaftlichen Herstellung.

Grob umrissen waren zwei Ziele zu verfolgen, die im wesentlichen für alle geförderten Firmen von der Werkstoff- und Bauteilherstellerseite mit gewisser Differenzierung identisch waren. Die Werkstoffe mußten in ihren mechanischen Eigenschaften verbessert werden und es waren aus den verschiedenen Werkstoffen Bauteile zu erstellen, entweder als aufwendige Prototypen für prinzipielle Eignungstests oder es waren die bekannten Formgebungsverfahren unter dem Aspekt einer wirtschaftlichen Komponentenfertigung für diese Werkstoffe zu beurteilen.

Zur Werkstoffcharakterisierung und auch Weiterentwicklung sei auch auf die Arbeiten der am Programm beteiligten Institute hingewiesen. Hier können die erreichten Fortschritte am besten verfolgt werden.

Zur Werkstoffentwicklung waren in der Aufgabenstellung Unterschiede zwischen Siliziumnitrid und Siliziumkarbid gegeben. Bei Siliziumkarbid galt es, die Festigkeiten generell zu erhöhen, wobei allgemein eine ausgezeichnete Hochtemperaturstabilität gegeben ist. Bei Siliziumnitrid war für alle Varianten natürlich auch das Festigkeitsniveau bestmöglichst anzuheben, es kam aber als weiteres wichtiges Ziel hinzu, die Hochtemperaturstabilität zu verbessern.

Allgemeine, den Werkstoff Siliziumnitrid charakterisierende Beschreibungen können an dieser Stelle außer acht bleiben. Dazu sei auf die Veröffentlichung und die dort angeführte Literatur der beiden vorausgegangenen Status-Seminare verwiesen.

Der Zuwendungsempfänger arbeitet an reaktionsgesintertem Siliziumnitrid RBSN, heißgepreßtem Siliziumnitrid HPSN und in der letzten Phase auch an gesintertem Siliziumnitrid, von dem es zwei Varianten gibt: Das SSN, bei dem von einem sinterfähigen Siliziumnitridpulver ausgegangen wird und das SRBSN, bei dem mit Sinterzusätzen versetztes RBSN nachgesintert wird. Beide Varianten wurden verfolgt mit Schwerpunkt für SRBSN.

Werkstoffentwicklung und Bauteilherstellung erfolgten parallel mit unterschiedlichem Aufwand je nach Entwicklungsstand und Bedarf bei den Kfz-Firmen als Anwender.

2. Reaktionsgesintertes Siliziumnitrid (RBSN)

2.1. Werkstoffentwicklung

Der wesentlichste Fortschritt auf dem Wege der RBSN-Optimierung lag in der Anfangsphase in der thermischen Behandlung der Silizium-Formkörper unter Inertgasatmosphäre. Dabei kommt es vor dem Nitridieren zu einer geringfügigen Schwindung und damit im RBSN zu einem relativ hohen Raumgewicht mit einer Gefügestruktur, die infolge fehlender innerer Oxidation gute thermische Stabilität aufweist. Wichtig ist dabei auch noch ein möglichst niedriger Gehalt an solchen Verunreinigungen, die in den Korngrenzenphasen liegen und diese schon bei relativ niedrigen Temperaturen erweichen lassen. Hier wirkt sich vor allem Kalzium als sehr negativ aus. Die Biegefestigkeiten lagen ursprünglich aber noch auf bescheidenem Niveau, verursacht durch starke Gefügeinhomogenitäten in Form von Makroporen, Ausschmelzungen eutektischer Verunreinigungen und von freiem Silizium.

Verbesserungen konnten dann durch Optimierung in der Pulveraufbereitung und durch Verwendung anderer Pulver hinsichtlich Kornaufbau - erreicht durch Variationen in den Mahlbedingungen - bewirkt werden. Hier ist zu erwähnen, daß für RBSN bestgeeignetes Siliziumpulver nach wie vor nicht beziehbar ist und deshalb diesbezügliche Aktivitäten bei einem Silizium-Großhersteller angeregt werden sollten.

Das Ergebnis der Verbesserung ist in Bild 1 dargestellt anhand von Biegefestigkeiten bei Raumtemperatur und hohen Temperaturen mit und ohne Oxidation. Eine hohe Stabilität gegen Oxidation und Temperatur ist zu erkennen.

Hohe Raumgewichte im Siliziumpreßling führen zu Schwierigkeiten beim Durchnitridieren, besonders bei dickwandigen Bauteilen.

Folgen sind dann festigkeitsmindernde Gefügefehler. Diese konnten durch Reduzierung des Raumgewichtes im RBSN von 2,60 bis 2,65 g/cm^3 auf 2,55 bis 2,60 reduziert werden, was durch eine höhere Raumtemperatur-Biegefestigkeit von ca. 300 N/mm^2 zum Ausdruck kommt, obwohl das Raumgewicht niedriger ist (Bild 2). Gleichzeitig verschlechterte sich aber auch die thermische Stabilität, was auf innere Oxidation zurückzuführen ist, wie Sauerstoffmessungen zeigten. Damit läßt sich ein unterer Grenzbereich des Raumgewichtes festlegen, bei dem es zu einer bedeutsamen Verschlechterung in der thermischen Stabilität kommt.

An zwei hinsichtlich Kurzzeitfestigkeit thermisch stabilen Qualitäten unterschiedlichen Kalziumgehaltes erfolgten dann noch erste orientierende Untersuchungen zum Langzeitverhalten, d. h. zum zeitabhängigen Festigkeitsverhalten und damit zur Lebensdauerabschätzung bei bestimmter thermischer und mechanischer Belastung. Es wurde die Methode der direkten Messung des verzögerten Bruches benutzt (Stress-rupture), wie sie beim heißgepreßten Siliziumnitrid erarbeitet wurde.

Nach Voruntersuchungen ergaben sich Messungen an as-fired Standardprüfkörpern, die bei 1350 °C eine Stunde vorgeglüht wurden. Die Messungen der Zeitstandsfestigkeit erfolgten bei 1100 und 1350 °C an Luft-Atmosphäre. Begonnen wurde mit Belastungen, die den mittleren Raumtemperaturbiegefestigkeiten nach einstündiger Oxidationsglühung bei 1350 °C entsprechen und die Belastung wurde dann schrittweise reduziert bis Bruchzeiten erreicht wurden, die - in Minuten - um sechs Zehnerpotenzen über der des Kurzzeitbruches liegen, entsprechend ca. 170 Stunden.

Die Ergebnisse sind in Bild 3 und Bild 4 dargestellt und lassen folgende Aussagen zu:

- Qualität II mit dem reineren Ausgangssiliziumpulver zeigt bei gleichen Belastungsbedingungen ein wesentlich günstigeres Langzeitverhalten als Qualität I, trotz der schlechteren Raumtemperaturfestigkeit im as-fired-Zustand.

- Bei 1100 °C tritt für beide Qualitäten praktisch noch kein unterkritisches Rißwachstum auf (hohe n-Werte).

- Bei 1350 °C sinkt der das unterkritische Rißwachstum charakterisierende n-Wert stark ab, und zwar für Qualität I noch wesentlich stärker als für Qualität II. Unterkritisches Rißwachstum bzw. zeitabhängige Festigkeit ist für beide Qualitäten unterschiedlich stark vorhanden.
- Für Qualität I und 1350 °C Prüftemperatur bewirkt der erhöhte Kalziumgehalt eine Umwandlung des Mechanismus für das zeitabhängige Festigkeitsverhalten vom verzögerten Bruch zum Kriechen.

Auf Basis dieser Ergebnisse und unter Einsatz der Weibull-Statistik lassen sich schließlich SPT-Diagramme aufstellen, aus denen bei den jeweiligen Temperaturen abhängig von der Belastung und den gewünschten Ausfallwahrscheinlichkeiten die Lebensdauern abzuschätzen sind [1].

Ein weiterer Weg zur Steigerung der Festigkeit unter Ausschaltung von Gefügefehlern wurde eingeschlagen unter Verwendung von sehr reinem Silizium mit relativ kleiner maximaler Korngröße. Bedingt durch den Kornaufbau lies sich im RBSN lediglich ein Raumgewicht von 2,25 bis 2,30 g/cm^3 erreichen. Trotz sehr hoher Reinheit wurde eine praktisch vollständige Durchnitridierung erreicht und lichtmikroskopische wie rasterelektronenmikroskopische Aufnahmen lassen ein sehr feinkörniges, gleichmäßiges Gefüge ohne gröbere Fehler erkennen. Biegefestigkeitsmessungen brachten für dieses Raumgewicht überraschend hohe Werte von 242 N/mm^2 im Mittel und 275 N/mm^2 im Maximum.

Die Verwendung von feinstem Reinstsilizium mit gleichzeitiger Erhöhung des Raumgewichtes müßte zu bisher nicht erreichten hohen Raumgewichten führen und zeigt ein wesentlich höheres als bisher erreichtes Potential für RBSN an. In dieser Richtung erscheinen also weitere Aktivitäten sinnvoll.

2.2. Bauteilherstellung

2.2.1. Großvolumige Bauteile über isostatisches Pressen und mechanische Bearbeitung

Der hohe Stand in der Werkstoffentwicklung hinsichtlich Festigkeit und Stabilität gegen Temperatur und Oxidation führte zu der Aufgabe, diesen auch in einem dickwandigeren Bauteil, wie dem Turbinenrotor zu realisieren, also die Formgebung, Bearbeitung und homogene Durchnitridierung zu erarbeiten. Letzteres konnte trotz großer Bemühungen nicht befriedigend erreicht werden, so daß die Erkenntnis blieb, daß die hochentwickelte Qualität dünnwandigen Bauteilen vorbehalten werden muß.

Zwischenzeitlich hat sich auch das nachgesinterte RBSN zu einem technischen Stand entwickelt, der für den Fall des Turbinenrotors die bessere Antwort erwarten läßt. Hier sind wegen der akzeptierbaren niedrigen Raumgewichte nach dem Nitridieren keine Schwierigkeiten bei der homogenen Durchnitridierung zu erwarten. Gewonnene positive Erkenntnisse aus dem Bereich der Bearbeitung können vom RBSN voll auf das SRBSN übertragen werden. Bild 5 zeigt eine Bearbeitungsstudie für den RBSN-Rotor. Eine automatisierte, wirtschaftliche Bearbeitung für SRBSN läßt sich vorstellen.

2.2.2. Spritzgießen

Mit diesem Formgebungsverfahren, das im Prinzip die Herstellung komplex geformter Bauteile in größeren Stückzahlen unter gleichzeitig wirtschaftlichen Gesichtspunkten ermöglicht, wurde in dieser dritten Programmphase begonnen, nach Know-how-Übernahme vom ehemaligen Entwicklungspartner Degussa. Die Aktivitäten verteilten sich in gleichem Maße auf die Masseentwicklung, auf das Spritzgießen selbst, das Ausbrennen der Plastifizierungsmittel und das Nitridieren mit Optimierungen an den Schwachstellen der einzelnen Verfahrensschritte.

Gespritzt wurden Standardprüfkörper und Turbinenlaufschaufeln. Charakterisierende Eigenschaften der besten erreichten Qualitäten sind hohe, auf thermische Stabilität hinweisende Raumgewichte von knapp 2,70 g/cm^3 und Biegefestigkeiten von 270 N/mm^2 und 320 N/mm^2 im Mittel bzw. im Maximum.

Bedingt durch die mit dem hohen Raumgewicht verbundenen Schwierigkeiten einer gleichmäßigen und vollständigen Nitridierung über den vollen Querschnitt, ist nur an dünnwandige Bauteile zu denken, was dem Spritzgießen auch hinsichtlich des Ausbrennens der Plastifizierungsmittel entgegenkommt.

Spritzgegossene Turbinenschaufeln konnten in Schleudertests die mit Degussa-Qualität erreichten Ergebnisse nicht ganz erreichen. Aber auch hier zeigte sich zu diesem Zeitpunkt die Sinnvolligkeit eines Wechsels vom RBSN zum SRBSN. Dies konnte durch wenige erste Versuche, bei denen alle bei RBSN gewonnenen Erkenntnisse zum Spritzgießen übernommen werden konnten, bestätigt werden. Bei Raumtemperatur durchgeführte Schleudertests lagen die Drehzahlen im Bereich von 87 000 bis 90 000 Upm. Damit wurden die geforderten Mindestdrehzahlen weit übertroffen.

2.2.3. Schlickergießen

Schlickergießen [2] ist neben dem Spritzgießen eines der Formgebungsverfahren, das die Herstellung geometrisch komplex geformter Bauteile gestattet und zwar in großer Stückzahl und in wirtschaftlicher Weise. Die Geschirrporzellan-Industrie ist dafür zweifelsfrei als Beispiel anzuführen.

Die Frage, ob Spritzguß oder Schlickergießen zu bevorzugen ist [3] , richtet sich in hohem Maße nach zwei Gesichtspunkten. Es ist dies zum einen die Geometrie und Form des Bauteils, zum anderen sind es die Werkzeugkosten. In diesem Projekt gibt es u.a.zwei wesentliche Bauteile, bei welchen dem Schlickergießen eindeutig der Vorzug gegenüber dem Spritzguß zu geben ist. Es ist dies der dünnwandige, großvolumige Nasenkonus und der relativ kleinvolumige aber sehr kompakte Radialturbinenrotor. Für beide Bauteile sind für den Spritzguß sehr hohe Werkzeugkosten aufzuwenden. Fast nicht realisierbar erscheint für den Nasenkonus eine einwandfreie Formfüllung. Eine homogene Formfüllung ist auch für den Rotor sehr schwierig zu erreichen, wozu noch ein fehlerfreies Ausbrennen der Plastifizierungsmittel in diesem Bauteil mit sehr unterschiedlichen Wandstärken als erschwerend hinzukommt. Beim Schlickerguß ist die relativ billige Gießform hervorzuheben, was gerade bei Prototypbauteilen für Eignungstests hinsichtlich Geometrie und Material wichtig ist.

Das Schlickergießverfahren hat sich für den Nasenkonus, allerdings aus einem Siliziumkarbid-Werkstoff, bestens bewährt [4].

Für den Radialturbinenrotor muß nach dem heutigen Kenntnisstand ebenfalls das Schlickergießen als das geeignetste Verfahren angesehen werden, wobei Verbesserungen in Verfahren und Werkstoff noch nötig sind und auch möglich erscheinen.

Das Schlickergießen erlaubt die Herstellung von RBSN in einem Festigkeitsniveau wie es durch Isopressen erreicht wird. Dabei sind im Grünkörper sehr hohe Raumgewichte möglich, die eine vollständige Durchnitridierung nicht mehr zulassen und dann bis zu 20 Gew.-% freies Silizium enthalten (Bild 6). Neben der Festigkeit, die in einem dem siliziumfreien RBSN ähnlichen Bereich liegt, sind keine weiteren charakteristischen Eigenschaften gemessen worden. Von Interesse wäre das Verhalten bei hoher Temperatur unter oxidierenden Bedingungen, wobei Vorteile gegenüber siliziumfreiem RBSN möglich scheinen (geringere Porosität, höhere Wärmeleitfähigkeit, keine Gasbildung bei Oxidation von Silizium, eventuellem Aufbau günstiger Spannungsverhältnisse durch das Silizium).

Für den Turbinenrotor liegen die erreichten Festigkeiten zu niedrig, so daß auch hier unter Übertragung der gewonnenen Erkenntnisse ein Übergang auf das sinterfähige RBSN als Ziel zu sehen war. Hier ist allerdings eine homogene Durchnitridierung nötig und demnach eine Reduzierung des Grünraumgewichtes auf eine bestimmte obere Grenze. Dies ist aber auch nicht störend, weil hier anschließend eine Verdichtung durch Sintern erfolgt.

Bild 7 zeigt einige Radialrotoren aus RBSN und nachsinterbarem

RBSN, schlickergegossen und nitridiert. Testergebnisse liegen nicht vor, da diese zukunftsreiche Arbeitsrichtung erst gegen Ende des Programmes begonnen wurde, was mit der erst jungen Weiterentwicklung der Nitridwerkstoffe zum sinterfähigen RBSN im Zusammenhang steht.Aus Ergebnissen mit Siliziumkarbid-Rotoren ist aber eine notwendige Verbesserung der Bauteile-Geometrie unumgänglich, was mit verschiedenen Verbesserungen des Verfahrens zu erreichen möglich ist.

3. Gesintertes Siliziumnitrid (SSN)

Drucklos gesintertes Siliziumnitrid ist als eines der bemerkenswertesten und aussichtsreichsten Ergebnisse der Entwicklungen im Bereich der nichtoxidkeramischen Werkstoffe anzusehen. Viele, vor allem wirtschaftliche Vorteile sind in diesem neuen Werkstoff in der Zukunft zu finden, mit dem praktisch eine dem wesentlich teurerem heißgepreßten Siliziumnitrid adäquate oder doch sehr ähnliche Qualität zur Verfügung steht. Aktivitäten zu diesem jungen Werkstoff ergaben sich erst in der dritten Phase dieses Programms, so daß hier noch die Notwendigkeit zu Verbesserungen über den bisher erreichten, schon recht motivierenden Stand gegeben sind.

Ausgegangen wird von Siliziumnitridpulver und Sinterzusätzen, die entsprechend aufbereitet, geformt und gesintert werden. Große Anstrengungen wurden zur Erreichung sinterfähiger Pulver gemacht. Dazu gehörten Untersuchungen von Fremdprodukten und die Herstellung eigener Pulver mit dem Auffinden der geeignetsten Aufbereitung unter gleichzeitiger Suche nach geeigneten Sinterzusätzen in Art, Menge und Verfahren des Einbringens in den Versatz. Als Ergebnis ist in allen Fällen eine nachträgliche Aufbereitung unumgänglich, so daß schließlich später von selbst hergestelltem Pulver ausgegangen wurde. Generell ist die Pulveraufbereitung kritisch und relativ aufwendig.

Zur Formgebung stand, da die Werkstoffentwicklung noch im Vordergrund lag, das Isopressen und einachsige Trockenpressen im Vordergrund. Schwierigkeiten ergaben sich für eine fehlerfreie homogene Verdichtung aus der hohen Feinheit der Pulver. Hier sind Erkenntnisse, die aus dem ebenfalls sehr feinkörnigen Silizium-karbid-Pulver zum Sintern gewonnen wurden, positiv zu verwenden wie auch Erkenntnisse, aus der Technologie mit Feinstpulvern (Oxide, Hartstoffe) allgemein. Die Verwendung geeigneter Preßhilfsmittel, Granulieren oder Sprühtrocknen sind notwendigerweise einzuschaltende Verfahrensschritte. Die Formgebung sollte möglichst nahe zum Endmaß erfolgen; eine spanabhebende Bearbeitung im Grünzustand wirkt sehr verschleißend und ist demnach sehr aufwendig.

Das Sintern erfolgt unter Stickstoff mit Normal- oder Überdruck und zwar in einer Pulverschüttung, die mehrere Funktionen zu übernehmen hat. Die wichtigste von diesen ist die Verhinderung der dissoziierenden Zersetzung des Bauteils, gefolgt von einer Stützfunktion für das mit hohem Flüssigphasenanteil stark schwindende Bauteil. Das Brennen ist zur Zeit noch als aufwendig zu betrachten, hier haben Aktivitäten für das Auffinden einer wirtschaftlichen Brennweise einzusetzen, wozu es bereits erfolgversprechende Ansätze gibt.

Bisherige Arbeiten führten zu einem Material mit dem heißgepreßten Siliziumnitrid ähnlichem Gefüge (Bild 8) mit mittleren Festigkeiten von 600 bis 700 N/mm^2, bei gleichzeitig recht guter Homogenität (Weibullmodul um 20). Die Maximalwerte der Festigkeit liegen bereits bei 800 N/mm^2.

Bild 9 zeigt einige Bauteile aus SSN geformt und gesintert mit guter Qualität für die isogrepreßten Teile und noch nicht ganz befriedigenden Ergebnissen für die schlickergegossenen Turbinenschaufeln und Radialrotoren (Turbolader).

4. Nachgesintertes reaktionsgesintertes Siliziumnitrid (SRBSN)

Bei einem guten Entwicklungsstand für das SSN wurde etwa Mitte der dritten Phase verstärkt mit dem Sintern von RBSN begonnen. Gründe dafür sind in der Herstellung vom SSN speziell aufzufindende Nachteile und Schwierigkeiten, wie sie oben erwähnt wurden, auf der anderen Seite hingegen einige wesentliche Vorteile bei SRBSN.

Es sind dies einerseits die Vorteile, wie sie beim RBSN hinlänglich bekannt sind, von denen vor allem die gut entwickelte spanabhebende Formgebung zu nennen ist. Diese ermöglicht eine ziemlich problemlose Bauteilherstellung bei kleineren Serien.

Andererseits ergeben sich dann auch Vorteile beim Sintern selbst: Aufgrund des aus der Nitridierung resultierenden hohen Ausgangsraumgewichtes in RBSN kommt es nur zu einer relativ niedrigen linearen Schwindung (5 - 6 % gegenüber 20 % bei SSN) mit entsprechend geringerer Neigung zum Verziehen der Bauteile. Technische Vorteile ergeben sich auch beim Brennen. Durch die geringere Schwindung wird weniger Ofenraum notwendig, es wird wesentlich weniger und eine nicht so aufwendige Schüttung benötigt. Das Brennen erfolgt ohne Zersetzung, einerseits wegen des hohen Ausgangsraumgewichtes und der damit niedrigen spezifischen Oberfläche im RBSN, andererseits wegen des sich ausbildenden geringeren Zwischenraumes zwischen Bauteil und Schüttung während des Sinterns.

Die Aktivitäten zum SRBSN ergaben sich vor allem aus Anfragen nach Bauteilen, die weder in heißgepreßtem noch in gesintertem Siliziumnitrid wirtschaftlich oder technisch machbar gewesen wären. Die Anwendungsgebiete lagen dabei innerhalb und auch außerhalb des Gasturbinenprogrammes. Aus den Arbeiten resultiert eine volle Bestätigung der wesentlichen Vorteile von SRBSN gegenüber SSN, was zur Folge hatte, daß zu Ende des Programmes bevorzugt an SRBSN gearbeitet wurde.

Zur Pulveraufbereitung des Siliziums als billigen Ausgangsrohstoff und zur Formgebung kann voll auf die Technologien des RBSN zurückgegriffen werden. Als Unterschiede ergeben sich nur die Zugabe von Sinterzusätzen schon bei der Rohstoffaufbereitung. Im konkreten Fall waren es wie bei SSN auch Yttriumoxid und Aluminiumoxid. Zum Brennen gilt das bei SSN Mitgeteilte; die dort gewonnenen Erkenntnisse konnten mit gewisser optimierender Abänderung an das SRBSN angepaßt, voll übernommen werden.

Mit diesem Kenntnisstand konnten relativ schnell Qualitäten hergestellt werden mit Raumgewichten zwischen 3,15 und 3,25 g/cm^2 und mit mittleren und maximalen Biegefestigkeiten von 650 bzw. 750 N/mm^2 an geschliffenen Standardproben. Die Streuung ist hier im Vergleich zu SSN etwas größer, was durch Gefügefehler bedingt ist, die schon im RBSN in diesem Fall vorgegeben waren (Bild 10).

Die Bilder 11 bis 14 zeigen einige Bauteile SRBSN für verschiedene Anwendungsfälle. Im Einsatz ist ein Vergleich mit bisher verwendetem heißgepreßtem Siliziumnitrid zu ziehen für das ein wesentlich höherer Aufwand zur Herstellung notwendig gewesen wäre. Die Beispiele zeigen die enorme Gestaltungsmöglichkeit für SRBSN an. Im Sinterprozeß kann es trotz nur relativ geringer linearer Schwindung dennoch infolge des hohen Anteils plastischer Phasen zu unerwünschten Deformationen kommen, so daß diesbezüglich von Bauteil zu Bauteil der Verfahrensschritt Brennen zu optimieren ist. Unabhängig von den noch zu bewältigenden Schwierigkeiten ist für diesen Werkstoff in der Zukunft ein breites Anwendungsfeld zu sehen.

5. Heißgepreßtes Siliziumnitrid (HPSN)

Es sind im wesentlichen zwei Qualitäten entwickelt und überaus befriedigende Ergebnisse erzielt worden. Die Unterschiede ergeben sich aus dem Sinterzusatz Magnesiumoxid bzw. Yttriumoxid in unterschiedlicher Menge.

Die magnesiumoxid-enthaltende Qualität ist schon in den Vorphasen dieses Projektes im wesentlichen entwickelt gewesen [5] und charakterisierend beschrieben worden. Die Aktivitäten zielten nun auf eine gesicherte Produktion von Gasturbinenbauteilen, wozu als erster und entscheidender Schritt die gesicherte Herstellung qualitativ geeigneter Pulver lag. Die Qualität der MgO-Route weist eine extrem hohe Homogenität auf, was durch Weibull-Moduln von 20 - 30 und darüber zum Ausdruck kommt. Die mittlere Biegefestigkeit für Raumtemperatur liegt bei 700 - 750 N/mm^2

und für 1200 °C bei 400 - 500 N/mm^2. Wiederholt hergestellte Bauteile waren Turbinenschaufelvorkörper sowie Vorkörper für Turbinenrotoren. Mit diesen Bauteilen konnten bei den Anwendern nach verschiedenen Prüfungen in den einzelnen Zwischenstufen der Bearbeitung überaus positive Ergebnisse erreicht werden. Hinzuweisen ist allerdings auf die enorm aufwendige Bearbeitung, speziell beim Turbinenrotor, bei dem die einzelnen Schaufeln mechanisch herausgearbeitet werden. Auf diesem Wege wurde die Einsetzbarkeit von Keramik als Rotor in der Gasturbine aufgezeigt, gleichzeitig aber auch die Notwendigkeit der Suche nach einem billigeren Herstellungsweg, gegebenenfalls über einen anderen Werkstoff (SSN oder SRBSN).

Die Turbinenscheiben wurden routinemäßig mittels Ultraschall getestet. Es zeigte sich eine hohe Homogenität (Bild 15). Dies war mit ein Grund, daß alle ausgelieferten Scheiben die garantierte Zugspannung von 400 N/mm^2 beim Kaltschleudertest überstanden.

Nachteile der MgO-haltigen Qualität sind nicht ganz befriedigende Oxidationseigenschaften und schlechtere Temperaturstabilität. Aus diesem Grund wurde mit der Entwicklung einer yttriumoxidhaltigen Qualität begonnen, von der zunächst eine auf alle Fälle bessere thermische Stabilität der Bindephase bekannt war, die aber auch - aus der Literatur bekannt - in gewissen Temperaturbereichen bis zur Werkstoffzerstörung führende Instabilitäten aufwies. Bis Ende des Programms konnte eine ausgezeichnete Qualität, ohne die bisher aus der Literatur bekannten Nachteile (oxidative Zerstörung im Mitteltemperaturbereich) entwickelt werden. Eine Überführung dieser Qualität in Bauteile war bis zum Ende des Programmes in Arbeit, war aber nicht mehr zur vollen Zufriedenheit zu realisieren.

Die durchschnittliche Biegefestigkeit liegt bei 750 - 850 N/mm^2 bei Raumtemperatur mit einem Weibull-Modul von 15 - 20. Das Material zeigt keine negativen Oxidationserscheinungen vergleichsweise zur MgO-Qualität. Es weist auch eine extrem gute Hochtemperaturfestigkeit auf, z. B. 550 - 600 N/mm^2 bei immerhin 1400 °C [6]. Die Kriechraten sind sehr niedrig, das thermische

Verhalten sehr gut und der Widerstand gegen langsames Rißwachstum sehr hoch. Das Material wurde in den für den Maschinenbauer wichtigen Eigenschaften weitgehend charakterisiert.

An den HPSN-Qualitäten wurde eine Methode zur berechnenden Abschätzung der Lebensdauer bei der jeweils umgebenden Atmosphäre erarbeitet. Im wesentlichen werden hierbei im Experiment die Biegeproben bei verschiedenen Temperaturen verschiedener Belastung ausgesetzt und die Zeit bis zum Bruch gemessen. Aus den Diagrammen mit logarithmischer Auftragung der Bruchspannung und Standzeit auf Ordinate und Abszisse und entsprechender mathematischer Formulierung der Theorie von Bruchvorgängen kann der für die Lebensdauer entscheidende Rißempfindlichkeitsparameter errechnet werden. Eine statistische Betrachtung des Bruchverhaltens führt schließlich zu Lebensdauerdiagrammen in Abhängigkeit von der gewünschten Bruchwahrscheinlichkeit (Bild 16).

Die Bilder 17 und 18 zeigen vergleichend die Standzeiten von MgO-HPSN und Y_2O_3-HPSN mit den überragenden Ergebnissen für die letztere Qualität. Dies kommt in der höheren Bruchspannung und den flacheren Kurven entsprechend einem hohen Rißempfindlichkeitsparameter zum Ausdruck.

6. Ausblick

Im Verlaufe des Programmzeitraumes hat sich die Siliziumnitrid-Werkstoffbasis wesentlich und gerade für Gasturbinenbauteile in wertvoller Weise erweitert. Die anfänglich allein bearbeiteten beiden Qualitäten RBSN und HPSN, - die durchaus in manchen Anwendungsbereichen weiterhin ihre Bedeutung behalten und noch erweitert werden - sind ergänzt worden durch drucklos gesintertes Siliziumnitrid, ausgehend von Pulver oder RBSN-Bauteilen. Die werkstoffliche Entwicklung ist hier so weit gelungen, daß diesem Material große Chancen für die Realisierung einer Serienherstellung gegeben werden muß, wodurch mit einfacheren technologischen Methoden eine dem HPSN sehr nahekommende Qualität mit minimiertem Aufwand für Nachbearbeitung geschaffen werden kann. (Die Möglichkeit des isostatischen Heißnachverdichtens sollte hier allerdings erforderlichenfalls doch mit eingeschlossen sein.)

Die Basis hierfür ist geschaffen worden. Es bleibt die Umsetzung in Bauteile in gesicherter und wirtschaftlich vertretbarer Weise. Dies erfordert noch intensive und breite Entwicklungsarbeiten, abgestimmt auf das jeweilige Bauteil unter Ausschöpfung aller anwendungsmäßigen Möglichkeiten einer keramikgerechten Konstruktion.

Als Spin-off dieser Entwicklungen sei aber auf bereits heute in gewissen Stückzahlen hergestellte Produkte aus RBSN und HPSN als Lötunterlagen, im Brennerbau, als Ventilkomponenten, Schneidplatten, Düsen und Kugellager genannt, also überall dort, wo stark erosiv und korrosiv verschleißende Bedingungen vorherrschen [7].

7. Schrifttum

[1] GUGEL, E.; LINDNER, H. A.; LEIMER, G. — Zur Langzeitfestigkeit von RBSN bei hohen Temperaturen. Cfi-Ber. Dt. Keram. Ges. (demnächst)

[2] NOVOTNY, A.; GUGEL, E.; LEIMER, G. — Schlickergegossene Gasturbinenbauteile aus Siliziumnitrid und Siliziumkarbid. Keramische Komponenten für Fahrzeug-Gasturbinen, Springer-Verlag Berlin, Heidelberg, New York, 1978, 161-182

[3] GUGEL, E. — Net-Shape Processing of Nonoxide Ceramics. AGARD Conf. Proc. 256, Advanced Fabrication Processes (1978) 14/1-16

[4] GUGEL, E.; LEIMER, G.; COHRT, H.; GRATHWOHL, G.; THÜMMLER, F. — Gasturbinenbauteile aus reaktionsgesintertem Si-SiC und deren mechanische Hochtemperatureigenschaften. Keramische Komponenten für Fahrzeug-Gasturbinen II, Springer-Verlag Berlin,Heidelberg, New York, (1980), 473 - 498

[5] STEINMANN, D.; GUGEL, E. — Heißpreßentwicklung von Siliziumnitrid. siehe 4 , 321 - 355

[6] GUGEL, E.
STEINMANN, D.
Dichtes Siliziumnitrid mit guten Hochtemperatureigenschaften und hohem Oxidationswiderstand.
Science of Ceramics 11 (1981), 131 - 121

[7] GUGEL, E.
WAHL, H.
Anwendung von Siliziumnitrid- und Siliziumkarbid-Werkstoffen.
Ingenieur Digest, 5 (1982).

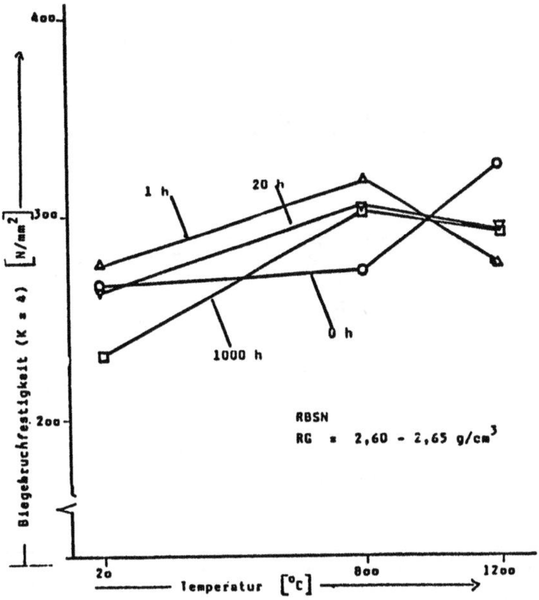

<u>Bild 1:</u> Biegefestigkeit von RBSN in Abhängigkeit von der Temperatur ohne und nach Oxidationsbehandlung bei 1200 °C

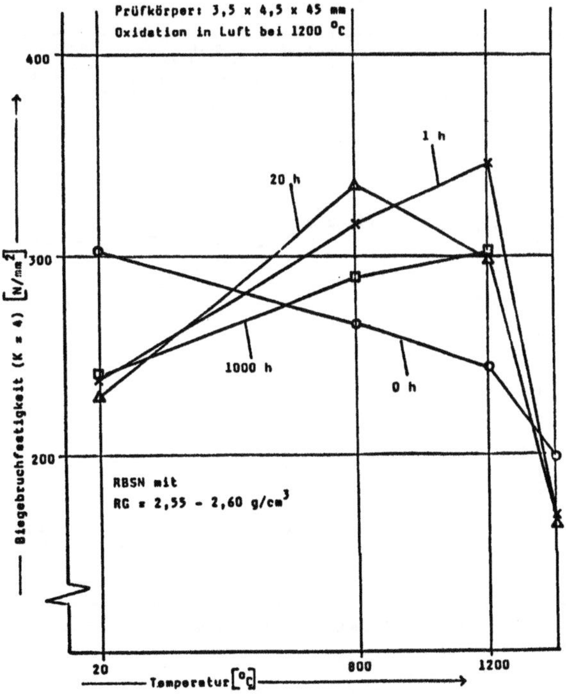

<u>Bild 2:</u> Biegefestigkeit von RBSN in Abhängigkeit von der Temperatur ohne und nach Oxidationsbehandlung

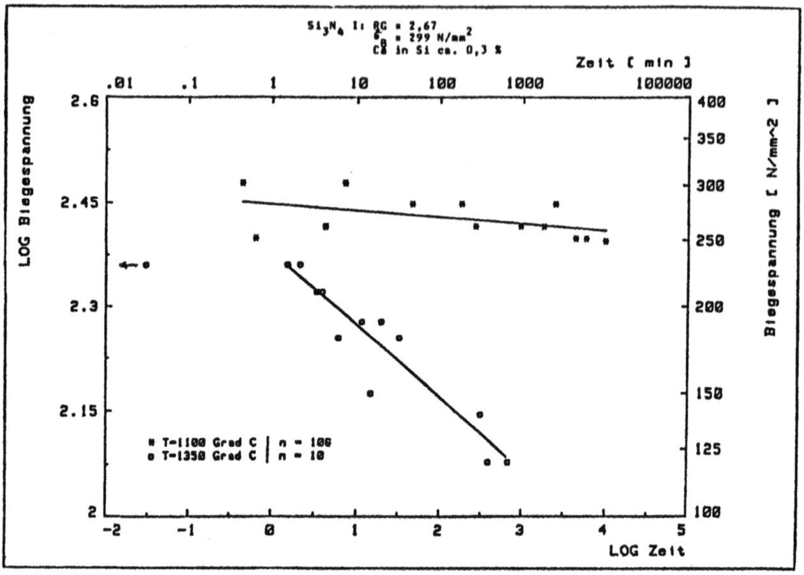

Bild 3: Zeitstandsfestigkeit von RBSN I (Ca-reich) bei 1100 und 1350 °C

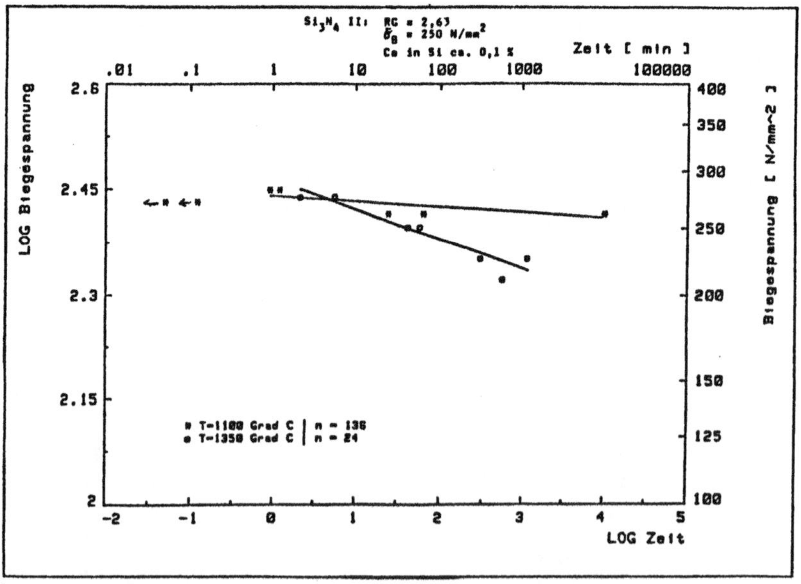

Bild 4: Zeitstandsfestigkeit von RBSN II (Ca-arm) bei 1100 und 1350 °C

Bild 5: Bearbeitungsstudie Turbinenrotor

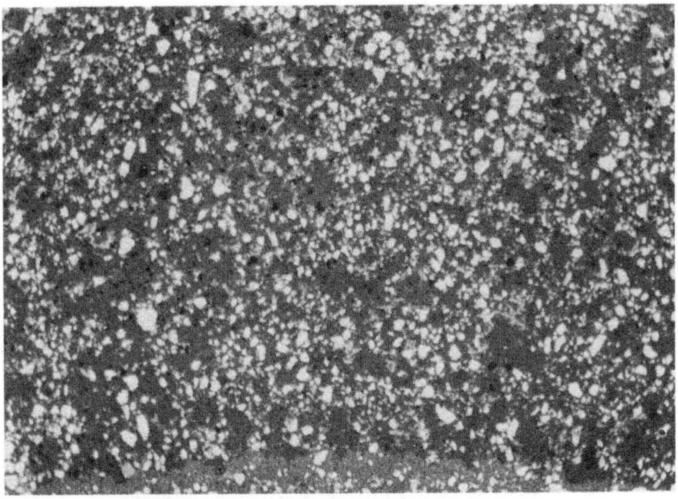

Bild 6: Schlickergegossenes hochdichtes RBSN mit ca. 20 % freiem Si und hoher Festigkeit ⊢—⊣ 25 µm

Bild 7: Radialrotoren aus schlickergegossenem RBSN

Bild 8: REM-Aufnahme von SSN, Bruchbild geätzt

Bild 9: Isogepreßte und schlickergegossene Bauteile aus SSN im Grünzustand und gesintert

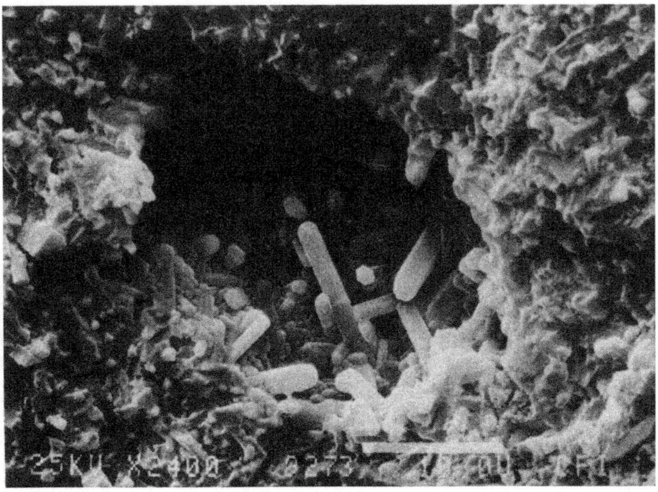

Bild 10: Bruchgefüge von SRBSN mit vom RBSN herrührendem Fehler

Bild 11: Turbinenschaufelvorkörper aus SRBSN mit freikorngeschliffenem Hals

Bild 12: Kolbenböden aus SRBSN (~140 mm Ø)

Bild 13: Ventilsitze aus SRBSN (~90 mm x 70 mm Ø)

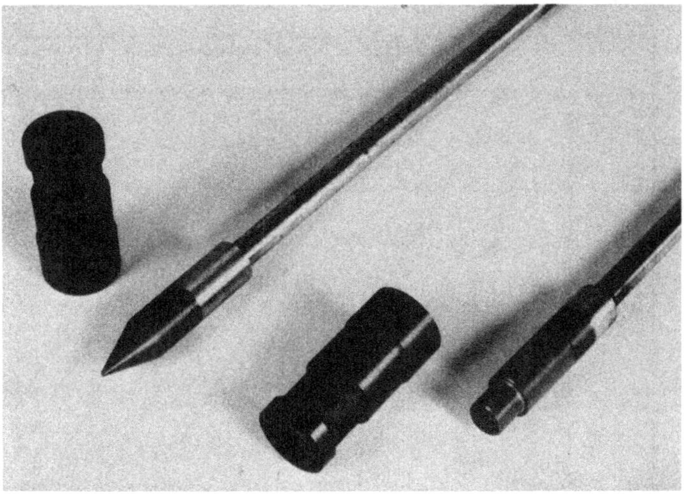

Bild 14: Ventilkomponenten aus SRBSN

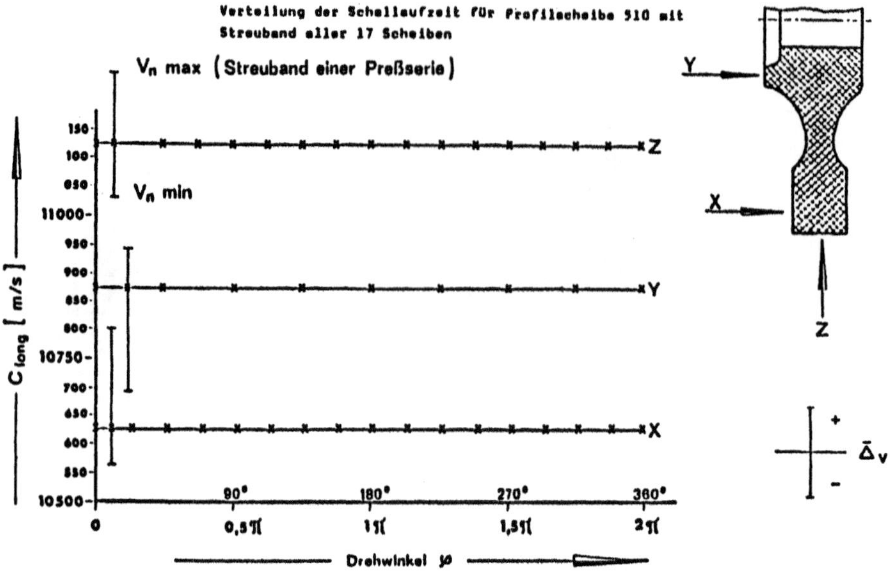

Bild 15: US-Laufzeitmessungen an MgO-HPSN-Profilscheiben

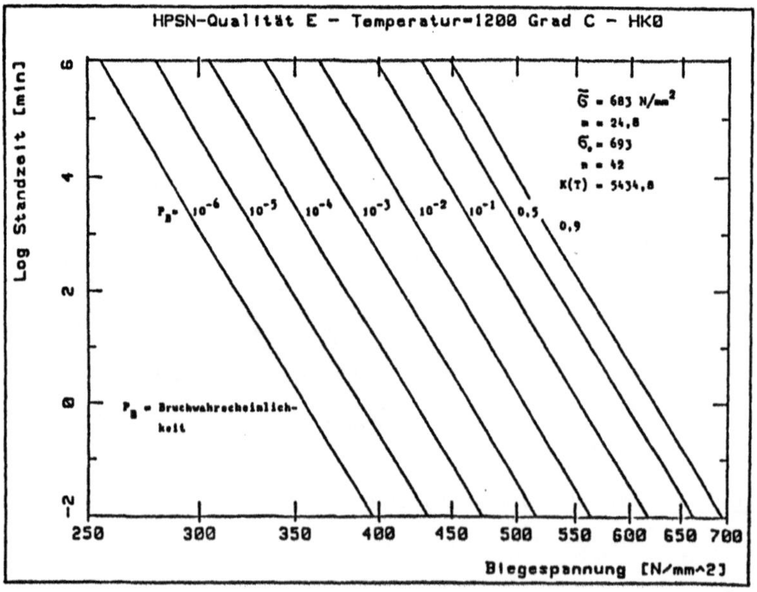

Bild 16: SPT-(Lebensdauer-)Diagramm von Y-HPSN bei 1200 °C

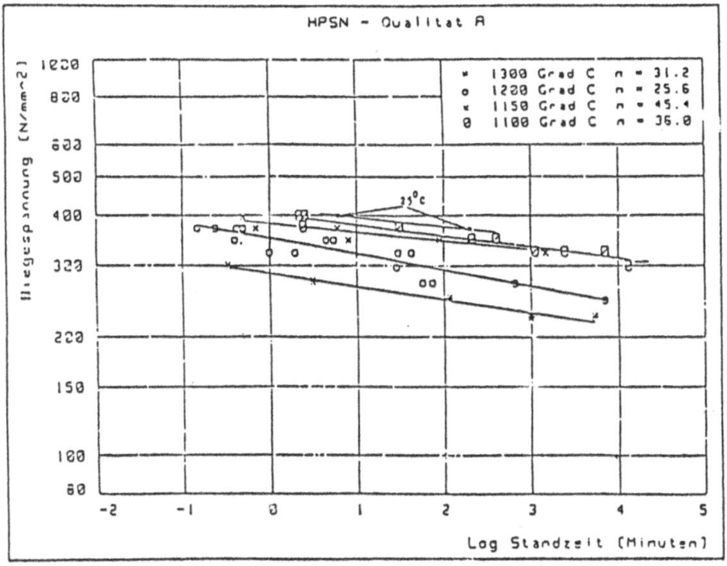

<u>Bild 17:</u> Zeitstandsfestigkeit von HPSN (MgO)

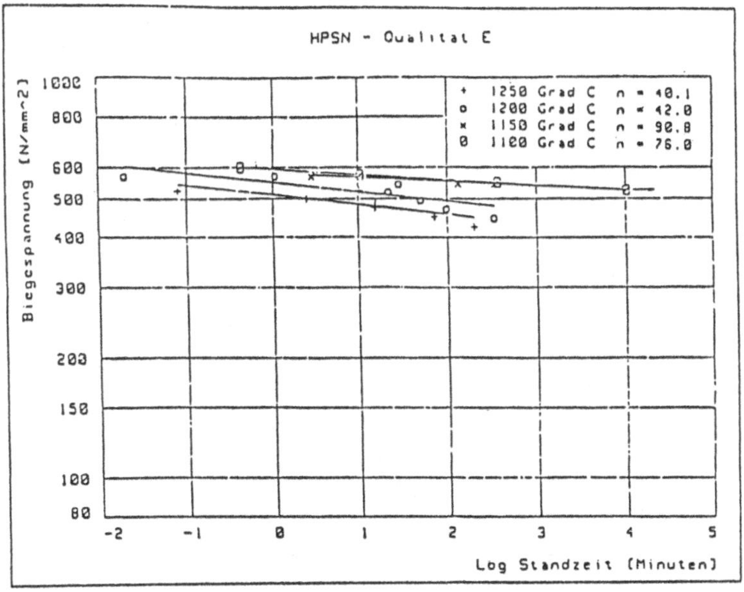

<u>Bild 18:</u> Zeitstandsfestigkeit von HPSN (Y_2O_3)

Werkstoff- und Bauteilentwicklung durch heißisostatisches Pressen am Beispiel von Siliciumnitrid

J. Heinrich, M. Böhmer

DFVLR Deutsche Forschungs- und Versuchsanstalt
für Luft- und Raumfahrt e.V.
- Institut für Werkstoff-Forschung -
Köln-Porz

1. Einleitung

Aus der Gruppe der nichtoxidischen keramischen Werkstoffe haben sich in den letzten Jahren immer mehr Siliciumcarbid und Siliciumnitrid als Konstruktionswerkstoffe im Maschinenbau, im chemischen Apparatebau und in der Energietechnik durchgesetzt. Insbesondere dort, wo thermische und chemische Beständigkeit sowie mechanische Belastbarkeit bei hohen Temperaturen über 1000°C gefordert ist, zeigen diese Werkstoffe gegenüber Metallen neben nicht zu übersehenden Nachteilen wie z.B. Sprödigkeit, bemerkenswerte Vorteile. So spielt bei den Überlegungen, diese Materialien beim Bau von Kraftfahrzeug-Gasturbinen zu verwenden neben den guten Hochtemperatureigenschaften wie Festigkeit, Kriech-, Oxidations- und Thermoschockverhalten auch das geringe spezifische Gewicht eine entscheidende Rolle.

Für den mechanisch und thermisch am höchsten belasteten Bereich einer Turbine, den Rotor, kommt nach heutigen Erkenntnissen nur dichtes Siliciumnitrid in Frage. Wegen eines fehlenden Schmelzpunktes unter Normalbedingungen kann dieser Werkstoff nur pulvermetallurgisch verarbeitet werden.

Bei der Herstellung durch druckloses Sintern (SSN) ist der Anteil an Sinterzusätzen bislang derart groß, daß die Hochtemperaturfestigkeit sehr negativ beeinflußt wird (Bild 1 [1]). Optimale Festigkeitswerte werden durch konventionelles Heißpressen (HPSN) in Graphitmatrizen [2 - 4] und durch heißisostatisches Pressen (HIPSN) erreicht [5, 6]. Da zur Herstellung kompliziert geformter Bauteile HPSN aufgrund der hohen Härte mit Diamantwerkzeugen bearbeitet werden muß [7], bleibt als Alternative für eine relativ kostengünstige Herstellung von Turbinenschaufeln oder monolithischen Rotoren nur das heißisostatische Pressen.

Ausgehend von porösen Grünlingen aus Si_3N_4-Pulver oder reaktionsgesintertem Siliciumnitrid (RBSN) müssen diese Teile vor ihrer Verdichtung im Autoklaven in gasdichten Kapseln eingeschlossen werden (Bild 2). Die Entwicklung geeigneter Kapseltechnologien für einfache Proben bis hin zu kompliziert geformten Bauteilen steht daher neben der Werkstoffentwicklung im Vordergrund dieser Arbeit.

2. Ergebnisse und Diskussion

2.1. Materialforschung

Als Ausgangsmaterial für die anstehenden Untersuchungen dienten Proben aus reaktionsgesintertem Siliciumnitrid mit unterschiedlichen Anteilen an MgO und Y_2O_3 (Bild 3). Ausführliche Versuchsbeschreibungen zur Herstellung von RBSN befinden sich in [8]. Diese Proben wurden in Kieselglasrohren evakuiert und gasdicht eingeschmolzen. Die Behälter wurden in die HIP-Anlage (ASEA QIH 32) eingebracht und bei 1750°C und 2000 bar (Ar) bei einer Haltezeit von 30 Min. verdichtet. Nach Druckentlastung und Abkühlung der Anlage wurden die Glascontainer durch Sandstrahlen entfernt und die Proben auf ihre Endmaße geschliffen bzw. gesägt. Die Abmessungen nach der Bearbeitung betragen 2,5 x 3,5 x 25 mm.

Die Dichte wurde nach dem Archimedischen Prinzip bei Raumtemperatur in Quecksilber bestimmt, das α/β-Verhältnis durch quantitative Röntgenbeugungsanalyse ermittelt. Korngröße und Morphologie wurden im Rasterelektronenmikroskop an geätzten Proben untersucht. Als Ätzmittel diente eine kochende Lösung aus 30 ml HF, 35 ml H_2O_2 und 4 ml HNO_3.

Die Dichteabnahme der Proben mit steigendem MgO-Anteil (Bild 3). ist auf die geringe Dichte der entstehenden MgO-haltigen Glasphase gegenüber Si_3N_4 zurückzuführen. Wegen der hohen Dichte von Y_2O_3 steigt die Dichte der Proben mit zunehmenden Sinteradditivanteil. In allen Fällen wandelt sich die α-Modifikation während des heißisostatischen Pressens vollständig in die β-Phase um.

Raum- und Hochtemperaturfestigkeit wurden in 4-Punkt-Biegeversuche mit Auflageabständen von 20 mm außen und 10 mm innen ermittelt. Durchschnittswerte errechneten sich jeweils aus fünf Einzelwerten.

Kriechuntersuchungen wurden ebenfalls im 4-Punkt-Biegeversuch bei gleichen Auflageabständen durchgeführt. Die Spannung betrug konstant 100 MNm^{-2} bei 1350°C an Luft.

Für die Oxidationsuntersuchungen wurden Proben mit einer Oberfläche von ca. 3,3 cm^2 und einem Gewicht von ca. 0,8 g verwendet. Diese Proben wurden vor den Versuchen geschliffen und mit Alkohol gereinigt. Die Proben wurden auf SiC-Röllchen in einem Al_2O_3-Ofen bei 1050°C, 1200°C und 1350°C an ruhender Luft oxidiert. Die Gewichtszunahme wurde periodisch ermittelt, indem die Proben dem Ofen entnommen und gewogen wurden.

2.1.1 Hochtemperaturfestigkeit

Die Festigkeit von dichtem Siliciumnitrid bei Raumtemperatur wird beeinflußt durch die Herstellungsbedingungen wie Korngrößenverteilung des Ausgangspulvers sowie Anteil und Art des Sinteradditivs. Eine detaillierte Beschreibung dieser Zusammenhänge bei den hier untersuchten Proben findet sich in [5]. Es sollen daher nur die wesentlichen Ergebnisse zitiert werden.

Bei der Verwendung von MgO bzw. Y_2O_3 als Sinterzusatz ändert sich bei den hier verwendeten Mengen mit steigendem Anteil die Kornmorphologie von globularem zu stäbchenförmigem Gefüge. Diese Änderung der Kornform bedeutet einen merklichen Anstieg der Festigkeit. Bei identischen Herstellungsbedingungen kommt es bei Einsatz von MgO ab 5 Gew. % zu einem deutlichen Kornwachstum bei ähnlicher Kornform wodurch die Festigkeit bei höheren MgO-Gehalten wieder abnimmt. Bei der Verwendung von Y_2O_3 bis 7 Gew. % ist nur die oben erwähnte Änderung der Kornmorphologie ohne Kornwachstum zu beobachten, weshalb nur ein Anstieg der Festigkeit mit steigendem Y_2O_3-Gehalt zu beobachten ist. Die Korngröße der Y_2O_3-haltigen Materialien ist durchweg kleiner als bei MgO (Bild 3a/b). Aufgrund der bekannten Abhängigkeit der Festigkeit von der Korngröße liegt das Festigkeitsniveau der Y_2O_3-haltigen gehipten Proben daher höher als das der MgO-haltigen.

Für die hier zitierten Ergebnisse [9] wurden die Werkstoffe mit den höchsten Festigkeiten mit 3 Gew. % MgO und 4,2 Gew. % Y_2O_3 ausgewählt. Diese Auswahl scheint für die Betrachtung der Hochtemperaturfestigkeit zulässig zu sein, da die Festigkeit bei Temperaturen über 1000°C unabhängig vom Sinterhilfenanteil immer um fast den gleichen Prozentsatz abfiel [5]. Ein Vergleich dieser Qualitäten mit Materialien der Firmen Annawerk bzw. Norton [10, 11] zeigt, daß ähnliches Verhalten auch hier zu beobachten ist (Bild 4).

Bei erhöhten Temperaturen wird die Festigkeit von mit Sinterhilfen versehenem Si_3N_4 nicht mehr durch die Bindekräfte innerhalb des Si_3N_4-Kristallverbundes bestimmt, sondern durch die auf den Korngrenzen gebildete flüssige Phase. Ein Zusatz von weniger als 1 % Sinterhilfe reicht schon aus, um mit dem an Kornoberflächen aus thermodynamischen Gründen immer vorhandenen SiO_2 so viel flüssige Phase zu bilden, daß die Festigkeit bei höheren Temperaturen deutlich reduziert wird. Der Festigkeitsabfall zwischen Raumtemperatur und 1400°C von heißgepreßtem bzw. gehiptem Si_3N_4 mit Additivgehalten zwischen 1 Gew. % und 8 Gew. % liegt fast unabhängig vom Zusatz bei ca. 200 bis 300 MNm^{-2}. Das Festigkeitsniveau von Y_2O_3-haltigen Materialien liegt, mit Ausnahme des Norton-Materials NCX 34, über den MgO-haltigen Werkstoffen, begründet meist durch unterschiedliche Korngröße (s.o.).

Daraus ergibt sich nun, daß die Hochtemperaturfestigkeit ähnlich wie die Raumtemperaturfestigkeit von dichtem Si_3N_4 im wesentlichen bestimmt wird durch das Gefüge. Dieses wiederum ist im gewissen Rahmen beeinflußbar durch gezielte Variation der Herstellungsbedingungen. Der hier verwendete Anteil und die Art des Sinterhilfsmittels haben auf den Verlauf der Kurzzeit-Festigkeit über der Temperatur weniger starken Einfluß (im Gegensatz zu dem im Folgenden beschriebenen Kriechverhalten).

2.1.2 Kriechverhalten

Als Mechanismus für das Verformungsverhalten von dichtem Siliciumnitrid unter Belastung unter hohen Temperaturen nimmt man heute allgemein Korngrenzengleiten auf einer durch die Sinteradditive gebildeten flüssigen Phase an. Die begleitenden Akkommodationsprozesse werden in der Literatur als Korngrenzenseparation,

Porenbildung bzw. Rißbildung beschrieben [12, 13]. Die Eigenschaften der flüssigen Phase werden also im wesentlichen die Verformung beeinflussen. Je viskoser die flüssige Phase ist, desto geringer werden die zu erwartenden Kriechgeschwindigkeit sein. Wünschenswert wäre daher, die Fremdphase nach der Verdichtung durch Flüssigphasensinterung in das Si_3N_4-Gitter einzubauen oder aber diese Phase auszukristallisieren. In letzter Zeit sind intensive Untersuchungen im Gange, diese Fremdphasen zu untersuchen [14] und gezielt im Hinblick auf die Hochtemperatureigenschaften von heißgepreßtem oder gehiptem Si_3N_4 zu beeinflussen. Bild 5 zeigt den Einfluß der Sinteradditivmenge und Art auf die Dehnung bei 1350°C an Luft bei einer Belastung von 100 MNm^{-2}.

Das Material mit 3 Gew. % MgO weist eine typische Kriechkurve auf mit einem Übergangskriechbereich in den ersten 5 Stunden des Versuches, in dem die Kriechgeschwindigkeit (Steigung der Kurven in Bild 5) permanent abnimmt. Anschließend ist der stationäre Kriechbereich mit konstanter Kriechgeschwindigkeit, also linearem Kurvenverlauf zu beobachten. Nach etwa 15 Stunden beginnt der tertiäre Kriechbereich mit steigender Kriechgeschwindigkeit und anschließendem Bruch der Probe. Die Werkstoffe mit 0,5 und 1 Gew. % MgO bzw. 0,7 Gew. % Y_2O_3 gingen schon nach wenigen Minuten zu Bruch, so daß eine weitere Untersuchung nicht möglich war. Mit steigendem MgO-Gehalt nimmt die Kriechgeschwindigkeit von $1,2 \times 10^{-4} h^{-1}$ (3 Gew. % MgO) auf $3,5 \times 10^{-4} h^{-1}$ (5 Gew. % MgO) zu (Bild 5 und 6). Deutlich geringere Kriechgeschwindigkeiten zeigen die Proben mit Y_2O_3-Gehalten zwischen 1,4 Gew. % und 7 Gew. %. Sie liegen zwischen $7 \times 10^{-6} h^{-1}$ und $1,6 \times 10^{-5} h^{-1}$. Dies deutet darauf hin, daß bei vergleichbaren Additivmengen die Viskosität der MgO-haltigen Glasphase geringer ist als die der Y_2O_3-haltigen. Mit steigendem MgO-Gehalt steigt $\dot{\varepsilon}$ an, woraus man schließen kann, daß der MgO-Anteil die Viskosität merklich beeinflußt. Bei Y_2O_3 als Sinteradditiv ist der Einfluß des Anteils in der hier verwendeten Größenordnung wesentlich geringer (Bild 5 und 6). Bruch trat bei den beschriebenen Versuchsbedingungen bis zu 120 Std. Versuchszeit nicht auf.

Ein Vergleich der Kriechgeschwindigkeiten dieser gehipten Werkstoffe mit verschiedenen heißgepreßten Qualitäten (Bild 6) zeigt, daß alle MgO-haltigen Materialien bei gleicher Belastung sehr ähnliche Kriechgeschwindigkeiten aufweisen, sie liegen im Bereich $10^{-3}h^{-1}$ bis $10^{-4}h^{-1}$. Mit Ausnahme des Ceradyne 147 Y-1 Materials [11] liegen die Y_2O_3-dotierten Proben eine Zehnerpotenz niedriger, also im Bereich $10^{-4}h^{-1}$ bis $10^{-5}h^{-1}$. Die gehipten Y_2O_3-haltigen Proben weisen die niedrigste stationäre Kriechgeschwindigkeit überhaupt auf, wobei bei einer Belastung von 100 MNm^{-2} und 1350°C Werte bis ca. $9 \times 10^{-6}h^{-1}$ erreicht wurden.

Neben der Viskosität der Glasphase spielt natürlich auch die Korngröße und Kornform für den Verformungsmechanismus eine Rolle. Ohne Berücksichtigung der Kornform sollte bei Annahme von Korngrenzengleiten als Verformungsmechanismus die Kriechgeschwindigkeit mit steigender Korngröße abnehmen. Zusätzlich wird aber bei vergleichbarer Korngröße deren Form Einfluß nehmen.

Daraus resultierend sind die Ergebnisse in Bild 6 verständlich. Bei ähnlicher Kornform und -größe der MgO- bzw. Y_2O_3-dotierten gehipten Materialien wird der Einfluß der Viskosität der Glasphase dominieren. Geht man davon aus, daß die Viskosität der Y_2O_3-haltigen Glasphase üblicherweise höher ist als die der MgO-haltigen, wie es in der Literatur häufig vermutet wird, so werden die geringeren Kriechgeschwindigkeiten dieser Y_2O_3-haltigen Materialien verständlich. Stellt sich aufgrund von veränderten Herstellungsparametern ein völlig anderer Gefügezustand ein, so sind aber auch Ausnahmen denkbar, was zum Beispiel auf das aus der Literatur zitierte oben erwähnte Ceradyne-Material zutreffen könnte.

2.1.3 Oxidationsverhalten

Neben der Frage des Einflusses der Sinterhilfenmenge und -art auf das Langzeitoxidationsverhalten bei Temperaturen zwischen 1050°C und 1350°C interessiert besonders die Frage, inwieweit Proben mit Y_2O_3 im System Si_3N_4-SiO_2-Y_2O_3 Sekundärphasen bilden, von denen man weiß, daß sie katastrophales Oxidationsverhalten zeigen, das bis hin zur völligen Zerstörung der Proben führen kann [15, 16 16]. Die Bildung dieser Oxidationsprodukte ist allerdings vom SiO_2-Gehalt abhängig. Da in dieser Arbeit RBSN mit Sinteradditiven als Ausgangsmaterial verwendet wurde, welches meist weniger Sauerstoff enthält als Si_3N_4-Pulver, sind also nicht von vornherein gleiche Ergebnisse zu erwarten, wie man sie bei heißgepreßten bzw. gesinterten Materialien kennt. Untersuchungen in der Literatur weisen darauf hin, daß die Gewichtszunahme von Si_3N_4 während der Oxidation diffusionskontrolliert abläuft und durch die parabolische Funktion

$$(\Delta m/A)^2 = k_p \cdot t$$

beschrieben werden kann, wobei $\Delta m/A$ die Gewichtszunahme pro Flächeneinheit, t die Oxidationszeit und k_p die parabolische Geschwindigkeitskonstante ist.

Die Geraden in Bild 7 zeigen, daß dieses Gesetz für die hier untersuchten Werkstoffe Gültigkeit besitzt. Clarke und Lange [17] haben darauf hingewiesen, daß es bei Verwendung von MgO als Sinteradditiv zu Diffusion von Mg-Kationen vom Inneren der Probe an die Oberfläche kommt. Dies ist dadurch bedingt, daß die Glasphase mit dem an der Oberfläche durch Oxidation entstandenen SiO_2 ins Gleichgewicht zu kommen bestrebt ist. Die Glasphase ist gleichzeitig der Pfad für die Diffusion von Sauerstoff bzw. gasförmigen Oxidationsprodukten (z.B. N_2). Mit steigendem MgO-Gehalt kann nun entweder der Anteil der während der Verdichtung entstandenen Glasphase erhöht und/oder deren Viskosität erniedrigt werden. Beide Vorgänge können zu einem Anstieg der parabolischen Geschwindigkeitskonstanten k_p Steigung in Bild 7 bzw. Bild 8) führen.

Bei der Verwendung von Y_2O_3 nehmen Lange und Davis [18] an, daß der Anteil der gebildeten Glasphase geringer ist, da nach der Oxidation kristalline Phasen aufgetreten sind und die Viskosität der Glasphase wegen der höheren eutektischen Temperaturen in diesem System größer ist als bei MgO-haltigen Proben. Beides sollte zur geringeren Gewichtszunahme führen, was in Bild 7 bestätigt wird.

Beim Vergleich der parabolischen Geschwindigkeitskonstante der gehipten Proben mit gesinterten und heißgepreßten Qualitäten (Bild 8) fällt zunächst auf, daß die geringsten Werte mit Y_2O_3 als Dotierung zu verzeichnen sind. Ein vergleichbar niedriger Wert konnte nur von gesinterten Sylvania SN 502 mit 7 Gew. % $BeSiN_2$ erreicht werden.

In den gestrichelten Bereichen der HIPSN-Proben stellt die untere Kurve jeweils den niedrigsten Additivgehalt, die obere Grenze den höhsten dar. Bei 1350°C liegt die parabolische Geschwindigkeitskonstante k_p für die Oxidation für die MgO-haltigen Materialien sowie für die mit Al_2O_3 zusammen mit Y_2O_3 gesinterten zwischen 10^{-9} und 10^{-10} $kg^2\ m^{-4}s^{-1}$. Die wesentlich niedrigeren Werte um 1×10^{-11} $kg^2\ m^{-4}s^{-1}$ für Y_2O_3-dotierte Werkstoffe gehören zu den niedrigsten in der Literatur beschriebenen Werten.

2.2. Bauteilentwicklung

2.2.1 Prüfkörperherstellung

Zum heißisostatischen Pressen von Siliciumnitrid ist es notwendig, die porösen Vorkörper in einer gasdichten Hülle einzuschließen, um den Gasdruck beim Hipen auf das Bauteil übertragen zu können. Wegen der hohen notwendigen Verdichtungstemperaturen von Siliciumnitrid von ca. 1800°C sind als Kapselmaterialien nur sehr hochschmelzende Metalle, wie z.B. Wolfram, Molybdän oder Tantal, oder Gläser mit sehr hohen Erweichungstemperaturen wie z.B. reines Kieselglas oder Vycorglas oder Sinterschichten einsetzbar. Bei der Verwendung von Glas als Kapselmaterial wird der poröse Vorkörper in ein Glasrohr eingebracht, evakuiert und die Enden gasdicht verschweißt (Bild 9). Da Glas bei Raumtemperatur ein sehr spröder Werkstoff ist, muß zunächst die Temperatur bis oberhalb der Glastransformationstemperatur erhöht werden, bevor der Druck aufgebracht werden kann. Oberhalb dieser Transformationstemperatur wird das Glas duktil. Bei 1800°C haben reines Kieselglas und Vycorglas eine Viskosität, die es erlaubt, den Gasdruck von ca. 2000 bar auf das Bauteil zu übertragen, ohne daß das Glas von der Probe abläuft. Nach dem heißisostatischen Pressen muß diese Glaskapsel durch Sandstrahlen wieder entfernt werden.

Die Glaskapselmethode hat den Nachteil, daß das Glas mit dem zu verdichtenden Werkstoff reagiert (Bild 10). Es entsteht eine Diffusionszone mit undeffinierter Zusammensetzung, außerdem kommt es zu einer intensiven mechanischen Verzahnung. Da die Ausdehnungskoeffizienten von Siliciumnitrid und Kieselglas sehr unterschiedlich sind, kommt es beim Abkühlen zu Spannungen in der Grenzfläche Glas/Siliciumnitrid, die zur Zerstörung der Probe bzw. des Bauteils führen können. Bei der Herstellung von Proben wird diese Übergangsschicht durch Sandstrahlen bzw. Schleifen entfernt. Die Herstellung kompliziert geformter Bauteile ist mit dieser Methode allerdings nicht möglich.

2.2.2 HIP von Turbinenschaufeln

Um kompliziertere Teile, wie beispielsweise Turbinenschaufeln, herzustellen, wurden deshalb die reaktionsgesinterten porösen Schaufeln in Bornitrid-Pulver eingebettet, welches sich bei den HIP-Temperaturen von ca. 1800°C inert verhält, d.h., weder mit der Glaskapsel noch mit dem eigentlichen Siliciumnitridbauteil Reaktionen eingeht. Die in das Bornitrid eingebettete Schaufel wurde dann in ein Kieselglasrohr unter Vakuum eingeschmolzen und heißisostatisch verdichtet (Bild 11 [21]). Die Verwendung von Bornitrid hat den Vorteil, daß es weder zu Reaktionen zwischen der Glasschicht und dem Bauteil kommt, noch treten beim Abkühlen Spannungen auf. Dies hat zur Folge, daß sich die Turbinenschaufeln sehr leicht entkapseln lassen und eine Nachbearbeitung nicht nötig ist. Bild 12 zeigt Rotoren mit einer metallischen Nabe und heißisostatisch verdichteten Turbinenschaufeln, die nach dieser Methode hergestellt wurden.

2.2.3 HIP von monolithischen Rotoren

Will man größere Bauteile wie z.B. Turboladerrotoren oder monolithische Turbinenräder verdichten, werden die Glascontainer sehr teuer, so daß eine wirtschaftliche Herstellung nicht mehr möglich ist. Es wurde daher ein Verfahren entwickelt, bei dem auf derartige Bauteile eine gasdichte Schicht aufgesintert wird, wobei die Ausdehnungskoeffizienten des Bauteils und der Hülle aufeinander abgestimmt sind [22].

Um zunächst zu verhindern, daß Reaktionen zwischen der Hülle und dem Bauteil auftreten, wird auf die Bauteile eine Schicht aus Siliciumnitridpulver, welches kein Verdichtungshilfsmittel enthält, aufgebracht. Auf diese erste Schicht wird nun eine zweite aufgebracht, die aus Siliciumnitrid mit soviel Sinteradditiven besteht, daß diese problemlos gasdicht gesintert werden kann (Bild 13). Nach dem heißisostatischen Verdichten werden diese Schichten durch Sandstrahlen wieder entfernt. Bild 14 zeigt monolithische Turboladerrotoren, die nach diesem Verfahren hergestellt worden sind.

3. Zusammenfassung und Ausblick

Mit Yttriumoxid als Sinteradditiv, dies konnte in dieser Arbeit gezeigt werden, steht heute ein heißisostatisch gepreßtes Material aus Siliciumnitrid mit bemerkenswerten Hochtemperatureigenschaften zur Verfügung. Mit der hier entwickelten Kapseltechnologie ist es möglich geworden, kompliziert geformte Bauteile wie Turbinenrotor-Einzelschaufeln und Prototypen monolithischer Turbolader herzustellen.

Wichtigstes Ziel muß es nun sein, die an Proben gewonnenen Erkenntnisse auf Bauteile zu übertragen und in Zusammenarbeit zwischen Bauteilhersteller und Anwender die Reproduzierbarkeit der Ergebnisse zu gewährleisten. Unter diesen Voraussetzungen werden heißisostatisch gepreßte Bauteile aus Siliciumnitrid in mechanisch und thermisch hochbeanspruchten Konstruktionen ihre Anwendung finden.

Schrifttum

[1] Smith, J.T.
Quackenbush, C.L.
Phase Effects in Si_3N_4 Containing Y_2O_3 or CeO_2: I, Strength.
Am.Ceram.Soc.Bull. 59 (1980) 529 - 532

[2] Lange, F.F.
Silicon nitride polyphase systems: fabrication, microstructure, and properties.
Int.Met.Rev. 1 (1980) 1 - 20

[3] Palm, J.A.
Greskovich, C.D.
Thermomechanical Properties of Hot-Pressed $Si_{2,9}\,B_{0,1}\,N_{3,8}\,O_{0,2}$ Ceramic.
Am.Ceram.Soc.Bull. 59 (1980) 447 - 452

[4] Gazza, G.E.
Effect of Yttria Additions on Hot-Pressed Si_3N_4.
Am.Ceram.Soc.Bull. 54 (1975) 778 - 781

[5] Heinrich, J.
Böhmer, M.
Microstructure and Mechanical Properties of Hot-Isostatic-Pressed Silicon-Nitride.
Science of Ceramics 11 (1981) 439 - 446

[6] Heinrich, J.
Böhmer, M.
Comment on Properties of Isostatically Hot-Pressed Silicon Nitride.
J.Am.Ceram.Soc. accepted for publication

[7] Tiefenbacher, E.
Turbinenrad aus heißgepreßtem Siliciumnitrid in: Keramische Komponenten für Fahrzeug-Gasturbinen II.
Herausgeber: W.Bunk, M.Böhmer, Springer Verlag, Berlin, Heidelberg, New York (1981)

[8] Heinrich, J.
Munz, D.
Ziegler, G.
Influence of Microstructural Variables on Mechanical Properties, Creep and Thermal Shock Behaviour of Reaction Bonded Silicon Nitride.
Powd.Met.Int. 3 (1982) 153 - 159

[9] Heinrich, J. Böhmer, M. — Einige Hochtemperatureigenschaften von heißisostatisch gepreßtem Siliciumnitrid.
cfi/Ber.Dt.Keram.Ges. zur Veröffentlichung angenommen

[10] Steinmann, D. Gugel, E. Kessel, H. — Heißpreßentwicklung von Siliciumnitrid in: Keramische Komponenten für Fahrzeug-Gasturbinen II.
Herausgeber: W.Bunk und M.Böhmer, Springer Verlag Berlin, Heidelberg New York (1981)

[11] Larsen, D.C. — Property Screening and Evaluation of Ceramic Turbine Enginge Materials.
AFML-TR-79-4188 (1979)

[12] Ud Din, S. Nicholson, P.S. — Creep of Hot-Pressed Silicon Nitride.
J.Mat.Sci. 10 (1975) 1375 - 1380

[13] Birch, J.M. Wilshire, B. — The Compression Creep Behaviour of Silicon Nitride Ceramics.
J.Mat.Sci. 13 (1978) 2627 - 2636

[14] Loehmann, R.E. — Preparation and Properties of Oxynitride Glasses.
J. Non Cryst. Sol. 56 (1983) 123 - 134

[15] Quackenbush, C.L. Smith, J.T. — Phase Effects in Si_3N_4 Containing Y_2O_3 or CeO_2: II, Oxidation.
Am.Ceram.Soc.Bull. 59 (1980) 533 - 537

[16] Rae, A.W.J.M. Thompson, D.P. Jack, K.H. — The Role of Additives in the Densification of Nitrogen Ceramics. in: Ceramic for High Performance Application II.
Ed.: J.J. Burke, E.N. Lenoe and R.N. Katz, Brook Hill Publishing Company (1977)

[17] Clarke, D.R. Lange, F.F. — Oxidation of Si_3N_4 Alloys: Relation to Phase Equilibria in the Si_3N_4/SiO_2-MgO System.
J.Am.Ceram.Soc. 63 (1980) 586 - 593

[18] Lange, F.F.; Davis, B.I. — Compressive Creep and Oxidation Resistance of an Si_3N_4 Material Fabricated in the System Si_3N_4-Si_2N_2O-$Y_2Si_2O_7$.
J.Am.Ceram.Soc. (1983) C 98 - C 99

[19] Smith, J.T.; Quackenbush, C.L. — A Study of Sintered Si_3N_4 Compositions with Y_2O_3 and Al_2O_3 Densification Additives. in: Proc. Int.Symp. on Factors in Densification and Sintering of Oxide and Non-oxide Ceramics.
Ed.: S. Somiya and S. Saito. Association for Science Documents Information c/o Tokyo Institute of Technology, Japan (1978)

[20] Prochazka, S.; Greskovich, C. — Effect of some Impurities on Sintering Si_3N_4. ibid.

[21] Böhmer, M.; Heinrich, J. — Verfahren zum heißisostatischen Pressen kompliziert geformter poröser Körper.
Deutsche Offenlegungsschrift 30 47 237 A1

[22] Heinrich, J.; Böhmer, M. — Verbessertes Verfahren zum Verdichten poröser keramischer Bauteile für das heißisostatische Pressen.
Patentanmeldung P 34 03 917.1 (Februar 1984)

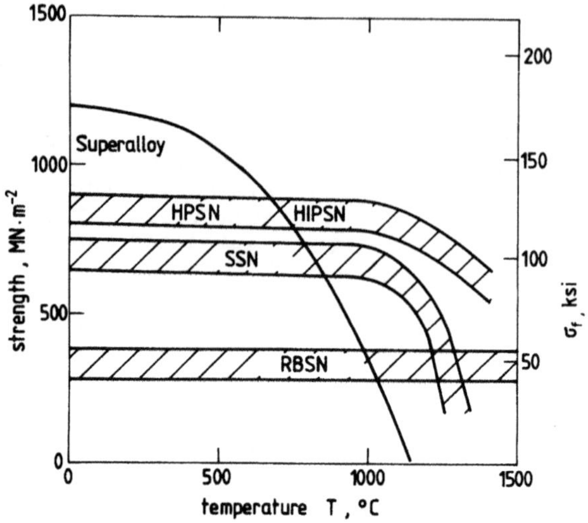

<u>Bild 1</u>: Hochtemperaturfestigkeit verschiedener Siliciumnitrid-Werkstoffe im Vergleich mit einer Superlegierung

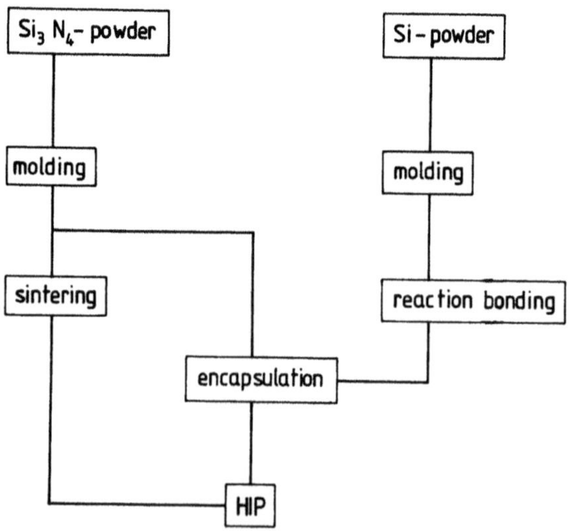

<u>Bild 2</u>: Möglichkeiten zur Herstellung von heißisostatisch gepreßtem Siliciumnitrid

Bild 3: Dichte, α/β-Verhältnis und Festigkeit der untersuchten Werkstoffe vor und nach dem heißisostatischen Pressen

Anteil Sinterhilfe [Gew. %]		Dichte [g cm^{-3}]		β/α+β		Festigkeit [MN m^{-2}]	
		RBSN	HiPSN	RBSN	HiPSN	RBSN	HiPSN
	0	2,50	2,99	0,24	1,0	319	256
MgO	0,5	2,27	3,14	0,07	1,0	221	427
MgO	1,0	2,27	3,15	0,06	1,0	203	602
MgO	3,0	2,26	3,10	0,06	1,0	234	607
MgO	5,0	2,18	3,11	0,04	1,0	189	507
Y_2O_3	0,7	2,26	3,13	0,17	1,0	250	584
Y_2O_3	1,4	2,28	3,16	0,24	1,0	291	682
Y_2O_3	4,2	2,28	3,21	0,14	1,0	235	820
Y_2O_3	7,0	2,29	3,26	0,16	1,0	200	810

Bild 3a/b: Gefüge von Proben mit Magnesiumoxid und Yttriumoxid als Sinteradditiv
a) 5 Gew. % MgO,
b) 7 Gew. % Y_2O_3

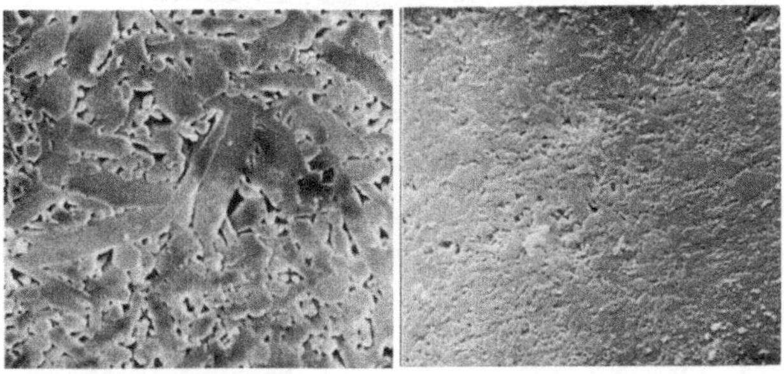

a) b)

2µm 2µm

Bild 4: Hochtemperaturfestigkeit gehipter Qualitäten im Vergleich mit kommerziell erhältlichem heißgepretem Material

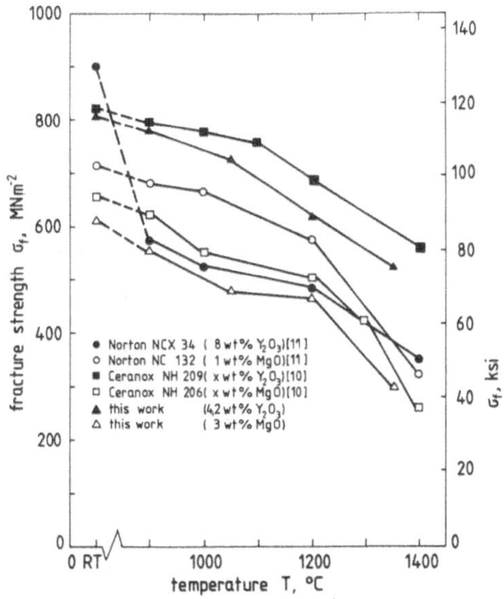

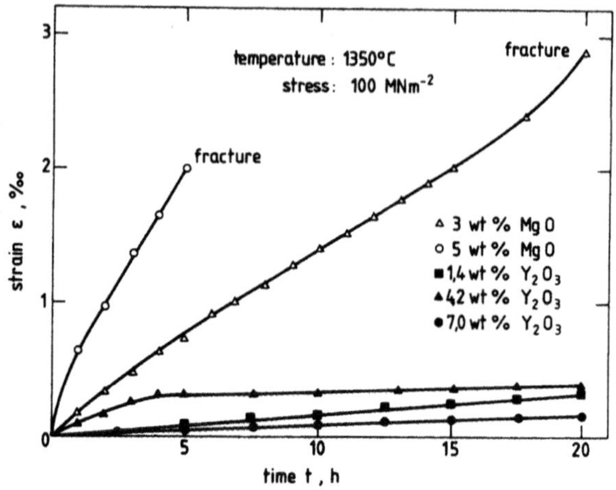

Bild 5: Verformungsverhalten von HIPSN mit unterschiedlicher Sinteradditivart und -menge

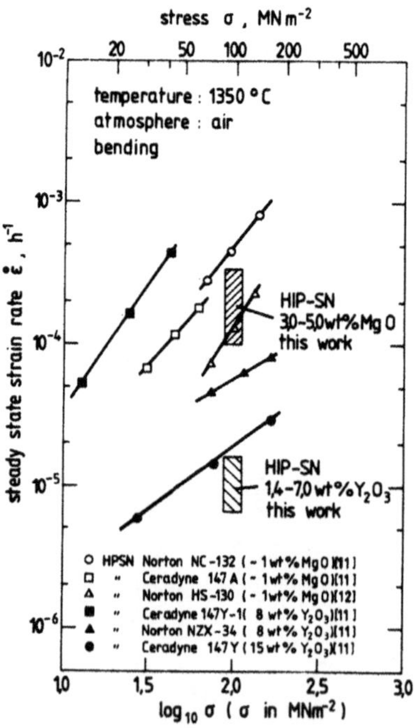

Bild 6: Spannungsabhängigkeit der Kriechgeschwindigkeit verschiedener Si_3N_4-Qualitäten

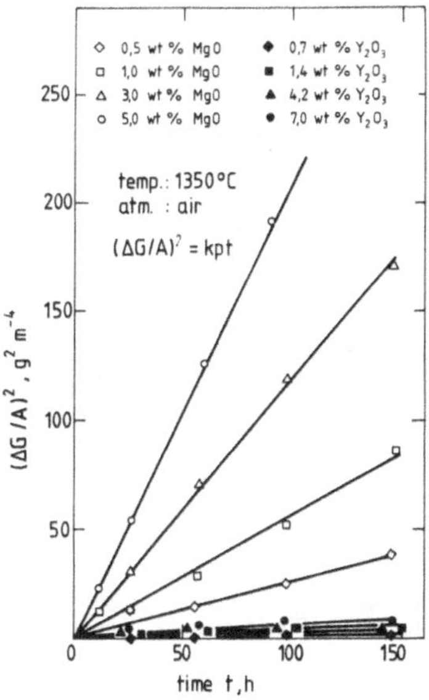

<u>Bild 7</u>: Oxidationskinetik von HIPSN mit unterschiedlicher Sinterhilfenart und -menge

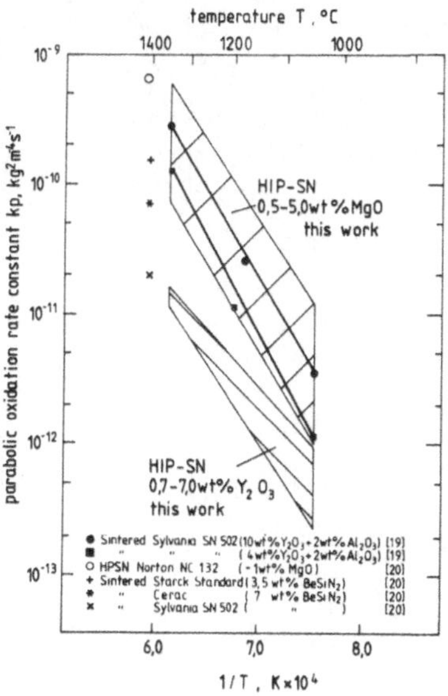

<u>Bild 8</u>: Arrheniusdarstellung der parabolischen Oxidationsgeschwindigkeitskonstanten über 1/T verschiedener Si_3N_4-Qualitäten

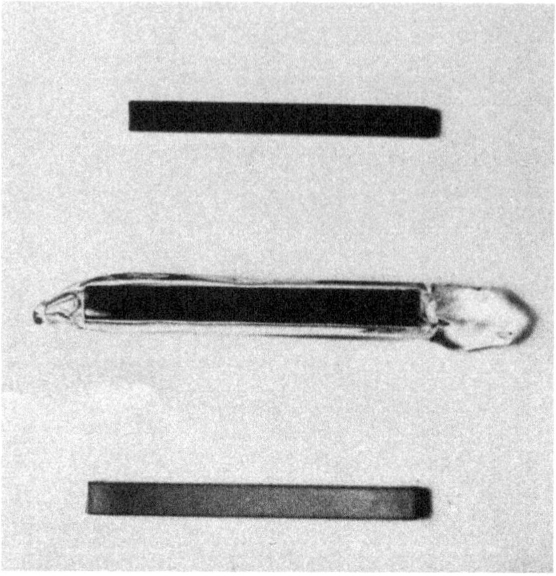

Bild 9: Kapseltechnik von Biegestäben

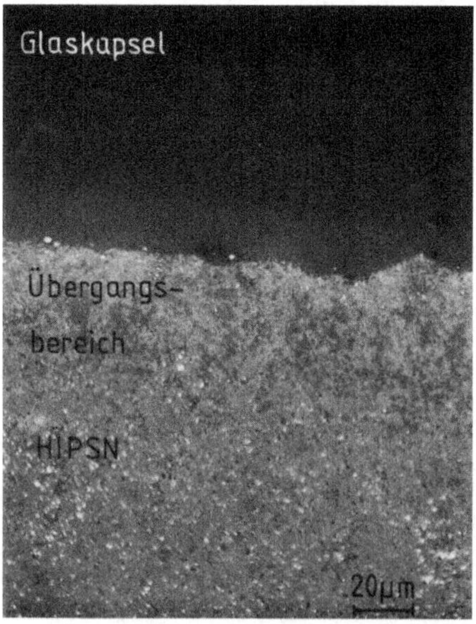

Bild 10: Diffusionszone im Übergangsbereich zwischen Glaskapsel und Matrixwerkstoff

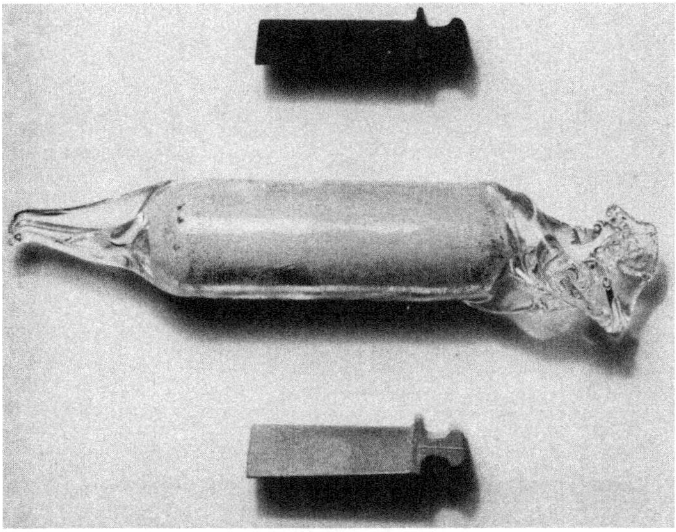

Bild 11: Kapseltechnik von Turbinenschaufeln

Bild 12: Hybridrotoren mit metallischer Nabe und heiß-isostatisch gepreßten Schaufeln aus Si_3N_4

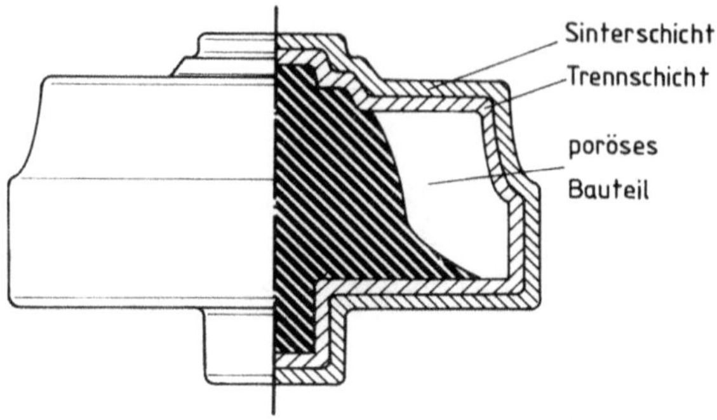

Bild 13: Kapseltechnik von monolithischen Rotoren

Bild 14: Modelle monolithischer Rotoren aus heißisostatisch gepreßtem Siliciumnitrid

SINTERVERHALTEN VON SILICIUMCARBID-PULVERN

H. Hausner, H. Landfermann
Technische Universität Berlin

W. Böcker
Carborundum Co., Niagara Falls, USA

Übersicht:

Die Einflüsse der Pulvercharakteristik und verschiedener beim Sintern dieser Pulver relevanter Prozeßparameter auf Dichte und Gefüge von gesintertem Siliciumcarbid werden diskutiert.

1. Einleitung

Siliciumcarbid hat infolge des überwiegenden Anteils an kovalenter Bindung ausgezeichnete mechanische Eigenschaften bei hohen Temperaturen und weist neben einer geringen Dichte eine sehr gute Oxidations- und Korrosionsbeständigkeit auf. Diese günstigen Eigenschaften können jedoch nur dann voll genutzt werden, wenn es gelingt, einen hochdichten einphasigen Werkstoff herzustellen, da beim Vorliegen einer zweiten Phase mit schlechteren Hochtemperatureigenschaften zwangsläufig Beschränkungen hinsichtlich der Einsatzgrenzen für den Werkstoff in Kauf genommen werden müssen. Durch die Entwicklung der drucklosen Sintertechnik im Laufe der vergangenen zehn Jahre ist es möglich geworden, nicht nur die Werkstoffentwicklung auf der Basis von Siliciumcarbid voranzutreiben, sondern auch die Fertigungstechnologie so zu verbessern, daß heute komplizierte Bauteile hoher Festigkeit aus diesem Material gefertigt werden können.

Die vorliegende Veröffentlichung beschreibt Entwicklungsarbeiten an sinteraktiven Siliciumcarbidpulvern, deren Verfügbarkeit für die angestrebten hohen Werkstoffqualitäten die primäre Voraussetzung ist.

2. Literatur

Durch die grundlegenden Arbeiten von Prochazka [1] wurde gezeigt, daß für das drucklose Sintern von SiC eine Teilchengröße der Sinterpulver im Submicronbereich, ein niedriger Gehalt an Verunreinigungen sowie simultane Zusätze von Bor und Kohlenstoff erforderlich sind. Während Prochazka ursprünglich die kubische Modifikation (ß-SiC) als Voraussetzung für eine hohe Sinterfähigkeit ansah, konnte später von Coppola und Mc Murtry [2] gezeigt werden, daß auch α-SiC Pulver bei geeigneter Aufbereitung zu dichten Körpern gesintert werden können.

Hinsichtlich der Sinteradditive wurde neben Bor + Kohlenstoff auch über die positive Wirkung von Beryllium + Kohlenstoff [3] oder Aluminium + Kohlenstoff [4,5] berichtet, wobei die Additive entweder in elementarer Form oder aber auch in Form bestimmter Verbindungen zugesetzt werden können.

Die Sinterung wird in einer inerter Atmosphäre, meistens Argon, durchgeführt. In [6] wird über den Atmosphäreneinfluß beim Sintern von SiC berichtet.

Über den Sintermechanismus liegen auch heute noch sehr unterschiedliche Meinungen vor. Prochazka [1] nahm ursprünglich an, daß die Schwierigkeiten beim Sintern von SiC auf einem ungünstigen Verhältnis der Korngrenzen- zur Oberflächenenergie beruhen. Durch den Zusatz von Bor sollte die Grenzflächenenergie herabgesetzt werden, während die Wirkung des Kohlenstoffs in einer Desoxidation der Siliciumcarbidoberfläche und der damit im Zusammenhang stehenden Erhöhung der Oberflächenenergie bestehen sollte. Eine weitere Wirkung des Kohlenstoffs wird in der Begrenzung des Si-Partialdrucks über Siliciumcarbid gesehen. Greskovich [7] weist darauf hin, daß durch die Anwesenheit von Bor Oberflächentransportprozesse zurückgedrängt werden, die zur Gefügevergröberung beitragen, ohne daß eine Schwindung eintritt. Lange und Gupta [8] nehmen an, daß die Verdichtung über einen Flüssigphasensinterprozeß abläuft, da von ihnen eine zweite borreiche Phase nachgewiesen werden konnte. Suzuki und Hase [9] folgern aus Gitterstrukturuntersuchungen, daß durch die Additive eine Sekundärphase an den Korngrenzen gebildet wird, über die bis 1950°C der Materietransport abläuft. Ogbuji [10] findet dagegen mittels hochauflösender Transmissions-Elektronenmikroskopie keine Hinweise auf die Existenz einer Korngrenzphase bei bordotiertem SiC. Prochazka führt eine zweite Phase an den Korngrenzen auf die Anwesenheit von Verunreinigungen zurück.

Hinsichtlich der Sinteradditive Aluminium und Beryllium ist zu bemerken, daß sie, wie Bor, Elektronen-Akzeptoren sind und ebenfalls eine relativ hohe Löslichkeit im SiC-Gitter besitzen [11]; ein Einbau dieser Additive ins Gitter und damit eine positive Wirkung auf das Sinterverhalten über einen Defektmechanismus ist denkbar.

3. Experimentelles

In Tabelle 1 sind verschiedene Verfahren zur Darstellung des Siliciumcarbid-Ausgangsmaterials zusammengestellt, aus dem, gegebenenfalls nach entsprechender Aufbereitung, Feinstpulver gewonnen werden können. Während bei den Verfahren (A) bis (C) das anfallende Material durch eine Feinstmahlung auf eine entsprechende Korngröße gebracht werden muß, fallen durch die Gasphasenreaktionen (D) und (E) abgeschiedene Pulver sofort im Submikronbereich an. Im Rahmen der eigenen Arbeiten innerhalb des BMFT-Programms wurde sowohl die Aufbereitung von handelsüblichen Acheson SiC-Pulvern durch eine Attritormahlung [12], als auch die Pulverherstellung durch die pyrolytische Zersetzung von Methylsilan [13] untersucht.

Die Pulver wurden zusammen mit den entsprechenden Mengen der Sinteradditive und 1 % Ölsäure als Preßhilfsmittel in Benzol mittels eines Magnetrührers vermischt, das Benzol unter Aufblasen von Luft verflüchtigt, die Mischung durch ein Kunststoffsieb granuliert und anschließend zu Prüfkörpern verpreßt. Die Sinteruntersuchungen wurden an zylindrischen Probekörpern von 10 mm Durchmesser und max. 10 mm Höhe durchgeführt. Bei der Herstellung von Prüfkörpern mit größeren Abmessungen für Festigkeitsuntersuchungen wurden die Pulvermischungen vor der Formgebung sprühgetrocknet.

Die Untersuchung des Sinterverhaltens erfolgte in einem im Rahmen der Arbeiten entwickelten induktiv beheizten Hochtemperaturdilatometer, mit dem Temperaturen bis zu 2300°C erreicht werden können.

4. Ergebnisse und Diskussion

4.1 Pulvercharakteristik und Sinterverhalten

In Tab. 2 sind die Eigenschaften verschiedener Siliciumcarbid-Sinterpulver zusammengestellt, wie sie entweder in eigener Herstellung und Aufbereitung anfielen oder in der Literatur beschrieben sind. Es sollte beachtet werden, daß bei jeder Pulverqualität die in der Tabelle angegebenen Pulvereigenschaften durch Änderungen der Herstellungsparameter teilweise sogar in weiten Grenzen geändert werden können, so daß eine große Variationsbreite bei Pulvern möglich ist. Einige grundlegende Unterschiede sind jedoch erkennbar; so lassen sich Gasphasenpulver leichter sowohl mit sehr hoher Oberfläche, als auch mit niedrigerem Verunreinigungsgrad herstellen als Pulver, die über eine Festkörperreaktion mit anschließendem Mahl- und Reinigungsprozeß gewonnen wurden, da die für die Gasphasenreaktion notwendigen Ausgangssubstanzen entweder in sehr reiner Form vorliegen oder leicht gereinigt werden können.

Verunreinigungen in SiC-Pulvern haben einen entscheidenden Einfluß auf das Sinterverhalten. So zeigt Bild 1 den Einfluß verschiedener Reinigungsstufen auf die Sinterdichte von Siliciumcarbid. Die Darstellung macht deutlich, daß eine Kombination von Glühung und HF-Wäsche den größten Sintererfolg bringt. Hierdurch werden sowohl freies Si bzw. SiO_2 als auch freier Kohlenstoff entfernt. Eine Flußsäurebehandlung allein bringt eine Verbesserung gegenüber dem unbehandelten Zustand, da die sinterhemmende SiO_2-Schicht an der Pulveroberfläche entfernt ist. Der im Pulver enthaltene freie Kohlenstoff in Form von Graphit, der röntgenographisch feststellbar ist, bleibt erhalten und wirkt sich in dieser Form und da er im Überschuß vorhanden ist, nachteilig auf die Sinterung aus.

In umfangreichen Versuchsreihen wurde der Einfluß von Sauerstoff, Eisen und freiem Silicium auf das Verdichtungsverhalten von Siliciumcarbidpulvern und die Gefügeausbildung der Sinterkörper untersucht [18]. Durch gezielte Oxidation der Sinterpulver wurden beispielsweise definierte Sauerstoffgehalte eingestellt und die Pulver anschließend einem üblichen Sinterprozeß unterworfen. Schon Gehalte von 0.5 Gew.% Sauerstoff vermindern die Sinterdichte; oberhalb 1 Gew.% Sauerstoff nimmt die Sinterbarkeit rapide ab; in entsprechender Weise steigt der Gewichtsverlust durch Bildung von SiO. Auch freies Silicium (Siliciumdampf) bzw. Eisen setzt die Sinterfähigkeit herab, obwohl letzteres als Sinterhilfsmittel beim Drucksintern Verwendung gefunden hat.

Die Morphologie eines aus α-SiC aufbereiteten und eines durch Zersetzung von Methylsilan bei 1000°C gewonnenen Pulvers ist in Bild 2 gezeigt. Das Gasphasenpulver hat kugelförmige Teilchen mit Durchmessern zwischen 0.1 und 1 µm, die bei höheren Abscheidetemperaturen (1800°C) noch kleiner wurden. Außerdem nimmt mit steigender Abscheidetemperatur der Kristallinitätsgrad zu. Das Acheson-SiC zeigt ursprünglich ein splittriges Korn, das nach der Mahlung im Attritor sich ebenfalls abrundet, so daß beide Pulver nach erfolgter Aufbereitung sich in der Morphologie sehr ähneln. Die im Attritor gemahlenen Pulver erreichen auf Grund eines breiteren Kornspektrums beim Verpressen relative Gründichten um 60 %, während das gasphasenabgeschiedene Pulver unter den gleichen Preßbedingungen sich nur auf 46 % th.D. verdichten läßt.

Bild 3 zeigt die im HT-Dilatometer ermittelten Schwindungskurven bzw. Sintergeschwindigkeiten für das aufbereitete Acheson-SiC und das gasphasenabgeschiedene ß-SiC. Das Gasphasenpulver zeigt eine doppelt so hohe Sintergeschwindigkeit in einem engeren Temperaturintervall. Die Schwindung beträgt 21 %, die erzielte Enddichte liegt bei 96.9 % th.D. Aufgrund der schon erwähnten besseren Verpreßbarkeit und der daraus resultierenden höheren Preßdichte erreicht das Acheson SiC mit einer geringen Schwindung von 15.6 % eine relative Sinterdichte von 95.1 %. Beim ersten Sintermaximum des Gasphasen-SiC konnte starkes Kristallitwachstum und die Bildung von B_4C nachgewiesen werden.

4.2 Prozeßparameter und Sintergefüge

Es ist eine bekannte Tatsache, daß in Abhängigkeit von der Pulvercharakteristik die Bedingungen zur Erzielung eines optimalen Gefüges und der damit im Zusammenhang stehenden optimalen Eigenschaften des Sinterkörpers unterschiedlich sein können. In Bild 4-7 ist der Einfluß verschiedener Prozeßparameter auf die Gefügeausbildung gezeigt. Zu hohe Sintertemperaturen oder zu lange Haltezeiten bei den zur Verdichtung notwendigen Temperaturen führen zur Ausbildung eines diskontinuierlichen Kornwachstums in Form von großen plattenförmigen Kristallen (Bild 4 und 5). Im Falle des ß-SiC ist die Einhaltung der optimalen Sintertemperatur und -zeit kritischer, als bei den aus α-SiC bestehenden Pulvern, da durch die bei den Sintertemperaturen auftretende ß-α-Umwandlung die Ausbildung eines inhomogenen Gefüges begünstigt wird. Auch die Konzentration der Sinteradditive muß optimiert werden [19]. Im allgemeinen bewegen sich die Zusätze um 0.5-1 Gew.% bei der metallischen Komponente und um 1-2 Gew.% beim Kohlenstoff. Falls das B : C Verhältnis zu hoch ist, tritt diskontinuierliches Kornwachstum ein, eine Hemmung des Kornwachstums und die Ausbildung eines feinkörnigen Gefüges wird durch einen Überschuß an Kohlenstoff erreicht (Bild 6). Die großen Kristalle, die durch das diskontinuierliche Wachstum gebildet werden, entsprechen dem 6H-Polytyp. Bei Zusätzen von Aluminiummetall bzw. Aluminiumverbindungen wird das Auftreten dieser großen Kristalle infolge der bevorzugten Bildung des 4H-Polytyps zurückgedrängt [4]. In Bild 7 ist der Einfluß der spez. Oberfläche des Ausgangspulvers auf das SiC-Mikrogefüge gezeigt. Unter sonst gleichen Bedingungen neigt das feinkörnigere Pulver infolge seiner größeren Sinteraktivität zum diskontinuierlichen Kornwachstum.

Aus den gezeigten Beispielen geht hervor, daß die wichtigste Gefügeänderung beim Vorliegen ungünstiger Prozeßparameter ein diskontinuierliches Kornwachstum ist, das zwangsläufig Auswirkungen auf die mechanischen Eigenschaften haben muß. Aus Bild 8 ist dieser Einfluß ersichtlich. Eine Gefügeanalyse der hier untersuchten Proben führte zu folgendem Ergebnis. Im Bereich niedriger Sinterdichten, in dem noch kein Kornwachstum auftritt, zeigt die Bruchzähigkeit von gesintertem SiC eine lineare Abhängigkeit von der Porosität. Übersteigt die Sinterdichte einen bestimmten Grenzwert, der von den angewandten Prozeßparametern abhängt und bei den untersuchten Proben bei 96 - 98 % th.D. lag, tritt diskontinuierliches Kornwachstum und damit ein Abfall in der Bruchzähigkeit ein.

5. Schrifttum

[1] PROCHAZKA, S. Sintering of Silicon Carbide in: Ceramics for High-Performance Applications, 239-252 Burke, J.J., Gorum A.E., Katz, R.N. (Hrsg.) Brook Hill Publ. Co., Chestnut Hill, Massachusetts (1974)

[2] COPPOLA, J.A., MC MURTRY, C.H. Substitution of Ceramicsfor Ductile Materials in Design National Symposium "Ceramics in the Servive of Man" Carnegie Institution, Washington (1976)

[3] PROCHAZKA, S., GIDDINGS, R.W., JOHNSON, C.A. Investigation of Ceramics for High Temperature Turbine Vanes Rept. General Electric, Schenectady N.Y. SRD 74-123 (1974)

[4] BÖCKER, W., LANDFERMANN, H., HAUSNER, H. Sintering of α-Silicon Carbide with Additions of Aluminum Powder Met. Int. 11 (1979) 83-85

[5] SCHWETZ, K.A., LIPP, A. The Effect of Boron and Aluminum Sintering Additives on the Properties of Dense Sintered α-Silicon Carbide in: Science of Ceramics 10, 149-158 Hausner, H. (Hrsg.) Deutsche Keramische Gesellschaft (1980)

[6] PROCHAZKA, S.
JOHNSON, C.A.
GIDDINGS, R.A.
Atmosphere Effects in Sintering of Silicon Carbide
Rept. General Electric, Schenetady, N.Y.
78 CRD 192 (1978)

[7] GRESCOVICH, C.
ROSOLOWSKI, J.H.
Sintering of Covalent Solids
J. Am. Ceram. Soc. 59 (1976) 336-343

[8] LANGE, F.F.
GUPTA, T.K.
Sintering of SiC with Boron Compounds
J. Am. Ceram. Soc. 59 (1976) 537-538

[9] SUZUKI, H.
HASE, T.
Boron Transport and Change of Lattice Parameter During Sintering of ß-SiC
J. Am. Ceram. Soc. 63 (1980) 349-350

[10] OGBUJI, L.U.
Grain Boundaries in Carbon- and Boron Densified SiC
in: Mat. Sci. Res., Vol. 14, 713-723
J. Pask, A. Evans (eds.)
Plenum Press, New York (1981)

[11] VODAKOW, Y.A.
MOKHOV, E.N.
Diffusion and Solubility of Impurities in Silicon Carbide
in: Silicon Carbide 1973, 508-519
R.C. Marshall, J.W. Faust, C.E. Ryan (eds.)
University of South Carolina Press
Columbia (1974)

[12] BÖCKER, W.
HAUSNER, H.
Observations on the Sintering Characteristics of Submicron Silicon Carbide Powders
in: Science of Ceramics 9, 168-175
K.J. de Vries (ed.)
The Nederlandse Keramische Vereniging (1977)

[13] BÖCKER, W.
HAUSNER, H.
Verfahren zur Herstellung von Siliciumcarbidpulvern aus der Gasphase
Ber. Dt. Keram. Ges. 55 (1978) 233-237

[14] BÖCKER, W.
LANDFERMANN, H.
HAUSNER, H.
The Influence of Powder Characteristics on the Sintering of α-SiC
Powder Met. Int. 13 (1981) 37-39

[15] PROCHAZKA, S.
The Sintering Process for Silicon Carbide : A Review
Rept. General Electric 81 CRD 314 (1981)

[16] SCHWIER, G.
Herstellung von Siliciumnitrid- und Siliciumcarbidpulvern zum Sintern und Heißpressen
in: Keramische Komponenten für Fahrzeug-Gasturbinen II, 255-263
W. Bunk, M.Böhmer (Hrsg.)
Springer-Verlag, Berlin, Heidelberg, New York (1981)

[17] BÖCKER, W.
HAUSNER, H.
LANDFERMANN, H.
Herstellung von sinteraktiven SiC-Pulvern
BMFT-Forschungsbericht
T 81-038 (1981)

[18] LANDFERMANN, H.
HAUSNER, H.
BMFT-Forschungsvorhaben 01 ZC 049 A
"Herstellung von sinteraktiven SiC-Pulvern"
Abschlußbericht 1.1.80 - 30.4.1983

[19] BÖCKER, W.
HAUSNER, H.
The Influence of Boron and Carbon Additions on the Microstructure of Sintered α-Silicon Carbide
Powder Met. Int. 10 (1978) 87-89

Tabelle 1 Verfahren zur Darstellung von Siliciumcarbid

(A)	$SiO_2 + 3\,C$	$\xrightarrow{\text{Acheson}}$	$SiC + 2\,CO$	α - SiC
(B)	$SiO_2 + 3\,C$	$\xrightarrow{\text{Argon}}$	$SiC + 2\,CO$	ß - SiC
(C)	$Si + C$	$\xrightarrow[\text{Wasserstoff}]{\text{Argon}}$	SiC	ß - SiC
(D)	CH_3SiH_3	$\longrightarrow$	$SiC + 3H_2$	ß - SiC
(E)	$SiCl_4 + CH_4$	$\longrightarrow$	$SiC + 4HCl$	ß - SiC

Tabelle 2 Charakteristik von Siliciumcarbid-Sinterpulvern

Bezeichnung	A	B	C	D
Herst. Methode	SiO_2+ C	SiO_2+ C	Si + C	CH_3SiH_3
	(Acheson)	(Argon)	(Wasserstoff)	(Gasphase)
Struktur	hexagonal 4H, 6H, 15R	kubisch 3C	kubisch 3C	kubisch 3C
Gesamtkohlenstoff (Gew.%)	30.0	29.4	30.5	30.1
O (ppm)	3000	6800	4000	450
H "	500	n.b.	n.b.	650
N "	300	n.b.	n.b.	50
Fe "	15	n.b.	200	15
Al "	800	n.b.	100	-
Spuren ($<$10 ppm)	Ca, Ti, Cr, V	n.b.	n.b.	Al, Ca, Mg, Cu, Ti
Spez. Oberfl. (m^2/g)	12	10.8	15	22
Lit.	(14)	(15)	(16)	(17)

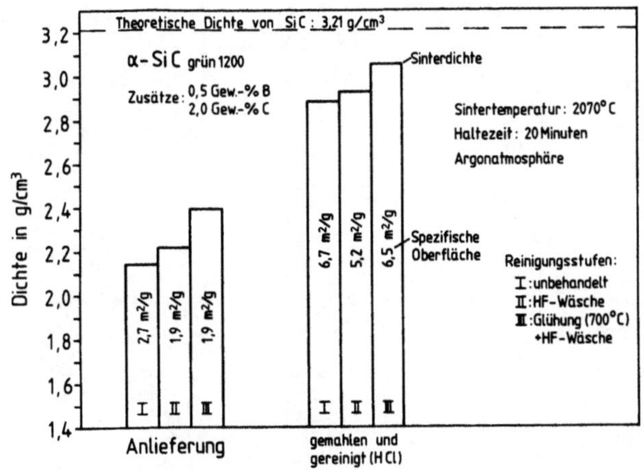

Bild 1: Sinterdichte von α-SiC nach unterschiedlichen Pulver-Reinigungsstufen

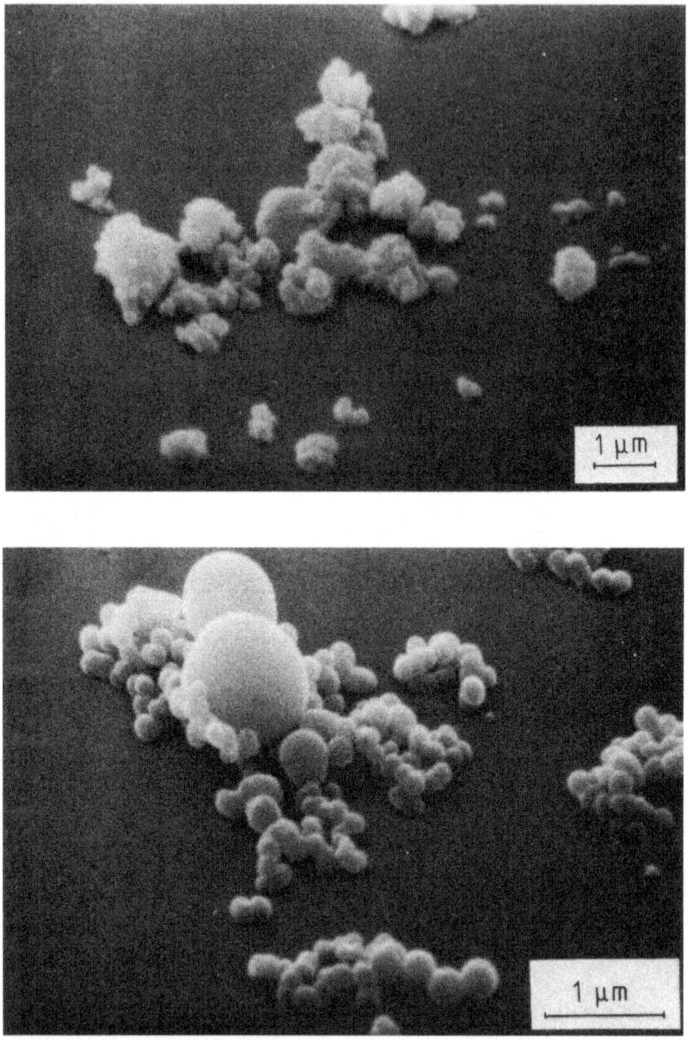

Bild 2: Morphologie von α-SiC Pulver, (oben), spez. Oberfläche 15.7 m^2/g und gasphasenabgeschiedenem ß-SiC Pulver (unten), spez. Oberfläche 13.8 m^2/g

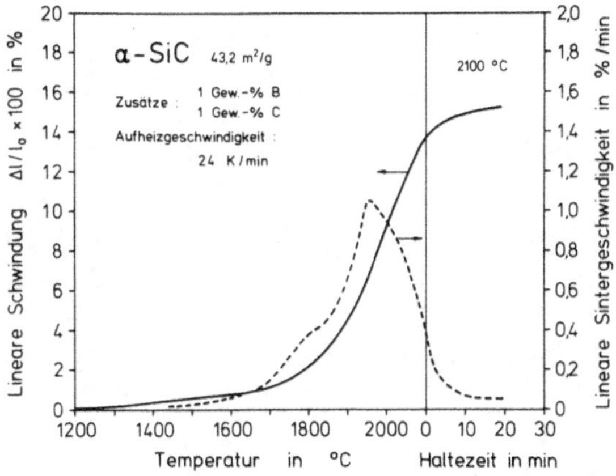

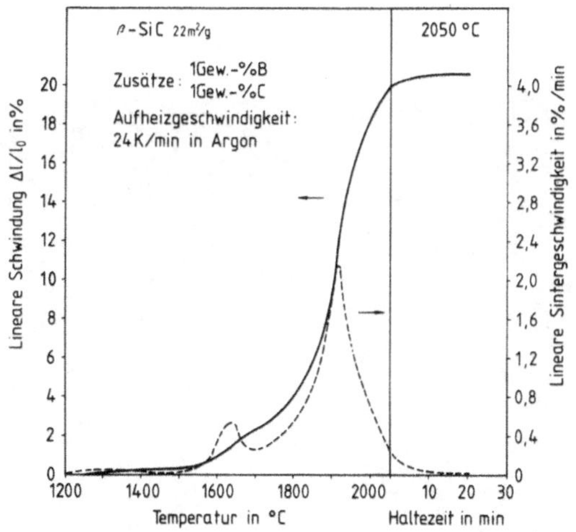

Bild 3: Sinterkurven von α- und ß-SiC mit Zusätzen von 1 Gew.% B und 1 Gew.% C

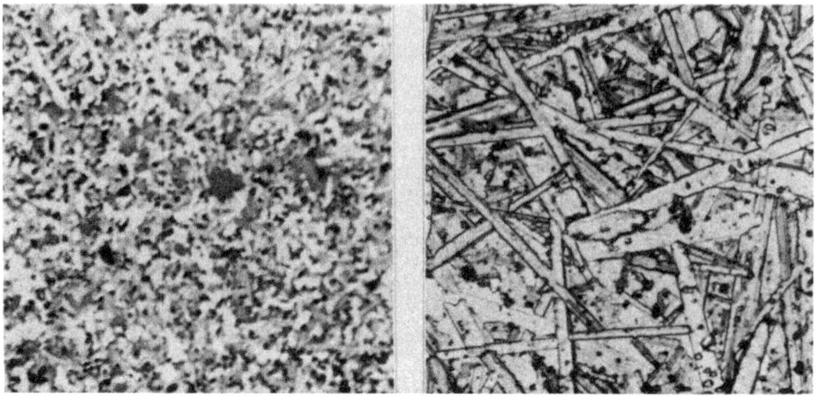

0.5 Gew.% B 1 Gew.% C
2030°C 15 min. $\rho = 3.05\ g/cm^3$

0.5 Gew.% B 1 Gew.% C
2050°C/20 min. $\rho = 3.12\ g/cm^3$

Bild 4: Einfluß der Sinterbedingungen auf das Gefüge von ß-SiC

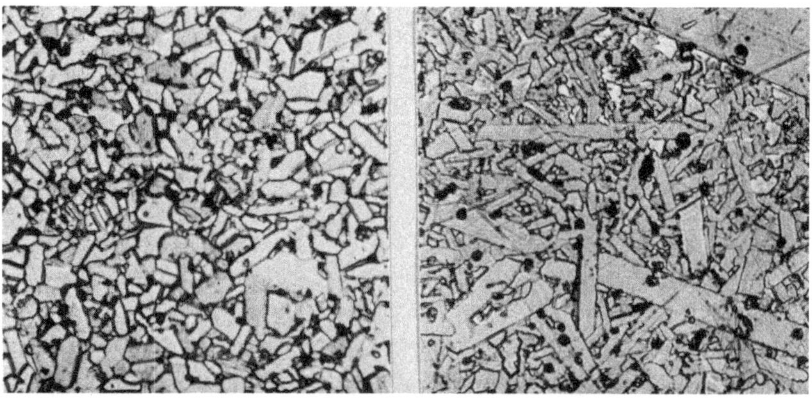

0.5 Gew.% B 1.5 Gew.% C
2060°C/30 min. $\rho = 3.08\ g/cm^3$

0.5 Gew.% B 2.0 Gew.% C
2100°C/20 min. $\rho = 3.11\ g/cm^3$

Bild 5: Einfluß der Sinterbedingungen auf das Gefüge von α-SiC

10 µm

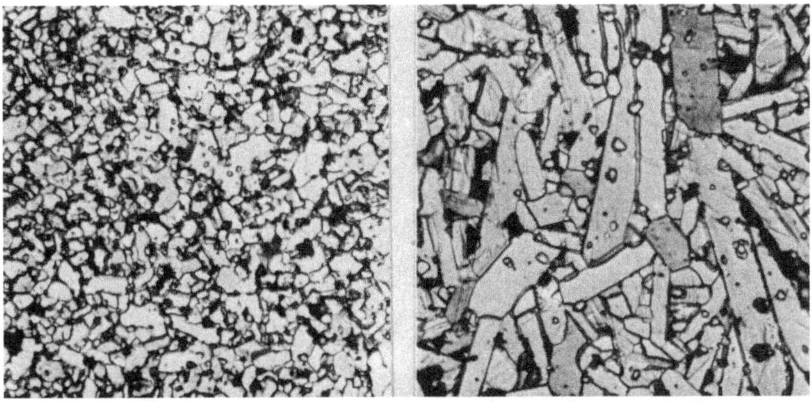

0.5 Gew.% B 4.0 Gew.% C
2060°C/30 min. ρ = 3.07 g/cm^3

2.4 Gew.% B 3.0 Gew.% C
2060°C/30 min. ρ = 2.95 g/cm^3

Bild 6: Einfluß der Zusammensetzung auf das Gefüge von α-SiC

10 µm

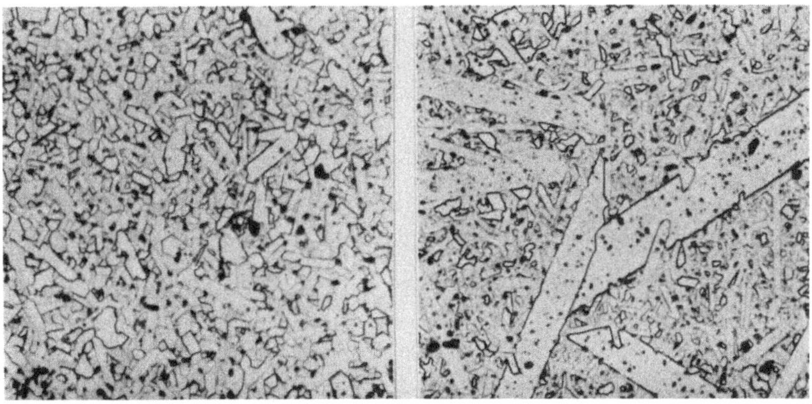

Pulver: 3.8 m^2/g Sinterdichte: 3.05 g/cm^3

Pulver: 14.7 m^2/g Sinterdichte: 3.08 g/cm^3

0.5 Gew.% B 2.0 Gew.% C ; 2070°C / 20 min.

Bild 7: Einfluß der spezifischen Oberfläche des Sinterpulvers auf das Gefüge von α-SiC

50 µm

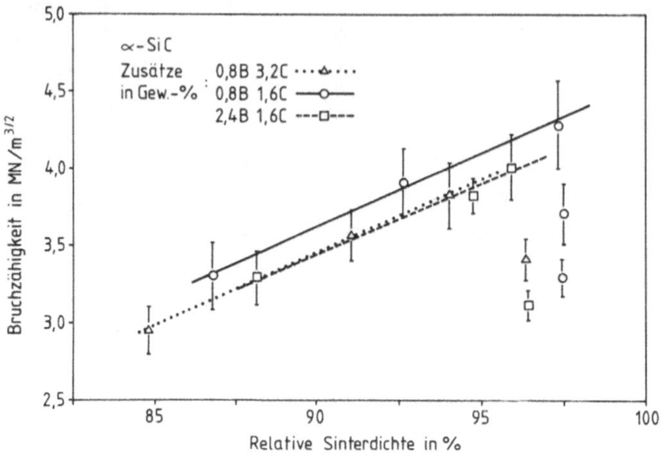

Bild 8: Bruchzähigkeit von gesintertem α-SiC mit unterschiedlichem Gehalt an Bor : Kohlenstoff

ENTWICKLUNG UND HERSTELLUNG VERBESSERTER SILIZIUMKARBIDPULVER FÜR DAS DRUCKLOSE SINTERN UND HEISSPRESSEN

Gerd Schwier

Hermann C. Starck Berlin
Werk Goslar

Übersicht

Sowohl Alpha- als auch Beta-Siliziumkarbidpulver können durch druckloses Sintern oder Heißpressen mit den bekannten Sinteradditiven zu Bauteilen mit z.T. guten Hochtemperatureigenschaften verarbeitet werden. Festigkeit und Zuverlässigkeit solcher Bauteile bedürfen noch Verbesserungen. Die dafür hergestellten reinen SiC-Pulver sind Gegenstand einer Charakterisierung und Untersuchung in Abhängigkeit der Pulvereigenschaften von den Herstellungsbedingungen. Die durch Mahlung und chemische Nachreinigung hergestellten Alpha- und Beta-SiC-Pulver besitzen Feinheiten von 8 bis 17 m^2/g (BET), durchschnittlich sehr hohe Reinheiten von unter 0,1 % metallischer Verunreinigungen, sowie niedrige Sauerstoffgehalte von unter 0,5 %. Die morphologischen Pulvereigenschaften, wie insbesondere die Kornform, Kornverteilung und Agglomeration werden untersucht und zusammen mit anderen Pulvereigenschaften bezüglich ihrer möglichen Auswirkungen auf die Verarbeitung, Sintereigenschaften und Fertigproduktqualität diskutiert.

1. Einleitung

Siliziumkarbid kann im Vergleich zu Siliziumnitrid mit relativ geringen Gehalten an Sinterhilfsmitteln auch drucklos dicht gesintert werden. Zunächst galten Beta-SiC-Pulver als besser sinterfähig als Alpha-Pulver. Mit zunehmender Pulveraufbereitungstechnik gelang es auch, ausgehend vom großtechnisch hergestellten ACHESON-SiC daraus entsprechend sinterfähige Alpha-SiC-Pulver aufzubereiten. Bei der Herstellung von SiC-Bauteilen dominiert aus Gründen der Formgebung und insbesondere der Kosten wegen das drucklose Sintern. Bevorzugt verwendet werden heute Alpha-SiC-Pulver, weil bei ihnen die Beherrschung eines gleichmäßg feinen Sintergefüges beim Sintern leichter als bei Verwendung von Beta-SiC-Pulvern erscheint.

Im Gegensatz zu gesintertem Siliziumnitrid besitzt gesintertes Siliziumkarbid zumeist bessere Hochtemperatureigenschaften bezüglich des Kriechens und der Festigkeit, aber die Zuverlässigkeit von SiC-Bauteilen ist noch verbesserungsbedürftig. Um derartige Verbesserungen zu erreichen, muß das Sintergefüge optimiert werden hinsichtlich eines homogenen feinkristallinen Aufbaus mit möglichst wenigen und unterkritisch kleinen Fehlern. Speziell für das drucklose Sintern sind deshalb feine, hochreine homogene SiC-Pulver erforderlich.

Bereits zu Beginn dieser Projektphase, Mitte 1980, wurden bei der Firma Hermann C. Starck Berlin sowohl feine Pulver der Alpha-Modifikation als auch der Beta-Modifikation hergestellt. Über den Pulveraufbereitungsweg war anläßlich des letzten Status-Seminars 1980 berichtet worden. Zur Herstellung von feinen und hochreinen Alpha-SiC-Pulvern wird von handelsüblichem ACHESON-SiC ausgegangen, das durch Mahlung auf die gewünschte Pulverfeinheit und durch eine nachfolgende chemische Pulverreinigung zu hochreinen Pulvern weiterverarbeitet wird. Beta-SiC-Pulver werden mit der gleichen Pulveraufbereitungstechnik erzeugt, dabei wird von aus Silizium und Kohlenstoff synthetisiertem Beta-SiC-Vormaterial ausgegangen.

In dieser Projektphase wurden die bestehenden Alpha- und Beta-SiC-Pulver in einigen Qualitätsbelangen verbessert, Pulvereigenschaften eingehender charakterisiert und einige Auswirkungen dieser Pulvereigenschaften auf das Sinterverhalten untersucht.

2. Allgemeine Anforderungen an SiC-Sinterpulver

Eine ausreichende Pulvercharakterisierung ist sowohl notwendig zur Qualitätsüberwachung bei der Pulverherstellung, aber auch zum Verständnis und zur Beurteilung des Verarbeitungsverhaltens. Wie schon zuvor bei den Si_3N_4-Pulvern, wird die Pulvercharakterisierung nach drei Kategorien durchgeführt. Mit der Morphologie werden alle die Pulverfeinheit betreffenden Eigenschaften erfaßt, die chemische Zusammensetzung kennzeichnet das Grundmaterial und die Verunreinigungen und die Phasenanalyse charakterisieren den kristallographischen Zustand des Grundmaterials sowie ggf. von Nebenbestandteilen.

Für einen Pulverhersteller besteht die Aufgabe darin, sowohl für die Verarbeitung geeignete Pulver herzustellen als auch Pulver bereitszustellen, die der geforderten Endproduktqualität gerecht werden sollen. In Bild 1 sind solche Korrelationen zwischen der Pulverqualität und der Pulververarbeitung zum Sinterteil bis hin zur Endproduktqualität allgemein dargestellt. In dieser langen Wirkungskette sind direkte Auswirkungen von spezifischen Pulvermerkmalen auf das Endprodukt natürlich schwer herauszufinden.

- Einen direkten Einfluß nimmt die Pulvermorphologie auf das Verarbeitungsverhalten. Kornfeinheit und Kornform wirken sich direkt auf die Formgebung aus und ferner indirekt über die Beeinflussung des Sinterverhaltens und der Sintergefügeausbildung auf die Endproduktqualität.
  Bei feinen SiC-Sinterpulvern sind außer der mittleren Korngröße bei den Morphologiedaten am wichtigsten und qualitätsentscheidend, ob harte Agglomerate und Grobkornpartikel enthalten sind.
- Die chemische Reinheit von durchschnittlich hochreinen SiC-Pulvern wirkt sich nicht direkt aus. Kritisch dürften heterogene Verunreinigungen im Pulver sein, wenn sie über den Mischvorgang hinaus schließlich im Sintergefüge zu festigkeitsbestimmenden Fehlern führen. Genauso sorgfältig sind derartige Verunreinigungen auch in der Pulverweiterverarbeitung zu vermeiden.
- Der Phasenzusammensetzung kommt bei den SiC-Pulvern eine gewisse Bedeutung zu. Sonst gleich feine und reine Alpha- und Beta-SiC-Pulver zeigen auch bei gleichen Sinteradditiven unterschiedliches Sinterverhalten, eine möglicherweise ganz unterschiedliche Sintergefügeausbildung und nehmen damit indirekten Einfluß auf die Endproduktqualität.

Es soll an dieser Stelle nicht auf das Verarbeitungsverhalten der Pulver und spezielle Auswirkungen von Pulvereigenschaften auf die Endproduktqualität eingegangen werden. Dazu fehlt es dem Vorstoffhersteller an Erfahrung. Auch wenn zur Qualitätsüberwachung Sinterversuche durchgeführt werden, so soll hier vielmehr zu den reinen Pulvern als dem ersten Glied der in Bild 1 dargestellten Wirkungskette näher eingegangen werden.

An keramische feine Sinterpulver, wie es die SiC-Pulver sind, werden bestimmte Anforderungen gestellt, um damit wünschenswerte Auswirkungen im Endprodukt zu realisieren. Eine solche allgemeine Auflistung nach den Kategorien der Pulvercharakterisierung ist in Tabelle 1 zu sehen. Mit unterschiedlichen Pulverherstellungsverfahren lassen sich derartige Forderungen zur Pulvermorphologie, Reinheit und Phasenzusammensetzung unterschiedlich realisieren. Es wird zumeist eines

Kompromisses bedürfen, solange ideale Pulver nicht verfügbar sind. Die in Tabelle 1 genannten Zielgrößen stellen eine allgemeine Orientierungshilfe zur Pulverentwicklung dar. Inwieweit diese idealen Vorgaben erforderlich sind, wird letztlich von der Endproduktqualität bestimmt.

3. SiC-Pulvercharakterisierung und -Eigenschaften

3.1. Morphologie von SiC-Pulvern

Gemessen am hochgesteckten z.T. idealen Anforderungsprofil der Pulvereigenschaften, wie sie in Tabelle 1 dargestellt wurden, sind die nach dem vorgenannten Herstellungsverfahren erzeugten SiC-Pulver durchaus realer Natur. Die Kornform der Pulver ist bis auf die feinsten Pulver unregelmäßig blockig und nicht sphärisch und die Kornverteilung reicht z.B. noch typischerweise von 0,2 bis 5 µm bei den feinsten Sinterpulvern. Bild 2 zeigt die Morphologie und Feinheit der derzeit hergestellten drei Standardsiliziumkarbidpulverqualitäten, dem groben Alpha-SiC A 1, dem feinen Alpha-SiC A 10 und dem feinen Beta-SiC B 10.

Zu Beginn dieses Projektes war das Instrumentarium zur Korngrößencharakterisierung noch begrenzt. Zur Qualitätssteuerung wurde die für Sinterpulver sicherlich wichtige Kenngröße der spezifischen Oberfläche hauptsächlich herangezogen. Über die real vorliegende Kornverteilung und die wichtige Frage, ob und in welchem Umfang Grobkornpartikel oder feste Agglomerate im Pulver vorliegen, konnten keine vertrauenswürdigen Daten gewonnen werden. Erst als die Probenvorbereitung, eine ausreichende Deglomeration und Stabilisierung dieses dispersen Zustandes mit geeigneten Netzmitteln gelöst war, konnten Kornverteilungen gewonnen werden, die mit den anderen Korngrößendaten, insbesondere aber dem direkten Eindruck der Pulverbeschaffenheit nach REM-Pulverbildern, in Einklang zu bringen waren.

Wegen des Analysenkomforts werden heute aus den zahlreichen Kornverteilungsanalysenmethoden die mit Microtrac bevorzugt, weil damit selbst bei sehr feinen Pulvern im Kornbereich 0,1 - 21 µm in sehr kurzer Zeit Kornverteilungen gewonnen werden können. Bild 3 zeigt die mit Microtrac erhaltenen Kornverteilungen der in Bild 2 abgebildeten SiC-Pulver. Nach der intensiven Deglomeration mit Ultraschall sollte es sich weitgehend um eine Primärkornverteilung und keine Agglomeratverteilung handeln. Die zu vergleichbaren Durchschnittsfeinheiten von 14-15 m^2/g spezifischer Oberfläche aufbereiteten Alpha-SiC-Pulver A 10 und Beta-SiC-Pulver B 10 zeigen eine ähnliche Kornverteilung zwischen 0,2 und 5 µm. Das gröbere Alpha-SiC-Pulver A 1 zeigt eine bei höheren Kornklassen liegende und breitere

Kornverteilung zwischen 0,3 und ca. 15 µm, wie es auch aus den REM-Pulverbildern in Bild 2 sich schon andeutete.

Zu der Frage, inwieweit diese SiC-Pulver agglomeriert vorliegen, werden Kornverteilungen von Originalpulvern mit deglomerierten Pulvern verglichen. Bild 4. Offensichtlich liegt keine ausgeprägte oder feste Agglomeration vor, die beiden Kornverteilungskurven für jedes Pulver liegen relativ dicht beieinander. Verglichen mit ähnlich feinen Si_3N_4-Pulvern ist das Ausmaß der Agglomeration bei SiC-Pulvern offensichtlich weniger ausgeprägt, obwohl beide Pulver einer ähnlich chemischen Nachbehandlung zum Schluß der Pulveraufbereitung unterzogen werden. Möglicherweise spielen die bei Si_3N_4- und SiC-Pulvern unterschiedlich hohen SiO_2-Gehalte, die oberflächlichen SiO_2-Hüllen dabei eine Rolle. Darauf wird später noch eingegangen werden in Kapitel 3.2.

Die morphologische Besonderheit der vorgenannten drei Pulverqualitäten sind in ihren Nachwirkungen auf die Korngrößendaten und davon abhängigen weiteren Pulverkenngrößen in Tabelle 2 zusammenfassend dargestellt. Es wird bei den Korngrössenangaben wieder begrifflich zwischen Primärkorn und Originalpulverteilchen unterschieden. Obwohl das Ausmaß der Agglomeration vergleichsweise gering ist u.die wenigen Agglomerate weicher Natur sein dürften, sind meßverfahrenstypische Korngrößenunterschiede vorhanden. Insbesondere beim groben Pulver A 1 mit z.T. länglichen Pulverpartikeln unterscheidet sich daher der Medianwert d 50 aus der Kornverteilung beträchtlich von anderen Durchschnittskorngrößenwerten und auch vom REM-Pulverbildeindruck. Schüttdichte, Klopfdichte und das Verhältnis beider Grössen zeigen ein einheitliches Bild entsprechend der Pulverfeinheit und der Abwesenheit einer ins Gewicht fallenden Agglomeration. DieKornform wird bei steigender Pulverfeinheit zwar etwas gerundeter, es dominiert aber noch die unregelmäßige blockige Kornform, selbst bei den feineren Pulvern A 10 und B 10 mit 14-15 m^2/g (BET). Bei gemahlenen SiC-Pulvern stellt sich, ähnlich wie bei gemahlenen Si_3N_4-Pulvern, erst bei höheren Pulverfeinheiten eine mehr rundliche Kornform und engere Kornverteilung ein. Bild 5 zeigt diesen Trend am Beispiel von Beta-SiC-Pulvern im Feinheitsbereich von 12 bis 17 m^2/g spezifischer Oberfläche. Im Vergleich zu Si_3N_4-Pulvern vergleichbarer spezifischer Oberfläche bleiben SiC-Pulver aber noch etwas zurück bzgl. einheitlicherer Kornform und Kornverteilung. Noch feinere SiC-Pulver mit über 20 m^2/g spezifischer Oberfläche wurden auch schon versuchsweise hergestellt, aber die damit verbundenen höheren Sauerstoffgehalte und schlechteren Sinterergebnisse, aber auch der hohe Mahlaufwand für derartig hergestellte Pulver legen eine nur vom morphologisch-theoretischen Standpunkt interessante Pulverweiterentwicklung nicht nahe. Dazu wird in Kapitel 3.2. noch eingegangen. Zu den in Bild 5 dargestellten Beta-SiC-Pulvern sind in Tabelle 3 die von den spezifischen morphologischen Pulvereigenschaften hergeleiteten Pulverdaten aufgeführt. Bezüglich der Vergleichbarkeit von Korngrößenwerten, Agglomeration und Pulverdichten ergibt sich eine ähnliche Aussage wie zuvor aus Tabelle 2.

3.2. Reinheit der SiC-Pulver

Die durchschnittliche Reinheit der Alpha- und Beta-SiC-Pulver ist recht hoch. Die chemische Zusammensetzung der Standard-SiC-Pulverqualitäten A 1, A 10 und B 10 sind zusammen mit den wesentlichen übrigen Pulvereigenschaften in Tabelle 4 aufgeführt. Die metallischen Verunreinigungen liegen bei max. 0,1 % und dürften aufgrund des Pulverherstellungsverfahrens entweder sehr fein und homogen verteilt oder im SiC-Korn gelöst vorliegen. Von daher gesehen sollten keine kritisch großen Gefügefehler im Sinterteil entstehen können.

Die wesentlichsten Verunreinigungen bestehen im Sauerstoffgehalt und im anzunehmenden freien Kohlenstoff. Daneben tritt als spezifische Eigenart derartig chemisch nachgereiniger SiC-Pulver noch ein gewisser Fluorgehalt analytisch auf, über dessen Natur noch nichts bekannt ist. Um in den feinen Pulvern niedrige, die Sinterung fördernde Sauerstoffgehalte zu erreichen, werden die Pulver mit HF-haltigen Säuregemischen nachgereinigt und natürlich neutral gewaschen. Dadurch gelingt es, bei den feinen Pulvern mit 15 m^2/g spezifischer Oberfläche die Sauerstoffwerte von 1,5 bis 1,8 % auf etwa 0,4 bis 0,5 % zu senken. Offensichtlich wird Fluor chemisorbiert, da selbst durch intensivstes Nachwaschen eine Entfernung nicht gelingt, wie auch bei den entsprechenden Si_3N_4-Pulvern.

Im nachgereinigten Zustand liegen die Sauerstoffgehalte in SiC-Pulvern, verglichen mit entsprechend feinen Si_3N_4-Pulvern, bei weniger als der Hälfte. In Bild 6 sind die den Sauerstoffgehalten entsprechenden SiO_2-Gehalte über der durchschnittlichen Pulverfeinheit aufgetragen worden. Die Durchschnittskorngröße nach FSSS und aus BET errechnet, beinhaltet bereits die Annahme sphärischer Partikel einheitlicher Größe. Nimmt man ferner an, daß der Sauerstoff nur in Form von SiO_2 die SiC-Partikel oberflächlich bedeckt, kann aus dem SiO_2-Gehalt auf die SiO_2-Hüllendicke geschlossen werden, die die SiC-Partikel umgibt. In Bild 6 sind auf dieser Basis Linien gleicher SiO_2-Hüllendicke von 0,3 nm, 1 nm und 3 nm eingezeichnet worden. Je nachdem, welche Durchschnittskorngröße man der Realität am nächsten kommend annimmt, wäre mit 0,3 bis max. 1 nm dicken SiO_2-Hüllen zu rechnen. Da vermutet wird, daß die spezifische Oberfläche bei diesen Überlegungen mehr Gewicht besitzt, wäre typischerweise mit nur 0,3 nm dicken SiO_2-Hüllen zu rechnen, was etwa einer einmolekularen Bedeckung entspräche. Obwohl die reale Kornform und Kornverteilung der SiC-Pulver deutlich von den getroffenen Annahmen abweicht, so bleibt doch die Tatsache, daß SiC-Pulver weniger als die Hälfte der Sauerstoffgehalte aufweisen wie Si_3N_4-Pulver vergleichbarer spezifischer Oberfläche. Die Hydrolyseempfindlichkeit von feinen SiC-Pulvern ist geringer als die von Si_3N_4-Pulvern, was sich auch deutlich bei den bei SiC geringeren Materialverlusten infolge Hydrolyse bei der chemischen Nachbehandlung zeigt.

Wenn derart geringere SiO_2-Gehalte auf den SiC-Pulveroberflächen vorliegen, wäre auch erklärlich, warum die Agglomerationsneigung der SiC-Pulver um so vieles geringer ist als bei Si_3N_4-Pulvern, wenn beide Pulverarten nach der gleichartigen chemischen Nachbehandlung und Trocknung verglichen werden im Verhältnis der Kornverteilungen von Originalpulver und im deglomerierten Zustand.

Die Abhängigkeit von Pulverfeinheit und Sauerstoff- bzw. SiO_2-Gehalt ist in Bild 6 nur andeutungsweise zu erkennen. Die nachgereinigten SiC-Pulver zeigen aber eine ausgeprägte Abhängigkeit des Sauerstoffgehaltes mit der Pulverfeinheit. Der Sauerstoff in SiC-Pulvern nimmt von 0,25 % bei 8 m^2/g über 0,4 % bei 15 m^2/g auf dann schließlich 0,8% bei ca. 20m^2/g zu. Sinterversuche mit unterschiedlich feinen SiC-Pulvern haben ergeben, daß mit SiC-Pulvern im Bereich von 14-17 m^2/g die besten Sinterdichten unter vergleichbaren Bedingungen erzielt werden. Über 20 m^2/g beeinträchtigen die dann höheren Sauerstoffgehalte und die abnehmenden Gründichten offensichtlich die Verdichtung. Es werden jedenfalls mit diesem Pulvertyp dann schlechtere Sinterdichten erhalten, die nicht über 94 % der theoretischen Dichte liegen, während bei 14 - 17 m^2/g feinen Alpha-SiC-Pulvern beim drucklosen Sintern gut 97 % der theoretischen Dichte erreicht werdenmit Bor und Harz jeweils als Sinteradditive.

3.3. SiC-Phasen

Beide Pulvertypen, Alpha- und Beta-SiC, sind bei der vorgenannten Pulverfeinheit mit den bekannten Sinteradditiven gut drucklos zu sintern. Die Sintereigenschaften der beiden kristallographischen Pulvermodifikationen sind bekanntlich sehr unterschiedlich. Ein gut verdichtetes, feines, plättchenförmiges Sintergefüge mit Beta-SiC ist schwerer zu erzielen als ein ähnlich feines, äquiaxiales Sintergefüge mit Alpha-SiC-Pulvern. Durch Mischen beider Pulver lassen sich Übergänge beider Sintergefüge erzielen; über deren Nutzen, ob sie Festigkeitsvorteile ergeben, ist noch nichts bekannt.

4. Entwicklungsstand

Wie in Tabelle 4 zusammengefaßt, besitzen die Alpha- und Beta-SiC-Pulver dieser Herstellungsart eine hohe Feinheit und Reinheit. Feste Agglomerate liegen nicht vor. Es gilt, Grobpartikel von deutlich über 5 µm zu vermeiden, um vom Einsatzpulver her ein homogenes Sintergefüge zu erzielen. Das ist mit einer Pulverfeinheit von über 14 m²/g sichergestellt. Die Eignung der SiC-Pulver für Hochtemperaturbauteile hängt vermutlich hauptsächlich von der Pulververarbeitung ab, um auch die Sinteradditive homogen zu verteilen und schließlich keine Inhomogenitäten und heterogene Verunreinigungen als Schwachstellen im Sintergefüge zu erhalten.

5. Anhang

Tabellen und Bilder.

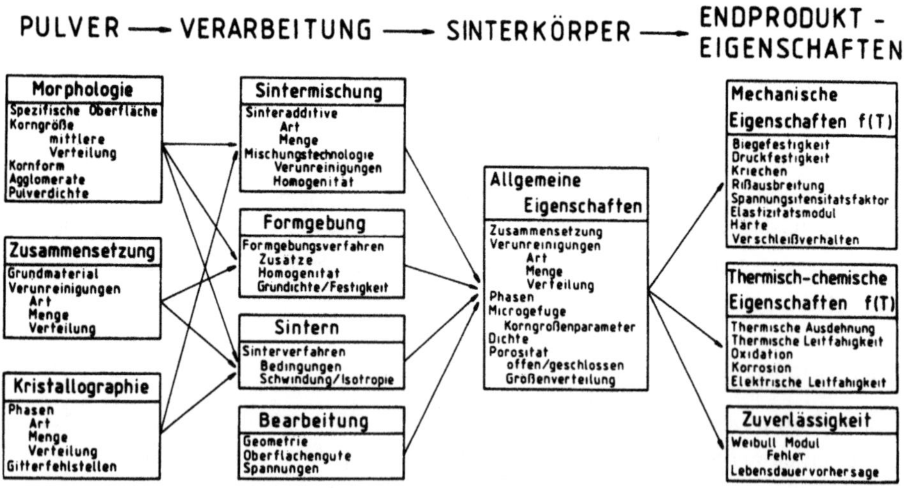

Bild 1:

Abhängigkeit von Pulvereigenschaften, Verarbeitungsbedingungen und Endproduktqualität

Tabelle 1:

Anforderungen an ein keramisches Sinterpulver

Anforderungen	Auswirkungen
1. Morphologie	
1.1. Feine Korngröße < 1 µm ideal: < 0,5 µm	Hohe Sinteraktivität
1.2. Enge Kornverteilung ideal: monodispers	Homogenes Sintergefüge
1.3. Äquiaxiale Kornform ideal: sphärisch	Hohe Gründichte, wichtig für einige Formgebungsverfahren
1.4. Keine harten Agglomerate ideal: keine Agglomerate	Kontrollierbare Gefügebestandteile Homogene Sintermischungen Homogenes Sintergefüge mit minimalen Gefügefehlern
2. Chemische Zusammensetzung	
2.1. Kontrollierbare Reinheit bzgl. Art u. Menge von Verunreinigungen	Kontrollierbare Gefügebestandteile
2.2. Homogenität bzgl. Verteilung von Verunreinigungen	Homogenes Sintergefüge
3. Kristallographischer Zustand	
3.1. Kontrollierbare Phasen Art und Menge von Phasen	Sinterverhalten, Gefügeausbildung
3.2. Homogenität bzgl. Verteilung von Phasen	Sinterverhalten, Gefügeausbildung
3.3. Gitterfehlstellen	Sinterverhalten, Gefügeausbildung

Pulverqualität	A1	A10	B10
Spez. Oberfläche BET	8 m²/g	15 m²/g	14 m²/g
FSSS	1,0 µm	0,6 µm	0,65 µm
Primärkornverteilung (Microtrac)	0,3 - 15 µm	0,15 - 5 µm	0,2 - 5 µm

Bild 2:

Morphologie und Feinheit von SiC-Pulvern

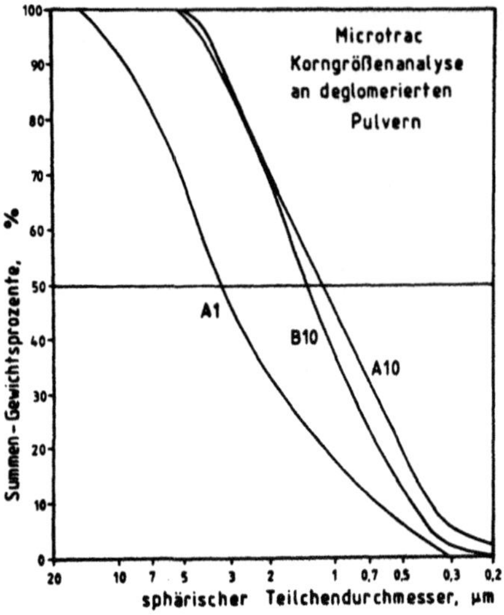

Bild 3:

Korngrößenverteilung von deglomerierten SiC-Pulvern

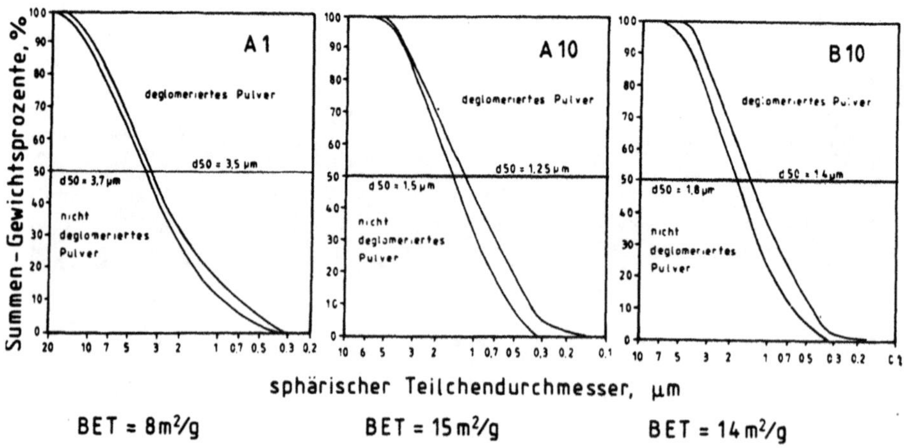

Bild 4:

Microtrac-Korngrößenanalyse von SiC-Pulvern

Tabelle 2:

Zur Morphologie von unterschiedlich feinen Beta-SiC-Pulvern

Typische Analysen		SiC-Pulverqualitäten A1	A10	B10
Korngrößenbereich				
Primärkorn				
- Microtrac	µm	0,3 - 15	0,2 - 5	0,2 - 5
- REM-Pulverbild	µm	0,3 - 15	0,2 - 6	0,2 - 6
Originalpulver (z.T. agglomeriert)				
- Microtrac	µm	0,4 - 20	0,4 - 7	0,4 - 7
Durchschnittskorngröße				
Primärkorn				
■ Microtrac d50	µm	3,5	1,25	1,4
- REM-Pulverbild	µm	1,3	0,8	0,8
Originalpulver (z.T. agglomeriert)				
o Microtrac d50	µm	3,7	1,5	1,8
- FSSS	µm	1,0	0,6	0,65
- BET	µm	0,23	0,12	0,13
Agglomeration				
■ Microtrac d50 Originalpulver / o Microtrac d50 Primärkorn		1,06	1,2	1,3
Art der Agglomerate		weich	weich	weich
Kornform		blockig sehr unregelmäßig	blockig unregelmäßig	blockig unregelmäßig
Pulverdichte				
o Schüttdichte	g/cm³	0,60	0,42	0,43
● Klopfdichte	g/cm³	0,95	0,65	0,70
Teilchenreibung				
o Schüttdichte / ● Klopfdichte		0,63	0,65	0,61

Bild 5:

Morphologie unterschiedlich feiner Beta-SiC-Pulver

Spez. Oberfläche BET	12 m²/g	14 m²/g	17 m²/g
FSSS	0,75 µm	0,65 µm	0,60 µm
Primärkorngröße (Microtrac)	0,2 - 6µm	0,2 - 5µm	0,2 - 4µm

Typische Analysen		Beta-SiC Pulver		
Spezifische Oberfläche	m²/g	11,7	13,9	17,3
Korngrößenbereich				
Primärkorn				
- Microtrac	µm	0,2 - 6	0,2 - 5	0,2 - 3
- REM - Pulverbild	µm	0,2 - 6	0,2 - 6	0,2 - 3,5
Originalpulver (z.T. agglomeriert)				
- Microtrac	µm	0,4 - 7	0,4 - 7	0,3 - 4
Durchschnittskorngröße				
Primärkorn				
■ Microtrac d50	µm	1,6	1,4	1,0
- REM - Pulverbild	µm	1,0	0,8	0,6
Originalpulver (z.T. agglomeriert)				
o Microtrac d50	µm	2,0	1,8	1,4
- FSSS	µm	0,75	0,65	0,5
- BET	µm	0,16	0,13	0,11
Agglomeration				
■ Microtrac d50 Originalpulver / o Microtrac d50 Primärkorn		1,25	1,3	1,4
Art der Agglomerate		weich	weich	weich
Kornform		blockig unregel - mäßig	blockig unregel - mäßig	blockig bis rundlich
Pulverdichte				
o Schüttdichte	g/cm³	0,49	0,43	0,46
● Klopfdichte	g/cm³	0,74	0,70	0,77
Teilchenreibung				
o Schüttdichte / ● Klopfdichte		0,66	0,61	0,60

Tabelle 3:

Zur Morphologie von unterschiedlich feinen Beta-SiC-Pulvern

Pulvereigenschaften (typische Analysen)		SiC - Pulverqualitäten A1	A10	B10
Morphologie/Feinheit				
Spezifische Oberfläche BET	m^2/g	8	15	15
Durchschnittskorngröße FSSS	µm	1,0	0,6	0,6
Schüttdichte	g/cm^3	0,6	0,42	0,43
Klopfdichte	g/cm^3	0,95	0,65	0,79
Chemische Zusammensetzung				
Nichtmetallische Bestandteile				
C	%	30,1	30,3	30,5
O	%	0,25	0,42	0,51
N	%	0,02	0,03	0,04
F	%	0,06	0,13	0,12
Metallische Verunreinigungen				
Fe	%	0,020	0,017	0,025
Al	%	0,05	0,05	0,05
Ca	%	0,005	0,004	0,004
W	%	0,005	0,007	0,02
Kristallographische Phasen				
SiC - Type		Alpha	Alpha	Beta
Überwiegende Polytype		6H	6H	
Freies Si	%	<0,1	<0,1	<0,1

Tabelle 4:
Siliziumkarbid-Standard-pulver

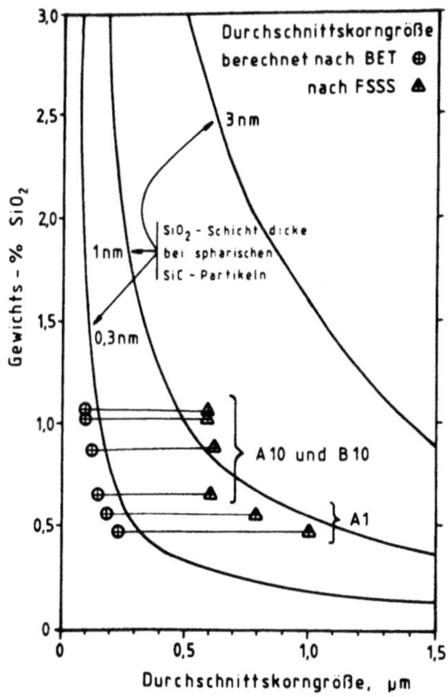

Bild 6:
Abschätzung der SiO_2-Hüllen auf SiC-Pulverpartikeln

OPTIMIERUNG VON WERKSTOFFEN AUF DER BASIS VON SILICIUMCARBID

K.-L. Weißkopf, J. Lorenz und G. Petzow

Max-Planck-Institut für Metallforschung
Institut für Werkstoffwissenschaften
Stuttgart

Übersicht:

Die Phasenbeziehungen zwischen SiC und Bor, SiC und Aluminium sowie SiC, Bor und Aluminium, die bei der Herstellung von Siliciumcarbid-Werkstoffen eine dominierende Rolle spielen, wurden untersucht. Das Vierstoffsystem B-Al-Si-C und alle dazugehörenden Zwei- und Dreistoffsysteme wurden vollständig berechnet.

Weiterhin wurde der Einfluß von Sauerstoffverunreinigungen und von stickstoffhaltiger Atmosphäre auf die Gasphasengleichgewichte untersucht. Als Ergebnis wurden Phasenfeldaufteilung und Umsetzungsschema des quaternären Systems Si-C-N-O erhalten.
Mit Hilfe dieser Berechnungen wurde die Herstellung von reaktionsgebundenem Siliciumcarbid über die Infiltration von porösem Glaskohlenstoff optimiert und eine feinkörnige RBSC-Qualität mit sehr guter Oxidationsbeständigkeit entwickelt.

Ausgehend von den berechneten Phasengleichgewichten im System B-Al-C-Si wurde das Verdichtungs- und Umwandlungsverhalten von ß-SiC beim drucklosen Sintern mit kombinierten B/Al-Zusätzen untersucht. Es wurden geeignete Sinterbedingungen für das drucklose Verdichten einer kubischen ß-SiC-Qualität mit einer geringen Korngröße (< 2 µm) bei Temperaturen unterhalb 2000°C ermittelt.

1. Einleitung

Technologisch und wirtschaftlich interessant sind reaktionsgebundene (RBSC) und drucklos gesinterte (SSC) Siliciumcarbid-Werkstoffe. Beide Werkstofftypen bieten sich durch ihre guten Formgebungsmöglichkeiten bei beachtlichen mechanischen und thermischen Eigenschaften [1-3] für zahlreiche Anwendungen an.

Reaktionsgebundenes SiC wird über ein Si/SiC-Gemisch oder über die Infiltration eines Kohlenstoffkörpers mit Si-Schmelze hergestellt [4,5]. Bei der Infiltration mit Si-Schmelze erfolgt jedoch oft eine zu schnelle, exotherme Reaktion zu SiC, die zu lokalen Temperaturerhöhungen bis zu 500 K führt [1], in deren Folge es zu Kornvergröberungen kommt. In der ersten Programmphase wurden deshalb neue Wege zur Entwicklung einer feinkörnigen RBSC-Qualität untersucht: Die Infiltration von porösen Glaskohlenstoffkörpern mit Si-Dampf bzw. bei kontrollierter Zufuhr von Si-Schmelze; die Erzeugung von Si-Dampf bzw. -Schmelze wurde über die Dissoziation von Si_3N_4 gesteuert. Ziel der Untersuchungen war es, sowohl die thermodynamischen Gleichgewichte zu ermitteln als auch die kinetischen Reaktionen im System C-Si-N-O festzulegen. Weiterhin wurde die Stabilität dieses RBSC-Werkstoffs bei hohen Temperaturen untersucht.

In der zweiten Programmphase wurden die Untersuchungen im quaternären System C-Si-N-O auf das Sechsstoffsystem B-Al-C-Si-N-O ausgedehnt. Siliciumcarbid-Werkstoffe können durch die Sinterzusätze Bor [2,6] oder Aluminium [7,8] bei gleichzeitiger Zugabe von Kohlenstoff drucklos verdichtet werden. Ausgehend von den berechneten Phasenbeziehungen zwischen SiC und den Sinterzusätzen wurde in der letzten Programmphase das Sintern von ß-SiC mit den Zusätzen B, Al und C untersucht. Schwerpunkte der Untersuchungen waren das Verdichtungs- und Umwandlungsverhalten von ß-SiC in Abhängigkeit von den Sinteradditiven, der Sintertemperatur, des Aufheizzyklus und der Sinteratmosphäre. Weiterhin sollte überprüft werden, ob eine Erniedrigung der Sintertemperatur ($< 2000°C$) mit einer sich bildenden Schmelzphase im System B-Al-C-Si ermöglicht wird und ob durch die kombinierten Sinterzusätze B, Al und C ein feinkörniges Gefüge erreicht werden kann.

2. Herstellung von SiC über die Si-Infiltration von porösen Glaskohlenstoffkörpern

Die Herstellung des RBSC-Materials über die Si-Dampf-Infiltration wurde an Kohlenstoffkörpern durchgeführt, die nach dem Verfahren von Hucke [9] hergestellt waren. Diese Kohlenstoffkörper sind durch eine enge Porengrößenverteilung gekennzeichnet [10] und weisen spezifische Dichtewerte zwischen 0.7 bis 1 g/cm³ auf. Sie erfüllen somit die Voraussetzungen für die Ausbildung eines stöchiometrischen Siliciumcarbids.

2.1. Infiltrationsbedingungen

Der Ablauf der Si-Infiltration in den Glaskohlenstoffkörpern beruht auf der Dissoziation von Si_3N_4

$$Si_3N_4\ (s) \longrightarrow 3\ Si\ (g) + 2\ N_2\ (g) \qquad (1)$$

und der Bildungsreaktion von Siliciumcarbid

$$Si\ (g) + C\ (s) \longrightarrow SiC\ (s) \qquad (2)$$

Durch SiO_2-Verunreinigungen der verwendeten Siliciumnitrid-Pulver können zusätzliche Reaktionen zwischen den Festphasen Si_3N_4, SiO_2, Kohlenstoff und den Gasphasen SiO und CO auftreten [11]. Diese chemischen Reaktionen werden im Umsetzungsschema des quaternären Systems C-Si-N-O beschrieben (Bild 1).

Bild 2 zeigt die Phasengleichgewichte im ternären Randsystem C-Si-N in Abhängigkeit von Temperatur und N_2-Druck. Dieses System ermöglicht einen Überblick über die Phasenzusammenhänge ohne O_2. Der Si-Partialdruck wird durch die Umkehrreaktion (1) bestimmt. Bei hohen N_2-Drucken resultiert ein niedriger Si-Partialdruck, so daß keine Reaktion mit dem Kohlenstoff auftreten kann (Bereich I in Bild 2). Die Bildung von SiC über eine Si-Dampf-Infiltration ist bei Normaldruck nur in dem schmalen Temperaturbereich zwischen 1440 und 1877°C möglich (Bereich II in Bild 2).

Zusätzlich zu den Gleichgewichtsphasen Si, SiC, Si_3N_4, C und Gas treten bei Gegenwart von Sauerstoff die Phasen Si_2N_2O und

SiO_2-Cristobalit auf. Bild 3 zeigt diese Gleichgewichte im System C-Si-N-O in Abhängigkeit vom O/N-Verhältnis bei 1600°C. Mit steigendem Sauerstoff ändern sich die Gleichgewichte der kondensierten Phasen in der Reihenfolge SiC-Si_3N_4 / SiC-Si_3N_4-Si_2N_2O / SiC -Si_2N_2O / SiC - SiO_2 - Si_2N_2O.

Die Partialdrucke der Gasphasen Si, SiN, Si_2N ändern sich mit zunehmendem Sauerstoffgehalt kaum, die SiO- und CO-Partialdrucke zeigen dagegen einen steilen Anstieg. Eine kleine Änderung der Sauerstoffverunreinigung im Si_3N_4-Pulverbett ist also mit einer großen Änderung der Siliciumkonzentration in der Gasphase verbunden.

2.2. Kinetik und Gefügeausbildung

Bei der Reaktion von Si-Dampf mit dem Glaskohlenstoff werden in Abhängigkeit von der mittleren Porengröße verschiedene SiC-Körper erhalten. Für Poren um 1 µm ist die Knudsen-Diffusion [12,13] der langsamste Schritt der SiC-Bildungsreaktion. Es entsteht an der Oberfläche des Kohlenstoffmaterials eine Reaktionsschicht, deren Front scharf begrenzt in das Innere des Festkörpers wächst (Bild 4). Die Infiltration führt zur Ausbildung von feinkörnigem SiC, das kein freies Si und keinen freien C enthält. Mit steigender Temperatur ist eine geringe Kornvergröberung festzustellen. Bei 1450°C entsteht eine sehr feines, homogenes Gefüge mit Teilchengrößen von ca. 0.2 µm. Bei 1600°C resultiert ein homogenes Gefüge mit einer Teilchengröße von etwa 1 µm (Bild 5), während bei 1700°C bereits einzelne grobe Körner entstehen, die jedoch nicht größer als 5 µm sind.

In Abhängigkeit von der Infiltrationstemperatur und von der Sauerstoffverunreinigung des als Si-Quelle verwendeten Si_3N_4-Pulverbettes ergeben sich Herstellungsbedingungen, bei denen Si-Schmelze auftritt. Bei Temperaturen bis zu 1600°C tritt erst oberhalb 1.8 Gew.-% Sauerstoff eine Si-Schmelze auf, während bei 1800°C diese Schmelze bereits bei 0.8 Gew.-% Sauerstoff beobachtet wird [14]. Dadurch wird die Ausbildung einer kontinuierlichen Reaktionsschicht unterbunden; vielmehr entstehen durch eine Gasphasenreaktion zwischen SiO und CO grobporöse SiC-Reaktionsschichte

Bild 6 zeigt den Einfluß des N_2-Druckes auf die Wachstumsgeschwindigkeit des Siliciumnitrids bei 1450°C. Die Reaktionsschichtdicke nimmt mit fallendem N_2-Druck exponentiell zu. Bei $1.3 \cdot 10^{-8}$ MPa (Bereich IV in Bild 2) weisen die SiC-Schichten die größte Wachstumsrate auf.

Die Dissoziation von Si_3N_4 (1.8 Gew.-% O_2) besitzt bei Normaldruck eine Aktivierungsenergie von 240 kJ/mol, im Vakuum 210 kJ/mol. Im Vakuum ist die Dissoziationsgeschwindigkeit bis zu 50-mal schneller als bei Normaldruck. Die wesentlich schnellere SiC-Ausbildung wird hier ebenfalls durch die Knudsen Diffusion im Reaktionsprodukt bestimmt.

2.3. Oxidationsverhalten

Untersucht wurden SiC-Plättchen, die durch die Infiltration bei 1700°C (Probe A) und bei 1800°C (Probe B) hergestellt wurden. Das Oxidationsverhalten der Materialien wurde bei 1400°C ermittelt.

Bild 7 zeigt die parabolische Abhängigkeit der Gewichtszunahme dieser Proben von der Glühdauer. Probe B weist eine lineare Zeitabhängigkeit der Gewichtszunahme auf, mit einer Oxidationsrate von $2.1 \cdot 10^{-2}$ g^2/cm^4h. Probe A oxidiert zu Beginn etwas schneller; ab ca. 1 h zeigt sie jedoch ebenfalls die parabolische Abhängigkeit mit einer Oxidationsrate von $1.8 \cdot 10^{-7}$ g^2/cm^4h.

Obwohl die SiC-Körper eine relativ hohe Porosität aufweisen, bestätigen sie das von Schlichting [15] für poröse Körper ermittelte Oxidationsverhalten (schraffierte Kurve in Bild 7) nicht.

SiC-Materialien können ein sehr unterschiedliches Oxidationsverhalten zeigen, das von Dichte, Sinterzusatz und Phasenzusammensetzung abhängt [16-19]. Bei 1400°C werden Oxidationsraten zwischen $2.1 \cdot 10^{-5}$ g^2/cm^4h bei heißgepreßtem und $8 \cdot 10^{-5}$ g^2/cm^4h bei reaktionsgebundenem SiC beobachtet. Das nach dem Infiltrationsverfahren hergestellt SiC zeigt den Oxidationsverlauf von dichten SiC-Materialien. Dies bedeutet, daß bei der Glühung die feinen Poren sehr schnell durch SiO_2 eingeengt werden, so daß die langsame Knudsen Diffusion die Oxidationsgeschwindigkeit bestimmt, bis sich schließlich der schützende SiO_2-Film über der gesamten Oberfläche ausbreitet. Die Oxidationsraten sind mit denen von reaktionsgebundenem SiC mit einer Porosität von 10 % [20] vergleichbar.

3. Druckloses Sintern von ß-SiC mit kombinierten B/Al+C-Zusätzen

Das drucklose Verdichten von Siliciumcarbid gelingt mit den Additiven Bor oder Aluminium bei gleichzeitiger Zugabe von Kohlenstoff [6,8]. Durch die Kombination dieser Additive können Siliciumcarbid-Körper mit 0.5 Gew.-% Bor, 0.3 Gew.-% Aluminium und 2 Gew.-% Kohlenstoff bis auf 98 % der theoretischen Dichte gesintert werden [21,22]. Diese Dichte wird bereits bei bedeutend niedrigeren Temperaturen als in Siliciumcarbid mit Bor und Kohlenstoff allein oder Aluminium und Kohlenstoff allein erreicht. Bild 8 zeigt, daß B-Al-C-dotiertes Siliciumcarbid bei 1970°C nahezu vollständig verdichtet.

Das Dotierungselement und die Zusammensetzung der ß-Siliciumcarbid-Pulver haben einen bedeutenden Einfluß auf die Gefügeausbildung der Sinterkörper. Die Gefüge von B-dotierten Materialien weisen ab einer Sintertemperatur von 2050°C Riesenkornwachstum auf. Zunächst bilden sich plattenförmige Körner bis zu 50 µm Länge aus. Ab 2150°C tritt eine Federstruktur auf, die ein charakteristisches Phänomen der Polytypenumwandlung bei hohen Temperaturen darstellt [2,3]. In den B-Al-C-dotierten Materialien beeinflußt besonders der Al-Anteil das Kornwachstum und die Kornform (Bild 9). Während Sinterkörper mit 0.5 Gew.-% Bor und 0.2 Gew.-% Al ein feinkörniges Gefüge aufweisen, bewirken 0.3 Gew.-% Al ein beschleunigtes Kornwachstum bei einer Sintertemperatur von 2050°C. Es bilden sich wiederum Federstrukturen aus, die durch Einschlüsse und restliche Poren innerhalb der bis zu 200 µm langen α-SiC-Platten charakterisiert sind.

Die Polytypenumwandlung während des Sinterprozesses wird ebenfalls vom B/Al-Verhältnis beeinflußt. Im Vergleich zum B-dotierten ß-SiC, welches bei hohen Temperaturen den 6H-Polytyp aufweist, und zum Al-dotierten, das überwiegend den 4H-Polytyp stabilisiert, wird durch die Kombination von Bor und Aluminium das kubische Ausgangsmaterial in Mischungen der verschiedenen Polytypen umgewandelt (Bild 10). In ß-Siliciumcarbid mit 0.3 Gew.-% Al, 0.5 Gew.-% B und 1.5 Gew.-% Kohlenstoff bleibt der 3C-Polytyp erhalten. Mit steigendem Al-Gehalt entstehen nebeneinander der 4H-, 6H- und geringe Anteile des 15R-Polytypen bei Sintertemperaturen um 2050°C.

Das $\beta \rightarrow \alpha$ Umwandlungsverhalten kann durch gezielte Sinterbedingungen, die stark von der Pulverzusammensetzung abhängen, kontrolliert werden. Durch eine Glühbehandlung des ß-SiC, dotiert mit 0.5 Gew.-% Bor und 0.3 Gew.-% Al, bei Temperaturen zwischen 1650 und 1850°C (30 min) wird der 3C-Polytyp stabilisiert und es findet kein beschleunigtes Kornwachstum statt. Das Gefüge weist feine Körner (< 5 µm) auf (Bild 11). Während der Glühbehandlung wird eine homogene Verteilung der Sinterzusätze in den Korngrenzen gewährleistet [24]. Abdampfen der Flüssigphasenkomponenten und/oder Reaktionen mit SiC führen zur Ausbildung der Gleichgewichtsphasen in den Systemen $SiC-Al_4C_3-Al_8B_4C_7$, $SiC-B_4C-Al_8B_4C_7$ und $Al_4C_3-Al_4SiC_4-Al_8B_4C_7$ [25]. Bei Erhöhung der Temperatur auf die Sintertemperatur von 2000°C ist somit keine Flüssigphase mehr vorhanden, die Kornwachstum und Polytypenumwandlung begünstigt. Das Ergebnis ist ein homogenes, feinkörniges ß-SiC-Material.

4. Zusammenfassung

Die Si-Infiltration von porösen Glaskohlenstoffkörpern und das drucklose Sintern von Siliciumcarbid sind vielversprechende Herstellungswege für oxidationsbeständige Keramikteile.

Bei der Herstellung über die Si-Dampf-Infiltration spielen die Temperatur, der N_2-Druck und Sauerstoffverunreinigungen eine bedeutende Rolle. Die Si-Dampf-Infiltration ist unter Atmosphärendruck nur in einem schmalen Temperaturintervall von 1440 bis 1877°C möglich. Geringe N_2-Drucke und Sauerstoff erhöhen die Siliciumkonzentration in der Gasphase und beschleunigen die SiC-Ausbildung. Sauerstoffverunreinigungen sind jedoch zu vermeiden, da SiO-CO-Gasphasenreaktionen zu grobporösen SiC-Materialien führen. Die Infiltration von Kohlenstoffkörpern mit einer engen Porengrößenverteilung um 1 µm führt zu feinkörnigem, Si- und C-freiem Siliciumcarbid, das eine sehr gute Oxidationsbeständigkeit aufweist.

Das drucklose Sintern von ß-Siliciumcarbid gelingt durch die Kombination der Zusätze Bor, Aluminium und Kohlenstoff bereits bei Sintertemperaturen unterhalb 2000°C. Die Erniedrigung der Sintertemperatur läßt einen Flüssigphasensintervorgang vermuten, der allerdings mit einem beschleunigten Kornwachstum der α-SiC-Polytypen verknüpft ist. Al-Anteile unter 0.3 Gew.-% führen zu einem feinkörnigen Gefüge, während mit steigendem Al-Anteil ein Riesenkornwachstum verbunden ist. Die Gefügeausbildung und Polytypenumwandlung kann durch gezielte Sinterbedingungen optimiert werden. Bei Haltezeiten zwischen 1650 und 1850°C kommt es zu Gleichgewichtsreaktionen im System B-Al-C-Si, wodurch die Flüssigphase verschwindet, die $\beta \rightarrow \alpha$ Umwandlung und das damit verbundene Kornwachstum kontrolliert wird.

5. Schrifttum

[1] Forrest, C.W.; Kennedy, P.; Shennan, J.W. — The Fabrication and Properties of Self-Bouded Silicon Carbide Bodies. Special Ceramics 5, Ed. P. Popper, 1971.

[2] Prochazka, S. — The Role of Boron and Carbon in the Sintering Silicon Carbide. General Electric Report No. 74, CRD 186, Aug. 1974.

[3] Schwetz, K.A.; Lipp, A. — The Effect of Boron and Aluminum Sintering Additives on the Properties of Dense Sintered Alpha Silicon Carbide. Science of Ceramics 10, Ed. H. Hausner, 1980.

[4] Trosstina, G.G.; Mehan, R.L. — High-Temperature Time-Dependent Strength of a Si/SiC Composite. J. Am. Ceram. Soc. 60, No. 3-4, 1977.

[5] Willermet, P.A.; Pett, R.A.; Whalen, T.Y. — Development and Processing of Injection-Moldable Reaction-Sintered SiC Composites. Am. Ceram. Soc. Bull. 57, No. 8, 1978.

[6] Murata, Y.; Smoah, R.H. — Proceedings of International Symposium on Factors in Densification and Sintering of Oxide and Non-Oxide Ceramics, Ed. S. Sōmiya and S. Saito, Gahujutsu Bunken Fukyu-kai, 1979.

[7] Böcker, W.; Landfermann, H.; Hausner, H. — Sintering of Alpha Silicon Carbide with Additives of Aluminium. Powder Met. Int. 11, 83, 1979.

[8] Schwetz, K.A.; Lipp, A. — US Patent 42 30 497, 28.10.1980.

[9] Hucke, E.E. — US Patent No. 38 59 421, Jan. 1975.

[10] Lorenz, J.; Petzow, G. — Forschungsbericht (01.10.1980-31.12.1980) 01 ZC 130A-Za/NT/NTS 1021, BMFT, Bonn.

[11] Weiss, J.; Lukas, H.L.; Lorenz, J.; Petzow, G.; Krieg, H. — Calculations of Heterogeneous Phase Equilibria in Oxide-Nitride Systems: I. The Quaternary System C-Si-N-O. CALPHAD Vol. 5, No. 2, 125-140, 1981.

[12] Pollard, W.G.; Present, R.D. — On Gaseous Self-Diffusion in Long Capillary Tubes. Phys. Rev. 73, 762, 1948.

[13] Lorenz, J. — Gas-Feststoffreaktionen im System C-Si-N-O und deren Einfluß auf die Herstellung von SiC über das Infiltrationsverfahren. Doktorarbeit, Universität Stuttgart, 1981

[14] Lorenz, J.; Hucke, E.E.; Lukas, H.L.; Petzow, G. — Formation of SiC by the Reaction of Si-containing Vapour with Porous Glassy Carbon. Proceedings of the 5th CIMTEC, June 14-19, 1982, Lignano-Sabbiadoro, Italy.

[15] Schlichting, J. — Silciumcarbid als oxidationsbeständiger Hochtemperaturwerkstoff, Oxidations- und Heißkorrosionsverhalten, I. Ber. Dt. Keram. Ges. 56, Nr. 8, 1979.

[16] Kuhn, W.E. — in: Ultrafine Particles, John Wiley and Sons, Inc., New York, London, Sydney, 1963.

[17] Singhall, S.C. — Oxidation Kinetics of Hot-Pressed Silicon Carbide. J. Mat. Sci. 11, 1246-1253, 1976.

[18] Schlichting, J.; Kriegesmann, J. — Oxidationsverhalten von heißgepreßten Siliciumcarbid. Ber. Dt. Keram. Ges. 56, No. 3-4, 1979.

[19] Schlichting, J. — Siliciumcarbid als oxidationsbeständiger Hochtemperaturwerkstoff, Oxidations- und Heißkorrosionsverhalten, II. Ber. Dt. Keram. Ges. 56, Nr. 9, 1979.

[20] Gropyanov, V.M.; Kuznetsova, V.L.; Laptun, V.J. — Investigation of the Oxidation Kinetics of Silicon Carbide Heaters. Ogneupory, Nr. 6, 52-57, 1970.

[21] Stutz, D. — Verdichtungsverhalten von Siliciumcarbid beim drucklosen Sintern mit bor- und aluminiumhaltigen Zusätzen. Diplomarbeit, Universität Erlangen, 1983.

[22] Greil, P.; Stutz, D. — Pressureless Sintering of ß-SiC with Combined B+Al+C Additives. eingereicht in Proc. Int. Conf. on Ceramic Components for Engines, Oct. (1983) Hakone, Japan.

[23] Johnson, C.A.; Prochazka, S. — Microstructures of Sintered SiC. in: Ceramic Microstructures '76, Ed. Fulrath und Pask, 366-377 (1977).

[24] Stutz, D.; Prochazka, S.; Lorenz, J. — Observations on Sintering of Silicon Carbide with Boron and Aluminium Additions. wird veröffentlicht.

[25] Dörner, P. — Konstitutionsuntersuchungen an Hochtemperaturkeramiken des Systems B-Al-C-Si-N-O mit Hilfe thermodynamischer Berechnungen. Doktorarbeit, Universität Stuttgart, 1982.

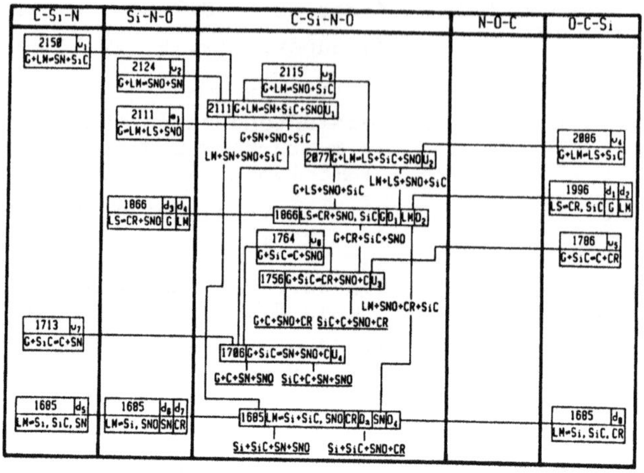

Bild 1: Umsetzungsschema für das System C-Si-N-O.
U - Umsetzungsreaktion, E - eutektische Reaktion,
P - peritektische Reaktion, D - entartete Reaktion.

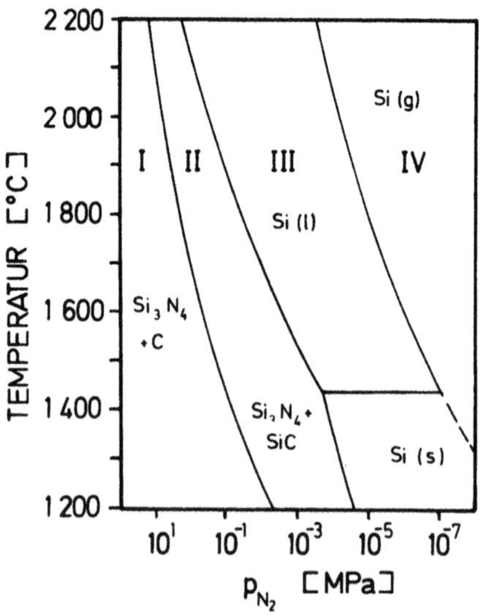

Bild 2: Thermodynamische Gleichgewichte im System C-Si-N.
Infiltrationsbedingungen sind in den Bereichen II und IV erfüllt.

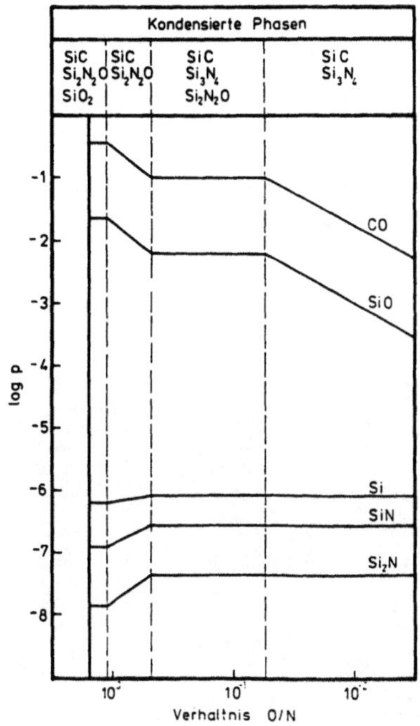

Bild 3: Gleichgewichte im System C-Si-N-O in Abhängigkeit vom O/N-Verhältnis bei 1600°C.

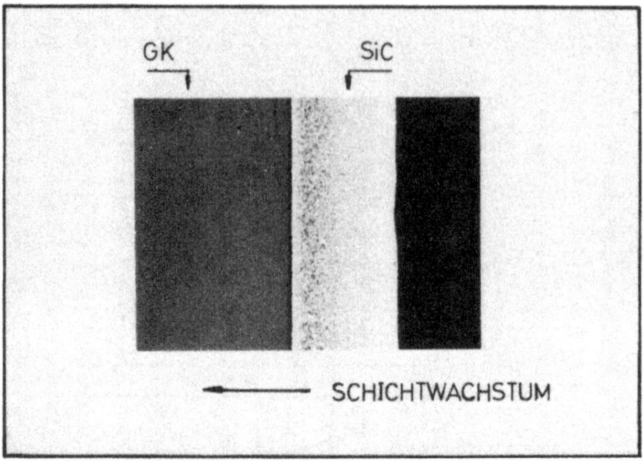

Bild 4: SiC - Schichtausbildung im feinporösen Glaskohlenstoff (Porengröße ≤ 1 μm).

Bild 5: SEM - Gefügeaufnahme des RBSC-Materials.

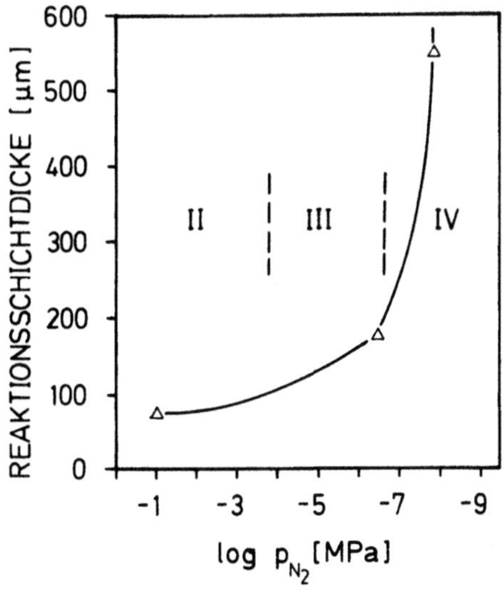

Bild 6: Abhängigkeit des SiC-Schichtwachstums vom Stickstoff-Druck.

Infiltrationsbedingungen: 1450°C, 2 h; Bereiche II, III und IV, vergleiche Bild 2.

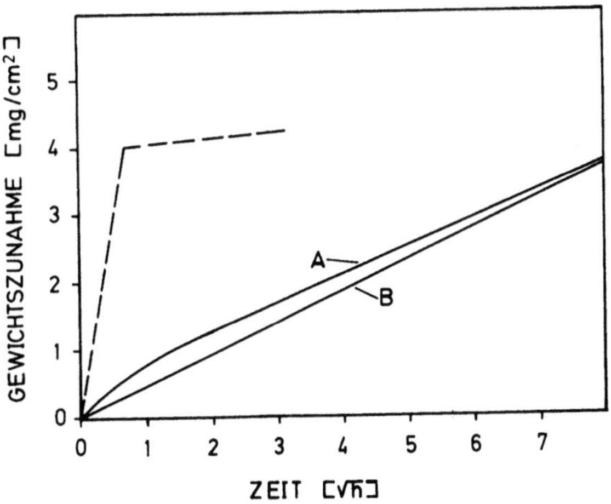

Bild 7: Oxidationsverhalten bei 1400°C.

Probe A - Infiltrationstemperatur 1700°C,
Probe B - Infiltrationstemperatur 1800°C,
schraffierte Kurve nach Schlichting |15|.

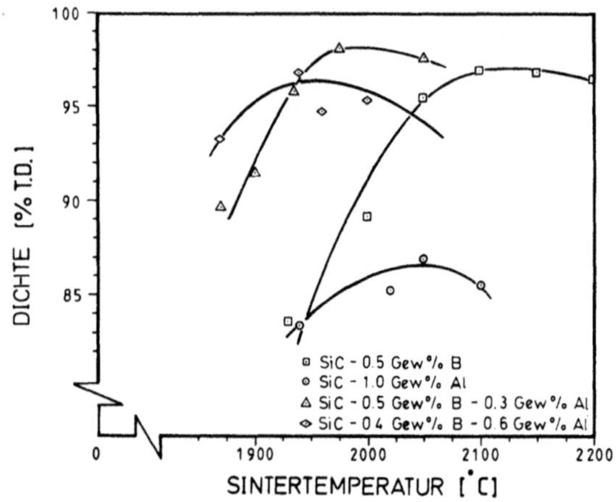

Bild 8: Einfluß der Sintertemperatur auf die Verdichtung von B-, Al- und B+Al-dotierten SiC-Zusammensetzungen.

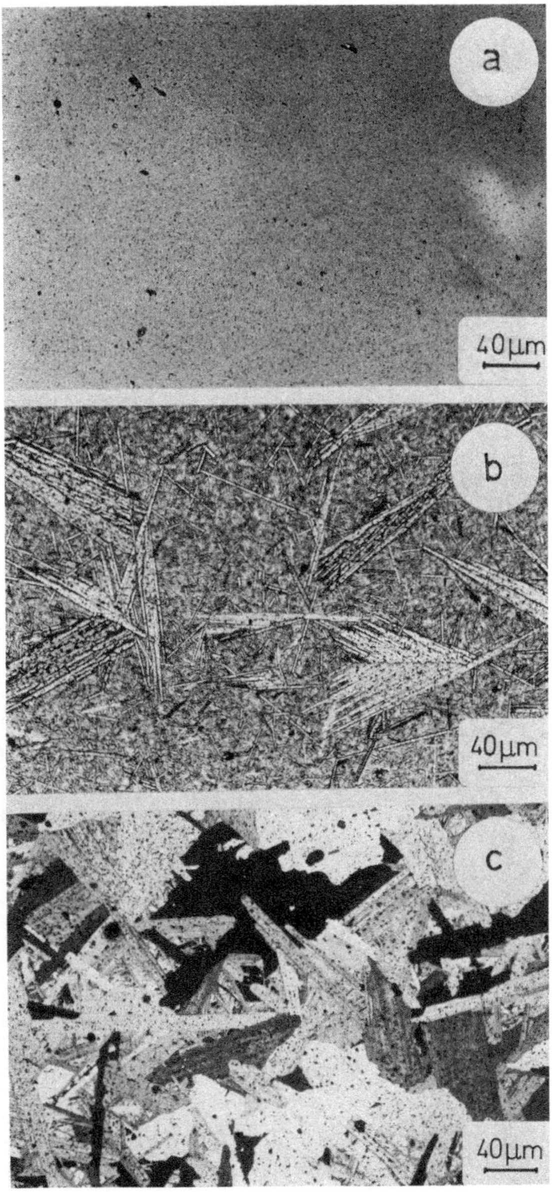

Bild 9: Gefügeausbildung von ß-SiC, dotiert mit 0.5 Gew.-% B und 0.2 Gew.-% Al (a), 0.3 Gew.-% Al (b), 0.7 Gew.-% Al (c).
Sintertemperatur: 2050°C.

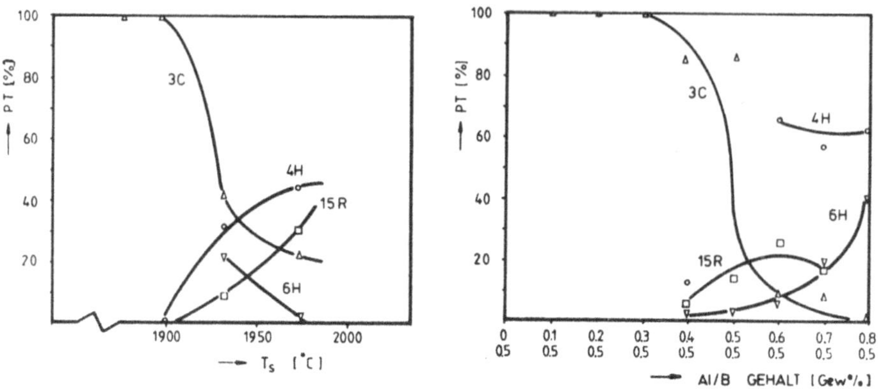

Bild 10: Polytypenzusammensetzung von B+Al-dotiertem SiC in Abhängigkeit von der Sintertemperatur (a) und dem Al-Gehalt (b).

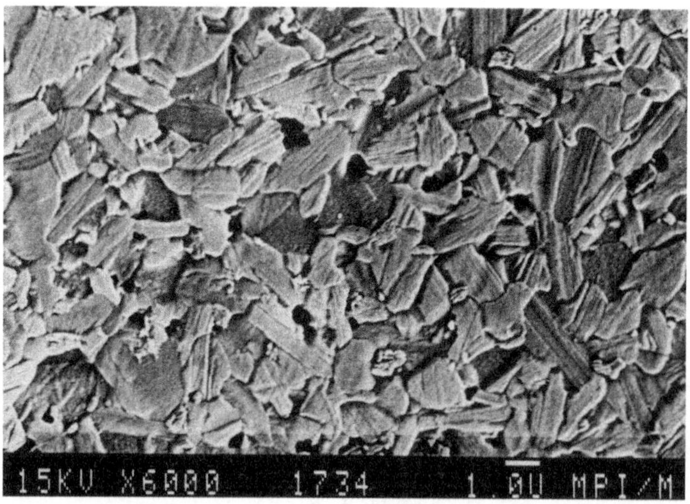

Bild 11: SEM-Gefügdaufnahme eines kubischen ß-SiC-Materials
- dotiert mit 0.5 Gew.-% B und 0.3 Gew.-% Al;
- gesintert bei 2000°C mit einer Vorbehandlung bei 1750°C; vergleiche mit Bild 9 (b).

Entwicklung von hochwarmfesten, korrosionsbeständigen Siliciumcarbid-Formkörpern für die Verwendung im Gasturbinenbau

Dr.A.Krauth; Dr.K.Berroth

Rosenthal Technik AG
Werksgruppe IV
Ingenieurkeramik
8672 Selb

Zusammenfassung:

Innerhalb des BMFT-geförderten Gemeinschaftsprojektes "Keramische Bauteile für Fahrzeug-Gasturbinen" wurde von Rosenthal die werkstoffliche und verfahrenstechnische Entwicklung für siliciertes Siliciumcarbid mit den Formgebungsverfahren Isostatisches Pressen mit Nachbearbeitung, Spritzguß und Folientechnik übernommen.
Die Komponenten waren dabei Brennkammern, Nasenkonus, Leit- und Laufschaufeln sowie der rekuperative Wärmetauscher.

Für die einzelnen Formgebungsverfahren wurden die in Tab. 1 angegebenen werkstofftechnischen Kennwerte erreicht und sind jetzt für eine Serienfertigung Stand der Technik bei Rosenthal [1, 2, 3].

1. Einleitung:

Anwender keramischer Komponenten erwarten ausreichende und zuverlässige Lebensdauervorhersagen für reproduzierbar herstellbare Bauteile [4, 5].
Aus labormäßig hergestellten Prototypen können keine verläßlichen Angaben über Reproduzierbarkeit und spätere Ausfallwahrscheinlichkeiten gemacht werden. Dies macht eine aufwendige Entwicklung in der Serie notwendig. Werkstoffbasis, Herstellungsverfahren und Qualitätssicherung sind für eine solche Entwicklung daher besonders wichtig [6, 7, 8].
Die Schwerpunkte unserer Entwicklungsarbeiten waren daher Rohstoffauswahl, Entwicklung einer reproduzierbar herstellbaren, homogenen und gut verarbeitbaren

Masse, die Formgebungsverfahren Isostatisches Pressen, Spritzguß und Folientechnik, das Austreiben des Bindemittels und das Silicieren.

2. Rohstoffbasis:

Wichtigste Voraussetzung für reproduzierbare und serienfähige Fertigung von Si-SiC-Bauteilen ist eine gleichbleibende Rohstoffbasis für Siliciumcarbid mit definierter Kornverteilung, gleichbleibend definiertem Kohlenstoffgehalt und niedrigem Verunreinigungsgehalt. Gleichermaßen wichtig ist dies für das metallische Silicium, welches zum Silicieren benötigt wird und für den Kohlenstoffträger, welcher in gleichmäßiger Verteilung eine weitere Grundvoraussetzung für die Herstellung dieses Werkstoffes ist.
Für diese 3 Rohstoffe wurden Lieferanten gefunden, Spezifikationen erstellt und Kontrollmethoden ausgearbeitet.

3. Herstellung der "keramischen Masse" für die einzelnen Formgebungsverfahren:

Die Forderungen an eine verarbeitbare keramische Masse sind weitgehend von der Formgebungsmethode abhängig. Allen Formgebungsverfahren gemeinsam ist die gleichmäßige Formfüllung und damit auch die gleichmäßige Verteilung von SiC und Kohlenstoffträger.
Um diese gleichmäßige Verteilung zu gewährleisten wurde nach anfänglichen Arbeiten mit Brechkorn auf die Entwicklung eines geeigneten Sprühkorns übergegangen, wobei die gleichmäßige Verteilung des Kohlenstoffträgers von ausschlaggebender Bedeutung war. Abschluß dieser Entwicklungsarbeiten war eine Sprühanlage (Bild 1) mit Sprühschlickerbereitung, Sprühturm und Lagersilos. Die Sprühkapazität beträgt 150 - 200 kg/Std.
Bild 2 zeigt Sprühgranulatkörner, Bild 3 den Kornverbund eines bimodalen SiC-Sprühgranulats.

4. Formgebungsverfahren:

Von den in der feinkeramischen Industrie üblichen Formgebungsverfahren wurde bei Rosenthal im Rahmen dieses Projektes das Isostatische Pressen, der Spritzguß und die Folientechnik für den Werkstoff SiSiC entwickelt. Die Verfahren Trockenpressen, Schlickerguß und Strangpressen wurden mit eigenen Mitteln ebenfalls verfolgt.

Die Komponentenentwicklung wurde nach unserem Verständnis parallel zur jeweils angepaßten Werkstoffentwicklung (Bild 4) durchgeführt. Erst nach grundsätzlicher Klärung der geeigneten Formgebungsverfahren und den ersten aussagekräftigen Funktionstests wurde die Entwicklung des serienfähigen Formgebungsverfahrens begonnen [9, 10].

4.1 Isostatisches Pressen und Nachbearbeitung

Ausgehend zunächst von Brechkorn und späterem Übergang zu einem besser rieselfähigen Sprühkorn wurde mit einer isostatischen Presse (Bild 5) mit Druck bis 2000 bar gearbeitet.
Die ersten Komponenten,welche auf diese Weise gefertigt wurden waren Brennkammern verschiedenen Designs, welche auf eine Innenform gepreßt und nachträglich auf der Drehbank nachbearbeitet wurden. Bild 6 und Bild 7 zeigen zwei Brennkammertypen (VW und MTU).
Durch Entwicklung eines Verfahrens zum Kopierfräsen - Voraussetzung war eine besonders gute Konturfestigkeit des Grünlings - konnten auch sehr komplizierte Formlinge wie z.B. Prototypen von Turboladerrotoren oder Prototypen von Vorbrennkammern (Bild 8) einfach und ohne Werkzeugkosten hergestellt werden. Solche Prototypen erlauben immerhin in ersten Funktionstests Aussagen über die Eignung von keramischen Werkstoffen.

4.2 Spritzguß

Für kompliziert geformte Komponenten wie z.B. Statorschaufeln, Rotorschaufeln und Rotor ist neben dem Schlickerguß das Spritzgußverfahren eine serienfähige Herstellungstechnik, welche für Kunststoffkomponenten seit geraumer Zeit verwendet wird [11, 12, 13].

Eine möglichst homogene Verteilung von Siliciumcarbid, Kohlenstoffträger und Kunststoff ist für das Ausgangsmaterial von entscheidender Wichtigkeit. Dieses wird durch Sprühen hergestellt und anschließend im Knetmischer mit dem Kunststoff vermischt. Aus dieser Mischung wird dann ein Granulat hergestellt, welches in der Spritzgußmaschine verarbeitbar ist. Bild 9 zeigt das Verfahrensschema eines Spritzgußvorgangs für eine Schneckenspritzmaschine. Bild 10 die gesamte Herstellungstechnik der Spritzgußtechnik.

Der Spritzguß ist eine sehr komplizierte Formgebungstechnik bei der ein durch Temperatur und hohen Druck dünnflüssiger, hoch mit SiC-Pulver gefüllter Kunststoff in ein Formennest eingespritzt wird. Dieser an sich schon komplizierte Vorgang wird durch die meist unterschiedlichen Wandstärken noch erschwert.

Intensive Studien des Füllvorgangs an sehr verschiedenen Bauteilen haben immer wieder gezeigt, daß eine Vielzahl von Schlieren entstehen, deren Ausdehnung durch "Nachdrücken" minimiert werden müssen. Solche "Schwächezonen" im Spritzling begrenzen die Festigkeit der Komponenten und müssen durch Anpassung der Spritzgußparameter an die Konturen des Formlings möglichst klein gehalten werden. Tab. 2 zeigt den Einfluß einiger wesentlicher Spritzgußparameter auf den Spritzling.
Bild 11 zeigt die Möglichkeiten der Homogenisierung von Massetrennlinien durch Veränderung des Angusses am Beispiel einer Statorschaufel, Bild 12.

Neben diesen Statorschaufeln wurden auch Leitkranzsegmente (Bild 13) unter Verwendung eines sehr komplizierten Spritzgußwerkzeuges (Bild 14) entwickelt und hergestellt, wobei jedoch der Werkzeugverschleiß durch das relativ grobe SiC-Korn beträchtlich war.

Für unsere Bemühungen den Verschleiß in Spritzgußanlage und Werkzeug zu reduzieren, diente eine von VW vorgeschlagene Testscheibe (Bild 15) aus SiSiC, welche zunächst ohne Laufschaufeln in einem Rotationstest die prinzipielle Eignung des Spritzgußverfahrens für ein Laufrad aufzeigen sollte. Am Beispiel dieses Formteils sollte die Aggressivität der fließenden Spritzgußmasse verringert werden.

Beim Spritzguß liegen die verschleißgefährdeten Stellen zum wesentlichen im Bereich des Angusses und des Formennestes. Hier haben sich Keramikeinsätze aus infiltriertem SiC hinsichtlich Verschleißfestigkeit gut bewährt. Bild 16 zeigt eine aus SiSiC hergestellte Panzerung des Testscheibenwerkzeuges. Problematisch bleibt die mechanische Belastbarkeit der keramischen Komponenten dort wo die Anpreßkraft der Spritzeinheit übertragen wird.

Die Verringerung des Verschleißes durch Feinst-SiC, welches für das Sinterverfahren Verwendung findet ist möglich, war nicht Gegenstand unseres Projektes, da es sich hierbei um einen anderen Werkstoff handelt. Hier bieten sich jedoch wesentlich verschleißärmere Formgebungsmöglichkeiten.

Die Eigenschaftswerte der spritzgegossenen SiSiC-Komponenten sind in Tab. 1 aufgeführt.

4.3 Folientechnik

Die Folientechnik, Bild 17, mit den Verfahrensschritten Sprühkornherstellung, Bereitung eines vergießbaren Schlickers, Herstellung der Folie (hochgefüllte Kunststoffolie), Stanzen, Laminieren, Austreibung des Binders und Silicieren wurde überwiegend im Siliciumnitrid-Projekt entwickelt. Hier wurden die Besonderheiten des Ausheizens und Silicierens von aus Folien aufgebauten Komponenten erarbeitet. Bild 18 zeigt die Herstellung einer SiC-Folie auf einem Endlosstahlband, Bild 19 die Stanz- und Laminiereinrichtung für diese Technik [14, 15, 16]

Diese Folien-, Stanz- und Laminiertechnik mit ihren ausgezeichneten Verbindungsmöglichkeiten eignet sich nicht nur für Wärmetauscherstrukturen verschiedenster Art , wie Kreuz- und Gegenströmer in Kompaktbauweise, sondern auch z.B. für den Einschluß eines Brennraums mit Doppelwand durch welche die vorzuwärmende Verbrennungsluft bei gleichzeitiger Kühlung der Brennkammerinnenwand fließt. Bild 20 zeigt eine solche Möglichkeit des Brennkammeraufbaus, Bild 21 stellt einen ersten Prototyp dar.
Leider hat die Entwicklung dieser SiSiC-Folientechnik zu lange Zeit in Anspruch genommen, so daß sie für eine Anwendung in der Gasturbine innerhalb dieses Projektes nicht mehr in Frage kam.
Im Bereich anderer industrieller Anwendungen wo es auf hohe Temperaturen, Korrosionsfestigkeit und Kompaktheit ankommt, wird diese Technik in der Zukunft ausreichende Anwendung finden können. Bild 22 zeigt einen Gegenstromwärmetauscher aus SiSiC, hergestellt nach dem Folienverfahren.

5. Herstellung des Formkörpers durch Infiltrieren mit Silicium

Die Entwicklung der Infiltrationstechnik begann mit der vor etwa 10 Jahren durchaus üblichen Tauch- bzw. Dochttränkung und endete mit der Schüttinfiltration, die heute Stand der Technik ist.

Bei der Tauchtränkung wurde der aus Siliciumcarbid und Kohlenstoff bestehende Formling in ein Bad von flüssigem Silicium eingetaucht. Die Badtemperatur betrug dabei mehr als 1400 °C. Bei dieser Tränkungsart wurden dem Formling plötzlich große Mengen Silicium angeboten. Wegen der exothermen Bildungsreaktion von Si mit Kohlenstoff zu SiC und der hohen Infiltrationsgeschwindigkeit steigt die Temperatur des Formlings stark an. Dies führt zu hohen Temperaturgradienten und erheblichen inneren Spannungen im Bauteil. Die Wirtschaftlichkeit dieses Verfahrens war außerdem ungenügend.
Der nächste Schritt bei der Weiterentwicklung der Infiltrationstechnik war die Dochttränkung. Hier steht der Formling mit dem flüssigen Si-Bad nur noch über schmale Stege in Verbindung. Die Infiltrationsgeschwindigkeit ist ebenfalls hoch, jedoch sind die auftretenden inneren Spannungen wesentlich geringer als beim Tauchverfahren. Auch bei diesem Infiltrationsverfahren konnte keine ausreichende Wirtschaftlichkeit erreicht werden.

Den Durchbruch zur industriellen Fertigung von Bauteilen aus diesem Werkstoff mit ausreichender Reproduzierbarkeit und Wirtschaftlichkeit schaffte die Schüttinfiltration. Bei diesem Verfahren wird der zu infiltrierende Formling entweder in eine Schüttung aus körnigem Silicium gestellt oder das Silicium wird in den Formkörper eingefüllt. Die Infiltrationsgeschwindigkeit ist infolge des langsameren Siliciumangebots deutlich geringer, die Temperaturdifferenzen in der Komponente klein, die auftretenden inneren Spannungen gering und die Toleranzabweichungen des Formlings $< 0{,}1$ %. Die Oberflächenqualität der so hergestellten Komponente ist ausreichend.
Die für dieses Verfahren auf der Basis der Erkenntnisse dieses Projektes entwickelten und gebauten Ofentypen begannen bei einem Nutzraum von 0,03 m^3 und sind heute mit 2,0 m^3 Stand der Technik bei Rosenthal.
Bild 23 Silicierungsofen.

6. Qualitätssicherung

Die Absicherung von Produktionsverfahren erfordert ein ausgefeiltes Prozeß- und Kontrollspezifikationssystem sowie den Einbau der wesentlichen zum Stand der Technik gehörigen Standarduntersuchungsmethoden.
Dieses Spezifikationssystem wurde im Laufe dieser Projekttätigkeit erstellt und ist jetzt Grundlage unserer Fertigung. Die zum Stand der Technik gehörigen Untersuchungsmethoden wurden in den Herstellungsprozeß eingearbeitet. Es sind dies:

Chemische Analyse und Röntgenfluoreszenzanalyse zur	Bestimmung von Verunreinigungen in den Ausgangsmaterialien
Ströhlein-Apparatur zur	Bestimmung des C-Gehalts im Ausgangsmaterial
Sedigraph zur	Bestimmung der Korngrößenverteilung im Ausgangsmaterial
BET-Apparatur zur	Bestimmung der spezifischen Oberfläche der Ausgangsmaterialien
Lichtmikroskop zur	qualitativen Gefügeanalyse
Digiscan zur	quantitativen Gefügeanalyse
Rasterelektronenmikroskop mit Mikrosonde zur	Analyse von Fehlern im Mikrobereich von Bauteilen
Röntgenfeinstrukturanalyse zur	Bestimmung der Kristallinität von Ausgangsmaterialien und Fertigteilen
MTS-Universalprüfmaschine zur	Bestimmung mechanischer Werkstoffdaten
Röntgengrobstruktur und Ultraschall zur	Prüfung des Fertigteils auf Fehlstellen
Computereinrichtung zur	statistischen Auswertung und Zuordnung der Daten.

7. Schrifttum

[1] KRAUTH, A. — Keramische Werkstoffe
Veröffentlichung in der Umschau, Heft 11/1983

[2] KRAUTH, A., NINK, H. — Ingenieurkeramische Bauteile für Anwendungen in der Automobilindustrie, der Wärme- und Verfahrenstechnik
BMFT-Statusseminar "Keramische Bauteile für Fahrzeug-Gasturbinen", 13. - 15.2.1984 in Bad Neuenahr

[3] BERROTH, K., KRAUTH, A. — Engineering Ceramics for Industrial Applications; Wear-, Heat- and Automotive Technology
Vortrag anläßlich der ASME G.T. Conference am 4. - 7.6.1984 in Amsterdam

[4] MAIER, H.R., NINK, H., KRAUTH, A. — Statistische Festigkeitseigenschaften, Krafteinleitung und Bauteilzuverlässigkeit am Beispiel von reaktionsgebundenem Siliciumnitrid
Ber.Dt.Keram.Ges. 54 (1977), Nr. 12
S. 413 bis 416

[5] MAIER, H.R., POHLMANN, H.J., KRAUTH, A. — Design Criteria and Structural Testing of Ceramic Components
Held at London, Dec. 14-15, 1977.British Ceramic Society, Basic Science Section Symposium on the Mechanical Engineering Properties and Applications of Ceramics.
Proceedings of the British Ceramic Society
No. 26, July 1978, 17 - 30. The Mechanical Engineering Properties and Applications of Ceramics, edited by Dr.D.J. Godfrey, Shelton House Stoke on Trend

[6] MAIER, H.R., KRAUTH, A., GEBHARD, W. — Statistische und bruchmechanische Festigkeitsaspekte bei hohen Temperaturen, Laufradschaufeln aus reaktionsgebundenem Siliciumnitrid
Diskussionstagung, Hochtemperatureigenschaften keramischer Werkstoffe, DKG-Fachausschuß Keramische Werkstoffe in der Technik, 16./17.12.1978, Baden-Baden
Ber. Dt.Keram. Ges. 55 (1978) Nr.8, S. 402-406

[7] MAIER, H.R., POHLMANN, H.J., KRAUTH, A. — Qualitätssicherung und Prüftechnik
Lehrgang Keramik im Apparate- und Maschinenbau, Konstruieren mit keramischen Werkstoffen,
VDI-Bildungswerk 33-28-01, 8./9.5.79,Düsseldorf

[8] HÜBNER, G.
KRAUTH, A.
Qualitätssicherung und Prüftechnik für keramische Werkstoffe
Vortrag VDI-Bildungswerk

[9] SCHINDLER, S.R.
KRAUTH, A.
Entwicklung von hochwarmfesten, korrosionsbeständigen Siliciumcarbid-Formkörpern für die Verwendung im Gasturbinenbau
Forschungsbericht BMFT, T 79-71, Technologische Forschung und Entwicklung, Dezember 1979

[10] SCHINDLER, S.R.
KRAUTH, A.
Entwicklung von hochwarmfesten, korrosionsbeständigen Siliciumcarbid-Formkörpern für die Verwendung im Gasturbinenbau
Forschungsbericht BMFT, T 82-178, Technologische Forschung und Entwicklung, Oktober 1982

[11] KRAUTH, A.
Der keramische Verdampfungseinsatz von Rosenthal - Herstellung und Eigenschaften
Veröffentlichung im Sprechsaal, Heft 12/1983, S. 1053 - 1055

[12] SCHINDLER, S.R.
KRAUTH, A.
Entwicklung von hochwarmfesten, korrosionsbeständigen, nichtmetallischen Werkstoffen, insbesondere Siliciumnitrid zur Verwendung im Gasturbinenbau
Forschungsbericht BMFT, T 78-51, Technologische Forschung und Entwicklung, Oktober 1977

[13] SCHINDLER, S.
KRAUTH, A.
Entwicklung von hochwarmfesten, korrosionsbeständigen, nichtmetallischen keramischen Werkstoffen, insbesondere Siliciumnitrid zur Verwendung im Gasturbinenbau
Forschungsbericht BMFT, T 82-026, Technologische Forschung und Entwicklung,März 1983

[14] KRAUTH, A.
Recuperative ceramic heat exchanger and stator parts for gas turbine applications
Proceedings of the Fifth Army Materials Technology Conference. Held at Newport, Rhode Island March 21-25, 1977. Co-sponsored by Army materials and Mechanics Research Center, Energy Research and Development Administration and Defense Advance Research Projects Agency Columbus, Ohio, Ceramics for High Performance Applications-II, 530 - 548,Editors J.J. Burke, E.N. Lenoe, R.N. Katz

[15] KRAUTH, A. Ceramic Recuperative Heat Exchanger

Presentation at the DOE Highway Vehicle System Contractors Coordination Meeting, May 10, 1978, Troy, Michigan

[16] KRAUTH, A. Recuperative Ceramic Heat Exchanger for gasturbine and other applications

Vortrag anläßlich "The International Symposium on Ceramic Components of Engine" in Hakone, Japan 17. - 21.Oktober 1983

	Isopressen Trockenpressen	Folien-technik	Spritzguß	Schlicker-guß
Dichte [g/cm^3]	3.07 ± 0.02	2.96 ± 0.02	3.05 ± 0.02	2.95 ± 0.02
Biegefestigkeit [N/mm^2]	380	260	275	260
Weibullmodul	12	10	12	12
Biegefestigkeit$_0$[N/mm^2] 200 h bei 1260 °C	420	260	300	260

Tab. 1: Werkstofftechnische Kennwerte SiSiC

	Teil wird nicht gefüllt	Teil entformt nicht	Anguß reißt ab	Auswerfer stößt durch	Matte Oberfläche	wellige Oberfläche	Einfallstellen	Materialaustritt Düse	Starke Grate	Metall-schwarze Färbung	Lunker	Verbrennungen am Teil	Verzug	Narbige Oberfläche	Starkes Kleben	Knallendes Einspritzen
Zylindertemp. anheben	X				X					X						
Zylindertemp. absenken		X							X			X			X	
Einspritzdruck anheben	X					X			X							
Einspritzdruck absenken		X														
Nachdruck anheben	X						X									
Nachdruck verlängern	X						X				X					
Nachdruck verkürzen		X														
Nachdruck absenken		X						X	X							
Einspritzzeit verlängern						X						X				X
Einspritzzeit verkürzen	X															
Kühlzeit verlängern		X	X	X									X			
Kühlzeit verkürzen		X														
Werkzeugtemp. anheben	X				X					X						
Werkzeug kühlen		X		X									X			
Anguß polieren			X													
Werkzeugflächen pol.		X														
Werkzeugkanten nacharbeiten									X							
Werkzeugführ. überprüfen		X	X										X			
Anguß vergrößern	X															
Anguß an größere Wandstärke legen														X		
Werkzeug auf Durchbiegung prüfen									X							
langsam entformen			X	X												
Preßluftausformg. verwenden		X														
Anlage Düse-Angußbuchse prüfen								X								
Formtrennmittel verw.		X														
Masse trocknen		X														

Tab. 2: Spritzgußparameter

Bild 1: Sprühanlage im Pilotmaßstab

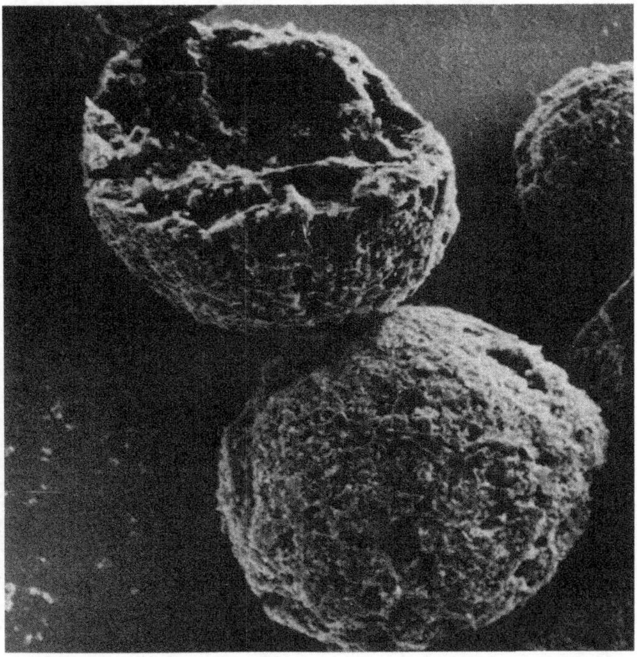

Bild 2: Sprühgranulatkörner

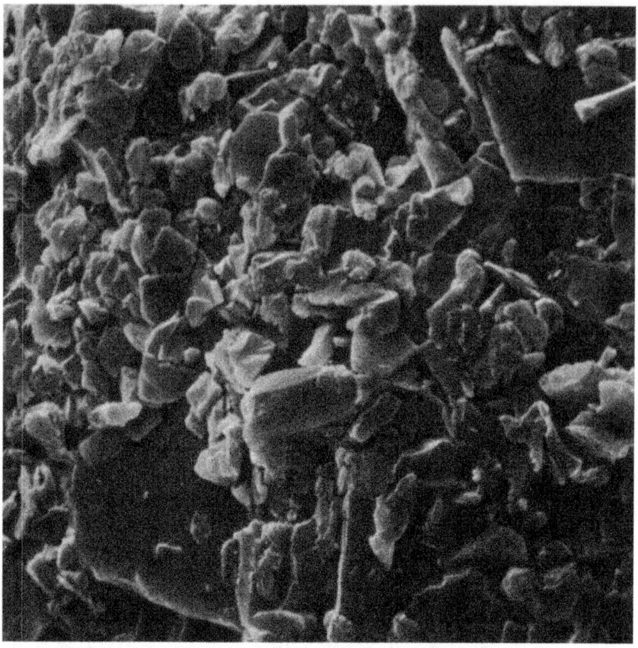

Bild 3: Kornverbund eines bimodalen SiC-Sprühgranulats

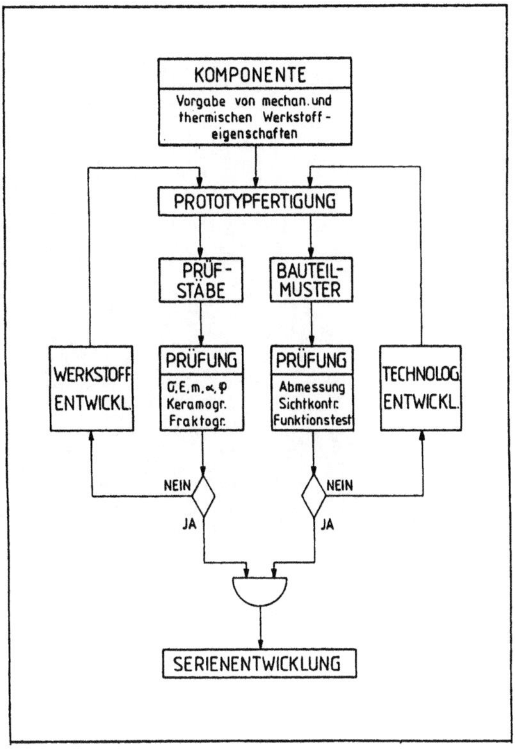

Bild 4: Werkstoffentwicklung

Bild 5: Isostatische Presse

Bild 6: Brennkammer VW

Bild 7: Brennkammer MTU

Bild 8: Vorbrennkammern

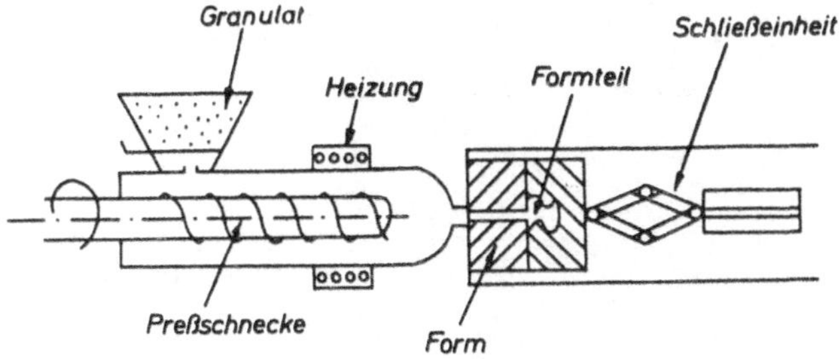

Bild 9: Verfahrensschema Spritzgußvorgang

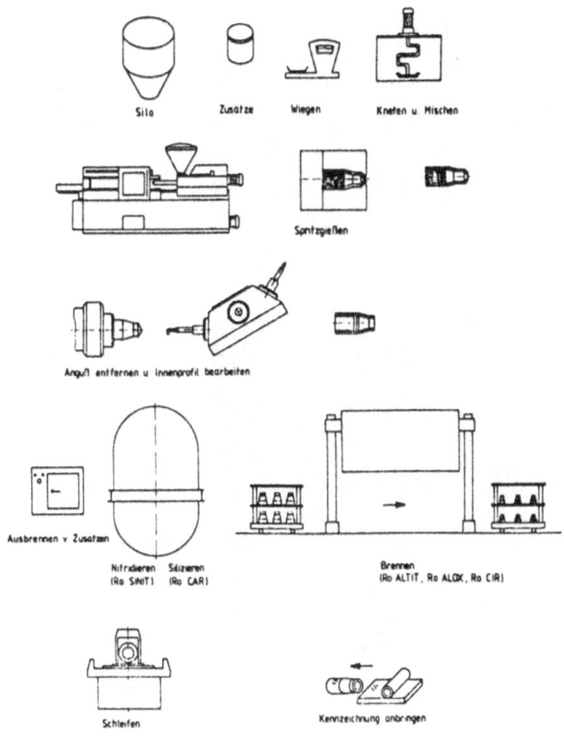

Bild 10: Herstellungstechnik Spritzgußtechnik

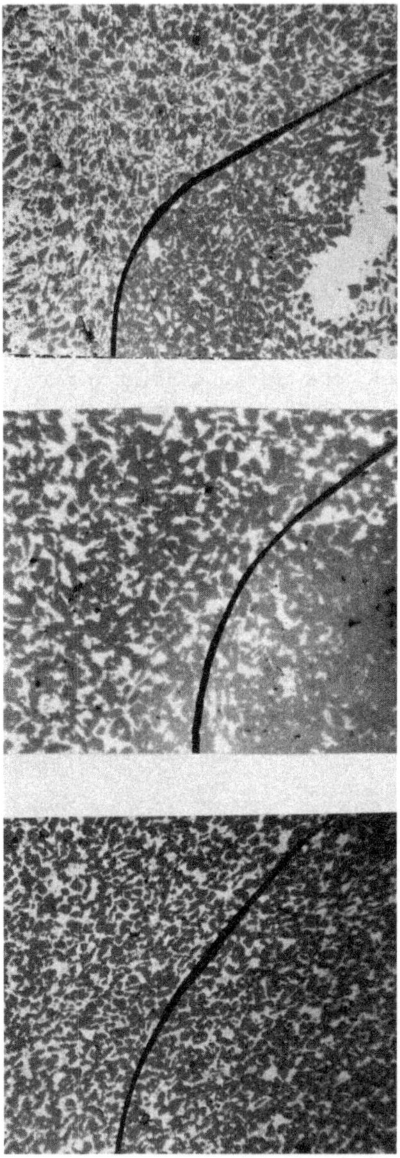

Massetrennlinie

Lunker in der Nähe einer Massetrennlinie

Massetrennlinie

kleine Lunker in der Nähe einer Massetrennlinie

kaum mehr sichtbare Massetrennlinie

minimale Si-gefüllte Lunker

Bild 11: Homogenisierung von Massetrennlinien

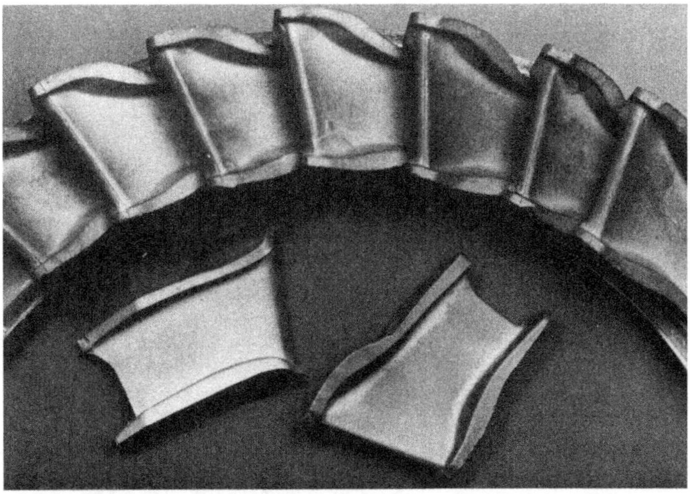

Bild 12: Statorschaufel

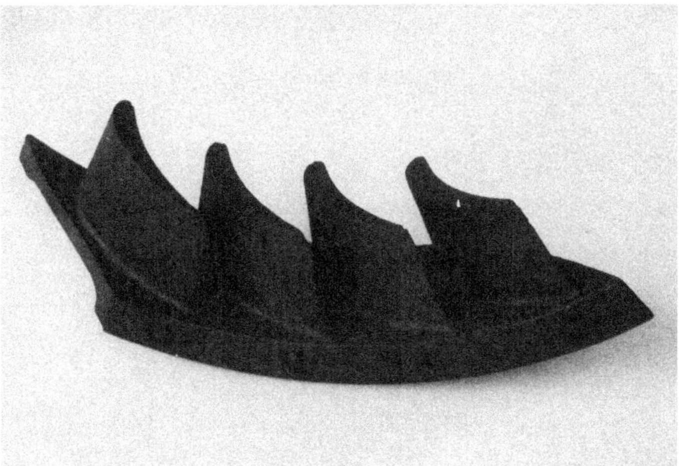

Bild 13: Leitkranzsegmente

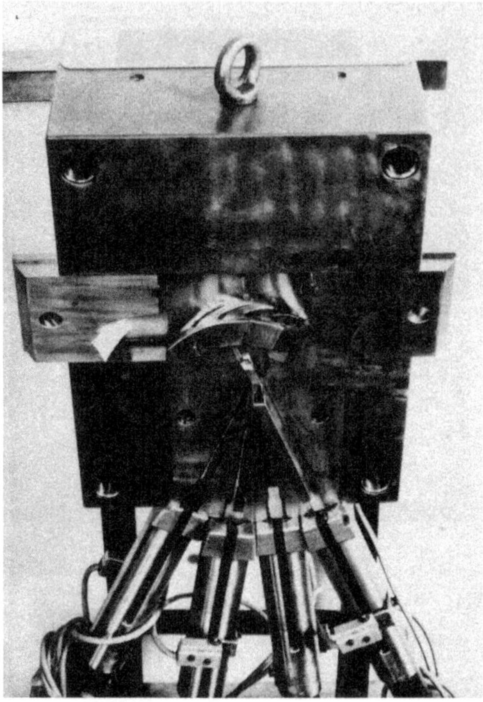

Bild 14: Spritzgußwerkzeug

Bild 15: VW-Testscheibe

Bild 16: Testscheibenwerkzeug

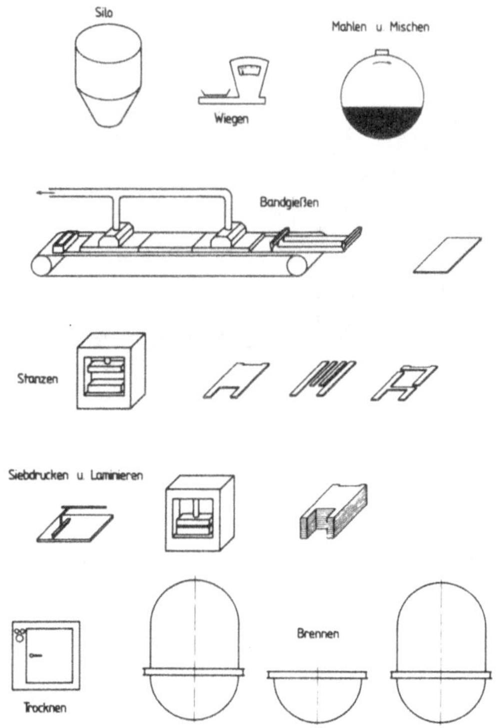

Bild 17: Folientechnik

Bild 18: Herstellung SiC-Folie

Bild 19: Stanz- und Laminiereinrichtung

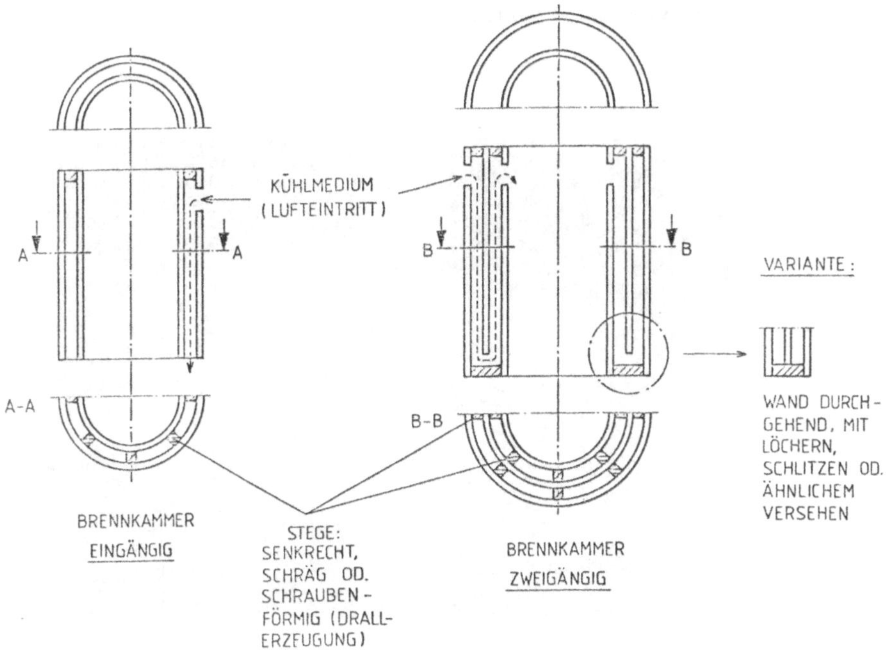

Bild 20: Brennkammeraufbau

Bild 21: Brennkammer-Prototyp

Bild 22: Gegenstromwärmetauscher aus SiSiC

Bild 23: Silicierungsofen

ENTWICKLUNG VON GASTURBINENBAUTEILEN AUF DER BASIS VON SILIZIUMKARBID

G. Leimer und E. Gugel

Annawerk Keramische Betriebe GmbH
Geschäftsbereich Ceranox, Rödental

1. Einleitung

Siliziumkarbid als synthetische chemische Verbindung ist schon seit der Jahrhundertwende als technischer Werkstoff in wirtschaftlich bedeutungsvoller Anwendung. Die überwiegenden Einsatzgebiete sind die Schleifmittelindustrie, die Feuerfestindustrie und die elektrische Industrie, wo Härte, Temperaturstabilität und elektrische Eigenschaften des Siliziumkarbids ausgenützt werden.

Mit der in jüngster Zeit geschaffenen Möglichkeit der Herstellung dichter Werkstoffe konnten die physikalischen und chemischen Eigenschaften des Siliziumkarbids nun auch durch gute mechanische ergänzt werden. Dichtes Siliziumkarbid in verschiedenen Varianten stellt neben dem Siliziumnitrid im Rahmen dieses Programmes den aussichtsreichsten Werkstoff dar, sowohl von den Eigenschaften wie auch von der Verfügbarkeit her. Neben dem auch jetzt noch in die Zukunft zu projizierenden hochgesteckten

Ziel taten sich gerade mit den in diesem Programm entwickelten Siliziumkarbidwerkstoffen neue Anwendungsgebiete auf, in denen durch den Einsatz dieser Werkstoffe technische und wirtschaftliche Vorteile erzielt wurden [1].

Einleitende Bemerkungen über Siliziumkarbid allgemein und die Hintergründe für dessen werkstoffliche Entwicklungen erübrigen sich unter Hinweis auf die früheren Veröffentlichungen [2 - 8].

Im folgenden wird die Tätigkeit und der erreichte Entwicklungsstand zusammenfassend dargestellt. Dies betrifft zwei dichte Siliziumkarbidwerkstoffe, nämlich Silizium-Siliziumkarbid (SiSiC) sowie dichtes, drucklos gesintertes Siliziumkarbid (SSiC).

Für SiSiC war beim Projektnehmer Werkstoff und Verfahrenstechnik zur Herstellung einfacher Bauteile zu Projektbeginn grundsätzlich schon entwickelt. Ziel im Projekt waren Optimierungen der Werkstoffeigenschaften und die Entwicklung von Formgebungsverfahren für bestimmte Gasturbinenbauteile. Bei SSiC handelte es sich hingegen um einen ganz neuen Werkstoff, so daß bei gleicher Zielsetzung eine grundsätzliche Werkstoffentwicklung (also die Schaffung eines möglichst dichten, hochfesten Sinterkörpers) notwendig war. Verbunden damit war die technische und wirtschaftliche Frage nach geeigneten Ausgangsrohstoffen und deren Verfügbarkeit, wobei ein besonders enger Kontakt mit der Firma H. C. Starck, Goslar, bestand.

Werkstoffentwicklung und Bauteilherstellung erfolgten für beide Werkstoffe stets parallel mit jeweils unterschiedlichen Prioritäten und Kapazitäten. Dies ergab sich in Abhängigkeit vom Entwicklungs- und Ergebnisstand bezüglich Werkstoffeigenschaften und Formgebung entsprechend dem vorgegebenen Arbeitsplan, und abhängig vom jeweiligen Bedarf bei den Anwender-Firmen.

2. Gesintertes Siliziumkarbid (SSiC)

2.1. Werkstoffentwicklung

2.1.1 Tätigkeit

Die Gesamtaktivitäten zum drucklos gesinterten Siliziumkarbid sind in Bild 1 dargestellt. Diese reichen von der Pulverpräparierung über die werkstoffliche Entwicklung bis zur Herstellung von Formteilen, deren Test dann meist bei den entsprechenden Anwendern erfolgte. Als Maßstab einer kritischen Bewertung der eigenen Arbeiten diente der internationale Stand der Technik, wie er aus Literatur, Tagungen und auch persönlichem Gedanken- und Meinungsaustausch bekannt wurde.

SiC-Pulver

Zu Projektbeginn war kein, auch nur annähernd, geeignetes Sinterpulver erhältlich. Es gab jedoch Literaturhinweise über die erforderlichen Eigenschaften eines solchen Pulvers.Die Entwicklung eines brauchbaren Sinterpulvers erfolgte bei H. C. Starck in gutem gegenseitigem Informationsaustausch zugleich mit dem Institut für Nichtmetallische Anorganische Werkstoffe der Universität Berlin. Mit der Pulverentwicklung parallel lief die Werkstoffentwicklung mit dem Ziel möglichst porenfreier Sinterung. Begonnen wurde mit der Herstellung von ß-SiC aus den Elementen; zu Ende des Programms kam aus wirtschaftlichen Gründen und auch wegen der erreichten Qualitäten fast nur α-SiC, aufbereitet aus ausgewähltem Acheson-SiC, zur Anwendung. Die Pulverentwicklung mit H. C. Starck zusammen ergab während des Berichtszeitraumes über 50 verschiedene Qualitäten, deren Anwendung in geeigneter Weise zu testen war. Zu Ende des Programms standen drei weitere potentielle Bezugsquellen für sinterfähiges Siliziumkarbidpulver zur Verfügung, drei für α-SiC und eines für ß-SiC, von je zwei Herstellern aus Japan und Deutschland. Zu ergänzen sind die Herstellerfirmen noch durch jene, die nur für den Eigenbedarf produzieren. Der Stand der Technik zeigt auf der Rohstoffseite durchaus bereits positive wirtschaftliche Aspekte.

Die Einbringung der Sinterzusätze erfolgte z. T. beim Hersteller der Sinterpulver, überwiegend jedoch erst vor der Weiterverarbeitung. Den Sinterzusätzen kommt naturgemäß eine besondere Bedeutung zu. Das Auffinden der geeignetsten Zusätze erschwerte sich insofern, als neben der Optimierung des Zusatzes parallel noch die Pulverentwicklung im Fluß war. Nicht befriedigende Ergebnisse konnten zunächst sowohl im nicht geeigneten Pulver als auch in ungeeigneten Sinterzusätzen liegen. Im Laufe des Programms konnten zufriedenstellende Zusätze gefunden werden, ebenso ein Weg, für deren recht günstige Einbringung bei der Masseaufbereitung. Entscheidend ist eine möglichst gleichmäßige und feinste Verteilung,die am besten über einen flüssigen Zustand des Sinterzusatzes in einer Massesuspension erfolgt. Zu optimieren ist schließlich für unterschiedliche Pulver die Zusatzmenge.

Charakterisierung der SiC-Pulver

Generell geprüft wurden die SiC-Sinterpulver auf ihren Kornaufbau durch elektronenmikroskopische Untersuchungen, durch Messung der Kornverteilung (Sedigraph) und durch Messung der spezifischen Oberfläche (BET). Die Kombination dieser Messungen ist notwendig, weil bei gleichen spezifischen Oberflächen und auch im wesentlichen bei gleichen Verteilungskurven in einem Pulver z. B. vereinzelt Grobkörner enthalten sein können, die dann negative Einflüsse auf mechanische Eigenschaften haben können, wenngleich auch hohe Sinterdichten erreicht wurden. Bezüglich Reinheit wird vor allem der Sauerstoffgehalt festgehalten, um Hinweise für die Sinterzusatzmenge zu erhalten. Weitere Untersuchungen der Pulver, wie z. B. Phasenausbildung oder sonstige Verunreinigungen, richteten sich nach speziellen Fragestellungen. Eine wichtige Charakterisierungsgröße ist noch die Verdichtbarkeit, weil es sich hier um einen Sinterwerkstoff handelt, also eine möglichst niedrige Schwindung angestrebt werden sollte.

Probekörper

Die Dimension entspricht dem Standardprüfkörper in diesem Programm (4,5 x 3,5 x 45 mm). Hergestellt wurden sie aus einachsig oder isostatisch gepreßten Vorkörpern. Herausgearbeit wurden sie aus den Vorkörpern im Grünzustand nach einer thermischen, festigenden Vorbehandlung ohne Schwindung oder nach dem Sintern auf Enddichte. Mechanische Eigenschaften wurden gemessen mit Oberflächen, entweder as-fired oder geschliffen mit oder ohne zusätzlicher Oxidationsbehandlung.

Sinterversuche

Diese erfolgten in diskontinuierlichen widerstands- oder induktionsbeheizten Hochtemperaturöfen überwiegend mit Kohleheizleitern, mit der Möglichkeit unter Vakuum oder Schutzgas zu sintern. Erarbeitet wurde ein brauchbares Programm hinsichtlich Zeit, Temperatur und Atmosphäre. Dieses Programm bewährte sich generell unabhängig vom Ofentyp. Es hängt zu einem erheblichen Maß von den chemischen Vorgängen ab, die sich beim Sintern abspielen. Variationen sind lediglich erforderlich in der Sinterendzeit, abhängig von der Bauteilgeometrie (Größe, Verhältnis Oberfläche zu Volumen) und, abhängig vom Sinterpulver, in der Sinterendtemperatur. Dies ist wichtig zur Beeinflussung von Raumgewicht und Gefüge und damit der mechanischen Eigenschaften.

Eigenschaften

Gemessen werden stets Schwindung, Raumgewicht, Phasenausbildung, Gefüge und als mechanische Eigenschaft überwiegend die 4-Punkt-Biegefestigkeit. Diese Untersuchungen sind wichtig für verfahrenstechnische Fragestellungen sowie für die Beurteilung des Entwicklungsstandes in werkstofflicher Hinsicht. So konnte gerade über mikroskopische Untersuchungen eine Reihe von Gefügefehlern unterschiedlicher Entstehungsursachen festgestellt werden. Eine Minimierung dieser Fehler brachte die schrittweise Verbesserung bis zum gegenwärtigen Stand.

2.1.2 Ergebnisse

Die schrittweisen Erfolge sind anhand der Raumgewichte in Bild 2 dargestellt. Beginnend mit praktisch nicht sinterfähigen Pulvern ist als erster Meilenstein eine Verdichtung auf ca. 2,9 g/cm^3 anzusehen, wobei bereits von einer erheblichen Sinterfähigkeit des Pulvers gesprochen werden kann. Dies wurde zunächst mit ß-SiC erreicht. Weitere Versuche zur Dichtesteigerung blieben vorerst erfolglos. Dabei war die Frage offen, ob es am Sinterpulver, den Zusätzen oder den Sinterbedingungen lag. Ähnliche, aber keine höheren Raumgewichte wurden dann mit α-SiC erreicht, so daß nun im Sinterpulver nicht der Hindernisgrund für eine weitere Verdichtung gesehen werden konnte. Die Aktivitäten konzentrierten sich nun stark auf die Sinterzusätze und die Sinterbedingungen, mit dem Ergebnis einer Dichtesteigerung auf $>3{,}10\ g/cm^3$. Die Biegefestigkeiten bei diesen Raumgewichten lagen an geschliffenen Proben im Mittel bei 285 N/mm^2. Diesen wesentlichen Fortschritt brachte eine homogene Feinstverteilung der Sinterzusätze. Weitere Bemühungen der Festigkeitsverbesserungen brachten erst mit Wechsel des Pulvers einen Erfolg mit einer Steigerung des Raumgewichtes auf $>3{,}15\ g/cm^3$ und einer Festigkeit auf 360 N/mm^2.

Mikroskopische Aufnahmen des alten und des neuen Pulvers zeigen Bild 3. Auffallend für das alte Pulver ist das Vorhandensein von nicht unerheblichen Anteilen relativ grober Körner. Dabei liegt die spezifische Oberfläche mit 19,7 m^2/g höher als bei dem neuen Pulver mit 15 m^2/g. Die Notwendigkeit der Charakterisierung der Pulver nach verschiedenen meßbaren Größen wird hier deutlich. Die Veränderung der Biegefestigkeiten durch Wechsel der Pulver ist in Tabelle I für geschliffene und as-fired Oberflächen zusammengestellt. Eine nochmalige Verbesserung (SSiC optimiert in Tabelle I) gelang nach sorgfältiger Gefügeuntersuchung, die eine Reihe von festigkeitsbestimmenden Fehlern aufzeigten (Bild 4 - 9). Die Ursache dieser Fehler kann im Pulver (niedrig schmelzende Einschlüsse, Grobkorn), in der Probenpräparation (Agglomerate, Risse, Poren) oder in den Sinterbedingungen (diskontinuierliches Kornwachstum mit Poreneinschlüssen) liegen.

Durch Verbesserung des Pulvers und durch Gefügeoptimierungen (Bild 10) über Masseaufbereitung und Sinterbedingungen in Richtung auf Vermeidung dieser Fehler konnte das Festigkeitsniveau tatsächlich weiter gesteigert werden (Tabelle I).

Schwierigkeiten ergeben sich für eine solche gleichmäßige Verteilung über einen gesamten Proben- oder gar Bauteilquerschnitt. Diese Aussage gilt sowohl für das zur Verfügung stehende Pulver als auch für die Masseaufbereitung und Formgebung und die Sinterbedingungen. Diesen Schwierigkeiten ist aber bei keramischen, nicht plastischen Werkstoffen großes Augenmerk entgegenzurichten mit möglichst weitgehender Fehlerminimierung. Generell festzuhalten ist auch die annähernd gleich hohe Festigkeit im as-fired und geschliffenen Zustand.

2.2. Formgebung und Bauteilherstellung

Mit Beginn der dritten Phase war der Werkstoff weit entwickelt und ein hochwertiges in genügender Menge beziehbares Siliziumkarbid-Sinterpulver vorhanden. Angaben des Lieferanten, die gute Reproduzierbarkeit der Pulvereigenschaften betreffend, konnten bestätigt werden. Dies ist wichtig im Zusammenhang mit der hohen Sinterschwindung, die für eine reproduzierbare Bauteilherstellung sich nur in sehr engen Grenzen verändern darf. Geringe Rohstoffschwankungen können dabei durch Änderung des Preßdruckes und damit des Grünraumgewichtes wie auch durch geringfügige Änderung der Sintertemperatur und damit des Endraumgewichtes ausgeglichen werden, solange die geforderten Eigenschaften dadurch nicht ungünstig beeinflußt werden.

Zur Formgebung stand das Isopressen mit mechanischer Nachbearbeitung in verschiedenen Zwischenstufen im Vordergrund. Gut entwickelt wurde auch das Schlickergießen und das Spritzgießen. Das erstgenannte Formgebungsverfahren wurde anhand der Herstellung von Tiegeln verschiedener Größen erarbeitet. Mittels Spritzgießens wurden Turbinenschaufeln hergestellt (Bild 11). Verwendet wurde ein Werkzeug ausgelegt für reaktionsgesintertes Siliziumnitrid, so daß wegen der schwindungsbedingten Dimensionsverkleinerung keine Einsatztests mit diesen Schaufeln durchgeführt werden konnten. Die Schaufeln zeigten eine gute Oberflächenausbildung, hohe Raumgewichte und ein gleichmäßiges feines Gefüge.

Mittels Isopressen wurden außer Gasturbinenbauteilen auch andere Formkörper, vor allem für den Anwendungsfall Verschleiß hergestellt. In allen Fällen konnten zu den einzelnen Verfahrensschritten Kenntnisse gewonnen werden, die eine Überführung dieses Werkstoffes aus der Entwicklung in den Produktionsbereich rechtfertigen, wo Routine und Verfeinerungen über Zeit und Stückzahl erarbeitet werden können.

Bild 12 zeigt die ersten Bauteile aus gesintertem Siliziumkarbid. Die Kugeln und der Ring sind isogepreßt mit entsprechend hohen Raumgewichten von 3,17 g/cm^3 im gesinterten Zustand. Die anderen Teile sind schlickergegossen, wobei hier noch nicht die gewünschten hohen Raumgewichte erreicht waren.

In Bild 13 ist ein Mahlgefäß mit Mahlkörpern aus gesintertem Siliziumkarbid dargestellt. Dieses wurde im Rahmen der Werkstoffentwicklung über eine fremdstoffabriebfreie Mahlung gröberer Siliziumkarbidpulver verschiedener Hersteller zum Studium des Einflusses der Verunreinigungen auf das Sintersiliziumkarbid verwendet.

Bild 14 zeigt ein einfaches zylindrisches Rohr im grünen wie im gesinterten Zustand. Durchmesser wie auch Höhe sind in für Brennkammern üblichen Größen. Studiert wurde an diesem Teil die Schwindung in ihrer Größe und Gleichmäßigkeit, aus der auch die Eignung vorhandener Ofensysteme abgeleitet werden kann. Zusätzlich wurden die Schwindungsergebnisse mit den umfangreichen Ergebnissen, die im Laufe der Werkstoffentwicklung bis dahin anfielen, verglichen. Gemessen wurde auch die Rundheit nach dem Brennen sowie das Raumgewicht, das mit 3,17 g/cm^3 (knapp 99 % der theoretischen Dichte) am Rohr sehr zufriedenstellend und gleich hoch wie an kleinen Prüfkörpern lag.

Bild 15 zeigt ein Brennkammerbauteil mit den Vorstufen aus dieser Bauteilentwicklungsphase, welches in einigen Stücken hergestellt wurde. Die Brennkammern wurden in ihrer Innenkontur auf Endform gepreßt, Außenkontur, Löcher und die Ausnehmungen am kleinen Durchmesser nach einem Zwischenbrand spanabhebend bearbeitet. Lediglich der kleine Durchmesser mußte nach dem Sintern auf die engen Einbaumaße geschliffen werden. Zusammenfassend ist zu sagen, daß trotz der hohen Schwindung, aber aufgrund der geforderten recht vernünftigen Toleranzen, die geforderte Stückzahl ausschußfrei hergestellt wurde, und zwar in guter Qualität, was zumindest aus dem verwendeten Rohstoff und der erreichten Raumgewichte von 3,16 - 3,18 g/cm^3 zu schließen ist.

Bild 16 zeigt eine einfache, aber in Höhe und Durchmesser relativ groß dimensionierte Scheibe. Das Raumgewicht liegt bei 3,15 g/cm^3, die Formstabilität ist trotz der hohen Schwindung äußerst hoch. Dickwandige, einfache Teile sind also ohne Schwierigkeiten herzustellen. In diesem Bild ist auch noch eine kleinere aber ebenfalls relativ dicke Lochplatte zu sehen, die als Studie zur Bearbeitung von SSiC in verschiedenen Herstellungsabschnitten diente und gleichzeitig einen Anwendungsfall im Bereich der Regeltechnik darstellt.

Für einen Anwender im Gasturbinenprogramm wurde schließlich in der letzten Phase des Projektes mit der Herstellung einer relativ großvolumigen, dünnwandigen, konischen Brennkammer begonnen. Zur Frage der Formgebung stand Isopressen und Schlickergießen prinzipiell zur Auswahl. Zum Schlickergießen, das zu diesem Zeitpunkt ansich gut entwickelt war, war die Frage der Gründichte und damit der Sinterschwindung noch nicht systematisch erarbeitet, so daß die Entscheidung auf das Isopressen fiel. Geplant war, die Innenkontur as-fired auf die geforderten Innenmaße zu bringen, während die Außenmaße nach dem Sintern zum Schleifen vorgesehen waren. Dies betrifft auf jeden Fall den Fuß mit den engen Maßtoleranzen wegen des hier erforderlichen Zusammenbaus mit anderen stationären Teilen in der Gesamtanlage. Der Außenmantel war ebenfalls geplant zu überschleifen, im Prinzip könnte hier aber mit gewissen Maßtoleranzen in der Wandstärke auf Endmaß gepreßt werden. Bild 17 zeigt zwei fertig geschliffene

Brennkammern. Die Innenkontur konnte trotz der großen Dimension und der hohen linearen Schwindung ohne Nachbearbeitung den Toleranzen entsprechend auf Endmaß gesintert werden. Die Außenmaße wurden wie geplant geschliffen, was einen hohen Aufwand bedeutete. Zu empfehlen wäre, abgesehen von den exakten Einbaumaßen, die gesamte Kegelmantelaußenfläche as-fired zu belassen. Ein nachweislich nur geringer Abfall der Raumtemperaturfestigkeit von as-fired-Oberflächen gegenüber geschliffenen spricht dafür. Zum Brennen mußte ein bisher für das Sintern von SiC noch nicht verwendetes Ofenaggregat wegen der Größe des Bauteils eingesetzt werden. Das in den Laboröfen entwickelte beste Sinterprogramm wurde so gut wie möglich übertragen und es gelang ohne Ausschuß die gewünschten Dimensionen und Raumgewichte an diesen Bauteilen zu erreichen.

Als "Spin off" wurde vor allem an der Herstellung von Verschleißteilen für Versuchszwecke gearbeitet und es konnte hierbei eine bemerkenswerte Produktionssicherheit erarbeitet werden.

3. Silizium-Siliziumkarbid (SiSiC)

Für diesen Werkstoff, der schon vor Projektbeginn grundsätzlich entwickelt war, stand dem Bedarf nach Bauteilen entsprechend die Formgebung und Bauteilherstellung im Vordergrund. Eigene werkstoffcharakterisierende Untersuchungen sowie vereinzelte Literaturergebnisse ließen jedoch weitere Verbesserungsmöglichkeiten der grundsätzlichen Eigenschaften erkennen, so daß es richtig erschien, auch die reinen Werkstoffentwicklungen weiterhin zu betreiben.

SiSiC wurde in diesem Programm im Gegensatz zu SSiC an mehreren Stellen bearbeitet. Zu den erzielten Ergebnissen der Herstellerfirmen, Anwendern und Instituten, die diesen Werkstoff kritisch untersuchten, sei deshalb auch auf die Beiträge anderer in diesem Projektrahmen hingewiesen.

3.1. Werkstoffentwicklung

Arbeiten zur Verbesserung der mechanischen Eigenschaften erfolgten im wesentlichen unter Beibehaltung der bekannten Verfahrensschritte,ausgehend von vorhandenen Rohstoffen, die hier keiner weiteren Entwicklung bedürfen. Primär - SiC wird mit Kohlenstoff (elementar oder bei thermischer Behandlung Kohlenstoff liefernd) in bestimmter Zusammensetzung vermischt, geformt und dann mit Silizium zur Reaktion gebracht. Dabei bildet sich aus dem im Formkörper vorhandenen Kohlenstoff das Sekundär-SiC und der restliche Porenraum wird mit Silizium gefüllt. Bei der Bildung von Sekundär-Siliziumkarbid aus den einzelnen Kohleteilchen kommt es zu einer Volumenzunahme. Diese erfolgt günstigerweise in den ursprünglich vorhandenen Porenraum hinein. Durch Wahl eines günstigen Zusammensetzungsverhältnisses von Primär-SiC zu beigemischtem Kohlenstoff läßt sich ein Produkt mit nur relativ geringem freiem Silizium von 10 - 15 Vol.-% erreichen. Dies ist etwa die untere Grenze, bei der noch ein kontinuierliches Porenkanalsystem besteht, das sich dann mit Silizium meist über Schmelzinfiltration auffüllen läßt.

Bei fest fixiertem Versatz und festgelegten Verfahrensschritten für die Produktion zeigte sich im Endprodukt als nachteilig das stete Auftreten von freiem Kohlenstoff, variierend in Menge und Korngröße. Diese Kohlenstoffeinschlüsse können zweifelsfrei als festigkeitsbestimmende Fehlstellen wirken, mit gegebenenfalls unterschiedlichen Wirkungsmechanismen. Die oft zu beobachtende hohe Streuung in der Festigkeit kann teilweise auch ihre Ursache in diesem freien Kohlenstoff haben, abhängig von Größe und Lage im Prüfkörper.

Hier setzten die ersten Verbesserungsarbeiten an. Bei gleichem Versatzaufbau wurde durch Änderung eines Verfahrensschrittes in der Aufbereitung eine gleichmäßigere und feinere Verteilung des Kohlenstoffes erreicht. Tabelle II gibt das Ergebnis dieser Maßnahme anhand der gesteigerten Festigkeiten wieder, wobei hier ein relativ grobes Primär-SiC-Korn verwendet wurde.

Weitere Möglichkeiten zur Ausschließung von freiem Kohlenstoff liegen in der Verwendung anderer Kohlenstoffquellen (pyrolisierbare, organische Verbindungen) oder in der Silizierung gänzlich kohlenstofffreier Körper, z. B. in Form von teilgesintertem Siliziumkarbid. In beiden Richtungen zeigten sich gute Erfolgsaussichten, Ansätze und Verfahrensschritte müßten aber für eine Produktionsreife erst erarbeitet werden.

In einem weiteren Schritt zur Verbesserung der mechanischen Eigenschaften wurde mit dieser verbesserten Versatzaufbereitung in Richtung eines feinkörnigeren Gefügeaufbaus gearbeitet. Das Ergebnis ist in Tabelle III zusammengestellt mit zwei Gefügedarstellungen in Bild 18. Auf diese Weise wurde die Festigkeit noch deutlich verbessert und zwar die mittlere Biegefestigkeit von 277 auf 431 N/mm^2 und die maximale von 314 auf 498 N/mm^2. Dabei stieg der Gehalt an freiem Silizium von 10 auf 17 % an mit noch unbekanntem Einfluß für die jeweilige Anwendung. Bild 19 zeigt für Versatz 1 - 5 neben den Raumtemperaturfestigkeiten noch die Biegefestigkeiten bei 1000 und 1200 °C im Vergleich mit Qualitäten anderer Hersteller nach Literaturdaten.

Die Ursache für die Festigkeitsverbesserung beim Übergang von Grob- auf Feinkorn könnte auch die Reduzierung innerer Spannungen sein, die im Zusammenhang mit der unterschiedlichen Wärmedehnung von Silizium und Siliziumkarbid steht.

Ansatzpunkte für weitere Verbesserungen des Werkstoffes SiSiC sind in den Nachteilen dieses Zweikomponenten-Werkstoffes zu suchen, nämlich in der unterschiedlichen Wärmedehnung von Siliziumkarbid und Silizium, in der starken Ausdehnung des Siliziums beim Erstarren von 10 Vol.-% und in der Volumenzunahme des vorgegebenen festen Kohlenstoffes bei der Sekundär-SiC-Bildung. Alle diese Faktoren sind Entstehungsursachen für die Ausbildung komplizierter Spannungszustände in diesem Werkstoff.

3.2. Formgebung und Bauteile

Bauteile, die im Rahmen des Projektes für die einzelnen Kfz-Firmen als Prototyp-Teile für verschiedene Tests hergestellt wurden, sind meist über Schlickerguß gefertigt. Gelegentlich wurde aber auch über Isopressen mit Bearbeitungsschritten im Grün- wie auch im Endzustand gearbeitet.

Bild 20 zeigt einige derartige Bauteile aus der gesamten Zeit des Programmes. Das neueste Bauteil ist der Radialrotor, der für verschiedene Firmen in verschiedenen Ausführungen gefertigt wurde. Die bisherigen Ergebnisse sind nur teilweise befriedigend, Schwierigkeiten macht die geforderte Genauigkeit im Zusammenhang mit Unwucht und Aerodynamik.

Bild 21 zeigt einen von mehreren gefertigten Leitapparaten. Die Formgebung erfolgte über Schlickergießen zur Endform. Lediglich das kegelförmige Außenband, das für den Einbau in den Teststand sehr genaue Geometrien erfordert, wurde nach dem Brand geschliffen. Ähnliche Bauteile wurden in den früheren Zeiten schon einmal hergestellt und haben sich im Testeinsatz gut bewährt. Geändert hat sich gegenüber diesen Teilen nun aber das Außenband. Es ist wesentlich dünnwandiger geworden und weist am Ende des kleineren Kegeldurchmessers nur sehr geringe Wandstärken auf. Dies brachte gegenüber den bisherigen Leitapparaten nicht unbedeutende Erschwernisse für das Schlickergießen hinsichtlich der geforderten Rundheitsgenauigkeit unter Berücksichtigung der relativ großen Durchmesser. Es mußten bei dem an sich für dieses Bauteil gut entwickelten Schlickergießverfahren einige Verfahrensschritte geändert und verbessert werden, bis schließlich ein im wesentlichen befriedigendes Ergebnis erzielt werden konnte. Hergestellt wurden im wesentlichen Teile aus der alten Qualität mit ca. 280 N/mm^2 wie auch aus der verbesserten Qualität mit etwa 370 N/mm^2 mittlerer Biegefestigkeit bei Raumtemperatur.

Bild 22 zeigt Brennkammerbauteile analog Bild 15, diesmal aus dem Werkstoff SiSiC. Für dieses Bauteil ergaben sich in allen Phasen der Herstellung keine nennenswerten Probleme. Die Bauteile mußten nur im Bereich des kleinen Durchmessers nach dem Brennen auf die geforderten engen Toleranzen geschliffen werden, die sonstigen Geometrien wurden bereits im Grünzustand geschaffen und befanden sich nach dem Brennen in dem für Keramik sinnvoll angegebenen Toleranzbereich. Bild 23 zeigt großvolumige und dickwandige Rotorteile aus SiSiC. Hier mußten zur Erreichung einer gleichmäßigen Gefügeausbildung eine ganze Reihe von Aktivitäten angesetzt werden, die den Bereich der Rohstoffauswahl, der chemischen und mineralogischen Zusammensetzung betrafen, ebenso aber auch den verfahrenstechnischen Bereich des Reaktionssinterns bzw. Brennens. Gerade an diesem dickwandigen Bauteil kamen die mit der Exothermie und mit der Volumensveränderung bei der Sekundär-SiC-Bildung und beim Erstarren des Si's auftretenden Probleme zu Tage. Nur durch eine geänderte Infiltrationstechnik konnten diese Teile dann erfolgreich hergestellt werden. Die im Zusammenhang mit den Schleudertests geforderte hohe Geometriegenauigkeit hinsichtlich Rotationssymmetrie und Unwucht konnte in diesem Fall über das Schlickergießen nicht erreicht werden. Die Frage nach der Eignung dieses Werkstoffes für diese Anwendung ließ aber eine Herstellung durch Bearbeitung im Grünzustand aus dem Vollen sinnvoll erscheinen, was dann auch erfolgreich geschah.

Weitere Bauteile waren immer wiederkehrende Aufträge zu Leitapparaten oder leitapparatähnlichen stationären Bauteilen sowie für rotierende Radialturbinenrotoren verschiedener Größe und Geometrie. In der Summe konnte bei der Herstellung dieser diversen Bauteile ein recht guter Entwicklungsstand für dieses spezielle Schlickergießverfahren entwickelt werden.

Neben den Gasturbinen-Bauteilen entwickelte sich im Laufe der Jahre ein bereits beachtlicher Umfang an Produktion diverser Verschleißteile, wobei vor allem die Gleitringe in Kleinserie und in Durchmessern bis 360 mm und unterschiedlichsten Querschnitten hergestellt, am besten Zeugnis über den erreichten technischen Entwicklungsstand abgeben.

4. Ausblick

Der erreichte Kenntnisstand und der bekannte nationale und internationale Entwicklungsstand zur Herstellung von Prototypen-Bauteilen aus SSiC und SiSiC, der in engem Zusammenhang mit den anwendungstechnischen Erfordernissen, erarbeit wurde, läßt erwarten, daß die weitere Überführung hin bis zur Serienfertigung möglich erscheint, wenn auch die endgültige Aussage zu einer verläßlichen und wirtschaftlichen Fertigung - gemessen an dem für einen bestimmten Anwendungsfall erzielbaren Preis - noch nicht gegeben werden kann. Diese Umsetzung des in Proben erreichten Niveaus in der Werkstoffentwicklung und der grundsätzlich bewiesenen Möglichkeit zur Realisierung in mehr oder weniger komplizierten Bauteilen zum technischen und ökonomisch sinnvollen Serienprodukt muß noch bewiesen werden. Die hierzu erforderlichen anzusetzenden weiteren Entwicklungsarbeiten werden uns noch lange beschäftigen und bedürfen einer großen finanziellen Anstrengung.

5. Schrifttum

[1] GUGEL, E.; WAHL, H. — Anwendung von Siliziumnitrid- und Siliziumkarbid-Werkstoffen. Ingenieur digest, 5 (1982)

[2] GUGEL, E.; LEIMER, G. — Entwicklung von Gasturbinenbauteilen auf der Basis von Siliziumkarbid. BMFT-Forschungsbericht T 80-025, Juli (1980)

[3] NOVOTNY, A.; GUGEL, E.; LEIMER, G. — Schlickergegossene Gasturbinenbauteile aus Siliziumnitrid und Siliziumkarbd. Keramische Komponenten für Fahrzeug-Gasturbinen I, Springerverlag Berlin (1978) 161 - 182

[4] LEIMER, G.; GUGEL, E.; HAUSNER, H.; BÖCKER, W. — Sintern von Siliziumkarbid. Keramische Komponenten für Fahrzeuggasturbinen I, Springerverlag Berlin (1978) 251 - 281

[5] GUGEL, E.; LEIMER, G. — Entwicklung von Gasturbinenbauteilen auf der Basis von Siliziumkarbid. BMFT-Forschungsbericht T 82-130, Juli (1982)

[6] HAUSNER, H.; LANDFERMANN, H.; WÖTTING, G.; GUGEL, E.; LEIMER, G. — Sintern von SiC und Si_3N_4. Keramische Komponenten für Fahrzeug-Gasturbinen II, Springerverlag Berlin (1980) 265 - 296

[7] GUGEL, E.
LEIMER, G.
COHRT, H.
GRATHWOHL, G.
THÜMMLER, F.

Gasturbinenbauteile aus reaktionsgesintertem Si-SiC und deren mechanische Hochtemperatureigenschaften

Keramische Komponenten für Fahrzeug-Gasturbinen II, Springerverlag Berlin (1980) 473 - 498

[8] GUGEL, E.
LEIMER, G.

Pressureless sintering of Silicon Carbide

AGARD Conf. Proc. 276 (1979) 17/1 - 17/16

[9] LARSEN, D.
ADAMS, J.

Property Screening and Evaluation of Ceramic Turbine Materials

ITTRI Report Nr. 9, Dec. 1980.

		RG (g/cm^3)	Biegefestigkeit (K = 4) [N/mm^2]			Weibull-Modul m
			mittel	max.	min.	
geschliffen	SSiC alt	3,14	285	314	241	13,0
	SSiC neu	3,17	360	455	281	6,5
as-fired	SSiC alt	3,14	254	297	184	7,1
	SSiC neu	3,17	339	396	305	13,6
	SSiC neu optimiert	3,17	381	438	312	

Tabelle I: Festigkeit von SSiC in verschiedenen Entwicklungsstadien

Aufbereitung	Standard	Verbessert
RG roh [g/cm^3]	1,90	1,90
RG infil. [g/cm^3]	3,07	3,07
$\overline{\sigma}$ [N/mm^2]	278	327
σ_{max} [N/mm^2]	331	406

Tabelle II: Einfluß der Masseaufbereitung auf die Festigkeit von SiSiC mit 12 % freiem Silizium

Versatz	0	1	2	3	4	5
SiC-Korngröße [mm]	3	7	13	23	37	53
RG roh [g/cm^3]	1,81	1,80	1,86	1,94	1,95	1,96
RG infil [g/cm^3]	3,02	3,01	3,04	3,07	3,08	3,09
Si_{frei} [%]	16,2	17,4	14,7	12,1	11,2	10,4
$\overline{\sigma}$ [N/mm^2]	431	383	371	357	311	277
σ_{max} [N/mm^2]	489	442	429	404	358	314
m	n.b.	6,7	8,8	11,6	4,8	8,4

Tabelle III: Raumgewicht und Biegefestigkeit von SiSiC in Abhängigkeit von der SiC-Korngröße

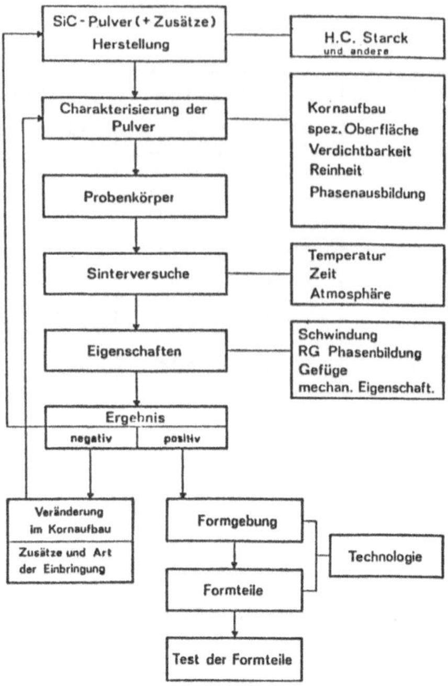

Bild 1: Arbeitsablaufplan zum Sintern von Siliziumkarbid

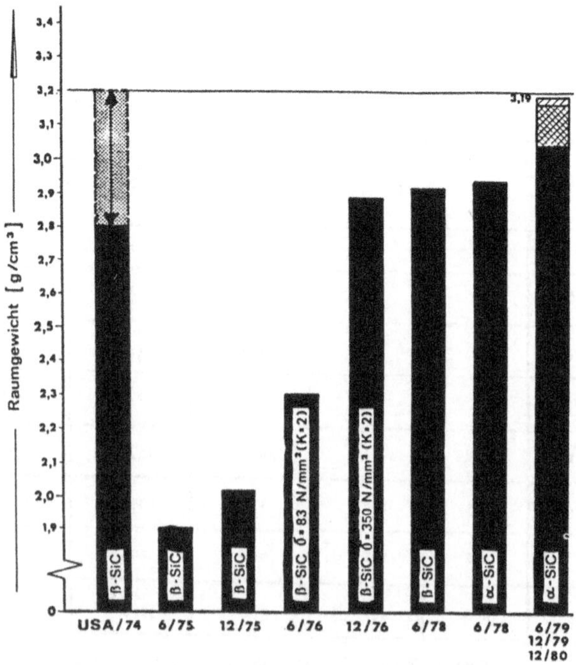

Bild 2: Entwicklung des Raumgewichtes von SSiC

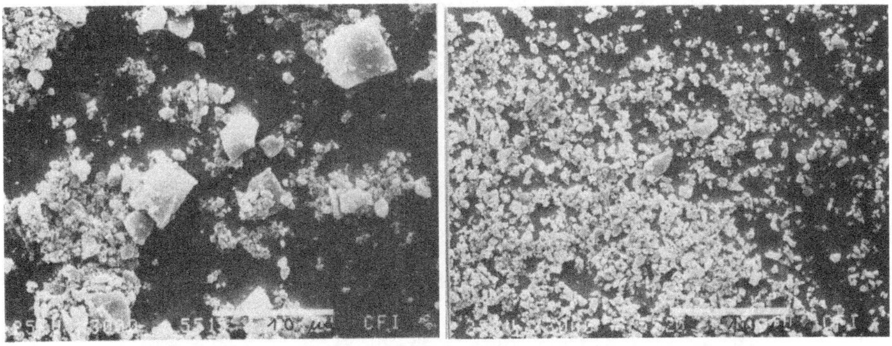

Bild 3: REM-Aufnahme des alten (links) und neuen (rechts) Pulvers

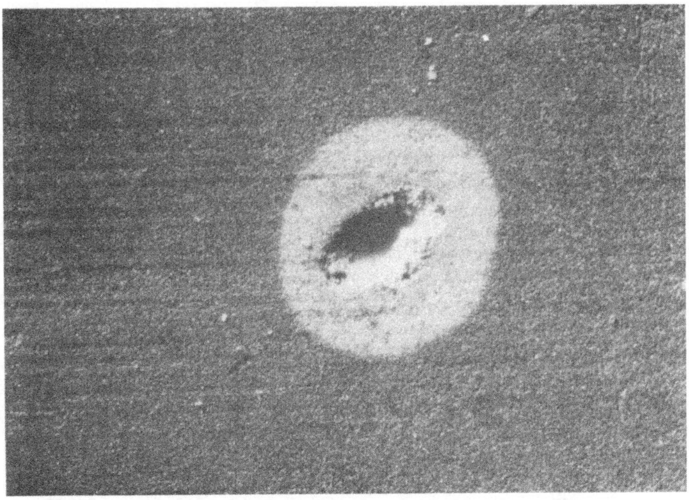

Bild 4: Porenbildung durch Schmelzen niedrigschmelzender Einschlüsse in SSiC. Der Schmelzsaum ist sichtbar gemacht durch Unterbrechung der Sinterung bei 1530 °C, 100 µm

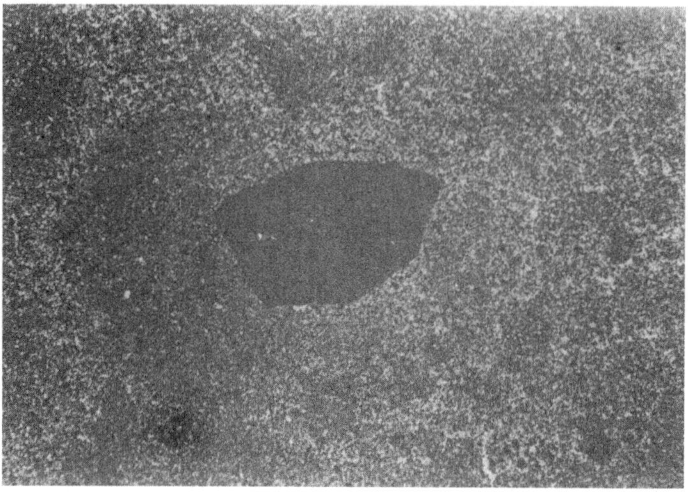

Bild 5: Grobkorn aus dem Pulver in SSiC 50 µm

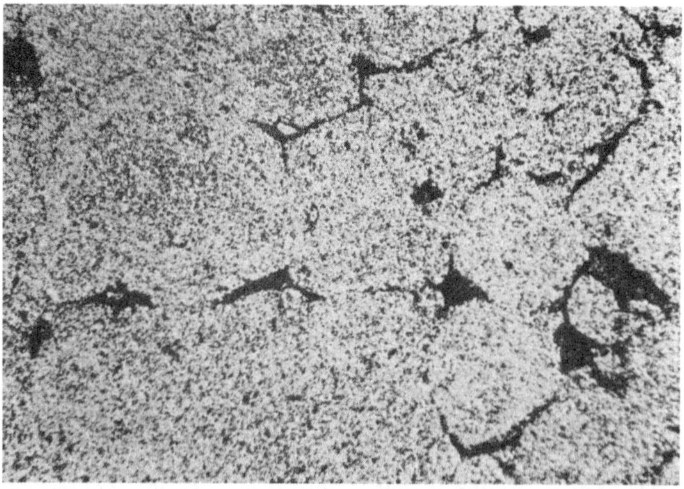

Bild 6: Bei der Formgebung nich optimal kompaktierte Aggregate ($SSiC$, teilgesintert bei 2,49 g/cm^3), welche bei der Fertigsinterung zu grober Restporosität Anlaß geben 25 µm

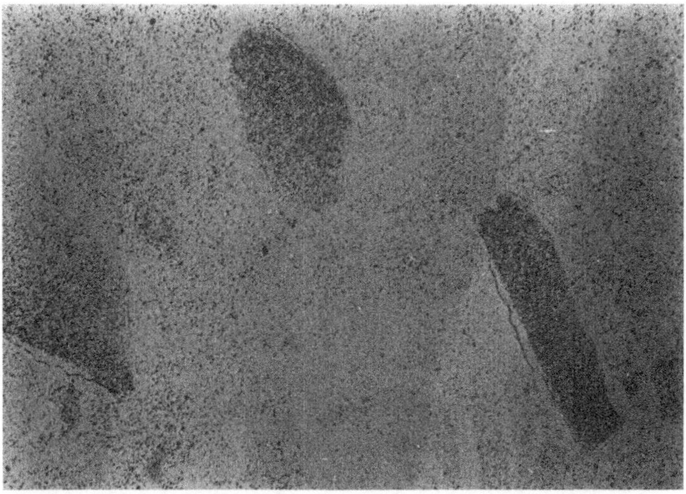

Bild 7: Dichte-inhomogenitäten und Rißbildung in SSiC durch unterschiedlich dichte Agglomerate 25 µm

Bild 8: Rißbildung in SSiC durch fehlerhafte Kompaktierung des schwer verdichtbaren feinen Pulvers 25 µm

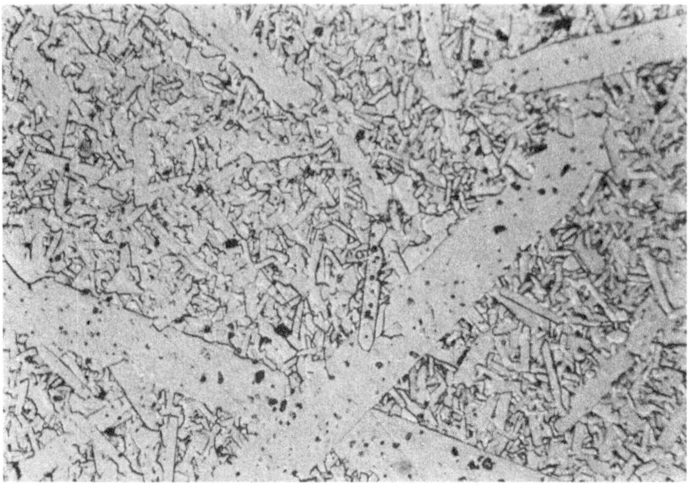

Bild 9: Diskontinuierliches Kornwachstum von SSiC mit Poreneinschlüssen abhängig von den Sinterbedingungen 25 µm

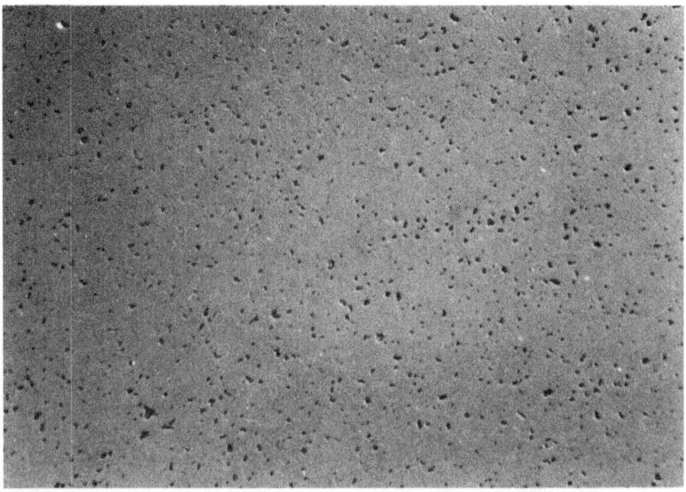

Bild 10: Optimiertes SSiC-Gefüge mit erhöhtem Festigkeitsniveau 25 µm

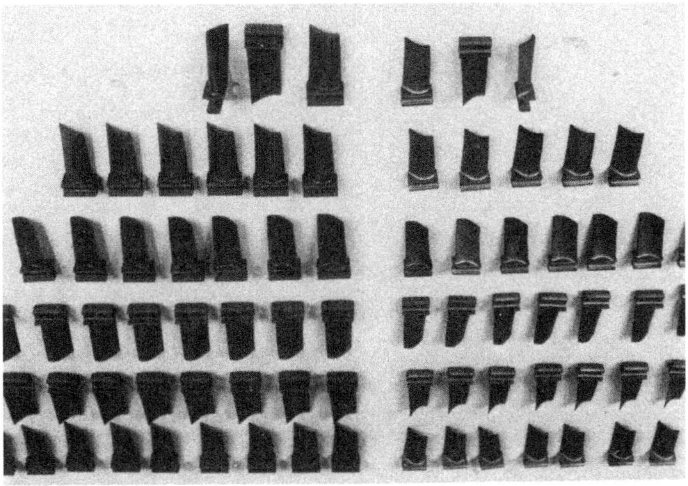

Bild 11: SSiC-Turbinenschaufeln, spritzgegosssen

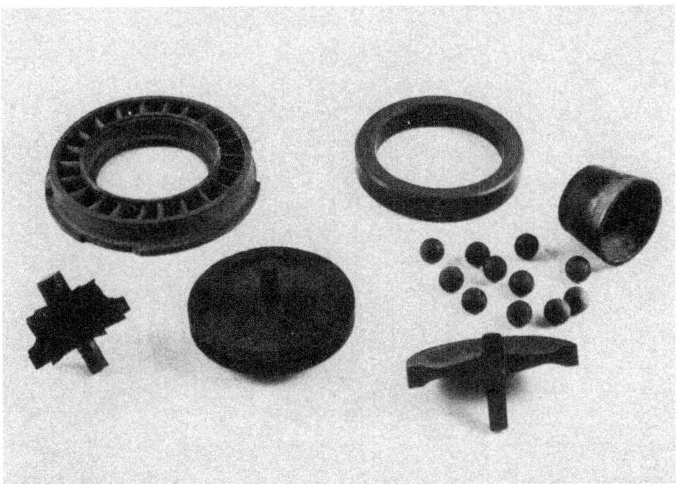

Bild 12: Verschiedene Bauteile aus SSiC

Bild 13: Mahlgefäß und -körper aus SSiC

Bild 14: Großformatiges zylindrisches Bauteil vor und nach der Sinterung

Bild 15: Bauteilentwicklung Brennkammer für Detroit Diesel Allison (AGT 100-Gasturbine)

Bild 16: Dickwandige Bauteile aus SSiC

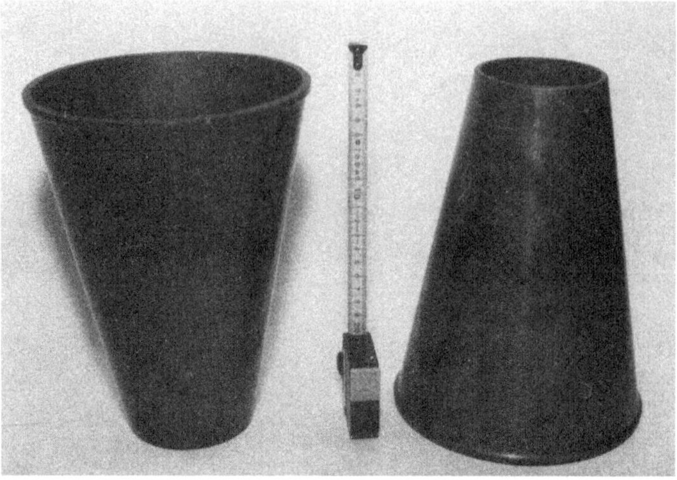

Bild 17: SSiC-Brennkammern für MTU

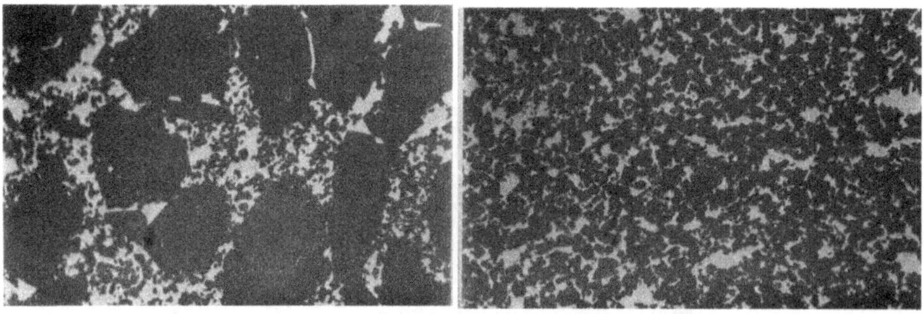

Bild 18: Gefüge von SiSiC mit großem und kleinem SiC-Korn
25 µm

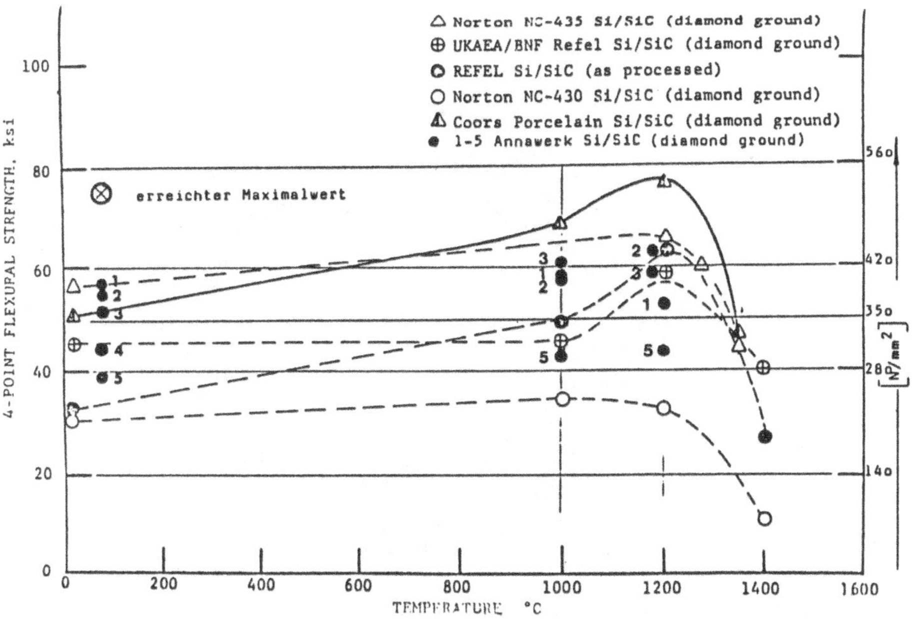

Bild 19: Biegefestigkeit von SiSiC-Qualitäten in Abhängigkeit von der Temperatur im Vergleich zu Wettbewerbsprodukten nach [9]

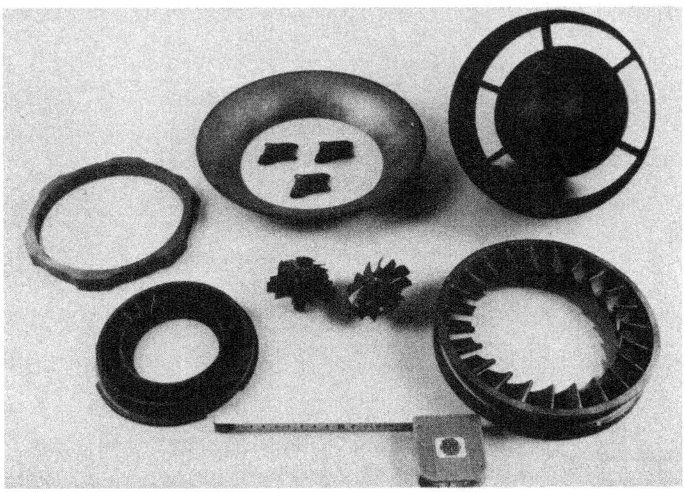

Bild 20: Bauteile aus SiSiC, schlickergegossen und isogeformt

Bild 21: Leitapparat aus SiSiC für MTU

Bild 22: SiSiC-Brennkammern für die AGT 100-Gasturbine (Detroit Diesel Allison)

Bild 23: Testrotoren aus SiSiC

ZUR EIGNUNG VON SiSiC FÜR GT-BAUTEILE

W. Heider und H. Böder

SIGRI ELEKTROGRAPHIT GmbH
8901 Meitingen

1. Einleitung

Im Rahmen des F + E-Programmes "Entwicklung einer keramischen Fahrzeuggasturbine für hohe Prozeßtemperaturen" arbeitete SIGRI ELEKTROGRAPHIT GmbH an der Entwicklung, Herstellung und Ausprüfung von statisch beanspruchten Turbinenbauteilen aus reaktionsgesintertem, mit metallischem Si imprägniertem Siliciumcarbid - "SiSiC".
Das Projekt endete nach 9jähriger Laufzeit im Juni 83; es war unterteilt in 3 Förderstufen mit den in Bild 1 dargestellten Arbeitsschwerpunkten.
Über die Ergebnisse der beiden ersten Programmphasen wurde an gleicher Stelle im 1. und 2. Statusseminar berichtet [1, 2].
Es konnte am Beispiel der erfolgreichen Brennkammertests gezeigt werden, daß mit der Entwicklung dieses Werkstoffs und der dafür benötigten Verfahrenstechnik ein erfolgversprechender Weg eingeschlagen wurde.

In der 3. und letzten Förderphase wurde dieser Weg systematisch weiterverfolgt, vor allem um die Reproduzierung und die Charakterisierung der Werkstoff- und Bauteileigenschaften zu verbessern. Mit den Informationen kann die Eignung des Werkstoffs für Gasturbinen beurteilt werden.

2. Werkstoff- und Verfahrensentwicklung

Über die Herstellung von SiSiC-Formteilen wurde im 1. und 2. Statusseminar berichtet [1, 2]. Die Grenzen und Möglichkeiten der Reaktionssintertechnik sind ausführlich in [3] beschrieben. Wichtige Vorteile des Verfahrens sind z.B. gute HT-Eigenschaften und flexible, rationelle Fertigungstechnik.

Erster Schritt des F + E-Programms war die Entwicklung eines Werkstoffes mit brauchbaren Eigenschaften. Die Arbeiten auf dem Gebiet der Verfahrenstechnik konzentrierten sich auf das keramische Schlickergießen, das bei der Herstellung von komplexen Einzelstücken Vorteile hat.

Später wurde das Spritzgießen als Serienverfahren einbezogen. Die grundlegenden Arbeiten waren am Ende der 2. Programmphase weitgehend abgeschlossen. Ein ungelöstes Problem war die geringe Reproduzierbarkeit der Materialeigenschaften.

Für jeden Serieneinsatz ist eine ausreichende Reproduzierbarkeit für eine hohe Bauteilzuverlässigkeit unbedingt nötig. Dies gilt vor allem für die Werkstoff-Festigkeit. Ursächlich für die bei keramischen Werkstoffen allgemein zu beachtenden starken Festigkeitsschwankungen sind herstellungsbedingte Volumen- und Oberflächenfehler, z.B. Risse, Poren oder Fremdeinschlüsse in Kombination mit der Sprödigkeit des Werkstoffs, so daß bruchauslösende Fehlstellen nicht wie bei Metallen durch plastische Verformung entschärft werden. Die Werkstoffentwicklung kann daher nicht losgelöst von der Herstellungstechnik betrachtet werden: wenig geeignete oder rein zufällig abweichende Verfahrensparameter müssen zwangsläufig zu starken Schwankungen in den Eigenschaften führen. Umgekehrt setzt die Verfahrensoptimierung eine genaue Kenntnis der bruchaktiven Fehlstellen und ihrer Verteilung voraus. Es folgt ein kompliziertes Zusammenwirken von Werkstoff, Herstellungstechnik und Bauteildesign. Ein Gradmesser für die Reproduzierbarkeit ist der Weibull-Modul m. Mit steigender Reproduzierbarkeit nimmt m zu. Bei GT-Komponenten sollte dieser Wert bei einem akzeptablen Festigkeitsniveau nicht unter 15 liegen.

Bild 2 gibt einen Überblick über den seit Förderbeginn erreichten Entwicklungsfortschritt. Die Werkstoffdaten beziehen sich auf eine Werkstoffvariante, die üblicherweise für die Herstellung von GT-Bauteilen verwendet wird. Im Zeitraum 1976 - 81 war der Arbeitsschwerpunkt die Steigerung der Festigkeit. Der Anstieg beim Weibull-Modul war zunächst gering. Nach 1980 arbeiteten wir schwerpunktmäßig an der Einengung der Festigkeitsstreuung. Ein wesentlicher Durchbruch wurde erzielt, dabei verdoppelte sich der m-Wert. Bei 1200 °C wurde der Weibull-Exponent auf m = 20 gesteigert und übertrifft den angestrebten Grenzwert. Dieser Wert gilt für Prüfkörper und einfache Bauteile. Für sehr große oder komplexe Bauteile ist das Herstellungsrisiko weitaus größer, und entsprechend der m-Wert niedriger. Für diese Teile sind spezielle auf die jeweilige Bauteilgeometrie zugeschnittene Lösungen anzuwenden. Nur mit größeren Serien sind solche Lösungen möglich, da eine ständige Rückkoppelung zwischen Bauteilverhalten und Herstellungsbedingungen notwendig ist. Der Anstieg des Weibull-Moduls führt zu einem deutlichen Anstieg der zulässigen Spannungsgrenzen, d.h., die Werkstoff-Festigkeit kann besser ausgenutzt werden.

In einem zweiten Entwicklungsschritt sollte die Werkstoff-Festigkeit gesteigert werden, um den Anwendungsbereich von SiSiC auf höher belastete Komponenten auszudehnen. Entsprechend den allgemeinen Erfahrungen wurde die SiC-Korngröße reduziert und Wirkungen von Kornform und von Kornbindung untersucht. Auch hierbei wurden Fortschritte erreicht. Nach Bild 3 liegt die mittlere Biegefestigkeit mit σ_B = 375 N/mm² über dem Niveau der Standardrezeptur. Bemerkenswert ist der Festigkeitsanstieg bei hohen Prüftemperaturen. Die HT-Festigkeit betrug im Maximum 505 N/mm², im Durchschnitt 456 N/mm². Der Weibull-Modul lag bei knapp 20.

3. Werkstoffcharakterisierung

Die mechanischen und thermischen Eigenschaften von SiSiC sind Gegenstand zahlreicher Veröffentlichungen [4, 5, 6, 7] und können als hinreichend bekannt unterstellt werden. Die Informationen beschränken sich aber auf die einfache Kenngröße Biegefestigkeit (Mittelwertsangabe), welche ermittelt sind nach den im Rahmen dieses Förderprogrammes standardisierten Prüfbedingungen. Für eine ausreichende Beurteilung des Werkstoffs und für die werkstoffgerechte Bauteilauslegung bzw. -Konstruktion reichen diese Daten nicht aus. Nach Bild 4 müssen für die vollständige Festigkeitsbeschreibung außer bruchmechanischen Kenngrößen vor allem die Festigkeit in Abhängigkeit von der Belastungsart, Temperatur, Zeit und Umgebungsmedium statistisch gesichert werden. Da es auf diesem Gebiet noch keine genormten Verfahren gibt, wurden die Parameter in enger Zusammenarbeit mit MPI-Stuttgart, IWM-Freiburg und der Universität Karlsruhe charakterisiert. Im einzelnen wird auf die Beiträge der Institute sowie auf die einschlägige Literatur verwiesen. Die Ergebnisse werden zusammenfassend aus der Sicht des Anwenders diskutiert.

Bruchwiderstand K_{IC}

Der Bruchwiderstand K_{IC} ist ein Maß für die Sprödigkeit und erlaubt eine Aussage über die größte Belastung die der Werkstoff übersteht. Der K_{IC} ist u. a. abhängig von Temperatur, Auslagerungszeit und Belastungsgeschwindigkeit. Für die Messungen wurden gekerbte Biegeproben, SENB-Proben, verwendet und die Maßparameter innerhalb weiter Grenzen variiert. In Bild 5 ist der kritische Spannungsintensitätsfaktor K_{IC} als Funktion der Belastungsgeschwindigkeit und der Umgebungstemperatur aufgetragen. Bild 6 beschreibt den Einfluß von Belastungsgeschwindigkeit und Oxidation. Unter diesen Bedingungen ändert sich der Bruchwiderstand nur wenig. Mit fortschreitender Oxidation des Werkstoffs kleiner Belastungsgeschwindigkeit steigt der K_{IC} von 4 $MN/m^{3/2}$ auf maximal 5 $MN/m^{3/2}$ an. Dieses Ergebnis weicht erheblich von Messungen anderer SiSiC-Sorten ab [8], die unter diesen Bedingungen eine stärkere Parameterabhängigkeit zeigen.

Langsame Rißausbreitung

Der Rißgeschwindigkeitsparameter n ist bestimmend für Materialermüdung, Langzeitfestigkeit und Lebensdauer keramischer Bauteile unter statischer Belastung. Der n-Wert wurde mit der DT-Methode bestimmt. Bei diesem Verfahren wird die Verlängerung eines einzelnen künstlich eingebrachten makroskopischen Risses in Abhängigkeit von der Belastung und Zeit gemessen. In Bild 7 sind die v-K_I-Kurven für die Temperaturen 23 und 1200 °C aufgetragen. Der sich aus der Steigung ergebende Rißgeschwindigkeitsparameter beträgt bei RT mehr als 200. Bei 1200 °C ist n zwar kleiner, ein nennenswerter Einfluß auf die Zeitstandsfestigkeit wurde jedoch nicht beobachtet.

Weiterführende Messungen ergaben, daß der Parameter n zeitabhängig ist, wobei die Abhängigkeit oxidationskontrolliert ist.

Lebensdauerdiagramm

Aus den v-K_I-Daten und der statistischen Festigkeit wurde ein SPT-Diagramm berechnet. Bild 8 beschreibt die Beziehungen zwischen der angelegten Spannung (S), der Ausfallwahrscheinlichkeit (P) und einer vorgegebenen Lebensdauer (T) für RT und 1200 °C. Steigung und Lage der Zeitgeraden sind durch die Exponenten m und n bestimmt. Für GT-Bauteile soll die Ausfallrate nicht mehr als 10^{-1} bis 10^{-2} % betragen. In diesem Fall beträgt die zulässige Biegespannung je nach Beanspruchungsdauer zwischen 120 - 200 N/mm². Diese Spannung gilt selbstverständlich nur für die gleiche Beanspruchungsart und für das der Messung zugrunde gelegte Volumen. Ist das tatsächliche Volumen größer, nimmt die zulässige Festigkeit ab. Im umgekehrten Fall steigt die zulässige Belastung. Ursache ist die statistische Natur der Festigkeit. Ergänzend wurde deshalb für zwei Beanspruchungszeiten und drei Ausfallraten der Volumeneinfluß auf die Festigkeit geschätzt. Dabei wurden aus dem SPT-Diagramm entnommene Festigkeitswerte mit der Gleichung

$$\sigma_2 = \sigma_1 \quad (V_1/V_2)^{1/m}$$

auf andere Volumen umgerechnet (s. Bild 9). Der Grad der Volumenabhängigkeit wird allein durch den Weibull-Modul m, d.h. durch die Zuverlässigkeit des Werkstoffs bestimmt. Da der Weibull-Modul beim untersuchten SiSiC bei hohen Temperaturen deutlich zunimmt, muß in diesem Bereich der Volumeneinfluß abnehmen.

Kriechdehnung

Die Bestimmung der Kriechdehnung bei statischer Belastung war besonders wichtig. SiSiC enthält metallisches Silicium, das sich oberhalb 800 °C plastisch verformt. Die an Kompaktbiegeproben für verschiedene Spannungen gemessene Gesamtdehnung ist in Bild 10 aufgetragen. Bei der höchsten Spannung von 190 N/mm² lag die Gesamtdehnung nach 100 h unterhalb 2,5 ‰ [9]. Die Plastizität des Siliciums wirkt sich praktisch nicht aus. Der Werkstoff ist vielmehr ausgesprochen kriechfest. Auf Grund dieses Ergebnisses kann gefolgert werden, daß die Kriechdehnung von der SiC-Phase kontrolliert wird.

Wechsellastverhalten

Zur Beschreibung der zyklischen Ermüdung wurde an Kompaktbiegeproben ein Lastwechseltest bei den üblichen Temperaturstufen durchgeführt. Gemessen wurde im Zugschwellbereich, wobei einer konstanten Grundlast von 190 bzw. 280 N/mm² verschiedene Oberspannungen mit einer Prüffrequenz von 200 Hz überlagert wurden. Nach Bild 11 zeigt das SiSiC bei RT nahezu keine Ermüdung. Erst bei 1200 °C und sehr hohen Oberspannungen - ab etwa 80 % der mittleren Biegefestigkeit - nimmt die Bruchlastspielzahl ab.

Für die praktische Anwendung ist dies ohne Bedeutung, da ohnehin die zulässige Spannung weit unter diesem Wert liegt.

Die hier beschriebenen Werkstoffkennwerte sind wesentliche Beiträge für die werkstoffmechanische Charakterisierung von SiSiC. Die ausgezeichneten HT-Eigenschaften werden durch Ermüdungseffekte kaum beeinträchtigt, so daß für sehr lange Zeiträume (Jahre) mit der Kurzzeitfestigkeit gerechnet werden kann. Ein kritischer Faktor ist die Zuverlässigkeit des Materials und es ist nötig, den Weibull-Modul über den bereits erreichten Wert hinaus zu verbessern.

4. Bauteilentwicklung und Erprobung

Die Bauteilentwicklung war immer auf die Realisierung statisch beanspruchter Turbinenbauteile ausgerichtet, da aufgrund des Materialverhaltens hier die Erfolgsaussichten besser erschienen.

Erste Versuche waren einfache zylindrische Flammrohre als Vorstufe für die heute verwendeten wesentlich größeren und schwierigeren Brennkammern. Mit den einfachen Bauteilen konnten erste Kenntnisse und Erfahrungen für eine fehlerfreie Formgebung und Silicierung gesammelt werden. Bild 12 zeigt ein solches Flammrohr zusammen mit zwei fortschrittlichen Brennkammerversionen verschiedener Hersteller. Bei der konischen Brennkammer wurde eine Langzeiterprobung durchgeführt. Unter den in Bild 13 genannten Bedingungen überstand das Bauteil insgesamt 1400 Zyklen ohne Schaden.

Wesentlich komplizierter und damit weitaus schwieriger zu beherrschen ist die in Bild 14 dargestellte Turbineneinlaufspirale. Form und Größe des Bauteils stellen große Anforderungen an den Herstellungsprozeß. Zur Erleichterung der Herstellung wurde die Spirale für die Formgebung in zwei Hälften geteilt, die unmittelbar vor der Silicierung verkittet wurden. Die Herstellungsschritte sind im 2. Statusseminar detailiert beschrieben [2].

Die Auslieferung und Erprobung der Prototypen erfolgte in der 3. Programmstufe und die Bauteilqualität wurde gleichzeitig von Hersteller und Besteller untersucht. Das Bauteil mit einem größten Durchmesser von $>$ 300 mm hatte eine Rohdichte von 3,08 g/cm^3. Der Anteil an freiem Silicium lag bei 12 %. Die Bestimmung der durch Oxidation hervorgerufenen Gewichtszunahme (Thermogravimetrie) ergab Werte innerhalb der Meßgenauigkeit. Die Biegefestigkeit im Anlieferungszustand und bei 1000, 1250 und 1350 °C oxidierten Proben betrug maximal 341 N/mm^2, im Durchschnitt 320 N/mm^2. Die Oxidation hatte nur geringen Einfluß [10].

Die thermische Erprobung erfolgte in einem speziellen Prüfstand unter den in Bild 15 angegebenen Bedingungen. In einem Vorver-

such wurde die Testspirale innerhalb 60 Minuten von RT auf 910 °C aufgeheizt und nach längerem Halten wieder auf RT abgekühlt. Außen- und Innenwandtemperatur waren identisch. Die Spirale wurde nach dem Test kontrolliert und zeigte keine sichtbaren Schäden. In einem weiteren Versuch wurden die Bedingungen verschärft, d.h., die Innenwandtemperatur wurde um 300 K gegen die Außentemperatur erhöht. Die Sichtprüfung nach dem Test zeigte mehrere Umfangs- und Radialrisse. Neben Materialfehlern, z.B. Lunker und Si-Einschlüsse, waren lokale Temperaturspitzen für das Bauteilversagen verantwortlich. Als Konsequenz wurde die nächste Testspirale an einigen kritischen Stellen dünner, um eine gleichmäßige Temperaturverteilung zu erreichen. Die thermische Erprobung ergab auch bei dieser Spirale Risse, welche über das ganze Bauteil verteilt waren. Materialfehler in Verbindung mit Eigenspannungen und formabhängigen thermischen Spannungen waren auch in diesem Fall die Versagensursache. Die Kittstelle hat sich dagegen bewährt. Ein endgültiges Urteil über die Brauchbarkeit des Werkstoffs für die Einlaufspirale ist noch nicht möglich. Aus heutiger Sicht ist es notwendig, die Bauteilgeometrie soweit zu ändern, daß unzulässige Spannungsspitzen nicht mehr auftreten können. Herstellerseitig müssen vor allem die Formgebungs- und Silicierungsbedingungen noch besser an die geometrischen Verhältnisse der Einlaufspirale angepaßt werden, damit gefährliche rißauslösende Fehlstellen ausgeschlossen werden können. Versuche in dieser Richtung waren aus Zeitgründen nicht mehr möglich.
Andere Turbinenbauteile wurden durch Schlickergießen geformt.

Bild 16 zeigt Innendiffusoren, welche den Heißgasströmungskanal zwischen Arbeits- und Verdichterturbine begrenzen. Das Bauteil ist einseitig geschlossen und an mehreren Stellen an der Innenwand verstärkt. Probleme entstanden beim Entformen der Rohlinge aus der Gießform.

Bild 17 zeigt SiSiC-Turbinenringe im silicierten aber vollkommen unbearbeiteten Zustand. Beim Silicieren verhält sich dieses Bauteil wie ein dickwandiger Formkörper, so daß eine besondere Brennkurve zur Vermeidung von Rissen und Eigenspannungen entwickelt werden mußte.

Ein Ziel der 3. Förderphase war die Entwicklung des Spritzgiessens als Serienverfahren. Hergestellt wurde eine Turbinenstellschaufel. Das statisch belastete Bauteil hat eine Gesamthöhe von 60 mm, einen größten Durchmesser von 12,5 mm und einen dünnsten Querschnitt von 1,2 mm. Die Entwicklungsarbeiten konzentrierten sich auf die Werkzeuggestaltung und die exakte Einstellung der Maschinenparameter mit dem Ziel einer fehlerfreien Formgebung und Minimierung des Werkzeug- und Maschinenverschleisses. Bei der verzugsfreien Entfernung des Binders und bei der Silicierung konnten vorhandene Kenntnisse und Erfahrungen genutzt werden, so daß schon nach relativ kurzer Zeit Stellschaufeln in größerer Zahl in guter Qualität hergestellt werden konnten. Bild 18 zeigt eine Schaufelserie, die dem Anwender übergeben wurde. Der geplante Einsatztest konnte jedoch nicht mehr durchgeführt werden, so daß heute noch keine Aussagen über das Betriebsverhalten möglich sind.

Mit der erfolgreichen Anwendung der Spritzgießtechnik auf Bauteile wurde ein wichtiges Ziel erreicht.

5. Schlußbetrachtung

Zum Abschluß des Fördervorhabens sind einige Anmerkungen über die neunjährige Entwicklungsphase nötig.

Die Entwicklung von keramischen Bauelementen für HT-Gasturbinen war kein leichtes Ziel und schloß einen langwierigen und schwierigen Iterationsprozeß zwischen Werkstoff - Herstellungstechnik - Bauteilkonstruktion - Bauteilentwicklung und Bauteilprüfung ein. Innerhalb des umfangreichen Programmes beschränkten sich unsere Arbeiten auf reaktionsgesintertes Si-haltiges SiSiC, mit dem Ziel statische Turbinenkomponenten herzustellen.

Die Arbeiten waren zunächst auf die Entwicklung einer SiSiC-Variante mit brauchbaren Eigenschaften und einer geeigneten Herstellungstechnik gerichtet. Der heute verfügbare SiSiC-Werkstoff ist umfassend charakterisiert und besitzt ausgezeichnete HT-Eigenschaften. Es gibt praktisch keine statische, dynamische oder zyklische Ermüdung. Auch das thermische Verhalten erfüllt die gestellten Forderungen. Schwieriger war das Problem der Reproduzierbarkeit. Im letzten Förderabschnitt konnte aber auch auf diesem Gebiet eine wesentliche Verbesserung erzielt werden. Der angestrebte Weibull-Modul von m = 15 wird zumindest von einfachen Bauteilen erfüllt.

Die Reaktionssintertechnik macht verschiedene Formgebungsverfahren möglich und damit die optimale Anpassung der Herstellungsbedingungen an unterschiedliche Stückzahlen und Bauteilgeometrien. Die bei der Verfahrensentwicklung angestrebten Ziele sind im wesentlichen erreicht.

An der Entwicklung von Turbinenbauteilen wurde intensiv seit der 2. Förderstufe gearbeitet. Kernstück der Komponentenentwicklung war die Herstellung der Turbineneinlaufspirale, ein statisches Bauteil mit hohem Schwierigkeitsgrad. Die Herstellung der Spirale ist ein gutes Beispiel für den heute erreichten technischen Stand. Die Brennkammer ist aufgrund der Tests unter Praxisbedingungen am weitesten fortgeschritten. Langzeittests bei stationären Betriebsbedingungen waren erfolgreich.
Mit der fehlerfreien Herstellung von komplizierten Turbinenstellschaufeln durch Spritzgießen wurden wichtige Voraussetzungen für eine wirtschaftliche Großserienfertigung dieser Teile geschaffen.

Insgesamt konnte das Gesamtziel nicht ganz erreicht werden, aber die Ergebnisse zeigen, daß SiSiC sich für den Einsatz in GT grundsätzlich eignet. Ob und in welchem Umfang keramische GT tatsächlich den Platz konventioneller Antriebssysteme einnehmen werden, wird u.a. davon abhängen, inwieweit die vorliegenden Kenntnisse und Erfahrungen jetzt ohne staatliche Hilfe weiter ausgebaut und auf eine wirtschaftliche Serientechnologie übertragen werden können.

6. Schrifttum

[1]	Bunk, W. Böhmer, M.	Keramische Komponenten für Fahrzeug-Gasturbinen Springer-Verlag, 1978
[2]	Bunk, W. Böhmer, M.	Keramische Komponenten für Fahrzeug-Gasturbinen II Springer-Verlag 1981
[3]	Willmann, G. Heider, W.	Herstellung von Komponenten aus Siliciumcarbid für das Sonnenturmkraftwerk GAST Sprechsaal 114 (1981), 758
[4]	Popp, G. Heider, W.	Der C-Ringtest, ein Prüfverfahren für keramische Rohre aus SiSiC Zeitschr. f. Qualität und Zuverlässigkeit 28 (1983), 289
[5]	Kleer, G. Richter, H. u.a.	Bruchmechanische Charakterisierung des Ermüdungsverhaltens von SiSiC. Vortrag Deutsch-Franz. Kolloquium Keramische Sonderwerkstoffe, Lyon 15.-17.3.83
[6]	Willmann, G. Heider, W.	Siliciumcarbid (SiSiC) ein neuer Werkstoff für den Apparatebau Z.Werkstofftechn. 14 (1983), 135
[7]	Böder, H. Heider, W.	Engineering data for silicon infiltrated siliconcarbid gasturbine components Vortrag in Hakone (Japan) 17.-19.10.1983
[8]	Pabst, R.F. Popp, G. u.a.	Aspekte der Hochtemperaturfestigkeit keramischer Werkstoffe In VDI-Sonderband "Sprödwerkstoffe" 1981
[9]	Cohrt, H. Grathwohl, G. Thümmler, F.	Creep of reaction-bonded siliconized Silicon-Carbide Vortrag: 6th Int. Symp. of Ceramics, Bologna 26.-28.09.1983

[10] Heinze
Mörgenthaler
Stute
Wiest
Entwicklung von Gasturbinenbauteilen aus Siliciumnitrid und Siliciumcarbid
2. Zwischenbericht zum BMFT-FE Nr. NTS 1021

Phase 1 1975/78	⟹	Phase 2 1979/80	⟹	Phase 3 1981/83
Material - und Verfahrensgrundlagen		Material - und Verfahrensweiterentwicklung		Material - und Verfahrensoptimierung
Werkstoffuntersuchung		Werkstoffuntersuchung		Werkstoffcharakterisierung
Einfache Bauteile		Komplexe Bauteile		Prototypbauteile

Bild 1: Keramische Fahrzeuggasturbine
Zielsetzungen und Arbeitsschwerpunkte

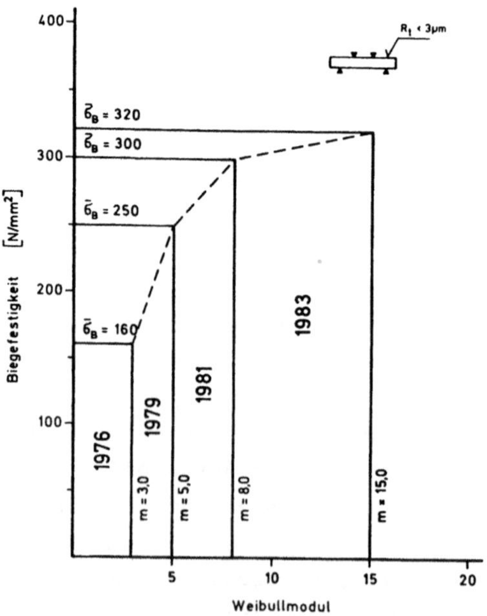

Bild 2: Entwicklungsfortschritt bei Biegefestigkeit und Weibull-Modul von SiSiC

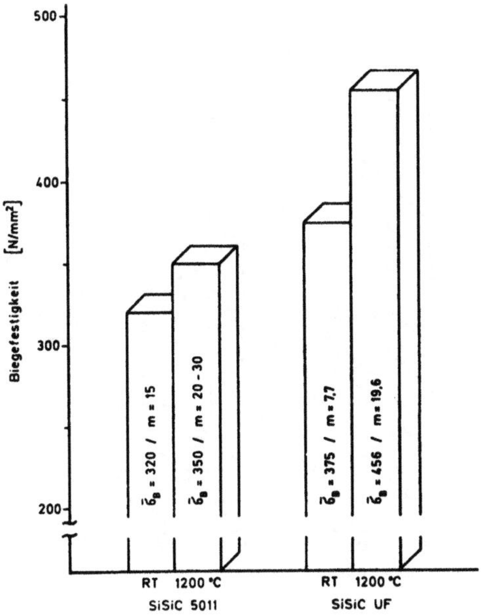

Bild 3: Festigkeitsdaten für SiSiC-Typen mit unterschiedlichem Gefügeaufbau

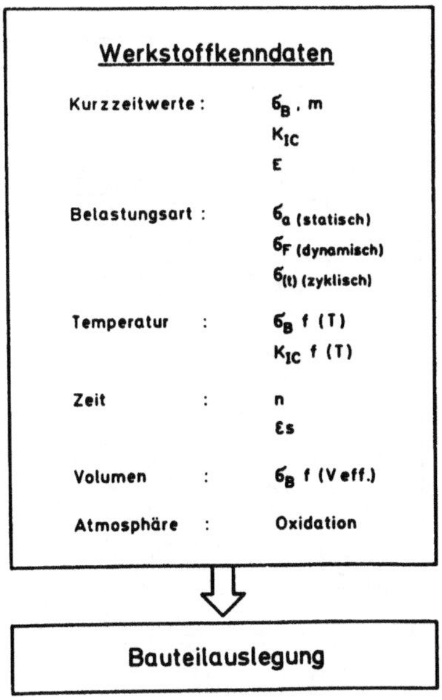

Bild 4: Werkstoffkenndaten für die Bauteilauslegung

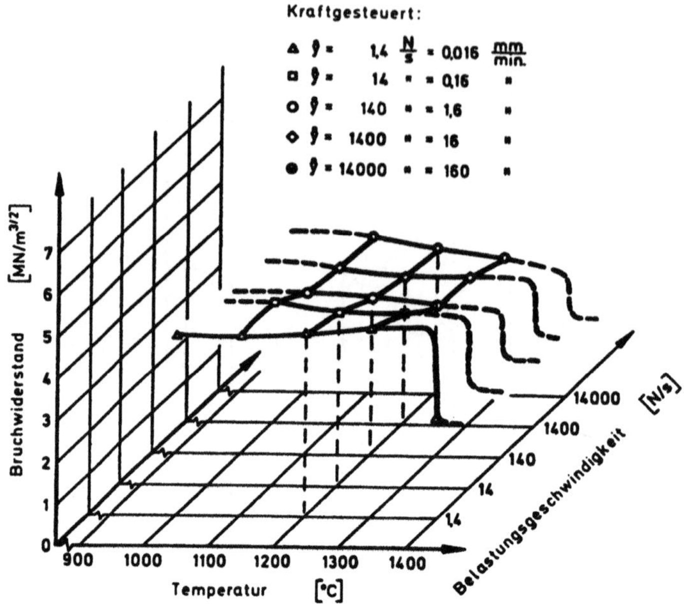

<u>Bild 5</u>: K_{IC} als Funktion der Temperatur und Belastungsgeschwindigkeit

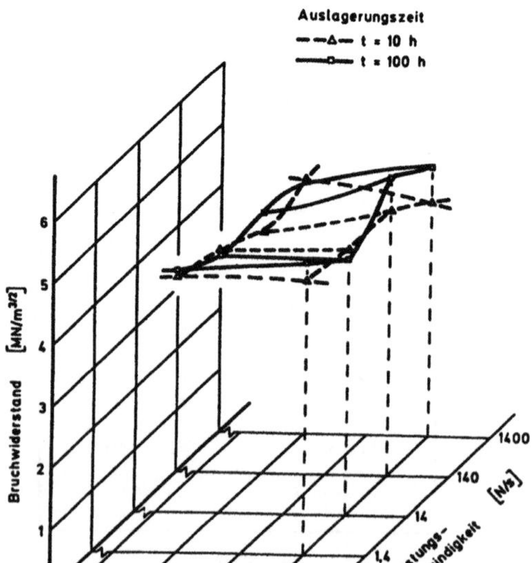

<u>Bild 6</u>: K_{IC} als Funktion der Auslagerungszeit und -Temperatur

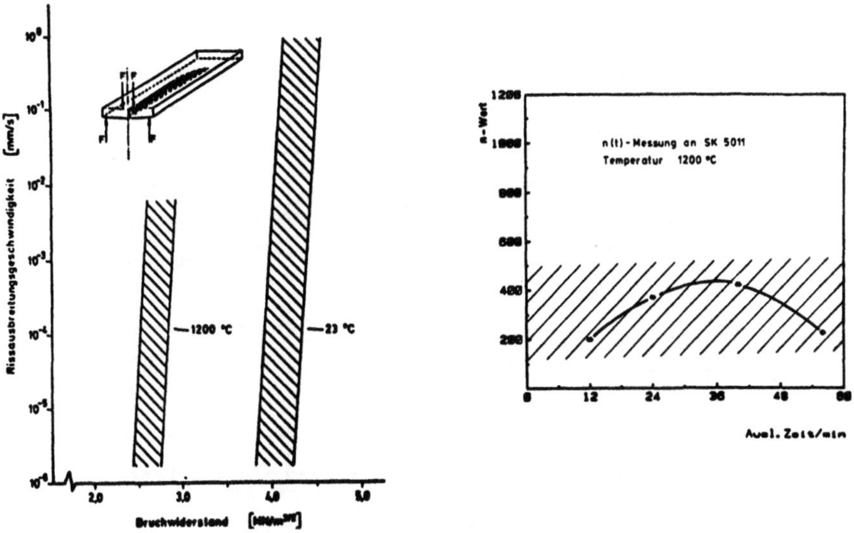

Bild 7: V - K_I - Kurve bei RT und 1200 °C
n-Wert in Abhängigkeit von der Auslagerungszeit

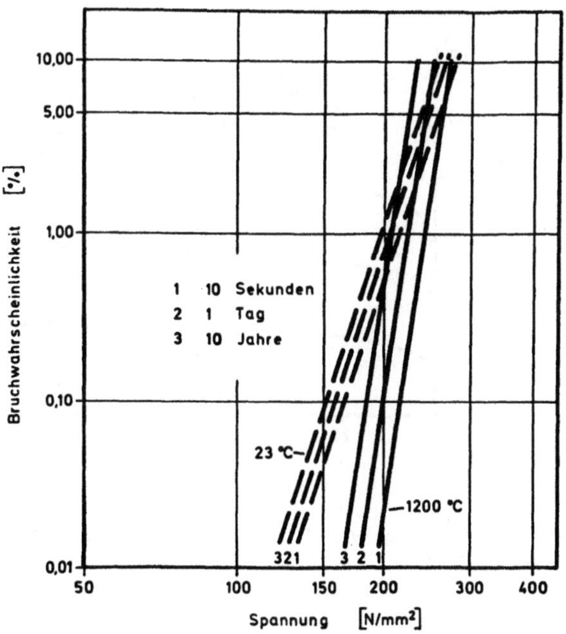

Bild 8: Lebensdauerdiagramm bei RT und 1200 °C

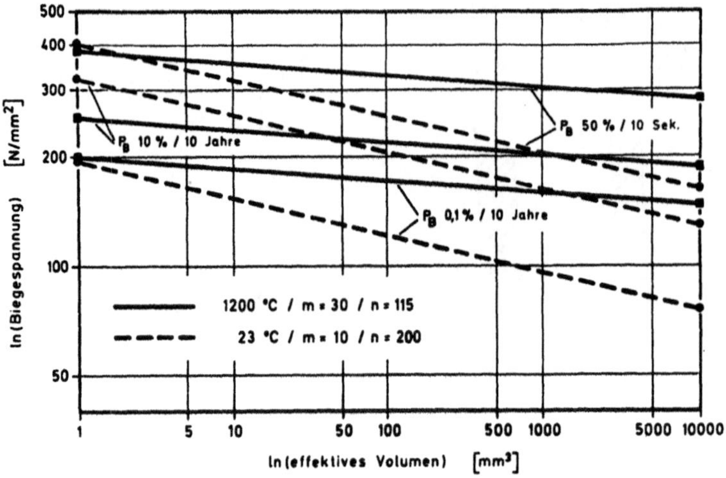

Bild 9: Biegefestigkeit in Abhängigkeit vom beanspruchten Volumen

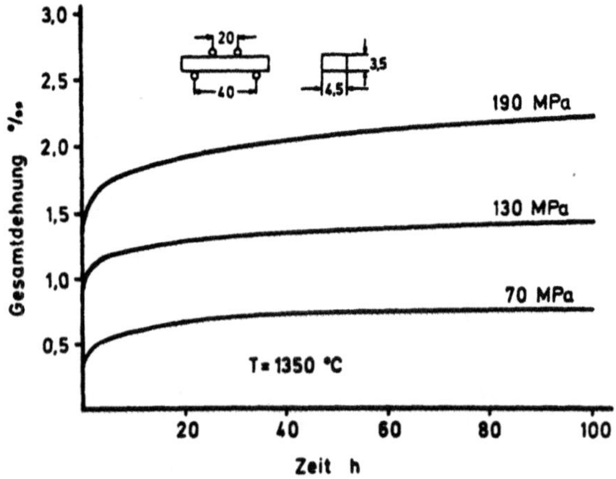

Bild 10: Kriechdehnung bei 1350 °C in Abhängigkeit verschiedener Lastzustände

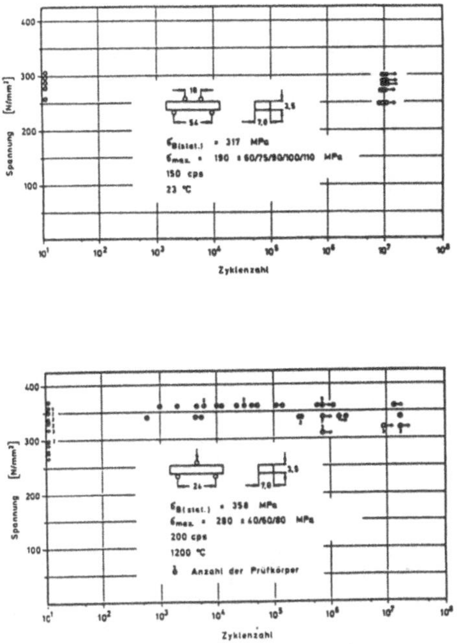

Bild 11: Wechsellastverhalten von SiSiC bei RT und 1200 °C

Bild 12: Schlickergegossene Brennkammern aus SiSiC unterschiedlicher Bauart

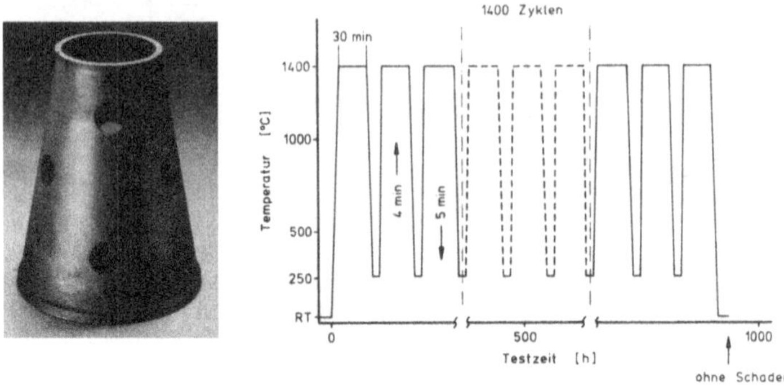

Bild 13: Thermische Erprobung einer Brennkammer

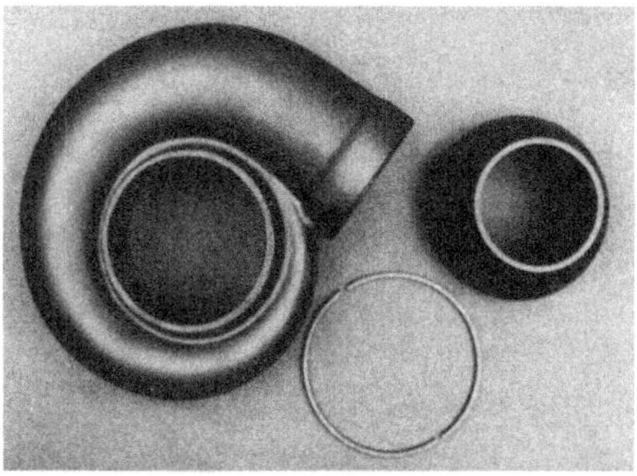

Bild 14: Turbineneinlaufspirale aus SiSiC

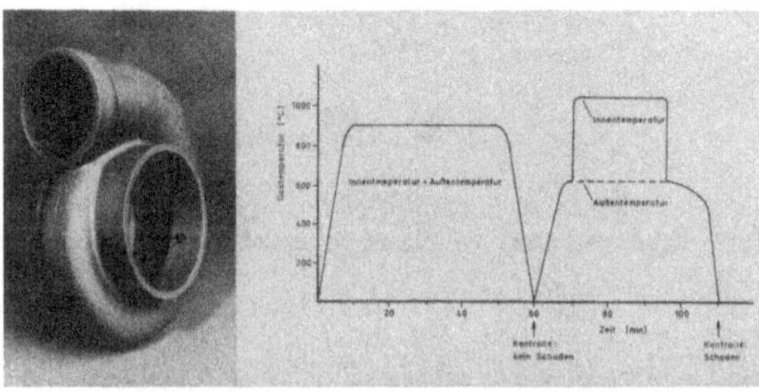

Bild 15: Thermische Erprobung einer Turbineneinlaufspirale

Bild 16: Diffusoren aus SiSiC

Bild 17: Schlickergegossene Turbinenaußenringe aus SiSiC

Bild 18: Spritzgegossene Turbinenstellschaufeln aus SiSiC

Heißisostatisches Verdichten von Siliciumcarbid

K. Hunold, W. Grellner

Elektroschmelzwerk Kempten GmbH, München

Übersicht:

Durch das heißisostatische Verdichten von reinen SiC-Pulvern (HIPSiC) in Kieselglashüllen ließen sich 100 % dichte Teile mit einem homogenen, feinkörnigen Gefüge herstellen. Die Raumtemperaturfestigkeit konnte auf Werte von über 600 MN/m² bei einem Weibull-Modul von größer 10 gesteigert werden. Durch den Verzicht auf Sinterhilfsmittel konnte die Wärmeleitfähigkeit des SiC-Teiles erhöht werden, wodurch das HIPSiC in Verbindung mit der hohen Festigkeit ein gutes Thermoschockverhalten zeigt. Der Einfluß von Sinterhilfsmitteln und Verunreinigungen auf das Gefüge des HIPSiC's wird ebenso aufgezeigt, wie die Möglichkeit reine SiC/Si_3N_4-Mischkörper durch Heißisostatpressen herzustellen. Bei einer Diffusionsverbindung durch HIP muß die Verbindungsfläche keine Schwachstelle bilden. Durch eine arteigene Bindung, d.h. ohne die Verwendung einer speziellen Zwischenschicht, konnten Teile aus drucklos gesintertem SiC (SSiC) und heißgepreßtem SiC (HPSiC) durch Heißisostatpressen in Kieselglashüllen miteinander verbunden werden. Die Biegebruchfestigkeit der Verbindungsstelle war mit der Matrix vergleichbar.

1. Einleitung

Das heißisostatische Verdichten von SiC-Teilen, welches bei Temperaturen um 2000 °C stattfindet, stellt nicht nur an die HIP-Anlage hohe Anforderungen, sondern erfordert auch spezielle Hüllverfahren. Die Abstützung einer Kieselglashülle bei diesen Temperaturen wurde bereits beschrieben [1]. Durch Optimierung der Pulverqualität und Variation der HIP-Parameter soll ein dichtes HIPSiC ohne die Verwendung von Sinterhilfsmitteln hergestellt werden, wobei das Hauptaugenmerk auf den bruchmechanischen Daten liegt.

Das heißisostatische Pressen in Kieselglashüllen bietet sich auch zur Herstellung von Mischkörpern aus SiC und Si_3N_4 ohne die Verwendung von Sinterhilfsmitteln an, wobei die gesamte Mischungsbreite abgedeckt werden kann.

Eine Verbindung von SiC-Teilen miteinander ist für den Rotor zur Verbindung von Schaufeln und Nabe interessant. Die hochbeanspruchte Verbindungsstelle soll auch bei hohen Temperaturen ähnliche Festigkeiten aufweisen wie das Matrixmaterial. Hierzu eignet sich besonders eine arteigene Diffusionsverbindung.

2. Hipen von SiC-Teilen ohne Sinterhilfsmittel

Nachdem es durch ein spezielles Hüllverfahren [1] gelungen war, auch größere, kalt vorverdichtete SiC-Teile heißisostatisch zu verdichten, wurden durch Variation der HIP-Parameter die Eigenschaften des gehipten Körpers optimiert.

Bereits die ersten Versuche brachten HIPSiC-Körper mit hoher Dichte (ρ = 3,17 g/cm³) und einem feinkörnigen Gefüge. Das Gefüge ist in Bild 1 dargestellt. Die 4-Punkt-Biegebruchfestigkeit wurde bei dieser Probe mit 398 MN/m² bestimmt, was weit unter den Werten von HPSiC liegt. Durch die Variation der Pulverparameter (Reinheit, Kornverteilung) und der HIP-Parameter (Temperatur, Druck, Haltezeit) konnte im Förderzeitraum die Raumtemperatur-Biegebruchfestigkeit auf über 600 MN/m² gesteigert werden (Bild 2).

Die Analyse der drei SiC-Ausgangspulver, die bei den HIP-Versuchen eingesetzt wurden, ist in Tabelle 1 aufgeführt.

Trotz deutlicher Unterschiede im SiC-, C_{frei}-, O_2- und Fe-Gehalt zeigten alle gehipten Proben das gleiche homogene, feinkörnige Gefüge, wie in Bild 1 dargestellt, mit maximalen Korngrößen um 1,5 µm. Die Dichten lagen im Bereich von 3,21 - 3,22 g/cm³, also bei 100 % der theoretischen Dichte. Bei gleichen HIP-Parametern (2000 °C, 1900 bar, 2 h Haltezeit) wurden für alle drei Qualitäten auch Raumtemperatur-Biegefestigkeiten der gleichen Größenordnung erreicht (Tabelle 2).

Die Biegebruchfestigkeiten, die zum Ende des Förderzeitraumes erreicht wurden, sind vergleichbar mit guten HPSiC-Qualitäten. Der Festigkeitsabfall bei hohen Temperaturen konnte etwas verringert werden, er beträgt jedoch immer noch 12,5 % - 17,5 %. Die Proben brachen vorwiegend transkristallin (Bild 3).

Eine große Gefahr stellen beim Heißisostatpressen von hochreinem SiC die sekundären Verunreinigungen dar, die zu entscheidenden Fehlern im Gefüge und somit zu einer Festigkeitsminderung führen können. Ein Beispiel ist in Bild 4 gezeigt. Hier wurde in einem Aufbereitungsschritt eine borhaltige Verunreinigung in das Pulver eingeschleppt, die nicht feinverteilt vorlag, sondern an einigen Stellen angereichert war. Diese Anreicherung an dem potentiellen Sinterhilfsmittel Bor führte zu einem starken Kornwachstum in dem sonst homogenen, feinkörnigen Gefüge. Die partielle Verunreinigung war in der Pulveranalyse nicht durch höhere Borwerte zu erkennen. Der negative Einfluß dieser Gefügeinhomogenität zeigte sich in der starken Streuung der Raumtemperatur-Biegebruchfestigkeitswerte. Bei einer mittleren Festigkeit von 385 MN/m² streuten die Meßdaten zwischen 90 MN/m² und 627 MN/m², so daß ein Weibull-Modul von nur 2,6 errechnet wurde.

3. Hipen von SiC-Teilen mit Sinterhilfsmitteln

Neben einer Dotierung mit den typischen Sinterhilfsmitteln B und Al wurden auch Zusätze von SiO_2, Si und C bei der heißisostatischen Verdichtung von SiC untersucht [2]. Für erste Versuche wurde ein Pulver ähnlich Sorte A (Tabelle 1) eingesetzt. Durch das heißisostatische Verdichten in Kieselglashüllen konnten alle mit diesen Zusätzen dotierten Proben auf nahezu theoretische Dichte gebracht werden. Im weiteren wird näher auf den Einfluß von Al auf das Gefüge und die Festigkeit eingegangen.

Mit einem SiC-Pulver (Sorte B aus Tabelle 1) wurden HIP-Proben mit Al-Dotierungen zwischen 0,1 und 0,5 Gew.-% hergestellt und das Gefüge und die Festigkeit im Vergleich zum undotierten HIPSiC untersucht. Die Bilder 5a und b zeigen, daß bei reinem HIPSiC ein feinkörniges Gefüge vorliegt, jedoch bereits bei einer Zugabe von 0,3 Gew.-% Al ein stärkeres partielles Kornwachstum eintritt. Bei höheren Al-Gehalten diffundiert das Al während des heißisostatischen Pressens aus dem SiC in die Pulverschüttung zwischen dem SiC-Körper und dem Kieselglas, so daß sich im gehipten Teil ein Gehalt von 0,25 - 0,29 Gew.-% Al für Ausgangsdotierungen von 0,3 - 0,5 Gew.-% Al einstellt.

Die 4-Punkt-Biegebruchfestigkeit der Al-dotierten Proben liegt in allen Fällen oberhalb der Festigkeit des undotierten Materials mit einem Maximum bei 0,2 Gew.-% Al von 653 MN/m^2. Bei 1370 °C liegt die Festigkeit von undotiertem und Al-dotiertem Material allerdings in der gleichen Größenordnung, d. h. das dotierte Material fällt stärker ab.

4. Hipen von SiC/Si_3N_4-Gemischen

Durch die Herstellung von Körpern aus einer Mischung der beiden Hochtemperaturwerkstoffe SiC und Si_3N_4 sollte es möglich sein, Eigenschaften gezielt einzustellen, um so einen dem jeweiligen Einsatzzweck angepaßten Werkstoff zu erhalten. SiC bringt hierbei als Vorteil z. B. die bessere Wärmeleitfähigkeit und Oxidationsbeständigkeit ein, während Si_3N_4 bessere elastische Werte und in der Regel höhere Festigkeiten aufweist.

Beim Heißpressen ist die obere Temperatur durch die Zersetzung von Si_3N_4 begrenzt. Diese Temperatur reicht jedoch bei hohen SiC-Anteilen auch bei der Verwendung von Sinterhilfsmitteln nicht mehr aus. Hier liegt die Chance des Heißisostatpressens.

In Vorversuchen konnte nachgewiesen werden, daß bei der heißisostatischen Verdichtung von Si_3N_4 in gasdichten Hüllen auch oberhalb 1900 °C keine merkliche Zersetzung eintrat und Si_3N_4 sich ohne Zusätze auf theoretische Dichte verdichten ließ. Da sich bei diesen Temperaturen auch bereits SiC heißisostatisch hoch verdichten läßt, müßte es somit möglich sein, jede Mischung von Si_3N_4 und SiC zu verdichten. Bei den verwendeten Pulvern handelte es sich beim Si_3N_4 um die Qualität LC 10 der Fa. H.C. Starck und beim SiC um eine ESK-Qualität.

Die Ausgangspulver wurden ohne die Verwendung eines Sinterhilfsmittels 20 Minuten im Attritor gemischt, kaltisostatisch zu Zylindern von 40 mm Durchmesser und 70 mm Länge verpreßt und bei 1980°C heißisostatisch verdichtet. Alle Proben erreichten nahezu 100 % Dichte. Die Biegefestigkeiten sind über der Zusammensetzung in Bild 6 dargestellt.

Der Weibull-Modul der Raumtemperaturfestigkeit zeigt keine Abhängigkeit von der Zusammensetzung und schwankt zwischen m = 5 und m = 10. Die Festigkeit fällt mit zunehmendem Si_3N_4-Gehalt ab. SiC scheint also die festigkeitsbestimmende Komponente zu sein. Dieses wird klarer, wenn man sich das Gefüge (Bild 7) anschaut. Unabhängig von der Zusammensetzung liegt in allen Fällen ein relativ feinkörniges Gefüge vor. Si_3N_4 erreicht jedoch seine höchsten Festigkeiten, wenn die Umwandlung von der α- in die ß-Form mit einem stäbchenförmigen Kornwachstum einhergeht. Obwohl eine vollständige Umwandlung zu ß-Si_3N_4 stattgefunden hat, ist ein stäbchenförmiges Kornwachstum in sehr geringem Maße nur bei hohen Si_3N_4-Gehalten zu beobachten.

Die beschriebenen Ergebnisse stammen aus ersten orientierenden Versuchen, die nur den Schluß zulassen, daß sich SiC/ Si_3N_4-Gemische ohne die Verwendung von Sinterhilfsmitteln durch Heißisostatpressen hoch verdichten lassen.

5. Vergleich von HIPSiC zu Standard-SiC

Wie bereits unter Punkt 2 beschrieben, ist die Entwicklung von heißisostatisch gepreßten sonderkeramischen Materialien im wesentlichen auf dem Ziel begründet, möglichst reine, homogene und isotrope kompakte Werkstoffe wirtschaftlich und reproduzierbar herzustellen. Am Beispiel von Siliciumcarbid sollen einige für die technische Nutzung von Keramik wichtige Merkmale erläutert werden. Der Vergleich zu Standard-SiC-Typen soll die Auswirkung unterschiedlicher Herstellungsbedingungen aufzeigen.

Aus geeignet präparierten SiC-Pulvern lassen sich nach dem neuesten Stand der HIP-Technologie praktisch porenfreie Körper herstellen, ohne daß auf sinterfördernde Zusätze zurückgegriffen werden muß. Daraus resultieren Probekörper und Bauteile hoher Reinheit, die fast ausschließlich aus SiC bestehen. Tabelle 3 zeigt den Vergleich der wesentlichen Bestandteile für verschiedene SiC-Typen.

Eine notwendige Eigenschaft, die den Einsatz von Konstruktionswerkstoffen ermöglicht, ist eine vom Anwendungszweck unabhängige Mindestfestigkeit. Die allgemein übliche Darstellung der Entwicklung keramischer Materialien durch die Angabe von mittlerer Festigkeit ist in Bild 2 unter Punkt 2 für HIPSiC des ESK zu ersehen.

Ein Vergleich der Festigkeit von HIPSiC mit der von HPSiC und SSiC [3], [4], [5] zeigt Bild 8. HIPSiC kommt in der Raumtemperatur- und Hochtemperaturfestigkeit nahe an die besten HPSiC-Qualitäten heran und liegt deutlich über den Werten für SSiC.

Als eines der wichtigsten Merkmale von Konstruktionswerkstoffen und eine wesentliche Größe hinsichtlich der Thermoschockbeständigkeit nimmt die Wärmeleitfähigkeit (WLF) eine zentrale Rolle im Eigenschaftsprofil von HIPSiC ein. Für die verschiedenen Standard-SiC-Typen beträgt die WLF bei Raumtemperatur zwischen ca. 70 - 100 W/mK [6] bei SSiC und ca. 200 W/mK bei SiSiC [5]. Standard-HPSiC besitzt eine Wärmeleitfähigkeit um ca. 100 W/mK, neuere Entwicklungen erreichen Werte bis 140 W/mK [7]. Eine weitere Steigerung der Wärmeleitfähigkeit ist mit Hilfe der HIP-Technologie möglich. Bild 9 zeigt im Vergleich für die verschiedenen Materialien die Wärmeleitfähigkeit in Abhängigkeit von der Temperatur. Generell kann gesagt werden, daß das Wärmeleitvermögen der SiC-Typen von der Dichte, der chemischen Zusammensetzung und der Korngröße abhängt. Durch die Optimierung der Parameter werden für HIPSiC bei Raumtemperatur 210 W/mK und bei 800 °C 55 W/mK erreicht. Damit ist HIPSiC hinsichtlich dieser thermischen Eigenschaften direkt vergleichbar mit den besten SiSiC-Qualitäten.

Die Raumtemperaturwerte der Festigkeit und der Wärmeleitfähigkeit der verschiedenen SiC-Qualitäten sind in Bild 10 aufgetragen. Das HIPSiC weist gleichzeitig eine hohe Festigkeit und eine hohe Wärmeleitfähigkeit auf. Diese beiden Werte bestimmen auch vornehmlich das Thermoschockverhalten, welches bei HIPSiC demnach sehr gut ist. Es folgen in der Reihenfolge die Qualitäten SiSiC, HPSiC und SSiC. Diese Reihenfolge gilt auch bei hohen Temperaturen. HIPSiC zeichnet sich also besonders als Konstruktionswerkstoff für den Hochtemperatureinsatz aus.

6. Diffusionsverbindung von SiC-Teilen durch heißisostatisches Pressen

Das Fügen von SiC- bzw. Si_3N_4-Teilen untereinander ist gerade für die Anwendung von keramischen Bauteilen in der Fahrzeug-Gasturbine ein Problem, welches bereits auf mancherlei Weise angegangen wurde. Ein Beispiel hierfür ist das "duo-density-Konzept" zur Herstellung eines Rotors für die Axialgasturbine, wobei die HPSN-Nabe mit den RBSN-Schaufeln verbunden wird. So sind Versuche beschrieben, Verbindungen unter Verwendung eines keramischen Zementes oder metallischer Zwischenschichten herzustellen, sowie über eine Diffusionsverbindung Schaufeln und Nabe zu verbinden [8], [9], [10], [11], [12]. Diese Verbindungen müssen den mechanischen, thermischen und korrosiven Beanspruchungen, die im Einsatz an sie gestellt werden, gewachsen sein. Gerade bei den hochbelasteten Rotoren wurden die besten Ergebnisse mit monolithischen, heißgepreßten Bauteilen erzielt, wobei jedoch der Schaufelkranz z. B. mit Ultraschall herausgearbeitet werden mußte. Dieser Aufwand ist vom wirtschaftlichen Standpunkt sicherlich nicht zu vertreten. Andererseits bestehen noch Schwierigkeiten bei Rotoren mit lose eingesetzten bzw. über eine Zwischenschicht eingebundenen Schaufeln, da beim Einsatz in der Regel ein Bruch am Schaufelfuß eintritt.

Es ist zu erwarten, daß eine Diffusionsverbindung zwischen Schaufel und Nabe ohne die Verwendung einer Zwischenschicht nach dem monolithischen Rotor die beste Lösung ist. Als Verfahren bietet sich hierzu das Heißisostatpressen an, dessen erste Anwendung eine Diffusionsverbindung zwischen UO_2 und einer Zircaloy-Legierung war [13].

Nach ersten Vorversuchen, wurden verschiedene dichte SiC-Qualitäten zum Diffusionsverbinden durch HIP vorbereitet. Hierzu wurden zylinderförmige Proben aus SSiC, HPSiC und HIPSiC getrennt und durch HIP in Kieselglashüllen wieder gefügt (Bild 11). Die Trennstellen wurden auf verschiedene Weise vorbehandelt:

a) gesägte Trennflächen
b) polierte Trennflächen
c) gesägte Trennflächen mit einer Zwischenschicht aus SiC-Pulver.

Verbunden wurde jeweils gleiches Material.

1. HPSiC mit Al-Dotierung
2. SSiC mit Al-Dotierung
3. HIPSiC ohne Dotierung

Bei allen Proben kam nach dem Heißisostatpressen eine Verbindung zustande, deren Qualität durch Anschleifen der Zylinder geprüft wurde. Bild 11 zeigt von links nach rechts:

1. durch Sägeschnitt getrennten Zylinder
2. durch Diffusionsverbindung verschweißten Zylinder
3. angeschliffenen, verschweißten Zylinder

Bei der groben Beurteilung der Verbindungsstellen ergaben sich für die HPSiC- und die SSiC-Verbindung gleiche Ergebnisse. Am Beispiel HPSiC zeigt sich, daß die polierten Trennflächen und die Trennflächen mit einer Pulverzwischenschicht vollständig verbunden waren, während man die gesägte Trennfläche noch am Anschliff in den Körper hineinverfolgen konnte (Bilder 12a - c). Dieses dürfte darauf zurückzuführen sein, daß die gesägten Trennflächen schlechter anzupassen sind. Beim HPSiC war die Dichte durch das Heißisostatpressen von 3,16 g/cm³ auf 3,21 g/cm³ und beim SSiC von 3,07 g/cm³ auf 3,18 g/cm³ angestiegen.

Beim HIPSiC, welches bereits mit einer Dichte von 3,21 g/cm³ eingesetzt wurde, war die Verbindung schlechter als beim HPSiC und SSiC. Dieses ist darauf zurückzuführen, daß weder eine Materialbewegung durch eine Nachschwindung noch eine Flüssigphasendiffusion durch das Fehlen eines Sinterhilfsmittels stattfinden konnte. Die Verbindung der gesägten Trennfläche war so schwach, daß sie bereits beim Anschleifen des Zylinders zerstört wurde. An der Verbindungsstelle der polierten Trennflächen ließ sich auch nach tieferem Anschleifen noch immer die Verbindungsstelle in den Körper hinein verfolgen.

Beim Schneiden von Biegestäbchen aus den Zylindern zeigte sich, daß die Verbindungsstelle der HIPSiC-Proben ein Schwachpunkt war. Bei allen Proben trat während der Bearbeitung ein Bruch an der Verbindungsstelle auf. Die HPSiC- und SSiC-Proben konnten dahingegen auf ihre 4-Punkt-Biegebruchfestigkeit untersucht werden (Tabelle 4).

Bei diesen Versuchen wurde auf zufällig vorhandenes Material zurückgegriffen, so daß die Grundfestigkeit der verwendeten Proben nicht optimiert war. Auch sind aufgrund der Anzahl der geprüften Proben (10 - 15 Stück pro Verbindung) die Festigkeits- und Weibull-Werte mit einem größeren Fehler behaftet.

Sowohl die HPSiC- als auch die SSiC-Proben zeigten die gleiche Tendenz. So unterschieden sich die Proben mit polierter Trennfläche und mit dem Zwischenschichtpulver kaum. Beide haben ca. gleich hohe Festigekeits- und Weibull-Werte und brechen in der Regel nicht in der Verbindungsfläche (Bild 13), d. h. die Festigkeit der Verbindungsfläche entspricht der des Grundmaterials. Die Proben mit Sägeschnitt brechen vornehmlich in der Verbindungsfläche. Die Verbindung ist ungenügend, was auch aus den niedrigen Festigkeits- und Weibull-Werten hervorgeht.

Parallel zu den Versuchen Zylinderteile miteinander zu verbinden, wurden erste bauteilspezifische Versuche durchgeführt. Hierzu wurden acht spritzgegossene und drucklos gesinterte Schaufeln auf eine Nabe aus SSiC aufgesetzt und mit Klebstoff fixiert. Diese Anordnung wurde mit einem Zwischenschichtpulver in einer Kieselglashülle heißisostatisch gepreßt. Alle acht Schaufeln waren zwar etwas aus ihrer Lage verschoben, jedoch weder verformt noch gebrochen (Bild 14). Auch war die Verbindungsstelle fest, obwohl die Anpassung nicht optimal war.

7. Zusammenfassung und Ausblick

Durch das direkte heißisostatische Verdichten von reinen SiC-Pulvern ließen sich 100 % dichte Körper herstellen, die bei Raumtemperatur Biegefestigkeiten von über 600 MN/m² erreichten, bei 1370 °C allerdings noch um 12,5 - 17 % abfielen. Zusätze bis 0,2 Gew.-% Al ergaben eine zusätzliche geringe Festigkeitssteigerung. Hochreine HIPSiC-Proben haben eine hohe Wärmeleitfähigkeit, die mit der guter SiSiC-Qualitäten vergleichbar ist.

Durch direktes Hipen ließen sich SiC/Si_3N_4-Mischungen über die gesamte Mischungsbreite nahezu 100 %ig verdichten. Mit steigendem Si_3N_4-Gehalt fällt zwar die Biegebruchfestigkeit bei Raumtemperatur ab, jedoch ist der Abfall bei hohen Temperaturen gering.

Es konnte gezeigt werden, daß bei einer Diffusionsverbindung von SSiC- bzw. HPSiC-Teilen durch HIP die Verbindung keine Schwachstelle bildet. Auf diese Art konnte eine Nabe mit acht Schaufeln bestückt werden.

Bei der direkten heißisostatischen Verdichtung von SiC sind noch weitere Erfolge bei der Verbesserung der Eigenschaften zu erwarten, allerdings ist das bisher verfügbare Material noch nicht vollständig durchgemessen. Der gehipte SiC/Si_3N_4-Mischwerkstoff ist bisher zu wenig untersucht, um über dessen Eigenschaften zu urteilen. Weitere Arbeiten auf diesem Gebiet sind anzustreben.

Erfolgsaussichten müssen der Diffusionsverbindung durch HIP eingeräumt werden. Dieses gilt nicht nur für den Werkstoff SiC. Andererseits ist auch die Nachverdichtung von SSiC ein Gebiet, das mit Sicherheit an Bedeutung gewinnen wird.

8. Schrifttum

[1] Hunold, K.
Grellner, W.
Möglichkeiten und Grenzen beim Heißpressen und Heißisostatpressen von Siliciumcarbid
Keramische Komponenten für Fahrzeug-Gasturbinen II, Bad Neuenahr, Springer-Verlag, Berlin, Heidelberg, New York, 1981, S. 499 - 516

[2] Hunold, K.
Grellner, W.
Entwicklung und Herstellung hochwarmfester Formkörper für den Gasturbinenbau
BMFT-Forschungsbericht T 82-138, 1983 (noch nicht veröffentlicht)

[3] Kriegesmann J.
Reinmuth, K.
Lipp, A.
Die Herstellung und Eigenschaften von heißgepreßtem und heißisostatisch gepreßtem SiC
Keramische Komponenten für Fahrzeug-Gasturbinen, Bad Neuenahr, Springer-Verlag, Berlin, Heidelberg, New York, 1978, S. 219 - 233

[4] Grellner, W.
Schwetz, K.A.
Lipp, A.
Fracture Phenomena of Sintered Alpha-SiC
Special Ceramics 7, The British Ceramic Society, 1981, S. 27 - 36

[5] Heider, W.
Böder, H.
Fortschritte bei der Entwicklung statischer Turbinenbauteile aus Si-infiltriertem Siliciumcarbid
Keramische Komponenten für Fahrzeug-Gasturbinen II, Bad Neuenahr, Springer-Verlag, Berlin, Heidelberg, New York, 1981, S. 457 - 471

[6] Schwetz, K.A. Lipp A. The Effect of Boron and Aluminum Sintering Additive on the Properties of Dense Sintered Alpha Silicon Carbide Science of Ceramics 10, Deutsche Keramische Gesellschaft, 1980, S. 149 - 158

[7] Grellner, W. unveröffentlicht

[8] Kessel, H. Gugel, E. Müller, N. Lange, E. Herstellung von Siliciumnitrid-Verbundbauteilen für die Gasturbine Keramische Komponenten für Fahrzeug-Gasturbinen, Bad Neuenahr, Springer-Verlag, Berlin, Heidelberg, New York, 1978, S. 141 - 160

[9] Walzer, P. Siebels, J. Stand der Entwicklung eines Turbinenlaufrades aus einem Siliciumnitrid-Verbund Keramische Komponenten für Fahrzeug-Gasturbinen, Bad Neuenahr, Springer-Verlag, Berlin, Heidelberg, New York, 1978, S. 335 - 351

[10] Hennicke, U.W. Müller-Zell, A. Fügetechnik von Siliciumcarbid untereinander und mit Metallen Keramische Komponenten für Fahrzeug-Gasturbinen II, Bad Neuenahr, Springer-Verlag, Berlin, Heidelberg, New York, 1981, S. 535 - 560

[11] Twentyman, M.E. The Joining of Engineering Ceramics Final Report, Contract No. K/A72b/124/CB/A72b, 2/74-1/76

[12] Twentyman, M.E. The Joining of Engineering Ceramics, Final Report, Contract No. K/A72b/124/CB/A72b, 2/76-1/78

[13] Paprocki, S.J., Hodge, E.S., Carmichael, D.C. Gas-Pressure Bonding of Zircaloy Clad Flat-Plate Uranium Dioxide Fuel Elements
Nuclear Metallurgy, 5, 1958

Pulversorte	A in Gew.-%	B in Gew.-%	C in Gew.-%
SiC	99,00	99,30	99,60
C_{frei}	0,52	0,04	0,05
O_2	0,17	0,25	0,12
N_2	0,04	0,04	0,03
Al	0,02	0,02	0,02
B	< 0,005	< 0,005	< 0,005
Ca	< 0,01	< 0,01	< 0,01
Fe	0,13	0,30	0,07

Tabelle 1: Chemische Analyse der verwendeten SiC-Pulver

Pulversorte	σ_B, RT in MN/m^2	m (RT)	σ_B, 1370 °C in MN/m^2
A	591	10,4	488
B	624	9,8	519
C	609	11,8	533

Tabelle 2: Biegebruchfestigkeit und Weibull-Modul verschiedener HIPSiC-Proben

	HIPSiC	HPSiC	SSiC	SiSiC
SiC	99,6	> 98,0	> 98,5	> 85,0
Al	0,02	0,4	0,45	0,17
B	0,005	< 0,01	< 0,01	< 0,01
N	0,03	0,09	0,07	0,02
O	0,12	0,45	0,15	0,14
Si_{frei}	< 0,01	< 0,01	< 0,01	ca. 12

Tabelle 3: Vergleich der Hauptbestandteile verschiedener SiC-Materialien (Angaben in Gew.-%, typische Werte)

Material	Verbindung	σ_B, RT MN/m^2	m
HPSiC	Sägeschnitt	106,5	1,86
	poliert	397,8	6,89
	Zwischenschicht	389,4	14,57
SSiC	Sägeschnitt	261,9	4,61
	poliert	338,0	8,64
	Zwischenschicht	319,4	7,22

Tabelle 4: Biegebruchfestigkeit und Weibull-Modul diffusionsverbundener SiC-Proben

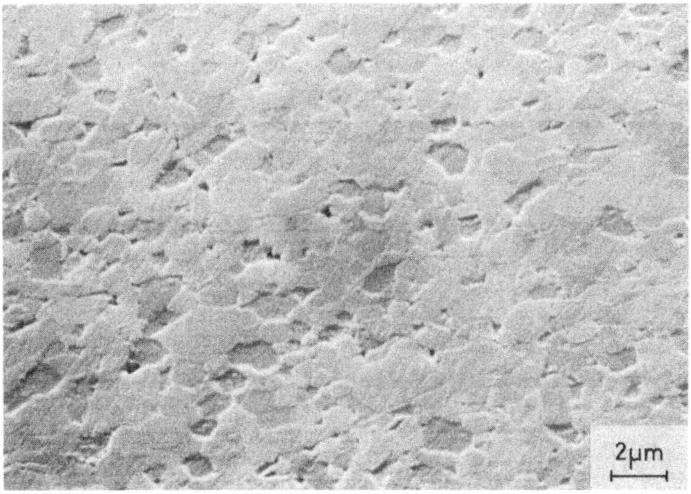

Bild 1: Schliffaufnahme (geätzt) von HIPSiC ohne Sinterhilfsmittel

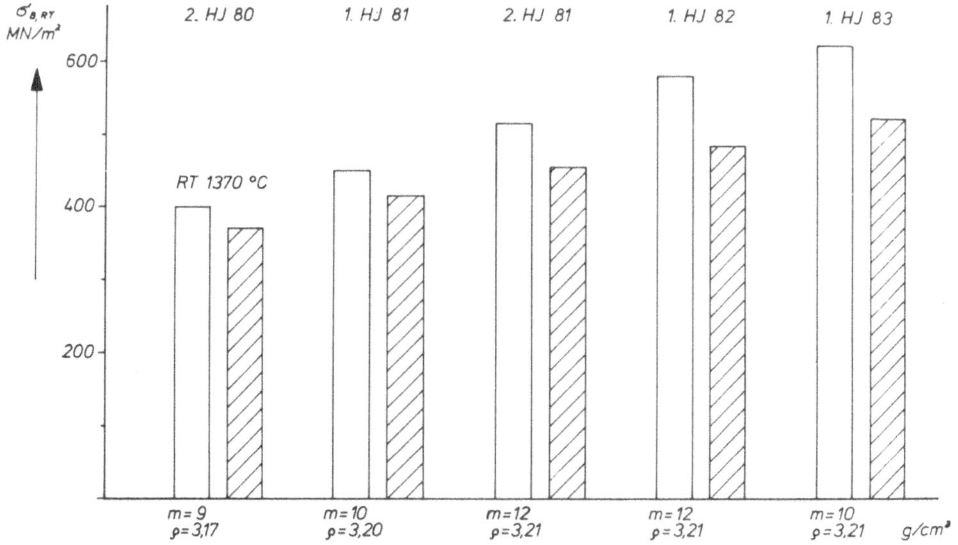

Bild 2: Biegebruchfestigkeit (4-Punkt) von HIPSiC für verschiedene Entwicklungsstadien

Bild 3: Bruchfläche (REM) von HIPSiC ohne Sinterhilfsmittel

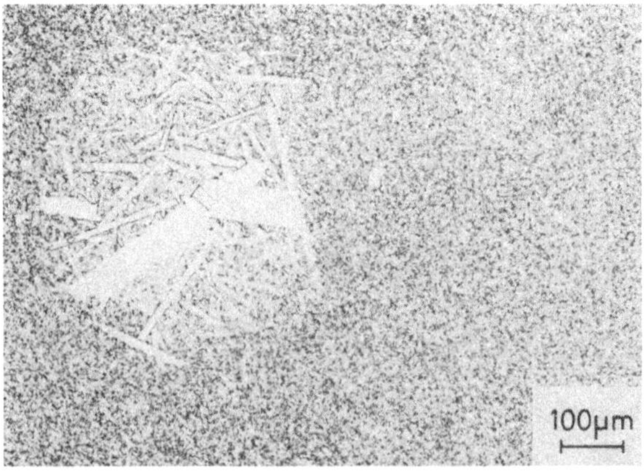

Bild 4: Geätzter Schliff von HIPSiC mit Fehler

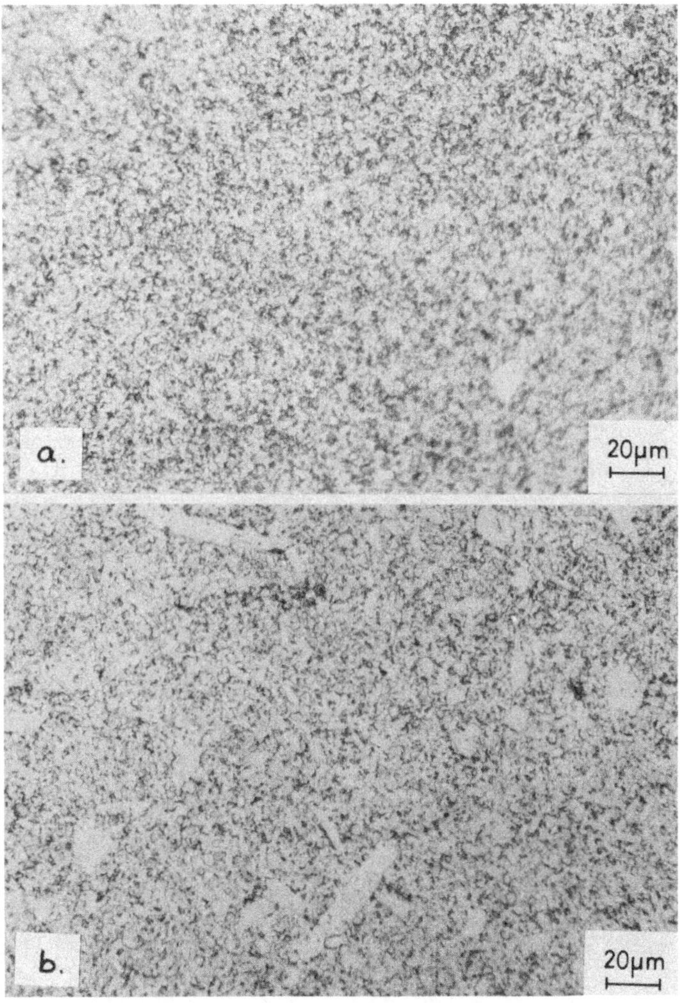

Bild 5: Geätzte Schliffe von HIPSiC

a) undotiert

b) mit 0,3 Gew.-% Al

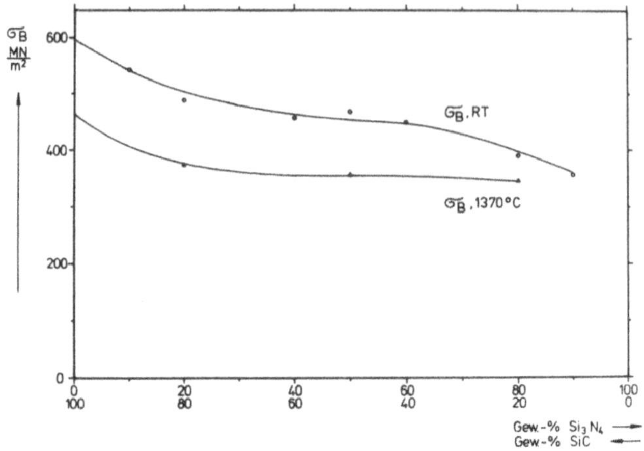

Bild 6: Biegebruchfestigkeit (4-Punkt) von SiC/Si_3N_4-Proben in Abhängigkeit von der Zusammensetzung

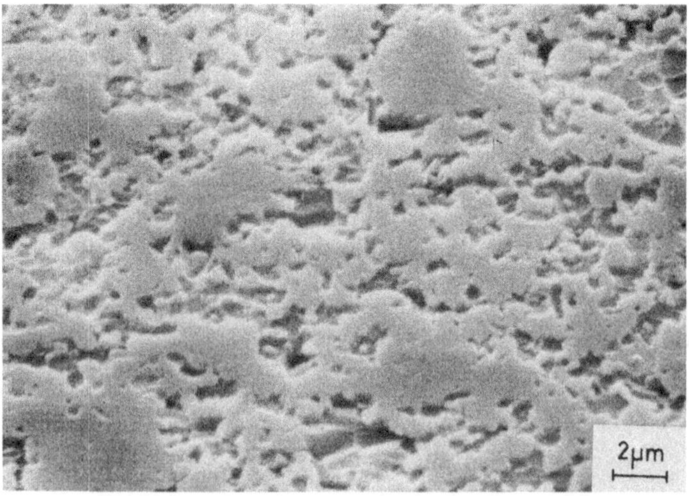

Bild 7: Geätzter Schliff (REM) der gehipten Mischung aus 50 Gew.-% SiC und 50 Gew.-% Si_3N_4

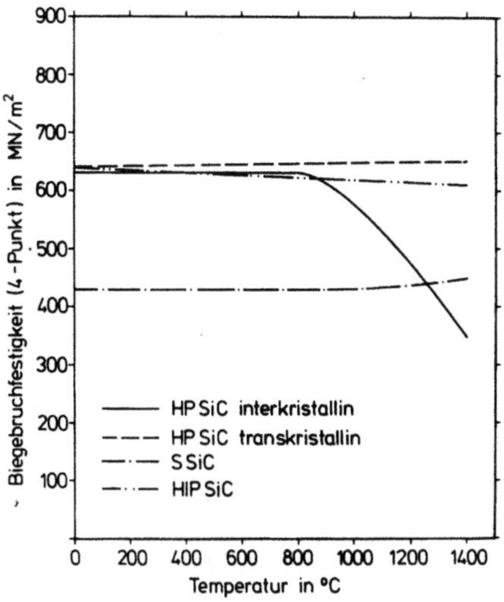

<u>Bild 8:</u> Temperaturabhängigkeit der Biegebruchfestigkeit verschiedener SiC-Qualitäten

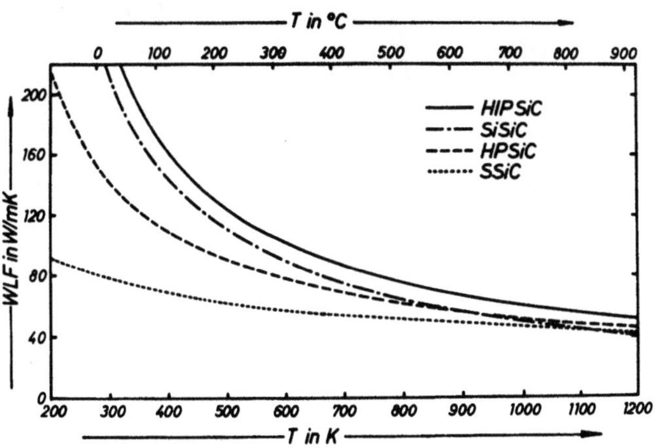

<u>Bild 9:</u> Temperaturabhängigkeit der Wärmeleitfähigkeit verschiedener SiC-Qualitäten

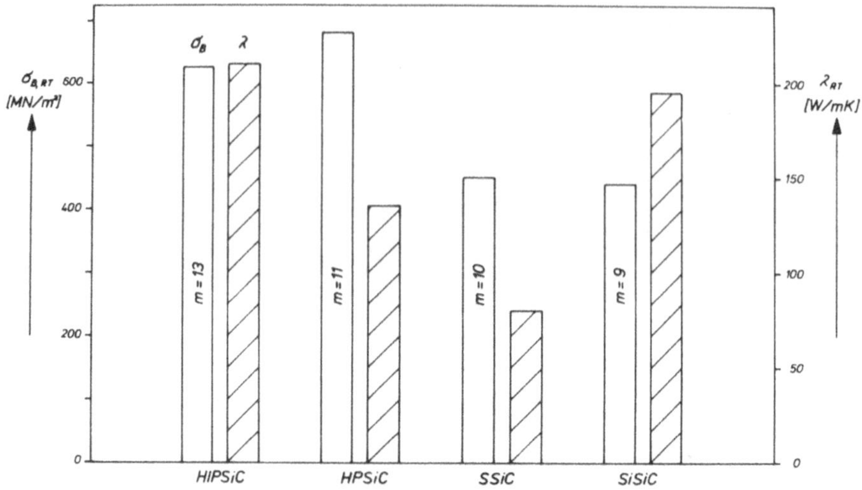

Bild 10: Biegebruchfestigkeit und Wärmeleitfähigkeit verschiedener SiC-Qualitäten bei Raumtemperatur

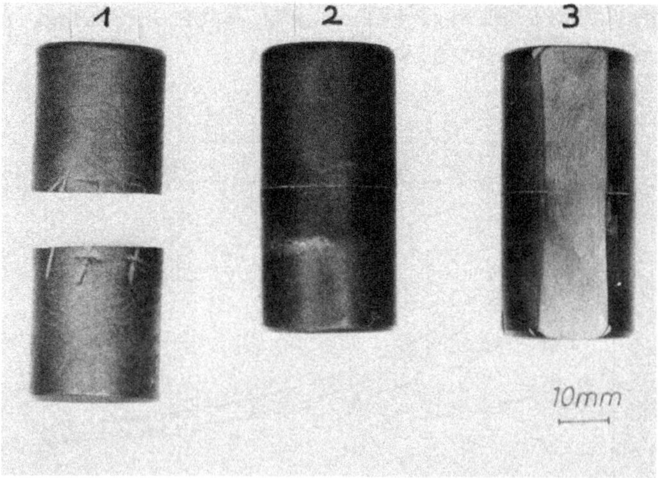

Bild 11: Verbindungsproben

1 getrennt
2 verbunden
3 verbunden und angeschliffen

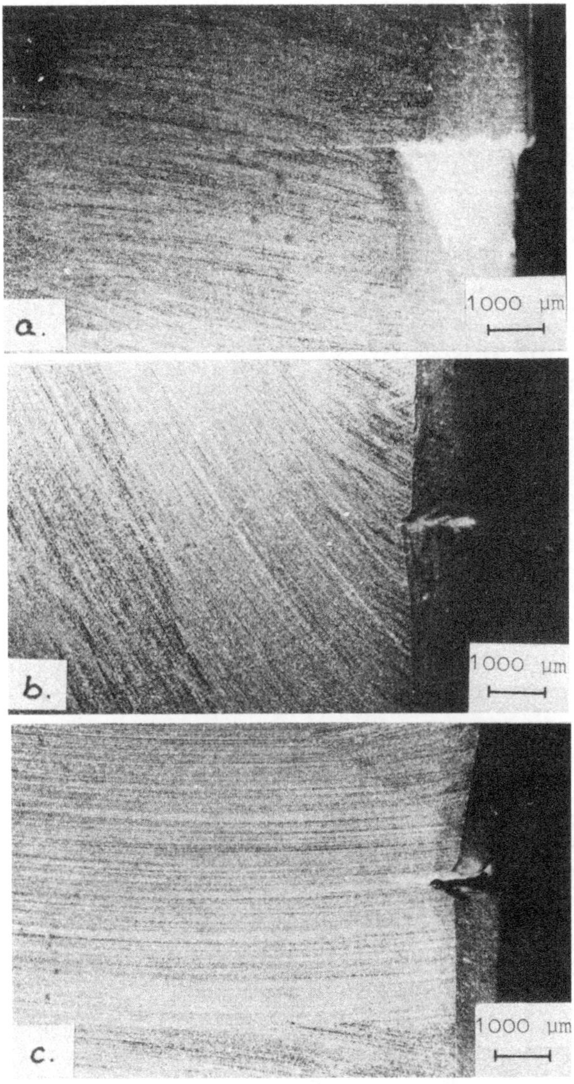

<u>Bilder 12a-c:</u> Diffusionsverbindungsstellen von HPSiC,
a) Sägeschnitt, b) poliert, c) Zwischenschicht

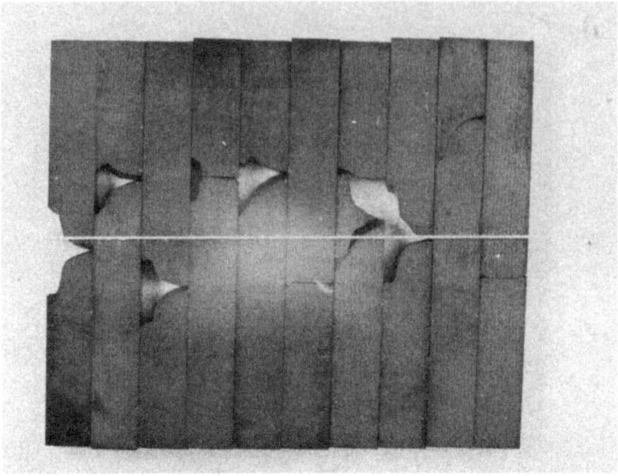

Bild 13: Gebrochene Biegestäbchen, Verbindungsstelle durch Faden markiert

Bild 14: Verbindungsversuch von Schaufeln und Nabe

Entwicklung von hochwarmfesten Keramikbauteilen für Gasturbinen

K. Hagemeister, W. Hüther, G. Langel

MTU Motoren- und Turbinen-Union München GmbH

1. Einleitung

Die MTU arbeitet im Rahmen des vom BMFT geförderten Technologieprogrammes seit 1974 an der Entwicklung von Bauteilen aus Siliziumnitrid und Siliziumkarbid für den heißgasbeaufschlagten Bereich einer Fahrzeuggasturbine der Leistungsklasse 250 bis 300 kW.

In Bild 1 sind die keramischen Bauteile dieser Maschine dargestellt.
Es sind in koaxialer Anordnung von rechts nach links: die Brennkammer, der Einlaufkonus, das Leitrad und der Rotor mit der Welle

Das Entwicklungsprogramm gliederte sich in drei Abschnitte.

Im ersten wurden die wesentlichen Grundlagen der Keramiktechnologie erarbeitet.
In der zweiten Phase standen der Entwurf und die Herstellung der keramischen Triebwerkskomponenten im Vordergrund und während der dritten Programmphase wurden diese Bauteile in Prüfständen und im Triebwerk erprobt.

Bei dem zugrundeliegenden Konzept einer Keramikgasturbine mit Wärmetauscher liegt die Heißgastemperatur vor Eintritt in die Turbinenstufen im Bereich zwischen 1550 und 1600 K. Die verdichtete und vorerhitzte Luft tritt mit einem Druck von 5 bar und einer Temperatur von 1100 K in die Brennkammer ein [1].

2. Brennkammer

In Bild 2 sieht man die typische, bei MTU entwickelte, konische Bauform der Brennkammer [2].

Bei ihrer Gestaltung waren die Forderungen des keramikgerechten Konstruierens mit denen der Verbrennungstechnik und der Aerodynamik zu vereinbaren.

Im einzelnen betraf das folgende Forderungen:

1. Kleines Volumen der Primärzone

2. Keine Querschnittssprünge und örtliche Materialanhäufungen

3. Gleichmäßige und möglichst dünne Wandung des Rohres

4. Genügend breite Stege zwischen den Luftzutrittsbohrungen

Für die Erprobung standen Brennkammern aus siliziuminfiltriertem Siliziumkarbid der drei Firmen Rosenthal, Sigri und BNFL zur Verfügung. Zum Abschluß des Programmes wurden vom Annawerk noch zwei Brennkammern aus gesintertem Siliziumkarbid bereitgestellt. Fast alle Brennkammern wurden unbelocht angeliefert. Die Belochung wurde bei MTU durch Ultraschallsenken eingebracht.

Im Heißgasprüfstand wurde jede Brennkammer bei Atmosphärendruck einem Eingangstest mit 100 Start-Stop-Zyklen über 50 Betriebsstunden unterworfen. Die Gastemperatur am Austritt der Brennkammer betrug dabei 1625 K. Diesen Test haben alle Brennkammern ohne Schaden überstanden.

Im Komponentenprüfstand wurden die Brennkammern sodann unter simulierten Triebwerksbedingungen getestet. Der Betriebsdruck wurde dabei auf 4,9 bar eingestellt. Die Luft trat mit 1110 K in die Brennkammer ein, die Austrittstemperatur der Verbrennungsgase betrug 1560 K.

Jede der Brennkammern aus SiSiC zeigte schon nach einer Versuchsdauer von einer halben bis einer Stunde Überhitzungserscheinungen im Bereich der Primärzone, und zwar wurden dort Ausschmelzungen von freiem Silizium an der Innenwand und Risse zwischen den Bohrungen der ersten Lochreihe beobachtet. Im Bild 3 sind die Tropfen und Strähnen des ausgeschmolzenen Materials deutlich zu erkennen.

Durch das Austreten des Siliziums wurden örtlich die Eigenschaften der Keramik verändert. Einerseits wurde die Wärmeausdehnung lokal beeinflußt, wodurch innere Spannungen im Bauteil entstanden. Andererseits wurde die Festigkeit an dieser Stelle gemindert. Als Folge davon entstanden Risse in der Wandung des Rohrs (Bild 4).

Durch diese zweite Testreihe wurde erkannt: Unter den Vollastbedingungen findet in der Primärzone eine derart intensive Energieumsetzung statt, daß die Innenwand Temperaturen annimmt, die über dem Schmelzpunkt des freien Siliziums liegen. Das sind etwa 1690 K.

Für weitere Versuche wurden daher die Brennkammern aus drucklos gesintertem Siliziumkarbid beschafft. Die thermische Einsatzgrenze dieses Werkstoffes wird bei 1900 bis 2000 K erwartet.

Im Flammrohr der ersten Brennkammer aus gesintertem Siliziumkarbid entstanden Risse während der Herstellung der Belochung durch Ultraschallsenken. Die Art der Risse deutete auf hohe Eigenspannungen im Bauteil hin.

Eine zweite Brennkammer aus SSiC wurde erfolgreich belocht und im Komponentenprüfstand erprobt. Bei Vorversuchen unter atmosphärischem Druck trat kein Schaden am Flammrohr auf. Bei der Erprobung unter Betriebsdruck von 5 bar entstanden Risse und kleine Abplatzungen im Primär- und Mischzonenbereich der Brennkammer, wie in Bild 5 dargestellt.

Diese ersten Versuchsergebnisse mit Brennkammern aus SSiC lassen erkennen, daß der Herstellprozeß hinsichtlich Verringerung beziehungsweise Vermeiden von Eigenspannungen weiter verbessert werden muß.

3. Einlaufkonus

Der an die Brennkammer anschließende Strömungskanal wird durch den Einlaufkonus gebildet. Er hat die Aufgabe, das von der Brennkammer herkommende Heißgas in eine Ringströmung überzuleiten und dem Leitapparat der Turbinenstufe zuzuführen.

Bei der von der MTU bevorzugten konstruktiven Version nach Bild 6 werden der Innenkonus und der Außenmantel durch zwei über Kreuz gesteckte keramische Bolzen gegeneinander zentriert. Eine solche Bauweise erlaubt es, daß sich die Teile auch bei ungleichmäßiger Temperaturverteilung spannungsfrei gegeneinander dehnen, ohne daß die Zentrierung verloren geht.

Diese Baugruppe erwies sich unter allen Betriebsbedingungen als völlig problemlos.

4. Turbinenleitapparat

Der Turbinenleitkranz aus Keramik wurde in drei verschiedenen Bauweisen - wie in Bild 7 dargestellt - ausgelegt, hergestellt und erprobt.

Die erste Variante - links im Bild 7 - ist ein nach dem Schlickergußverfahren vom Annawerk hergestelltes integrales Bauteil aus SiSiC.

Bei der zweiten Variante wird der Leitkranz aus spritzgegossenen Segmenten, die jeweils vier Leitschaufeln tragen, zusammengesetzt. Das im Bild 7 rechts oben gezeigte Segment aus RBSN wurde von der Firma Rosenthal-Technik geliefert.

Die dritte Variante besteht aus Einzelschaufeln mit Hohlprofil - rechts unten -, die zum Leitkranz zusammengebaut werden. Diese Einzelschaufeln aus RBSN wurden von der Firma Degussa nach dem Spritzgußverfahren hergestellt.

Im Bild 8 sieht man das Kollektiv der an der ringförmigen Mündung des Einlaufkonusses zum Leitkranz zusammengefügten Einzelschaufeln.

Beim Einbau der gesamten Gruppe in das Triebwerk bzw. den Prüfstand werden die Leitschaufeln mit Hilfe eines Keramikringes, der das äußere Deckband umschließt, axial verspannt. Durch diese Art der Leitschaufelbefestigung ist die Wärmeausdehnung nicht behindert.

Im Rahmen rechnerischer Untersuchungen zur Auslegung dieser Baugruppe wurde auch die Frage nach dem thermischen Übergangsverhalten der keramischen Leitschaufeln bei Laständerungen gestellt.

Es wurden die Temperaturverläufe im Mittelschnitt der keramischen Leitschaufel für die beiden Werkstoffe SiSiC und RBSN berechnet. In den Diagrammen auf Bild 9 sind die Verläufe der örtlichen Temperaturen über der Zeit dargestellt und zwar links für Leitschaufeln aus Siliziumkarbid und rechts für solche aus Siliziumnitrid.

Die Buchstaben V und H sind Abkürzungen für Vorder- und Hinterkante, M bezeichnet die Mitte des Schaufelprofils. Wie man sieht, eilen die Temperaturen an Vorder- und Hinterkante beim Beschleunigen des Triebwerks denen der Schaufelmitte zeitlich voraus. An der Fülligkeit der so entstehenden Kurvenfelder kann man erkennen, daß die instationären Temperaturdifferenzen bei Schaufeln aus Siliziumnitrid deutlich größer sind als bei denen aus Siliziumkarbid. Das ist eine Folge der geringeren Wärmeleitfähigkeit des Siliziumnitrids.

Das Ergebnis der Spannungsanalyse in den Diagrammen des Bildes 10 zeigt jedoch, daß in Schaufeln aus Siliziumkarbid - trotz der deutlich geringeren Temperaturgradienten - wegen des höheren Elastizitätsmoduls und des größeren Wärmeausdehnungskoeffizienten höhere thermisch verursachte Spannungen entwickelt werden als in denen aus Siliziumnitrid.

Besonders deutlich wird das im rechten Diagramm für den Fall der Verzögerung - also der Lastabsenkung des Triebwerkes. Dabei gelten die ausgezogenen Kurven für Siliziumkarbid, die gestrichelten Kurven für Siliziumnitrid. Man erkennt, daß im Siliziumkarbid kurzzeitig etwa dreifach höhere thermisch verursachte Spannungen erscheinen als im Siliziumnitrid.

Alle drei Varianten des Leitkranzes wurden im Heißgasprüfstand Langzeittests unterzogen bei atmosphärischem Druck und einer Gastemperatur von 1625 K.
Dabei wurden in jeder Betriebsstunde zwei Start-Stop-Vorgänge gefahren.

Bei diesen Versuchen mit den Leitschaufelsegmenten aus RBSN, Bild 11, zeigten sich nach 200 Betriebsstunden Risse im Deckband und in einigen Leitschaufeln. Der Grund für diesen Schaden wird in der geringen Dichte und der Grobkörnigkeit des Materials gesehen.

Beim integralen Leitkranz aus SiSiC traten Risse im Deckband auf. Sie entstanden offenbar unter der Wirkung ungleichmäßiger Temperaturverteilung und ließen sich nicht vermeiden. Die aus diesem Schaden resultierende Segmentierung des Leitkranzes stellt im Prinzip keine Minderung der Betriebstüchtigkeit dar, da das Bauteil von den umgebenden Teilen einwandfrei zusammengehalten und zentriert wird.

In der Folge wurde das Außendeckband an drei geeigneten Stellen mit eingeschliffenen Nuten versehen, um die Rißbildung an diesen Stellen zu provozieren. Dadurch wird vermieden, daß die Risse in unerwünschter Weise in die Leitschaufeln hineinlaufen - siehe Bild 12.

Während eines Langzeitversuches von 500 Stunden Dauer konnte die Eignung dieser Maßnahme nachgewiesen werden. Die Funktionsfähigkeit des Bauteils blieb erhalten.

Der aus Einzelschaufeln mit Hohlprofil aufgebaute Leitkranz - Bild 13 - wurde im Komponentenprüfstand unter einem Druck von 5 bar und bei Gaseintrittstemperaturen zwischen 1200 K und 1525 K über 21 Stunden zyklisch getestet. Die Erprobung wurde mit Erfolg abgeschlossen.

5. Turbinenlaufrad

Im Rahmen der Arbeitsteilung zwischen den am BMFT-Keramik-Entwicklungsprogramm beteiligten Triebwerksfirmen hat MTU die Version des Turbinenlaufrades in Hybridbauweise bearbeitet, Bild 14. Die keramischen Einzelschaufeln sind mit Schwalbenschwanzfüßen formschlüssig in den äußeren Umfang der metallischen Scheibe aus Udimet 700 eingehängt.

Die Kontaktfläche zwischen dem Fuß der keramischen Schaufel und der sie tragenden Nut in der metallischen Scheibe ist die kritische Stelle dieser Konstruktion. Es wurden zunächst umfangreiche rechnerische Untersuchungen durchgeführt mit dem Ziel, die Verhältnisse am Schaufelfuß zu optimieren. Die Berechnungen erfolgten für eine Umfangsgeschwindigkeit der Schaufelspitze von 435 m/s, das entspricht einer Drehzahl von 50.000 min^{-1}. Als Schaufelmaterial wurde HPSN zugrunde gelegt.
Im Bild 15 ist ein Teil der Rechenergebnisse, und zwar für einen Kontaktflächenwinkel von 60°, dargestellt. Aufgetragen über dem Ort ihrer Wirkung sind die Zugspannungen in der Oberfläche des Schaufelfußes.

Der Reibwert der Paarung wurde mit μ = 0,6 angesetzt.
Der links im Bild 15 dargestellte Fall entspricht dem Zustand idealer Schmiegung zwischen den Kontaktflächen von Schaufelfuß und Scheibennut. Es ergibt sich dabei eine Spannungsspitze von 300 N/mm^2 an der Ausrundung des Fußes in unmittelbarer Nachbarschaft zur Kontaktstelle.

Der in Bildmitte gezeigte Fall entspricht der Annahme, daß die Kontaktflächen gegeneinander klaffen, wobei die Kraftübertragung lediglich durch Linienberührung erfolgt. Die Kontaktlinie liegt dabei im äußeren Bereich der idealen Kontaktfläche des Schaufelfußes. Für diesen Belastungsfall wurde rechnerisch eine Spannungsspitze von über 400 N/mm^2 ermittelt.

Sehr ungünstige Verhältnisse ergeben sich bei Schrägstellung der Schaufel. Dieser Fall ist ganz rechts im Bild 15 dargestellt. Aus der ungleichmäßigen Belastungsverteilung ergibt sich einseitig eine Spannungsspitze von 600 N/mm^2.

Bei den Schleudertests zur betriebsnahen Erprobung dieser Konstruktion erfolgte der Bruch der Schaufeln immer im Fußbereich an den durch die Rechnungen identifizierten Stellen hoher Oberflächenspannung.

Anfänglich wurden auch wiederholt Schrägstellungen der Schaufeln in der Scheibennut beobachtet. In diesen Fällen waren die Bruchdrehzahlen entsprechend erniedrigt. Der entstehende schräge Bruchverlauf stand im Einklang mit den Ergebnissen der Berechnungen - Bild 16 rechts. In der Folge wurden die Schaufelfüße an ihrer Unterseite angeflacht und mit einem engen Spiel von ca. 2/100 mm zu einer entsprechenden Anflachung der Scheibennut eingebaut.
Eine Schrägstellung wird dadurch weitgehend vermieden.

Von Bedeutung für die Belastbarkeit der Schaufelfußbefestigung ist auch die Wahl des Kontaktflächenwinkels. Das ist der Winkel zwischen der Mittelebene des Schaufelfußes und der Kontaktfläche, Bild 17. Die Untersuchungen dazu haben ergeben, daß bei kleinen Winkeln - z. B. 30° - die Laufschaufeln sehr gut durch die Keilflächen zentriert werden. Es entstehen jedoch sehr hohe Flächenpressungen in den Kontaktzonen, insbesondere wenn die Schaufelfüße aufgrund von Selbsthemmung in den Nuten verklemmen.

Bei großen Kontaktflächenwinkeln - z. B. 60° - wird die Flächenpressung geringer, es erhöhen sich jedoch die Kerbspannungen in den Ausrundungen des Schaufelfußes und des Nutgrundes.
Auch die Zentrierwirkung wird bei großen Winkeln geringer, so daß die Gefahr einer Schrägstellung - wie sie oben beschrieben wurde - größer wird.
Aus diesen Gründen wurde bei MTU ein Kontaktflächenwinkel von 45° gewählt.

Bei unseren ersten Schleudertests erwies sich die Bruchdrehzahl als stark abhängig vom Zustand der Oberfläche des Schaufelfußes und der Art seiner Bearbeitung. Um diese Einflüsse besser kennenzulernen, wurden Biegeproben aus HPSN in unterschiedlicher Weise bearbeitet und auf dem 4-Punkt-Biegeprüfer ihre Bruchfestigkeit ermittelt.

Im Bild 18 sind die Ergebnisse dieser Untersuchungen zusammengestellt und nach der Art des Oberflächenzustandes geordnet. Daraus kann man erkennen, daß die Proben mit quer zur Beanspruchungsrichtung geschliffenen Oberflächen geringere Biegebruchfestigkeiten aufweisen als die eines Vergleichskollektivs mit längs zur Beanspruchungsrichtung geschliffenen Oberflächen.

Da ein Formschleifen der Schaufelfüße nur quer zur Beanspruchungsrichtung möglich ist, wurde bei MTU nach Verfahren gesucht, durch die die Minderung der Festigkeit eliminiert werden kann. Es zeigte sich, daß die Biegebruchfestigkeit der quergeschliffenen Proben durch anschließendes Strahlen der Oberfläche oder Glühen des Teils erheblich angehoben werden kann. Die Ergebnisse entsprechender Untersuchungen sind in den beiden rechten Spalten des Bildes 18 dargestellt.

Diese Erkenntnisse wurden erweitert und bestätigt durch entsprechende Variation der Oberflächenstruktur der Füße von Testschaufeln und die Ermittlung ihrer Bruchdrehzahlen im Schleudertest.

Zur Nachbearbeitung der Oberflächen von Schaufelfüßen haben sich insbesondere zwei Verfahren bewährt. Das eine ist das vom Annawerk entwickelte Freikorn-Läppen und das zweite das bei MTU verwendete Druckfließ-Läppen. Das Bild 19 zeigt im Vergleich links die Riefenzeilen der geschliffenen Oberfläche und rechts die Oberfläche nach dem Druckfließ-Läppen.

Im Rahmen der Bemühungen, die Kontaktverhältnisse zu verbessern, wurden auch die Wirkungen von duktilen Zwischenlagen im Bereich der die Kräfte übertragenden Oberflächen untersucht. Im Diagramm des Bildes 20 erkennt man, daß dadurch eine signifikante Verbesserung des Mittelwertes der Bruchdrehzahlen erzielt werden konnte. Darüber hinaus ist zu erkennen, daß der Streubereich der Bruchdrehzahlen erheblich schmaler ist als bei dem Kontrollkollektiv ohne ausgleichende Zwischenlage.

Zur Bewertung der verschiedenen keramischen Werkstoffe und ihrer durch den Herstellweg bedingten Varianten wurden Kalt- und Heißschleuderversuche durchgeführt [3]. Dazu standen profilierte Laufschaufeln - siehe Bild 21 - von verschiedenen Herstellern zur Verfügung, und zwar

von Degussa:	Spritzgegossene Schaufeln aus RBSN
von BNFL:	Schlickergegossene Schaufeln aus SiSiC
von NGK:	Schlickergegossene Schaufeln aus SSN
und schließlich vom Annawerk:	Schaufeln aus HPSN, deren Schaufelblatt bei MTU durch Ultraschallsenken hergestellt worden ist.

Die Endbearbeitung an den Füßen der spritzgegossenen und schlickergegossenen Laufschaufeln wurde bei MTU durchgeführt.

Die Füße der Laufschaufeln aus HPSN wurden beim Annawerk geschliffen und freikornbearbeitet.

Das Bild 22 zeigt die Ergebnisse dieser Kalt- und Heißschleuderversuche. Dazu ist zu bemerken, daß die Schaufeln aus HPSN nicht bis zu ihrer Bruchdrehzahl hinaufgefahren wurden. Sie haben im Kurzzeittest bei Raumtemperatur 60.000 Umdrehungen pro min und im Heißgas 40.000 Umdrehungen pro min ohne Bruch ertragen. Bei allen anderen Werkstoffen lagen die Bruchdrehzahlen unter diesen Werten.

Es folgten Lebensdaueruntersuchungen an Laufschaufeln aus HPSN bei der Heißgastemperatur 1320 K, der Scheibentemperatur 970 K und einer Drehzahl von 40.000 min^{-1}. Die Schaufelfüße wurden ohne Zwischenlagen in die Scheibennuten eingesetzt. Die Lebensdauer war gering und streute beträchtlich, und zwar zwischen 55 min und 79 h. Der Bruch erfolgte in allen Fällen im Gebiet höchster Oberflächenspannungen des Schaufelfußes.

Im Vergleich der Ergebnisse von Schleudertests bei Raumtemperatur und im Heißgas zeigt sich, daß beim Heißschleudern die Bruchdrehzahlen bzw. die Lebensdauer erheblich niedriger liegen. Als Ursachen dafür kommen in Betracht:

1. Verringerung der Werkstoffestigkeit bei erhöhter Temperatur durch unterkritisches Rißwachstum

2. Höhere Reibkräfte im Kontaktbereich zwischen Schaufelfuß und Scheibennocken als Folge eines mit der Temperatur erhöhten Reibungskoeffizienten

3. Auftreten von Reibbewegungen zwischen dem keramischen Schaufelfuß und dem metallischen Scheibennocken als Folge thermischer Relativdehnungen

4. Störungen der Kontaktverhältnisse durch thermische Verformungen und als Folge davon lokal erhöhte Spannungen im Keramikfuß.

Die weitere Erprobung erfolgte im Triebwerk.

Im Bild 23 sieht man rechts die Anordnung der keramischen Bauteile im heißen Bereich des Triebwerkes: Brennkammer, Einlaufkonus, Leitapparat und Turbinenlaufrad.

Der Rotor ist über Wälzlager und Squeezefilm-Dämpfer im Hauptgehäuse gelagert. Die Leistung der Turbine wird an einen Verdichter abgegeben.

Vor dem Einbau des Turbinenrades in das Triebwerk wurden die Laufschaufeln aus HPSN einzeln und im Verbund intensiv vorerprobt. Jede Laufschaufel wurde im Kaltschleuderprüfstand mit 65.000 min^{-1} kurzzeitig belastet - das entspricht einer Umfangsgeschwindigkeit von 565 m/s, bezogen auf die Blattspitze.

Einige Laufschaufeln aus dieser Charge wurden zyklisch bei Raumtemperatur geprüft. Sie ertrugen 5000 Lastwechsel zwischen Drehzahl Null und 60.000 min^{-1} ohne Bruch.

Andere Laufschaufeln wurden paarweise im Heißschleuderprüfstand bei 1525 K und 40.000 min^{-1} getestet, ihre Lebensdauer lag zwischen 8 und 18 Stunden.

Die für die Triebwerkserprobung vorgesehenen Laufschaufeln wurden vor dem Einsetzen in die metallische Turbinenscheibe im Fußbereich mit Platinpaste behandelt.

Das beschaufelte Turbinenrad wurde sodann im Schleuderprüfstand bei Raumtemperatur mit 45.000 min^{-1} vorgeschleudert - Bild 24.

Danach erst wurde es zusammen mit den anderen keramischen Bauteilen in das Triebwerk eingesetzt.

Das Triebwerk wurde zunächst bei einer Turbineneintrittstemperatur von 1300 K, einem Druck von 2,5 bar und einer Drehzahl von 36.500 min^{-1} getestet.

Beim zweiten Versuchslauf mit 1240 K und einem Druck von 3,5 bar ging die Beschaufelung bei 38.000 min^{-1} zu Bruch.

Bei der anschließenden Zerlegung des Triebwerkes nach einer Gesamtlaufzeit von 7 Stunden stellte sich heraus, daß die gebrochene Laufschaufel auch alle anderen Schaufeln zerstört und den Leitkranz stark beschädigt hatte - Bild 25.

Einer der Gründe für die nur kurze Lebensdauer dieses gebauten Turbinenrades ist darin zu sehen, daß an den 41 eingesetzten Laufschaufeln 82 Kontaktstellen mit hohen Spannungskonzentrationen entstehen und dabei d i e Schaufel mit den ungünstigsten Einspannverhältnissen im Fußbereich - abhängig von Formfehlern, hohen Reibkräften und Oberflächenfehlern - bestimmend ist für die Lebensdauer der gesamten Beschaufelung.

Eine Erhöhung der Lebensdauer der Laufschaufeln bei Betriebstemperatur haben wir von einer Verbesserung der Werkstoffeigenschaften erwartet. Vom Annawerk wurde uns eine Variante des HPSN angeboten, bei der mit Yttriumoxid anstelle von Magnesiumoxid dotiert wurde. Die Biegefestigkeit bei 1525 K sollte sich damit von 350 auf 550 N/mm^2 verbessern lassen.

Es war allerdings überraschend, daß die Laufschaufeln aus dieser neuen Werkstoffvariante im Kaltschleuderversuch eine deutlich niedrigere Bruchdrehzahl aufwiesen, und zwar 58.000 min^{-1} gegenüber vorher 65.000 min^{-1}. Der Grund dafür wird in der ungünstigen Oberflächenstruktur des Schaufelfußes gesehen. Weder durch Freikornläppen noch durch Druckfließläppen war es möglich, die Oberflächengüte auf den vorherigen Standard zu bringen.

Bei der Erprobung dieser Schaufeln im Heißschleuderprüfstand bei einer Gastemperatur von 1525 K und einer Drehzahl von 40.000 min^{-1} wurde eine Lebensdauer von 50 Stunden erreicht.

In Anbetracht der niedrigeren Bruchdrehzahlen beim Kaltschleudern ist diese Lebensdauer relativ hoch.

Wir sehen darin bereits einen Beweis für den geringeren Festigkeitsabfall dieses Werkstoffes bei Steigerung der Temperatur und die geringere Neigung zum unterkritischen Rißwachstum.

Bei MTU wurde auch ein Turbinenrad in integraler Bauweise aus drucklos gesintertem Siliziumkarbid untersucht - Bild 26.

Die Feinauslegung des Baukörpers erfolgte insbesondere im Bereich des Überganges von der Schaufel zum Scheibenkörper durch dreidimensionale rechnerische Analyse der Temperatur- und Spannungsverläufe mit Hilfe der Methode der Finiten Elemente.

Das Bild 27 zeigt die Ergebnisse der Berechnungen für den Fall instationärer Temperaturverteilung im Baukörper 150 s nach dem Start des Triebwerkes während der Beschleunigung auf Vollast.

Aus den Darstellungen ist zu erkennen, wie auf verschiedenen Positionen mit wachsendem Radius in der Scheibe die Spannungen durch den Einfluß der Schaufel ansteigen, im Gebiet des Überganges und insbesondere im Schaufelfuß einen Größtwert erreichen und in der Schaufel radial nach außen langsam abklingen.

Die Herstellung der integralen Turbinenräder umfaßte folgende Schritte:

- Kaltisostatisches Pressen eines Vorkörpers aus sinterfähigem SiC-Pulver

- Kopierdrehen der Kontur des Turbinenrades

- Kopierfräsen der Beschaufelung

- Sintern des Bauteils

- Heißisostatisches Pressen

- Endbearbeitung von Paßflächen durch Schleifen

Das Bild 28 zeigt die Phasen der Herstellung: ganz links der gepreßte Vorkörper, in der Mitte der bearbeitete Grünling und rechts das fertige Laufrad.

Unbeschaufelte Turbinenscheiben, bei denen der Einfluß der Beschaufelung durch Vergrößerung des Kranzdurchmessers simuliert wurde, erreichten im Kaltschleuderprüfstand mittlere Bruchdrehzahlen um 55.000 min^{-1}. Das ist etwa 10 % über der Auslegungsdrehzahl.

6. Schrifttum

[1] Heilmann, W.; Hagemeister, K.
Die Entwicklung von Gasturbinen kleiner Leistung mit regenerativen Wärmetauschern in der MTU

MTZ Motortechnische Zeitschrift 38 (1977) 5, S. 209 - 219
7/8, S. 337 - 342

[2] Eggebrecht, R.; Langer, M.
Entwicklungsergebnisse mit keramischen Brennkammern und Turbinenleitkränzen

Keramische Komponenten für Fahrzeug-Gasturbinen II: Statusseminar im Auftrag des Bundesministeriums für Forschung und Technologie vom 24. - 26.11.1980 in Bad Neuenahr/Hrsg.: Projektträgerschaft "Metallurgie, Werkstoffentwicklung, Rückgewinnung" bei der DFVLR, Köln. Wissenschaftliche Leitung und Redaktion: W. Bunk und M. Böhmer. Berlin, Heidelberg, New York: Springer 1981
S. 85 - 105

[3] Hüther, W.
Erprobung verschiedener keramischer Materialien für Turbinenlaufschaufeln im Kalt- und Heißschleuderversuch
wie [2]
S. 243 - 254

Bild 1:
Keramische Gasturbinen-Komponenten

Bild 2: Keramik-Brennkammer

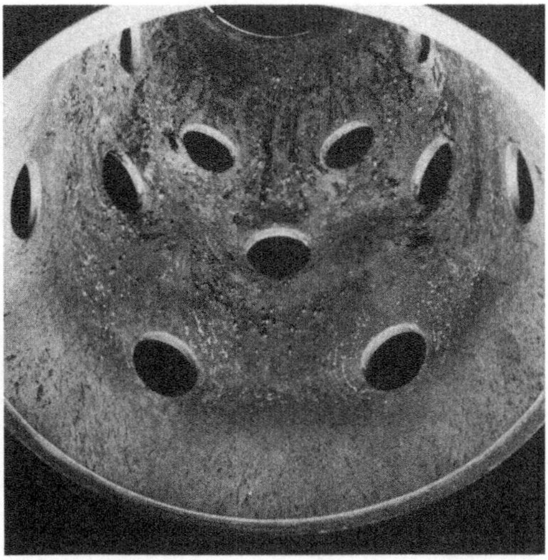

Bild 3:

Keramik-Brennkammer aus SiSiC mit Si-Ausschmelzungen nach Test bei 1560 K Austrittstemperatur und 4,9 bar Druck

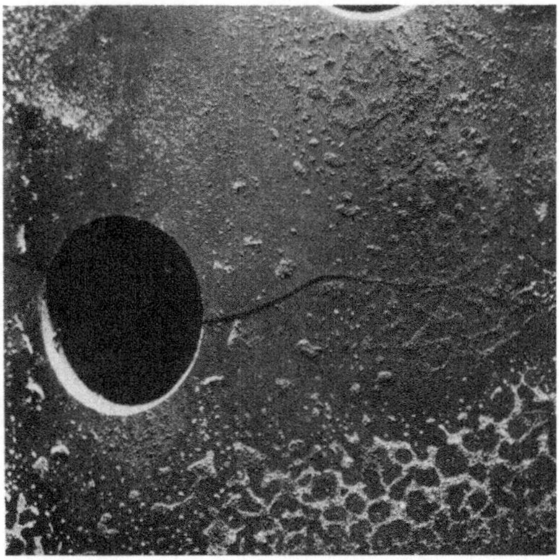

Bild 4:

Riß in der Primärzone der Brennkammer nach Bild 3

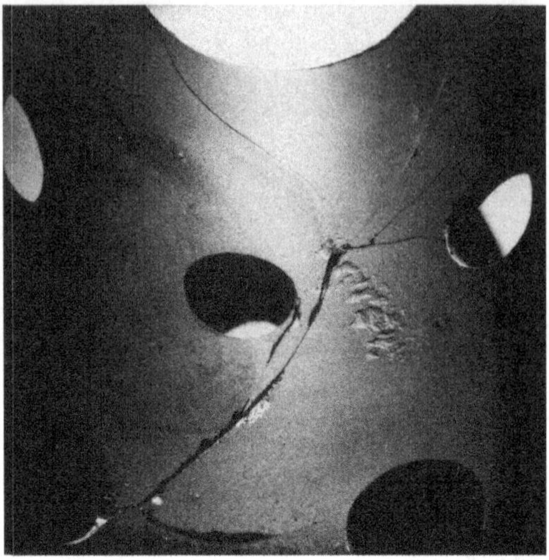

Bild 5:

Rißbild in der Wandung einer Brennkammer aus SSiC nach dem Test

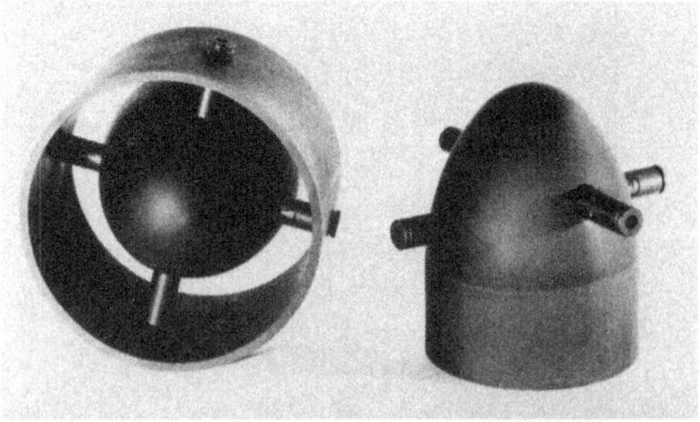

Bild 6:

Einlaufkonus in zusammengesetzter Bauweise

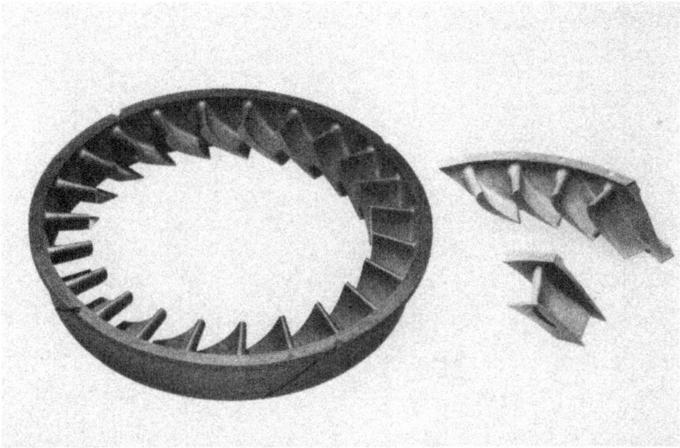

Bild 7:

Teile für drei verschiedene Bauweisen des keramischen Leitkranzes

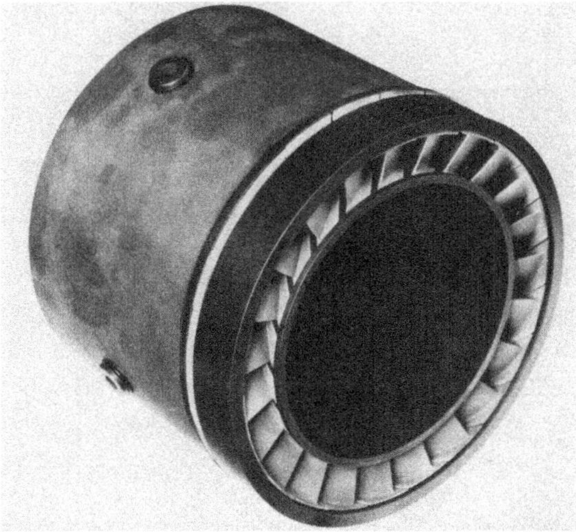

Bild 8:

Leitapparat aus Einzelschaufeln zusammengesetzt am Einlaufkonus

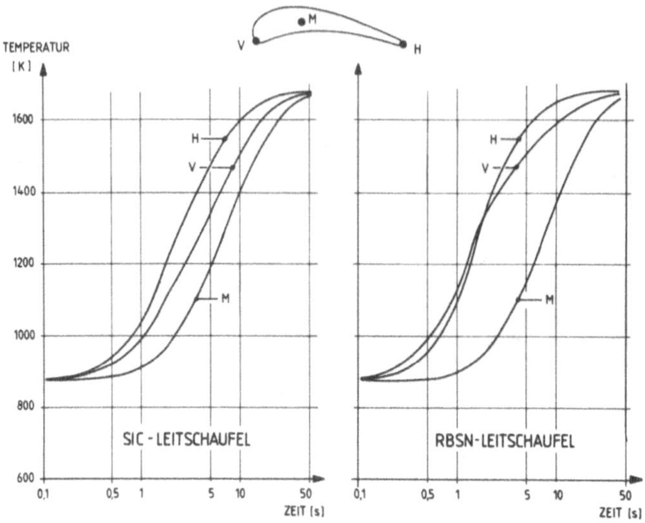

Bild 9:

Zeitlicher Verlauf der Temperaturen im Mittelschnitt der Leitschaufel bei Beschleunigung

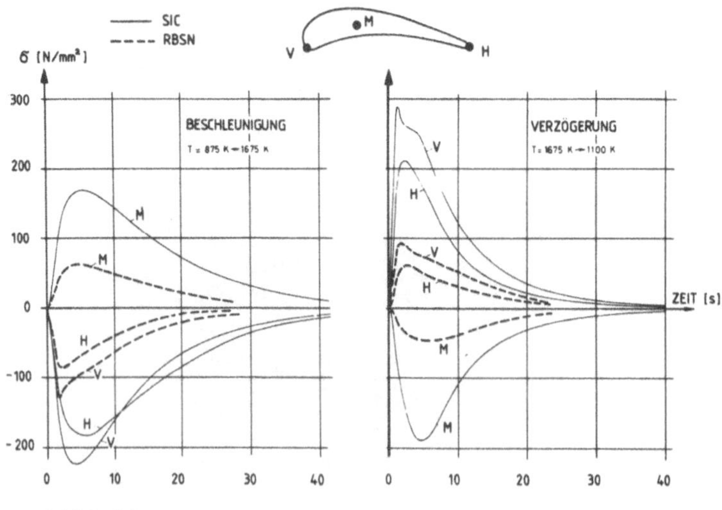

Bild 10:

Zeitlicher Verlauf der Wärmespannungen im Mittelschnitt der Leitschaufel

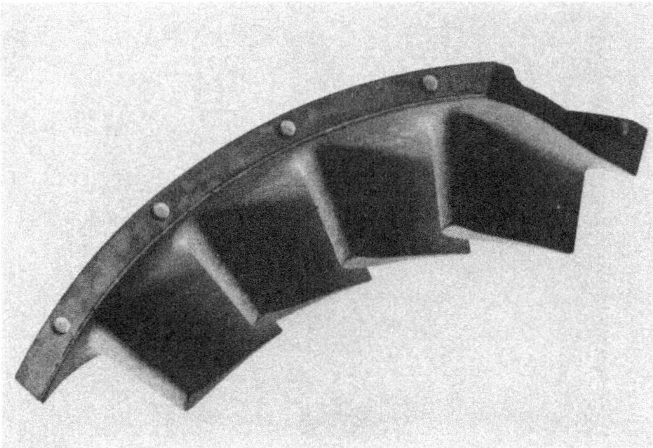

Bild 11:
durch Spritzguß geformtes Segment für den Leitapparat

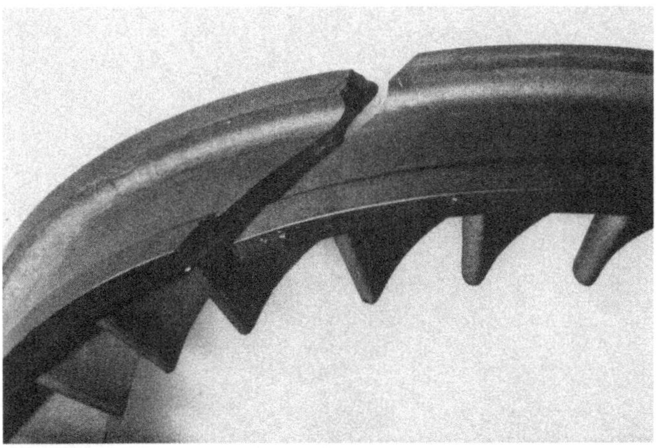

Bild 12:
integraler Leitkranz mit Sollbruchstelle nach dem Test

Bild 13:

Leitapparat aus RBSN-Einzelschaufeln

Bild 14:

Turbinenrotor mit keramischen Laufschaufeln und metallischer Scheibe

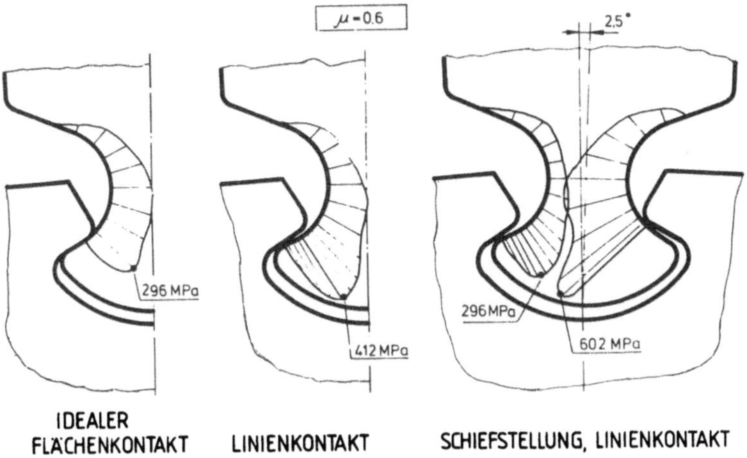

Bild 15: Oberflächenspannungen am Fuß der Laufschaufel durch Fliehkräfte bei Auslegungsdrehzahl 50.000 min^{-1}

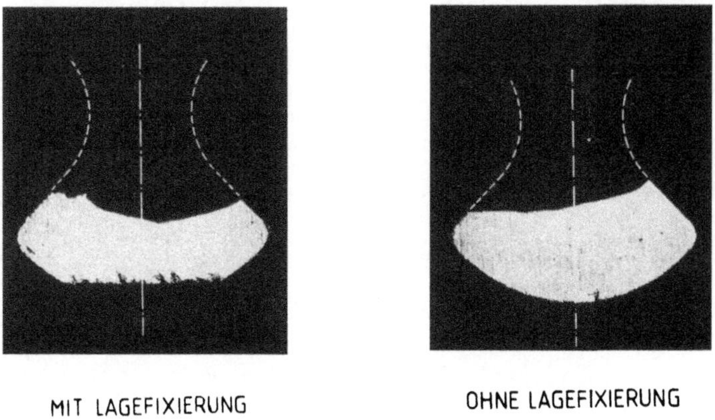

Bild 16: Bruchverläufe am Schaufelfuß, rechts: nach Schiefstand der Schaufel links: bei regulärer Lastübertragung

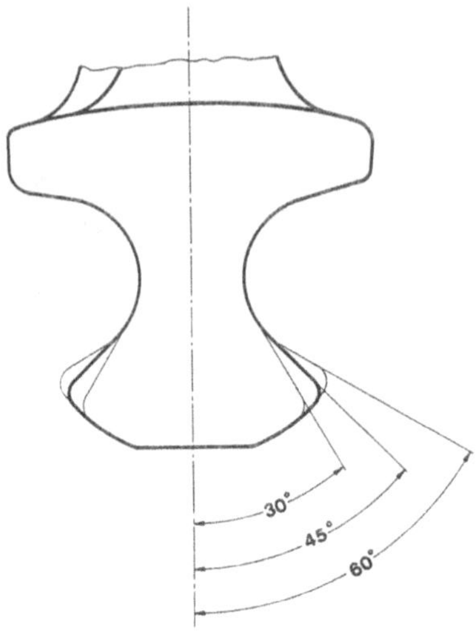

Bild 17: Definition des Kontaktwinkels am Schaufelfuß

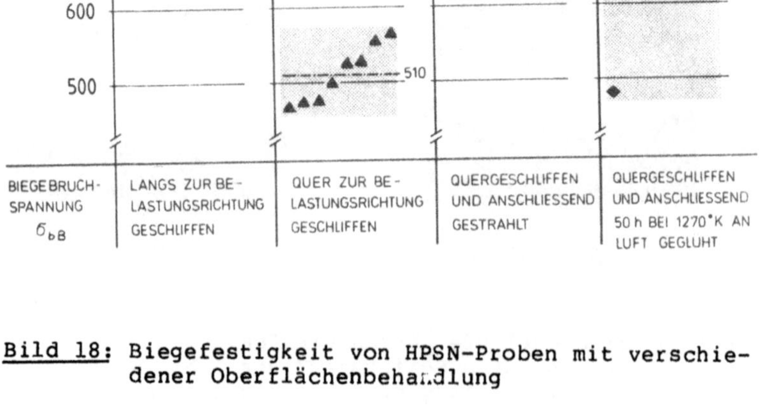

Bild 18: Biegefestigkeit von HPSN-Proben mit verschiedener Oberflächenbehandlung

Bild 19:
Oberflächen am Schaufelfuß aus HPSN, MgO-dotiert

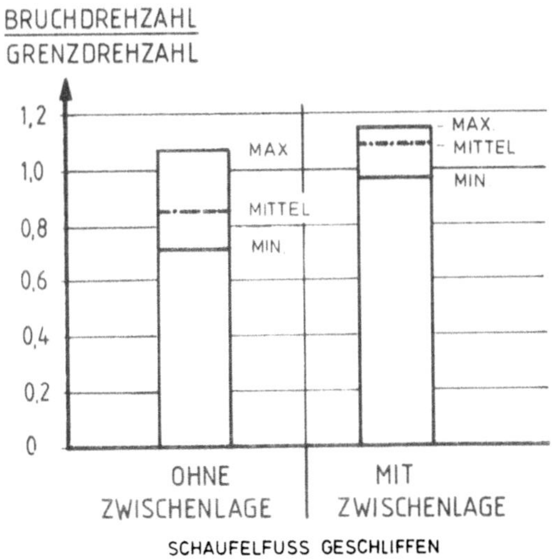

Bild 20: Ergebnisse von Schleuderversuchen mit Schaufeln aus HPSN

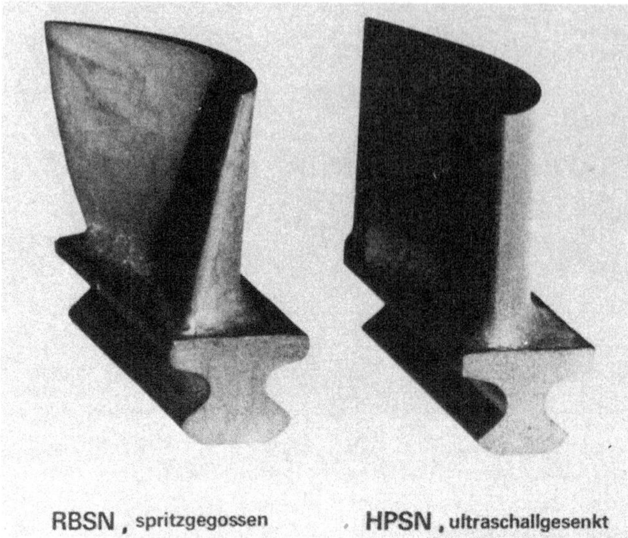

RBSN , spritzgegossen HPSN , ultraschallgesenkt

Bild 21: Turbinenlaufschaufeln

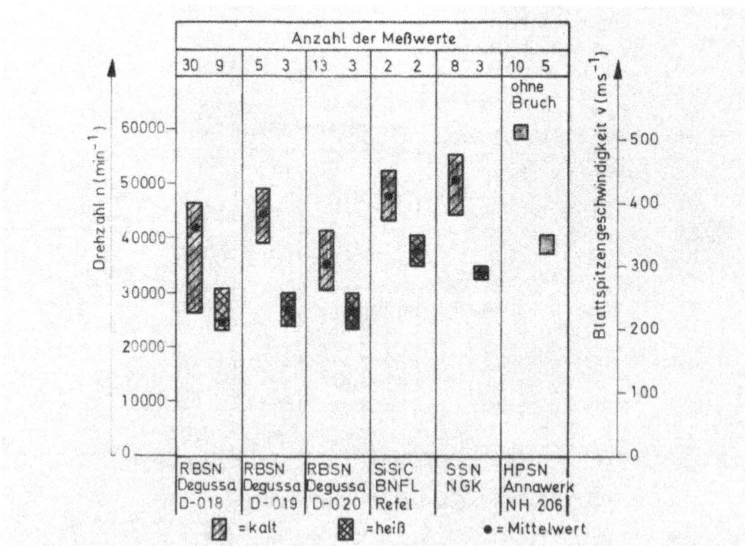

Bild 22: Ergebnisse von Kalt- und Heißschleuderversuchen

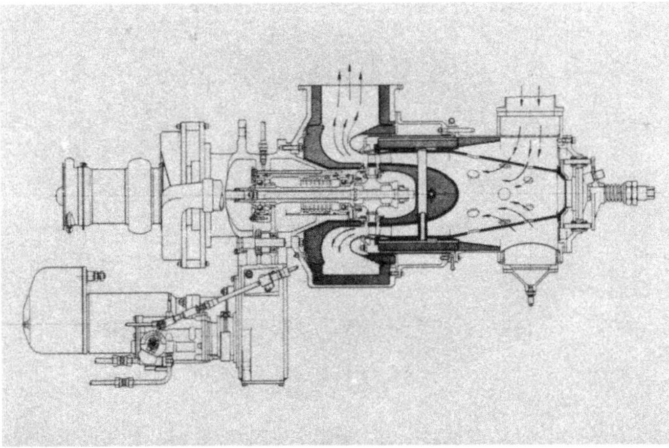

Bild 23:

Keramik-Versuchstriebwerk

Bild 24:

Hybridrotor auf Schleuderdorn

Bild 25:

Hybridrotor nach Triebwerkstest

Bild 26:

Turbinenrotor aus SSiC

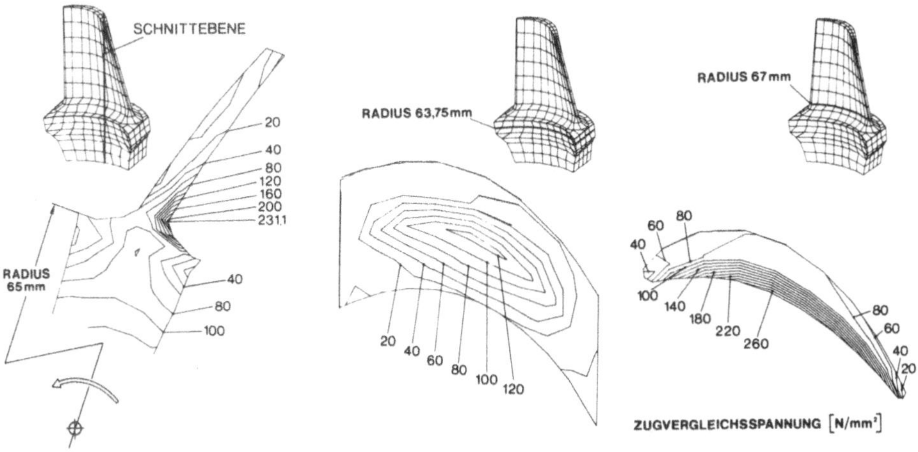

Bild 27: Zugspannungen im integralen Turbinenrad aus SSiC, 150 s nach dem Start des Triebwerkes

Bild 28: Schrittfolge zur Herstellung des integralen Turbinenrades aus SSiC

DRUCKBELASTETES KERAMIKLAUFRAD FÜR GASTURBINEN

M. Zippel
Institut für Luftfahrtantriebe
der Universität Stuttgart

Übersicht:

Beim „Druckbelasteten Keramiklaufrad" werden die Keramik-Schaufeln von einem am äußeren Umfang liegenden gekühlten Tragring aus Faserverbund-Werkstoff gehalten (Bild 1 und Bild 2). Die Keramikteile des Laufrades werden auf diese Weise durch Druck belastet, sodaß die gegenüber der Zugfestigkeit wesentlich höhere Druckfestigkeit ausgenützt werden kann. Örtliches Versagen wirkt sich nicht so gravierend aus wie bei innen gehaltenen zugbelasteten Schaufeln.

Für dieses Konzept wurden mehrere Einzeluntersuchungen durchgeführt:

- Berechnung des Laufrades mit Finite-Element-Methode zur Ermittlung der Spannungs- und Temperaturverteilung
- Konstruktions- und Werkstoffstudien für den Isolierbereich zwischen heißer Turbinenbeschaufelung und Tragring
- experimentelle Untersuchungen der Reißfestigkeit und des Kriechverhaltens von Ringen aus Bor-Aluminium-Verbund
- Weibull-Analyse von Schaufeln unter verschiedener Belastung

Unter Verwendung der Ergebnisse der Einzeluntersuchungen wurde der Einfluß der Baugröße auf die Realisierbarkeit des Konzepts untersucht.

Als Anwendungsbeispiel wird die erste Turbinenstufe einer Gasturbine der 800 kW-Klasse gezeigt.

1. Einleitung

Das Konzept des druckbelasteten Laufrades wurde in früheren Arbeiten vorgestellt [1]; experimentelle und theoretische Untersuchungen wurden von der DFVLR Stuttgart [2] und dem Institut für Luftfahrtantriebe [3] durchgeführt. In USA wird bei mehreren Firmen daran gearbeitet und Patentanmeldungen (z.B. [4]) zeigen, daß dieses Laufradkonzept weiter mit Interesse verfolgt wird.

Die Realisierung hängt, wie bei vielen Neuentwicklungen, von einer größeren Zahl von Problembereichen ab, die sich gegenseitig beeinflussen und miteinander gelöst werden müssen. Dies soll in Bild 3 veranschaulicht werden. Fragen der Auslegung des Kaltrings (als Verdichter, Turbine oder nur als Kühlbereich) sowie damit zusammenhängende Prozeßschaltungen wurden in [3] behandelt.

Untersuchungen zur Herstellbarkeit sowie Kaltschleudertests mit Laufrädern der 100 kW-Klasse führt das Institut für Bauweisen- und Konstruktionsforschung der DFVLR-Stuttgart durch.

Ziel des jetzt abgeschlossenen Projekts war die Klärung offener Punkte, bevor Heißversuche mit diesen Rädern unternommen werden sollten.

Weiterhin war zu klären, ob das Laufrad-Konzept bei größeren Gasturbinen angewandt werden kann.

2. Beschreibung des Konzepts

Bild 2 zeigt den Aufbau des zweiten Experimentalrades. Die Heißringschaufeln des Laufrades werden von dem außenliegenden Fasertragring aus CFK gehalten. Zwischen beiden liegt ein Isolierbereich aus keramischen Werkstoffen, der die thermische Isolierung des Tragrings gegenüber der Heißringbeschaufelung bewirkt. Der äußere Teil ist als Plattengitter ausgebildet, das von Kühlluft durchströmt ist. Wärme, die durch den Zwischenring nach außen gelangt, wird hier abgeführt und es wird so verhindert, daß an der Innenseite des Fasertragrings zu hohe Temperatur auftritt.

Der Fasertragring bildet mit den innenliegenden Keramikringen einen vorgespannten Schrumpfverband, an dem der ganze Isolierbereich bis zu den Schaufeldeckplatten beteiligt sein kann. Durch diese Vorspannung bleiben die in Umfangsrichtung geschlossenen Keramikteile auch bei Betriebsdrehzahl unter Druckbelastung.
Die Schaufeln des Heißgasbereiches sind in Umfangsrichtung aneinandergelegt und bei den jetzigen Experimentalrädern nicht in den Schrumpfverband einbezogen.

Der Übergang zur Nabe und Welle wurde bei den Arbeiten dieses Projekts nicht untersucht. Es wurde davon ausgegangen, daß die

Heißringschaufeln lediglich durch ihre eigene Fliehkraftbelastung auf den Tragring wirken und keine zusätzlichen radialen Kräfte übertragen.

3. Berechnung des Außenbereichs mit Finite-Element-Methode

Mit diesen Berechnungen wurde einerseits das bereits vorhandene, mit einfacheren Methoden ausgelegte Experimentalrad nachgerechnet. Hierzu wurde eine 3D-Diskretisierung vorgenommen, wie sie in Bild 4 dargestellt ist.

Andererseits wurde ein einfaches 2D-rotationssymmetrisches Modell erstellt, bei dem im Bereich der Kaltringstege gemittelte Werte für die Werkstoffdaten (E-Modul, Dichte, Wärmeleitzahl) eingesetzt wurden.

Ein Vergleich der beiden Rechnungen zeigt, daß die vereinfachte Rechnung die wesentlichen Werte in den Keramikringen und den Faserringen richtig wiedergibt, abgesehen von den Spannungsspitzen der Radialspannungen im Bereich der Stege. Parametervariationen für die weiteren Untersuchungen konnten daher mit dem viel weniger rechenintensiven 2D-rotationssymmetrischen Modell durchgeführt werden.

Bei diesen Rädern werden zwei Faserringe verwendet, von denen der innere den vorgespannten Schrumpfverband mit den Keramikringen bildet. Der äußere aus Kohlenstoff-Faser hohen E-Moduls hergestellte Ring, übernimmt erst bei Erwärmung des Rads bzw. bei Rotation einen Teil der auftretenden Radialkräfte.

Zur Auslegung des Schrumpfverbandes wurde das Spannungs-Dehnungs-Verhalten des Keramikbereichs und des inneren Faserrings getrennt berechnet. Das Bild 5 (links) zeigt deren Kombination und damit den Zusammenhang zwischen radialer Schrumpfspannung und Schrumpfmaß der Bauteile. In Bild 5 (rechts) erkennt man für einen Berechnungsfall mit hoher Schrumpfvorspannung, daß der bei Stillstand zunächst spannungsfrei aufliegende zweite Faserring mit steigender Drehzhal mitträgt und daß die Keramik bei Betriebsdrehzahl 60 000 min^{-1} unter Druckbelastung bleibt.

Die Verhältnisse bei Betriebstemperatur sind in Bild 6 zu sehen. Der Temperaturverlauf zeigt, daß beim Experimentalrad die Isolierwirkung vor allem durch die Kaltringstege bewerkstelligt wird. Hier ist der Temperaturabfall nahezu 400 K. Die Spannungsdiagramme zeigen, daß bei Betriebstemperatur und Betriebsdrehzahl der äußere Faserring sehr gleichmäßig mitträgt. Die Wirkung der Stege in Umfangsrichtung wurde bei dieser Rechnung vernachlässigt, daher ist die Umfangsspannung Null in diesem Bereich. Die genauere 3D-Analyse (Bild 7) ergab die zu erwartenden radialen Spannungskonzentrationen im Bereich der Kaltringstege. Eine größere Zahl von Stegen (z.B. 2 Stege pro Schaufelteilung) bringt gleichmäßigere Spannungsverteilung und führt durch die Vergrößerung der kühlenden Fläche zu kleineren Steghöhen (vgl. Bild 8a).

4. Werkstoffe und Isolierstrukturen für Zwischenring und Kaltring

Die beiden Bereiche müssen bei möglichst geringer Bauhöhe gut isolieren. Außerdem haben sie die Fliehkraft von den Turbinenschaufeln auf den Tragring zu übertragen. Günstige Werkstoffe weisen daher geringe Wärmeleitung bei hoher Festigkeit auf. Außerdem soll die Dichte möglichst gering sein, damit die Fliehkraft auf den Tragring klein wird.

Aus der Vielzahl untersuchter Werkstoffe sind vier Beispiele in Bild 8 gezeigt. Dabei zeichnen sich Tialit und Zirkondioxid durch besonders kleine Wärmeleitung, letzteres auch durch hohe Festigkeit aus.

Zur Verbesserung der Isolierwirkung kommen poröse Strukturen infrage. Dies können einerseits Werkstoffe sein, bei denen durch Schäumen, Einschluß leichter Materialien und dgl. beim Herstellungsprozeß Poren entstehen, andererseits können konstruktive Öffnungen und Hohlräume geschaffen werden, die den Vorteil reproduzierbarer Herstellung und örtlich anpaßbarer Gestaltung besitzen. Einzelne Bereiche oder die ganze Struktur können von kühlendem Medium durchströmt werden. Die untere Grenze der Porosität der Struktur wird beim druckbelasteten Keramiklaufrad zunächst durch die zu übertragende flächengemittelte Druckbelastung p_{zul} und die zulässige Spannung des Werkstoffs σ_{zul} gegeben. Der damit gebildete Massivparameter p_A sollte aber auch nicht zu klein sein, da zu geringe Wandstärken bzw. Stegdicken der Isolierstrukturen schwer herzustellen sind und wie in Bild 7 zu großen örtlichen Spannungen führen können.

Die Wärmeleitzahl λ_{str} der Struktur bestimmt die Dicke des Isolierbereichs. Hier zeigt sich deutlich der Vorteil von Tialit und Zirkondioxid. Der Gewichtsparameter w, der die Belastung des Tragrings durch die Isolierschicht beschreibt, ist mit $w=0,15$ für Zirkondioxid am günstigsten. Allerdings bietet auch Tialit insgesamt gute Werte, da es den Vorteil des größeren Massivparameters und damit einfacherer Herstellung und gleichmäßigerer Spannungsverteilung bei der Kraftübertragung zwischen Isolierbereich und den anderen Bereichen des Laufrades hat. Den Aufbau des Isolierbereichs für ein Laufrad mit CFK-Tragring zeigt Bild 8a schematisch. Es wurde eine zulässige Temperatur am Tragring von $T_{trag} = 420$ K angenommen. Die Auslegung des Isolierbereichs und seine Konsequenzen für die übrigen Größen des Laufrades zeigt Bild 9. Der Zwischenring besteht aus Tialit-Waben mit einem Massivparameter von $p_A = 0,4$, die Kaltringstege (1 bzw. 2 je Schaufelteilung) sind ebenfalls aus Tialit. Variiert man bei festgehaltenen inneren und äußeren Temperaturen die Zwischentemperatur T_{iso}, so verändert dies die Aufteilung der Abschirmaufgabe zwischen Isolierung im Zwischenring und Isolierung mit Wärmeabgabe im Kaltring (Bild 9, Mitte). Kleine Gesamtdicken $\delta_{iso} + \delta_{steg} = 3,5$ mm und damit geringe Tragringdicke δ_{TR} erhält man für hohe Temperatur T_{iso}; allerdings ist dann der Wärmeverlust $\dot{Q}$ groß (z.B. 5,5 kW bei $T_{iso} = 900$ K). Verschiebt man die Abschirmaufgabe zur Isolierung (z.B. $T_{iso} = 600$ K), so geht der Wärmeverlust auf 2 kW zurück, jedoch werden die Strömungsverluste durch die größere Tragringdicke anwachsen. Eine Optimierung wird mit Einbeziehung dieser Verluste erfolgen müssen.

Die Kurven für die Stegdicke δ_{steg} verlaufen zwar für sinkende Temperatur T_{iso} gegen Null, jedoch wachsen die erforderliche Isolierdicke und die resultierende Tragringdicke so stark an, daß ein Laufrad ohne Kühlstege für CFK-Faserring nicht realisierbar ist.

Anders mit Bor/Aluminium. Dieser Werkstoff hat höhere zulässige Betriebstemperatur ($T_{trag} = 623$ K), sodaß die Abschirmaufgabe durch eine Isolierung mit $\delta_{iso} = 5$ mm übernommen werden kann. Aufgrund der hervorragenden Wärmeleitfähigkeit der Aluminium-Matrix entstehen im Tragring nur geringe Temperaturdifferenzen. Die abzuführende Wärme wird an die Oberfläche des Tragrings geleitet und dort an die Kühlluft abgegeben.

5. Untersuchung von Bor-Aluminium-Ringen

Zur Prüfung der Bruchfestigkeit und des Kriechens bei Temperaturen bis 623 K (35o°C) wurde am ILA eine hydraulische Belastungseinrichtung (Bild 10) konstruiert und bei der DFVLR Stuttgart (IBK) hergestellt.

Diese arbeitet mit Wasser als Arbeitsfluid bis zu einem Druck von 1200 bar. Der Wasserdruck wirkt zwischen Zentralkörper und dem damit verschweißten dünnwandigen Dichtzylinder aus St.35. Dieser überträgt den hydraulischen Druck auf den zu prüfenden Bor-Aluminium-Ring. Die Abmessungen sind so gewählt, daß der Dichtzylinder im ganzen Prüfbereich in plastisch fließendem Zustand ist und so nur einen geringen Traganteil besitzt. Es kann daher vom hydraulischen Druck direkt auf die Belastung des Bor-Aluminium-Rings geschlossen werden.

Die Dehnungen werden mit Dehnungs-Meßstreifen aufgenommen; Bild 11 zeigt zwei versuchsbereite Belastungseinrichtungen mit den zugehörigen Kompensationsringen, die zum Ausgleich der Temperaturdehnungen dienen.

Das Bor-Aluminium-Verbundmaterial wurde vom Battelle-Institut in Frankfurt/Main in Form von Rohren hergestellt. Die DFVLR Stuttgart stellte daraus die Prüfringe her und führte die Versuche durch.

Die bisherigen Ergebnisse liegen σ_B = 900 bis 1100 N/mm² noch unter den erwarteten Werten von ca. 1300 N/mm². Für weitere Untersuchungen wurde daher das Wickelverfahren modifiziert. Die bisherigen Kriechuntersuchungen (wegen Schwierigkeiten mit der Dehnungsmessung vorläufig bis 250°C) zeigen kein feststellbares Kriechen bei Belastung bis 700 N/mm².

Weitere Versuche mit dem modifizierten Material (Bor-B_4C-Faser und andere Wickeltechnik) sind vorgesehen.

6. Einfluß der Baugröße auf die Realisierbarkeit des Konzepts

6.1 Bestimmung der Hauptabmessungen aus Festigkeitsrechnung und Wärmetechnik

Gewählt wurden drei Maschinengrößen, die sich im Massenstrom und damit in der Leistung jeweils um den Faktor 10 unterscheiden. Das Schaufellängenverhältnis des Heißgasbereichs wurde mit l/D=0,11 und die mittlere Umfangsgeschwindigkeit mit U_m = 400 m/s festgesetzt. Turbinenbeschaufelung und Außenträger sind in Bild 13 maßstäblich dargestellt.

Die von einander zu isolierenden Temperaturen sind in allen drei Fällen gleich: für die Schaufelbeanspruchung maßgebende Heißgastemperatur T_{WG} = 1540 K und zulässige Tragringtemperatur T_{trag} = 420 K. Daher könnte der Isolierbereich in erster Näherung für alle Maschinen gleich dick sein.

Nun nehmen jedoch, wie in Bild 14 links zu sehen, die Wärmeübergangszahlen mit steigender Maschinengröße für die wärmeabführenden Bereiche (Kühlkanal und Tragring) relativ stärker ab, als für den wärmezuführenden Heißkreis. Daher muß die Gesamtdicke des Isolierbereich etwas zunehmen. Bild 14 rechts zeigt die radialen Abmessungen der einzelnen Bauteile. Bei der Maschine mit $\dot{m}$ = 100 kg/s entfällt die Isolierschicht, da das Deckband der Keramik-Schaufeln zusammen mit den Kühlstegen genügend isoliert.

Im Ganzen gesehen geht aber doch die auf den mittleren Durchmesser bezogene Höhe des Außenträgers wesentlich zurück (von H/D_m = 0,18 auf 0,10), sodaß der Außendurchmesser und die Strömungsverluste abnehmen. Die Maschinen mit $\dot{m}$ = 10 kg/s zeigt mit H/D_m= 0,12 bereits einen wesentlich günstigeren Wert als die Kleingasturbine. Die Betrachtungen gelten für CFK-Tragringe, wobei allerdings die Kühlluft nach dem Verdichter auf eine Temperatur von 400 K gekühlt werden müßte. Dies ist lediglich bei stätionären Maschinen (für die Kühlluftmenge von 4 kg/s) zumutbar, nicht jedoch bei Automobil-oder Fluggasturbinen. Hier kommen CFC-Ringe und Kühlluft direkt vom Verdichter infrage. Die Abmessungen werden für CFC absolut etwas kleiner, die relativen Zuordnungen bleiben jedoch erhalten.

6.2 Vergleich innen- und außengelagerter Schaufeln (Weibull-Analyse)

Die aus einer Weibull-Analyse resultierenden zulässigen Spannungen für beide Prinzipien sind in Bild 15 über der Baugröße aufgetragen; ebenso die aus der Festigkeitsrechnung bestimmten Fliehkraftspannungen an der Einspannstelle.

Ein Vergleich ergibt, daß mit den angenommenen realistischen Werkstoffdaten (von $\bar{\sigma}$ = 400 N/mm² und m = 10 bei der Normprobe) die innengehaltene zugbelastete Schaufel bei Gasturbinen mit $\dot{m}$ = 10 kg/s realisierbar ist, wobei auch das gewählte Schaufellängenverhältnis l/D_m eine Rolle spielt. Bei größeren Maschinen kann diese Bauweise unter diesen Voraussetzungen nicht gebaut werden.

Die außen gehaltene, druckbelastete Schaufel hingegen besitzt auch bei den großen Maschinen und großen Schaufellängenverhältnissen ausreichende Festigkeitsreserve.

7. Gasturbine der 800 kW Klasse (Konstruktionsbeispiel)

Beim Einbau des druckbelasteten Keramik-Laufrads ist die Zugänglichkeit des Kühlbereichs KB am Außenträger von Bedeutung. Für drei verschiedene Brennkammeranordnungen [5], [6], [7], ist dies in Bild 16 dargestellt.

Gewählt wurde als ungünstigster Fall eine Anordnung mit Umkehrbrennkammer (auf der Basis der Garrett-Airesearch TPE 331) wobei ein eventueller Wärmeaustauscher (entsprechend [6]) vorgesehen ist. Bei dieser Leistungsklasse ist ein Laufrad mit Bor/Aluminium Tragring ohne Kühlstege, mit ausschließlicher Isolierung durch Tialit-Waben realisierbar. Der Tragring wird dadurch relativ niedrig und in seinem Strömungsverhalten nicht anders als ein dickes Deckband.

Kühlluft vom Verdichter wird durch drei Rohre zu dem Kühlbereich KB geführt und dort in Keramik-Bauteilen zur Vorderseite des Laufrads geleitet. Der Druck liegt dann etwas über dem statischen Druck in der Eintrittsebene der Heißgasbeschaufelung.

Die Kühlluft strömt über dem Tragring hinweg zur Rückseite des Laufrads und dort nach innen in den Gasturbinenkreislauf. Beim Prozeß mit Wärmeaustauscher wäre diese Zumischung zum Heißgas nicht optimal (vgl. [1]), jedoch fällt sie bei dem jetzt geringeren Kühlluftanteil von ca. 5% nicht so stark ins Gewicht.

8. Zusammenfassung und Ausblick

Der Isolierbereich des druckbelasteten Keramiklaufrads ist mit den zur Verfügung stehenden Werkstoffen bei entsprechender optimierter Konstruktion realisierbar. Als Werkstoff für den Tragring ist Bor-Aluminium bei kleineren und eventuell mittleren Maschinen geeignet; die bisherigen Kriechuntersuchungen der Verbundringe haben günstige Ergebnisse. Als weiterer Werkstoff vor allem für größere Maschinen kommt CFC in Frage, wobei allerdings noch keine experimentellen Erfahrungen vorliegen.

Das Konstruktionsprinzip bietet für große Gasturbinen deutliche Vorteile gegenüber der Bauweise mit innen gehaltenen zugbelasteten Schaufeln (vgl. hierzu auch amerikanische Studien [8]).

Weitere Untersuchungen sollen die Konstruktion und strömungstechnische Gestaltung der Schaufeln betreffen.

Schrifttum:

[1] KOCHENDÖRFER, R. ZIPPEL, M. Keramiklaufrad mit gekühltem Außenschaufelträger und die Auswirkung dieses Konstruktionsprinzips auf die Auslegung einer Kleingasturbine DGLR Symposium „Kleingasturbinen" Okt.1977 DGLR-Bericht 78-01 (1978)

[2] KOCHENDÖRFER, R. HÜTTER, U. Scheibenförmiges Laufrad für eine hochtourige Axialturbine Deutsches Patent 25 07 512. 1-13 erteilt 1. Sept. 1977

[3] ZIPPEL, M. Gasturbine mit gekühltem äußeren Schaufelträger, Prozeßuntersuchungen Universität Stuttgart: Institut für Luftfahrtantriebe, Bericht ILA 76-B-10 (1976)

[4] EDWIN F. COOL CIAN Britische Patentanmeldung GB 2069 065 A (3.Feb.1981) der Firma Rockwell International Corporation USA(Priorität USA: 4. Feb. 1980)

[5] GIRAUD, M. LOUSTALET, H. Influence des nouvelles technologies des turbines sur leurs composants; Helicopter Propulsion Systems (1981) AGARD-CP-302

[6] SCHRADER, J.W. Aerodynamic Components for Small Turboshaft Engines Helicopter Propulsion Systems (1981) AGARD-CP-302

[7] WALZER, P. Keramische Werkstoffe für zukünftige Automobilantriebe BWK 35 (1983) Nr.1-2 S.46-50

[8] ELKINS, R.T., HEATH, B.B., YONUSHONIS, T. Innovative Design of Ceramic Utility Gas Turbines ASME 78-WAT-9 (1978)

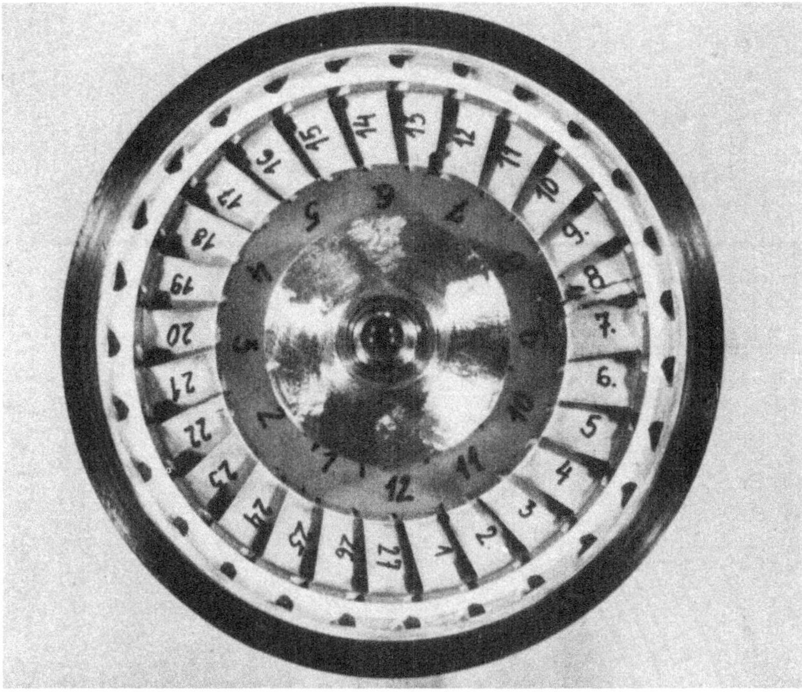

Dieses Versuchsrad wurde bis zu einer Drehzahl von 41.000 min^{-1} geschleudert

Bild 1 Druckbelastetes Keramiklaufrad Experimentalrad (DFVLR-ILA)

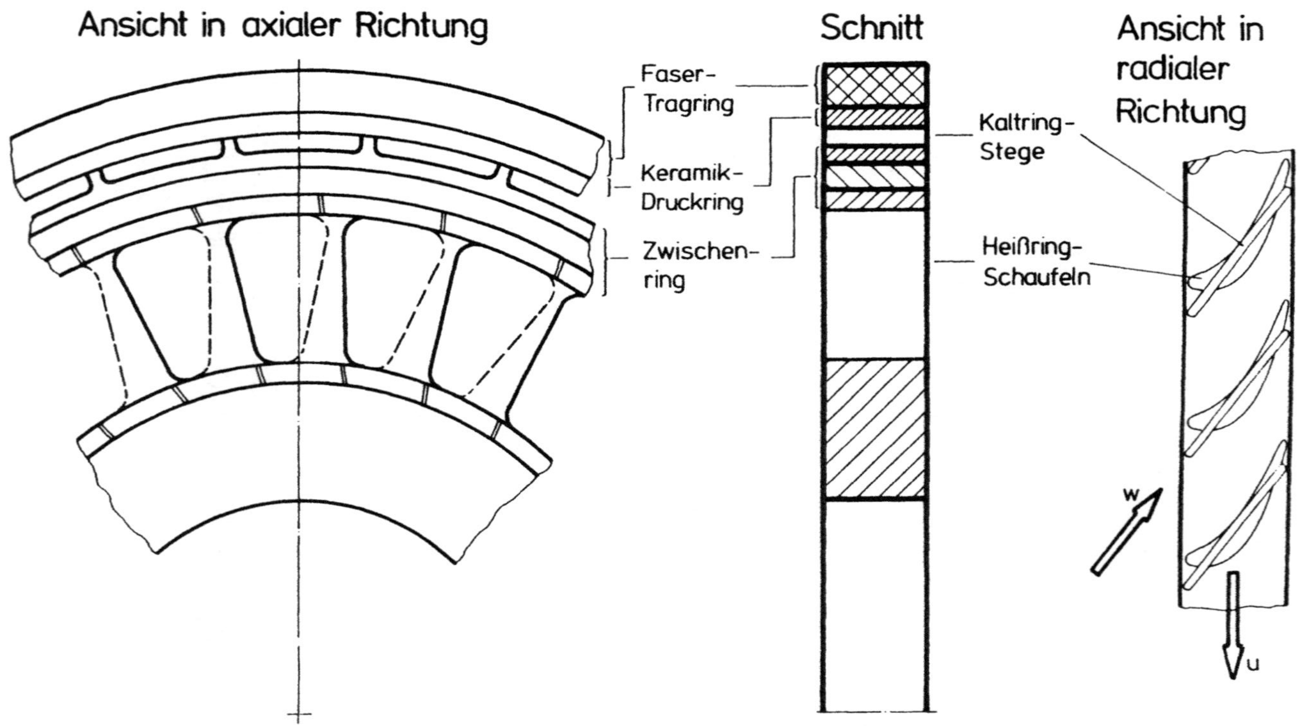

Druckbelastetes Keramiklaufrad
Aufbau des Experimentalrades

Bild 2

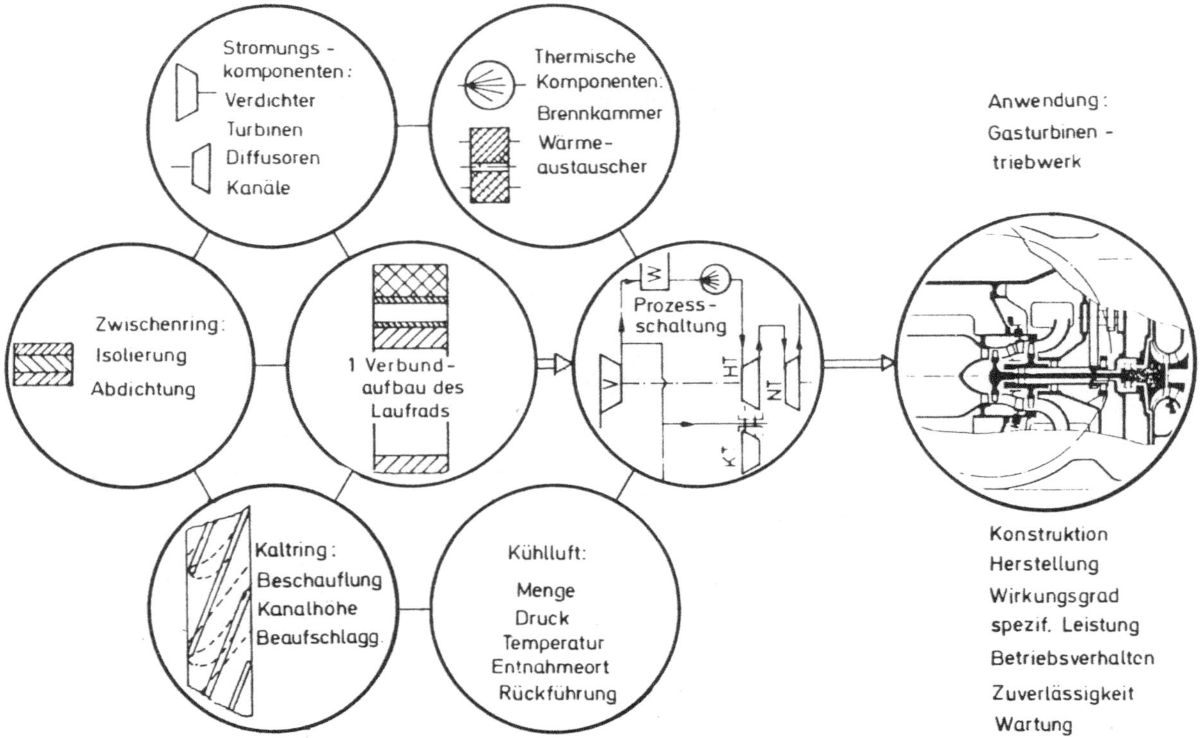

Teilprobleme bei der Entwicklung des druckbelasteten Keramiklaufrades Bild 3

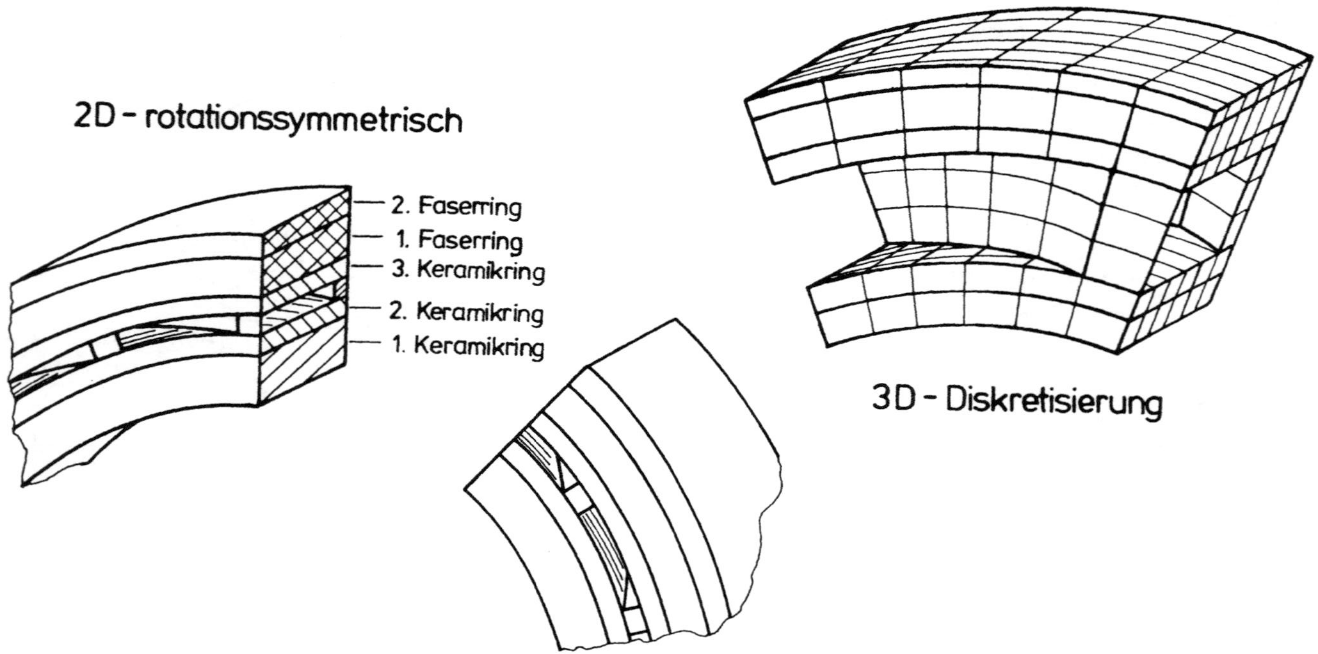

Berechnung des Außenbereichs mit FEM

Bild 4

Radiale Schrumpfspannung als Funktion der Abmessungen

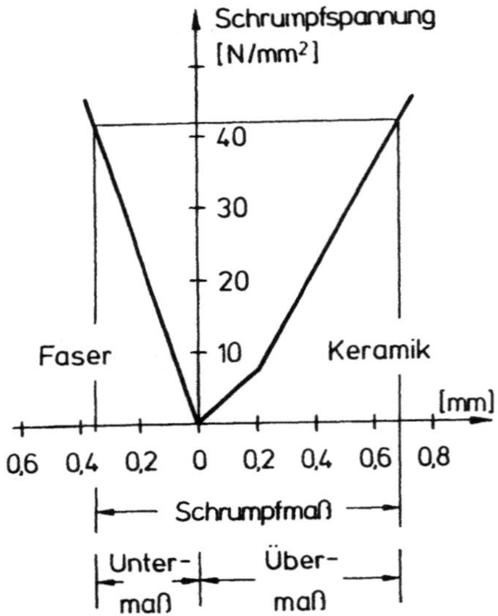

Umfangsspannungen bei 20°C

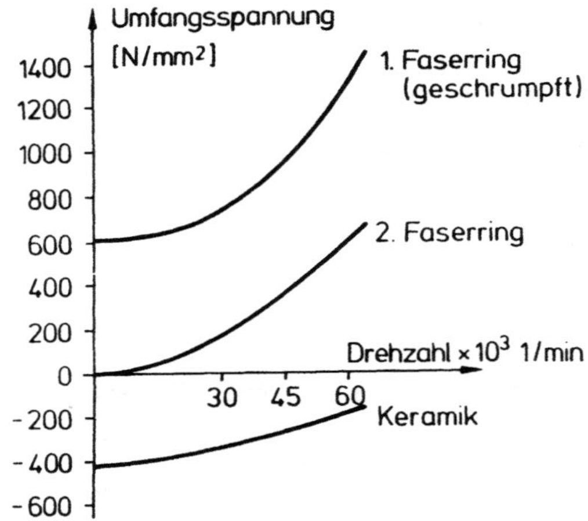

Spannungen am Übergang zwischen 3. Keramikring und 1. Faserring

Auslegung des Schrumpfverbandes von Keramik und Faserverbundringen

Bild 5

Experimentalrad bei:

Turbineneintrittstemperatur	T_{3t} = 1700 K
Deckbandtemperatur	T_i = 1270 K
Kühllufttemperatur	T_k = 480 K

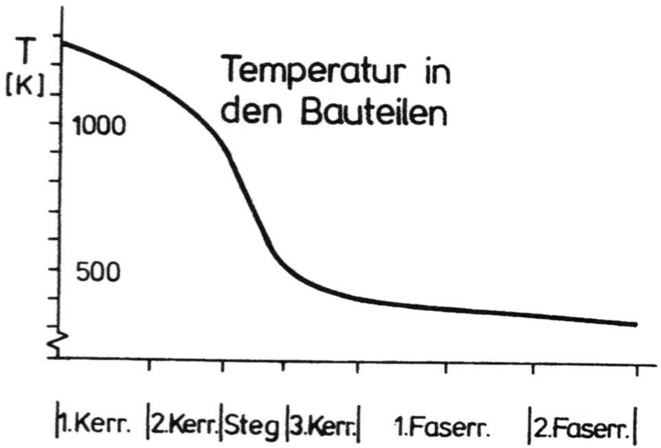

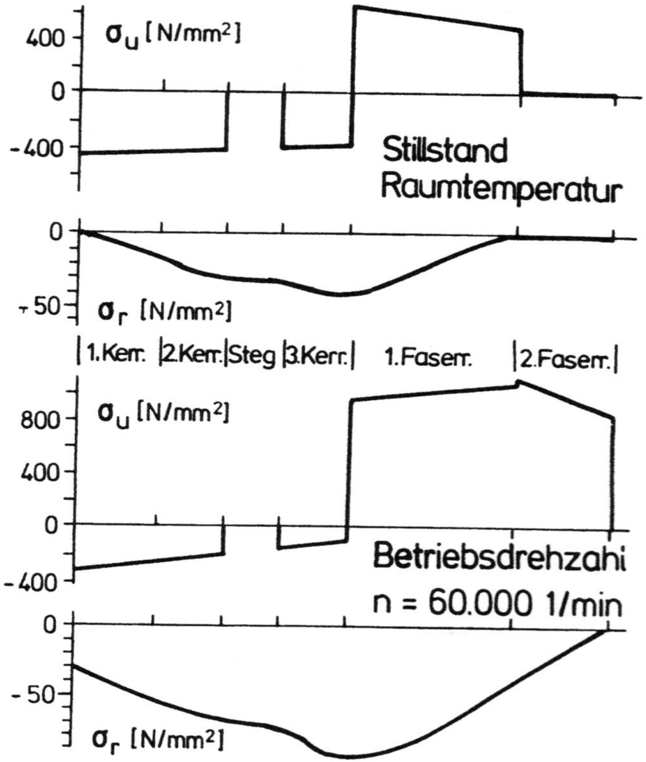

Temperatur und Spannungen in den Bauteilen (2D-Rechnung)

Bild 6

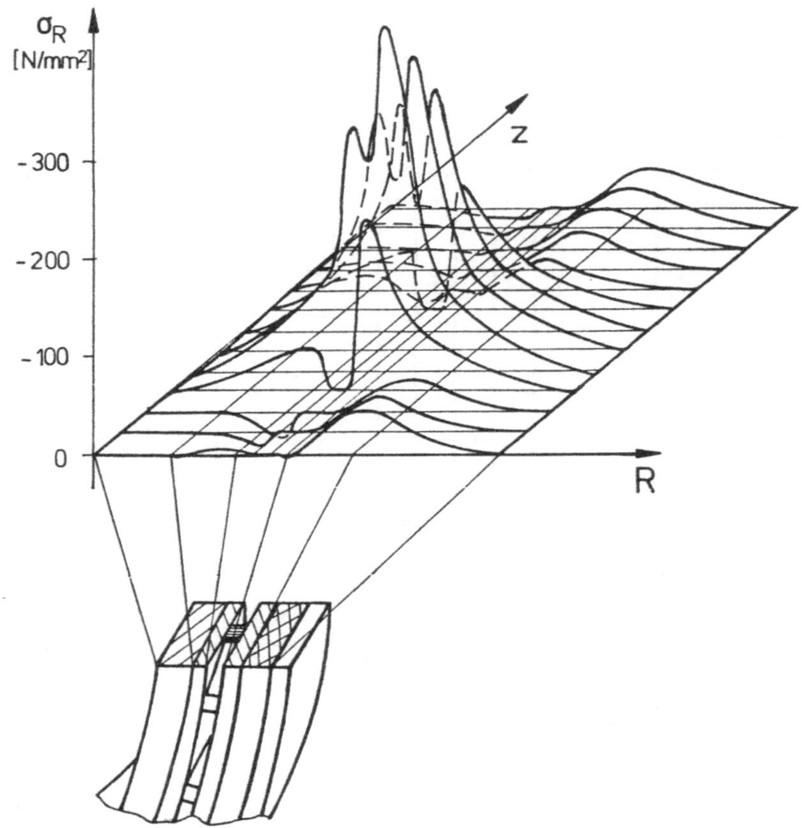

Radial-
spannungen
im
Außenträger
(3D-Rechnung)

Bild 7

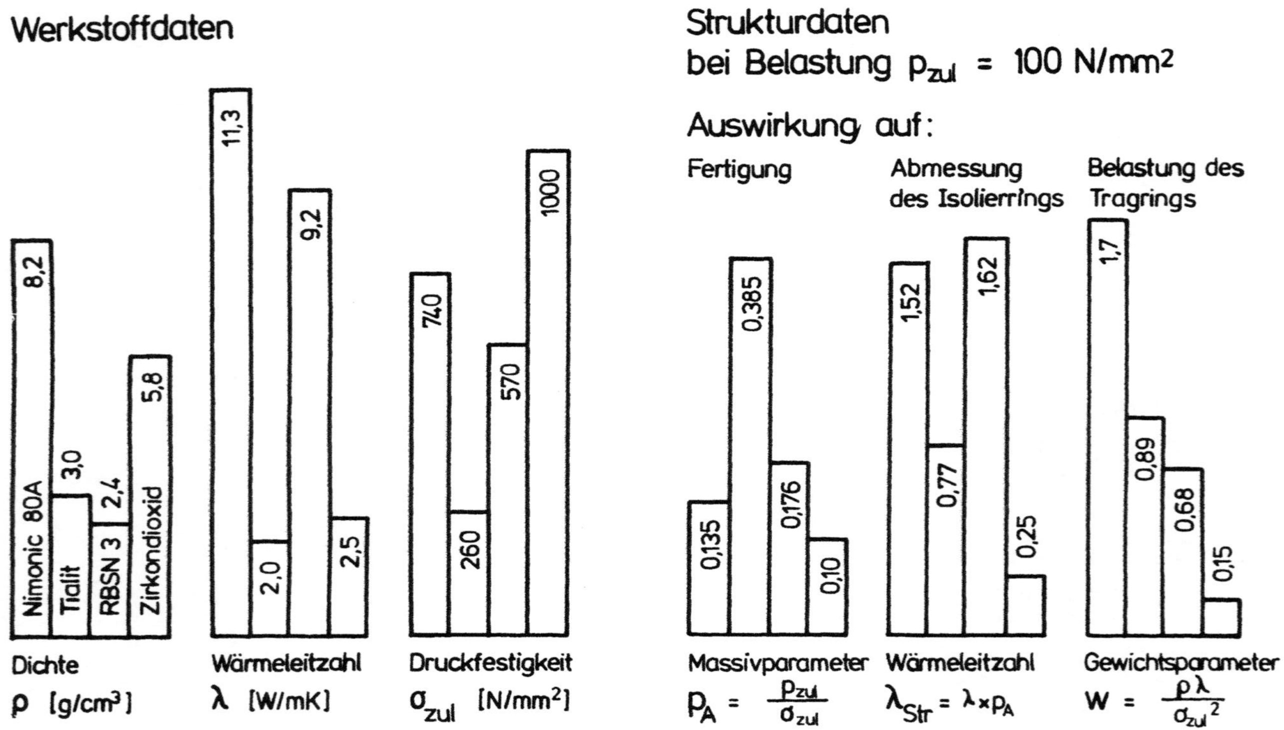

Werkstoffe für den Isolierbereich
Vergleich bei 1000 K

Bild 8

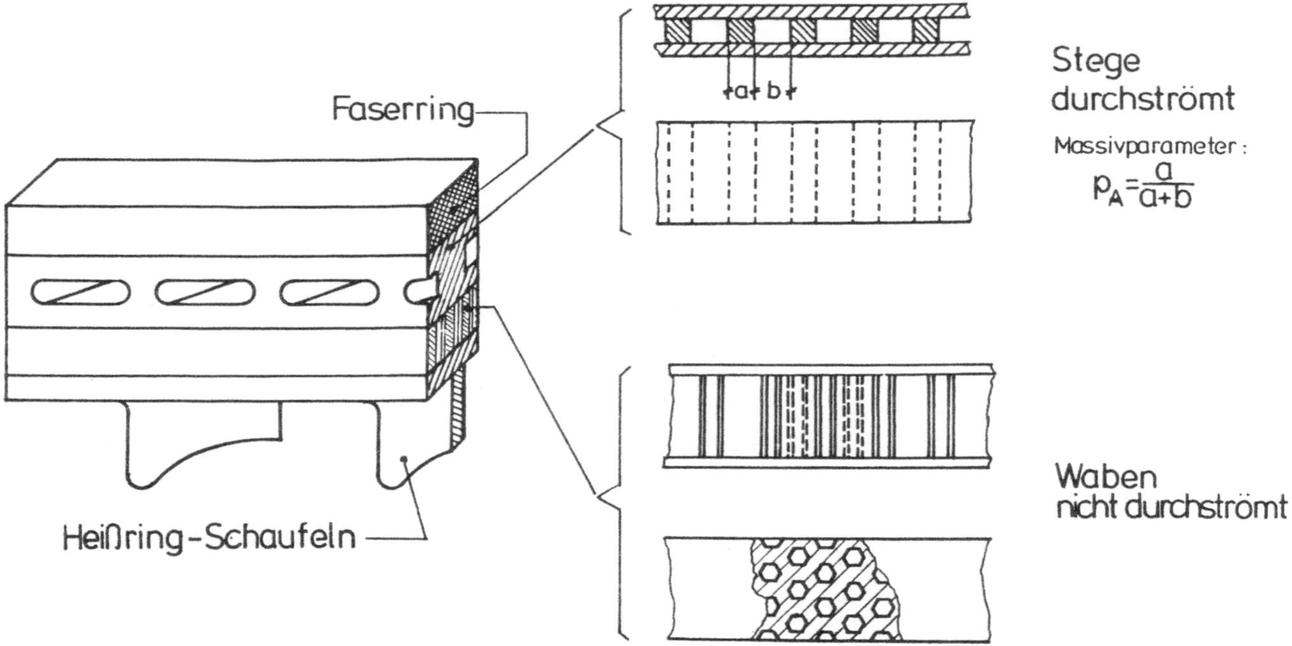

Isolierbereich des Laufrades

Bild 8a

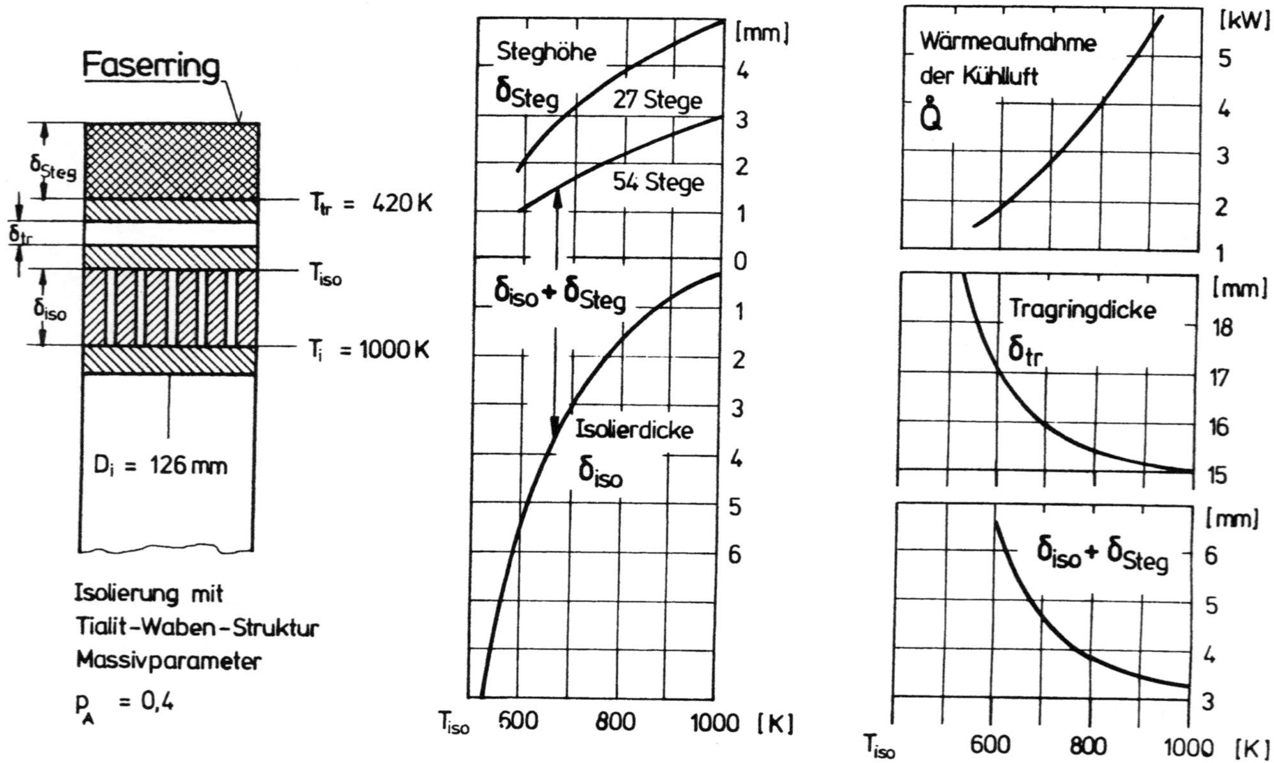

Auslegung des Isolierbereichs
Beispiel Kleingasturbine

Bild 9

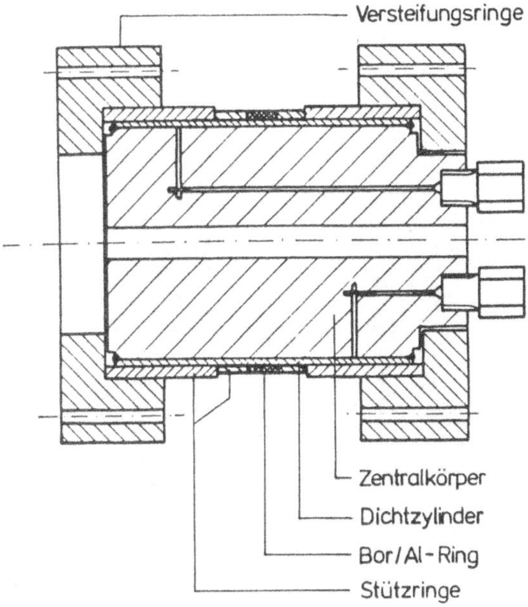

Belastungs-einrichtung für Bor/Al-Ring

Arbeitsfluid: Wasser

Innendruck: bis 1200 bar

Temperatur: bis 350°C

Bild 10

Belastungs-einrichtung für Bor/Al-Ring

2 Einrichtungen mit Kompensations-ringen montiert zum Einbringen in den Ofen

Bild 11

Bestimmung des Traganteils
des Dichtzylinders (St.35)
Variation der Wandstärke

Ergebnisse:
Bruch bei Raumtemp.: 900 bis 1100 N/mm^2

Kriechen: Prüftemperatur

20°C	2 Proben
160°C	2 Proben
250°C	6 Proben

Kein Kriechen feststellbar bei 700 N/mm^2
und Versuchsdauer 300 – 400 h

Versuche mit Bor-Aluminium-Ringen

Bild 12

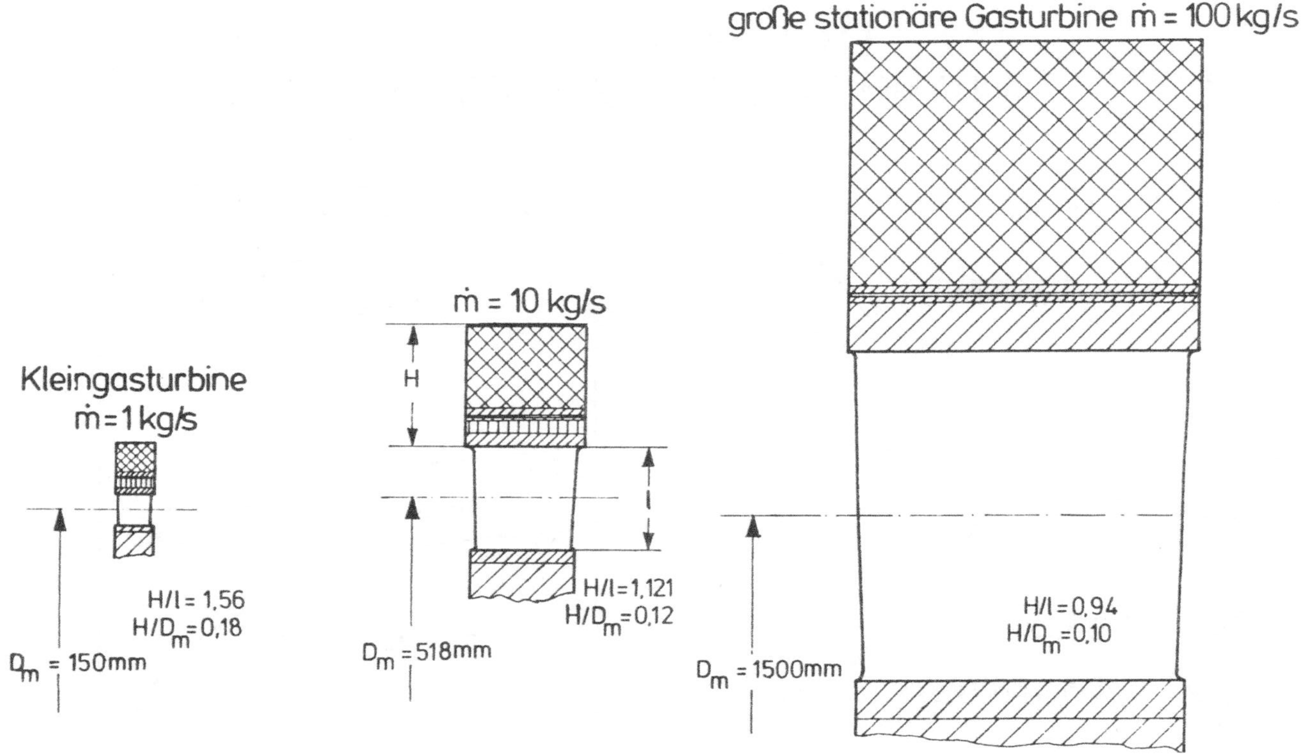

Einfluß der Baugröße auf die Abmessungen der Tragringe (Tragring CFK), $u_m = 400 m/s$ Bild 13

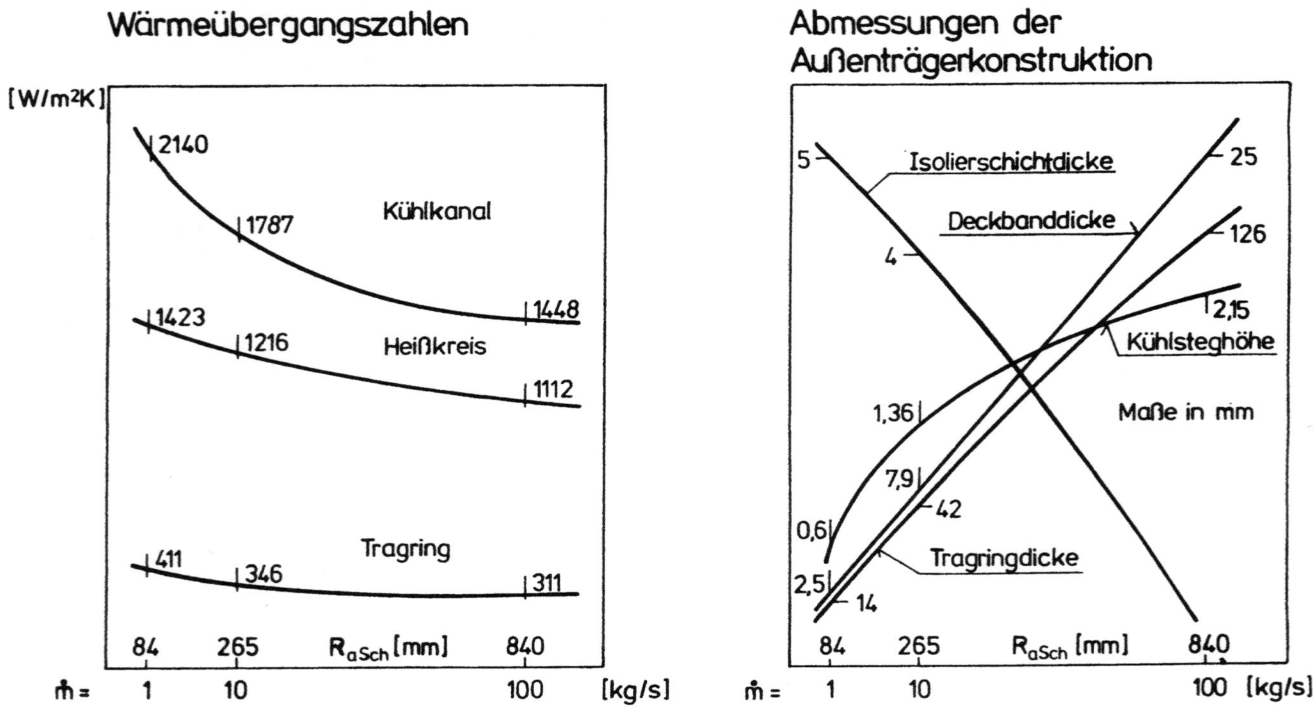

Einfluß der Baugröße auf Wärmetechnik, Abmessungen (Tragring CFK) Bild 14

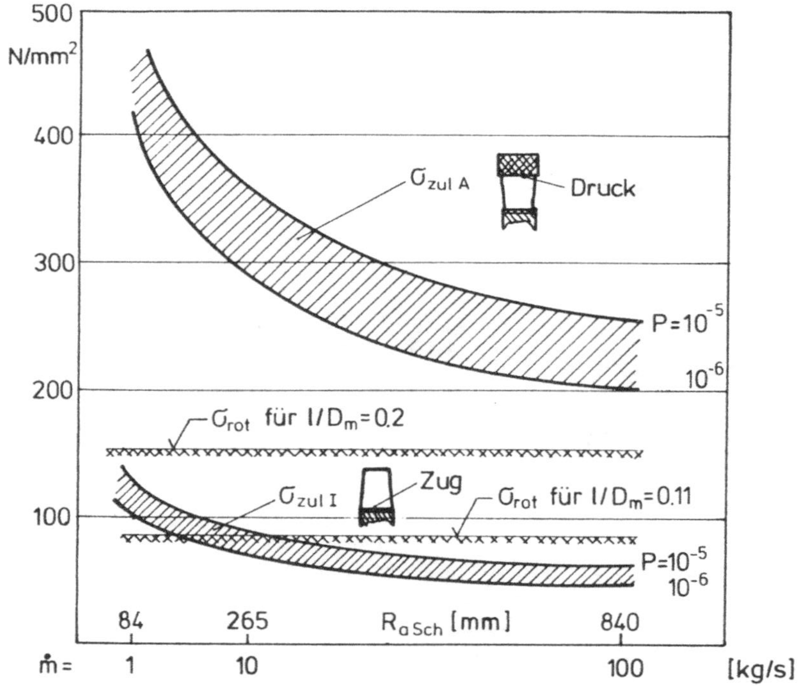

Zulässige Schaufelspannungen aus Weibull-Rechnung:

$\sigma_{zul\,I}$ bei Innenträger (Zug)
$\sigma_{zul\,A}$ bei Außenträger (Druck)

Schaufelspannung infolge Fliehkraft:
σ_{rot}

Werkstoffdaten:

$\rho = 2.4 \cdot 10^3$ kg/m³
$\sigma = 400$ N/mm² bei Normprobe
$m = 10$

Umfangsgeschwindigkeit im Mittelschnitt:

$u_m = 400$ m/s

Schaufellängenverhältnis:

$l/D_m = 0.11; 0.2$

Vergleich innen- und außengelagerter Schaufeln Einfluß der Baugröße

Bild 15

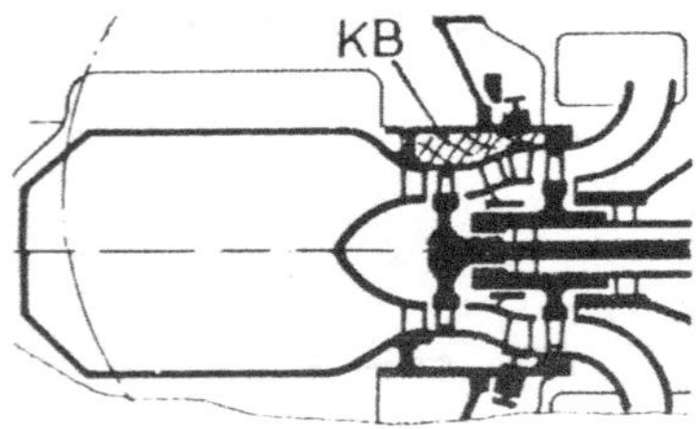

Zentralbrennkammer
(Bauart VW)

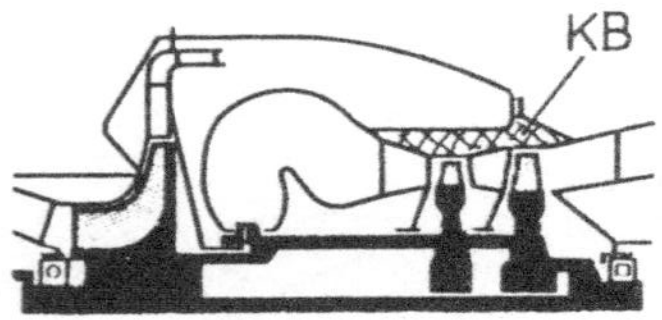

Brennkammer mit
Zentrifugaleinspritzung
(Bauart Turbo-Meca)

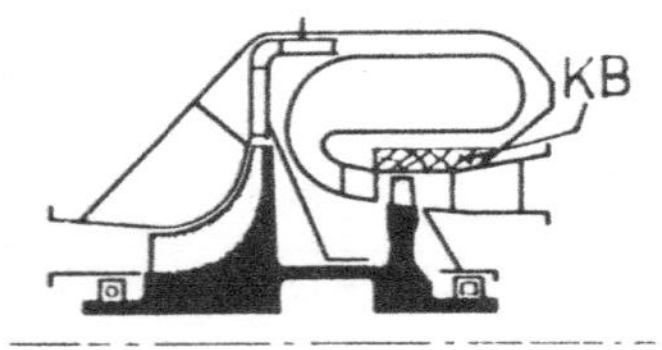

Umkehrbrennkammer

Kühlluft-
führung bei
verschiedenen
Brennkammer-
Turbinen-
Anordnungen

Bild 16

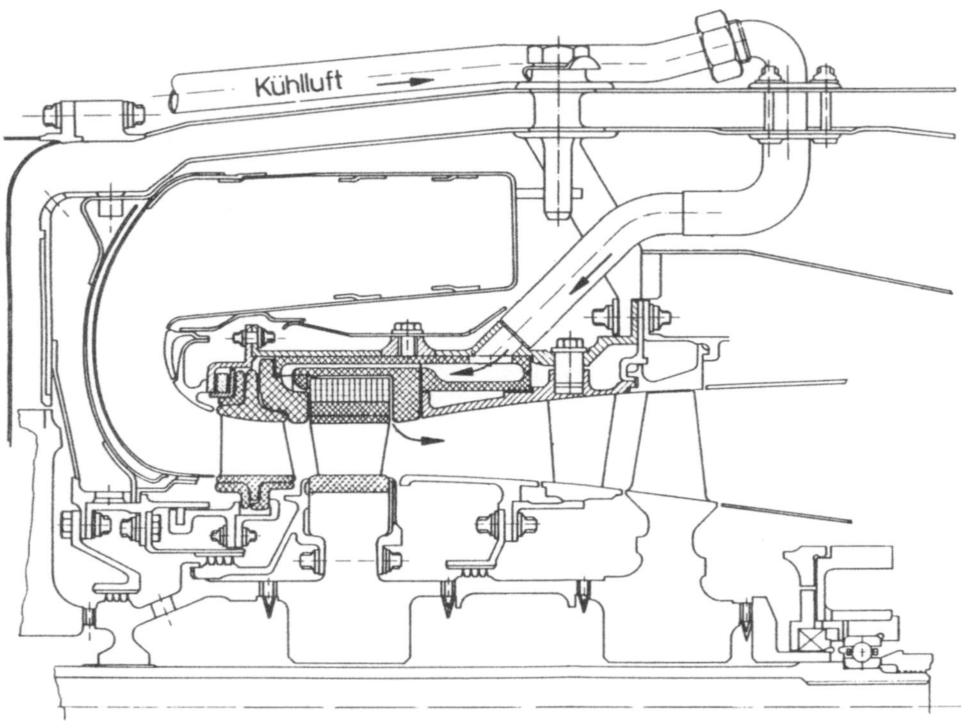

Gasturbine mit druckbelastetem Keramiklaufrad

(Konstruktions-untersuchung auf der Basis der Garrett-Airesearch TPE 331)

Tragring: Bor/Al
Isolierung: Tialit-Waben

Bild 17

BAUTEILE AUS KERAMIK FÜR GASTURBINEN

K. D. Mörgenthaler

Daimler-Benz Aktiengesellschaft, Stuttgart

1. Einleitung

Die dritte Phase (01.03.1980 - 30.06.1983) des vom Bundesministerium für Forschung und Technologie geförderten und unter der Projektbegleitung der Deutschen Forschungs- und Versuchsanstalt für Luft- und Raumfahrt durchgeführten Deutschen Keramikprogrammes stand bei der Daimler-Benz AG unter denselben Prämissen, wie sie in den Abschlußberichten der ersten beiden Phasen [1, 2] dargelegt worden waren.

Im Sinne einer zwischen den am Deutschen Keramikprogramm teilnehmenden Triebwerksfirmen MTU, VW und Daimler-Benz getroffenen Arbeitsteilung bearbeitete die Daimler-Benz AG folgende Gebiete: Vollkeramisches Turbinenrad aus heißgepreßtem Siliziumnitrid (HPSN), Rekuperativ-Wärmetauscher aus reaktionsgesintertem Siliziumnitrid und im zweiten Förderungszeitraum beginnend auch die Entwicklung einer Turbinenspirale aus Si-infiltriertem Siliziumkarbid (SiSiC).

Schwerpunkt der Arbeiten war die Entwicklung monolithischer Turbinenräder aus heißgepreßtem Siliziumnitrid. Durch den 1978 bei Daimler-Benz gefaßten Beschluß, im Rahmen des Forschungsprojektes "Auto 2000" [3, 4] auch eine Hochtemperatur-Gasturbine (Bild 1) herzustellen, in der vollkeramische Turbinenräder zum Einsatz kommen, mußten aber die Entwicklungsprioritäten geändert werden. Heißgasprüfläufe mit vollkeramischen Turbinenrädern fanden deshalb vorwiegend in dem

Umfange statt, wie sie für die Turbinenentwicklung notwendig waren.

Über die Ergebnisse der im 3. Förderungszeitraum durchgeführten Forschungsarbeiten wird nachfolgend berichtet.

2. Rekuperativ-Wärmetauscher

In Zusammenarbeit mit Firma Rosenthal wurden die Entwicklungsarbeiten fortgeführt, das Konzept eines Rekuperativ-Wärmetauschers aus reaktionsgesintertem Siliziumnitrid für eine Fahrzeug-Gasturbine zu realisieren (Bild 2).

Mit der ursprünglich zur Herstellung der schichtweise aufgebauten Matrixsysteme vorgesehenen Wellfolien- und Strangpreßtechnologie konnten innerhalb der ersten beiden Förderungsabschnitte [1, 2] keine ausreichend stabilen Körper dargestellt werden. Ein danach neu entwickeltes Verfahren in Kombination von Folien-, Stanz- und Laminiertechnik zeigte zwar prinzipielle Verbesserungen bezüglich Formgenauigkeit und Materialqualität, die ersten Probekörper entsprachen jedoch noch nicht den hohen Anforderungen für einen Einsatz in einer Fahrzeug-Gasturbine.

Die Mindestanforderungen und die bis zu Beginn des dritten Förderungszeitraumes (1980) erzielten Ergebnisse an laminierten Matrixkörpern sind in Tabelle 1 wiedergegeben. Für einen eventuellen Einsatz in einem Gasturbinentriebwerk müssen die Prüfkörper allen Anforderungen ohne Ausnahme gerecht werden.

Die im dritten Förderungszeitraum bis April 1982 angelieferten Gleich- und Kreuzstrom-Matrixkörper entsprachen - wie Tabelle 1 zu entnehmen ist - in der Matrixstruktur annähernd den Anforderungen. Die geforderte Trennwandstärke von 0,2 mm konnte mit 0,22 mm an einigen Stellen nahezu realisiert werden. Die Stärke der Stege betrug 0,3 bis 0,4 mm.

Die bis 1982 gesteigerte Dichte des Werkstoffes auf 2,35 g/cm^3 kann für die Laminiertechnik als gut betrachtet werden. Die Gasdurchlässigkeit liegt mit 2.10^{-3} g/cm^3s unterhalb des maximal zulässigen Wertes von $1,25.10^{-1}$ g/cm^3s. Glühungen bei 1000 und 1200 °C verbessern die Gasdurchlässigkeitswerte erheblich.

Die Berstfestigkeiten liegen dagegen mit rund 8 bar weit unter dem geforderten Wert von 50 bar (Bild 3). Ebenfalls ist das Thermoschockverhalten im Ofen und im Gasstrom nicht ausreichend (Bild 4). Es wird festgestellt, daß das verwendete reaktionsgesinterte Siliziumnitrid in seiner Festigkeit noch zu gering ist, um die in der Wärmetauscher-Matrix auftretenden thermischen und pneumatischen Spannungen zu ertragen.

Die an die Prüfkörper gestellten Mindestanforderungen wurden nicht alle erfüllt. Auf eine Erprobung von Rekuperator-Elementen der angestrebten Bauart (Bild 2) wurde daher verzichtet.

3. Turbinenspirale

Im Rahmen des Forschungsvorhabens zur Entwicklung keramischer Bauteile für eine Hochtemperatur-Gasturbine arbeitete die Daimler-Benz AG auch an der Entwicklung einer Turbinenspirale aus Si-infiltriertem Siliziumkarbid [1,2,5]. Die Turbinenspirale (Bild 5) dient der Führung des Heißgases zwischen der Brennkammer und der Turbine. Aufgrund der komplexen Form, der Größe und der späteren Beanspruchung stellt die Turbinenspirale hohe Anforderungen an die konstruktive Konzeption und an die Herstellungstechnologie.

Die Erprobung der zum Teil mit beträchtlichem Entwicklungsaufwand von den Firmen SIGRI (Bild 6) und Norton im Schlickerguß hergestellten Turbinenspiralen erfolgte in einem für diese Versuche modifizierten Heißgasturbinenprüfstand.

In diesem Prüfstand können die Versuche unter Verwendung der Vorheizbrennkammer allein oder mit zusätzlichem Einsatz der Hauptbrennkammer durchgeführt werden. Es lassen sich Heißgastemperaturen bis 1350 °C und innerhalb eines Sekundenbruchteils erfolgende Temperaturänderungen des Heißgases bis zu 1000 °C erzielen.

Für die Heißgasversuche wurde nur das spiralförmige Hauptteil verwendet. Die Oberfläche war im Zustand "as-fired", da vorgesehen war, die Spirale später nur an Paßflächen zu bearbeiten. Durch Einbetten der Spirale in keramische Fasern wurden unerwünschte, durch äußere Einflüsse bewirkte Spannungen vermieden. Bild 7 zeigt als Beispiel für eine der getesteten Spiralen die thermische Beanspruchung bis zum Schadensfall. Nach jeder positiven Kontrolle wurde die thermische Beanspruchung erhöht. Zusätzlich zu dem durch das Zünden der Brennkammer hervorgerufenen Thermoschock wurden zunächst unterschiedliche Innen- und Außentemperaturen eingestellt, danach erfolgte noch eine Erhöhung der Heißgastemperaturen. Den letzten Zyklus mit einer Heißgastemperatur von 1250 °C im Spiralinneren und 850 °C außen überstand keine der untersuchten Spiralen ohne Risse. Bild 8 zeigt eine Turbinenspirale nach der Erprobung mit typischen Rissen. Turbinenspiralen, die bei geringeren Beanspruchungen versagten, wiesen Werkstoff- und Fertigungsfehler auf (Bild 9). Dies belegten auch ausführliche Werkstoffuntersuchungen. Aus dem Bauteil herausgetrennte Biegeproben lieferten z. B. mittlere Biegefestigkeitswerte zwischen 188 und 320 N/mm^2.

Die Erprobung der Turbinenspiralen aus SiSiC zeigte, daß bis zur Funktionsreife noch erhebliche Entwicklungsarbeiten auf der Werkstoff- wie auch Auslegungsseite erforderlich sind.

4. Turbinenräder

Die Entwicklung monolithischer Turbinenräder aus heißgepreßtem Siliziumnitrid war von Anfang an Schwerpunkt dieses Forschungsvorhabens. Insgesamt wurden drei Turbinenradversionen realisiert (Bild 10), zwei finden als Verdichter- und Arbeitsturbinenrad in der Mercedes-Benz-Gasturbine (Bild 11) Verwendung.

Tabelle 2 sind einige Daten zu entnehmen, die der aerodynamischen Auslegung der ersten Version eines Turbinenrades und der beiden Turbinenräder für die Mercedes-Benz-Gasturbine zugrunde gelegt wurden.

Die festigkeitmäßige Auslegung der Axialturbinenräder erfolgte früher ausschließlich über Finite Ring- und Plattenelemente. Im Laufe des Forschungsvorhabens wurde dazu übergegangen, derartige Rechnungen auch unter Verwendung isoparametrischer Raumelemente durchzuführen (Bild 12). Hierdurch ergaben sich mehrere Vorteile, die das sehr aufwendige Berechnungsverfahren rechtfertigen:

a) Durch die Berechnung des Gesamtverbandes Schaufel-Scheibe läßt sich der Kerbeinfluß im Übergangsbereich Schaufel/Scheibe besser beurteilen.

b) Stationäre und instationäre Temperaturverläufe können in Schaufel und Scheibe direkt berechnet werden.

c) Eigenfrequenzen nicht nur der Schaufeln, sondern des gesamten Rades können berechnet werden.

Zur Bestimmung der Zuverlässigkeit der keramischen Turbinenräder dient ein Rechenprogramm, mit dem sowohl die "Kurzzeit-Überlebenswahrscheinlichkeit" auf Basis der Weibull-Statistik als auch die "Langzeit-Überlebenswahrscheinlichkeit" unter zusätzlicher Berücksichtigung des "langsamen Rißwachstums" berechnet werden kann [5] .Tabelle 3 zeigt für ein Verdichterturbinenrad aus NH 206 einige berechnete Überlebenswahrscheinlichkeiten. Von wesentlichem Einfluß ist der Prooftest. Die Tabelle zeigt auch, daß der Einfluß von Oberflächenfehlern nicht vernachlässigt werden darf. Reale Lebensdauerberechnungen keramischer Turbinenräder erfordern neben stationären auch die Einbeziehung instationärer Betriebszustände in einen der Berechnung zugrundeliegenden Vergleichszyklus. Für folgende Fahrzyklenanteile

30 % Europazyklus [6]
30 % 90 km/h = konst
35 % 120 km/h = konst
5 % Vollast

ergab sich für das Verdichterturbinenrad aus NH 206 nach einer Laufzeit von 3 500 h eine Überlebenswahrscheinlichkeit von 0,9965.

Im Zuge der Herstellung der Axialturbinenräder aus HPSN werden in verschiedenen Fertigungsstufen Prooftests - hier Kaltschleuderprüfungen - durchgeführt (Bild 13). Sinn der Prooftests ist es, jeden Bereich des herzustellenden Turbinenrades zu einem möglichst frühen Herstellungszeitpunkt einer 100 %-Prüfung zu unterwerfen.

Werden Turbinenradrohlinge in Form von Profilscheiben verwendet, können nur die beiden Prooftests für Profilscheibe und fertiges Turbinenrad durchgeführt werden. Der vor der Schaufelherausarbeitung durchgeführte Prooftest ist der für die Zuverlässigkeit des Rades maßgebliche Prooftest, während der Prooftest für das fertige Turbinenrad lediglich die Turbinenräder eliminieren soll, die Schädigungen bei der Herstellung der Schaufeln erlitten haben. Um bei der Kaltschleuderprüfung auch den beim Betrieb hochbeanspruchten Bohrungsbereich einer 100 %-Prüfung zu unterwerfen, mußten die Profilscheiben im Halsbereich je nach Geometrie einer Zugspannung bis zu 500 N/mm^2 unterworfen werden.

Die Anzahl der an Zylinder- und Profilscheiben sowie fertigen Turbinenrädern aus heißgepreßtem Siliziumnitrid durchgeführten Prooftests mit der entsprechenden Prooftestspannung sind Tabelle 4 zu entnehmen. Die für die Prooftests I, II bzw. III angegebenen Spannungen gelten für die höchstbeanspruchten Bereiche Bohrung, Hals bzw. Schaufelfuß. Bis Ende des Förderungszeitraumes (30.06.83) wurden 97 Prooftests durchgeführt, 12 Schadensfälle (12,4 %) waren zu verzeichnen. Herausgegriffen werden sollen hier die an Verdichterturbinen-Profilscheiben ermittelten Prooftestergebnisse. Von 13 Profilscheiben versagte lediglich 1 Scheibe beim Kaltschleudern auf eine Zugspannung von 500 N/mm^2 im Hals, was einer Ausfallquote von 7,7 % entspricht. Unter Zugrundelegung der Weibull-Statistik und NH 206 mittlerer Qualität (mittlere Biegefestigkeit 700 N/mm^2, Weibull-Faktor 17) wurde für die Zugspannung von 500 N/mm^2 im Hals eine Überlebenswahrscheinlichkeit von 96 % ermittelt. Die Übereinstimmung kann als überraschend gut bezeichnet werden.

Bei 29 Prooftests an fertigen Turbinenrädern wiesen 2 Räder aus NH 206 Risse nach dem Glühen an Luft auf. Bild 14 zeigt ein beschädigtes Arbeitsturbinenrad aus NH 206, das nach Glühen an Luft (48 h bei 1 000 °C) einen durch den Radkörper verlaufenden Riß aufwies und Bild 15 den Halsbereich eines Verdichterturbinenrades aus NH 206, das nach dem Glühen an Luft zahlreiche Risse im Halsbereich besaß.

Das Glühen an Luft - i. allg. 48 h bei 1 000 °C - hatte ursprünglich den Sinn, durch Bearbeitung hervorgerufene Schädigungen auszuheilen. Auch sollten Schädigungen durch Oxidation, die festigkeitsmäßig in den ersten 50 h einer Glühbehandlung am stärksten sind, zu einem frühen Fertigungszeitpunkt herbeigeführt werden.

Inzwischen hat sich das Glühen an Luft, das dem Kaltschleuderversuch vorhergeht, als ein wesentlicher Bestandteil der einzelnen Prooftests insbesondere bei der Herstellung von Arbeitsturbinenrädern erwiesen. Im 2. Halbjahr 1983, nach Ende des Forschungszeitraumes, traten bei insgesamt 7 Arbeitsturbinenrohlingen und einem fertigen Arbeitsturbinenrad massive Schädigungen auf.

Ausgiebige Werkstoffuntersuchungen waren die Folge derartiger Schadensfälle. Der Querschliff durch den Scheibenhalsbereich einer geschädigten Arbeitsturbinen-Profilscheibe aus NH 206 ist in Bild 16 wiedergegeben. Starke Risse im Werkstoffinneren und die Lage eines Werkstoffabplatzers sind zu erkennen. Im Vergleich zur Scheibenmitte konnten im Bereich des Scheibenhalses deutlich geringere Dichten und Härten sowie mit dem Quecksilberporosimeter eine veränderte Porenverteilung mit wesentlich größeren Poren ermittelt werden. Es ist zu vermuten, daß die Schäden auf eine nicht in allen Bereichen ausreichend hohe Verdichtung und eine dementsprechend verschlechterte Oxidationsbeständigkeit zurückzuführen sind.

Die Erprobung der bei Daimler-Benz aus HPSN (NH 206 und NC 132) gefertigten Turbinenräder (Bild 10) erfolgte in zahlreichen Versuchen bei unterschiedlichen Betriebsbedingungen in verschiedenen Prüfständen sowie im Gasturbinen-Triebwerk (Bild 17) [5].

Ende des letzten Förderungszeitraumes gelang es, bei Gastemperaturen von 1250 °C Drehzahlen bis zu 60 000/min und bei 1350 °C Drehzahlen bis zu 50 000/min zu erzielen. Im Heißgasturbinenprüfstand wurde inzwischen, siehe Tabelle 5, mit einem Verdichterturbinenrad im Dauerlauf eine Gesamtlaufzeit von knapp 70 h unter verschiedenen Betriebsbedingungen erreicht, 10 h davon lief das Turbinenrad mit einer Drehzahl von 60 000/min bei einer Gastemperatur von 1250 °C. Das Ziel, ein Turbinenrad bei Maximalbedingungen 50 h im Dauerlauf zu betreiben, mußte zugunsten der Triebwerkserprobung zurückgestellt werden. Im Triebwerk dagegen gelang es, im Rahmen der Turbinenerprobung Verdichterturbinen- (mit 58 000/min und 61 500/min bei 1250 °C) und Arbeitsturbinenräder (mit 55 000/min bei 1050 °C) nahezu unter Auslegungsbedingungen für die Stufe 1 (61 500/min bei 1250 °C bzw. 55 000/min bei 1060 °C) zu betreiben.

Die Gesamtlaufzeit aller Turbinenräder betrug bis Ende des Förderungszeitraumes (30.06.1983) etwa 484 h gemäß nachfolgender Aufstellung:

Radtyp 1	45 h 53 min
Radtyp 2 (Verdichterturbinenrad)	270 h 10 min
Radtyp 3 (Arbeitsturbinenrad)	168 h 19 min
	484 h 22 min

Im Triebwerk wurden jeweils zwei keramische Turbinenräder in Verbindung mit Triebwerksuntersuchungen insgesamt 163 h erprobt. 23 h davon wurden die Triebwerke in einem Forschungsfahrzeug unter Straßenbedingungen betrieben.

Bis Ende des Forschungszeitraumes konnten praktisch alle bei der Erprobung der Turbinenräder aufgetretenen Schadensfälle auf prüfstands- bzw. triebwerksspezifische Ursachen zurückgeführt werden. Die Schäden an den Turbinenrädern waren eindeutig sekundärer Natur und überwiegend durch die Empfindlichkeit des keramischen Werkstoffes gegenüber aufprallenden Partikeln bedingt. Materialfehler, Überbeanspruchung des keramischen Werkstoffes unter normalen Betriebsbedingungen wie z. B. Thermoschock, Schäden infolge unterkritischer Rißausbreitung, Kriechen usw. waren bis dahin nicht festzustellen.

Die im zweiten Halbjahr 1983 bei der Herstellung von Arbeitsturbinenrädern mehr und mehr aufgetretenen Schwierigkeiten wurden zum Problem, als erstmals eine massive Schädigung eines Arbeitsturbinenrades durch Rißbildung (Bild 18) im Triebwerk selbst unter sehr mäßigen Betriebsbeanspruchungen von 10 000/min bei 950 °C auftrat und zum Triebwerksschaden führte.

Folgende Punkte können beim Betrieb keramischer Turbinenräder als typisch angesehen werden:

- Die untersuchten Turbinenräder zeigten keine Hinweise auf Schäden infolge unterkritischen Rißwachstums.
- Oxidationsschäden mit damit verbundener Rißbildung ließen sich mit einer Ausnahme nur bei den größeren Arbeitsturbinenrädern feststellen.
- Schäden an Turbinenrädern wurden in den überwiegenden Fällen durch den massiven Aufprall größerer Partikel verursacht.
- Bei Schadensfällen wurden in einer Art Domino-Effekt zumeist alle Turbinenschaufeln zerstört (Bild 19), seltener nur einzelne Schaufeln beschädigt. Die Schaufeln zerbrachen im Schadensfall in der Regel zu staub- und sandkorngroße Partikel.

5. Zusammenfassung

Im Rahmen der Rekuperator-Entwicklung zeigten ausführliche Untersuchungen und Prüfungen an laminiertem RBSN-Matrixmaterial, daß werkstoffseitig noch erhebliche Entwicklungsarbeiten durchgeführt werden müßten, um einen für eine PKW-Gasturbine verwendbaren keramischen Rekuperator funktionsfähig zu machen.

Bei Turbinenspiralen aus Siliziumkarbid sind bis zur Funktionsreife noch erhebliche Entwicklungsarbeiten auf der Werkstoff- wie auch Auslegungsseite erforderlich.

Die Entwicklung monolithischer Turbinenräder aus heißgepreßtem Siliziumnitrid war Schwerpunkt der Arbeiten in diesem Forschungsvorhaben. Turbinenräder in drei unterschiedlichen Geometrien konnten dargestellt und erfolgreich erprobt werden. Mit einem Turbinenrad wurde eine Gesamtlaufzeit von 70 h erzielt, 10 h davon lief das Turbinenrad mit einer Drehzahl von 60 000/min bei einer Gastemperatur von 1250 °C. Werkstoffseitige Probleme gibt es noch bei der Darstellung von Arbeitsturbinenrädern.

Das Ziel, ein Turbinenrad bei Maximalbedingungen 50 h im Dauerlauf zu betreiben, mußte zugunsten der Triebwerkserprobung zurückgestellt werden. Dafür konnten jeweils ein Verdichter- und ein Arbeitsturbinenrad bei unterschiedlichen Betriebsbedingungen insgesamt über 160 h in Gasturbinen-Triebwerken betrieben werden, 23 h davon auf der Straße. Die Gesamtlaufzeit aller Turbinenräder zusammen beläuft sich bis Ende des Forschungszeitraumes - Mitte 1983 - auf über 480 h.

Das Ziel, Turbinenräder aus einem serienmäßig, und damit wirtschaftlich verarbeitbaren Werkstoff darzustellen, kann nun in Angriff genommen werden.

Literaturverzeichnis

[1] E. Tiefenbacher, W. Räuchle:
Abschlußbericht zum Forschungsvorhaben NTS 1002 (NTS 25) "Bauteile aus Keramik für Gasturbinen" (1.3.74 - 28.2.77)
BMFT-FB T 79-153

[2] Abschlußbericht des 2. Förderungszeitraumes (1.3.77 - 28.2.80) zum Forschungsvorhaben "Bauteile aus Keramik für Gasturbinen" (ZK/NT/NTS 1006)
BMFT-FB T 83-198

[3] B. Strackerjan:
"Rahmenbedingungen für den Automobilbau der Zukunft und ihre Auswirkungen auf den Mercedes-Benz Forschungs-Pkw "Auto 2000""
ATZ 82 (1980) 2, S. 69-74

[4] B. Strackerjan:
"Der Mercedes-Benz Forschungs-Pkw "Auto 2000""
ATZ 83 (1981), 9, S. 395-401

[5] K. D. Mörgenthaler, E. Tiefenbacher:
Abschlußbericht des 3. Förderungszeitraumes (1.3.80 - 30.6.83) zum Forschungsvorhaben "Bauteile aus Keramik für Gasturbinen"
Daimler-Benz AG, 1983, wird als BMFT-FB-T veröffentlicht.

[6] ECE/EG Abgasvorschriften Europa
"Testbeschreibung und Fahrzyklus" (nach 1976)

Tabelle 1: Rekuperativ-Wärmetauscher, Anforderungen an laminierte Matrixkörper und bis 1982 ermittelte Ergebnisse

Bezeichnung	Forderung DB	1980	1982
Geometrie [mm]	Dicke der Trennwand 0,2 Stegbreite 0,2 Steghöhe 0,7	ca. 0,4 0,5 - 0,6 0,68	dünnste Stellen ca. 0,2 0,3 0,45 0,6
Dichte [g/cm^3] Porosität [%]	max min	2,3 ca. 28	2,38 ca. 25
Oxidationsverhalten	keine Materialschädigung nach Glühung an Luft bei 1200 °C/20 h 1000 °C/200 h	nicht ausreichend	nicht ausreichend (Rißbildung bei Glühungen im Ofen)
Gasdurchlässigkeit bei p = 5 bar [g/m^2s]	maximal $1{,}25.10^{-1}$	$8{,}5.10^{-1}$ - $1{,}0.10^{0}$ 7,0 - $8{,}0.10^{-4}$ *)	1,5 - 2.10^{-3} 2,5 - $7{,}5.10^{-4}$ *)
Berstverhalten Beaufschlagung der Kanäle mit Überdruck	keine Schädigung bei 50 bar	annähernd ausreichend	nicht ausreichend (Brüche ab 6 bar (Berstdruck)
Thermoschockverhalten	keine Rißbildung bei $\Delta T \approx 800$ °C in 3 s bei Matrixwürfelgröße 70 x 70 x 70 mm	nicht ausreichend, Rißbildung	nicht ausreichend, Rißbildung

*) nach Glühung an Luft 1 000 °C/24 h

Tabelle 2: Einige Daten zur aerodynamischen Auslegung der 1. Version eines Turbinenrades [1] und der Turbinenräder für die Mercedes-Benz-Forschungsgasturbine

	Typ. Axialstufe einer Einwellenturbine als Grundlage für 1. Version eines keramischen Turbinenrades	Mercedes-Benz-Gasturbine	
		Verdichterturbine	Arbeitsturbine
Turbineneintrittstemperatur [°C]	1350		
Phase 1		1250	1060
Phase 2		1350	1155
Drehzahl [1/min]	60 000	61 500	55 000
Schaufelzahl des Laufrades [-]	37	57	53
Nabendurchmesser [mm]	90	90	112
Stufendruckverhältnis [-]	1,8929		
Verdichterdruckverhältnis [-]		>4	
Nennleistung der Turbine [kW]	184		
Phase 1		94	
Phase 2		110	

Tabelle 3: Überlebenswahrscheinlichkeit $P_{ü}$ eines Verdichterturbinenrades aus HPSN (NH 206)

Betriebsbedingung	Benennung	Vollast neue Werkstoffwerte		Fahrzyklus	
	Laufzeit	0 h	1 000 h	1 000 h	3 500 h
ohne Prooftest	nur Volumen	0,9992	0,9329		
	nur Oberfläche	0,9993	0,9662		
	Oberfläche und Volumen	0,9985	0,9013		
mit Prooftest	nur Volumen	1,0000	0,9868	0,9987	0,9975
	nur Oberfläche	1,0000	0,9917	0,9995	0,9991
	Oberfläche und Volumen	1,0000	0,9786	0,9982	0,9965

Tabelle 4: Anzahl der durchgeführten Prooftests an Zylinder- und Profilscheiben sowie fertigen Turbinenrädern aus heißgepreßtem Siliziumnitrid (bis 30.06.1983)

	Fertigungsstufe (Prooftestart)	Prooftestspannung [N/mm²]	Anzahl der Prooftests	Anzahl der Schadensfälle
Verdichterturbinenrad (z.T. auch Turbinenrad der 1. Vers.)	Zylinderscheibe (Prooftest I)	400 420 500	- 1 3	- - -
	Profilscheibe (Prooftest II)	400 420 500	3 15 13	2 - 1
	fertiges Turbinenrad (Prooftest III)	205 215	2 17	- 1*)
Arbeitsturbinenrad	Zylinderscheibe (Prooftest I)	400 420 500	5 8 3	2*) 1 2
	Profilscheibe (Prooftest II)	400 420 500	1 8 8	1 1*) -
	fertiges Turbinenrad (Prooftest III)	210 210	8 2	1*) -

*) Rißbildung beim Glühen an Luft vor dem Kaltschleudern

Tabelle 5: Zusammenfassung der mit einem Turbinenrad gefahrenen Betriebszustände

Drehzahl [1/min]	Gastemperatur [°C]	Laufzeit [h . min]	Anteil [%]
37 500	997	21.00	30,1
46 100	1077	12.00	17,2
50 000	1250	1.30	2,2
60 000 bis 61 000	1250	15.40	22,5
Starts, Abstellvorgänge, Beschleunigungen, Verzögerungen sowie Betriebspunkt zwischen den Dauerlaufzuständen		19.31	28,0
Laufzeit insgesamt		69.41	100,0

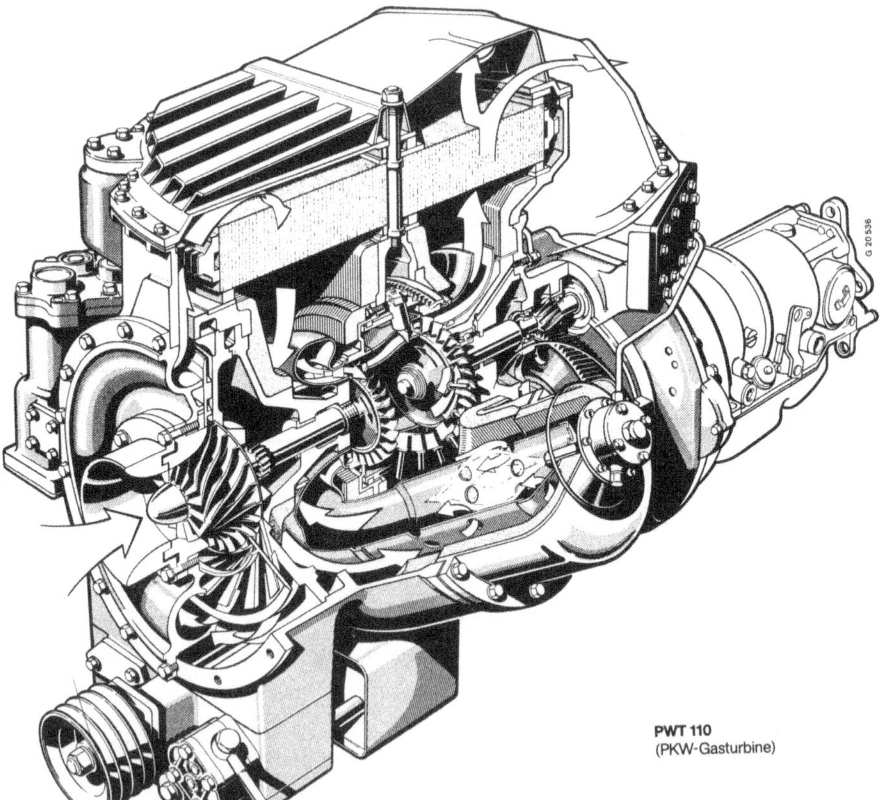

Bild 1: Mercedes-Benz-Forschungsgasturbine

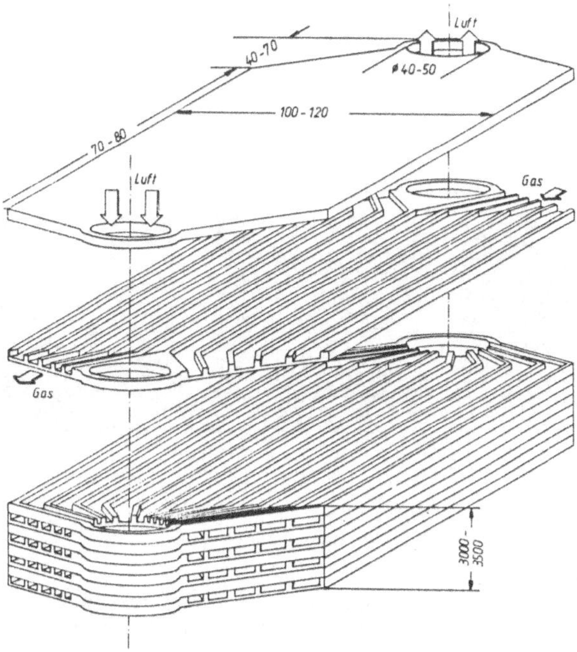

Bild 2: Prinzipskizze eines keramischen Rekuperator-Moduls (Maße in mm)

Bild 3: Berstprobe in der Probenhalterung eingeklebt, Berstdruck 8 bar

Bild 4: Kreuzstrom-Matrixkörper nach Thermoschockversuchen bei 1000, 1100 und 1200 °C, jeweils 25 Temperaturwechsel

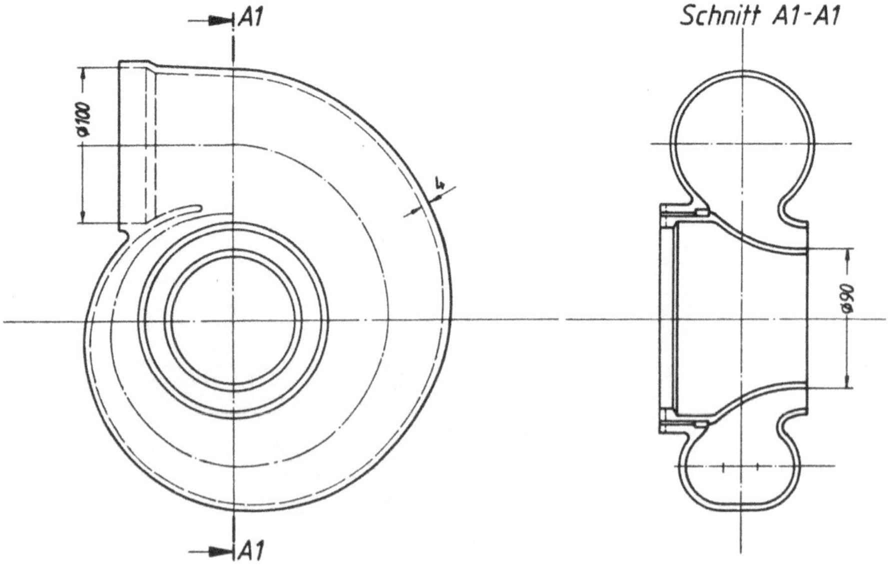

Bild 5: Keramische Turbinenspirale

Bild 6: Turbinenspirale aus Si-infiltriertem Siliziumkarbid (SiSiC), Hersteller: Fa. SIGRI

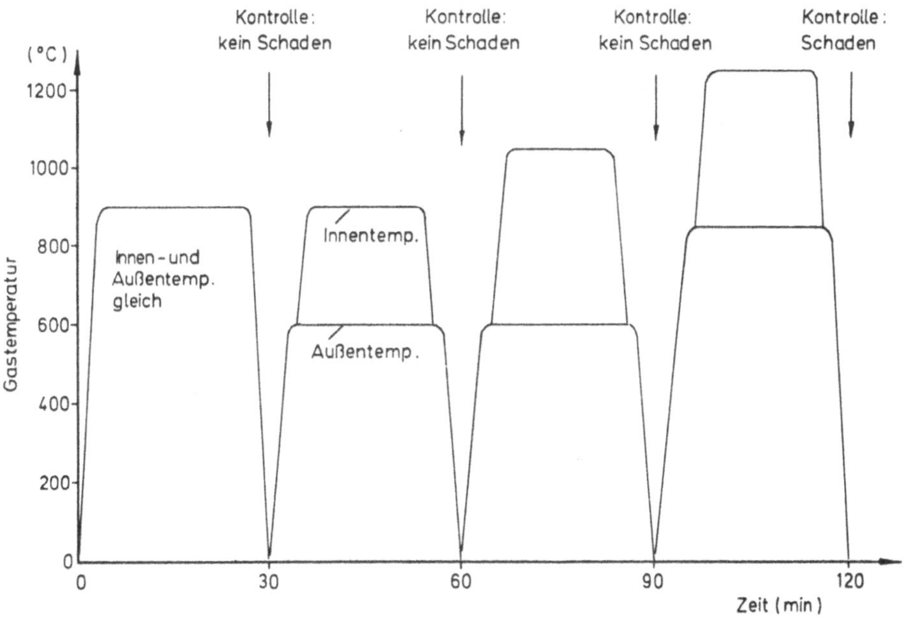

Bild 7: Thermische Beanspruchung einer Turbinenspirale

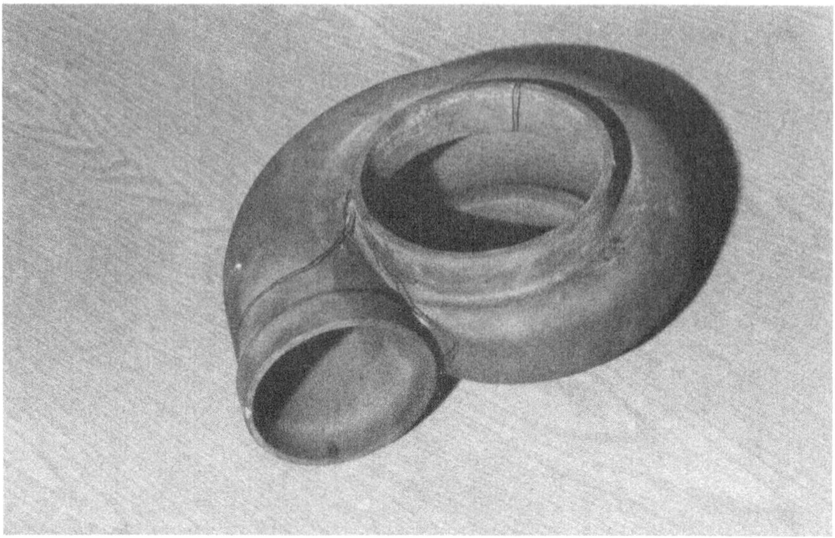

Bild 8: Turbinenspirale aus SiSiC mit typischen Rissen

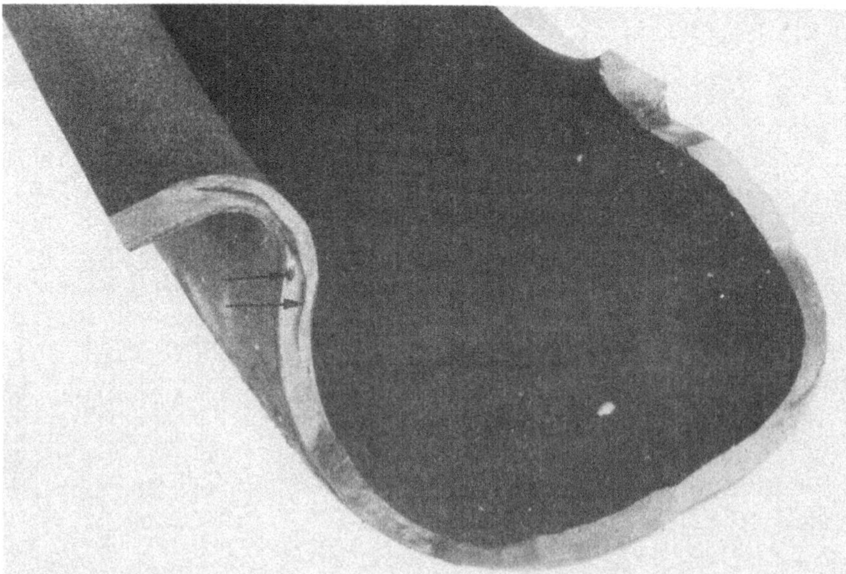

Bild 9: Lunker und nicht zusammengesinterte Werkstoffschicht einer Turbinenspirale

Bild 10: Monolithische Turbinenräder aus heißgepreßtem Siliziumnitrid

links: Erste Turbinenradversion (Durchmesser ca. 127 mm)
oben: Verdichterturbinenrad (Durchmesser ca. 116 mm)
rechts: Arbeitsturbinenrad (Durchmesser ca. 148 mm)

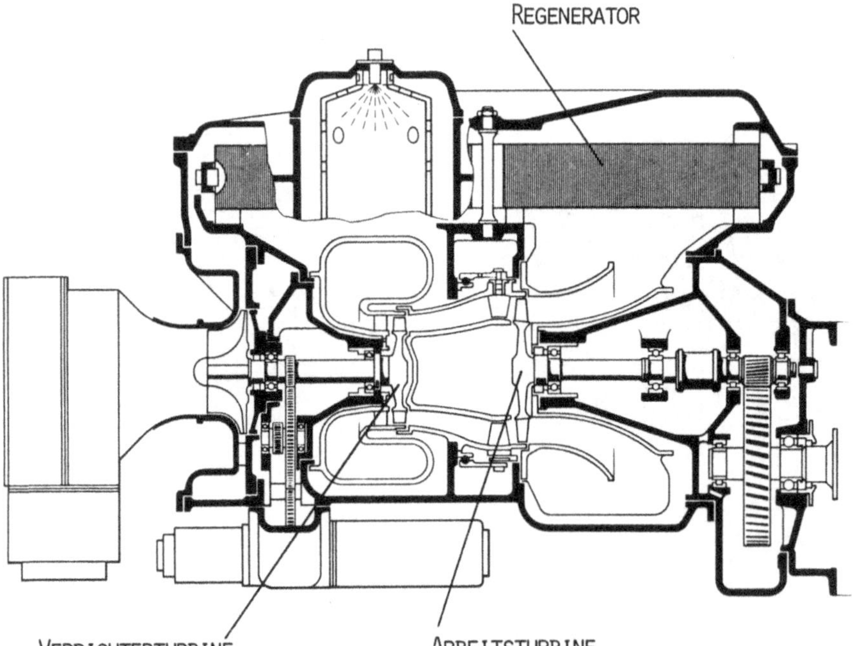

Bild 11: Schematische Darstellung der Mercedes-Benz-Forschungsgasturbine (Zweiwellen-Gasturbine)

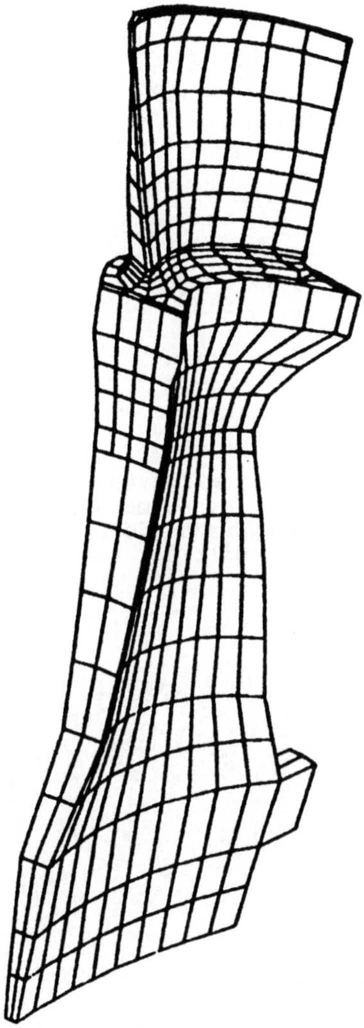

Bild 12: Grobstruktur eines Turbinenrad-Segments, Modellhintergrund unterdrückt

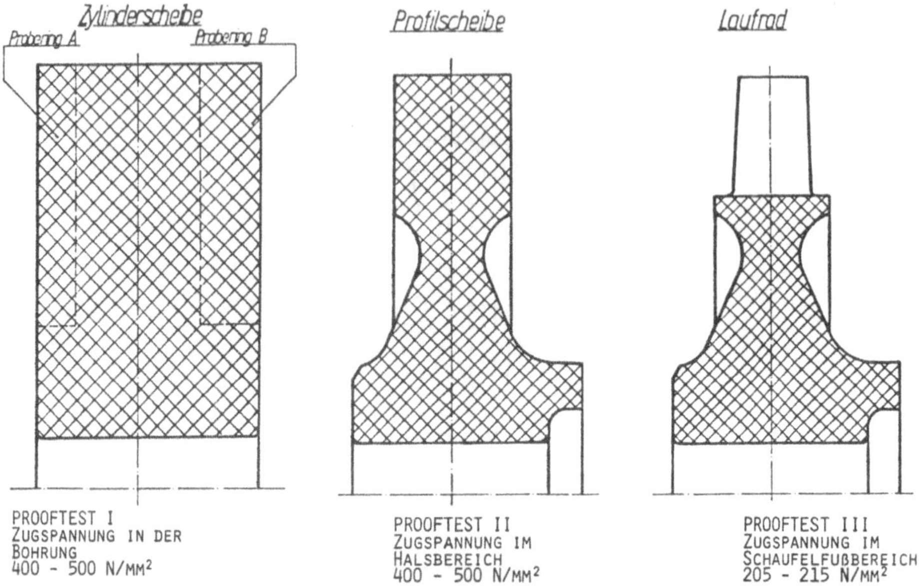

Bild 13: Kaltschleuderprüfungen in verschiedenen Fertigungsstufen bei der Herstellung eines monolithischen Turbinenrades, angegebene Spannungswerte gelten für NH 206, Proberinge A und B können zur Ermittlung von Biegefestigkeiten verwendet werden

Bild 14: Beschädigtes Arbeitsturbinenrad aus NH 206 nach Glühen an Luft (48 h bei 1000 °C) vor dem Prooftest III

Bild 15: Halsbereich eines Verdichterturbinenrades aus NH 206 mit zahlreichen Rissen nach Glühen an Luft (48 h bei 1000 °C) vor dem Prooftest III

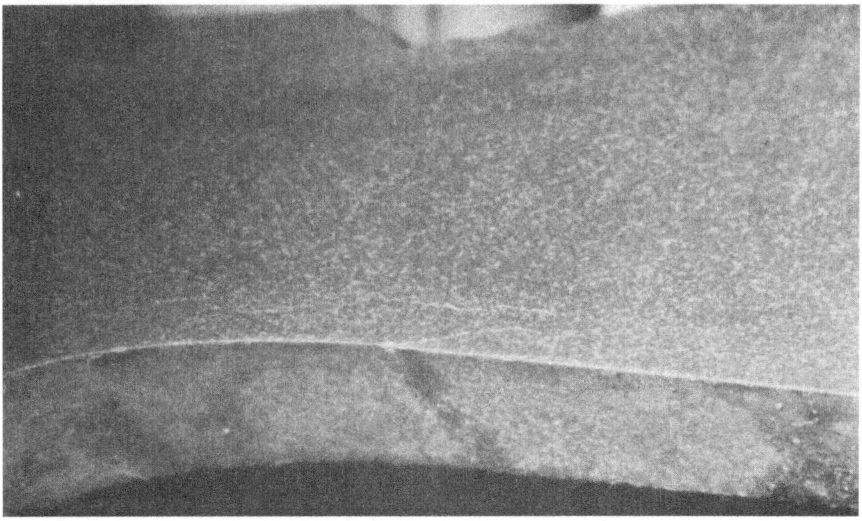

Bild 16: Querschliff des Scheibenhalsbereiches eines Arbeitsturbinenradrohlings (Profilscheibe) nach Glühung an Luft (48 h bei 1000 °C)

Bild 17: Prüfstandserprobung eines Mercedes-Benz-Gasturbinentriebwerks

Bild 18: Im Triebwerksversuch zerstörtes Arbeitsturbinenrad aus NH 206; die Risse entstanden während des Betriebs bei mäßigen Betriebsbedingungen und führten zum Triebwerksschaden

Bild 19: Im Triebwerksversuch zerstörtes Arbeitsturbinenrad aus NH 206 (kein Materialfehler)

TURBINENROTOREN AUS NICHTOXIDISCHEN KERAMISCHEN WERKSTOFFEN

M. Langer, J. Siebels, H. Heinrich
Forschung und Entwicklung
Volkswagenwerk AG Wolfsburg

Übersicht

Berichtet wird über die Weiterentwicklung verschiedener Rotorkonzepte in axialer und radialer Bauweise mit dem Ziel, ihre Einsatzchancen in Hochtemperatur-Gasturbinen zu untersuchen. Dabei wurden begleitende Werkstofferprobungen zur Beurteilung des Standes der Werkstoffentwicklung durchgeführt.

Während der monolithische Axialrotor nicht näher untersucht werden konnte, ließen der Hybridrotor als auch der monolothische Radialrotor ihr Potential für den gegebenen Anwendungsfall erkennen. Jedoch bedarf es noch erheblicher Anstrengungen - besonders im Fall des monolithischen Radialrotors - bis die Bauteilanforderungen in einer Hochtemperatur-Gasturbine bei ausreichenden Bauteillebensdauern erfüllt werden. Eine wesentliche Bedeutung kommt dabei der Verringerung der Streubreite und damit der besseren Reproduzierbarkeit der Werkstoffqualität zu.

1. Einleitung

Die Gasturbine erscheint als Alternative zum Hubkolbenmotor interessant, da als Folge des bei hohem Luftüberschuß ablaufenden Verbrennungsprozesses eine geringe Schadstoffbelastung der Umwelt erwartet wird und die Möglichkeit der Vielstoffähigkeit gegeben ist. Um neben diesen Vorteilen auch gleichzeitig günstigere Kraftstoffverbrauchswerte als bei konventionellen Hubkolbentriebwerken erreichen zu können, muß der Verbrennungsprozeß der Gasturbine eine deutlich höhere Arbeitstemperatur aufweisen als es derzeit bei Verwendung metallischer Superlegierungen möglich ist, wo werkstoffseitig ca. 13oo K beherrschbar sind.

Gelingt es jedoch, in Zukunft die thermisch hochbeanspruchten Teile der Gasturbine durch solche aus Hochtemperaturkeramik zu ersetzen, so lassen sich infolge der bis ca. 16oo K möglichen Arbeitestemperaturen Kraftstoffverbräuche erreichen, die die Gasturbine auch in wirtschaftlicher Hinsicht zu einem interessanten Alternativantrieb machen. Um dieses Ziel zu realisieren, sind jedoch noch erhebliche Anstrengungen zur Weiterentwicklung der Turbinenrotoren erforderlich.

Ausgehend von dem bei Volkswagen verfolgten Konzept einer 2-Wellen-Gasturbine in Axialbauweise, konzentrieren sich die Entwicklungsarbeiten auf einen monolithischen Keramikrotor für die Gaserzeugerturbine, ausgelegt für eine Turbineneintrittstemperatur von ca. 16oo K und auf einen Hybridrotor, bestehend aus metallischer Nabe mit keramischen Einzelschaufeln, als Nutzturbine. Zur Abrundung dieser Aufgabenstellung wird auch der Weg eines monolithischen Radialrotors verfolgt, der im Prototypstadium als Abgasturbine für den Einsatz in einem Abgasturbolader vorgesehen ist.

Bei der Bauteilentwicklung wurde schon in diesem Forschungsstadium wirtschaftlichen Fertigungsverfahren der Vorzug gegeben. Als Bauteilwerkstoffe sollten die für den jeweiligen Anwendungsfall geeigneten nichtoxidischen Keramikwerkstoffe Siliziumnitrid bzw. Siliziumkarbid erprobt werden.

Neben der Bauteilentwicklung sollten begleitende Arbeiten auf dem Gebiet der Werkstoffcharakterisierung, Werkstoffuntersuchung sowie der Fügetechnik Keramik/Keramik und Keramik/Metall durchgeführt werden, um rechtzeitige Entwicklungstrends erkennen zu können.

2. Bauteilentwicklung und Versuchsergebnisse

2.1 Monolithischer Axialrotor

Die durchgeführte Konzeptstudie für einen monolithischen Axialrotor aus reaktionsgesintertem Siliziumnitrid (RBSN) zeigte, daß mit dem gewählten Design, Bild 1, die im Betrieb auftretenden max. Beanspruchungen beherrscht werden könnten [1]. Erste Rotoren wurden durch mechanisches Herausarbeiten aus einem Block hergestellt und in Kaltschleudertests erprobt. Die Ergebnisse der Berstversuche mit $u_{a,max}$ = 393 m/s zeigten, daß die Zielvorgaben für dieses Konzept erreicht werden könnten.

Die daraufhin eingeleitete Entwicklung im Spritzgußverfahren hergestellter Rotoren hat jedoch zu keinem konkreten Entwicklungsergebnis geführt, da der an dieser Entwicklung beteiligte Bauteilhersteller seine Mitarbeit an diesem Projekt einstellte und der gewünschte Technologie-Transfer zu einem anderen Bauteilhersteller nicht das erhoffte Ergebnis zeigte.

2.2 Hybrid-Rotor

2.2.1 Rotorkonzept

Das Hybrid-Rotor-Konzept [2] wurde weiterentwickelt mit dem Ziel, komplett mit keramischen Einzelschaufeln bestückte Rotoren unter simulierten Betriebsbedingungen zu testen.

Der Aufbau eines Hybrid-Rotors ist in Bild 2 dargestellt. Für die metallische Nabe wird ein hochwarmfester Werkstoff verwendet, während die Einzelschaufeln aus RBSN bestehen.

Die in Aussparungen eingesetzten Einzelschaufeln sind über eine ballige Beilage mit der Nabe verbunden. Bei Belastung ist der

Schaufelfußbereich - die Kontaktstelle Metall/Keramik - die höchstbeanspruchte Stelle in der Schaufel. Bei kritischen Lastzuständen wie z.B. dem Kaltstart ist es möglich, daß an der Kontaktstelle infolge hoher Temperaturgradienten, ungünstiger Fertigungstoleranzen und hoher Reibungskoeffizienten örtliche Spannungsspitzen auftreten, die gegebenenfalls zum Bauteilbruch führen können.

Die gewählte ballige Beilage verbessert bei Belastung die Reibungsverhältnisse an der Kontaktstelle. Der Kraftangriffspunkt verschiebt sich bei Einwirkung der Fliehkraft, wodurch eine Rollbewegung hervorgerufen und die ursprünglich vorhandene Gleitreibung zum Teil in Rollreibung umgesetzt wird. Eine zusätzliche "weiche" Folie im Kontaktbereich soll Spannungsspitzen von Einflüssen aus Toleranzlagen und Oberflächenrauhigkeiten abbauen.

Als Beispiel für die Spannungsverteilung im kritischen Kontaktbereich Schaufelfuß/Nabe zeigt Bild 3 für den Lastfall einer Umfangsgeschwindigkeit von ca. 46o m/s und einer Gastemperatur von ca. 15oo K, daß für die RBSN-Schaufel die max. Spannungen bei ca. 18o MN/m^2 liegen, die von guten RBSN-Qualitäten beherrscht werden können.

2.2.2 Einzelschaufelentwicklung

Die Prüfdrehzahl für die Kaltschleudertests liegt bei 11o % der Auslegungsdrehzahl von n = 6o.ooo 1/min $\hat{=}$ u_a = 435 m/s Umfangsgeschwindigkeit. Nach Erreichen der Prüfdrehzahl erfolgt eine zyklische Belastung der Schaufeln zwischen 1oo % und 11o % der Auslegungsdrehzahl. Einzelschaufeln, die diesen Vortest erfolgreich überstehen, werden in die weiteren Untersuchungen einbezogen.

Im Kaltschleudertest wurden sowohl Einzelschaufeln aus RBSN als auch aus nachgesintertem reaktionsgebundenen Siliziumnitrid (SRBSN) erprobt.

Als Resultat der Versuche mit den RBSN-Schaufeln, Tabelle 1, bleibt festzuhalten, daß die Ausfallrate bis zur Prüfdrehzahl mit 26 % noch relativ hoch war. Ein Einfluß der Materialgruppe auf die Ergebnisse wurde nicht deutlich.

Erste vorliegende Erfahrungen mit SRBSN-Qualitäten ergaben an Biegeproben wesentlich höhere Festigkeiten. Die Schaufeln sind jedoch gegenüber RBSN-Schaufeln aus dem gleichen Werkzeug durch die Schwindung beim Nachsintern um ca. 5 % kleiner. Die ersten Ergebnisse der Kaltschleuderprüfung zeigten einen wesentlich größeren Streubereich als bei RBSN-Schaufeln. Glühungen bis 1oo h bei 126o° C führten dazu, daß dieser Streubereich bei einer gleichzeitigen Verdoppelung der Festigkeit erheblich eingeengt werden konnte. Danach ließ sich die Prüfdrehzahl bei mehr als 95 % der getesteten Einzelschaufeln dieses Werkstofftyps erreichen, Tabelle 2.

2.2.3 Versuchsergebnisse ausgeführter Rotoren

Nach den Vortests mit einzelnen Schaufelpaaren erfolgten Kaltschleudertests mit komplett montierten Rotoren. Die Prototyp-Rotoren sind so aufgebaut, daß 32 einzelne Keramikschaufeln in den Nabennuten am Umfang eingefügt werden können. Zwischen Nabe und Schaufel sind ballige metallische Beilagen eingesetzt. Eine Axialsicherungsfeder sorgt dafür, daß die Schaufeln bei Belastung durch Gasdrücke ihre Lage nicht verändern bzw. bei Nullast radiale Verschiebungen nicht stattfinden können.

Die Schleudertests mit derartigen Rotoren sollten bis zur Umfangsgeschwindigkeit von u_a = 4oo m/s durchgeführt werden. Rotoren, die diesen Test erfolgreich durchliefen, waren für die Heißtests vorgesehen.

Der Kaltschleuderprüfstand ist mit einer Hochgeschwindigkeitsfotografiereinrichtung ausgestattet. Diese Anlage erlaubt Aufnahmen im Moment des Berstens von Bauteilen. Durch die Fotos wird das Auffinden eventuell vorliegender Gefügefehler oder von Einflüssen im Bauteil, die den Berstvorgang ausgelöst haben können, erheblich erleichtert. Als Beispiel ist in Bild 4 der Moment eines Berstvorganges festgehalten. Der Bruchausgang (Pfeil) ist deutlich zu erkennen.

Die bisherigen Ergebnisse der Kaltschleuderprüfung von kompletten Hybrid-Rotoren machen deutlich, daß der Weg zu einem gebauten Hybrid-Rotor einen erheblichen Entwicklungsaufwand bedeutet und daß besonders im Bereich der Kontaktstelle eine detaillierte Feinabstimmung erforderlich ist, um Prototyp-Rotoren für Heißtests vorzubereiten.

Für die Heißerprobung wurde ein Versuchsprogramm ausgearbeitet, daß eine stufenweise Erhöhung der Beanspruchung vorsah. Nach den quasistatischen Heißtests sollte dann die Erprobung unter simulierten Betriebsbedingungen fortgesetzt werden.

In Bild 5 sind Heißtestergebnisse von Hybrid-Rotoren dargestellt. Der Ausfall von Rotor T 6-3 nach bereits erfolgtem Test bei höherer Beanspruchung wird auf einen Schaden im Leitkranz zurückgeführt. Die Rotoren T 6-3 und T 5-5 wurden in Kurztests bis zu den im Bild gezeigten Versuchsbedingungen erprobt.

Die im quasistatischen Heißtest kumulativ erreichten Testzeiten lagen mit ca. 18 Stunden für Rotor T 5-3 noch unterhalb der in diesem Test angestrebten 25 Stunden. Die ursprünglich geplanten Tests unter simulierten Betriebsbedingungen konnten daher nicht durchgeführt werden.

Die Auswertung der bisher geringen Anzahl von Heißversuchen ergibt, daß sich die durch Wärmebehandlung erzielte Steigerung der Raumtemperaturfestigkeit bei den SRBSN-Schaufeln nicht auf die Hochtemperaturfestigkeit auswirkt (Rotoren T 5).

Die Bruchfolgen an einem Rotor nach einem Heißtest werden aus Bild 6 ersichtlich. Da der Bruchausgang auf dem Heißprüfstand nicht im Bild festgehalten werden kann, kommt der anschließenden Analyse der Restbruchstücke und Beilagen entsprechende Bedeutung zu. Die dabei beobachteten Schaufelblattbrüche sind von der Bruchcharakteristik her fast ausnahmslos auf Schlageinwirkung zurückzuführen, ausgelöst vom Bruch der ersten Schaufel.

Bei der Analyse von Brüchen, die im Kontaktbereich Nabe/Beilage/Schaufelfuß ihren Ursprung haben, muß immer das Verbundsystem als Ganzes beurteilt werden. Die Vermutung über die Schadensursachen zielt darauf ab, daß mehrere sich überlagernde Einflüsse den Bruchbeginn beschleunigen können. Im wesentlichen wird davon ausgegangen, daß ein Zusammenspiel von Gefügeinhomogenitäten, Beilagentoleranzen, Auswerfermarken und eventuellen Montagefehlern für den frühzeitigen Bruchbeginn verantwortlich ist. Im Heißbetrieb kommt bei der gewählten Konstruktion erschwerend die Rußablagerung in diesem Bereich dazu.

2.3 Monolithischer Radialrotor

2.3.1 Rotorkonzept

An Prototyp-Rotoren, die in Abgasturboladern unter praxisgerechten Betriebsbedingungen erprobt werden, sollte der Entwicklungsstand dargestellt werden. Erst danach sollte über eine Neuentwicklung von Rotoren für eine Gasturbine der loo kW-Leistungsklasse entschieden werden.

Die Entwicklungsergebnisse mit Rotoren aus gesintertem Siliziumkarbid (SSiC) der I. Baustufe sind bereits in [2] ausführlich diskutiert worden. Als wesentliche Erkenntnis für die II. Baustufe, Bild 7, wurde der Verbund Keramik/Metall in einen relativ "kalten" Bereich gelegt, d.h. auch die Rotorwelle wurde in Keramik ausgeführt, so daß bei dieser Konstruktion auch die Gleitlager auf der Keramikwelle laufen.

2.3.2 Versuchsergebnisse

Die Erprobung der Rotoren wurde zunächst auf dem in [3] beschriebenen Prüfstand, einer Abgasturbine, die über eine Kompressorstation mit Druckluft beaufschlagt wird, vorgenommen.

Durch Zuschalten von Abgas können Druck, Temperatur und Menge geregelt werden. Die Rotorerprobung auf diesem Prüfstand erfolgte durch stufenweise Steigerung der Belastung nach dem in Bild 8 dargestellten Programm. Durchläufer durch das Prüfprogramm wurden auf einem Motorprüfstand im Zusammenbau mit einem PKW-Dieselmotor erprobt.

Die erzielten Ergebnisse sind in Tabelle 3 für zwei Herstellserien als Beispiel aufgeführt. Die Auswertung zeigt deutlich die noch hohen Ausfallraten bei Belastungssteigerung entsprechend Bild 8; dies gilt insbesondere für die Serie 268.

Die FE-Berechnungsergebnisse für einen Kaltstart ergeben, daß Rotoren aus dem Werkstoff SSiC bei einer Umfangsgeschwindigkeit von u_a = 4o2 m/s und T_{vT} = 1.2oo K eine Ausfallwahrscheinlichkeit von P = o,16 aufweisen unter der Annahme, daß die 4-Punktbiegefestigkeit σ_{bB4} = 4oo MN/m^2 und der Weibull-Modul m = 8 beträgt, Bild 9.

Als gesicherte Werkstoffdaten konnten für SSiC jedoch nur σ_{bB4} = 33o - 35o MN/m^2 und m = 5 - 6 in einem komplexen Bauteil ermittelt werden. Die mit diesen Werten berechnete Ausfallwahrscheinlichkeit beträgt P = o,5. Bei einem Vergleich der Ergebnisse aus Berechnung und Versuch wird demnach die hohe Ausfallquote in den Versuchszyklen verständlich.

Prüfstandsversuche bis zum Bersten der Rotoren haben nur zu einer geringen Steigerung der Umfangsgeschwindigkeit geführt. Mit $u_{a,max}$ = 39o m/s konnten die im ersten Weiterentwicklungsschritt zum Ziel gesetzten 4oo m/s noch nicht erreicht werden.

Die Ursachen für die nur mäßige Steigerung der Umfangsgeschwindigkeit können noch nicht eindeutig analysiert werden. Als Hauptursache wird angenommen, daß es noch nicht gelingt, die gewünschte Werkstoffqualität reproduzierbar herzustellen.

Zum Abschluß des Testprogramms wurden die Rotoren in modifizierten Abgasturboladern in Personenkraftwagen erprobt. Ziel war es, eine Lebensdauer von mindestens 5o h unter echten motorischen Betriebsbedingungen zu erreichen. Die Fahrstrecke wurde so gewählt, daß ein repräsentativer Belastungszyklus gegeben war. Die stationären Anteile dieses Tests entsprachen kleineren, mittleren und Vollast-Zuständen; die instationären Anteile beinhalteten Kaltstarts, Beschleunigungen, Verzögerungen und plötzliche Lastwechsel.

Ergebnis

$u_{a,max}$	=	355 m/s
T_{vT}	=	1.o55 K
Kaltstarts	=	8o
Lastwechsel	=	6.ooo
t	=	5o h

Damit wurde das angestrebte Zwischenziel von 5o Stunden Lebensdauer unter echten Betriebsbedingungen realisiert. Umfangsgeschwindigkeit, Temperatur und Massendurchsatz müssen aber noch erheblich gesteigert werden, um den Einsatz in einer Gasturbine zu ermöglichen.

2.4 Diskussion der Bauteilentwicklungsergebnisse

Die höchsten Beanspruchungen in einem Heißtest haben die Hybrid-Rotoren erfahren. Die kumulativ erreichten Bauteillebensdauern sind noch nicht zufriedenstellend, verdeutlichen aber, daß das Potential für den gewählten Anwendungsfall vorhanden ist, wenn es gelingt, den Kontaktbereich Metall/Beilage/Keramikschaufel zu optimieren.

Die erzielten Bauteillebensdauern mit Radialrotoren bei vorgegebenen Beanspruchungen sind als Meilensteine zu betrachten. Weiterer erheblicher Entwicklungsaufwand ist erforderlich, um die Prototyprotoren schrittweise auf die Beanspruchungsgrößen von Gasturbinen in Umfangsgeschwindigkeit, Gastemperatur, Gasdruck und Massendurchsatz testen zu können.

Die Arbeiten am monolithischen Axialrotor konnten aus den genannten Gründen nicht zu Ende geführt werden. Das Entwicklungspotential dieses Rotortyps ist jedoch in den Ergebnissen der FE-Berechnungen [2] aufgezeigt.

Die aufgrund vorliegender Erfahrungen aus den bisherigen Entwicklungsarbeiten sorgfältig aufeinander abgestimmten Versuchsprogramme waren so angelegt, daß jeder Test für sich ein Qualitätsmerkmal für das Bauteil darstellte. Die Ausfallquoten in den Vortests waren zum Teil sehr hoch und zudem auch unterschiedlich von Charge zu Charge.

Die Verringerung der Streubreiten und damit die bessere Reproduzierbarkeit der Werkstoffqualität ist eine Anforderung an die Bauteilhersteller. Für den Anwender hat sich gezeigt, daß komplexe Bauteile mit Unterstützung von FE-Berechnungen festigkeitsmäßig optimiert werden können. Dazu ist es erforderlich, die Betriebsbedingungen und die Materialwerte so gut wie möglich als Randbedingungen für die Berechnungen zu simulieren, um eine genügend genaue Information über die Bauteilbeanspruchung zu erhalten. Die so optimierten Konstruktionen müssen im Einklang mit den Wirkungsgradanforderungen stehen.

Die physikalischen Werkstoffeigenschaften, die an Proben ermittelt werden, sind aus Sicht des Anwenders kaum als alleiniges Kriterium für eine zutreffende Werkstoffwahl geeignet, wenn diese Werte im komplexen Bauteil nicht zuverlässig gesichert sind.

Wenn erkennbare konstruktive Gegebenheiten für den Bruchausgang eines Bauteils nicht in Betracht kommen und wiederholt die Qualitätsziele für ein Bauteil schon in den Vortests nicht erreicht werden, so muß der Grund für den Ausfall im Bauteil selbst liegen. Ein Festigkeitsvergleich von Soll- und Ist-Werten führte zum Teil zu erheblichen Unterschieden, die durch Probleme bei der Bauteilherstellung zu erklären sind. Der auf ein komplexes Bauteil zugeschnittenen Werkstoff- und Technologieentwicklung kommt damit große Bedeutung zu.

3. Werkstoffuntersuchungen und Verfahrensentwicklung

3.1 Werkstoffeigenschaften

Flankierend zur Bauteilentwicklung wurden intensive und ausgedehnte Untersuchungen zur Charakterisierung der jeweils aktuellen Si_3N_4- und SiC-Werkstoffe durchgeführt [4,5,6].

Tabelle 4 zeigt einen Überblick über Daten, wie sie in der Regel für RBSN-Werkstoffe ermittelt werden, neben den üblichen Gefügeuntersuchungen an Anschliff- und Bruchflächen.

Die in dieser Tabelle aufgeführten Werkstoffe repräsentieren den derzeitigen Stand der RBSN-Entwicklung. In bezug auf die Festigkeit stellen die Werkstoffe ANR 119 B und D o2o das heute erreichbare Optimum dar, wobei die Reproduzierbarkeit der Eigenschaften insbesondere für das RBSN D o2o nachgewiesen wurde [7,8]. ANR 119 und D o2o sind nicht mehr verfügbar, da die Hersteller sich nicht mehr an der Entwicklung von Si_3N_4-Bauteilen beteiligen.

Der Werkstoff EC 111 ist ein Beispiel für die Schwierigkeit bei der Reproduzierung von Werkstoffeigenschaften auch bei schon kommerzialisierten RBSN-Produkten.

Zwei Werkstoffe (ANR 119 M, FM) lassen wieder den aus der Anfangszeit der RBSN-Entwicklung bekannten Einbruch der Hochtemperaturfestigkeit bei einer Prüftemperatur von 9oo° C erkennen. ANR 119 M ist, bis auf einen sehr geringen Ca-Gehalt, identisch mit der Variante B. Hier zeigt sich, daß eine Reduzierung des Ca-Gehaltes zur Verbesserung des Kriechverhaltens u.U. einen erheblichen Abfall der Hochtemperaturfestigkeit in einem Arbeitstemperaturbereich der RBSN-Werkstoffe in der Gasturbine zur Folge haben kann. Dies gilt, wie später zu sehen sein wird, auch für die Langzeitfestigkeit nach oxidierender Wärmebehandlung.

Nachdem erkannt worden war, daß die Raumtemperaturfestigkeit von Si_3N_4-Werkstoffen nach oxidierenden Glühungen in Arbeitstemperaturbereichen der Gasturbine sich sehr stark ändern, insbesondere abfallen kann, [5,6,9], wurde dieses Verhalten an allen neuen Werkstoffen (auch SiC) routinemäßig untersucht.

Die zur Untersuchung des Langzeitverhaltens entwickelten Oxidationstestzyklen sind in Bild 1o dargestellt. Der Zyklus III wurde von den Werkstoffanwendern (= Gasturbinenentwickler) als Beurteilungszyklus für das Langzeitverhalten festgelegt. In der Praxis hat sich jedoch gezeigt, daß bei genügender Probenlosgröße auch die Anwendung der Zyklen I und II in beiden Temperaturstufen zweckmäßig ist.

So zeigt z.B. der RBSN-Werkstoff FM in Bild 11 dieses gute Festigkeitsverhalten nach Oxidation nur im Zyklus III, während er nach Behandlung mit den Zyklen I und II, insbesondere bei 9oo° C, bis zu mehr als 3o % seiner Festigkeit verliert. Nur die Werkstoffe ANR 119 B und D o2o weisen nach Behandlung in allen drei Prüfzyklen bei allen Temperaturen akzeptable Restfestigkeiten nach 5oo h bzw. 1ooo h auf. Alle anderen in Bild 11 aufgeführten Werkstoffe besitzen dagegen in mindestens einem Prüfzyklus unbefriedigende Werte [4].

Bei der Oxidationsprüfung erfahren die Prüfstäbe in den diskontinuierlichen Zyklen bei der Ofenbeschickung und -entnahme nur mäßige Temperaturwechselbeanspruchungen. Diese Prüfung erlaubt daher keine Rückschlüsse auf die Temperaturwechselbeständigkeit der Werkstoffe. Die Thermoermüdungsfestigkeit wurde daher an einigen Werkstoffen mit einem von der DFVLR 1o entwickelten Verfahren geprüft, bei dem eine 2,5-minutige Preßluftabschreckung auf eine 17-minutige Haltedauer bei Prüftemperatur folgt.

In Tabelle 5 sind die Restfestigkeiten von RBSN nach Thermoermüdung (ca. 3oo Zyklen ≙ 1oo h Haltedauer bei Prüftemperatur) mit 1oo h-Werten aus dem Oxidationszyklus II verglichen. Dabei sind die vergleichbaren Werte aus beiden Prüfarten nicht signifikant verschieden, so daß die Restfestigkeiten nicht von der Art der Temperaturwechsel, sondern von der Haltedauer auf Prüftemperatur abhängen.

Auch bei den z.Zt. für Radialrotoren eingesetzten SSiC-Werkstoffen konnten mehrfach Änderungen der Festigkeit durch Oxidationsglühungen beobachtet werden [5,11,12]. Jedoch gibt es auch hier Werkstoffe, die eine gute Stabilität ihrer Festigkeit nach zyklischer Oxidation aufweisen, Bild 12.
Unbefriedigend beim SSiC ist das noch relativ niedrige Festigkeitsniveau und die große Streuung der Einzelwerte, die im günstigsten Fall zu Weibull-Exponenten von $m \approx 8$ führt.

3.2 Fehlstellenuntersuchungen an SSiC-Radialrotoren

Problematisch ist eine sichere Qualitätskontrolle keramischer Bauteile für Anwendungen mit hoher thermischer und mechanischer Beanspruchung. Eine Möglichkeit zur Ermittlung von Fehlstellen ist die Mikroradiographie. In Zusammenarbeit mit dem IzfP, Saarbrücken, wurden Untersuchungen zur Fehlerbestimmung in SSiC-Radialrotoren durchgeführt. Bild 13 zeigt die Reproduktion einer Durchstrahlungsaufnahme an einem Rotor mit deutlichen Fehleranzeigen im Schaufelblattbereich und im Kopfbereich der Nabe.

Keramographische Untersuchungen an dieser Rotorserie zeigten, daß die überwiegende Fehlergruppe innere Materialaufreißungen sind, die vermutlich schon beim Spritzgießprozeß vorgegeben wurden. Vereinzelt werden jedoch auch ausgerundete porenähnliche Fehlstellen und Einschlüsse höherer Dichte gefunden. In Bild 14 sind einige Beispiele für Fehlstellen in SSiC-Radialrotoren angeführt.

Leider ist eine Zuordnung von Fehlstellen zum Rotorbruch kaum möglich, da bei der verwendeten Testanordnung die Rotorbruchstücke nach dem Bersten für eine Auswertung nicht mehr geeignet sind. In der Regel bleiben nur Wellenteile mit eindeutiger Biegebruchcharakteristik zurück (Bild 15).

3.3 Fügetechnik

Neben der Werkstoffentwicklung für keramische Turbinenbauteile ist die Entwicklung einer zuverlässigen Fügetechnik, insbesondere für die Verbindung Metall/Keramik, entscheidend für die Einsatzmöglichkeit keramischer Bauteile [13,14].

Eine Übersicht über verschiedene Fügeverfahren und ihre Einsatzmöglichkeiten ist in Bild 16 dargestellt.

Als relativ einfach zu handhabende Verfahren wurden die Lötverfahren intensiver untersucht und weiterentwickelt. Für Anwendungen im Hochtemperaturbereich wurden Aktivlötungen für Si_3N_4-Werkstoffe entwickelt [14].

SSiC-Rotoren mit integrierten Wellenteilen erfordern eine Fügetechnik für den Niedertemperaturbereich, die mit handelsüblichen Ag-Hartloten möglich ist. Dazu ist jedoch die Benetzung des SiC durch das Lot sicherzustellen. Mit elektrolytischer Metallisierung des SiC wurden hier gute Ergebnisse erreicht. Beispiele für eine Hochtemperaturaktivlötung und einen Hartlotverbund für den Niedertemperaturanwendungsbereich sind Bild 17 zu entnehmen.

3.4 Kritische Anmerkungen zur Werkstoffentwicklung

Durch das Ausscheiden zweier Hersteller von RBSN-Werkstoffen eines hohen Qualitätsstandes ist auf diesem Gebiet ein herber Rückschlag zu verzeichnen. Es dürfte eine längere Zeit vergehen, bis wieder hochentwickelte RBSN-Qualitäten, die auch im Bauteil realisiert werden, zur Verfügung stehen.

Drucklos gesintertes Si_3N_4 (SSN, SRBSN) erfüllte bisher in keiner Weise die Erwartungen. Auch Werkstoffe aus der HIP-Technologie scheinen noch nicht einsatzreif zu sein.

Bei den SiC-Werkstoffen ist bisher nur das Si-infiltrierte SiC (SiSiC) weitgehend entwickelt und für bestimmte statische Bauteile einsatzreif.

Das drucklos gesinterte SSiC zeigt keine wesentlichen Entwicklungsfortschritte, steht jedoch in einer weitgehend gleichbleibenden Qualität für Bauteile zur Verfügung.

Die Stagnation in der Entwicklung für Bauteile einsatzfähiger Werkstoffe liegt u.E. darin begründet, daß überwiegend reine Werkstoffentwicklung betrieben wurde, die relativ geringe Kosten aufwirft. Die kostenintensive Technologieentwicklung zur Umsetzung der Ergebnisse der Werkstoff-Forschung in hochwertige Bauteile, insbesondere großvolumige, wurde in hohem Maße vernachlässigt. Daher erreichen Bauteile nur in Ausnahmefällen die aus Werkstoffprobendaten vorhergesagten Testergebnisse.

4. Literaturverzeichnis

[1] Langer, M., Rottenkolber, P. — Integrales Axialturbinenrad aus reaktionsgebundenem Siliziumnitrid, in Keramische Komponenten für Fahrzeug-Gasturbinen II, 1981, Berlin, Heidelberg, N.Y., S. 227 ff.

[2] Langer, M., Siebels, J., Giesen, K., Rottenkolber, P. — Entwicklung von keramischen Turbinenbauteilen für Automobilgasturbinen, Abschlußbericht NTS 1oo6, 1981

[3] Langer, M., Siebels, J. — Entwicklung von keramischen Turbinenbauteilen für Automobilgasturbinen, 1. Zwischenbericht NTS 1o21, Okt.1981

[4] Langer, M., Siebels, J. — Turbinenrotoren aus Keramik, Abschlußbericht zum BMFT-Forschungsvorhaben NTS 1o21,1983 erscheint als BMFT-FB

[5] Siebels, J. — Oxidation and Strength of Silicon Carbide in Ceramics for High Perf. Appl. III, Rehability, Plenum Press, 1983, N.Y., London, S. 793 ff

[6] Siebels, J. — Parameter Studies on the Oxidation and the Strength Behaviour of Silicon Nitride; Progress in Nitrogen Ceramics,1983, Martinus Nijhoff Publishers, S. 529 ff

[7] Lange, E., Müller, N. — Large Scale Production Test of Gas Turbine Components by Injection Moulding, wie /5/, S. 323 ff.

[8] Lange, E. Müller, N. — Gasturbinenbauteile aus spritzgegossenem RBSN, Material- und Bauteileentwicklung, in Keramische Komponenten für Fahrzeug-Gasturbinen II, 1981, Berlin, Heidelberg, N.Y., S. 397 ff.

[9] Walzer, P. Siebels, J. — Stand der Entwicklung eines Turbinenlaufrades aus einem Siliziumnitrid-Verbund, in Keramische Komponenten für Fahrzeug-Gasturbine, 1978, Berlin, Heidelberg,, N.Y., S. 335 ff

[10] Leucht, R. Nenn, N. Paul, G. Ziegler, G. — Thermoermüdungsverhalten von Si_3N_4, Werkstoffkolloquium des Inst. f. Werkstoff-Forschung der DFVLR, Dez. 1981, Kurzber. in Zeitschrift für Werkstofftechnik,1982, 13, S.221 ff

[11] Siebels, J. — Oxidation und Festigkeit von Siliziumnitrid und Siliziumkarbid, Sprechsaal (114), H.lo/1981, S. 766 ff

[12] Langer, M. Siebels, J. — Entwicklung von keramischen Turbinenbauteilen für Automobilgasturbinen, BMFT-FB-T 83-o25, 1983

[13] Hennicke, H.W. Müller-Zell, A. Siebels, J. — Fügetechnik von Siliziumnitrid und Siliziumkarbid untereinander und mit Metallen, in Keramische Komponenten für Fahrzeug-Gasturbinen II,1981, Berlin, Heidelberg, N.Y., S. 535 ff

[14] Siebels, J. — Brazing of Silicon Nitrides, in Progress Nitrogen Ceramics, 1983, Martinus Nijhoff Publishers, S 455 ff

Qualität D 020 Materialgruppe	Stückzahl	Anzahl $n_Q = 110\% \, n_1$
1 - 20	6	6
41 - 60	14	8
61 - 80	2	-
81 - 100	16	12
121 - 140	16	10
141 - 160	16	12
161 - 180	4	4
281 - 300	12	10
321 - 340	2	2
341 - 360	6	6
361 - 380	12	10
461 - 480	18	12
	124	92

Tabelle 1: Kaltschleudertest-Ergebnisse für RBSN-Schaufeln

Versuch-Nr.	Berstdrehzahl $\times 10^3$ in 1/min	Bemerkungen
1	80,9	geglüht 900°C 100 h
2	68,2	
3	90,2	geglüht 1260°C 100 h
4	86,7	
5	86,2	
6	75,9	
7	79,9	

Tabelle 2: Berstdrehzahlen für SRBSN-Schaufeln Qualität NR-D 103

VERSUCHSZYKLUS	u_a	T_{VT}	p_{VT}	HERSTELLSERIE 229 20 Prüflinge	HERSTELLSERIE 268 10 Prüflinge
	m/s	K	bar	Anzahl i.O.	Anzahl i.O.
I	285	300	2,2	19	10
II	370	500	2,0	11	3
III	370	850	2,0	7	2
IV	370	1100	2,0	3	0

Tabelle 3:
Ergebnisse von Heißtestversuchen mit Radialrotoren II. Baustufe, Werkstoff: SSiC

Werkstoff	ρ	P_{off}	P_{hyst}	d_{10}	d_{50}	d_{90}	$\frac{\alpha}{\alpha+\beta}$	TLF (RT)	E	G	ν	K_{IC}	Biegefestigkeit RT	Biegefestigkeit 900°C	Biegefestigkeit 1260°C
	g/cm^3	Vol %		10^{-2} µm			—	cm^2/s	GN/m^2		—	$MN/m^{3/2}$	MN/m^2		
EC 111 S1	2,70	9,3	1,7	2,1	5,0	13,0	0,23 0,14	0,170	214	86,4	0,239	2,9	192	274	241
EC 111 S2	2.68	5,6	2.2	1,9	5,2	7,1	0,35	0,146	210	84,4	0,244	2,2	217	281	318
ANR 119 B	2,69	10,3	2,1	1,7	5,4	6,8	0,82	0,075	216	87,3	0,236	3,0	301	327	365
ANR 119 M	2,66	8,2	1,6	1,8	3,0	3,8	0,78	0,076	200	82,5	0,210	4,2	269	173	280
J 001	2,69	12,3	6.0	4,6	12,0	14,0	0,62	0,101	181	73,4	0,234	1,7	176	225	335
VAR 1	2,48	17,8	6,0	8,9	30,0	45,0	0,84	0,061	169	69,7	0,210	3,1	231	—	—
FM	2,61	7,4	1,1	1,5	2,8	4,2	0,80	0,058	198	80,3	0,230	1,5	281	208	325
D 020	2,63	9,0	3,4	1,5	5,0	7,5	0,73	0,071	200	80,6	0,240	1,9	286	353	371

Tabelle 4:
Charakteristische Werkstoffdaten für verschiedene RBSN-Werkstoffe

Werkstoff	Biegefestigkeit in N/mm² nach TE 900° C	1260° C	nach Zykl. II 100h 900° C	1260° C
EC 111 S1	—	213	258	205
EC 111 S2	—	236	283	241
ANR 119 B	—	280	303	261
ANR 119 M	—	230	193	221
J 001	—	163	180	171
VAR 1	—	—	202	131
FM	167	284	172	287
D 020	—	—	311	260

Tabelle 5: Restfestigkeiten nach Thermoermüdung (TE) und intermittierender Oxidation

Bild 1: Monolithischer Axialrotor
Prototyp aus Werkstoff RBSN

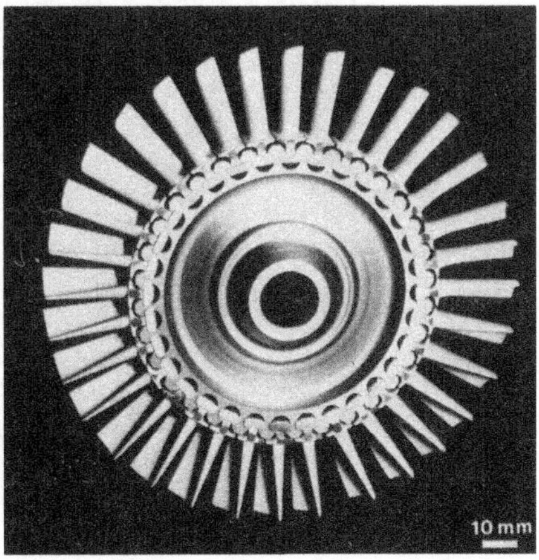

Bild 2: Hybrid-Rotorkonzept
Einzelschaufeln aus RBSN

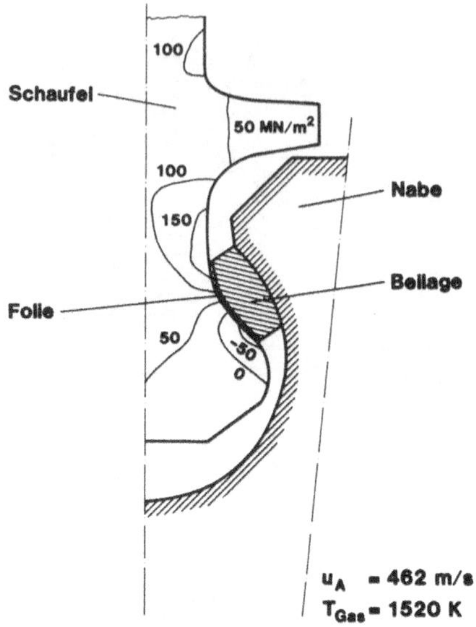

Bild 3: Hybrid-Rotor
Spannungsverteilung
im Schaufelfuß

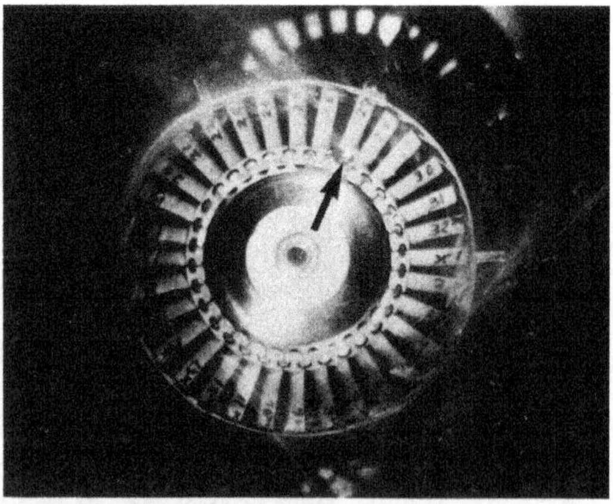

Bild 4: Berstaufnahme Hybrid-Rotor
Prototyp

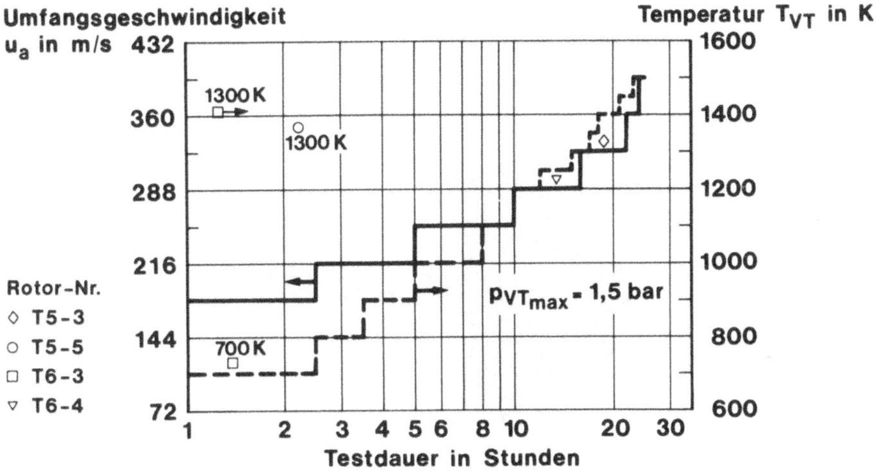

Bild 5:
Heißtestergebnisse mit Prototyp-Hybrid-Rotoren

Bild 6: Rotor nach Heißtest

u_a = 340 m/s

T_{VT} = 1400 K

Bild 7: Monolithischer Radialrotor
Prototyp aus Werkstoff SSiC

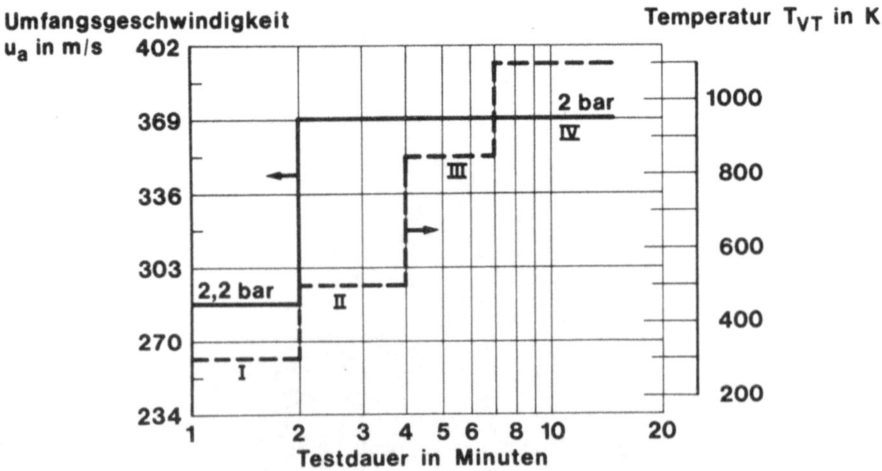

Bild 8: Versuchsprogramm-Zyklen für monolithische Radialrotoren

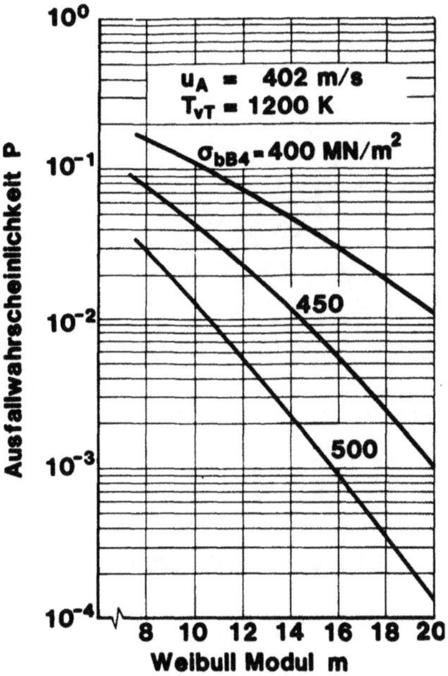

Bild 9: Ausfallwahrscheinlichkeit SSiC-Radialturbine (Ø 64 mm)

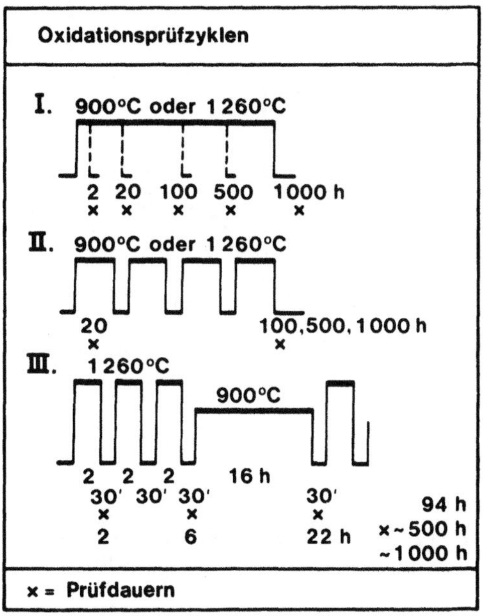

Bild 10: Prüfzyklen für keramische GT-Werkstoffe

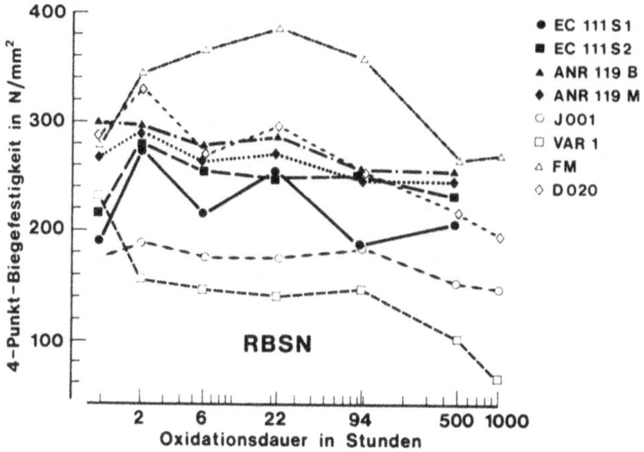

Bild 11: Biegefestigkeit nach Zyklus III

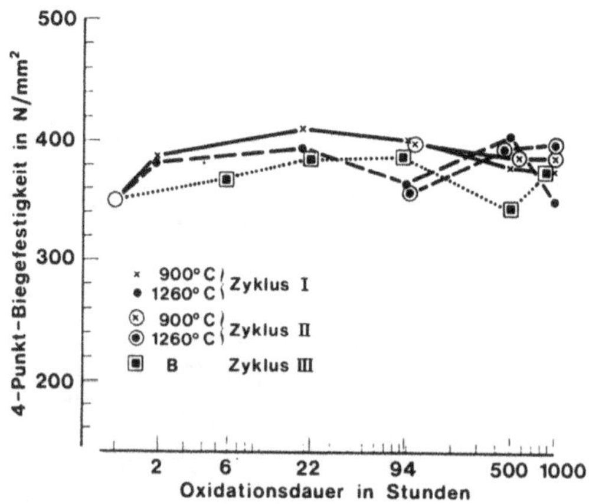

Bild 12: Biegefestigkeit von SSiC nach zyklischer Oxidation

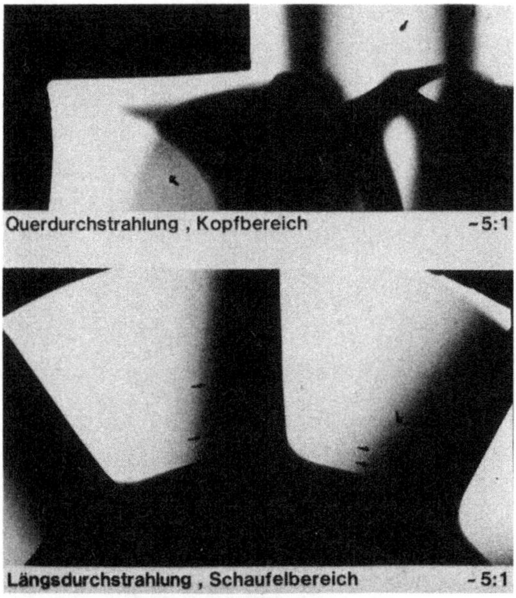

Bild 13: **Mikroradiographien eines SSiC-Radialrotors mit Fehlstellen**

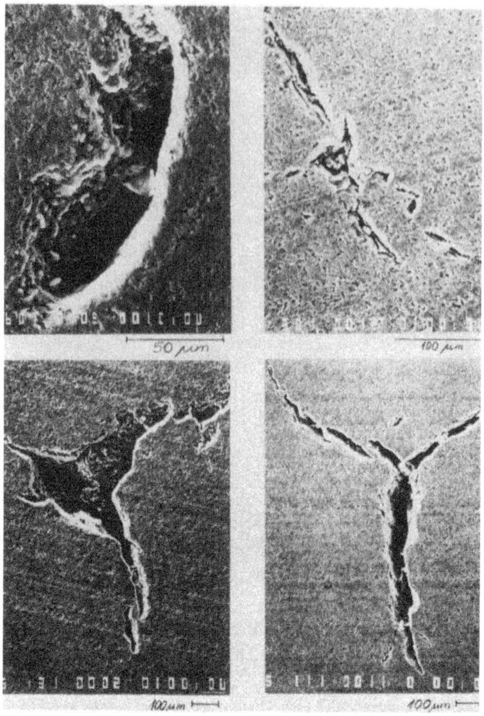

Bild 14: Fehlstellen in SSiC-Radialturbinenrotoren

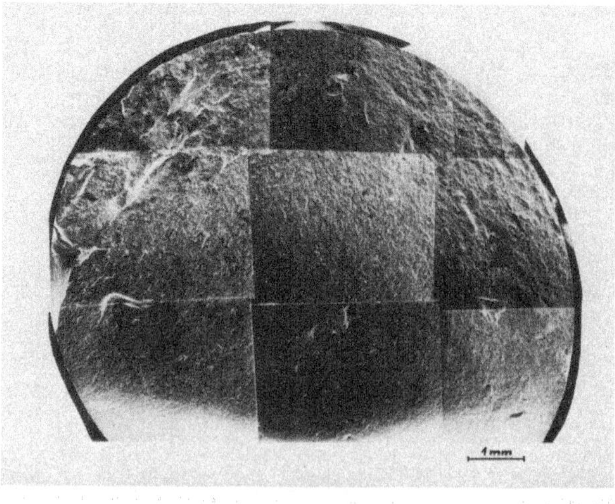

Bild 15: Biegebruchfläche einer SSiC-Radialturbinen-rotorwelle

VERFAHREN	VERBUND	KERAMIK	ANWENDUNGEN
Preß-und Diffusionsschweißen	K-K K-M	SN, SC	hochbeanspruchte GT-Komponenten
Hochtemperatur- und Aktivlöten	K-K K-M	SN, SC, Oxide, Kohlenstoff	GT-Komponenten, Motorbauteile, Werkzeuge
Löten	K-M	"	GT-Wellenanbindung in gekühlten Bereichen, diverse Bauteile
Keram. Zement	K-K	SN, SC	GT-Rotoren
Nitrierschichten	K-K (K-M)	SN	GT- u. Motorbauteile
Grünkörperverbund	K-K	alle	GT-Komponenten, Motorbauteile, komplizierte Gasführungen
Kleben	K-K; K-M	alle	GT-Wellenanbindungen u. Bauteile m. geringer thermischer Belastung
Metallumguß	K-M	alle	Motorkomponenten, Gasführungen, Lager, GT-Wellen
Schrumpfverbund	K-M	alle	wie Umguß
Konstr. mechanischer Verbund	K-M	alle	alle Anwendungsbereiche

K=Keramik, M=Metall.; SN, SC = Si_3N_4 bzw. SiC-Werkstoffe

Bild 16: Fügetechniken mit Keramik

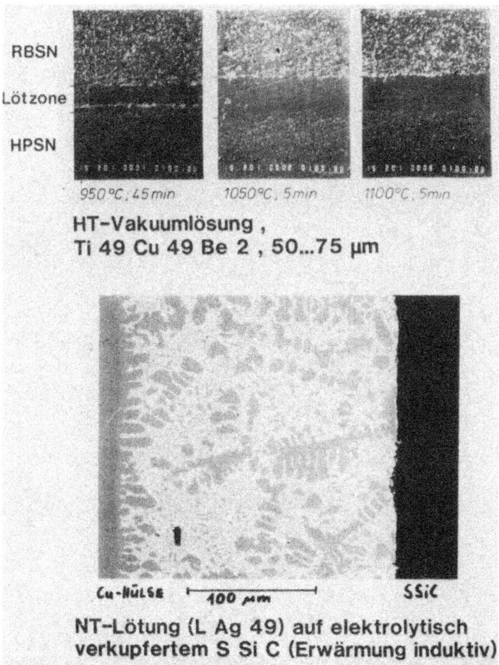

Bild 17: Beispiele für HT- und NT-Lötungen

HOCHTEMPERATUR-LANGZEIT-EIGENSCHAFTEN VON Si_3N_4- UND SiC-WERKSTOFFEN

F. Thümmler, G. Grathwohl, F. Porz,
R. Hamminger, H. Cohrt
Institut für Werkstoffkunde II
Universität Karlsruhe

1. Einleitung

Für einen Hochtemperatureinsatz der Siliziumnitrid- und Siliziumkarbid-Werkstoffe sind die mechanischen und chemischen Eigenschaften von ausschlaggebender Bedeutung, wobei diese Eigenschaften sowohl im Ausgangszustand als auch ihre Veränderung während langzeitiger Beanspruchung interessieren. Im Institut für Werkstoffkunde II wurde deswegen ein Programm zur Ermittlung der Langzeiteigenschaften dieser Keramiken bei hohen Temperaturen durchgeführt. Dabei wurden das Kriechen, die Oxidation unter statischen und zyklischen Bedingungen, die Veränderung der Festigkeit infolge des langsamen Rißwachstums, sowie die mit diesen Vorgängen zusammenhängenden Gefügezustände und Änderungen untersucht. Hierzu wurden mikroanalytische Untersuchungen durchgeführt. Zum Einsatz kamen Werkstoffe in- und ausländischer Hersteller sowie einzelne Materialvarianten aus eigener Herstellung.

2. Siliziumnitrid-Werkstoffe

2.1. Reaktionsgebundenes Si_3N_4 (RBSN)

RBSN enthält entsprechend seiner Herstellung eine Porosität von ca. 15-25%, sein Verhalten ist deshalb in besonderer Weise durch mikrostrukturelle Einflüsse geprägt. Die Porosität kann in verschiedener Hinsicht (Anteil an zugänglicher und unzugänglicher Porosität, Porengröße und Größenverteilung, Porenkanalradien und Radienverteilung), selbst bei ähnlicher Dichte, stark unterschiedlich sein. Hierdurch tritt während der Beanspruchung bei hohen Temperaturen neben der Oxidation der äußeren Oberflächen eine innere Oxidation ein, die das Gefüge bis in bestimmte Tiefen verändert. Bei hochwertigen Qualitäten ist dies auf die Randzonen von einigen Zehntel mm beschränkt. Die Korrelation der Kriechbeständigkeit von RBSN mit dem Verlauf der inneren Oxidation wurde beschrieben und durch Messungen von Tiefenprofilen der Oxidphase bestätigt [1,2,3]. Durch geeignete Verfahren konnte sowohl der Cristobalitgehalt als auch der Gesamt-Oxidgehalt tiefenabhängig gemessen werden [2].

Es wurde gezeigt, daß die Kriechgeschwindigkeit überwiegend von der Anwesenheit bzw. der in-situ-Bildung von oxidischen Phasen bestimmt wird. Dies erklärt auch die z.T. gravierenden Unterschiede des Kriechens an Luft und im Vakuum. Dabei hängt der Umfang der inneren Oxidation entscheidend vom Radius und der Radienverteilung der die Makroporen verbindenden Porenkanäle ab, die durch Quecksilberporosimetrie gemessen wurden. Die Aufnahme von Hysteresekurven für das Eintreten und Wiederaustreten des Quecksilbers erlaubt eine Unterscheidung zwischen entleerbarem und nicht entleerbarem Porenvolumen. Dadurch wird eine Abschätzung des Porenkanal-Anteiles an der Gesamtporosität möglich. Aus deren Verteilung kann die Länge der Kanäle/Masseneinheit und die innere spezifische Oberfläche ermittelt werden [4,5]. Die erarbeiteten Methoden erlauben eine wesentlich verbesserte Charakterisierung von RBSN.

Die Zusammenhänge zwischen Porenstruktur, innerer Oxidation und Kriechen dürfen in den Grundzügen als gesichert angesehen werden. Hersteller von RBSN haben diese Erkenntnisse für die Herstellung hochwertiger Qualitäten berücksichtigt. Ausgehend von dem qualitativen Modell der inneren Oxidation [1] wurden die innere und äußere Oxidation des RBSN quantitativ behandelt [6]. Das Bild 1 zeigt die Oxidationsisothermen eines RBSN-Materials mittlerer Dichte ($\rho = 2{,}5\ g/cm^3$). Aufgetragen ist die auf die Ausgangsmasse bezogene Massenzunahme $\frac{\Delta m}{m}$ und nicht die auf die Oberfläche der Proben bezogene, da die tatsächlich an der Oxidationsreaktion beteiligte Oberfläche nicht bekannt ist. Die Kurven zeigen den für RBSN typischen Oxidationsverlauf mit einer zunächst großen Massenzunahme und einer dann in eine Horizontale einmündenden Kurve. Bei hohen Temperaturen wird der horizontale Verlauf schneller erreicht, schon nach 10-20 Minuten, wodurch die erreichte Massenzunahme niedriger ist als bei tiefen Temperaturen.

Die parabolische Darstellung der Oxidationsisothermen ist für die RBSN-Oxidation somit nicht möglich, da durch die in den Porenkanälen aufwachsende SiO_2-Schicht der Sauerstoffzutritt in das Probeninnere erschwert wird. Der Radius der Porenkanäle wird mit wachsender SiO_2-Schichtdicke immer enger, und die weitere Reaktion erfolgt später nur noch an der geometrischen Oberfläche. Die Massenzunahme folgt einem asymptotischen Gesetz (nach Evans [7])

$$(1) \qquad \frac{\Delta m}{m} = \frac{\Delta m_\infty}{m} \left(1-e^{-k_a t}\right)$$

mit Δm_∞ = Massenzunahme nach Erreichen des horizontalen Bereichs und k_a = asymptotischer Reaktionsgeschwindigkeitskoeffizient. Die Auftragung von $\log\left(1-\frac{\Delta m}{\Delta m_\infty}\right)$ über der Zeit t (Bild 2) ergibt Geraden, aus deren Steigung der asymptotische Reaktionsgeschwindigkeitskoeffizient errechnet werden kann. Die Begründung für den gezeigten asymptotischen Verlauf und die bei hochwertigen RBSN Materialien nur einige Zehntel mm eindringende Oxidation ergibt sich daraus, daß aufgrund der Reaktion des Si_3N_4 zum SiO_2 die Sauerstoffkonzentration über die Kanallänge immer mehr abnimmt, bis schließlich in einer Tiefe L nicht mehr genügend Sauerstoff zur Verfügung steht, um SiO_2 zu bilden. Diese als Eindringtiefe der Reaktion bezeichnete Größe L läßt sich aus den Diffusionsdaten für Sauerstoff durch enge Porenkanäle und den Reaktionsgeschwindigkeitskoeffizienten für die Oxidation unter bestimmten Annahmen berechnen, näheres s. [6]. Insbesondere bei hohen Temperaturen $\geq 1200^\circ C$ stimmen die errechneten Eindringtiefen gut mit den röntgenographisch ermittelten Eindringtiefen der Experimente überein. Auch die starke Temperaturabhängigkeit des asymptotischen Reaktionsgeschwindigkeitskoeffizienten (effektive Aktivierungsenergie 240 kJ/mol) wird durch die Rechnung bestätigt.

Eine zusammenfassende Darstellung der ausschlaggebenden Bedeutung der Porenkanalradien für die RBSN-Oxidation ergibt sich aus Bild 3. Darin sind zunächst die Oxidationsisothermen von fünf verschiedenen RBSN-Materialien ähnlicher Dichte aufgetragen. Darunter sind die mittleren Porenkanalradien und die offene Porosität dargestellt. Es ergibt sich eine direkte Korrelation der Massenzunahme mit den Porositätscharakteristika. Die Darstellung zeigt, daß RBSN Materialien zur Verfügung stehen, die nur einen geringen oxidativen Angriff erleiden. Dies ist möglich bei niedriger offener Porosität und vor allem bei Materialien mit extrem kleinen Porenkanalradien (< 20-30 nm).

Bei RBSN werden nach Oxidationsglühungen häufig Festigkeitsänderungen festgestellt. Die Festigkeit kann ansteigen durch das Ausheilen von Oberflächenfehlern, oder auch absinken durch oxidationsbedingte Fehler [6,8]. Die festigkeitssteigernde Wirkung durch Oxidation tritt insbesondere auf bei Materialien mit kleinen kritischen Fehlern und dadurch hoher Festigkeit, bei welchen die Oberflächenbeschaffenheit durch die Ausrundung von Fehlern wirksam verbessert werden kann.

Bei länger andauernder Oxidation tritt bei allen RBSN-Materialien bei mittlerer ($1000^{o}C$) und hoher ($1260^{o}C$) Oxidationstemperatur ein Festigkeitsabfall ein,da sowohl im Probeninneren als auch an der Probenoberfläche dickere Oxidschichten entstehen, die durch Aufreißen oder durch innere Spannungen die Festigkeit herabsetzen. Bei niedriger Temperatur ist wegen der weiter in das Probeninnere reichenden Oxidation ein stärkerer Effekt zu erwarten, was auch beobachtet wurde. Der Festigkeitsabfall nach zyklischer Oxidationsglühung unterscheidet sich nicht signifikant von dem nach statischer Oxidation. Die Abnahme der Festigkeit korreliert jeweils mit der Massenzunahme. Auch dies weist auf die Bedeutung der inneren Oxidation hin, die bei Materialien mit kleinen Porenkanalradien stark eingeschränkt werden kann.

2.2. Heißgepreßtes Si_3N_4 (HPSN)

Die verschiedenen Zusatzstoffe in HPSN, vor allem MgO und Y_2O_3, bewirken ein stark unterschiedliches Materialverhalten bei hohen

Temperaturen. Beide Qualitäten, unter ihnen Y_2O_3-haltige Materialien mit einer ausgezeichneten Hochtemperaturstabilität, wurden in das Untersuchungsprogramm aufgenommen. In Tab. 1 sind die chemischen Analysen der zuletzt verfügbaren HPSN-Werkstoffe aufgeführt. NH 206 (Annawerk, Rödental) und NC 132 (Norton Co., Worcester, MA) stellen Mg-haltige, NH 209 ein Y-haltiges Material dar. Die Chargenbezeichnung NH 206/I und NH 206/II bezieht sich auf die Lieferjahre 1979 bzw. 1982. Wie in Bild 4 zu erkennen ist, konnte die relativ gute Kriechbeständigkeit von NH 206/I auf Chargen neueren Datums nicht übertragen werden. Der Grund für die höhere Kriechgeschwindigkeit dürfte im erhöhten Mg-Gehalt von NH 206/II zu finden sein.

In Bild 5 sind typische Kriechkurven der 3 Materialien NH 206, NH 209 und NC 132 bei 160 MN/m^2 aber unterschiedlicher Temperatur aufgetragen. Während die Mg-haltigen Werkstoffe im Versuchszeitraum bei 1200 bzw. 1300^oC versagten, wurde bei 1400^oC für das Y-haltige NH 209 auch nach 650 h bei dieser Spannung kein Bruch beobachtet. Dieser Werkstoff ist sowohl durch ein hohes Festigkeitsniveau (s. unten) als auch durch eine ausgezeichnete Hochtemperaturstabilität gekennzeichnet.

Neben der eigentlichen Kriechverformung können bei HPSN unter Hochtemperaturbedingungen vorhandene Risse unterkritisch wachsen. Beide Phänomene, Kriechen und langsames Rißwachstum führen schließlich nach Erreichen eines kritischen Zustandes zum Bruch. Obwohl eine Reihe umfangreicher Kriechuntersuchungen an heißgepreßtem Siliziumnitrid in der Vergangenheit durchgeführt wurden, z.B. [9,10], fehlen ähnliche grundlegende Untersuchungen zum Kriechbruch und zu den kriechbedingten Schädigungsmechanismen im Gefüge. Hierzu wird die Spannungsabhängigkeit des Kriechverhaltens von Mg-haltigem HPSN bei 1200^oC in Bild 6 dargestellt. Im unteren Spannungsbereich bis $\sigma_n = 170\ MN/m^2$ wurden charakteristische Kriechkurven mit den erkennbaren Bereichen des Primär-, Sekundär- und Tertiärkriechens gemessen. Aufgrund zahlreicher Messungen wurde entsprechend dem Norton'schen Kriechansatz

(2) $$\dot{\varepsilon}(\sigma) = const. \cdot \sigma^n$$

ein für den sekundären Kriechbereich gültiger Spannungsexponent von n = 1.9 bestimmt [11]. Die erreichbare Kriechdehnung hängt in diesem Spannungsbereich nur schwach von der angelegten Spannung ab. Bei Spannungen oberhalb 170 MN/m^2 wurden dagegen wesentlich kleinere Bruchdehnungen gemessen; aus Bild 6 ist klar ersichtlich, daß das Versagen der Proben im Primärbereich des Kriechens stattfindet und gegenüber einem Kriechbruch als vorzeitiger Bruch charakterisiert werden kann.

Die klare Trennung zwischen den Versuchsbedingungen, die zu hohen und zu niedrigen Kriechbruchdehnungen führen, ist in Bild 7 herausgestellt. Werte von Bruchdehnungen zwischen den hier aufgezeigten Niveaus (ca. $15 \cdot 10^{-3}$ bzw. $4 \cdot 10^{-3}$) wurden nie beobachtet. Auf beiden Niveaus ist die Spannungsabhängigkeit der Bruchdehnung sehr schwach ausgeprägt. Im Gegensatz dazu tritt bei vorgeschädigten Proben ein eher kontinuierlicher Verlauf der Bruchdehnung ε_B mit der Spannung auf, die durch die Beziehung

$$(3) \qquad \varepsilon_B \sim \sigma^{-c}$$

mit einem Exponenten c = 2.2 [12] beschrieben werden kann. Ein ähnlicher Wert (c = 1.82) wurde von Steinmann [13] an sehr unterschiedlichen HPSN-Werkstoffen gemessen.

Analog zu dem in Bild 7 gezeigten diskontinuierlichen Verlauf der Bruchdehnung ist auch das Lebensdauerdiagramm (Bild 8) nicht durch eine Gerade in doppeltlogarithmischer Darstellung lg t_B vs lg σ entsprechend der häufig verwendeten Beziehung [14]

$$(4) \qquad t_B \cdot \sigma^N = B \cdot \sigma_c^{N-2}$$

darzustellen. Die gemessenen Lebensdauern weichen von der nach (4) erwarteten Geraden ab, die auf der Annahme linear-elastischen Materialverhaltens beruht. Die Werte werden im oberen Spannungsbereich durch eine modifizierte Beziehung

$$(5) \qquad \int_0^{t_0} f(t)^N \, dt = B \cdot \sigma_c^{N-2} \cdot \sigma^{-N}$$

gut beschrieben, in der die kriechbedingte Spannungsumverteilung in der Biegeprobe durch eine Relaxationsfunktion f(t) berücksichtigt wird. Die Form und Parameter dieser Zeitfunktion wurden zunächst auf der Basis experimenteller Ergebnisse und aus der Literatur entnommener Werte ausgewählt [11] und werden in weiterführenden Experimenten und Berechnungen optimiert [15].

Die experimentellen Befunde (Bilder 6,7,8) ermöglichen zusammen mit fraktographischen Untersuchungen sowie Messungen der Veränderungen der Restfestigkeit und des E-Moduls während des Kriechversuchs folgende Interpretation des Hochtemperaturversagens von HPSN: Es existiert eine Grenzspannung, unterhalb derer Versagen durch Kriechbruch eintritt. Bei höheren Spannungen wird die Lebensdauer durch die Rißwachstumsgeschwindigkeit bzw. ihre Abhängigkeit vom Spannungsintensitätsfaktor K_I bestimmt. Der zu betrachtende Rißfortschritt ist ein streng lokalisiertes Ereignis, die zugrunde liegenden Elementarprozesse sind auf den Bereich des Risses bzw. seiner Spitze beschränkt. Da gleichzeitig Kriechprozesse ablaufen, sind Abweichungen vom rein linear-elastischen Verhalten durch die Spannungsumverteilung in der Biegeprobe und Modifizierung des K-Wertes zu berücksichtigen. Der Kriechbruch ist demgegenüber gekennzeichnet durch die Einbeziehung des Gesamtvolumens der Probe; Versagen ist vom Erreichen einer kritischen Verformung abhängig.

3. Siliziumkarbid-Werkstoffe

Die untersuchten Werkstoffe dieser Gruppe sind hochverdichtet. Vorzugsweise gesintertes und siliziuminfiltriertes reaktionsgebundenes Siliziumkarbid wurde teilweise bis zu sehr hohen Temperaturen (1700°C) hinsichtlich Kriechen, Oxidation und verzögertem Bruch untersucht.

3.1. Gesintertes Siliziumkarbid (SSiC)

Beim SSiC zeigte sich, daß verschiedene Qualitäten dieses Materials trotz einer an sich sehr guten Kriechbeständigkeit doch erhebliche Unterschiede aufweisen (Bild 9). Auch das Zeitstandverhalten ist bei hohen Temperaturen nicht sehr übersichtlich;

gemäß Bild 10 wurden N-Werte zwischen 23 und 64 gemessen [16]. Außerdem ist ein deutlicher Einfluß einer oxidativen Vorbehandlung festzustellen. Dies führte zu der Vermutung, daß bei der Herstellung neben den Prozeßparametern die verwendeten Sinterhilfsmittel, sowie die Charakteristika und die Reinheit der Ausgangspulver wesentlichen Einfluß auf die sich ausbildenden Gefüge und die Eigenschaften haben, und daß die physikalisch-mechanischen Eigenschaften der SiC-Werkstoffe durch den Grad der Homogenität ihres Gefügeaufbaus bestimmt werden.

Somit ergab sich die Notwendigkeit einer umfassenden, mikroanalytischen Charakterisierung des SSiC. Da die Fragestellungen den Nachweis sehr geringer Konzentrationen leichter Elemente erfordern und für fraktographische Analysen hohe Orts- und Tiefenauflösung notwendig ist, wurden die sich teilweise ergänzenden Methoden Auger-Elektronenspektroskopie, wellenlängendispersive Röntgenmikroanalyse und α-Mikroautoradiographie herangezogen [17]. Zur Charakterisierung des chemischen Zustandes der Korngrenzen wurden intergranulare Bereiche im UHV erzeugter Bruchflächen kontaminationsfrei mit einer hochauflösenden Auger-Anlage (HRAES) untersucht [18]. Diese gestattet aufgrund höchster Tiefen- und Ortsauflösung den Nachweis von Korngrenzensegregationen im Monolagenbereich.

In allen untersuchten SSiC-Werkstoffen wurden Fremdphasen, insbesondere Einschlüsse der Dotierungs- und Verunreinigungselemente, sehr unterschiedlicher chemischer Zusammensetzung nachgewiesen. Im (Al,C)-dotierten SSiC existieren Al-reiche Gebiete unterschiedlicher Größe und heterogener Verteilung. Die Auger-Tiefenprofilanalyse eines solchen Gebietes ist in Bild 11 dargestellt, wobei durch Sputtern mit niederenergetischen Ar-Ionen ein bis in 1,4 μm Tiefe nahezu unveränderter Al-Gehalt sowie ein gegenüber stöchiometrischem SiC abgereichertes C/Si-Verhältnis gemessen wurde. Der Konzentrationsverlauf in Oberflächennähe (100 nm) ist durch Kontaminationseffekte beeinflußt.

Im (B,C)-dotierten SSiC ist die Verteilung des Sinterhilfsmittels B sehr heterogen. Durch Röntgenmikrosondenanalysen, dargestellt in Bild 12, konnten B-reiche Einschlüsse mit bis zu 5 µm Durchmesser nachgewiesen werden. Ähnliches wurde durch α-Mikroautoradiographie festgestellt. Diese Methode erlaubt nach entsprechender Optimierung eine halb-quantitative Aussage über Konzentration und räumliche Verteilung des B infolge der aus der Kernreaktion $^{10}_{5}B + ^{1}_{0}n \rightarrow ^{7}_{3}Li + ^{4}_{2}He$ resultierenden α-Teilchen. Typische Mikroautoradiographien mit unterschiedlich hohem Homoginitätsgrad sind in Bild 13 dargestellt.

Charakteristisch für SSiC ist auch das Vorhandensein von freiem C (Bild 14, links). Weiter wurden in allen Materialien Einschlüsse verschiedenartigster Verunreinigungselemente identifiziert, insbesondere als silikatische und oxidische Phasen.

Zwischen (B,C)- und (Al,C)-dotierten SSiC-Materialien wurden durch HRAES-Punktanalysen (∿ 100 nm Durchmesser) signifikante Unterschiede an den Korngrenzen festgestellt. (B,C)-dotiertes SSiC besitzt sehr reine Korngrenzen. In keinem Fall konnten Spuren von B oder Verunreinigungselementen an den Korngrenzen nachgewiesen werden. Die Punktanalysen intergranular und transgranular gebrochener Bereiche sind für (B,C)-dotiertes SSiC identisch; Stöchiometrieunterschiede zwischen Korngrenzen und Matrix konnten ebenfalls nicht festgestellt werden. Das charakteristische HRAES-Korngrenzenspektrum von (B,C)-dotiertem SSiC ist in Bild 14 dargestellt.

Erstmals konnte eindeutig nachgewiesen werden, daß (Al,C)-dotierte SSiC-Werkstoffe an den Korngrenzen dünne, Al-reiche Segregationsfilme ausbilden. Nach Sputterversuchen an kontaminationsfreien Oberflächen beträgt deren Dicke bei den hier untersuchten Materialien weniger als 1 nm, entsprechend etwa 2-3 Atomlagen. Beide (Al,C)-dotierten Qualitäten zeigen gleichzeitig deutliche B-Anreicherungen an den Korngrenzen; die B-Konzentration dieser Materialien liegt nach der chemischen Analyse unter 0,1 Gew.-%. Bild 15 stellt das typische HRAES-Korngrenzenspektrum von (Al,C)-dotiertem SSiC dar. Die Segregationsschicht wird zusätzlich anhand der Al-Verteilung der untersuchten Bruchfläche verdeutlicht.

Die nachgewiesenen Inhomogenitäten wirken sich zweifellos drastisch auf die Eigenschaften dieser Materialien aus. Große, singuläre Einschlüsse können für erhebliche Festigkeitseinbußen verantwortlich sein. Nach diesen Ergebnissen erscheint das immer noch verhältnismäßig niedrige Festigkeitsniveau des SSiC ($\leq$ 400 MN/m^2) nicht verwunderlich. Es wird sich nur erhöhen lassen, wenn die Absenkung der kritischen Fehlergröße gleichermassen durch Optimierung der Herstellungsverfahren, Verringerung der Korngröße und Verbesserung der Reinheit erfolgt. Die reinen Korngrenzen (B,C)-dotierter Werkstoffe wirken sich günstig auf die Kriechbeständigkeit aus, während die Segregationsfilme (Al,C)-dotierter Materialien die Kriechgeschwindigkeit erhöhen. Der Zustand der Korngrenzen bewirkt ferner unterschiedliches Bruchverhalten [16] und beeinflußt evtl. auch die Zeitstandfestigkeit dieser Werkstoffe. Die Inhomogenitäten der B-Verteilung und die Ausdehnung Al-reicher Gebiete erheben Fragen nach der optimalen Auswahl und Beimischung der Sinterhilfsmittel. Einschlüsse hoher Konzentration der Sinterhilfsmittel zeugen von unzureichender Aufbereitung der Ausgangsmischungen und nur partieller Wirkung der Additive beim Sinterprozeß. Offensichtlich treten bereits in den Grünlingen beträchtliche Agglomerationen der Dotierungs- und evtl. Verunreinigungselemente auf, die es bei zukünftigen Werkstoffoptimierungen durch geeignete pulvertechnologische Maßnahmen zu vermeiden gilt.

3.2. Siliziuminfiltriertes Siliziumkarbid (SiSiC)

Die Untersuchungen an SiSiC erfolgten an drei Materialien zweier deutscher Hersteller. In Tab. 2 sind der Gehalt an freiem Silizium und die Dichte der Materialien zusammengestellt, das Gefüge ist in Bild 16 dargestellt. Die Differenz zwischen gemessener und errechneter Dichte bei Material 1 rührt von den dunklen Einschlüssen her, bei denen es sich um freien Kohlenstoff handelt. Sie sind jeweils von einer dichten SiC-Schicht umgeben, die sich während des Silizierungsprozesses gebildet hat und als Diffusionsbarriere eine vollständige Umsetzung des Kohlenstoffs zu SiC verhindert. Der naßchemisch bestimmte Gehalt an freiem Kohlenstoff war kleiner als 0,5 %, was darauf schließen läßt, daß die Teilchen sehr porös sind.

Nach Angaben der Hersteller wurde als Ausgangsmaterial ein SiC-Pulver mit bimodaler Teilchengrößenverteilung verwendet. Die großen SiC-Körner im Gefüge rühren im wesentlichen von der grobkörnigen Fraktion her. Durch eine Ätzung nach Murakami kann diese Kornfraktion vom übrigen SiC gut unterschieden werden. Bei Material 1 und 2 erkennt man, daß die ursprünglich kantigen groben Körner vom primären Feinanteil bzw. vom sekundären SiC umgeben sind und dadurch abgerundet wurden. Bei Material 3 ist die kantige Form der großen SiC-Körner schon im ungeätzten Gefügebild zu erkennen. Alle drei Materialien zeigen eine mehr oder weniger ausgeprägte Orientierung der groben Primärkörner, was auf Fließvorgänge während der Formgebung zurückzuführen sein dürfte.

Die Kriechversuche wurden im 4-Pkt.-Biegeversuch an Luft durchgeführt. Zur Bestimmung des Oxidationseinflusses auf das Kriech- und Festigkeitsverhalten wurden Proben von Material 2 unter extremen Bedingungen ($T = 1350^{o}C \mathrel{\hat{=}} 60^{o}C$ unterhalb des Si-Schmelzpunktes, $t = 200$ h) einer Glühbehandlung an Luft unter Umgebungsdruck unterzogen. Alle SiSiC-Materialien zeigten auch bei sehr hohen Belastungen und sehr langen Standzeiten noch abnehmende Kriechgeschwindigkeiten, die bei den kriechfestesten Materialien gegen Null streben. Solche Beobachtungen sind aus der Literatur zum Teil schon bekannt [19,20]. Im folgenden soll gezeigt werden, daß das Verhalten bei hohen Temperaturen und konstanter Last gut durch die Funktion

$$(6) \qquad \varepsilon(t) = \varepsilon_o + \beta\left(\frac{t}{t_o}\right)^m + \dot{\varepsilon}_s t$$

beschrieben werden kann. $\varepsilon(t)$ ist die Gesamtdehnung als Funktion der Zeit t, ε_o stellt eine Anfangsdehnung während der Belastungsphase dar, $\beta\left(\frac{t}{t_o}\right)^m$ (mit den Konstanten β und m und der Zeiteinheit t_o) ist eine transiente Dehnung und $\dot{\varepsilon}_s$ der stationäre Anteil der Kriechgeschwindigkeit. Die Bestimmung der Parameter erfolgte mit Hilfe der linearen Regressionsanalyse auf einem Tischrechner. Das Rechenprogramm ist in [21] beschrieben. Es zeigt sich, daß transientes und stationäres Kriechen nebeneinander auftreten können.

Der Vergleich der gemessenen Kriechkurven mit den Ausgleichskurven in Bild 17 zeigt eine sehr gute Übereinstimmung. Es wird deutlich, daß das Kriechen im untersuchten Belastungsbereich überwiegend von der transienten Dehnung bestimmt wird. Eine genaue Auswertung ergibt, daß nur bei Material 1 stationäre Kriechanteile bei allen Belastungszuständen auftreten. Dieser Sachverhalt ist für die Auswertung und Interpretation der Kriechkurven, d.h. zur Berechnung von Spannungsexponenten und Aktivierungsenergien sehr wichtig, was für beide Anteile separat erfolgen muß. Näheres hierzu s. [21].

Bild 18 gibt die Spannungsabhängigkeit der Parameter ε_o, ß und m für Material 1 und 2 wieder. Im untersuchten Belastungsbereich nehmen alle Parameter für Material 1 höhere Werte an, als bei Material 2, d.h. es zeigt die größere transiente Dehnung. Für Material 1 ist in Bild 19 die Spannungsabhängigkeit der stationären Kriechgeschwindigkeit wiedergegeben. Als Steigung der Ausgleichsgeraden ergibt sich der Spannungsexponent zu $n = 5 \pm 1,5$. Für die anderen Materialien ist ein solches Diagramm nicht sinnvoll, da sich außer unter extremen Testbedingungen keine stationären Geschwindigkeiten einstellen.

Leider zeigen die SiSiC-Materialien große Streuungen in der Lage der Kriechkurven. Von Carter et al. [22] konnten diese Streuungen auf Dichteschwankungen, d.h. auf unterschiedliche Gehalte an freiem Silizium zurückgeführt werden.

Keramographische Nachuntersuchungen nach den Kriechversuchen ergaben, daß das Kriechen ohne erkennbaren Einfluß auf das Gefüge des SiSiC bleibt, solange die Kriechkurve keine meßbare stationäre Komponente zeigt. Mit Auftreten stationären Kriechens konnte eine ausgeprägte Porosität in der zugbelasteten Seite der Kriechproben beobachtet werden (Bild 20). Die Poren ordnen sich in Ebenen an, die senkrecht zur Spannungsrichtung orientiert sind. Die Porenebenen bilden das Vorstadium von Rissen, die sich durch Wachsen der Poren bilden und unter deren Ausbreitung die Probe schließlich bricht. Der Kriechbruch kündigt sich durch eine ausgeprägte Tertiärdehnung an [21].

Vergleichende Untersuchungen zeigten, daß die oben beschriebene Voroxidation nur einen geringen Einfluß auf das Kriechverhalten zeigt.

Zur Untersuchung der Beeinflussung der Festigkeit durch das Kriechen wurden Heißbiege-Festigkeitsmessungen nach Kriechbelastung verschiedener Dauer durchgeführt. Die Proben wurden zwischen Kriechbelastung($\sigma_{n,vorl}$ = 190 MN/m^2 bei T = 1300°C) und der Festigkeitsmessung nicht abgekühlt. Zur Ermittlung eines möglichen Oxidationseinflusses wurde ebenfalls eine unter den oben angegebenen Bedingungen vorgeglühte Probenserie getestet. Nach der Kriechbelastung zeigt Material 2 eine deutliche Festigkeitssteigerung (Bild 21). Ähnlich wie bei den Kriechuntersuchungen hat eine Voroxidation keinen wesentlichen Einfluß auf das Festigkeitsverhalten. Die Festigkeitssteigerung ist nach etwa 6 h im wesentlichen abgeschlossen. Bei Material 3 ist ebenfalls eine anfängliche Verfestigung zu verzeichnen, die jedoch wesentlich geringer ausfällt und schon nach 1 h weitestgehend abgeschlossen ist. Die ohne Vorlast geglühte Probenserie zeigt am Anfang eine leichte Festigkeitsabnahme.

Die Raumtemperaturfestigkeit von kriechbeanspruchten Biegeproben des Materials 2 ist in Bild 22 im Vergleich zum Anlieferungszustand dargestellt. Die Proben wurden vor der Festigkeitsmessung einer 25-stündigen Kriechbelastung bei T = 1300°C und verschiedenen Nennspannungen ausgesetzt. Es wurde darauf geachtet, daß die Proben in der Lage geprüft wurden, in der sie während der Kriechverformung in der Apparatur eingebaut waren. Auch bei diesen Versuchen ist eine erhebliche Festigkeitssteigerung zu verzeichnen. Sie nimmt jedoch mit zunehmender Vorlast ab. Wird dagegen bei der Festigkeitsmessung Zug- und Druckseite gegenüber dem Kriechversuch vertauscht, so tritt ein Abfall der Festigkeit ein.

Diese Ergebnisse sind ausführlich in [21] diskutiert. Hier sei nur folgendes erwähnt: Das gemeinsame Auftreten von Übergangskriechen und stationärem Kriechen gemäß Gleichung (6) führt zu einer dehnungsabhängigen Gesamt-Kriechgeschwindigkeit gemäß

$$(7) \qquad \dot{\varepsilon} = A_o \exp(-B\varepsilon)\, \sigma^n .$$

Der Ansatz ist eine modifizierte Form des Norton'schen Kriechansatzes ($\dot{\varepsilon} = A\sigma^n$) mit dem dehnungsabhängigen Strukturterm $A = A_o \exp(-B\varepsilon)$ und beschreibt eine mit der Dehnung zunehmende Materialverfestigung. Das Kriechen wird von der SiC-Phase kontrolliert, da das freie Silizium bei den angewendeten Temperaturen sehr leicht verformt werden kann und hierzu nur geringe Kräfte nötig sind. Die Ursache für die abnehmende Verformbarkeit des SiC-Gerüstes wird in örtlichen Verbreiterungen der SiC-SiC-Kontakte gesehen, die durch lokale plastische Deformation in den Kontaktbereichen aufgrund hoher Spannungskonzentrationen bewirkt wird. Als Mechanismus wird lokale Versetzungsbewegung angesehen. Der für den stationären Anteil gemessene Spannungsexponent $n = 5$ kann hiermit zusammenhängen, wird aber eher auf das beim stationären Kriechen einhergehende Porenwachstum zurückgeführt [23-25]. Dieser Mechanismus führt ebenfalls auf ein stark nichtlineares Verformungsgesetz.

Die Festigkeitssteigerungen von SiSiC durch Kriechbelastungen wurden bisher in der Regel mit der Ausheilung von oberflächennahen Rissen interpretiert [26-28]. Das solche Vorgänge alleine nicht für den Festigkeitsanstieg verantwortlich sein können, geht aus Bild 21 hervor. Die Verfestigung wurde nur nach einer mechanischen Belastung bei hohen Temperaturen, gemessen. Wurden die Proben ohne mechanische Belastung geglüht, konnte der Effekt nicht festgestellt werden.

Die Festigkeitsänderungen nach Kriechen sind vielmehr eine Folge der last-und zeitabhängigen Spannungsumverteilung im Biegebalken, was mit dem Auftreten von Eigenspannungen gleichbedeutend ist. Berechnungen hierzu wurden in [21] und [29] angegeben. Die Eigenspannungen überlagern sich bei der Festigkeitsmessung mit der aufgegebenen Spannung. Die dabei resultierenden Festigkeitsänderungen, besonders bzgl. ihrer Abhängigkeit von der Nennspannung beim vorhergehenden Kriechversuch, gehen konform mit den Rechnungen zur Spannungsverteilung.

Am SiSiC wurde auch das Verhalten der passiven und aktiven Oxidation untersucht [30]. Die thermogravimetrischen Messungen an Luft bei Umgebungsdruck ergaben einen parabolischen Verlauf der Massenzunahme. In Bild 23 ist der parabolische Geschwindigkeitskoeffizient k_p in Form eines Arrheniusdiagramms wiedergegeben. Die im Vergleich hierzu gemessenen Geschwindigkeitskoeffizienten für technisch reines polykristallines Si, für Si-Einkristalle aus der Produktion elektronischer Bauelemente, sowie für SSiC sind ebenfalls eingezeichnet.

Es ergeben sich im untersuchten Temperaturbereich Geraden, deren Aktivierungsenergien für Si und SiC im Bereich der aus der Literatur bekannten Werte liegen, womit die bekannten Oxidationsmechanismen (Sauerstoffdiffusion durch die Deckschicht) bestätigt werden. Anders liegen die Verhältnisse beim SiSiC. Bei diesem Material war die Oxidschicht nicht mehr glatt, sondern im Bereich des freien Siliziums wesentlich dicker als auf dem SiC und außerdem stark zerklüftet. Ein eindeutiger Mechanismus ist hier nicht festzulegen, das Temperaturinkrement liegt etwa doppelt so hoch wie bei Si und SiC.

Es ist bekannt, daß Aluminium, Calzium und Eisen in der Oxidschicht die Aktivierungsenergien schon bei geringen Konzentrationen erheblich erhöhen können [31]. Diese Elemente wurden bei Nachuntersuchungen von SiSiC-Proben nach einem Kriechversuch in der Oxidschicht gefunden. Es ist also damit zu rechnen, daß Verunreinigungen während der Hochtemperaturbehandlung aus dem Material herausdiffundieren und auf diese Weise das Oxidationsverhalten beeinflussen. Die Gesamtmassenzunahme bleibt jedoch gering.

Zur Untersuchung des aktiven Oxidationsverhaltens wurden Glühungen in einer strömenden Argonatmosphäre durchgeführt, in der bei Umgebungsdruck der Sauerstoffpartialdruck $4 \cdot 10^{-6}$ bar betrug (Bild 24). Die SiSiC-Proben zeigten bei 1150°C eine kaum meßbare Massenänderung. Bei 1250°C und 1350°C wurde dagegen ein deutlicher Massenverlust registriert, der im Anfangsstadium des Versuchs einen mit der Zeit linearen Verlauf nahm. Anschließend wurde eine geringe Massenzunahme, die einer Sättigung zustrebte, registriert. Die Messung des Sauerstoffpartialdrucks ergab bei 1150°C einen geringen Sauerstoffverbrauch, bevor sich der Wert wieder auf den ursprünglichen Wert einstellte. Bei 1250°C und 1350°C sank der Sauerstoffdruck rapide auf 10^{-19} bar ab, was auf einen großen Verbrauch hindeutet. Im SiSiC wird bei der aktiven Oxidation bevorzugt das freie Silizium angegriffen, was dazu führt, daß am Rand der Proben ein SiC-Gerüst stehen bleibt (Bild 25). In den Poren kann sich nun ein SiO-Partialdruck aufbauen, da der Abtransport des SiO-Gases durch die Verlängerung der Diffusionswege behindert wird. Die Oxidationsrate vermindert sich erheblich. Gleichzeitig wird das SiO am Außenrand der Probe weiter zu SiO_2 aufoxidiert, das sich an den Porenrändern niederschlägt und diese verengt. Auf diese Weise wird ein weiterer Angriff mehr und mehr verhindert. Der Sauerstoffverbrauch geht gegen Null und der O_2-Partialdruck der Atmosphäre nimmt seinen ursprünglichen Wert an.

4. Schlußfolgerungen und Zusammenfassung

Die beschriebenen Ergebnisse stellen einen Ausschnitt der durchgeführten Untersuchungen dar. Sie gestatten derzeit keine endgültige Zusammenstellung von Materialdaten, da die Werkstoffe noch nicht genügend reproduzierbar gefertigt werden konnten. Dennoch können folgende Tendenzen angegeben werden:

- Kriechvorgänge dürften bei den aktuellen oder vorgesehenen Hochtemperaturanwendungen der untersuchten Werkstoffe nur in besonderen Fällen lebensdauerbegrenzend sein. Die quasi-stationären Kriechgeschwindigkeiten liegen bei guten Qualitäten nach unterschiedlichen Primärdehnungen bei 1300°C und 100 MN/m^2 für RBSN und SSiC um 10^{-6}/h, für HPSN zwischen 10^{-4}/h und 10^{-5}/h.

- Die Oxidation an normaler Atmosphäre ist bei SSiC-Werkstoffen wenig differenziert [32] und selbst bis 1500°C sehr gering. SiSiC oxidiert etwas stärker als SSiC, aber bis 1300°C noch sehr wenig. Beide Werkstoffe zeigen geringe (SSiC) oder keine (SiSiC) erkennbaren Anzeichen für innere Oxidation. Die Oxidation von RBSN ist stark abhängig von der Porenstruktur mit der

Tendenz zur inneren Oxidation.

- Das unterkritische Rißwachstum ist bei SSiC-Werkstoffen oberhalb etwa 1200°C zu berücksichtigen. Die erhaltenen Ergebnisse sind stark streuend und hängen in noch nicht definierter Weise vom Gefügezustand und den Verunreinigungen ab. Oxidationsvorgänge spielen hierbei eine Rolle. Die Anfälligkeit des SiSiC gegenüber langsamem Rißwachstum scheint gering zu sein, was noch im Detail belegt werden muß.

- Die Gefüge der untersuchten SSiC- und teilweise auch der SiSiC-Werkstoff sind verbesserungsbedürftig. Mikroanalytische Untersuchungen bilden einen Schlüssel zum Verständnis von Gefügezuständen und damit der Werkstoffeigenschaften. Hieraus können Erfordernisse zur Qualitätsverbesserung abgeleitet werden.

4. Schrifttum

[1] GRATHWOHL, G.; THÜMMLER, F. — Creep of Reaction Bonded Silicon Nitride. J. Mater. Sci. 13 (1978) S. 1177-1186.

[2] GRATHWOHL, G.; PORZ, F.; THÜMMLER, F. — Oxide phases in reaction-bonded Si_3N_4 and their relevance to high temperature mechanical properties. Proc. Brit. Ceram. Soc. 26 (1978) S. 129-140.

[3] GRATHWOHL, G.; THÜMMLER, F. — Interaction between Creep, Oxidation and Microporosity of Reaction-Bonded Silicon Nitride. Ceramurgia International 6 (1980) H. 2, S. 43-50.

[4] PORZ, F.; STAHL, R.; THÜMMLER, F. — Characterization of the Microstructure of Reaction Bonded Silicon Nitride. Powder Metallurgy International 11 (1979) H. 3, S. 133-136.

[5] COHRT, H.; PORZ, F.; THÜMMLER, F. — Determination of Pore Structure in Reaction Sintered Silicon Nitride. Powder Metallurgy International 13 (1981) H. 3, S. 121-125.

[6] PORZ, F. — Reaktionsgesintertes Siliziumnitrid: Charakterisierung, Oxidation und mechanische Eigenschaften. Bericht KfK 3375 (1982)

[7] EVANS, U.R. — The corrosion and oxidation of metals. London, Edward Arnold (1960)

[8] PORZ, F.; GRATHWOHL, G.; THÜMMLER, F. — Mechanical Behaviour of RBSN under Various Thermal and Mechanical Conditions. Proc. Brit. Ceram. Soc. 31 (1981) S. 157-168.

[9] KOSSOWSKY, R.; MILLER, D.G.; DIAZ, E.S. — Tensile and creep strengths of hot-pressed Si_3N_4. J. Mater. Sci. 10 (1975) S. 983-997.

[10] BECKER, R. Der Einfluß von Verfahrensparametern und Sinterhilfsmitteln auf die Verdichtbarkeit, das Kriechverhalten und die Festigkeit von heißgepreßtem Siliziumnitrid

KfK-Bericht 2771 (1979).

[11] GRATHWOHL, G. Regimes of creep and slow crack growth in high-temperature rupture of hot pressed silicon nitride

Int. Symp. on Plastic deformation of ceramic materials, Pennsylvania State University 20.-22. Juli 1983.

[12] GRATHWOHL, G. Creep and fracture of hot-pressed silicon nitride with natural and artifical flaws.

Preprint: Creep and fracture of engineering materials and structures, University College, Swansea 1.-6. April 1984.

[13] STEINMANN, D. Untersuchung des langsamen Rißwachstums von heißgepreßtem Siliziumnitrid bei hohen Temperaturen

KfK-Bericht 3414 (1982).

[14] GRATHWOHL, G., IWANEK, H., PORZ, F., THÜMMLER, F. Festigkeit und Lebensdauer von Reaktionsgesintertem Siliziumnitrid bei verschiedenartiger thermischer und mechanischer Beanspruchung

Keramische Komponenten für Fahrzeug-Gasturbinen II
Berlin, Springer (1981) S. 357-384.

[15] BETHGE, D. Unveröffentlichte Ergebnisse Universität Karlsruhe

[16] GRATHWOHL, G., HAMMINGER, R., IWANEK, H., THÜMMLER, F. Fatigue of sintered SiC with different sintering additives.

In P. Vincenzini (Ed.) Science of Ceramics 12, Faenza, Ceramurgica S.R.l. (im Druck).

[17] HAMMINGER, R., GRATHWOHL, G., THÜMMLER, F. Microanalytical investigation of sintered SiC,

Part 1, Bulk material and inclusions
J. Mat. Sci. 18 (1983) S. 353-364.

[18] HAMMINGER, R.; GRATHWOHL, G.; THÜMMLER, F. — Microanalytical investigation of sintered SiC,
Part 2, Study of the grain boundaries of sintered SiC by high resolution Auger electron spectroscopy
J. Mat. Sci. 18 (1983) S. 3154-3160

[19] MARSHALL, P. — The Relationship between Delayed Fracture Creep and Texture in Silicon Carbide.
In P. Popper (Ed.) Special Ceramics 4 (1967) S. 191-202.

[20] MARSHALL, P.; JONES, R.B. — Creep of Silicon Carbide
Powder Metallurgy 12 (1969) S. 193-208

[21] COHRT, H. — Mechanik und Mechanismen des Biegekriechens von reaktionsgebundenem Siliziumkarbid.
Dissertation, Universität Karlsruhe (1984)

[22] CARTER, C.H.; DAVIS, R.F.; BENTLEY, J. — Kinetics and Mechanisms of High-Temperature Creep in Silicon Carbide 1: Reaction Bonded
Int. Symp. on Plastic deformation of ceramic materials, Pennsylvania State University 20.-22. Juli 1983.

[23] HASSELMANN, D.P.H.; VENKATESWARA, A.; SHIH, C. — Elastic Creep of Brittle Ceramics with Special Reference to Creep by Crack Growth in Aluminium Oxide.
In A.G. Evans, J.A. Pask (Eds.) Materials Science Research 17, Plenum Press, New York, London (1981) S. 271-282.

[24] VENKATESWARAN, A.; HASSELMANN, D.P.H. — Elastic Creep of Stressed Solids due to Time Dependent Changes in Elastic Properties
J. Mat. Sci. 16 (1981) S. 1627-1632

[25] HASSELMANN, D.P.H.; VENATESWARAN, A. — Role of Cracks in the Creep Deformation of Brittle Polycrystalline Ceramics
J. Mat. Sci. 18 (1983) S. 161-172.

[26] TRANTINA, G.C.; CORELLI, J. — Ceramic Materials for Fusion Reactors
Report EPRI-AP-2515 (1982)

[27] WEI, G.C.
TENNERY, V.J.
Evaluation of Tubular Ceramic Heat-Exchanger Materials in Residual-Oil-Combustion Environment
ONRL/TM 7578 (1981

[28] TRANTINA, G.G.
Strengthening and Proof Testing of Siliconized SiC.
J. Mat. Sci. 17 (1982) S. 1487-1492

[29] COHRT, H.
GRATHWOHL, G.
THÜMMLER, F.
Non-stationary Stress Distribution in a Ceramic Bending Beam during Constant Load Creep
Res Mechanica 10 (1984) H. 1, S. 55-71

[30] ERNSTBERGER, U.
COHRT, H.
PORZ, F.
THÜMMLER, F.
Oxidation von Silizium-infiltriertem Siliziumkarbid
cfi/Ber. DKG 60 (1983) H. 5/6, S. 167-173

[31] SCHAEFFER, H.A.
Sauerstoff- und Siliziumdiffusion in silicatischen Gläsern
Habilitationsschrift Universität Erlangen (1980).

[32] INSTITUT FÜR WERKSTOFFKUNDE II
Universität Karlsruhe, unveröffentlicht

Tab. 1: Chemische Analysen von 4 HPSN-Werkstoffen [Gew.%]

	NH 206/I	NH 206/II	NC 132	NH 209
N	36,0	37,1	35,5	35,9
O	2,2	2,0	1,1	2,1
C	0,37	0,71	n.b.	0,30
Mg	0,87	1,8	0,60	0,03
Y	0,1	-	n.b.	4,6
Li	n.b.	<0,005	n.b.	0,02
Ca	0,22	0,10	n.b.	0,02
Al	0,10	0,41	0,13	0,12
Fe	1,67	1,4	0,25	1,8

n.b. = nicht bestimmt

Tab. 2: Gehalt an freiem Silizium und Dichte verschiedener SiSiC-Materialien

Material	Anlieferungsjahr	Grünlingsherstellung	Si_{frei} [Vol.%]	Si_{frei} [Gew.%]	Dichte $\rho[g/cm^3]$ ρ_1 *)	Dichte $\rho[g/cm^3]$ ρ_2 **)
1	1980	Schlickerguß	15,5	11,7	3,03	3,08
2	1981	Schlickerguß	14,5	11,0	3,08	3,09
3	1981	Strangpressen	21,3	16,3	3,03	3,04

*) nach der Auftriebsmethode bestimmt

**) Berechnet aus dem stereologisch bestimmten Si_{frei}-Gehalt

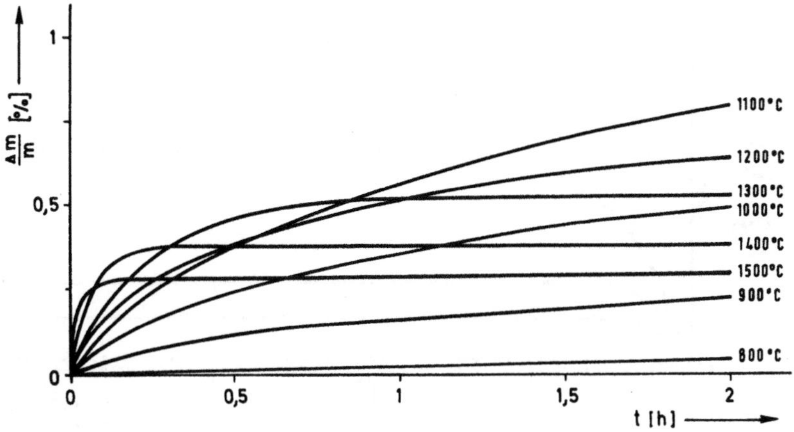

Bild 1: Oxidationsisothermen von RBSN (ρ = 2,5 g/cm^3) in Luft (in N_2 aufgeheizt)

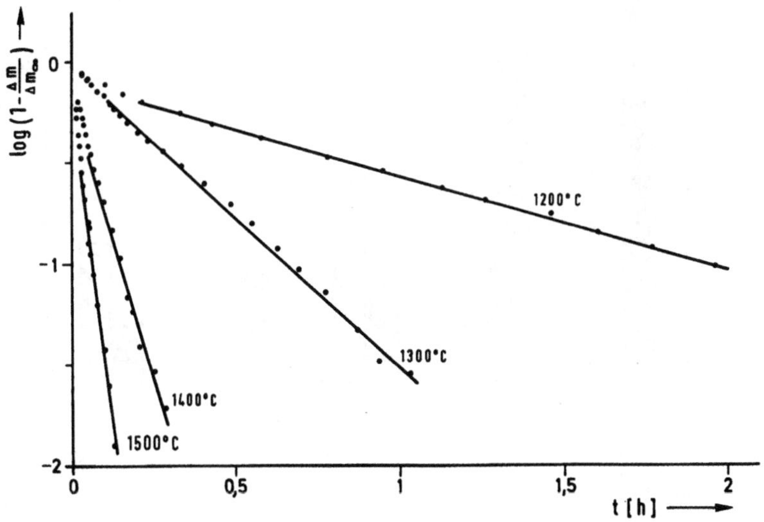

Bild 2: Asymptotische Darstellung der Oxidationsisothermen von RBSN in Luft

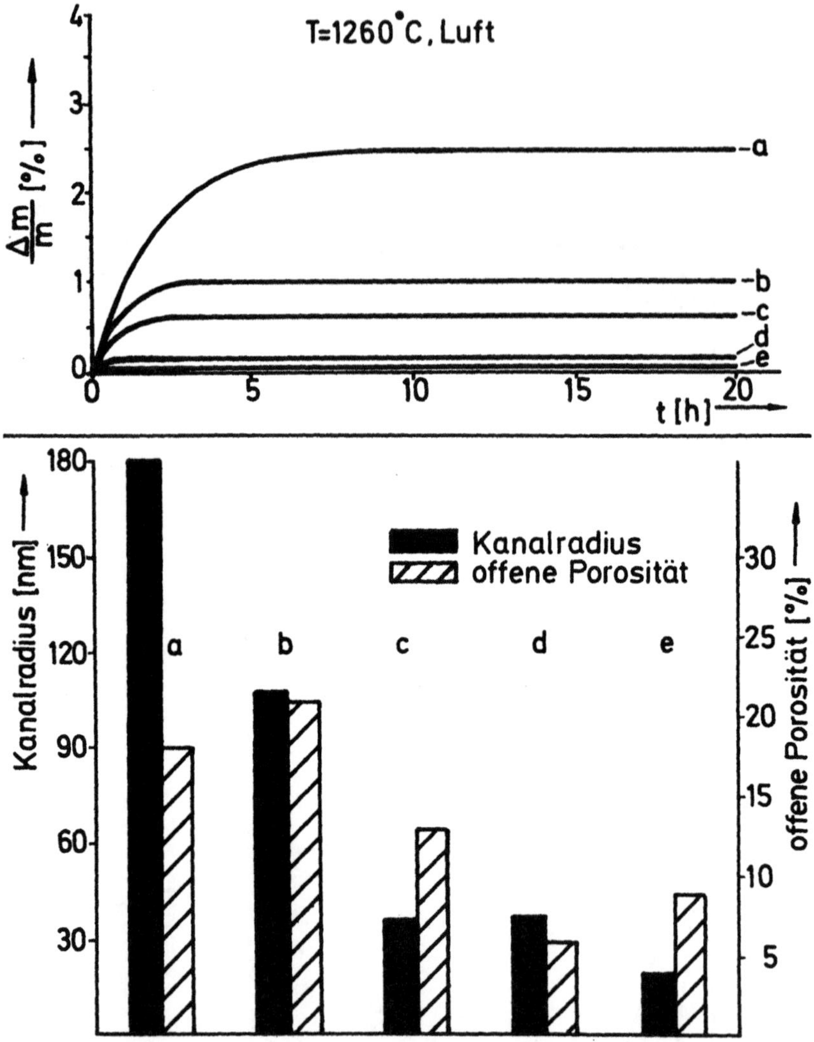

Bild 3: Oxidation von 5 RBSN-Materialien ($\rho \approx 2{,}6\ g/cm^3$) mit unterschiedlichen Porencharakteristika

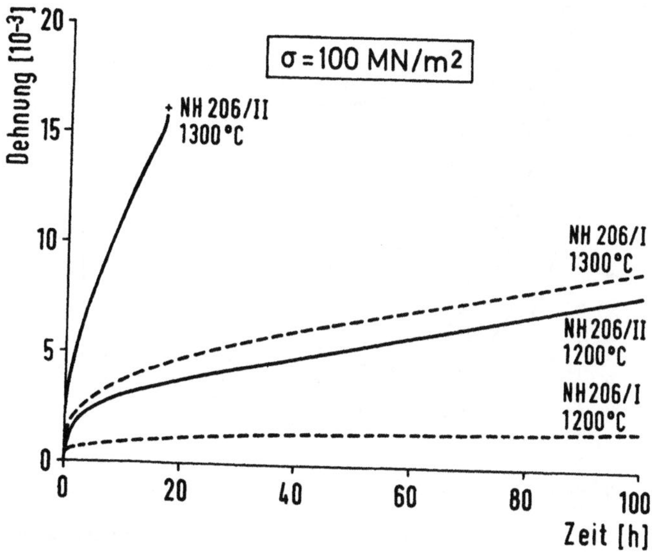

Bild 4: Kriechkurven von 2 HPSN-Chargen

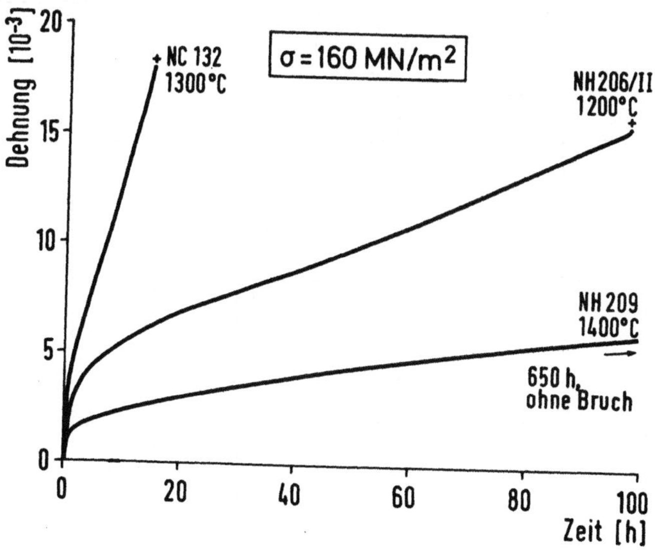

Bild 5: Kriechkurven von 3 HPSN-Werkstoffen bei verschiedenen Temperaturen

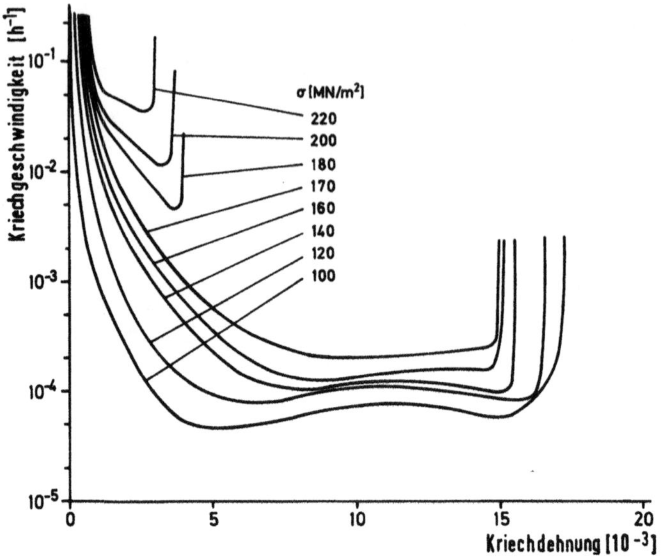

Bild 6: Spannungsabhängigkeit des Kriechens von HPSN (NH 206 II) bei 1200°C

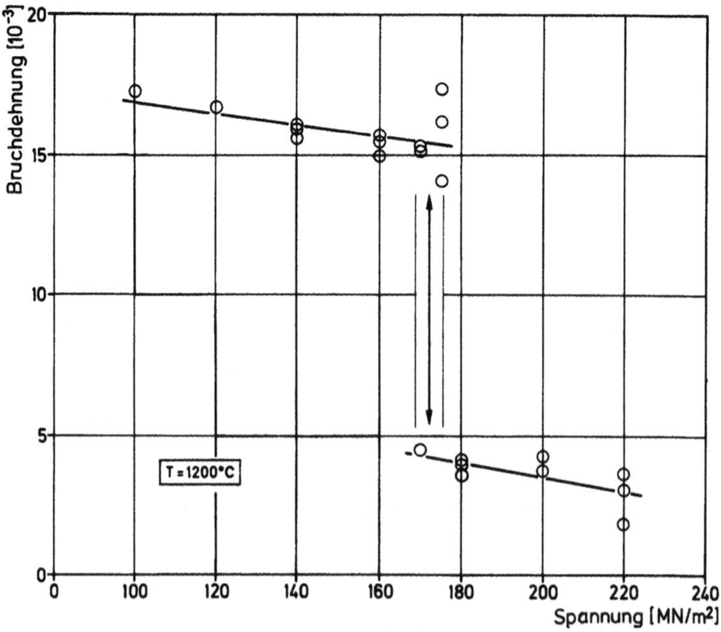

Bild 7: Bruchdehnung von HPSN (NH 206 II) in Kriechversuchen mit unterschiedlicher Spannung

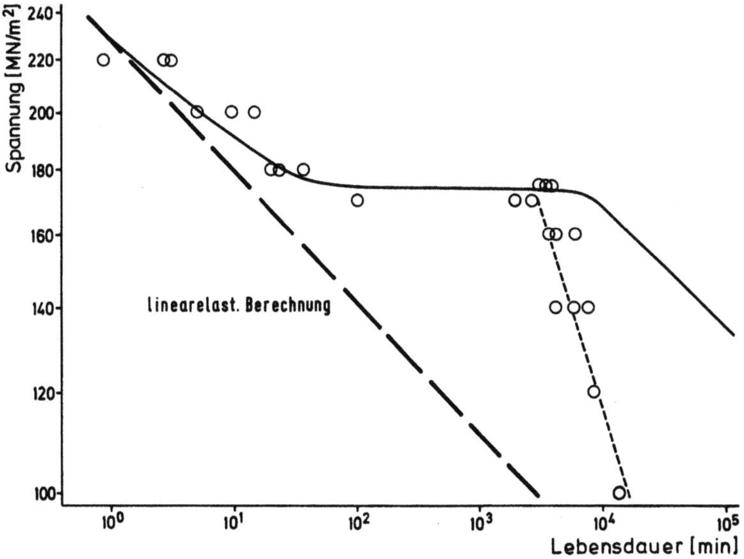

Bild 8: Lebensdauer von HPSN (NH 206/II) bei 1200°C

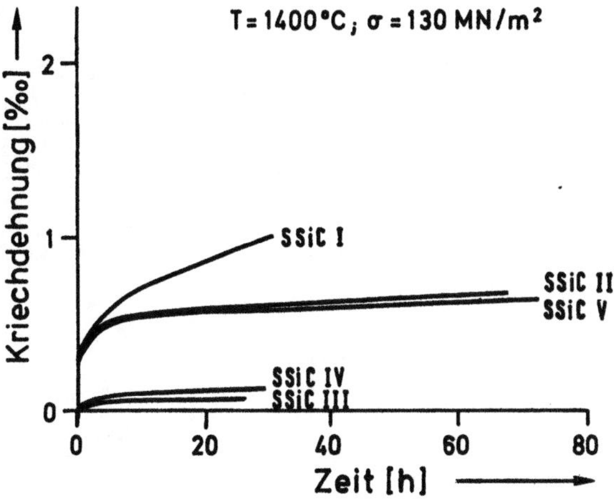

Bild 9: Kriechversuche von SSiC-Werkstoffen im Anlieferungszustand an Luft

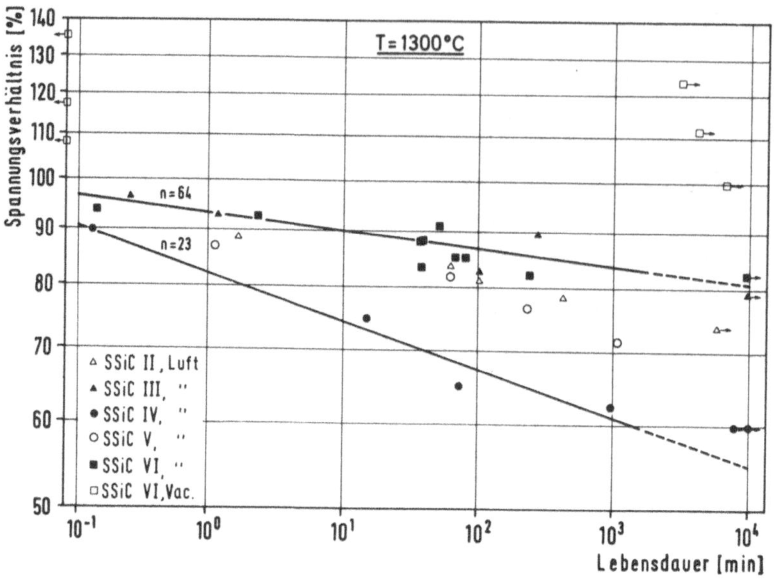

<u>Bild 10</u>: Lebensdauer verschiedener SSiC-Materialien

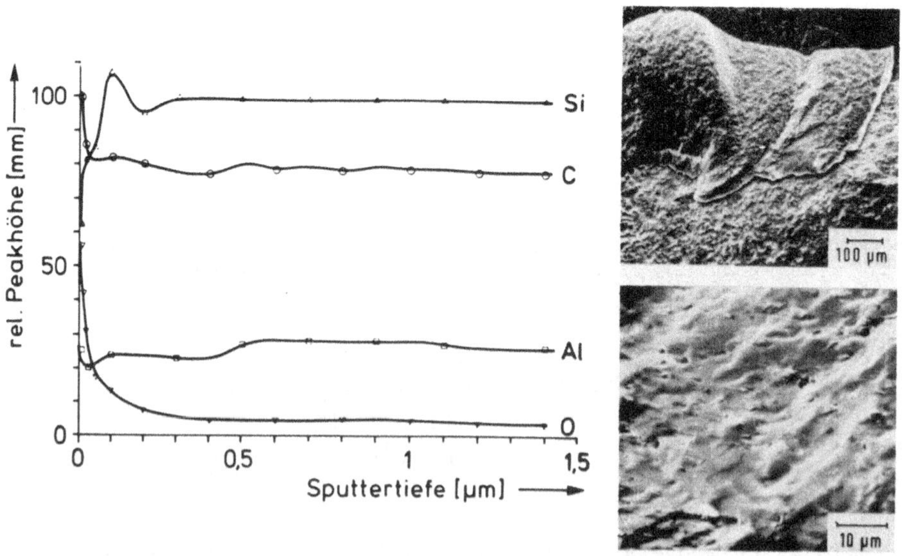

<u>Bild 11</u>: AES-Tiefenprofilanalyse einer Burchfläche von (Al,C)-dotiertem SSiC und REM-Aufnahmen des untersuchten Bereiches nach Ionenstrahlsputtern

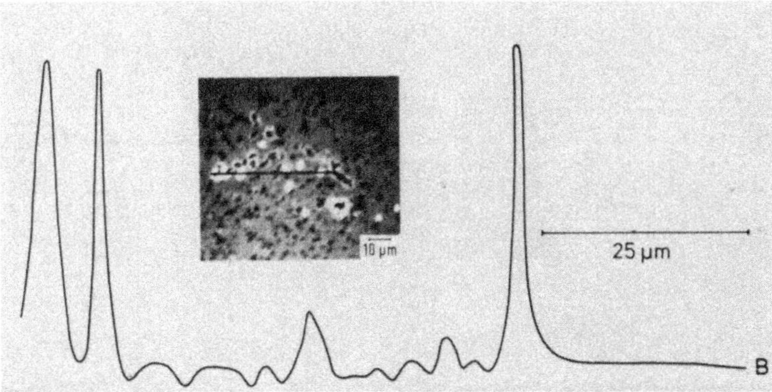

Bild 12: Röntgenmikrosonden-Linienanalyse und Probenstrom-Gefügebild von (B,C)-dotiertem SSiC

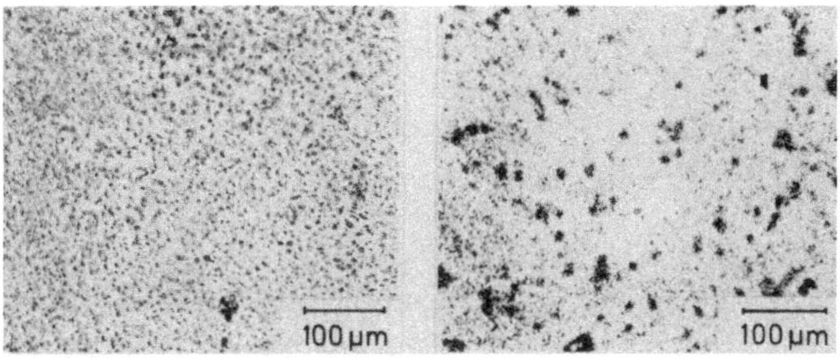

Bild 13: Mikroautoradiographien polierter Oberflächen von (B,C)-dotiertem SSiC

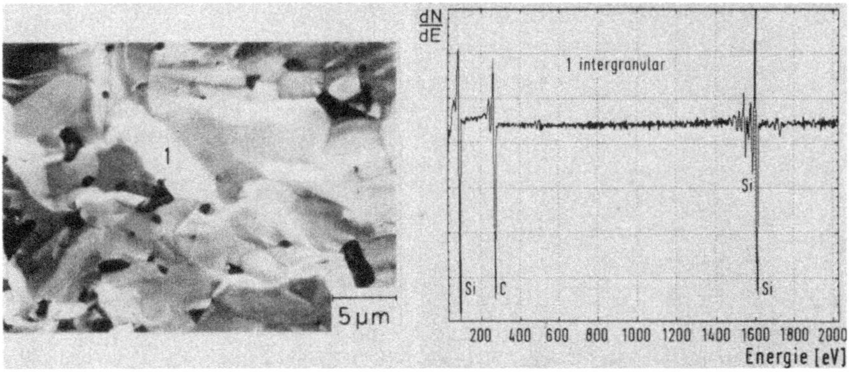

Bild 14: HRAES-Korngrenzenspektrum von (B,C)-dotiertem SSiC

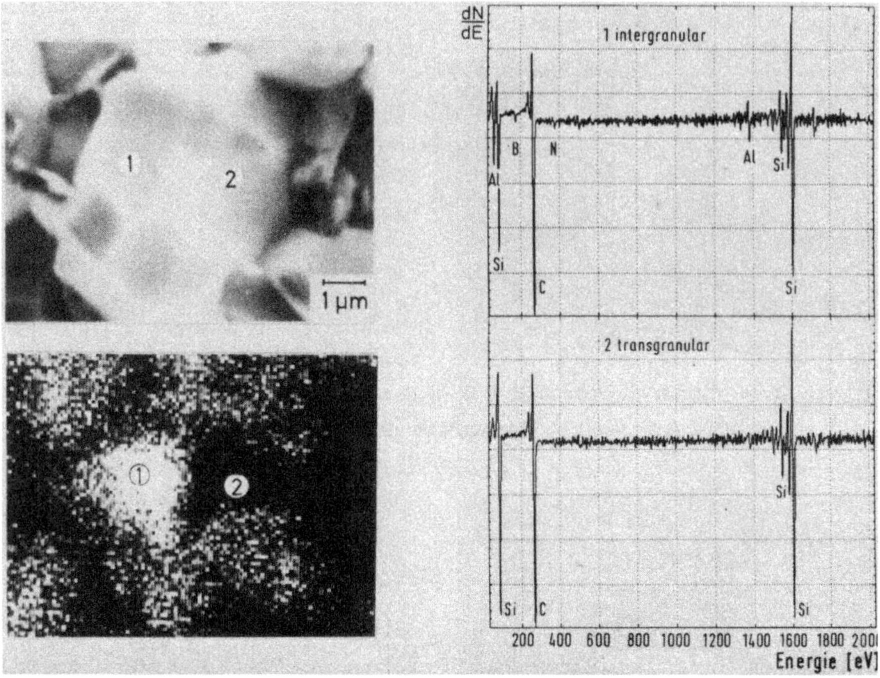

Bild 15: HRAES-Korngrenzenspektrum (1) und -Matrixspektrum (2) von (Al,C)-dotiertem SSiC und zugehörige Al-Verteilung

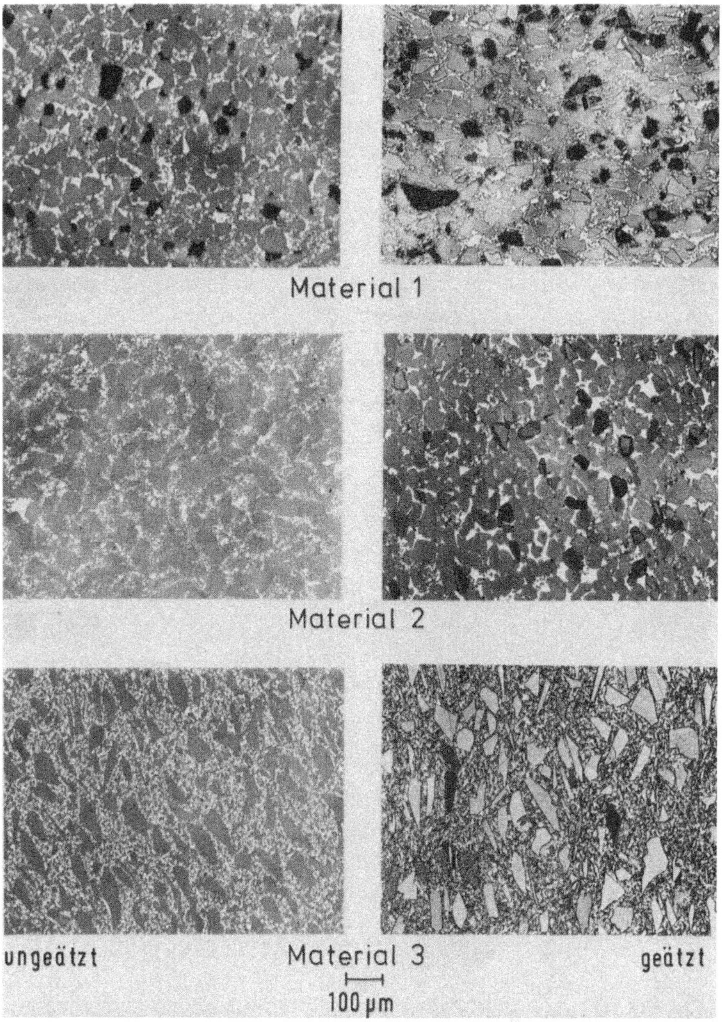

Bild 15: Lichtmikroskopische Gefügeaufnahmen dreier SiSiC Materialien (Ätzung nach Murakami)

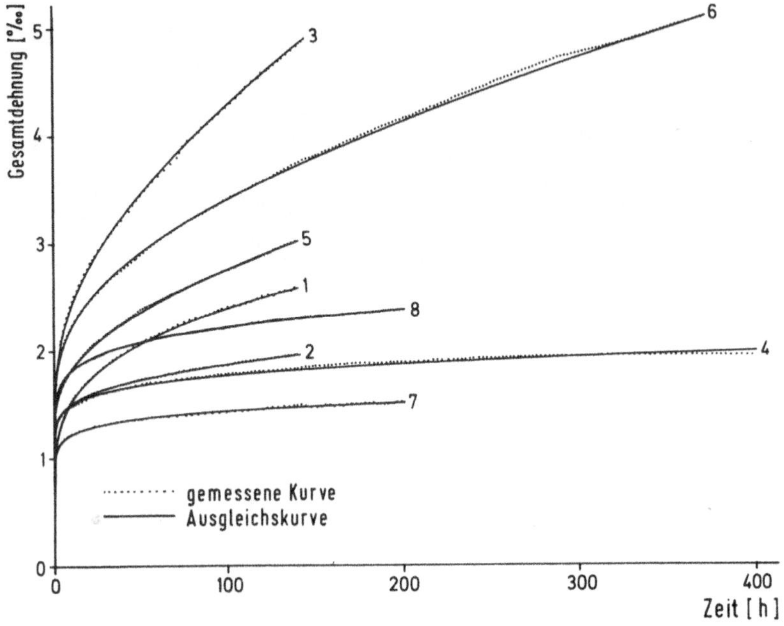

Nr.	Material	σ_n [MN/m²]	T [°C]	ε_0 [°/oo]	β [°/oo]	m [1]	$\dot{\varepsilon}_s$ [$10^{-6} h^{-1}$]
1	1	130	1300	0,680	0,123	0,301	0,268
2	1	160	1300	0,826	0,258	0,150	0,935
3	1	190	1300	1,023	0,235	0,268	8,482
4	2	160	1350	0,875	0,232	0,155	→ 0
5	2	190	1350	1,143	0,096	0,299	3,208
6	2	220	1300	1,236	0,133	0,303	2,922
7	3	130	1300	0,247	0,563	0,086	→ 0
8	3	190	1350	1,010	0,260	0,177	→ 0

Bild 17: Vergleich von gemessenen Kriechkurven mit den Ausgleichskurven und Tabelle der zugehörigen Parameter

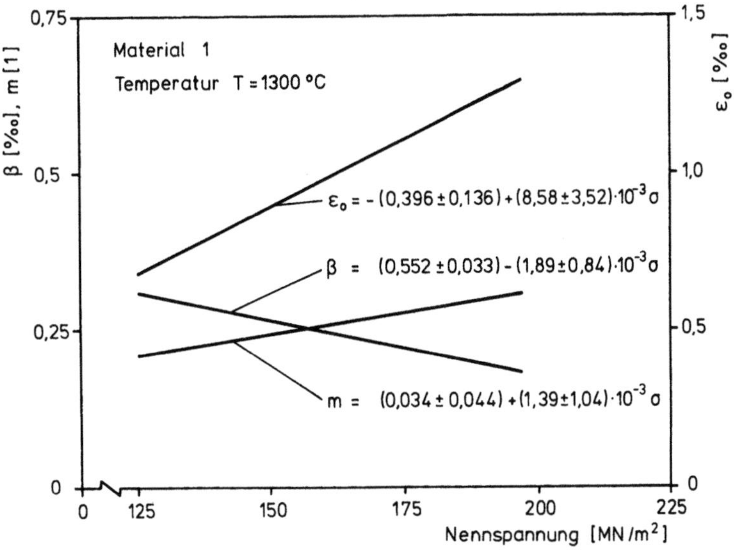

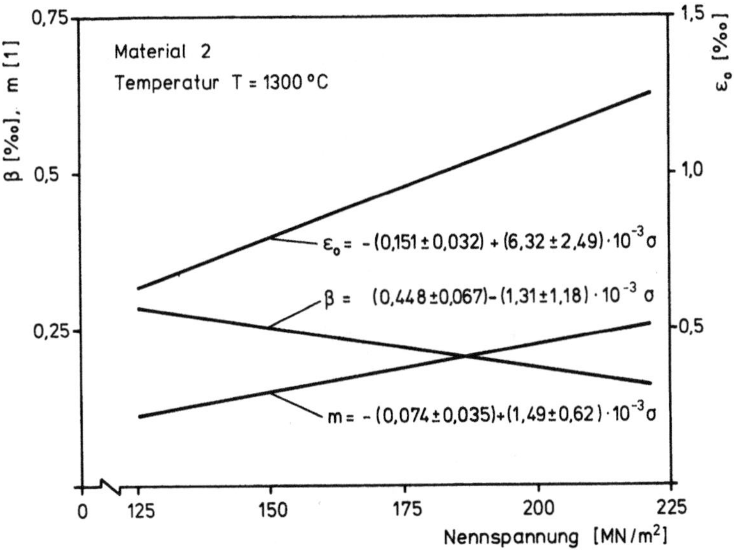

Abb. 18: Spannungsabhängigkeit der Anfangsdehung ε_o und der Parameter des Übergangskriechens β und m

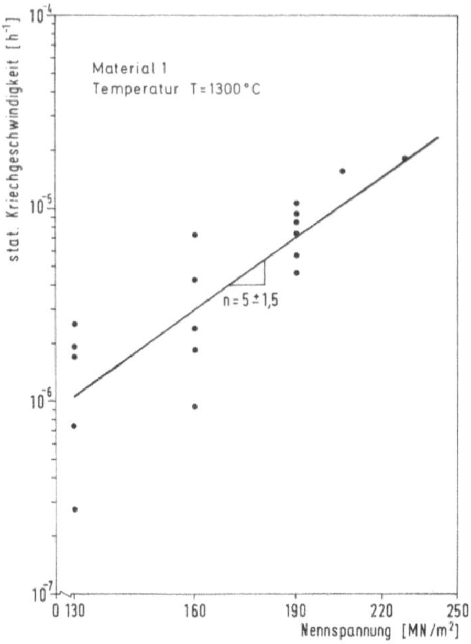

Bild 19: Spannungsabhängigkeit der stationären Kriechgeschwindigkeit von SiSiC.

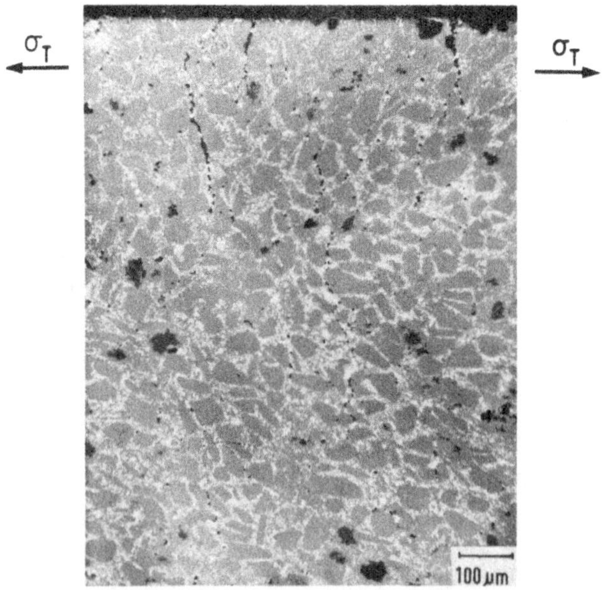

T = 1350 °C
σ = 130 + 190 MN/m²
t = 200 h

Bild 20: Ausbildung von Kriechporosität in der Zugseite einer SiSiC-Biegeprobe nach einem Kriechversuch (Material 1)

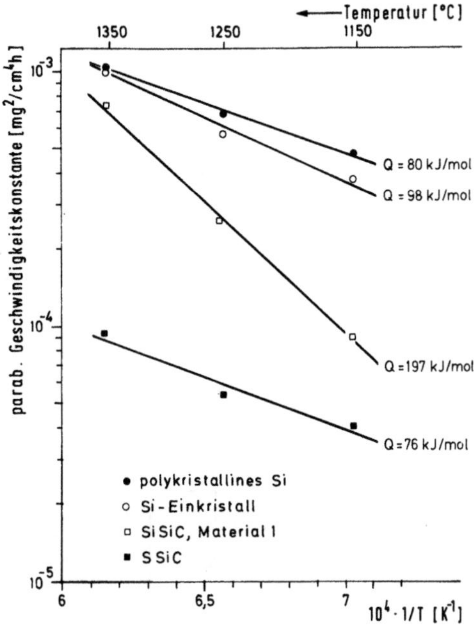

Bild 23: Parabolische Geschwindigkeitskoeffizienten als Funktion der Temperatur für SiSiC, polykristallines Si, Si-Einkristalle und SSiC (B,C-dotiert)

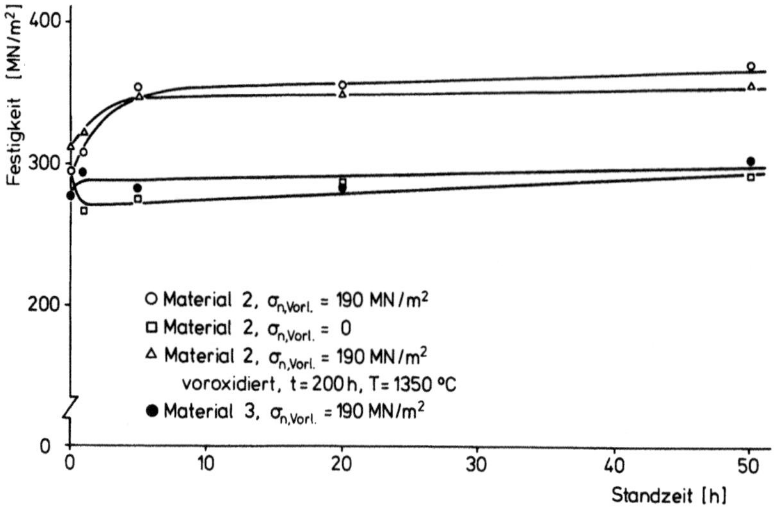

Bild 21: Heißbiegefestigkeit von SiSiC-Biegeproben nach verschiedenen Vorbelastungszuständen (Temperatur T=1300°C)

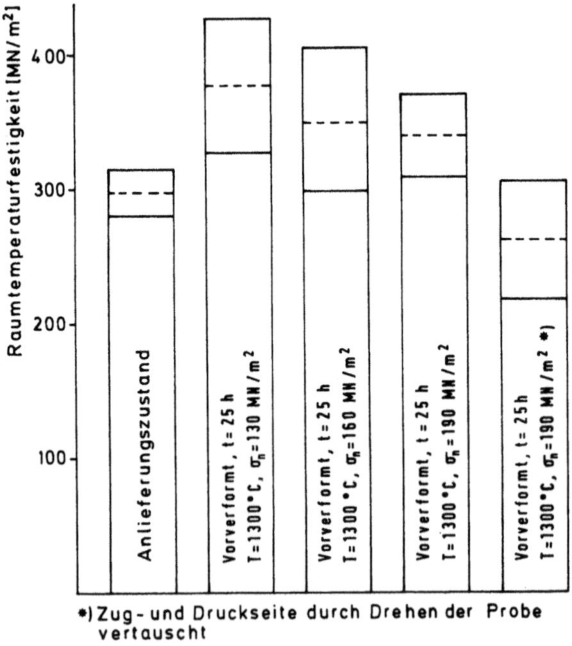

Bild 22: Raumtemperaturfestigkeit von SiSiC nach Kriechversuchen unter verschiedenen Nennspannungen

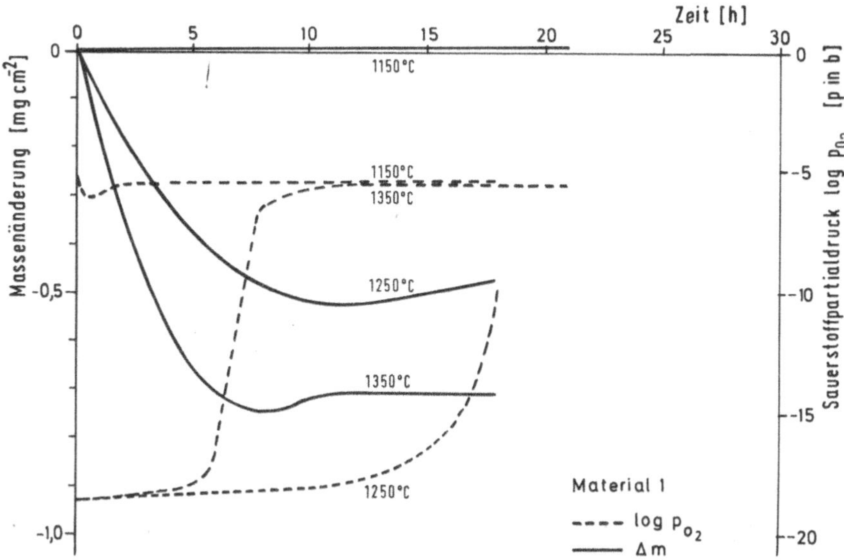

Bild 24: Massenänderung von SiSiC während der Glühung in Argon und Verlauf des Sauerstoffpartialdruckes in der Argonatmosphäre

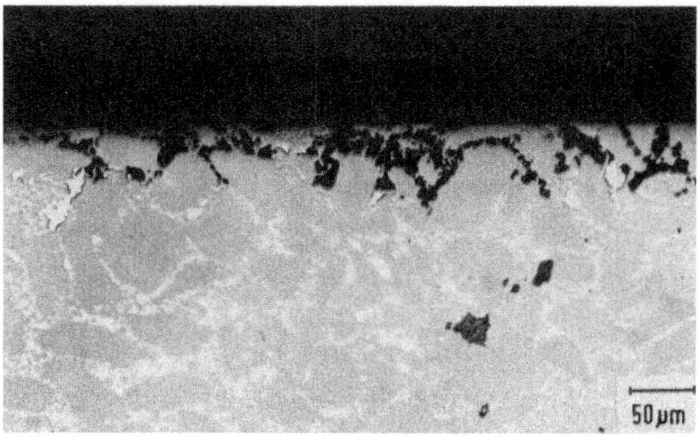

Bild 25: Lichtmikroskopische Gefügeaufnahme von SiSiC nach aktiver Oxidation (20 h bei 1350°C und $p_{O_2}=4\cdot10^{-4}$ bar)

FESTIGKEITSVERHALTEN KERAMISCHER WERKSTOFFE UNTER LANGZEITIGER BELASTUNG

- Charakterisierung des Ermüdungsverhaltens -
- Röntgenographische Spannungsanalyse -

G. Kleer, H. Richter, R. Prümmer, H.-W. Pfeiffer-Vollmar
Fraunhofer-Institut für Werkstoffmechanik, Freiburg im Breisgau

Übersicht:

Im Rahmen des Vorhabens wurden Untersuchungen zum Festigkeitsverhalten von SiC- und Si_3N_4-Werkstoffen bei Raumtemperatur und im Hochtemperaturbereich durchgeführt. Im einzelnen wurden dabei diejenigen Kennwerte bestimmt, mit denen das Verhalten dieser Werkstoffe bei kurzzeitiger, vor allem aber auch bei langzeitiger Belastung, insbesondere bei sehr hohen Temperaturen charakterisiert werden kann. Dazu wurden Messungen des Rißfortschritts an Doppeltorsionsproben und Bruchspannungsmessungen an 4-Punkt-Biegeproben durchgeführt. Für verschiedene Belastungsfälle wurden Lebensdauern berechnet und mit experimentellen Werten verglichen.

Zur Erfassung eines Oberflächeneinflusses auf Festigkeitseigenschaften wurden röntgenographische Eigenspannungsmessungen zerstörungsfrei durchgeführt. Für verschiedene Probenzustände wurden die den Gitterdehnungs-Spannungs-Zusammenhang beschreibenden röntgenographischen Elastizitätskonstanten bestimmt und die vorliegenden Eigenspannungen angegeben.

1. Vorbemerkungen zur Auswahl der untersuchten Werkstoffe

Bei der Entwicklung von keramischen Komponenten für Fahrzeuggasturbinen ist man bestrebt, neben der Forderung nach hoher Festigkeit möglichst auch die Erfordernisse einer wirtschaftlich günstigen Fertigung und Formgebung zu berücksichtigen. Die Anwendung verschiedener, zum Teil neuerer, Herstellverfahren und die gezielte Veränderung der SiC- und Si_3N_4-Basissysteme durch Dotierungen führte dazu, daß für die verschiedenen Teile einer Gasturbine auch verschiedene, speziell für den Einsatzzweck geeignete Werkstoffe vorgesehen sind [1]. In enger Abstimmung mit den am Gesamtvorhaben beteiligten Industriefirmen wurde daher ein Untersuchungsprogramm festgelegt, in dem Werkstoffe der unterschiedlichen Entwicklungslinien Berücksichtigung fanden.

Für höchstbeanspruchte Komponenten erscheinen neuere heißgepreßte Werkstoffe am ehesten geeignet. So wurde bereits im vorangegangenen Statusseminar berichtet, daß mit MgO-dotiertem, heißgepreßtem Siliciumnitrid (HPSN-MgO) Kaltschleuderdrehzahlen von 60 000 min^{-1} erreicht werden können [2]. Da die Verwendung von Y_2O_3 an Stelle von MgO weitere Verbesserungen erwarten ließ [3], wurde Y_2O_3-dotiertes HPSN (Hersteller: Annawerk, Handelsname: Ceranox NH 209) in das Programm einbezogen. Während bekanntlich durch Heißpressen nur Körper mit geometrisch einfachen Formen hergestellt werden können, so daß kompliziertere Teile durch eine aufwendige Bearbeitung aus diesen Formen gefertigt werden müssen, bieten Bauteile, die durch Spritzgießen vor dem Sintern endformnah geformt werden, sowie heißisostatisch nachverdichtete, drucklos gesintere Teile, insbesondere aus wirtschaftlicher Sicht, wesentliche Vorteile [4]. Um diese Entwicklungen zu berücksichtigen, wurden spritzgegossenes (SP), reaktionsgebundenes Siliciumnitrid (SP-RBSN, Hersteller: Rosenthal AG, s.a. [5]) und heißisostatisch nachverdichtetes (HIP), drucklos gesintertes SiC, (HIPSSC, Hersteller: MTU München) untersucht. Arbeiten am Silicium-infiltrierten SiC (SiSiC, Hersteller: Sigri) wurden vornehmlich im Rahmen eines Parallelprogramms [6] durchgeführt; über verschiedene Ergebnisse wird u.a im Beitrag von Böder und Heider [7] und auch an anderer Stelle [8], [9] berichtet.

2. Charakterisierung des Ermüdungsverhaltens

2.1. Langsame Rißausbreitung in keramischen Werkstoffen

In Gegenständen aus keramischen Werkstoffen sind unvermeidbar durch den Herstellungsprozeß oder die Bearbeitung eingebrachte Fehler oder kleinste scharfe Risse vorhanden. Die an ihnen bei Belastung auftretenden Spannungsüberhöhungen lassen sich durch den bruchmechanischen Spannungsintensitätsfaktor

(1) $$K_I = \sigma \sqrt{a}\ f$$

beschreiben, wobei σ die äußere Lastspannung, a die Länge des betrachteten Risses bzw. Fehlers und f ein durch die Geometrie der Probe und des Risses gegebener Formfaktor ist, [10], [11]. Ein Gegenstand versagt, wenn der Spannungsintensitätsfaktor einen kritischen Wert K_{IC} erreicht. Erfahrungen aus Laboruntersuchungen und mit technischen Erzeugnissen aus Keramik zeigen, daß Teile bei Spannungen zu Bruch gehen können, die sie schon über längere Zeiträume hinweg ertragen haben. Dies kann dadurch erklärt werden, daß sich Ris: bei einer Belastung, bei der zunächst $K_I < K_{IC}$ ist, sehr langsam vergrößern können, bis der gefährlichste Fehler oder Riß die für die gegebene Belastun(kritische Rißlänge erreicht hat. Bei verschiedenen Untersuchungen an kerami· schen Werkstoffen hat sich gezeigt, daß die Zunahme der Rißlänge da/dt, d.h. die Rißgeschwindigkeit v, einer Potenz von K_I proportional ist, so daß sich mit den experimentell zu bestimmenden Rißausbreitungsparametern A und n die Gleichung

(2) $$v = da/dt = A\ K_I^n$$

ergibt. Bei Kenntnis von A und n, den Belastungsbedingungen und der Größe d gefährlichsten Anfangsfehlers eröffnet sich dann die Möglichkeit, die Abhän gigkeit der Festigkeit von der Belastungshöhe und vom zeitlichen Belastungs verlauf, d.h. die Materialermüdung und die Lebensdauer vorauszuberechnen. Ebenso können für vorgegebene Belastungsfälle und geforderte Mindestlebensdauern die Größen der maximal zulässigen Fehler errechnet werden. Die Auswa der geeigneten Bauteile kann entweder auf zerstörungsfreiem Wege oder durch Anwendung einer Oberlastprüfung (proof-test) erfolgen. Dabei zeigt die Erfa rung, daß bei keramischen Werkstoffen hoher Festigkeit und demzufolge mit kleinsten versagensbestimmenden Rissen bisher das Oberlastverfahren zur sicheren Auswahl führt.

2.2. Messung der langsamen Rißausbreitung im Doppeltorsionsversuch

Die Abhängigkeit der Rißgeschwindigkeit vom Spannungsintensitätsfaktor kann mit Hilfe der Doppeltorsionsmethode gemessen werden [12]. Wie Bild 1 zeigt, wird in der Doppeltorsionsprobe ein künstlich erzeugter scharfer Riß [13], der Länge a durch Einleitung der Kraft F kontrolliert durch die Probe geführt. Die Rißgeschwindigkeit v kann aus der an den Belastungspunkten gemes senen Verschiebung y durch Zeitableitung errechnet werden:

(3) $$a = \frac{y}{F \cdot C} \quad ,$$

der Spannungsintensitätsfaktor ergibt sich zu

(4) $$K_I = \sqrt{\frac{C \cdot E}{d}} \quad ,$$

wobei

$$(5) \qquad C = \frac{3b_m^2}{bd^3} \cdot \frac{2(1+\nu)}{E}$$

die geometrischen Konstanten der Probe (Breite b, Dicke d) und der Belastungseinrichtung (Abstand zwischen äußeren und inneren Belastungspunkten b_m), die Poisson'sche Konstante ν und den Elastizitätsmodul E enthält. Die im Folgenden zu besprechenden Versuche wurden bei einer konstanten Lastanstiegsrate $\dot{F} = 0{,}06\ Ns^{-1}$ durchgeführt. Die Probenabmessungen waren b = 22 mm, d = 2 mm, der Abstand b_m betrug 10 mm; die Proben hatten eine Länge von 70 mm.

2.2.2. Ergebnisse

Die Messungen wurden bei Raumtemperatur, bei 800 °C und bei 1200 °C durchgeführt. Ergebnisse sind für SP-RBSN, HIPSSC und HPSN-Y_2O_3 in jeweils doppeltlogarithmischer Auftragung von v als Funktion von K_I in den Bildern 2 bis 4 dargestellt. Eine Zusammenstellung der ermittelten Werte der Rißausbreitungsparameter findet sich in Tabelle 1.

2.2.2.1. HIPSSC

In Bild 2 sind verschiedene an HIPSSC erhaltene Ergebnisse dargestellt. Wie die an diesem Werkstoff ausgeführten Untersuchungen zeigen, kann bei Raumtemperatur die unterkritische Rißausbreitung in einem Intervall $3{,}6 < K_I < 4{,}2\ MNm^{-3/2}$ beobachtet werden. Bei 800 und 1200 °C ist dieses Intervall des Spannungsintensitätsfaktors zu niedrigeren Werten, nämlich $3{,}0 < K_I < 3{,}6\ MNm^{-3/2}$, hin verschoben, jedoch läßt sich nicht auf ein bei diesen beiden Temperaturen jeweils unterschiedliches Rißausbreitungsverhalten schließen.

Daher ist in Bild 2 neben der bei Raumtemperatur erhaltenen Meßwertserie (= "Kurve") durch Grenzkurven der Bereich angegeben, in dem, unter Zugrundelegung aller bei 800 °C und 1200 °C ausgeführten Versuche, Meßwertpaare von v und K_I ermittelt werden konnten. Zusätzlich sind in dem durch die Grenzkurven festgelegten Bereich jeweils die am besten mit Meßwerten belegten Ergebnisse aus Einzelversuchen bei 800 und 1200°C als Beispiele mit eingezeichnet. Entsprechend diesen beiden Kurven wäre bei 800 °C sogar von einer höheren Gefährdung durch das unterkritische Rißwachstum als bei 1200 °C auszugehen.

Die Werte der Rißausbreitungsparameter ergeben sich aus Bild 2 bei 23 °C zu n = 73 und log A = -43,5 und liegen bei 800 und 1200 °C für n zwischen 48 und 55 und unter Annahme des niedrigsten n-Wertes (n = 48) zwischen -36 und -25 für logA.

2.2.2.2. SP-RBSN

Die Messungen wurden an Probenmaterial, das vom Hersteller aus größeren spritzgegossenen, reaktionsgesinterten Blöcken herausgearbeitet wurde, durchgeführt. Dabei ließen an verschiedenen Proben ausgeführte Messungen auf im vorliegenden Material nicht homogene Werkstoffeigenschaften schließen [14]. Diejenigen Kurven, die bei derselben Temperatur jeweils im niedrigsten K_I-Bereich erhalten wurden, sind in Bild 3 wiedergegeben. Diesem Bild zufolge wurde somit bei 23 °C die Rißausbreitung bei etwa 3 $MNm^{-3/2}$ beobachtet. Der Geschwindigkeitsanstieg bei zunehmenden K_I entspricht bei 23 °C Werten von n = 70 bis 90; für log A ergibt sich -48 bis -38. Mit zunehmender Temperatur verschiebt sich der Bereich, in dem langsame Rißausbreitung beobachtet wird, deutlich und auch betragsmäßig stärker als beim HIPSSC (vergl. Bild 2) zu niedrigeren K_I-Werten bis zu etwa 1,5 $MNm^{-3/2}$ bei 1200 °C. Dabei nimmt im wichtigen Bereich der kleineren Rißgeschwindigkeiten die Steigung der Kurven und damit n auf 50 bei 800 °C und auf 32 bei 1200 °C ab.

2.2.2.3. HPSN-Y_2O_3

Bild 4 zeigt für HPSN-Y_2O_3 bei 23, 800 und 1200 °C erhaltene Ergebnisse. Wie der Vergleich mit den Bildern 2 und 3 zeigt, tritt bei diesem Material die langsame Rißausbreitung bei höheren Werten des Spannungsintensitätsfaktors auf. So beobachtet man bei Raumtemperatur Rißausbreitung zwischen K_I = 4,5 und K_I = 5,0 $MNm^{-3/2}$. Bei 800 bzw. 1200 °C sind die entsprechenden K_I-Intervalle zu $3,6 < K_I < 4,1$ $MNm^{-3/2}$ bzw. $3,3 < K_I < 3,7$ $MNm^{-3/2}$ und damit zu niedrigeren Werten hin verschoben. Die Ergebnisse der Messungen erwiesen sich bei diesem Werkstoff als gut reproduzierbar.

Zwar ist das bei höherer Temperatur vorliegende Datenmaterial weniger umfangreich, so daß sich insbesondere über die Rißausbreitung im Bereich sehr kleiner Rißgeschwindigkeiten noch keine endgültigen Aussagen machen lassen, jedoch kann man Bild 4 entnehmen, daß sich die erhaltenen Kurven in zwei Bereiche unterteilen lassen, in denen sich bei Anpassung an $v = A\,K_I^n$ jeweils unterschiedliche Parametersätze ergeben. So läßt sich bei der für 23 °C erhaltenen Kurve der Bereich mit $v \leq 5\cdot10^{-6}$ gut durch n = 130 und log A = -95 und der Bereich $v > 5\cdot10^{-6}$ mit n = 27 und log A = -23 annähern. Da in der Praxis beim Erreichen von Rißgeschwindigkeiten von $v = 5\cdot10^{-6}$ m/s in den meisten Belastungsfällen die zu erwartende Restlebensdauer nur noch vergleichsweise klein ist, sind die für die kleineren Rißgeschwindigkeiten erhaltenen n-Werte d.h. n = 130 und log A = -95 wichtiger. Die entsprechenden Werte (vergl. Tabelle 1) ergeben sich für 800 °C und 1200 °C zu n = 71 und log A = -48,5 bzw. zu n = 50 und log A = -36.

2.3. Zeitabhängigkeit der Festigkeit und statistische Beschreibung

2.3.1. Rißausbreitung und Ermüdung

Unter der Voraussetzung, daß die Zusammenhänge zwischen Rißgeschwindigkeit da/dt und Spannungsintensitätsfaktor bekannt sind, ist es möglich für gegebene Belastungsfälle Lebensdauern t_f durch Zeitintegration der Rißerweiterung da in den Grenzen zwischen anfänglicher und kritischer Rißlänge zu berechnen. Für den einfachen Fall einer konstanten Spannung σ_a, d.h. für statische Ermüdung, wird die Gleichung

(6) $$t_f = \frac{2}{A\sigma_a^n\, f^n (n-2)} \quad a_i^{(n-2)/2} \quad -a_c^{(2-n)/2}$$

erhalten. Da es heute noch nicht möglich ist, bei hochwertigen keramischen Werkstoffen die Rißgrößen a_i und a_c unmittelbar zu messen, muß man auf indirekte Verfahren ausweichen. Dazu bestimmt man an einer Stichprobe zunächst die Festigkeit unter inerten Bedingungen. Dies realisiert man im Versuch dadurch, daß eine so hohe Belastungsgeschwindigkeit vorgegeben wird, daß im Bereich langsamer Rißgeschwindigkeit eine wesentliche Verlängerung der versagensauslösenden Risse praktisch ausgeschlossen ist.

Für die Bruchspannungen σ_c, wird eine Verteilung

(7) $$\ln \ln \frac{1}{1-F} = m \ln \frac{\sigma_c}{\sigma_0}$$

in Form einer Weibullfunktion angenommen, wobei m als Weibullmodul und σ_0 als charakteristische Festigkeit bezeichnet werden. Die zugehörige Verteilungsfunktion der Anfangsrißgrößen läßt sich dann mittels $K_{IC} = \sigma_c \sqrt{a_i}\, f$ zu

(8) $$\ln \ln \frac{1}{1-F} = \frac{m}{2} \ln \frac{a_{i,o}}{a_i}$$

angeben, wobei $a_{i,o} = (K_{IC}/(\sigma_o f)^2$ ist und durch Verknüpfung von Gleichung (8) mit Gleichung (6) erhält man als Verteilungsfunktion für die Lebensdauern t_f

(9) $$\ln \ln \frac{1}{1-F} = \frac{m}{n-2} \ln \frac{t_f}{t_o} \quad ,$$

wobei

(10) $$t_o = \frac{2}{(n-2)A} \sigma_a^{-n} \quad f^{-n} \quad a_{i,o}^{(n-2)/2}$$

ist. Im Falle daß eine konstante Spannung σ_a wirkt, kann Gleichung (9) in der Form

(11) $$\ln \ln \frac{1}{1-F} = \frac{m}{n-2} \left[\ln t_f + n \ln \sigma_a - \ln B - (n-2) \ln \sigma_o \right]$$

geschrieben werden, wobei

(12) $$B = \frac{2}{(n-2)Af^2 \; K_{IC}^{n-2}}$$

ist.

Wenn die Spannung $\sigma(t)$ eine lineare Funktion der Zeit ist, zeigt die Rechnung, daß mit abnehmender Belastungsgeschwindigkeit $\dot{\sigma}$ die Festigkeit σ_B gemäß

(13) $$\sigma_B^{n+1} = B\ (n+1)\ \sigma_c^{n-2}\ \dot{\sigma}$$

abnimmt.

Mit Hilfe der Gleichung (11) können nun Lebensdauerverteilungen oder Versagenswahrscheinlichkeiten errechnet werden. Dies kann zum einen unter Verwendung der aus dem Doppeltorsionsexperiment bestimmten Rißausbreitungsparameter A und n und durch Festlegung von K_{IC} entsprechend Gleichung (2) als K_I bei v = 1 mm/s sowie unter Annahme konservativer Werte für f erfolgen (im Folgenden f = 1,2115). Zum anderen können B und n nach Gleichung (13) dadurch bestimmt werden, daß für unterschiedliche Belastungsgeschwindigkeiten $\dot{\sigma}$, ähnlich wie für die Inertfestigkeit, die Bruchspannungsverteilungen ermittelt werden.

Versagenswahrscheinlichkeiten und Lebensdauerverteilungen können auch aus statischen Ermüdungsversuchen, bei denen die Zeit bis zum Brucheintritt gemessen wird, bestimmt werden. Es wird damit ermöglicht, die Ergebnisse verschiedener Methoden zur Vorausberechnung von Lebensdauern miteinander und mit dem Belastungsexperiment zu vergleichen. Diese Ergebnisse werden im Folgenden nur für HPSN-Y_3O_3 behandelt, bezüglich der anderen Materialien sei auf den Abschlußbericht [14] zu diesem Vorhaben verwiesen.

2.3.2. Versuche zur dynamischen Ermüdung

Die Messung der Bruchspannung als Funktion der Belastungsgeschwindigkeit erfolgte im 4-Punkt-Biegeversuch. Der Abstand der Auflager betrug 40 mm, der Abstand der Drucklager 20 mm. Beide Auflager sowie ein Drucklager waren drehbar. Die Probenabmessungen waren 45 x 4,5 x 3,5 mm^3 (Länge x Breite x Höhe).

Bild 5 zeigt als Beispiel die bei Raumtemperatur bei zwei unterschiedlichen Belastungsgeschwindigkeiten erhaltenen Bruchspannungsverteilungen. Die Werte des Weibullmoduls m, der charakteristischen Festigkeit σ_0, des Medianwertes $\sigma_{B,m}$ und der bruchmechanischen Größen n, log $B\sigma_c{}^{n-2}$ sind auch für 800 und 1200 ^oC in Tabelle 2 zusammengestellt.

Wie Bild 5 veranschaulicht, können die Verteilungen ausreichend gut durch zweiparametrige Weibullfunktionen (Gleichung 7) beschrieben werden. Dabei ergeben sich, wie Tabelle 2 zu entnehmen ist, bei Raumtemperatur die Medianwerte der bei unterschiedlichen Belastungsgeschwindigkeiten, $\dot{\sigma}$ = 327 $MPas^{-1}$ bzw. $\dot{\sigma}$ = 3,27$\cdot10^{-2}MPas^{-1}$, geprüften Probenkollektive zu $\sigma_{B,m}$ = 833,8 MPa bzw. zu $\sigma_{B,m}$ = 784,8 MPa. Die Weibullmoduln der Verteilungen erreichen mit m = 28 und m = 32 sehr hohe Werte und stimmen bei Berücksichtigung der zu erwartenden statistischen Schwankungen gut überein. Mit zunehmender Temperatur nimmt beim HPSN-Y_2O_3 die Festigkeit ab (vergl. Tabelle 2). So beträgt bei großer Belastungsgeschwindigkeit $\sigma_{B,m}$ bei 800 bzw. 1200 ^oC nur noch 785,9 bzw. 675,5 MPa. Es fällt auf, daß bei 800 °C ein Weibullmodul von nur 17,5 erhalten wurde. Bei allen drei Temperaturen ist, wie für 23 °C in Bild 5 gezeigt (vergl. Tabelle 2), die bei niedrigerer Belastungsgeschwindigkeit e haltene Verteilung deutlich zu niedrigeren Bruchspannungswerten hin verschc ben. Dieser Verschiebung entsprechen praktisch die Größen n und log $B\sigma_c^{n-2}$ (vergl. Tabelle 2). Bei Erhöhung der Temperatur von 23 auf 800 °C nimmt der Rißausbreitungsparameter n, ähnlich wie im Doppeltorsionsexperiment beobach tet (vergl. auch Tabelle 1) von n = 152 auf n = 72 ab. Jedoch liefert bei weiterer Temperaturerhöhung auf 1200 °C die dynamische Ermüdung einen Wert von n = 119, der nicht mit dem aus dem Doppeltorsionsversuch erhaltenen übe einstimmt.

2.3.3. Lebensdauerberechnungen für konstante Spannungen

Für verschiedene konstante Spannungen wurden nach Gleichung (11) Lebensdaue verteilungen errechnet, wobei zum einen die aus den Doppeltorsionsversucher bestimmten Rißausbreitungsparameter log A und n und zum anderen die aus der 4-Punkt-Biegeversuchen bei unterschiedlichen Belastungsgeschwindigkeiten er mittelten Kennwerte verwendet wurden. Bei Raumtemperatur und 800 °C wurden so nur geringfügig unterschiedliche Versagenswahrscheinlichkeiten vorausberechnet [14]. Für 1200 °C ist ein Ergebnis der Vorausberechnung in Bild 6 dargestellt; dabei ist der Unterschied zwischen den beiden Voraussageergebnissen deutlich zu erkennen. So ist aus Bild 6 zu ersehen, daß bei gleichen Belastungszeiten die Versagenswahrscheinlichkeiten größer sind und ebenso, daß die Zunahme der Versagenswahrscheinlichkeit mit der Zeit größer ist, we die aus den Doppeltorsionsexperiment erhaltenen Größen zur Rechnung verwend werden. Entsprechend den Vorausberechnungen, die mit den aus den Doppeltorsionsversuch erhaltenen Rißausbreitungsparametern durchgeführt wurden, soll ten bei einer konstanten Spannung σ_a = 550 MPa kurz nach Aufbringen der Last (ca. 10 s) bereits mehr als 10 % der Proben zu Bruch gegangen sein, im anderen Falle (Bild 6) sollte eine ähnlich hohe Ausfallrate erst nach fast einem Jahr erreicht sein.

2.3.4. Experimente zur statischen Ermüdung bei 1200 °C

Um den Vergleich zwischen den Vorausberechnungen und dem Experiment zu ermöglichen, wurden dreizehn Proben der gleichen Abmessungen wie in Abschnitt 2.3.2. bei einer konstanten Spannung σ_a = 550 MPa im 4-Punkt-

Biegeversuch geprüft. Dabei wurden die Zeiten t bis zum Brucheintritt gemessen und die entsprechenden Summenhäufigkeiten errechnet.

In Bild 7 sind die gemessenen Lebensdauern der Proben und ebenso die aus den Rechnungen erhaltenen Ergebnisse in einer Darstellung der Versagenswahrscheinlichkeit F als Funktion der Zeit t entsprechend Gleichung (11) aufgetragen. Das Bild veranschaulicht auch die Diskrepanz der nach beiden Methoden erhaltenen Vorausberechnungen. Es ist jedoch ersichtlich, daß das experimentelle Ergebnis besser durch die mit den aus den Doppeltorionsversuchen ermittelten Rißausbreitungsparametern, n = 50, log A = -36, beschrieben wird. Im Gegensatz hierzu wird mit den auf der dynamischen Ermüdung beruhenden Rechnungen das Versagensrisiko unterschätzt.

2.3.5. Vergleich und Diskussion vorausberechneter und gemessener Lebensdauern für HPSN-Y_2O_3

Da der Unterschied zwischen den beiden Vorhersageergebnissen gerade bei 1200 °C beobachtet wurde, ist es naheliegend, daß bei der Erklärung des Werkstoffverhaltens Vorgänge, die insbesondere bei erhöhten Temperaturen auftreten, berücksichtigt werden müssen. Als wichtigste Effekte, die hierfür in Betracht kommen können, sind lokale Änderungen von Eigenspannungen, elastoplastische Vorgänge im Bereich der Korngrenzenphase, die zu makroskopischem Kriechen führen, und Reaktionen mit dem in der Umgebung enthaltenen Sauerstoff zu nennen.

Geht man davon aus, daß beim Vergleich zwischen den Vorausberechnungen und den auf experimentellem Wege aus den Belastungsversuchen (statisch) erhaltenen Daten die deutlichen Unterschiede in den Versagenswahrscheinlichkeiten bei Ergebnissen beobachtet wurden, die jeweils an gleichen Proben im 4-Punkt-Biegeversuch gewonnen wurden, so erscheint es unwahrscheinlich, daß vornehmlich Änderungen von Eigenspannungszuständen dieses Verhalten verursacht haben. Auch sollten Kriecheffekte, die zu unterschiedlichem zeit- und probenformabhängigem Verhalten führen können, beim Y_2O_3-dotierten Material weniger ausschlaggebend sein, da hier etwa im Vergleich zum MgO-dotierten HPSN deutlich niedrigere Kriechdehnungen [1], [3] beobachtet wurden.

Bezieht man die Oxidschicht, die sich bei erhöhten Temperaturen in Sauerstoff enthaltender Umgebung an der Oberfläche bildet, in eine Erklärung ein, bietet

sich folgende Modellvorstellung an:
Betrachtet man einen auf der Zugseite einer 4-Punkt-Biegeprobe befindlichen Oberflächenriß, dann kann angenommen werden, daß im Falle niedriger Belastungsgeschwindigkeiten insbesondere im Bereich der Rißflanken und der Rißfront mehr Zeit zum Ausbilden der Schicht zur Verfügung steht als im Falle einer zeitlich schnellen Zunahme der Spannung. Unter dieser Annahme ist die Bildung einer Oxidschicht als ein mit dem Rißwachstum konkurrierender Vorgan anzusehen; für das bei 1200 ^{o}C beobachtete Festigkeitsverhalten, insbesondere auch für den Unterschied zwischen den nach den beiden Methoden erhaltenen Rißausbreitungsexponenten ergibt sich dann folgende Erklärung: Der aus der dynamischen Ermüdung erhaltene hohe Wert von n ist eine Folge der bei langsamer Belastungsgeschwindigkeit erhaltenen "überhöhten" Bruchspannungswerte. In der Doppeltorsionsprobe verläuft der Riß im wesentlichen im Proben inneren, so daß die Ausbildung einer wirksamen Oxidschicht im Rißfrontbereic eingeschränkt ist; zudem ist hier die Dicke der sich im Oberflächenbereich bildenden Schicht klein gegenüber den Rißdimensionen. Auf diese Weise wird e verständlich, daß bei der DT-Probe ein niedriger Wert für n erhalten wurde. Im Falle der statischen Ermüdung wird die konstante Spannung schnell aufgebracht; das wiederum bedeutet, daß zum Ausbilden einer im Riß wirksamen Schicht nicht ausreichend Zeit gegeben ist, so daß das Versagensverhalten be diesem Fall besser durch das Einbeziehen der aus dem Doppeltorsionexperiment erhaltenen Rißausbreitungsparameter beschrieben wird.

3. Röntgenographische Spannungsanalyse

Um das Festigkeitsverhalten keramischer Werkstoffe unter langzeitiger Belastung zutreffend beurteilen zu können, müssen neben den durch die äußere Belastung hervorgerufenen Spannungen auch die durch die Herstellung bzw. Bearbeitung erzeugten Eigenspannungen, vor allem in Oberflächenbereichen, bekannt sein. Bei keramischen Werkstoffen wurden Eigenspannungen bisher im wesentlichen mit Methoden der Eindruckbruchmechanik untersucht. Während bei der Anwendung dieser Verfahren mechanische Verletzungen in die Werkstoffoberfläche eingebracht werden müssen, erlauben röntgenographische Verfahren die Bestimmung von Eigenspannungen auf zerstörungsfreiem Wege. Diese Verfahren wurden bis auf wenige Ausnahmen [15] bisher praktisch nur bei metallenen Werkstoffen angewendet. Einen wesentlichen Schwerpunkt der vorliegenden Arbeiten bildete daher die Übertragung und Anwendung der röntgenographischen Spannungsanalyse auf keramische Werkstoffe.

3.1. Grundlagen der röntgenographischen Spannungsanalyse

Die Grundlage des Verfahrens wird durch die Bragg'sche Gleichung

(14) $$2d \sin \theta = \lambda$$

beschrieben. Ein Röntgenstrahl der Wellenlänge λ wird an geeigneten Netzebenen mit dem Netzebenenabstand d eines vielkristallinen Werkstoffes unter dem Bragg'schen Winkel θ gebeugt (s. Bild 8). Bei Vorliegen elastischer Spannungen ist das Kristallgitter verzerrt, wobei sich der Netzebenenabstand d um d(d) ändert. Dabei ändert sich die Richtung θ des gebeugten Röntgenstrahles um $d(\theta)$. Diese Änderung ist durch die Gleichung

(15) $$d(\theta) = -\tan \frac{d(d)}{d}$$

gegeben. Im Gegensatz zu mechanischen Verfahren der Dehnungsmessung können auf röntgenographischem Wege Dehnungen in verschiedenen Richtungen ψ gegen das Probenoberflächenlot gemessen werden, der Winkel ψ kann dabei bis zu 70^0 betragen (Bild 9). Bei einem ebenen Spannungszustand mit den Hauptspannungen σ_1 und σ_2 sind die Dehnungen elastizitätstheoretisch gegeben durch

(16) $$\left(\frac{d(d)}{d}\right)_{\varphi,\psi} = \varepsilon_{\varphi,\psi} = \frac{1}{2} s_2 (\sigma_1 \cos^2\varphi + \sigma_2 \sin^2\varphi) \sin^2\psi + s_1(\sigma_1 + \sigma_2)$$

wobei $s_1 = -\nu/E$ und $s_2/2 = (\nu + 1)/E$ die durch die Poisson-Zahl ν und den Elastizitätsmodul E gegebenen Voig'tschen Konstanten sind; die Meßrichtungen φ und ψ sind dem Bild 9 zu entnehmen Das $\sin^2\psi$-Verfahren der röntgenographischen Spannungsmessung [16], [17] beruht auf der Tatsache, daß bei konstant gehaltenem φ die beobachteten Gitterdehnungen linear von $\sin^2\psi$ abhängen. Eine Auftragung der gemessenen Gitterdehnungen gegen $\sin^2\psi$ ergibt einen linearen Zusammenhang, wobei die Steigung der Ausgleichsgeraden nach der Gleichung

(17) $$\frac{\partial \varepsilon_{\varphi,\psi}}{\partial \sin^2\psi} = \frac{1}{2} s_2 (\sigma_1 \cos^2\varphi + \sigma_2 \sin^2\varphi) = \frac{1}{2} s_2 \sigma_\varphi$$

direkt die Spannungskomponente σ_φ liefert. Bei $\varphi = 0$ wird die Spannungskomponente σ_1, bei $\varphi = 90^0$ die Spannungskomponente σ_2 bestimmt.

3.2. Struktur der untersuchten Werkstoffe

Die in Abschnitt 1. beschriebenen Versuchswerkstoffe wurden zunächst einer Strukturanalyse mit Hilfe der Röntgenbeugung unterworfen. Das SiC (HIPSSC) besteht im wesentlichen aus 4Hα - SiC mit den Gitterparametern a = 3,081 Å und c = 10,083 Å und der 6Hα - Modifikation mit den Gitterparametern a = 3,081 Å und c = 15,11 Å mit geringen Zusätzen anderer unbekannter Bestandteile. Das Y_2O_3-dotierte Si_3N_4 (HPSN) besteht im wesentlichen aus der β-Phase mit den Gitterparametern a = 7,605 Å und c = 2,908 Å. Bezüglich des SP-RBSN sei auf [14] verwiesen.

3.3. Bestimmung der röntgenographischen Elastizitätskonstanten

Die röntgenographischen Elastizitätskonstanten $s_1^{rö}$ und 1/2 $s_2^{rö}$ unterscheiden sich von den entsprechenden mechanischen Werten infolge des Einflusses der elastischen Anisotropie und der Heterogenität [18]. Wegen der hexagonalen Struktur des Si_3N_4 und des SiC ist insbesondere ein Einfluß der elastischen Anisotropie auf röntgenographische Spannungsanalysen zu erwarten.

Entsprechende Untersuchungen wurden an Proben, die im Vierpunktbiegeversuch belastet wurden, durchgeführt. Hierzu wurde eine Vierpunktbiegevorrichtung (Probenabmessungen: 80 x 20 x 2 mm^3) im Zentrum eines D500-Diffraktometers (Siemens) welches mittels eines DEC 11/23-Rechners gesteuert wird, angebracht. Die Röntgenintensitäten wurden durch ein ortsempfindliches Proportionalitätszählrohr erfaßt. Die Vorrichtung ist in Bild 10 wiedergegeben, die Meßdaten in Tabelle 3.

Bild 11 gibt die bei verschiedenen Lastspannungen bestimmten Gitterdehnungsverteilungen wieder. Der Schnittpunkt der Geraden führt zur dehnungsfreien Richtung mit d_0 = 0,805 Å. Eine Auftragung der Steigungen und der Achsenabschnitte der Dehnungsverteilungen als Funktion der wirksamen Spannung liefert die Hook'schen Geraden (s. Bild 12). Aus der Steigung der Ausgleichsgeraden können die röntgenographischen Elastizitätskonstanten entnommen werden; diese ergeben sich im betrachteten Fall zu:

$$s_2^{rö}/2 = 2{,}73 \pm 0{,}07 \times 10^{-6}\ N/mm^2$$
$$s_1^{rö} = -0{,}35 \pm 0{,}03 \times 10^{-6}\ N/mm^2 \quad .$$

An Si_3N_4 durchgeführte Bestimmungen der röntgenographischen Elastizitätskonstanten sind in [19] beschrieben.

3.4. Einfluß einer Oberflächenbearbeitung auf die röntgenographischen Elastizitätskonstanten und Oberflächeneigenspannungen

Bei SiC wurden sowohl längs- als auch quergeschliffene Proben untersucht. Weitere SiC-Proben wurden mit Diamantpulver der Körnung 3 µm poliert, wobei eine Oberflächenschicht von 10 µm abgetragen wurde. Die Si_3N_4-Proben waren im Anlieferungszustand freikornbearbeitet. Ein Teil davon wurde ebenfalls poliert.

3.5. Ergebnisse und Diskussion

Tabelle 4 faßt die bei verschiedenen Probenzuständen ermittelten röntgenographischen Elastizitätskonstanten und Oberflächeneigenspannungen zusammen. Es ist festzustellen, daß der Hook'sche Zusammenhang bei elastischer Beanspruchung erfüllt ist. Die Abweichungen der röntgenographischen Elastizitätskonstanten von den entsprechenden mechanischen Werten sind relativ gering. Bei HIPSSC wurde innerhalb der Meßgenauigkeit kein Einfluß der Probenbeschaffenheit auf die röntgenographische Elastizitätskonstante $s_2^{rö}/2$ festgestellt. Beim HPSN führt hingegen ein Polieren der Probenoberfläche zu einer leichten Abnahme der röntgenographischen Elastizitätskonstanten $s_2^{rö}/2$.

Druckeigenspannungen werden in SiC durch das Polieren der Oberfläche aufgebaut. Hingegen werden in den Oberflächenschichten der Si_3N_4-Proben vorliegende Druckeigenspannungen durch das Polieren (Abtrag einer 10 µm dicken Oberflächenschicht) entfernt.

Sowohl die Untersuchung der Mechanismen der Eigenspannungsausbildung in Oberflächenbereichen von keramischen Werkstoffen als auch die Tiefenwirkung sind Gegenstand weiterer Forschungsaktivitäten. Wichtig ist, daß sich die röntgenographische Eigenspannungsanalyse - bei metallenen Werkstoffen als zerstörungsfreies Prüfverfahren weitgehend etabliert - als geeignet erweist, dem Konstrukteur Daten über den Eigenspannungszustand in keramischen Bauteilen zu liefern. Bild 13 zeigt z.B. eine Turbinenschaufel aus SiC, an deren Flanke in Umfangsrichtung eine Druckeigenspannung von -248 MPa ermittelt wurde.

4. Zusammenfassung

Die vorgestellten Ergebnisse zeigen, daß das Verhalten keramischer Werkstoffe bei mechanischer Belastung nicht allein durch die Angabe der Größen: mittlere Festigkeit, Bruchspannung, Weibullmodul und kritischer Spannungsintensitätsfaktor beschrieben werden kann. Vielmehr muß die Belastungsdauer, der Belastungsverlauf und die langsame Rißausbreitung berücksichtigt werden. Anhand zweier Methoden wurde hier aufgezeigt, wie die langsame Rißausbreitung gemessen werden kann und wie man mit Hilfe der gemessenen Größen explizit die Zusammenhänge zwischen Belastungshöhe, Versagenswahrscheinlichkeit und Zeit in praxisrelevanter Form erfassen kann.

Mit Hilfe der röntgenographischen Eigenspannungsanalyse konnten bei den untersuchten keramischen Werkstoffen die den Gitterdehnungs-Spannungs-Zusammenhang beschreibenden röntgenographischen Elastizitätskonstanten bestimmt werden. Es wurde gezeigt, daß sich die in dünnen Oberflächenschichten vorliegenden Eigenspannungen ebenso wie bei metallenen Werkstoffen den beispielsweise durch Biegung aufgebrachten äußeren Spannungen linear überlagern.

Eine Anwendung des Verfahrens auf die verschiedenen Werkstoffe zeigte, daß ein Einfluß der Oberflächenbearbeitung auf den Elastizitätsmodul und die Eigenspannungen besteht. So wurden bei HIPSSC in Längs- und Querrichtung zur Schleifebene deutlich unterschiedliche Elastizitätsmoduln ermittelt und es zeigte sich, daß Polieren des Werkstoffs zum Aufbau von Druckspannungen führt. Beim HPSN-Y_2O_3 hingegen werden durch Polieren zunächst vorliegende Eigenspannungen abgebaut und verringerte Werte der Elastizitätskonstanten beobachtet.

Eine weiterreichende gezielte Veränderung der Eigenspannungen in oberflächennahen Bereichen könnte zu noch deutlich höheren Festigkeiten führen und das Anwendungspotential keramischer Werkstoffe vergrößern.

5. Schrifttum

[1] Bunk, W., Böhmer, M., Keramische Komponenten für Fahrzeug-Gasturbinen, Bd. 1 (1978), Bd. 2(1980), Springer Verlag.

[2] Hüther, W., Erprobung verschiedener keramischer Materialien für Turbinenschaufeln im Kalt- und Heißschleuderversuch, in [1]

[3] Steinmann, D., Engel, E., Kessel, H., Heißpreßentwicklung von Siliciumnitrid, in [1]

[4] Langer, M., Rottenkolber, P., Integrales Axialturbinenrad aus reaktionsgebundenem Siliciumnitrid, in [1]

[5] Berroth, K., Entwicklung von Siliciumnitrid-Bauteilen für den Gasturbinenbau, In diesem Band

[6] Willmann, G., Keramische Komponenten für den Wärmetauscher eines Sonnenturmkraftwerks, Sprechsaal 113 (198) 915

[7] Böder, H. , Heider, W., Zur Eignung von SiSiC für Gasturbinenbauteile, In diesem Band

[8] Richter, H., Willmann, G., Heider, W., Ermüdungsverhalten von SiSiC, Z. Werkstofftech. 13 (1982) 355-360

[9] Kleer, G., Richter, H., Willmann, G., Heider, W., Bruchmechanische Charakterisierung des Ermüdungsverhaltens von SiSiC, Deutsch-Französisches Kolloquium: "Keramische Sonderwerkstoffe", Lyon 15.-17.3.1983, wird veröffentlicht

[10] Irwin, G.R, Fracture, in: Handbuch der Physik (Hrsg. S. Flügge), Bd. 6, S. 551-590, Berlin 1958

[11] Kerkhof, F., Grundlagen der Festigkeit und des Bruchverhaltens von von keramischen Werkstoffen, in: Handbuch der Keramik, Verlag Schmid GmbH Freiburg, 1982

[12] Outwater, J.O, Gerry, D.J., On the Fracture Energy of Glass, Rep. on Contract NONR 3219, Office of Nav. Res., Washington, D.C. (1966)

[13] Richter, H., Seidelmann, U., Soltész, U., Rißausbreitung in keramischen Knochenersatzwerkstoffen unter Simulation physiologischer Bedingungen, BMFT-Forschungsbericht 01 VG MT 267 (1980)

[14] Kleer, G., Richter, H., Prümmer, R., Pfeiffer-Vollmar, H.-W., Festigkeitsverhalten keramischer Werkstoffe unter langzeitiger Belastung und unter Einfluß von Druckeigenspannungen, IWM-Bericht 12/83, erscheint als BMFT-Forschungsbericht, Förderkennzeichen 01 ZC 118

[15] Prümmer, R., Pfeiffer-Vollmar, H.-W., Röntgenographische Eigenspannungsanalyse an Glaskeramiken, im Druck

[16] Müller, P, Macherauch, E. Das $\sin^2\psi$-Verfahren der röntgenographischen Spannungsmessung, Z. angew. Phys. 13 (1961) 305-312

[17] Prümmer, R., Basic principles and applications of X-ray analysis of residual stresses, Kerntechnik, Isotopentechnik und Chemie 2 (1971) 68-77

[18] Eddington, J.W., Rowcliffe, D.J., Henshall, J.L., The mechanical properties of Silicon Nitride and Silicon Carbide, Powder Metallurgy Intern. 7 (1975) 82-147

[19] Prümmer, R., Pfeiffer-Vollmar, H.-W., Determination of surface stresses of high-temperature ceramic materials, Brit. Ceram. Soc., Conference, London, Dez. 1983

Werkstoff	Temperatur [°C]	n	log A [für v in m/s und K_I in $MN/m^{3/2}$]
HIPSSC	23	73	-43,5
	8oo 12oo	48 bis 35	-36 bis -25
RBSN (Spritzguß)	23	7o bis 9o	-48 bis -38
	8oo	5o	-28
	12oo	32	-15
HPSN Y_2O_3-dot.	23	13o	-95
	8oo	71	-48,5
	12oo	5o	-36

Tabelle 1: An verschiedenen Materialien aus Doppeltorsionsversuchen ermittelte Rißausbreitungsparameter

T [°C]	$\dot{\sigma}$ [MPa^{-1}]	m	σ_o [MPa]	$\sigma_{B,m}$ [MPa]	n [mit $\sigma_{B,m}$]	log $B\sigma_c^{n-2}$
23	$3,27 \cdot 1o^{2}$	28	844,9	833,8	152	442
	$3,27 \cdot 1o^{-2}$	32	793,8	784,8		438
8oo	$5,o1 \cdot 1o^{2}$	17,5	8o2,4	785,9	72,3	2o7
	$5,o1 \cdot 1o^{-2}$	17,5	7o5,4	691,9		2o3
12oo	$4,79 \cdot 1o^{2}$	29,1	684,1	675,5	119	335
	$8,2 \cdot 1o^{-2}$	4o	633,8	628,1		334

Tabelle 2: Aus 4-Punkt-Biegeversuchen für Y_2O_3-dotiertes HPSN ermittelte Festigkeitskennwerte.

Werkstoff	Strahlung	Wellenlänge	Gitterebene	Netzebenenabstand	Bragg'scher Winkel
SiC	Cu K_α	1,5405 Å	2.0.10 4Hα	0,805 Å	$146{,}5^\circ$
Si_3N_4	Cu K_α	1,5405 Å	3.2.3 β	0,816 Å	$141{,}5^\circ$

Tabelle 3: Daten für die röntgenographische Spannungsanalyse an SiC (HIPSSC) und Si_3N_4 (HPSN).

Material und Bearbeitung	Röntg.Elast.Konst. in 10^{-6} mm^2/N		E-Modul in N/mm^2		Poissonzahl	Eigenspannung in N/mm^2
	1/2 s_2	s_1	röntg.	mech.	röntg.	
SiC längsgeschliffen	2.73±0.075	-0.353±0.035	420800±19500	399900±1230	0.1488±0.0216	-7 ± 9
SiC quergeschliffen	2.35±0.38	-0.291±0.076	486570±107560	423811±2974	0.1415±0.0682	12 ± 22
SiC poliert	2.81±0.28	-0.243±0.027	389210±47000	428764±3067	0.0946±0.0223	-37 ± 20
Si_3N_4 freikornbearbeitet	3.84±0.049	-0.816±0.026	330780±7670	324686±1893	0.27 ±0.02	-73 ± 7
Si_3N_4 poliert	3.677±0.067	-0.859±0.018	354680±10640	355530±1340	0.304 ±0.02	0

Tabelle 4: Elastizitätskonstanten und Eigenspannungen von HIPSSC und HPSN nach verschiedenen Oberflächenbearbeitungen

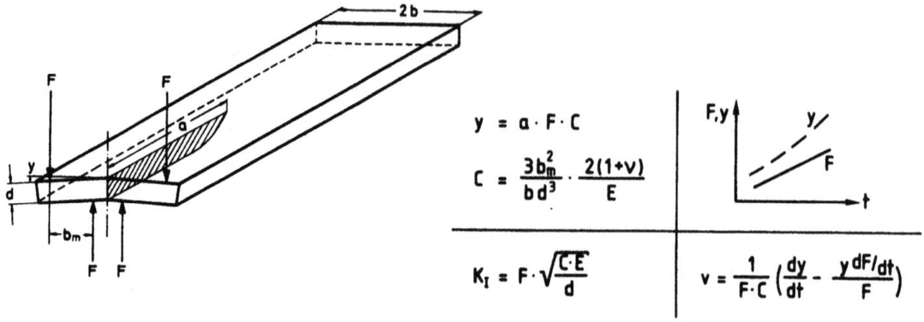

Bild 1: Doppeltorsionsprobe: Belastungsgeometrie, Auswerteformeln

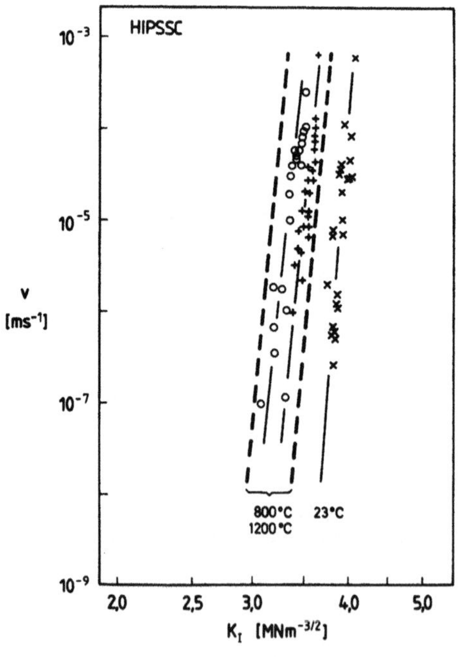

Bild 2: Bruchgeschwindigkeit v als Funktion des Spannungsintensitätsfaktors K_I für HIPSSC
x : Meßergebnisse bei Raumtemperatur
- - : Meßwertbereich bei 800 ^{o}C und 1200 ^{o}C
+, o : am besten mit Meßwerten belegte Ergebnisse aus Einzelversuchen bei 8oo (o) bzw. bei 1200 ^{o}C (+)

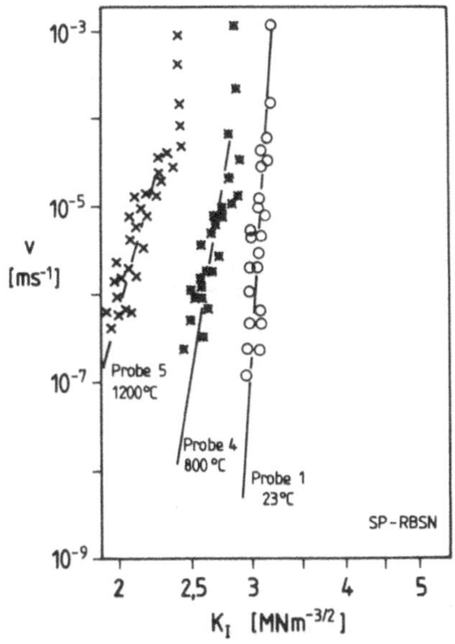

Bild 3: Bruchgeschwindigkeit v als Funktion des Spannungsintensitätsfaktors K_I für SP-RBSN bei verschiedenen Temperaturen.

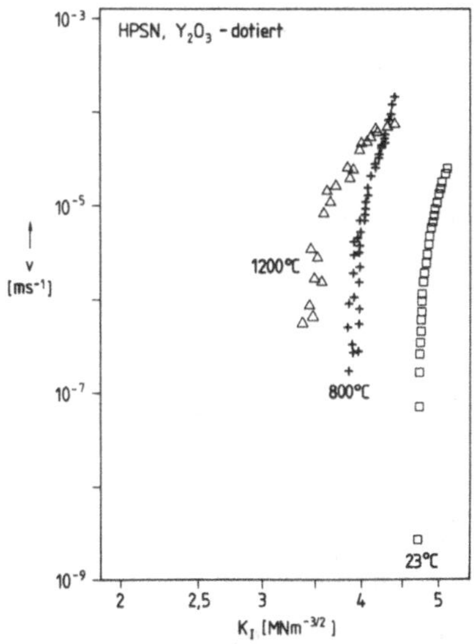

Bild 4: Bruchgeschwindigkeit v als Funktion des Spannungsintensitätsfaktors K_I für Y_2O_3 dotiertes HPSN bei 23 °C, 800 °C und 1200 °C

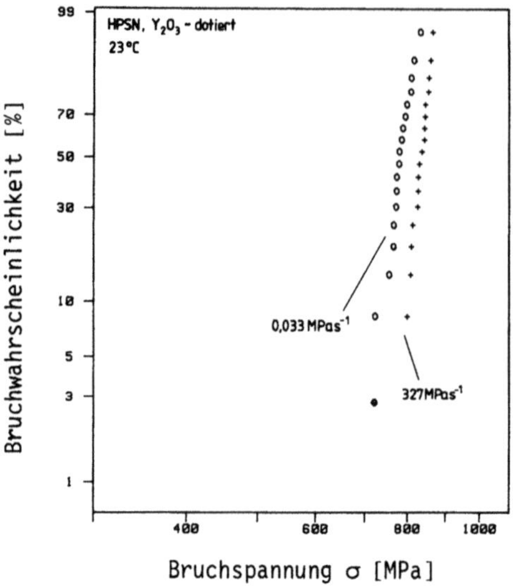

Bild 5: Aus 4-Punkt-Biegeversuchen für HPSN-Y_2O_3 bei 23 °C bei unterschiedlichen Belastungsgeschwindigkeiten erhaltene Bruchspannungsverteilungen in einer Darstellung nach Weibull.

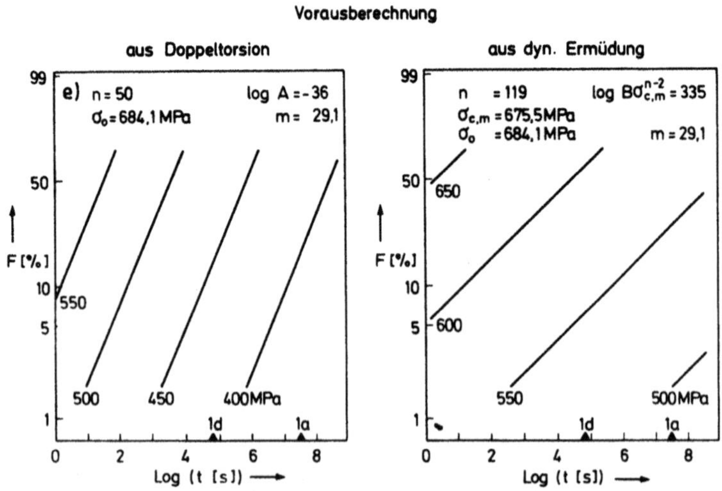

Bild 6: Für Y_2O_3-dotiertes HPSN für 1200 °C unter Verwendung nach verschiedenen Methoden ermittelter Parameter errechnete Lebensdauerverteilungen in Darstellungen der Versagenswahrscheinlichkeit F als Funktion der Zeit.

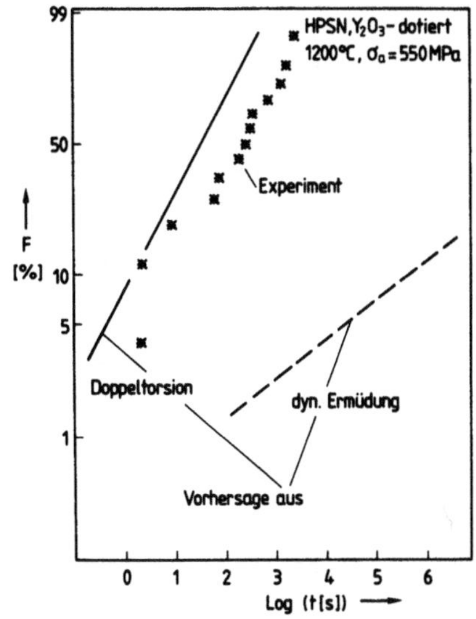

Bild 7: Vergleich berechneter und gemessener Lebensdauerverteilungen:
* : gemessen im 4-Punkt-Biegeversuch bei konstanter Spannung (σ_a = 550 MPa)
Vorausberechnung mit Rißausbreitungsparametern aus:
—— : Doppeltorsionsversuch
– – – : 4-Punkt-Biegeversuch mit verschiedenen Belastungsgeschwindigkeiten (dynamische Ermüdung)

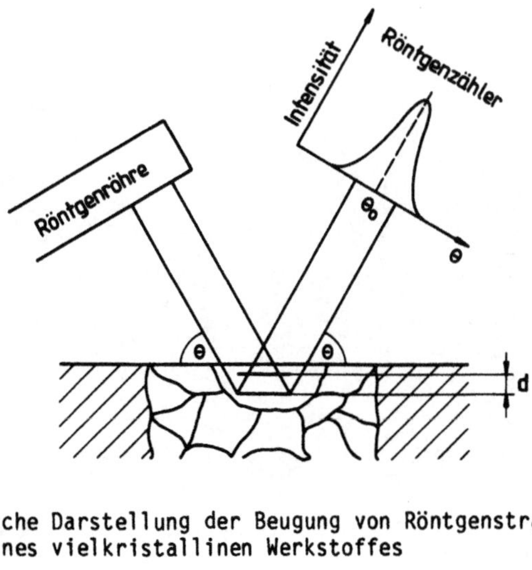

Bild 8: Schematische Darstellung der Beugung von Röntgenstrahlen an Gitterebenen eines vielkristallinen Werkstoffes

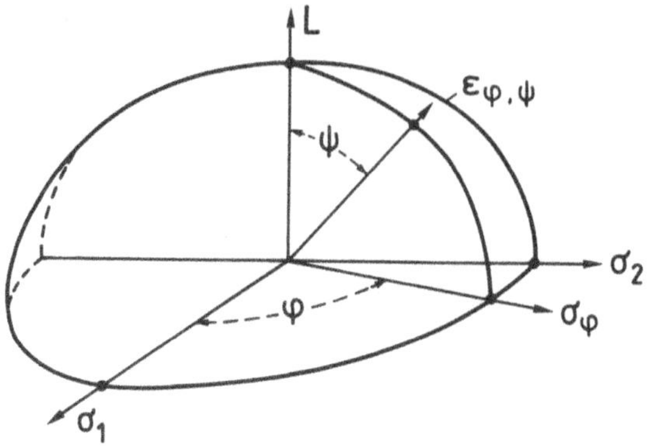

Bild 9: Definition der Richtungen φ , ψ in denen röntgenographische Dehnungsmessungen ausgeführt werden: Die Oberfläche der Probe befindet sich in einem zweiachsigen Spannungszustand mit den Hauptspannungen σ_1 und σ_2; φ = Winkel gegenüber der Hauptspannung σ_1; ψ = Winkel gegenüber dem Oberflächenlot der Probe.

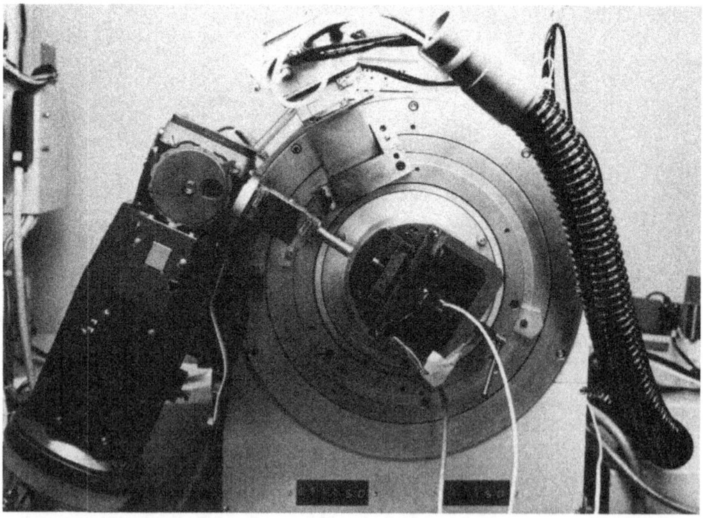

Bild 10: Röntgendiffraktometer mit ortsempfindlichem Detektor und 4-Punkt-Biegevorrichtung.

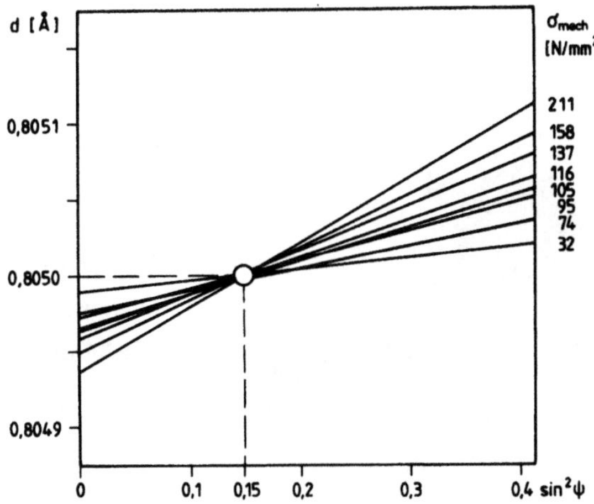

Bild 11: Auftragung der Gitterebenenabstands - $\sin^2 \psi$ -Verteilungen von HIPSSC bei verschiedenen Lastspannungen.

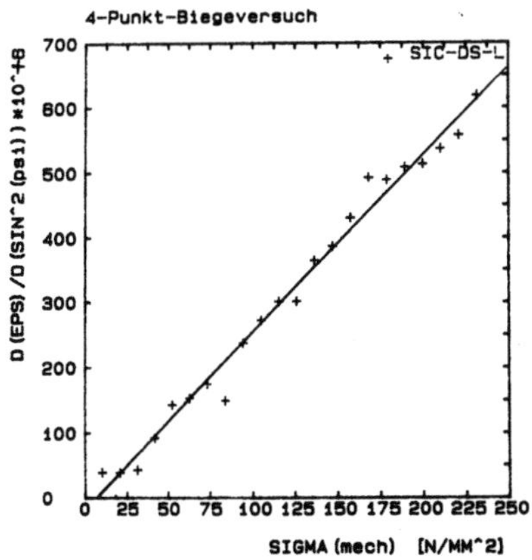

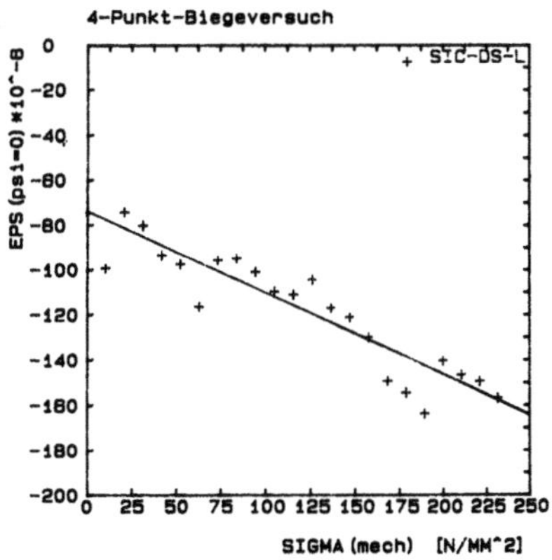

Bild 12: Auftragung der Gitterdehnungen von HIPSSC als Funktion der Lastspannung zur Ermittlung der röntgenographischen Elastizitätskonstanten $s_2^{rö}/2$ und $s_1^{rö}$.

Röntgenogr. Eigen-
spannungsanalyse:

- beleuchtete Fläche
- Richtung der wirksamen Eigenspannung
- $\sigma = -248 N/mm^2$

Bild 13: Eigenspannungen (Druck) in einer Turbinenschaufel aus SiC nach einem Probelauf

BRUCHMECHANISCHE BEWERTUNG VON FEHLSTELLEN IN KERAMIK AUF DER BASIS ZERSTÖRUNGSFREIER PRÜFVERFAHREN

D. Munz, O. Rosenfelder
Institut für Zuverlässigkeit und
Schadenskunde im Maschinenbau (IZSM)
Universität
D-7500 Karlsruhe

K. Goebbels, H. Reiter
Fraunhofer-Institut für
zerstörungsfreie Prüfverfahren (IzfP)
Universität
D-6600 Saarbrücken

1. Einleitung

Keramische Werkstoffe finden zunehmend Verwendung als Konstruktionswerkstoffe für Hochfestigkeits- und Hochtemperaturanwendungen. Voraussetzung für ihren Einsatz ist eine hohe Zuverlässigkeit. Diese kann erreicht werden durch geeignete Werkstoffauswahl, eine werkstoffgerechte Konstruktion und vor allem durch Qualitätskontrolle. Da das Versagen von keramischen Bauteilen von Fehlern (Risse, Poren, Einschlüsse) ausgeht und die Fehlergrößen stark streuen, wird auch eine große Streuung der Belastbarkeit beobachtet. Um zu erreichen, daß Komponenten mit großen Fehlern und somit niedriger Festigkeit nicht zum Einsatz kommen, stehen zwei Verfahren zur Verfügung. Beim ersten, dem proof load-Verfahren werden alle Komponenten über die Betriebsbelastung hinaus belastet. Diejenigen, die zu große Fehler besitzen, versagen und kommen nicht zum Einsatz. Die nicht versagenden Komponenten werden dann auch die Betriebsbelastungen überstehen, sofern unterkritisches Rißwachstum ausgeschlossen werden kann. Dieses Verfahren ist nicht immer ohne Schwierigkeiten anwendbar. Komplizierte Betriebsbelastungen, die sich aus mehrachsigen mechanischen Spannungen und Thermospannungen zusammensetzen

können, lassen sich nicht auf einfache Weise in einem proof-test simulieren. Deshalb wird versucht, ein zweites Verfahren zu entwickeln und einzusetzen, das auf einer Kombination von zerstörungsfreier Werkstoffprüfung mit bruchmechanischer Fehlerbewertung basiert.
Die Vorgehensweise ist wie folgt:

- Fehler werden nach ihrer Lage, ihrer Größe, ihrer Form und ihrer Art mit geeigneten Methoden der zerstörungsfreien Prüfung (ZfP) beschrieben;
- diese Fehler werden in eine vereinfachte, einer bruchmechanischen Bewertung zugänglichen Form gebracht;
- mit bruchmechanischen Modellen wird aus dieser idealisierten Fehlerform die zu erwartende Festigkeit der Komponenten berechnet, wobei als Werkstoffkenngröße je nach Fehlermodell die Rißzähigkeiten K_{Ic}, die elastischen Konstanten und die Wärmeausdehnungskoeffizienten des Fehlers und des Grundwerkstoffes eingehen;
- die vorausgesagte Festigkeit wird mit der maximal zu erwartenden Belastung verglichen und basierend darauf wird über die Zulässigkeit der Fehler entschieden.

Dies bedeutet, daß nicht jeder festgestellte Fehler zur Verwerfung der Komponenten führen muß.

Diese Fehlerbewertung ist mit folgenden Unsicherheiten verbunden:

- ein Teil der Fehler wird nicht festgestellt;
- manche Fehler werden falsch charakterisiert (nach Lage, Größe, Form und Art);
- die Rißzähigkeit K_{Ic} ist nicht genau bekannt (die Ursache kann in der Ungenauigkeit der Meßverfahren, aber auch in der Werkstoffstreuung liegen);
- die Fehler werden zum Teil durch die bruchmechanischen Modelle nicht genau genug beschrieben;

Die Folge dieser Ungenauigkeiten kann sein:

- Ein gefährlicher Fehler wird übersehen oder als ungefährlich eingestuft. Dies wird als "false accept" bezeichnet.
- Ein ungefährlicher Fehler wird als gefährlich eingestuft. Dies wird als "false reject" bezeichnet.

Diese Tatsachen haben in den USA zu einem Verfahren der Accept/Reject-Entscheidung geführt [1], das bisher für heißgepreßte Werkstoffe angewandt wurde. Die Methode basiert auf der Kombination Ultraschallprüfung und Bruchmechanik.

In der BRD ist ein anderes Konzept der Qualitätskontrolle entwickelt worden, das auf der Kombination von Röntgen- und Ultraschallprüfung beruht [2]. In einem noch nicht abgeschlossenen Vorhaben, über das hier erste Ergebnisse vorgelegt werden, wollen IZSM und IZfP diese alternative Kombination zfP-Bruchmechanik erproben und sowohl auf andere bruchmechanische Fehlermodelle als auch auf andere keramische Werkstoffe ausdehnen.

2. Probensatz

Für die Untersuchungen wurden die Materialien

- reaktionsgesintertes Siliziumnitrid (RBSN)
- gesintertes Siliziumnitrid (SSN)
- gesintertes Siliziumkarbid (SSiC)

ausgewählt. Diese Werkstoffe sind erstens für die Entwicklung von Keramikkomponenten als wichtig und interessant anzusehen und zweitens liegen hierfür keine Erfahrungen bzgl. Fehlercharakterisierung vor, wie beispielsweise für das heißgepreßte Siliziumnitrid in den USA.

Für einen Vergleich der Ergebnisse einer zerstörungsfreien und einer zerstörenden Prüfung und um den Einfluß von verschiedenen Fehlerarten und Fehlerabmessungen herausarbeiten zu können, sind ausreichend fehlerfreie und ausreichend Proben mit definiert eingebrachten Fehlern erforderlich. Zur bruchmechanischen Charakterisierung der verschiedenen Werkstoffe werden jeweils 100 fehlerfreie Proben angestrebt, von jeder Fehlergruppe etwa 50 Proben. Möglichst kugelförmige Fehler der Größe 50, 100, 200 und 500 μm sollten eingebracht werden. Als Fehlerarten wurden Einschlüsse aus Eisen (Fe), Wolframkarbid (WC) und Silizium (Si) sowie Poren vereinbart. Zur Erzeugung von Poren wurden Wachskügelchen verwendet, welche bei der Probenherstellung rückstandsfrei verbrennen und einen entsprechenden Hohlraum hinterlassen sollen. Die RBSN- und SSiC-Materialien wurden von der Firma Annawerk geliefert, die SSN-Proben stellt die DFVLR zur Verfügung. Für die bruchmechanischen Untersuchungen wurde ein Probenquerschnitt von 4,5x3,5 mm^2 angestrebt.

Diskutiert werden im folgenden die Ergebnisse an den RBSN-Biegestäbchen. Die Untersuchungen der anderen Werkstoffe sind noch nicht abgeschlossen.

3. Zerstörungsfreie Prüfung

Die zerstörungsfreie Prüfung der Proben erfolgte mit den Verfahren Ultraschall und Mikrofokus-Röntgen. Sie hatte sowohl den Fehlernachweis (Lage und Größe) als auch eine Gefügebeurteilung (Homogenität) zum Ziel. Auf eine detaillierte Beschreibung der eingesetzten Verfahren soll hier verzichtet werden. Sie sind in [2] ausführlich beschrieben.

3.1 Ultraschall

Zur Überprüfung der Homogenität des Gefüges wurden Ultraschall-Geschwindigkeitsmessungen durchgeführt. Die Untersuchungen erfolgten an einem Hochfrequenzmeßplatz [3] nach der Methode der Impulsüberlappung [4]. Bei einer Meßfrequenz von 24,5 MHz ergab sich für Longitudinalwellen eine mittlere Schallgeschwindigkeit von 8,73 mm/μs. Für Transversalwellen ergab sich bei 14,5 MHz eine mittlere Schallgeschwindigkeit von 5,20 mm/μs. Die Abweichung der einzelnen Meßwerte links und rechts der Probenmitte sowie der Transversalwellengeschwindigkeit bei Polarisation parallel und senkrecht zur Längsachse des Stäbchens ist (abgesehen von einzelnen Ausreißern) gering ($<10^{-3}$). Somit läßt sich aus den Ergebnissen der Schallgeschwindigkeitsmessungen der Schluß ziehen, daß die Proben in erster Näherung in ihrer Gesamtheit in Dichte und E-Modul homogen sind. Die Ausreißer erfordern eine gesonderte Diskussion in Verbindung mit den zugehörigen bruchmechanischen Daten.

Für einen Fehlernachweis erfolgte die Ultraschallprüfung der Proben mit dem akustischen Mikroskop in der Version des "Scanning Laser Acoustic Microscope" [5]. Dieses Gerät ermöglicht ein Arbeiten mit 30 und mit 100 MHz. Für die porösen RBSN-Stäbchen wurde der 30 MHz Arbeitsplatz bevorzugt.

Beim "Scanning Laser Acoustic Microscope" werden die Proben in Durchschallung untersucht. Die vom Schallgeber erzeugten ebenen Wellen durchlaufen die Probe unter dem Winkel Θ und verursachen, den elastischen Eigenschaften des Objektes entsprechend, Modulationen an der Oberfläche. Der die Oberfläche abscannende Laser wird je nach Modulation unter anderem Winkel reflektiert. Das reflektierte und vom Detektor registrierte Signal wird in Form von unterschiedlichen Grautönen auf einem Display dargestellt.

Bild 1 gibt die Anzeigen von 3 ihrer Art nach unterschiedlichen Fehlern wieder. Es handelt sich in der Reihenfolge von oben nach unten um eine Pore, einen Fe-Einschluß und einen WC-Einschluß.

3.2 Mikrofokus-Röntgenprüfung

Die Mikrofokus-Röntgenprüfung [6] ist die zweite Methode, die zur zerstörungsfreien Untersuchung der RBSN-Stäbchen herangezogen wurde. Die geringe Ausdehnung des Brennflecks (15 µm) erlaubt eine Direktvergrößerung bei gleichzeitig scharfer Abbildung und hohem Kontrast. Die eingesetzte Projektionstechnik (kleiner Fokus-Objekt- und großer Objekt-Film-Abstand) ist nur bei kleinen Brennfleckabmessungen mit tolerierbarer geometrischer Unschärfe möglich. In Bild 2 werden Beispiele für die absichtlich eingebrachten Fehler -Pore, Fe-Einschluß, WC-Einschluß- wiedergegeben. Bei den Fe-Einschlüssen zeigt sich nicht das Bild eines scharfkantigen Teilchens. Die verwaschene Kontur deutet auf eine evtl. poröse Reaktionszone hin.

Die Ergebnisse der zerstörungsfreien Prüfung lassen erkennen, daß es in den meisten Fällen bei der Probenherstellung der RBSN-Stäbchen nicht gelungen ist, die Fehler in den für einen 4-Punkt-Biegeversuch wesentlichen Bereich der Zugbelastung zu bringen, wo sie ihre größte Auswirkung zeigen. Dies gilt sowohl für die Längsachse des Stäbchens als auch für die Tiefenlage.

4. Zerstörende Prüfung

Vor der zerstörungsfreien und zerstörenden Prüfung wurden die Biegeproben zur Beseitigung der Bearbeitungseigenspannungen eine Stunde im Vakuum (10^{-5} bar) bei $1250^{o}C$ geglüht.

Alle Proben wurden im Vierpunktbiegeversuch gebrochen. Die Abstände der Belastungsrollen betrugen S_1=40 mm und S_2=20 mm. Die Belastungsgeschwindigkeit wurde so eingestellt, daß der Anstieg der Randfaserspannung 0,5 N/mm^2s betrug.
Neben den Proben mit künstlich eingebrachten Fehlern wurden auch Proben ohne diese Fehler geprüft. Die Ergebnisse von 30 Proben führten zu einem Mittelwert der Biegefestigkeit von

$$\sigma_b = 170{,}9\ N/mm^2$$

Eine Beschreibung der Streuung mit der zweiparametrigen Weibullverteilung ergab die Weibullparameter

$$\sigma_o = 177{,}3\ N/mm^2;\ m = 15{,}9$$

Bei 72 Proben mit künstlichen Fehlern konnte der bruchauslösende Fehler eindeutig bestimmt werden. Davon brachen 61 Proben an natürlichen Fehlern. Für diese Proben wurde ein Mittelwert der Biegefestigkeit von

$$\sigma_b = 217{,}3\ N/mm^2$$

ermittelt. Die Parameter der Weibullstatistik waren

$$\sigma_o = 213{,}4\ N/mm^2;\ m = 10{,}5$$

Dies läßt vermuten, daß die Herstellungsbedingungen für die Proben mit und ohne künstliche Fehler nicht identisch waren. Für diese Vermutung spricht die Tatsache, daß die fehlerfreien Proben in Platten und die Proben mit künstlichen Fehlern einzeln gefertigt wurden.

5. Ermittlung der Rißzähigkeit

Die Rißzähigkeit K_{Ic} wurde mit drei verschiedenen Probentypen im Vierpunktbiegeversuch (S_1=40 mm, S_2=20 mm) ermittelt. Die Probenabmessungen betrugen B=3,5 mm, W=4,46 mm. Nach der Kerb- bzw. Rißherstellung wurden alle Proben im Vakuum (10^{-5} bar) bei 1250°C eine Stunde geglüht.

a) Proben mit Spitzkerbe [7]: Aus 6 geprüften Proben ergab sich ein Mittelwert von

$$\bar{K}_{Ic} = 1{,}08 \text{ MNm}^{-3/2}$$

b) Proben mit geradem Sägeschnitt: (Kerbbreite ∿ 0,1 mm)

1 Probe mit a/W = 0,11: $K_{Ic} = 1{,}04 \text{ MNm}^{-3/2}$

1 Probe mit a/W = 0,50: $K_{Ic} = 1{,}11 \text{ MNm}^{-3/2}$

c) Proben mit Knoop-Riß:
Die Knoop-Risse wurden mit einer Kraft von 98 N erzeugt. Die Bruchflächenauswertung ergab eine mittlere Rißtiefe von a = 0,31 mm und eine mittlere Rißlänge von 2c = 0,61 mm. An 6 Proben wurde eine mittlere Rißzähigkeit von

$$K_{Ic} = 1{,}41 \text{ MNm}^{-3/2}$$

ermittelt. Die Differenz dieses Wertes zu den Ergebnissen mit Chevron-Kerbe bzw. mit Sägeschnitt bleibt zunächst ungeklärt.

6. Bruchflächenauswertung

Nach der zerstörenden Prüfung erfolgte eine Bruchflächenauswertung am Rasterelektronenmikroskop. An den Proben wurde jeweils der bruchauslösende Fehler durch die Angabe folgender Größen charakterisiert:

- Koordinaten x, y, z;
- Größe und Form durch die Halbachsen einer umschriebenen Halbellipse (Oberflächenfehler) bzw. Vollellipse (Innenfehler);
- Art der Fehler, unterteilt in Pore, künstlichen Einschluß (Fe) oder natürlichen Einschluß (kein Bruch ging von einem künstlichen WC-Einschluß aus).

Bedingt durch die etwas ungünstige Lage der künstlichen Fehler (häufig zu weit unterhalb der Oberfläche oder außerhalb des Bereichs konstanten Biegemoments) versagten die meisten Proben an natürlichen Fehlern.

Verschiedene Beispiele für bruchauslösende Fehler zeigen die Bilder 3-6.

Die Identifizierung der Art der Fehler erfolgte zusätzlich bei einigen Proben mit einem Rasterelektronenmikroskop mit Mikrosondenzusatz. Mit der verwendeten Anlage können Elemente mit einer Ordnungszahl größer als 12 nachgewiesen werden.

Bild 7 zeigt einen Vergleich der Größe der zerstörungsfrei ermittelten Fehler mit den auf der Bruchfläche ausgemessenen Fehlern. Dabei wurde jedem Fehler ein mittlerer Duchmesser zugeschrieben. Gleichzeitig enthält Bild 7 ein Histogramm der nichtentdeckten Fehler, von denen der Bruch ausging.

Dieser Abbildung kann folgendes entnommen werden:

- alle bruchauslösenden Fehler mit einem Halbmesser größer als 180 µm wurden entdeckt;
- kein bruchauslösender Fehler mit einem Halbmesser $\leq$ 150 µm wurde entdeckt,
- die meisten Fehler wurden in ihrer Größe unterschätzt.

7. Bruchmechanische Fehlermodelle

Bei einer Fehlerbewertung mit den Methoden der Bruchmechanik wird von einem Fehler mit scharfer Spitze, d.h. einem Riß, ausgegangen. Verschiedene Rißkonfigurationen kommen für die Beschreibung der natürlichen und künstlichen Fehler in Frage.

7.1 Porenmodelle

7.1.1 Oberflächenfehler

Für Oberflächenfehler werden zwei Modelle verwendet. Beim ersten Modell (Bild 8a) wird der Fehler als zweidimensionaler Riß mit den Halbachsen a und c beschrieben. Für den Spannungsintensitätsfaktor liegt eine Beziehung von Newman und Raju [8] vor.

Bei einer anderen Modellvorstellung (Bild 8b) wird der Fehler durch eine Halbkugel mit einem Saumriß der Länge L beschrieben. Nach Evans sollte L in der Größenordnung der Korngröße liegen. Für dieses Fehlermodell liegt eine Korrekturfunktion für die Zugbelastung von Baratta [9,10] vor:

$$(1)\quad K_I = \sigma_\Theta(L/R)\cdot\sqrt{\pi L}\cdot\{1{,}12-0{,}140\,\left|\tan^{-1}\left(\frac{L}{R}\right)\right|^{2778}\}$$

$\sigma_\Theta(L/R)$ ist die Spannungsverteilung, die durch die Halbkugel ohne Riß verursacht wird. Sie ist gegeben durch [11,12]

$$(2)\quad \sigma_\Theta(L/R) = \sigma\,\left|1-\frac{0{,}231}{L/R+0{,}484}+\frac{0{,}40}{(L/R+0{,}484)^2}\right|$$

7.1 Innenliegende Fehler

Zur Beschreibung innenliegender Fehler wurden ebenfalls zwei Fehlermodelle verwendet. Beim ersten Modell (Bild 9a) wird der Fehler durch einen vollelliptischen Innenriß beschrieben.

Für Biegebelastung werden Spannungsintensitätsfaktoren im ASME-Boiler and Pressure Vessel Code [13] angegeben:

(3) $K_I = \sigma_b \cdot M_B \cdot \frac{\sqrt{\pi \cdot a}}{\phi}$

(4) $\phi = |1 + 1{,}464(a/c)^{1{,}65}|^{1/2}$

σ_b ist die Randfaserspannung.

Der in Form einer Kurvenschar angegebene Zusammenhang zwischen M, a/H und a/c wurde durch folgende Funktionen angepaßt:

(5) $M_B = 0{,}5786 \cdot (\frac{2a}{H})^{1{,}131} + 1{,}0456(1-\frac{2y}{H})+$

$+ 1{,}606\ (1-\frac{2y}{H})^{2496} \cdot (\frac{2a}{H})^{2{,}2255}$

gültig für: $0{,}1 \leq 2a/H \leq 0{,}7$, $I{,}3 \leq \frac{2y}{H} \leq 1{,}0$

Bei der zweiten Modellvorstellung (Bild 9b) erfolgt die Beschreibung durch eine Kugel mit einem Saumriß der Länge L. Nach Baratta [9] ist K_I für Biegebelastung gegeben durch:

(6) $K_I = \sigma_\Theta(L/R) \cdot \sqrt{\pi L} \cdot \{1{,}12-0{,}101 \cdot |\tan^{-1}(\frac{L}{R})\}$

mit

(7) $\sigma_\Theta(L/R) = \sigma\{\frac{1}{2(7-5\nu)}\ |(4-5\nu)(\frac{1}{L/R+1})^3 + 9(\frac{1}{L/R+1})^5| + 1\}$

σ ist die Spannung am Fehler.

7.2 Einschlußmodelle

In einem Einschluß und seiner unmittelbaren Umgebung können aufgrund unterschiedlicher Wärmeausdehnungskoeffizienten bereits ohne äußere Belastung Spannungen vorhanden sein. Sie entstehen bei der Fertigung während der Abkühlung. Bei einer Belastung treten zusätzlich Spannungen auf, wenn die elastischen Konstanten in Matrix und Einschluß unterschiedlich sind. Je nach Größe der Thermospannungen, der elastischen Konstanten und der Wärmeausdehnungskoeffizienten können sich Risse im Einschluß in der

Matrix und in der Grenzfläche ausbreiten (Bild 10). Steht nach dem Abkühlen der Einschluß unter Druckspannung ($\alpha_E < \alpha_M$), dann können sich Risse in der Matrix ausgehend von der Grenzfläche bilden. Steht der Einschluß unter Zugspannung, können sich Risse im Einschluß oder Grenzflächenrisse ausbreiten. Eine quantitative Betrachtung setzt sowohl die Kenntnis der Form der Einschlüsse als auch des relevanten Spannungsintensitätsfaktors voraus.
Für die letzteren liegen gute Ansätze vor, die z. Zt. erweitert werden [14].

8. Bruchmechanische Ausertung, Vergleich mit experimentellen Ergebnissen

8.1 Vergleich experimenteller Versagensspannung mit der Vorhersage

In den Bildern 11 und 12 ist die Vorhersage der Bruchspannung, basierend auf den fraktografisch ermittelten Fehlerdaten, gegen die im Experiment ermittelte Bruchspannung für die beiden Modelle halbelliptischer Oberflächenriß und Halbkugel mit Saumriß aufgetragen. Für innenliegende Fehler ist die Vorhersage der Bruchspannungen in Bild 13 und 14 dargestellt.

Die Darstellung der Ergebnisse erfolgt getrennt nach der Art der künstlichen Fehler. Aus den Abbildungen geht deutlich hervor, daß viele Proben nicht von den künstlich eingebrachten Fehlern ausgehend versagten. Alle Proben mit WC-Einschlüssen versagten an natürlichen Fehlern. Auf diese Ergebnisse wird an anderer Stelle eingegangen [15].

Bei der Verwendung des Halbkugelfehlermodells bzw. Kugelmodells mit Saumriß wurde die fraktografisch bestimmte zweidimensionale Fehlergeometrie durch einen halbkugelförmigen Fehler idealisiert. Der Fehlerradius bestimmt sich hierbei aus dem geometrischen Mittel der beiden Halbachsen des ausgemessenen Fehlers.

Da die Proben unter Biegebelastung gebrochen wurden, die Korrekturfunktionen für die Modelle von Baratta jedoch nur für Zugbelastung bekannt sind, wurde über die Lage des Fehlers bezüglich der Zugoberfläche die während des Bruchs am Fehler wirkende Spannung verwendet:

$$(8) \quad \sigma(y) = \sigma_{max} \, |1-2(y+a)H|$$

Da die Fehler klein gegenüber den Probeabmessungen sind, ist der hierdurch gemachte Fehler vernachlässigbar.
Wird für die Saumrißlänge L die Korngröße von 0,2 bis 0,5 µm eingesetzt, so ergeben sich wesentlich zu große Bruchspannungen. Es wurde daher L so angepaßt, daß die berechneten Bruchspannungen im Mittel mit den experimentell ermittelten übereinstimmen. Dabei ergab sich ein Wert von L = 5 µm.

8.2 Diskussion der Ergebnisse

Die Bilder 11 und 14 zeigen, daß es möglich erscheint, mit den hier verwendeten bruchmechanischen Fehlermodellen das Versagensverhalten von Biegeproben aus RBSN mit Poren bzw. porösen Einschlüssen bei Raumtemperatur zu berechnen.

Die Fehlergröße und -form wie auch die Rißzähigkeit des Werkstoffes in unmittelbarer Nähe des später zum Versagen führenden Fehlers sind nicht exakt bekannt. Deshalb kann die Vorhersage der Versagensspannung nur mit einer begrenzten Genauigkeit erfolgen.

Mit statistischen Methoden, z.B. der Accept/Reject-Methode von Evans, wie sie in der Einleitung erwähnt wurde, kann die Wahrscheinlichkeit eines Versagens möglicherweise quantifiziert werden. Diese statistische Auswertung wird nach Vorliegen weiterer Ergebnisse erfolgen.

Die bruchmechanische Beschreibung von Einschlüssen, die in die Matrix eingebunden sind, ist durch die Hohlraummodelle nicht zufriedenstellend. Die mit diesen Modellen vorhergesagte Versagensspannung liegt in den überwiegenden Fällen unterhalb der gemessenen, d.h., diese Modelle könnten bei den Fehlern, die in diesem Material (RBSN, Annawerk) zum Versagen führten, evtl. zur konservativen Festigkeitsvorhersage verwendet werden.
Eine ausführliche Diskussion der Wirkung von Einschlüssen erfolgt zu einem späteren Zeitpunkt. Es sei hier nur angedeutet, daß die

geringe Wirkung von WC-Einschlüssen -kein Bruch ging von einem solchen Einschluß aus- wahrscheinlich auf den geringen Unterschied im Wärmeausdehnungskoeffizienten zwischen WC-Einschluß und Si_3N_4-Matrix zurückzuführen ist. Dadurch entstehen relativ geringe Thermospannungen, die bei den Eisen-Einschlüssen offensichtlich zur Rißausbreitung beitragen.

Ein Vergleich der ebenen Fehlermodelle mit den räumlichen Modellen von Baratta zeigt, daß die Fehlergröße R beim Kugelmodell wesentlich schwächer in die Berechnung der Versagensspannung eingeht, als bei den ebenen Fehlermodellen. Wesentlich wichtiger für die Kugelmodelle ist die Saumrißlänge L bzw. das Verhältnis L/R. Über die Bestimmung dieser Saumrißlänge L besteht noch keine Klarheit. Es zeigte sich jedoch, daß die Festigkeit des Werkstoffs wesentlich überschätzt wird, wenn für L die Korngröße eingesetzt wird.

9. Schlußfolgerungen

Dieser Bericht enthält erste Ergebnisse eines umfangreichen Vorhabens. Diese lassen selbstverständlich noch keine abschließende Beurteilung der zerstörungsfreien Werkstoffprüfung für die Fehlerbewertung von keramischen Bauteilen zu. Die Ergebnisse zeigen aber, daß im Prinzip relativ kleine Fehler in keramischen Werkstoffen mit den Methoden der zerstörungsfreien Werkstoffprüfung nach Größe, Lage und Art erkannt werden können und daß eine bruchmechanische Bewertung möglich ist. Es sind aber noch eine Reihe von Problemen zu lösen, sowohl im Bereich der ZfP als auch der bruchmechanischen Bewertung. Bei zunehmender Steigerung der Festigkeit der keramischen Werkstoffe, die neben der Erhöhung des Bruchwiderstandes -charakterisiert durch K_{Ic}- durch eine Verringerung der Größe der bruchauslösenden Fehler hervorgerufen werden muß, werden an die ZfP erhöhte Anforderungen gestellt.
Im Bereich der bruchmechanischen Bewertung müssen die Modelle weiterentwickelt werden. Insbesondere ist es notwendig, die Wirkung von Einschlüssen genau zu erfassen. Dabei ist es vor allem notwendig, die Form der Einschlüsse besser zu beschreiben und die Wirkung von Reaktionszonen, wie sie bei den vorliegenden

Untersuchungen bei den Eisen-Einschlüssen beobachtet wurden, zu berücksichtigen.

10. Schrifttum

[1] Evans, A. G. — Nondestructive Failure Prediction in Ceramics; In: Progress in Nitrogen Ceramics, Ed.: F. L. Riley, S. 595-625, Martinus Jijhoff Publ., Boston 1983.

[2] Goebbels, K. Reiter, H. — Zerstörungsfreie Prüfverfahren für Komponenten der Keramik-Gasturbine-Entwicklungsstand, Möglichkeiten, Grenzen; In: Keramische Komponenten für Fahrzeug Gasturbinen II, Hrsg.: W. Bunk, M. Böhmer, S. 163-193, Springer-Verlag 1981.

[3] Reiter, H., Arnold, W., Goebbels, K. — ZfP von Hochtemperatur-Keramik-Bauteilen für Kfz-Turbinen, IzfP-Bericht, Nr. 820502-TW, Saarbürcken, 1982.

[4] Papadakis, E.P. — Ultrasonic Phase Velocity by the Pulse-Echo-Overlap Method Incorporation Diffraction Phase Corrections, J. Acoust. Soc. Amer. 42, 1967, 1045.

[5] Kessler, L.C. Yuhas, D. E. — Acoustic Microscopy - 1979, Proc., IEEE,67, 526.

[6] Sharpe, R.S. Parish, R.W. — Engineering Applications of Microfocal Radiography; In: Microfocal Radiography, Ed.: R.V. Ely, 43, Academic Press, 1980, London.

[7] Munz, D., Bubsey, R.T. Shannon, J.C.,Jr. — Fracture Toughness Determination of Al_2O_3 Using Four-Point-Bend Specimens with Straight-Through and Cevron Notches; In: Journal of the American Ceramic Soc. Vol. 63, No. 5-6, S. 300-305.

[8] Newman, J.C.,Jr. Raju, I. S. Analyses of Surface Cracks in Finite Plates Under Tension or Bending Loads; In: NASA Technical Paper 1578, Dec. 1979.

[9] Baratta, F.I. Stress Intensity Factor Estimates for a Peripherally Cracked Spherical Void and a Hemispherical Surface Pit; In: Journal of the American Ceramic Society, 1978, Vol. 61, No. 11-12, S. 490-493.

[10] Baratta, F.I. Refinement of Stress Intensity Factor Estimates for a Pripherally Cracked Spherical Void and a Hemispherical Surface Pit; In: Communications of the American Ceramic Society, 1981, Vol. 64, No. 1, S. C3-C4.

[11] Eubanks, R.A. Stress Concentration Due to a Hemispherical Pit at a Free Surface; In: Journal of Applied Mechanics, March 1954, S. 57-62.

[12] Heinrich, J., Munz, D. Reply to: Comment on "Strength of Reaction-Bonded Silicon Nitride with Artificial Pores"; In: Communications of the American Ceramic Society, Febr. 1982, S. C-34.

[13] ASME Boiler and Pressure Vessel Code, The American Society of Mechanical Engineers, New York 10017, July 1, 1980.

[14] Green, J. D. Microcracking Mechanics in Ceramics; In: Fracture Mechanics of Ceramics, Vol.5, Ed.: R.C. Bradt, A.G. Evans, DP.H.Hassel-mann and F.F. Lange, Plenum Press, New York-London.

[15] Rosenfelder, O. Munz, D. Bruchmechanische Bewertung von Fehlstellen in keramischen Werkstoffen; In: Forschungsbericht 2/84 des Instituts für Zuverlässigkeit und Schadenskunde der Universität Karlsruhe, 1984.

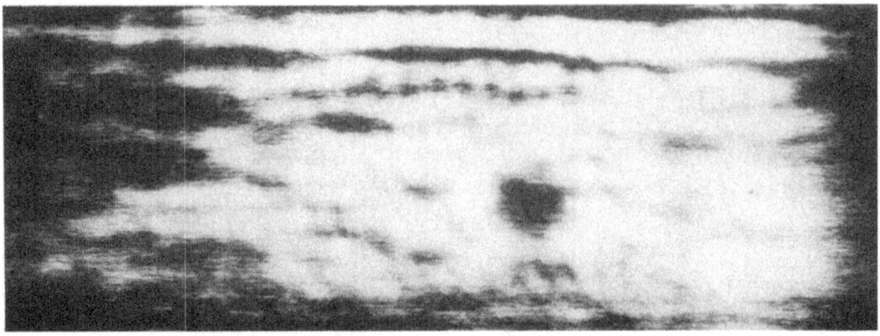

Pore

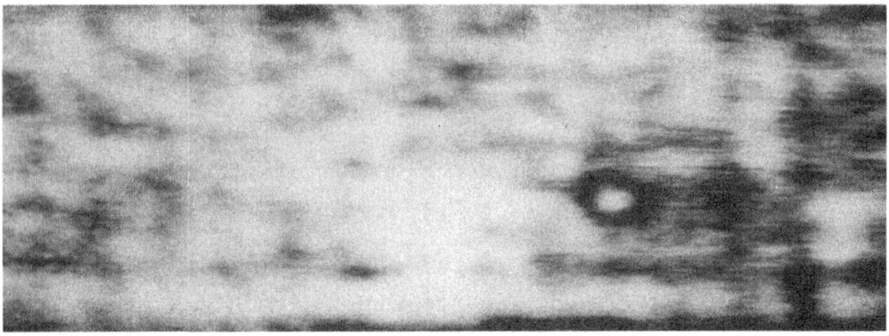

FE-Einschluß

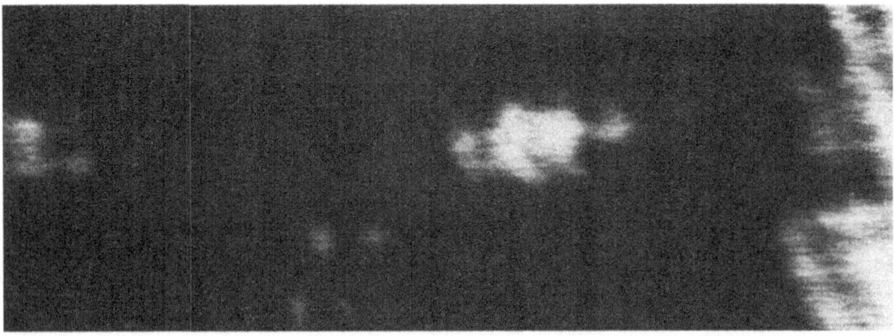

WC-Einschluß

Bild 1: Nachweis von Fehlern in RBSN-Biegeproben mit dem SLAM (30 MHz)

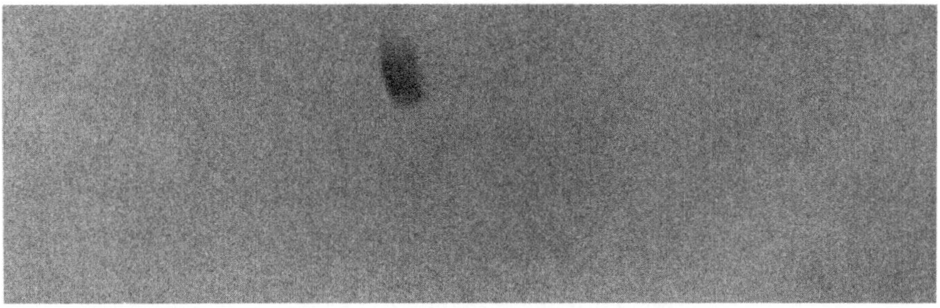

Pore

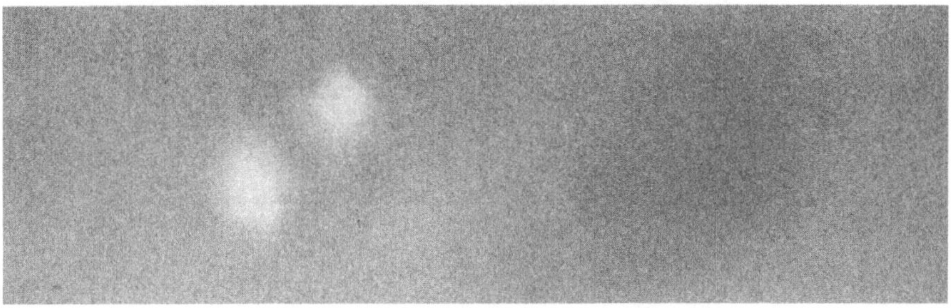

FE-Einschlüsse

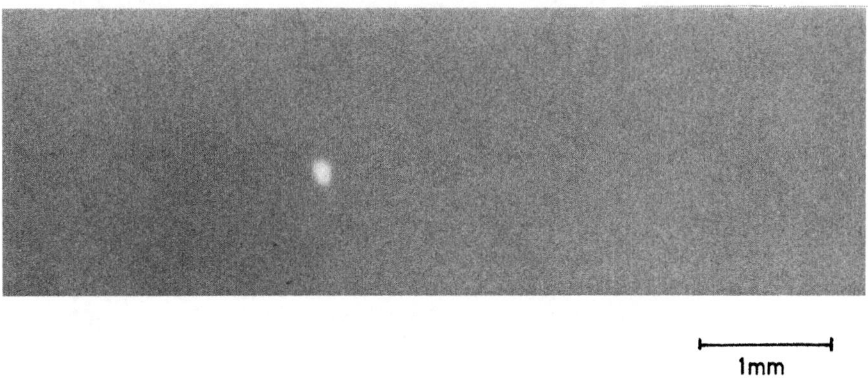

WC-Einschluß

Bild 2: Nachweis von Fehlern in RBSN-Biegeproben mit der Mikrofokus-Röntgenanlage

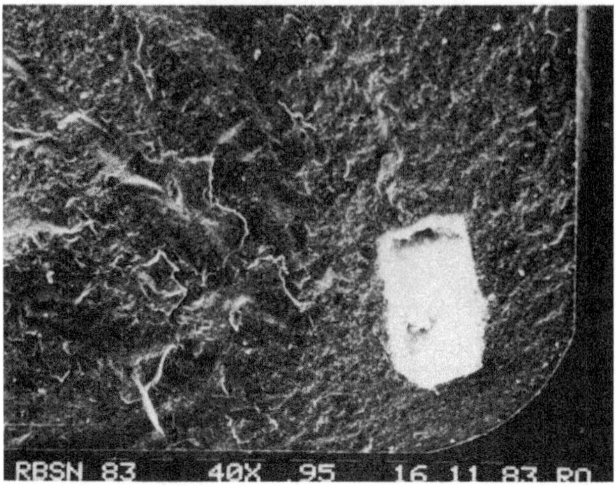

Bild 3: REM-Bruchflächenaufnahme mit einer künstlich eingebrachten Pore

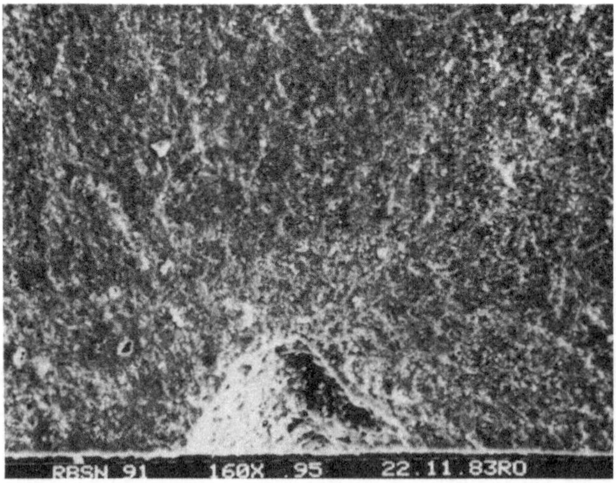

Bild 4: REM-Bruchflächenaufnahme mit einer natürlichen Oberflächenpore

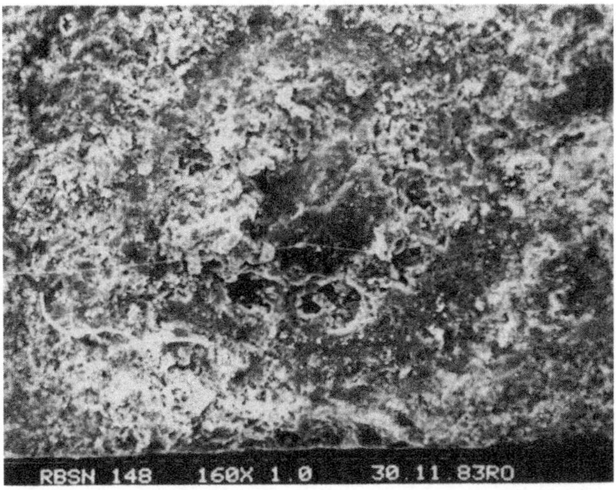

Bild 5: REM-Bruchflächenaufnahme mit einem künstlichen Eisen-Einschluß

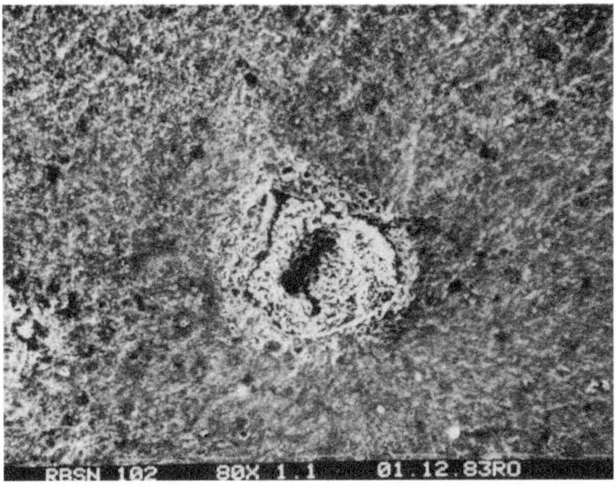

Bild 6: REM-Bruchflächenaufnahme mit einem natürlichen SiC-Einschluß

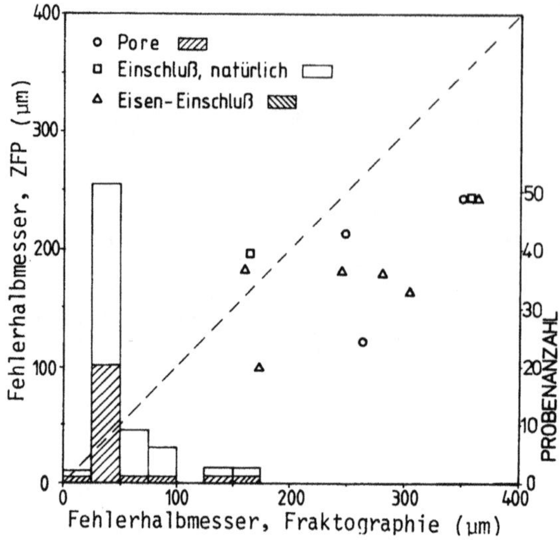

Bild 7: Fehlergrößenvergleich Mikrofokus-Röntgenprüfung (ZfP) -Bruchflächenauswertung, Fraktographie

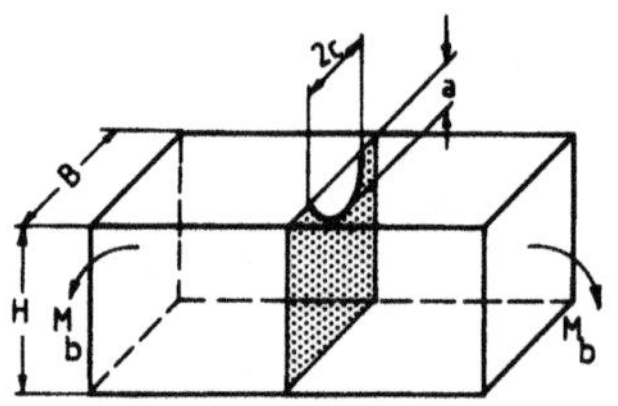

a) halbelliptischer Oberflächenfehler unter Biegebelastung

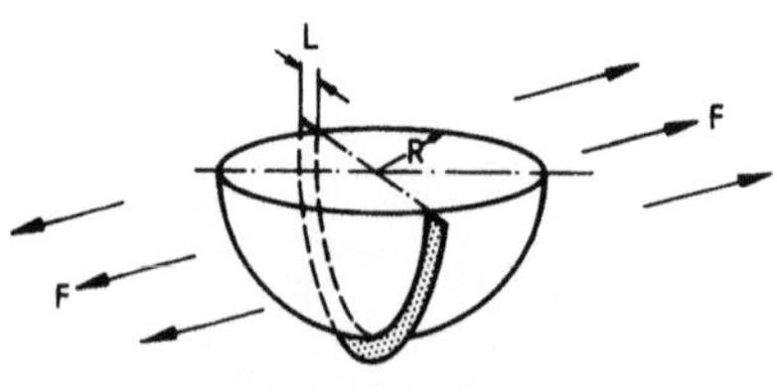

b) halbkugelförmiger Oberflächenfehler mit Saumriß unter Zugbelastung

Bild 8: Bruchmechanische Modelle für Oberflächenfehler

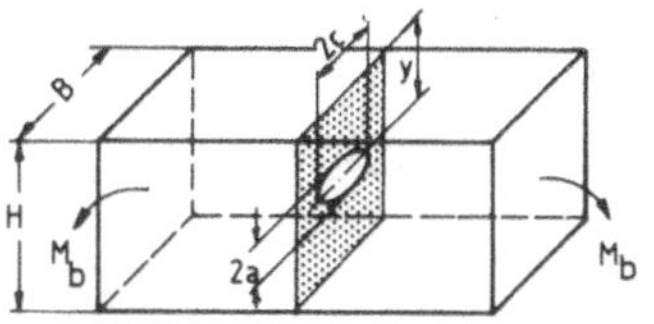

a) Elliptischer Innenriß unter Biegebelastung

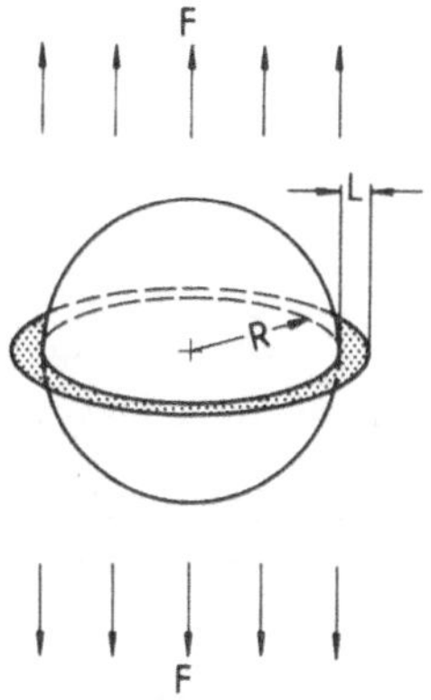

b) kugelförmiger Innenfehler mit äquatorialem Saumriß unter Zugbelastung

Bild 9: Bruchmechanische Modelle für Innenfehler

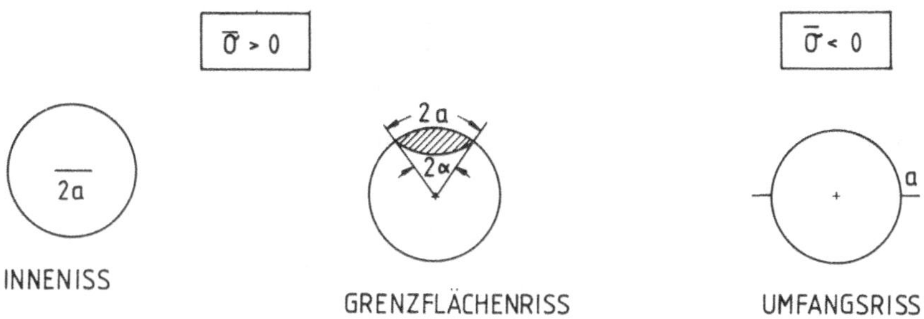

Bild 10: Rißarten bei Einschlüssen

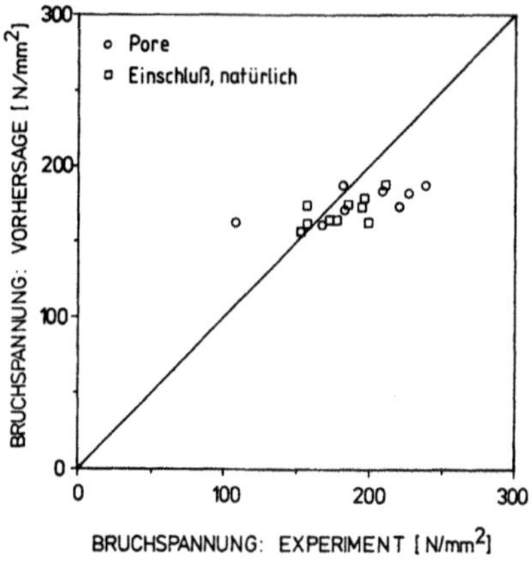

Halbkugelmodell, Baratta

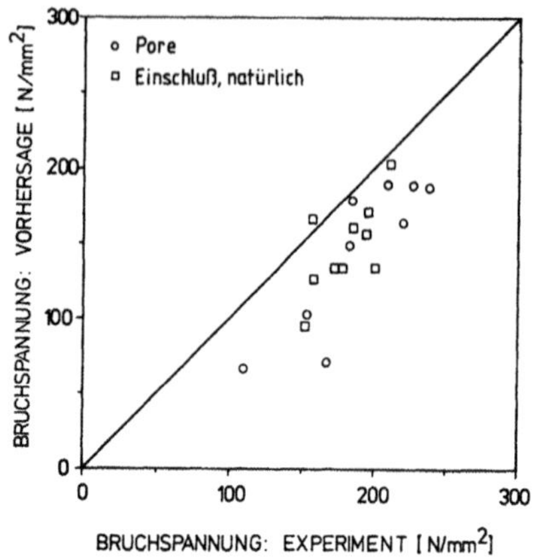

Halbelliptischer Oberflächenfehler, Newman/Raju

<u>Bild 11:</u> Vergleich der Bruchspannungen aus Experiment und Rechnung für die Probenserie mit künstlichen Poren; Oberflächenfehler

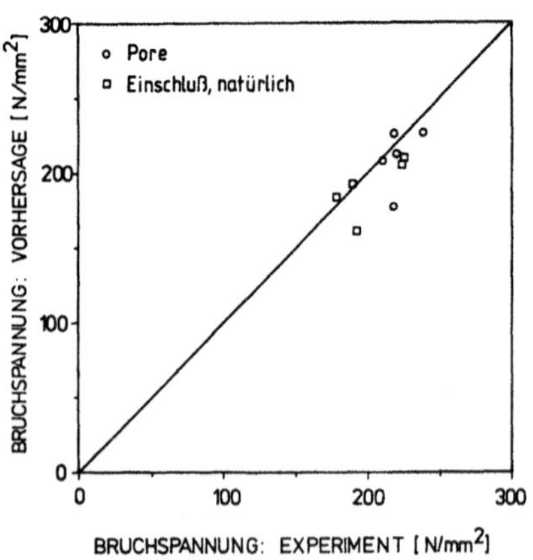

Kugelmodell, Baratta

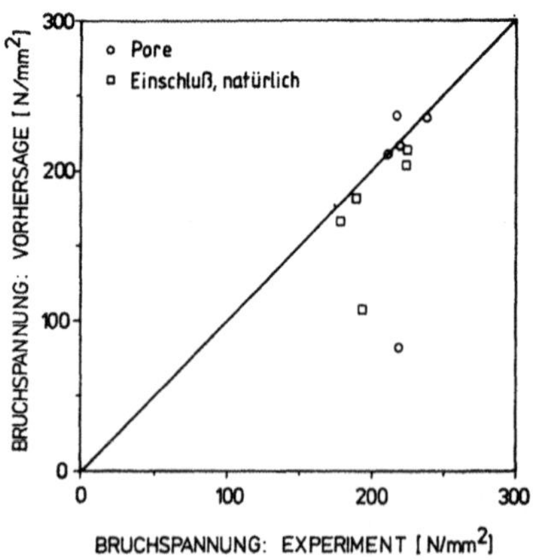

Elliptischer Innenfehler, ASME-Code 3304

<u>Bild 12:</u> Vergleich der Bruchspannungen aus Experiment und Rechnung für die Probenserie mit künstlichen Poren, Innenfehler

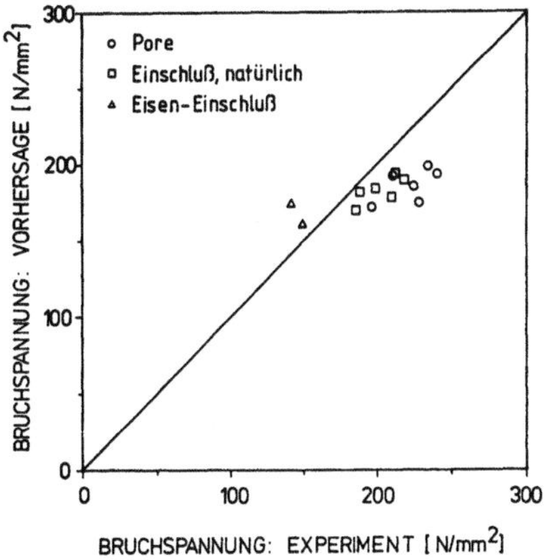

Halbkugelmodell, Baratta

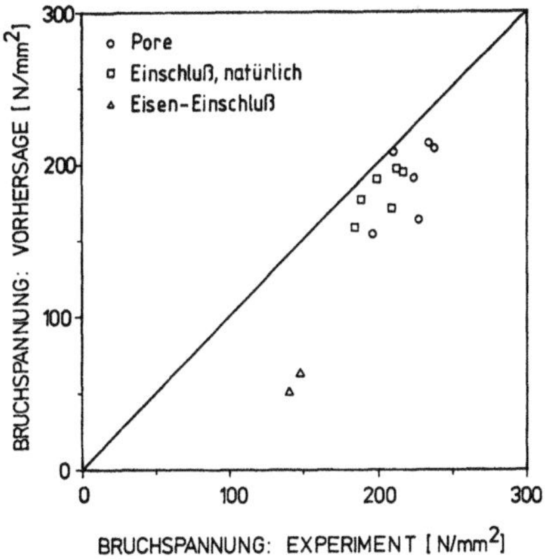

Halbelliptischer Oberflächen-fehler, Newman/Raju

Bild 13: Vergleich der Bruchspannungen aus Experiment und Rechnung für die Probenserie mit künstlichen Fe-Einschlüssen, Oberflächenfehler

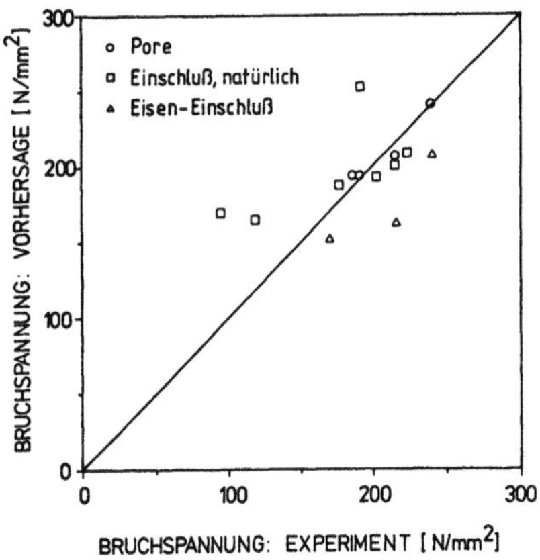

Kugelmodell, Baratta

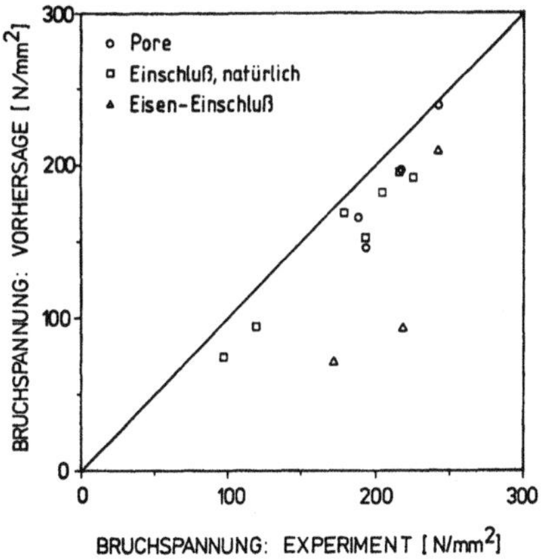

Elliptischer Innenfehler, ASME-Code 3300-4

Bild 14: Vergleich der Bruchspannungen aus Experiment und Rechnung für die Probenserie mit künstlichen Fe-Einschlüssen, Innenfehler

EIN KONZEPT ZUR QUALITÄTSSICHERUNG VON BAUTEILEN DER KERAMIK-GASTURBINE DURCH ZERSTÖRUNGSFREIE PRÜFVERFAHREN

K. Goebbels, H. Reiter, W. Arnold, S. Hirsekorn

Fraunhofer-Institut für zerstörungsfreie Prüfverfahren (IzfP)
D-6600 Saarbrücken

1. Einleitung

Mit dem Ziel, eine Fahrzeuggasturbine aus keramischen Werkstoffen (bevorzugt Si_3N_4 und SiC) zu entwickeln, sind Anfang der siebziger Jahre in den USA (1971) und in der BRD (1974) F+E-Programme gestartet worden. Gefördert durch das BMFT lagen hier die Akzente zunächst auf den Gebieten Werkstoff-Entwicklung, Komponenten- und Systemauslegung. Die Notwendigkeit einer Qualitätssicherung für Werkstoffe und Bauteile erkennend, wurden im Zeitraum 1977 bis 1983 im Fraunhofer-Institut für zerstörungsfreie Prüfverfahren (IzfP), Saarbrücken, F+E-Arbeiten zur zerstörungsfreien Prüfung (zfP) der Hochtemperatur-Hochfestigkeits-Keramik durchgeführt [1-6].

Ausgangspunkt für die Forderung nach einer entsprechenden Qualitätssicherung ist, daß den positiven Eigenschaften wie niedrige Dichte, hohe Festigkeit und Temperatur- bzw. Oxidationsbeständigkeit als negatives Faktum die Sprödigkeit der Keramik gegenübersteht. Dieser Mangel an Duktilität - etwa im Vergleich zu den Metallen - macht einen Abbau von Spannungsspitzen an Fehlstellen durch plastische Verformung unmöglich. Daraus folgt, wie bruchmechanische Betrachtungen gezeigt haben, daß schon Fehlstellen mit Lineardimensionen von 10 bis 100 µm Versagensverursacher sind [7]. Hierbei spielen auch Fehlerart und -lage eine entscheidende Rolle, s. Bild 1. Die in Bild 1 wiedergegebenen Ergebnisse gelten als die bisher einzige theoretisch und experimentell belegte Quantifizierung [7]. Über die in der Praxis das

Versagen herbeiführende Fehlergröße, z.B. Rißtiefe oder Einschluß-Durchmesser, werden auch heute noch Diskussionen geführt. Zum Zeitpunkt 1977 waren zfP-Verfahren für die o.a. Fehlerabmessungen nicht verfügbar. Die Notwendigkeit, sie bereitzustellen, wird besonders aus einem Vergleich mit den Gegebenheiten bei der Qualitätssicherung von Primärkreis-Komponenten für Kernkraftwerke deutlich:
Bei einer Korngröße der verwendeten Stähle von ca. 10 µm besteht ein Abstand von ca. 2 Zehnerpotenzen zu den kleinsten nachzuweisenden Fehlstellen (ca. 3 mm). Weitere ca. 2 Zehnerpotenzen darüber (ca. 100 mm) liegen die den Bruch verursachenden Fehler; dies ist experimentell gesichert. Für die hier betrachteten keramischen Werkstoffe dagegen liegt jeweils höchstens eine Zehnerpotenz zwischen Korngröße (ca. 1 µm), möglicher Fehlernachweisgrenze (ca. 10 µm) und den Fehlstellen, die das Versagen herbeiführen (ca. 100 µm). Diese im Vergleich zur Kerntechnik geringen Sicherheitsabstände stellen hohe Anforderungen an den Nachweis und die Interpretation von Fehlstellen in keramischen Bauteilen.

Unter Berücksichtigung dieser Randbedingungen standen folgende Ziele im Vordergrund der F+E-Arbeiten:

- Aufbau eines bauteil- und belastungsbezogenen Fehler- und Gefügeatlas'.

- Studien zum Potential und zu den Grenzen diverser zfP- Verfahren wie Ultraschall (US-Mikroskopie, Nieder- und Hochfrequenz-US, Laserpuls-US-Anregung, HF-US-Prüfköpfe, US-Oberflächenwellen), Röntgen (Mikroradiographie, Tomographie, Kontrastanhebung durch Penetriermittel, filmlose Röntgenprüfung), Schwingungsanalyse, Fehlerabbildung durch Mikrowellen, optisch-holographische Interferometrie, Schallemission.

- Entwicklung der Hochfrequenz-Ultraschall-Prüfung im Frequenzbereich 50 - 200 MHz für die hochauflösende Prüfung, d.h. Nachweis und Charakterisierung von Fehlstellen.

- Einsatz der hochauflösenden Röntgenprüfung und Entwicklung der filmlosen Durchstrahlungsprüfung mit einer Auflösung im 50 µm - Bereich.

- Anwendungstechnische Versuche an einzelnen Bauteilen und an Bauteil-Serien, insbesondere auch Hilfestellung für die Hersteller der Bauteile und Gasturbinen.

- Entwicklung eines praxisgerechten Konzeptes der Qualitätssicherung auf der Basis zerstörungsfreier Prüfverfahren für Bauteile und Komponenten der Keramik-Gasturbine.

Der vorliegende Beitrag ist der Darstellung dieses Konzeptes gewidmet.

2. Konzept für die Qualitätssicherung durch zerstörungsfreie Prüfung

2.1 Oberflächenprüfung

Die höchsten Beanspruchungen treten sowohl mechanisch (Zug-, Druckkräfte) als auch thermisch (Thermoschock, Temperaturgradienten) an Oberflächen auf. Ein Oberflächenfehler ist daher auch aus bruchmechanischer Sicht der weitaus gefährlichste (Bild 1).

2.1.1 Ultraschallprüfung

Die Ultraschall(US)-Oberflächenprüfung ist grundsätzlich unter zwei Gesichtspunkten zu diskutieren:

- Prüfung der Oberfläche, an die der US-Wandler angekoppelt ist, mit Oberflächenwellen (Rayleighwellen) und

- Prüfung der Oberfläche, die der Ankoppelfläche gegenüberliegt, mit Transversalwellen (i.a. 45°).

Hierbei werden stets oberflächenöffnende Risse vorausgesetzt, da das Problem der Risse unter Druck bzw. Risse mit z.B. Korrosionsprodukten im Riß grundsätzlich ungelöst ist.

Oberflächenwellen

Oberflächenwellen haben als geführte Wellen den Vorteil, daß ihre Wechselwirkungstiefe (ca. eine Wellenlänge λ_R) über die US-Frequenz f und die Rayleighwellengeschwindigkeit $v_R \approx 0.9\ v_T$ (Transversalwellen) wählbar ist:

$$\lambda_R = v_R/f$$

z.B. HPSN: $v_R \approx 5.5\ \frac{mm}{\mu s}$, RBSN: $v_R \approx 3.6\ \frac{mm}{\mu s}$.

Darüber hinaus zeigen Oberflächenwellen gegenüber freien Wellen (Longitudinal-, Transversal-) eine empfindlichere Reaktion auf Störungen, d.h. Fehlstellen wie z.B. Risse. Ein klaffender Riß in einer Oberfläche (Rißtiefe d) ist etwa ab einem d/λ_R-Verhältnis von ca. 0,05 sicher nachweisbar [8]. Für eine Rißtiefe von 10 µm in HPSiC bedeutet dies eine Wellenlänge $\lambda_R \approx 0{,}2$ mm bzw. eine Frequenz f ≈ 35 MHz, für RBSiC eine Frequenz f ≈ 28 MHz. An RBSN-Schaufeln mit natürlichen Oberflächenfehlern wurde dies mit Erfolg erprobt [1].

Freie Wellen

Die optimale Reflexion von Fehlstellen für freie Wellen (L,T) wird i.a. bei $d/\lambda \approx 1$ erreicht, d.h. mit Frequenzen, die um den Faktor ca. 20 höher liegen als diejenigen der o.a. Rayleighwellen. Auch hier gilt der Zusammenhang:

$$\lambda_{L,T} = v_{L,T}/f\ .$$

z.B: v_L(HPSN, HPSiC) ≈ 11-12 $\frac{mm}{\mu s}$; v_T(RBSN, RBSiC) ≈ 4-6 $\frac{mm}{\mu s}$

Dennoch ist ein Nachweis von Rissen an der dem Prüfkopf gegenüberliegenden Oberfläche mit schräg einfallenden T-Wellen möglich. Dies liegt für $d > \lambda$ am sogenannten "Winkelspiegeleffekt" für unter ca. 45° einfallende T-Wellen, bei Rißtiefen $d < \lambda$ an der Streuung von Ultraschall an der Rißspitze, was zu Signalen mit ausreichendem Störabstand führt. So konnte der Nachweis von Rißtiefen bis herab zu ca. 10 µm in RBSN mit T-Wellen (λ = 300µm, 45°) erbracht werden [1]. Sofern die Bauteilgeometrie dies ermöglicht, ist daher auch der Einsatz von 45°-T-Wellen mit Frequenzen um 20 MHz empfehlenswert.

2.1.2 Röntgenprüfung

Die Durchstrahlungsprüfung mit Röntgenstrahlen erfaßt natürlich auch die Oberflächenfehler - mit dem Vorteil gegenüber der Farbeindring-Prüfung, auch den Rißverlauf ins Innere hinein verfolgen zu können. Die Details zur Röntgenprüfung werden unter 2.2.2 behandelt. An dieser Stelle soll nur hervorgehoben werden, daß Kontrastmittel wie z.B. $AgNO_3$, die in den Riß eindringen, den Rißverlauf im Innern wesentlich deutlicher sichtbar machen [1]. Sie sind daher bei der Oberflächenrißprüfung unbedingt von Vorteil.

2.2 Gefüge- und Innenfehlerprüfung

2.2.1 Gefüge- und Spannungsanalyse mit Ultraschall

Generell ist die US-Geschwindigkeitsmessung ein Mittel zur Gefüge- und Spannungscharakterisierung. Die Schallgeschwindigkeit v von L-, T-Wellen als Funktion von Dichte ρ und elastischen Konstanten E, G, ν gibt Auskunft über die Homogenität des Gefüges von "Halbzeug" wie z.B. HPSN-Scheiben als Ausgangsmaterial von Laufrad-Naben. Geschwindigkeitsschwankungen von einigen Prozenten weisen auf ausgeprägte Inhomogenitäten, z.B. mangelnde Verdichtung, hin.

Last- und Eigenspannungen beeinflussen v in sehr viel geringerem Maße als Gefügeschwankungen. Für die Spannungsmessung ist daher eine hohe Auflösung notwendig, es müssen relative Änderungen der

Schallgeschwindigkeit von ca. 10^{-3} bestimmt werden. Dies kann mit Hilfe der akustischen Doppelbrechung von Transversalwellen in direkter Analogie zur optischen Doppelbrechung geschehen [9]. Qualitativ läßt sich das Spannungsniveau aus relativen Laufzeitdifferenzen polarisierter Transversalwellen ermitteln. Quantitativ sind zur Spannungsermittlung die elastischen Konstanten höherer Ordnung notwendig, die bisher für Si_3N_4 bzw. SiC noch nicht vorliegen.

2.2.2 Gefüge- und Innenfehlerprüfung mit Röntgenstrahlen

Hochauflösende filmlose Röntgenprüfung

Für die z.T. äußerst komplex geformten Gasturbinenbauteile erschien von Anfang an eine hochauflösende Röntgenprüfung als das Mittel der Wahl. Mit Mikrofokus-Röhren (Brennfleck-Ø < 100 µm), Projektionstechnik (Direktvergrößerung ≙ 20fach), Aufnahme des Bildes mit Hilfe eines Röntgenbildverstärkers, TV-Kamera mit angeschlossener digitaler Bildverarbeitung (Aufsummation von bis zu 256 Einzelbildern in ca. 10 sec, Nullbildkorrektur und Kontrastanhebung off-line) lassen sich Fehlstellen mit Lineardimensionen in der Größenordnung des Brennflecks einfach abbilden. Zu Beginn der Arbeiten lag die höchste Auflösung bei ca. 20 µm (15 µm Fokusdurchmesser), heute sind von mehreren Herstellern Anlagen mit einem Fokusdurchmesser bis herab zu ca. 1 µm auf dem Markt. Die Vorteile des Verfahrens sind in Berichten und Publikationen [1-6] immer wieder herausgestellt worden. Bild 2 zeigt filmlos aufgenommene Mikroradiogramme (Fokusdurchmesser der Anlage 15 µm) von RBSN-Stäbchen mit Poren von etwa 500 µm Durchmesser, WC-Einschlüssen mit Linearabmessungen zwischen 100 und 200 µm und Fe-Fehlern, deren Durchmesser zwischen 500 und 800 µm liegen. Auf den hier gezeigten gemittelten, nullbildkorrigierten und kontrastverstärkten Aufnahmen sind alle Fehler deutlich zu erkennen. Die zum Vergleich hergestellten Filmaufnahmen dieser Proben lieferten keine zusätzlichen Informationen. Im Gegensatz hierzu waren auf den unverarbeiteten filmlos aufgenommenen Mikroradiogrammen die Einschlüsse und

Poren kaum zu erahnen. (In Bild 2 werden Mikroradiogramme von RBSN-Stäbchen mit relativ großen Fehlern wiedergegeben, damit der Kontrast zur Umgebung ausreicht, die Poren und Einschlüsse auch im Druck deutlich zu erkennen.) Es ist klar, daß mit diesem Verfahren auch Gefüge-, d.h. Absorptions- bzw. Dichteschwankungen in einfacher Weise aufgefunden werden können. Da diese Art der Röntgenprüfung mit festem Durchstrahlungswinkel nur ein Schattenbild liefert, müssen unterschiedliche Fehlerorientierungen, insbesondere bei Rissen, durch Mehrwinkeldurchstrahlung nachgewiesen werden, z.B. durch Bewegen des Objektes im Röntgenstrahl. Insgesamt hat sich aber diese Konzeption als das tragende Element einer Qualitätssicherung in vielen Untersuchungen an Original-Bauteilen bestätigt. Die geräteherstellende Industrie ist zur Entwicklung leistungsfähiger und hochauflösender Systeme angeregt worden (Betriebsdaten ca. 150 kV/1 mA), die F+E-Arbeiten haben die filmlose Radiographie soweit entwickeln können, daß eine Auflösung deutlich unter 100 µm erreicht wurde. Damit kann den Keramik- und Komponenten- Herstellern diese Form der Röntgenprüfung ihrer Erzeugnisse mit Priorität empfohlen werden.

Mehrwinkel-Durchstrahlung und Röntgentomographie

Die einzelne Röntgenaufnahme - ob Film oder filmlos - liefert prinzipiell ein Schattenbild. Fehlstellen und Gefügeschwankungen, die keine Komponente in Durchstrahlungsrichtung besitzen bzw. über den gesamten durchstrahlten Querschnitt annähernd gleich wirken, werden nicht nachgewiesen. Die notwendige Abbildung des Querschnitts ist daher nur über eine Mehrwinkel-Durchstrahlung (bzw. anschließende tomographische Rekonstruktion) möglich. Zwei Extreme sind hierzu untersucht worden:

- Das Institut hat sich mit einem Medizin-Computer-Tomographen ausgerüstet (130 kV, 30 mA; Rekonstruktion von 256 x 256 Bildpunkten in Querschnitten von 60 bis 300 mm Durchmesser aus 180 x 256 Einzelmessungen). Damit lassen sich mit einer Auflösung von ca. 0.5 mm Fehler- und Gefügeänderungen im Querschnitt abbilden, z.B. in der Achse eines Turboladers, Bild 3.

- Die sog. transaxiale Tomographie [10] liefert ebenfalls Querschnitt-Abbildungen, wobei auf jede Elektronik und Datenverarbeitung verzichtet wird. Die synchrone Bewegung von Objekt und Film im Röntgenstrahl bildet den Querschnitt des Objektes auf dem Film ab. Hier steht die Entwicklung noch am Anfang.

Beide Verfahren können zur Abbildung von Querschnitten empfohlen werden, eine filmlose Variante der transaxialen Tomographie mittels Bildverstärker und digitaler Bildverarbeitung liegt im Bereich des Machbaren. In jedem Falle sind jedoch weitere F+E-Arbeiten zur Optimierung für den Einsatz in der industriellen Praxis notwendig. Mit dem im IzfP vorhandenen Instrumentarium können aber schon ad hoc Studien und Versuche betrieben werden.

2.2.3 Hochfrequenz-Ultraschall-Prüfung

Röntgen- und Ultraschall-Prüfung sind in der Regel nicht als Alternativen zu sehen, sondern sie ergänzen einander. Daher ist von Anfang an der Hochfrequenz(HF)-Ultraschall-Prüfung besonderes Augenmerk bei den F+E-Arbeiten gewidmet worden.

Für die HF-US-Prüfung in Impuls-Echo-Technik zum Nachweis und zur Charakterisierung von Fehlern in keramischen Bauteilen ist ein Labor-Gerät konzipiert und realisiert worden, das im Frequenzbereich 50-200 MHz schmalbandige, kurze US-Impulse erzeugt. Mit einem Dynamikbereich (Verstärkungsreserve) von ca. 50 dB im Bauteil können Fehlstellen nachgewiesen und auch anhand der spektralen Antwort bzgl. Fehlerart charakterisiert werden. Bild 4 ist das Blockschaltbild des Systems, das mit verschiedenen HF-US-Prüfköpfen betrieben werden kann. Eine CW-Quelle erzeugt die Hochfrequenz. Da im Puls-Echo-Betrieb gearbeitet wird, wird die Hochfrequenz mit Pin-Dioden-Schaltern amplitudenmoduliert. Um ein möglichst hohes An/Aus-Verhältnis zu erreichen, werden mehrere Schalter in Serie betrieben. Die minimale Schaltzeit dieser Elemente liegt je nach Frequenz zwischen 20 und 50 ns (von uns verwendete Typen: ARRA Modell Nr. 8753-80D und General Microwave Modell Nr. DM 8648). Da die Schalter nur

Leistungen bis ca. 1 W linear schalten, wird die modulierte Hochfrequenz nach den Schaltern durch einen breitbandigen Leistungsverstärker (RF Power Labs Modell Nr. 250-145) auf ca. 100 W verstärkt. Diese Leistung ist ausreichend, um in der Vorlaufstrecke des Prüfkopfes eine Signaldynamik von 80-90 dB zu erzeugen. Die Ultraschallechos werden dann in einem breitbandigen und rauscharmen Empfangsverstärker detektiert und bei Bedarf mit einem Video-Detektor gleichgerichtet (HP-Dioden Nr. 8472A). Diese Anordnung ermöglicht auch eine phasenempfindliche Detektion. Dazu wird ein Teil der Hochfrequenz der CW-Quelle in den Video-Detektor mit dem HF-Signal gemischt. Da der Detektor eine quadratische Kennlinie hat, entsteht ein Mischterm, der die Phase des Nutzsignals enthält. Auf diese Weise ist es möglich, auch die Phase des Nutzsignals als Meßgröße heranzuziehen, z.B. zur Unterscheidung, ob schallharte oder schallweiche Fehler vorliegen.

Das Bild 5 zeigt, daß der Vergleich der gemessenen Rückstreuamplitude an einem zunächst unbekannten Fehler mit für kugelförmige Streuer berechneten Rückstreuamplituden die Identifizierung (WC-Einschluß) und die Dimensionierung (ca. 480 µm Ø) erlaubt [11]. Da die Rückstreuamplitude als Funktion von ka berechnet wird, ist der Fehlerradius a ein Anpaßparameter. Beste Anpassung wurde tatsächlich mit der für einen WC-Einschluß berechneten Rückstreuamplitude bei 2a = 480 µm in Übereinstimmung mit der Mikroradiographieaufnahme erzielt. Der Vergleich mit der Röntgenaufnahme, Bild 6 ist ein Hinweis darauf, daß trotz der Abweichung der realen Form des Einschlusses von der Kugelgestalt das Ergebnis positiv ausfallen kann. Abschätzungen ergaben, daß mit der Fokussierung des Schallbündels auf ca. 1 mm Ø Nachweis und Charakterisierung für Fehlstellen von ca. 30 µm bzw. ca. 100 µm möglich erscheinen. Da bei der Fokussierung die Schallwellen nicht mehr eben sind, muß für eine Charakterisierung das Wellenbündel räumlich durch Fouriertransformation zerlegt werden und die Frequenzantwort des Fehlers über die entsprechenden Streuwinkel integriert werden. Prüfköpfe mit Mittenfrequenzen von 100 MHz und einer 6dB-Bandbreite von 100 % (z.B. von 50 bis 150 MHz) sind heute kommerziell verfügbar. In einem laufenden

Projekt im IzfP wird aus dem Labor-System ein praxisgeeignetes Gerät entwickelt, einschließlich des mechanischen Scan-Betriebs für Probe bzw. Prüfkopf. Hauptproblem beim Fehlernachweis mit Hochfrequenzultraschall ist die geringe Intensität der zurückgestreuten Welle bei kleinen Fehlern, besonders dann, wenn sie nicht dicht hinter der Oberfläche liegen.

Ultraschall-Mikroskopie

Die Notwendigkeit, auch Fehlstellen wesentlich unter 100 µm nachzuweisen, bringt die US-Prüfung letztlich in den Bereich der US-Mikroskopie. Stand der Technik ist zum heutigen Zeitpunkt hierfür das SLAM (Scanning Laser Acoustic Microscope), das mit Frequenzen von 30, 100 und 500 MHz arbeitet [1].

Es ist absehbar, daß im Jahre 1984 die zweite Art der US-Mikroskopie, das SAM (Scanning Acoustic Microscope), kommerziell verfügbar wird mit Arbeitsfrequenzen bis ca. 1 GHz [12]. Die Problematik liegt wie beim SLAM in der mit zunehmender Frequenz eingeschränkten Eindringtiefe. Für die Untersuchung komplex geformter Bauteile werden entsprechende Scanvorrichtungen benötigt. Beim SLAM erfolgt die Ankopplung in diesem Fall über eine entsprechend lange Wasservorlaufstrecke, was eine Reduzierung des Kontrastes der Bilder zur Folge hat. Bild 7 zeigt eine SAM-Aufnahme eines RBSN-Biegestäbchen. Die Fokussierung des Schallstrahls erfolgte in 12 µm Tiefe von der Oberfläche aus gerechnet. Deutlich ist die Porosität des Materials zu sehen. Die Vergrößerung ist 150fach, und die Aufnahme wurde bei 850 MHz durchgeführt [13].

Zieht man ein Fazit zur HF-US-Prüfung, so ist das notwendige Konzept im Labormaßstab realisiert und steht für anwendungstechnische Versuche zur Verfügung. Für die praktische Nutzung sind Elektronik, Mechanik und Prüfköpfe noch zu optimieren. Die US-Mikroskopie mit höchster Auflösung (ca. 1 µm) steht kurz vor der Kommerzialisierung und wird ein wichtiges Instrument zur hochauflösenden Prüfung von Keramik werden.

2.3 Interpretation für eine Bewertung

Die Interpretation der Ergebnisse zerstörungsfreier Prüfungen liefert die Grundlage für eine Bewertung aus einfacher spannungsanalytischer oder komplexer bruchmechanischer Sicht. Sie steht daher als Bindeglied zwischen den Disziplinen Werkstoffprüfung und Werkstoffmechanik. Nach dem heutigen Stand der Entwicklung ist die zfP in der Lage, hierzu einen wesentlichen Beitrag zu leisten:

- röntgenographisch können mit hoher Auflösung die Form, Abmessung und, bei Mehrwinkel-Durchstrahlung, die Lage einer Fehlstelle ermittelt werden. Gleichzeitig ist aus dem Kontrast relativ zur umgebenden Matrix eine Aussage bzgl. höherer/geringerer Absorption bzw. Dichte möglich. Dies ist ein erster Schritt zur Bestimmung der Fehlerart;

- hochfrequenter Ultraschall gestattet alternativ oder ergänzend zum Röntgenbild die Messung der spektralen Antwort von Fehlstellen und damit sowohl Größenbestimmung als auch Identifizierung.

3. Verbliebene Qualitätssicherungs-Probleme

3.1 Werkstoff-Verbund Keramik-Keramik, Keramik-Metall

Alle bisher durchgeführten Arbeiten haben sich auf einzelne Werkstoffe und Bauteile bezogen. Deren Integration in Komponenten und insbesondere das Fügen von Bauteilen sind bis heute noch nicht gelöste QS-Probleme.

3.2 Integrale Prüfung von Bauteilen und Systemen

Nach dem Herstellen und evtl. Fügen der Komponenten erfolgt deren Integration in das System "Gasturbine". Hier stehen sowohl kalt als auch heiß Qualitätssicherungsprobleme an, die z.B. die geometrischen Abmessungen und Exzentrizitäten/Unwuchten (insbesondere der bewegten Teile) betreffen. Hierauf konzentrierte F+E-Arbeiten hat es bisher nicht gegeben. Sie sollten an erster Stelle am Schwingungsverhalten der Systeme orientiert werden und die Akzente bei

- Schallemissionsprüfung und
- Schwingungsanalyse (Körperschall-, Modal-)

setzen.

4. Zusammenfassung und Folgerungen

In den Jahren 1977-1983 hat das BMFT im Rahmen des Keramik-Gasturbinen-Programms Arbeiten zur Entwicklung zerstörungsfreier Prüfverfahren für die Bauteile aus Hochtemperatur Hochfestigkeits-Keramik gefördert.

Die zentrale Aufgabe bestand darin, zerstörungsfreie Prüfverfahren (zfP) zum Nachweis von Fehlstellen bereitzustellen, deren Lineardimension bei 10-100 µm liegt. Diese Größenordnung ergibt sich für Bauteile aus Si_3N_4 und SiC dadurch, daß aufgrund der Werkstoff-Sprödigkeit Spannungsspitzen an Fehlstellen nicht durch duktiles Verhalten abgebaut werden können. Die durchgeführten F+E-Arbeiten haben zu zfP-Verfahren geführt, die ein praxisgerechtes, abgestuftes Konzept zur Qualitätssicherung ermöglichen. Der vorliegende Schlußbericht stellt dieses Konzept dar. Spannungsanalyse und Bruchmechanik belegen, daß Fehlerart und Fehlerlage ebenso wichtige Merkmale sind wie die Fehlerdimension, daß die versagensentscheidenden Fehler i.a. Oberflächenfehler sind.

Drei Verfahren stehen für die Oberflächen- und Innenfehlerprüfung, die Gefüge- und Spannungsmessung im Vordergrund:

- Hochauflösende, filmlose Röntgenprüfung mit Feinfokus- ($\leq$ 15 µm)-Röhren in Projektionstechnik (Direktvergrößerung $\geq$ 20fach, Betriebsdaten um 150 kV/1 mA). Nachweis von Fehlstellen $\geq$ 20 µm Lineardimension. Ergänzt wird diese Art der Prüfung noch um die Querschnitts-Abbildung durch die Röntgentomographie.

Der qualitative und quantitative Nachweis von oberflächenöffnenden Fehlern (Risse) wird durch Kontrastmittel (z.B. $AgNO_3$) wesentlich verbessert.

- Ultraschall-Prüfung und Ultraschall-Mikroskopie im Frequenzbereich 5-200 MHz: Gefüge-Charakterisierung (Homogenität) und Spannungsmessung durch niederfrequente Geschwindigkeitsmessungen ($f \leq 20$ MHz). Oberflächenfehlernachweis mit Oberflächenwellen. Auch mit Wellenlängen, die etwa das Zwanzigfache der Fehlerabmessung betragen, sind Fehlstellen mit ausreichendem Signal-Rausch-Abstand nachweisbar (z.B. 30 µm Rißtiefe mit 300 µm Wellenlänge (15 MHz-T, RBSN)). Hochfrequenter Ultraschall (50-200 MHz, Long-, Transwellen) ermöglicht Nachweis und Charakterisierung (Art) von Innenfehlern.

- Schwingungsanalyse durch Resonanzfrequenzmessung für große Probenserien. Qualitative, integrale Bauteil-Charakterisierung.

Andere zfP-Verfahren haben zum heutigen Zeitpunkt keine wesentliche Bedeutung.

Es bestehen jedoch noch Probleme, die sowohl für die Weiterentwicklung der Keramik-Gasturbine als auch für alle anderen Hochfestigkeits-Keramik-Komponenten gelöst werden müssen. Im Werkstoff-Bereich sind dies in erster Linie die Gefüge- und Fehlerprüfung von grünem Material sowie das zf Messen von Spannungen. Bezüglich der zfP-Verfahren sind die wichtigsten Aufgaben die Weiterentwicklung der hochauflösenden Oberflächenprüfung (Farbeindringprüfung, Photoakustische und Photothermische Mikroskopie) [14,15], die praxisgerechte Entwicklung einer filmlosen Mehrwinkeldurchstrahlung bzw. Tomographie mit Röntgenstrahlen und der Einsatz von Schwingungsanalyse (Modal- und Körperschall-), einschließlich Schallemissionsprüfung bei der Prüfung integraler Bauteile und Systeme.

5. Referenzen

[1] REITER, H. et al. ZfP von Hochtemperatur-Keramik-Bauteilen. IzfP-Berichte Nr. 790204, 800305, 810418, 820502, 830609, 830723, Saarbrücken 1979-1983

[2] GOEBBELS, K., REITER, H. ZfP-Verfahren für Komponenten der Keramik-Gasturbine. In: Keramische Komponenten für Fahrzeug-Gasturbinen II. Hrsg.: W. Bunk, M. Böhmer. S. 163-193. Springer Verlag 1981

[3] GOEBBELS, K., REITER, H. ZfP keramischer Bauteile. Science of Ceramics 11 (1981) 361-374

[4] GOEBBELS, K., REITER, H. NDE of ceramic gas turbine components by X-rays and other methods. In: Progress in Nitrogen Ceramics. Editor: F.L. Riley. S. 627-634. Boston: Martinus Nijhoff Publ., 1983

[5] GOEBBELS, K., REITER, H. NDT of ceramics. In: Proceedings "Colloquium on Ceramics in Advanced Energy Technologies", Petten 1982 (NL)

[6] GOEBBELS, K., REITER, H., HIRSEKORN, S., ARNOLD, W. NDT of high-temperature and high-strength ceramics. In: Science of Ceramics 12 (1983) im Druck

[7] EVANS, A.G. Non-destructive failure prediction in ceramics. In: Progress in Nitrogen Ceramics. Editor: F.L. Riley. S. 595-625. Boston: Martinus Nijhoff Publ., 1983

[8] SALZBURGER, H.J. REPPLINGER, W. — Ein Prüfsystem zur US-Prüfung von Oberflächen mit elektromagnetisch angeregten Oberflächenwellen.
Beitrag A9, Berichtsband 2. Europäische Konferenz zfP, Wien 1981

[9] SCHNEIDER, E. GOEBBELS, K. — Determination of mechanical stress by polarized shear waves.
In: New Procedures in NDT. Hrsg.: P. Höller. Berlin: Springer-Verlag, 1983, S. 551-560

[10] CRAIG, D.R. SIRKIS, M.P. — Simplified apparatus for producing transaxial tomograms.
Materials Evaluation 36 (Oct.1978) 20-23

[11] PONGRATZ, H.J. — Diplomarbeit, Universität
Saarbrücken, 1983

[12] LEMONS, R.A. QUATE, C.F. — Acoustic microscopy.
In: Physical Acoustics, Vol. 14. Eds.: W.P. Mason and R.N. Thurston. Academic Press, N.Y. 1979, S. 1-92

[13] Die Aufnahme wurde freundlicherweise von Herrn Dr. Thaer von der Fa. Leitz, Wetzlar, zur Verfügung gestellt.

[14] KHANDELWAL, P.K. HEITMAN, P.W. SILVERSMITH, A.J. WAKEFIELD, T.D. — Surface flaw detection in structural ceramics by scanning photoacoustic spectroscopy.
Appl. Phys. Lett., 37 (1980) 779

[15] BUSSE, G. — Optically generated thermal waves for non-destructive material probing and imaging.
J. de Physique, 44 (1983) C6-427

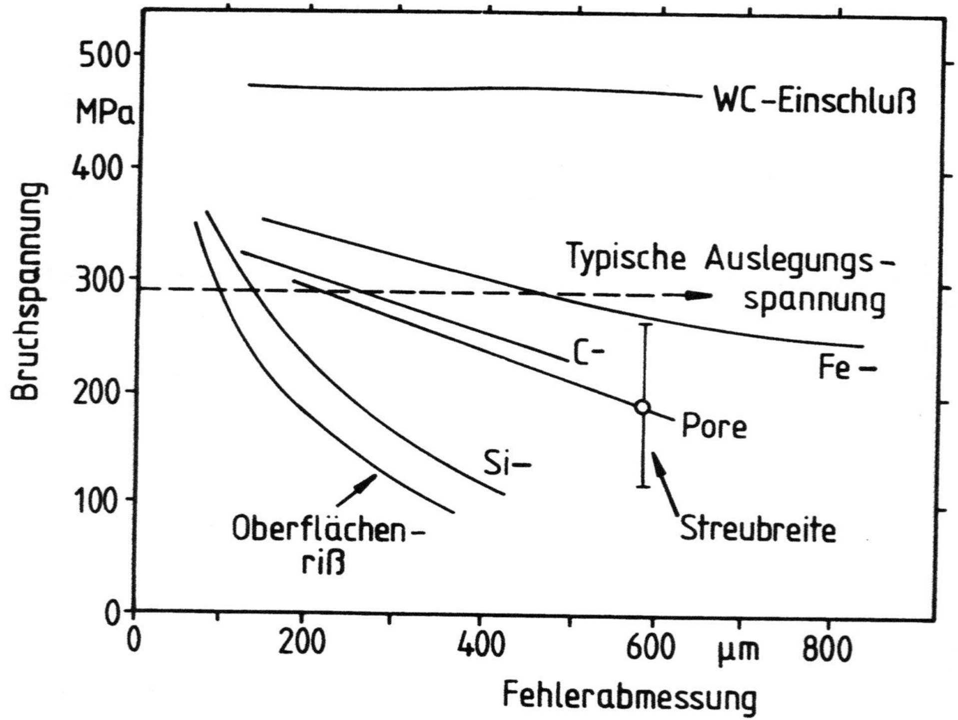

Bild 1: Bruchlast in Abhängigkeit von der Fehlerabmessung und -art

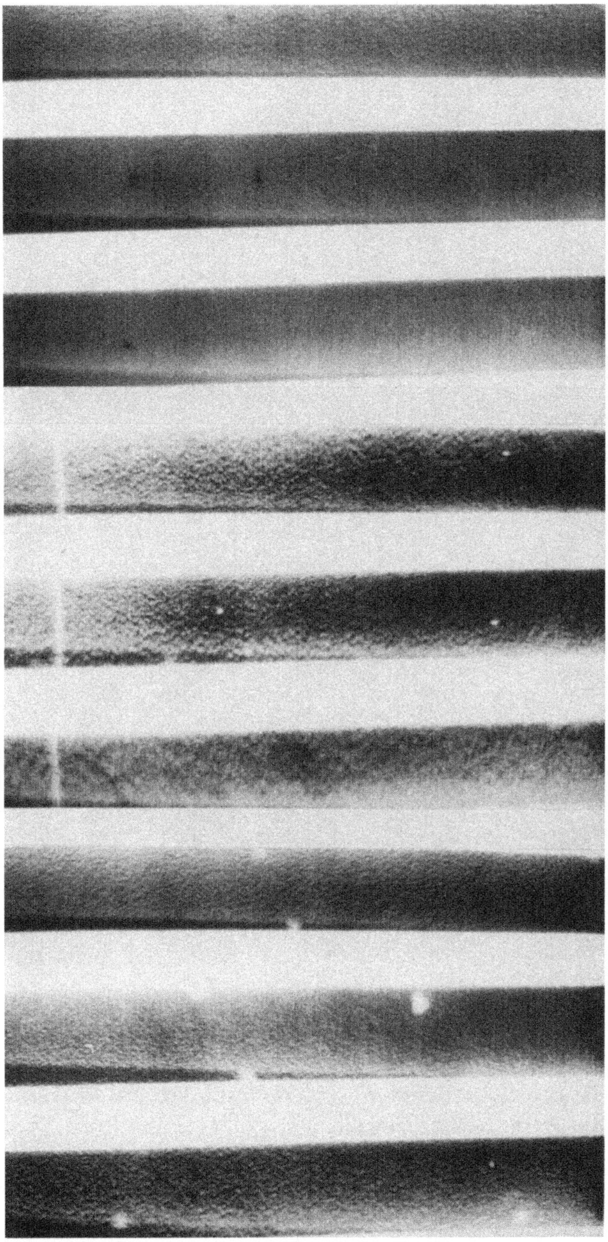

Bild 2: Fehler in RBSN-Stäbchen
Filmlos aufgenommene Mikroradiogramme
(gemittelt, nullbildkorrigiert, kontrastverstärkt)

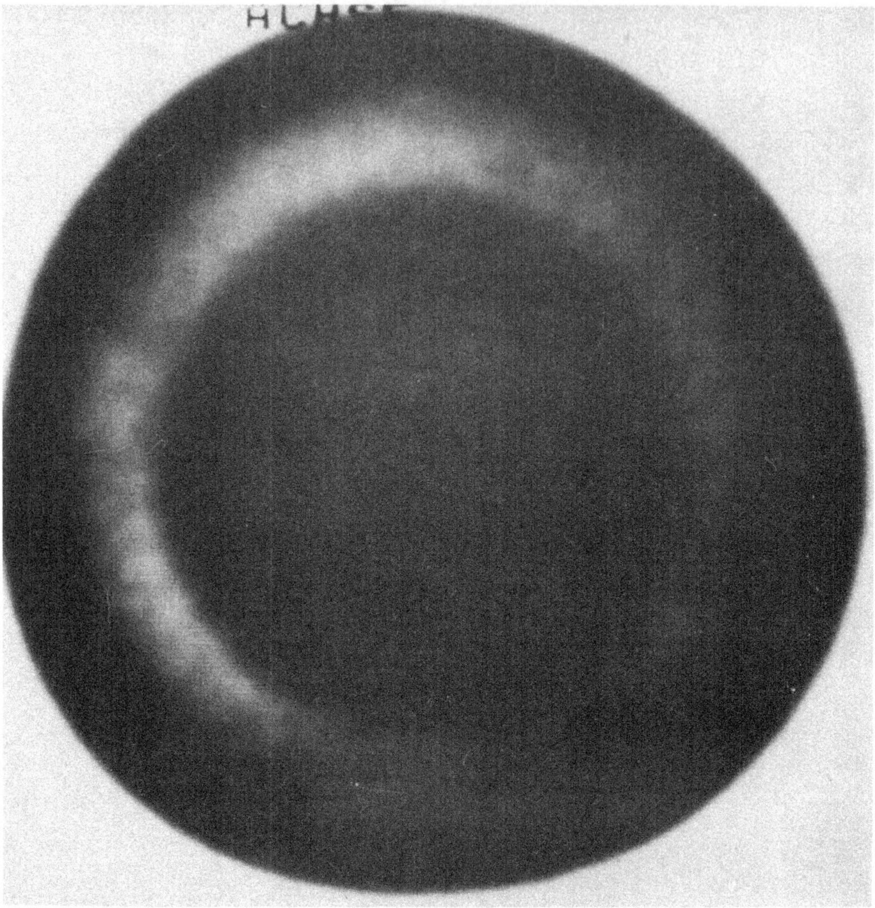

Bild 3: Röntgen-Computer-Tomographie,
Querschnitt durch die Achse eines SSiC-Turboladers,
Durchmesser = 18 mm

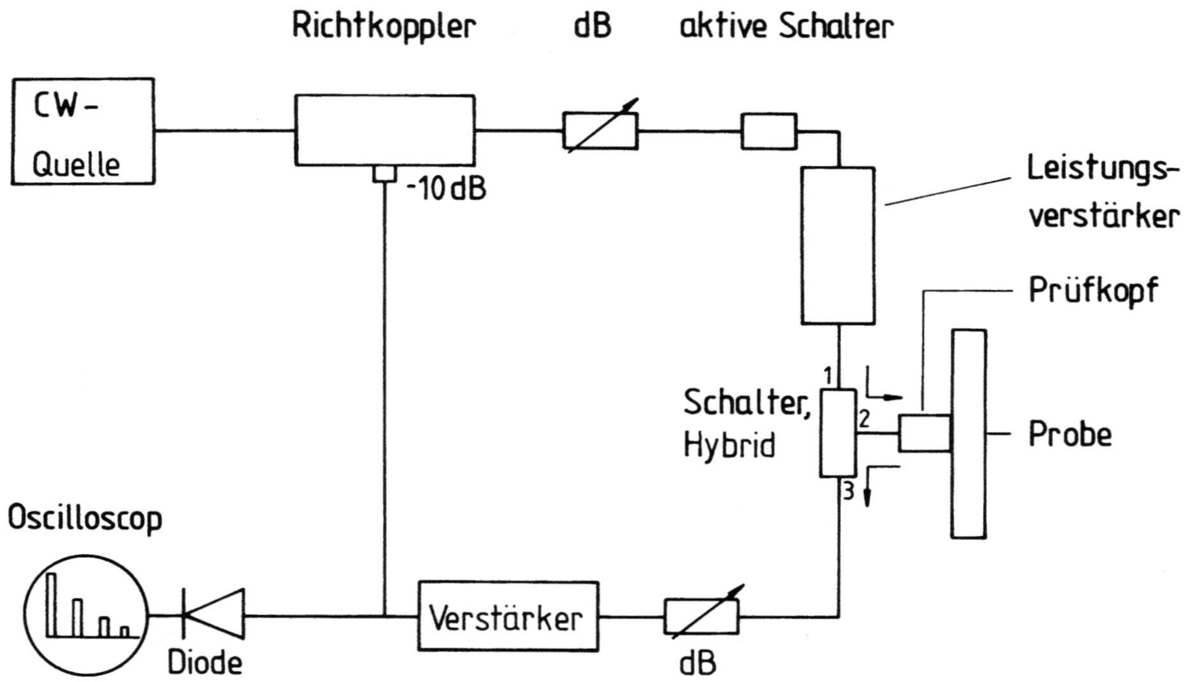

Bild 4: Blockschaltbild der HF-US-Apparatur

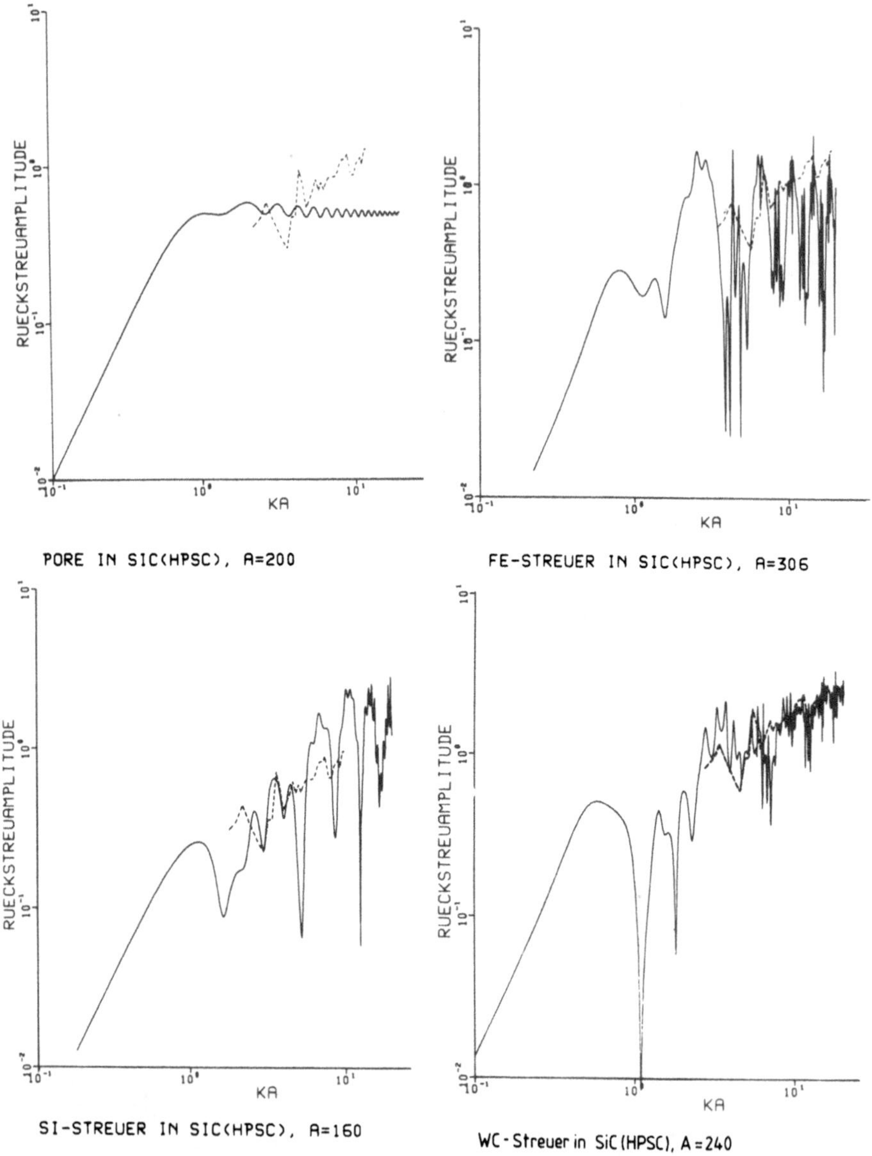

<u>Bild 5</u>: Vergleich der an einem unbekannten Einschluß in HPSiC gemessenen Rückstreuamplitude mit den für verschiedene kugelförmige Fehler berechneten (Lage der exp. Kurve: Fehlerradius = A µm)

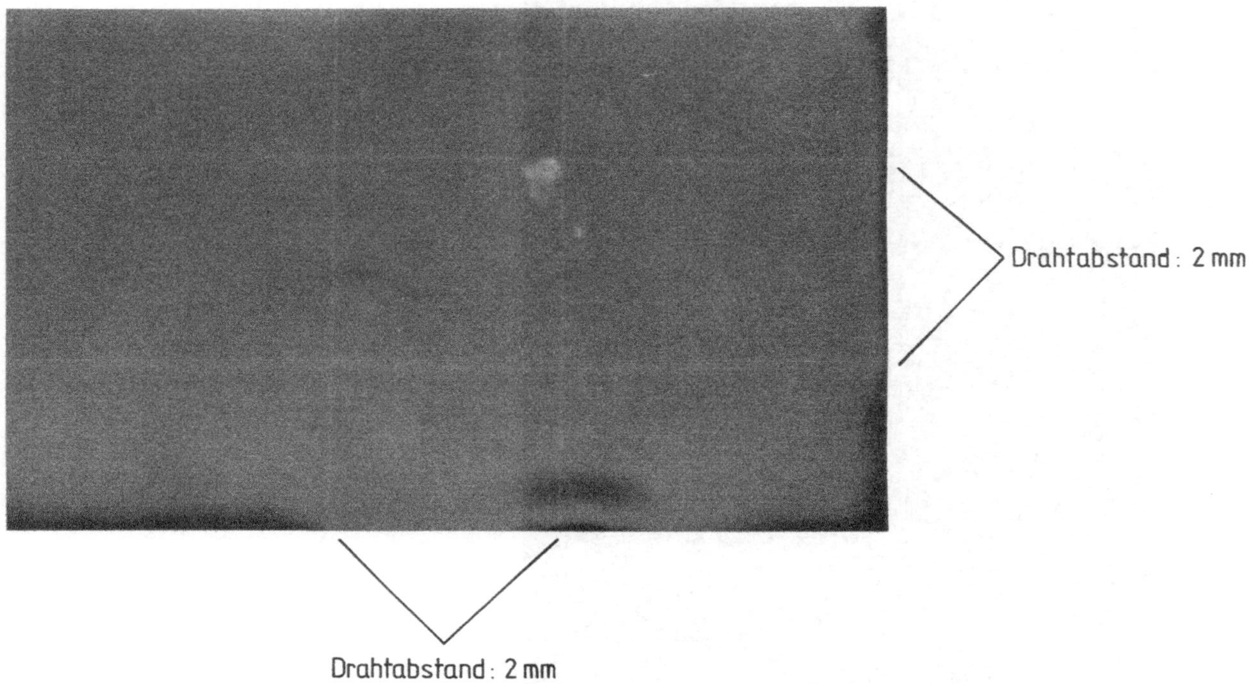

<u>Bild 6</u>: Mikrofokusaufnahme eines WC-Einschlusses in einer 5,7 mm dicken HPSiC-Platte

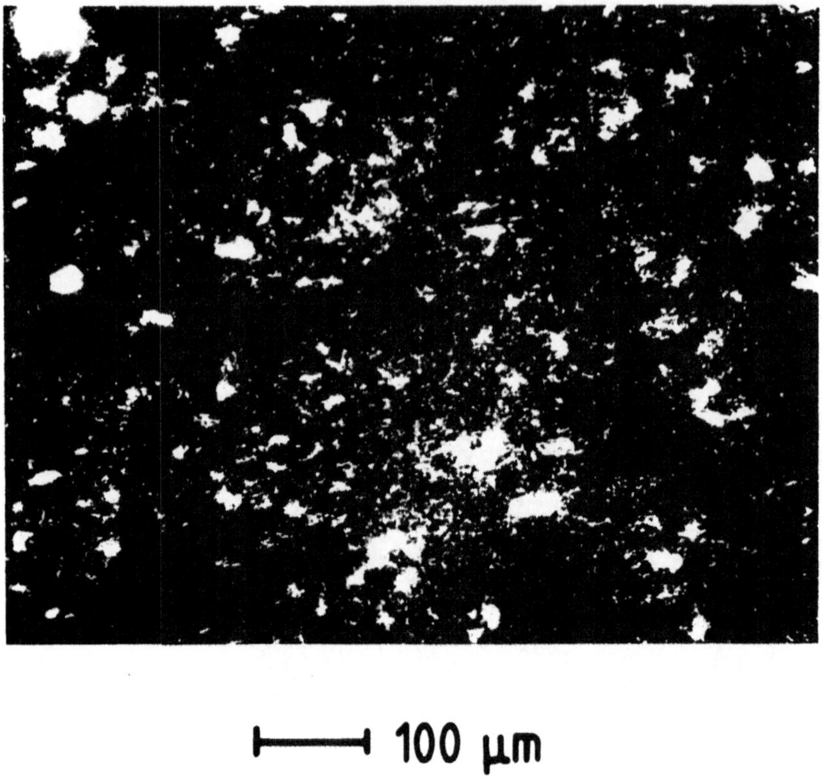

Bild 7: SAM-Aufnahme der Oberfläche eines RBSN-Biegestäbchens. Aufnahmefrequenz 850 MHz; Fokustiefe - 12 µm; Vergrößerung: 150fach.

ELASTISCHE KENNGROESSEN, BRUCHWIDERSTAND UND RISSAUSBREITUNGSVERHALTEN VON HEISSGEPRESSTEM SILIZIUMNITRID ZWISCHEN 20° UND 1500°C

(Mitt. aus dem Institut f. Werkstoffwiss. I
der Universität Erlangen-Nürnberg)

K. Křížž
jetzt Fichtel & Sachs AG
Schweinfurt

B. Ilschner
jetzt Département des Matériaux
Ecole Polytechnique Fédérale de Lausanne
Lausanne, Schweiz

1. Einleitung

Die hohe Steifigkeit und Festigkeit bis zu Temperaturen von rd. 1400°C, die gute Beständigkeit gegen Heissgaskorrosion und das geringe spezifische Gewicht sind bedeutende Vorteile keramischer Werkstoffe auf Siliziumnitrid-Basis. Ihnen steht jedoch als wesentlicher Nachteil die geringe Duktilität bzw. mangelnde Bruchzähigkeit und die Neigung zu statischer Ermüdung (langsamer Rissausbreitung) entgegen. In der vorliegenden Arbeit werden nun für 5 verschiedene Qualitäten von heissgepresstem Siliziumnitrid (HPSN), die sich vor allem durch die als Sinterhilfen wirkenden Zusatzstoffe unterscheiden, Bruchwiderstandswerte und Rissausbreitungsgeschwindigkeiten von Raumtemperatur bis 1400°C systematisch untersucht. Durch Heranziehung weiterer Messungen (elastische Konstanten, anelastische Dämpfung, Kriechverhalten) sowie durch fraktographische und mikroanalytische Untersuchungen wird angestrebt, das Bruchverhalten mit dem Gefügeaufbau und der chemischen Zusammensetzung in einen begründbaren Zusammenhang zu bringen. Dabei spielen die glasartigen Korngrenzenphasen eine besondere Rolle.
In der Literatur finden sich Untersuchungen zum Hochtemperatur-Bruchverhalten von Si_3N_4 und den Einfluss der Korngrenzenphasen

von A.G. Evans [1]. Die Temperaturabhängigkeit des Spannungsintensitätsfaktors wird für MgO-dotiertes HPSN von Munz u.M. [2] sowie Fantozzi u.M. [3] beschrieben:; für Y_2O_2-dotiertes Material kann eine Arbeit von Fields et al. [4] herangezogen werden. Auf den Einfluss des Wasserdampfpartialdrucks, der in vorliegender Untersuchung eine grosse Rolle spielt, wurde bereits von Gulden und Metcalfe [5] hingewiesen. Für eine eingehendere Behandlung der Literatur sei auf die Dissertation von Křížž [6] verwiesen, der auch nähere Details zu den nachfolgend beschriebenen Messungen entnommen werden können.

2. Untersuchte Werkstoffe: Zusammensetzung und Gefüge.

Es wurden 5 handelsübliche Qualiltäten von HPSN der Fa. Annawerk (Rödental) untersucht, die im folgenden mit Sorte 1 bis 5 bezeichnet werden (s. Tabelle 1, Angaben in Gew.-%):

Chemische Zusammensetzung der untersuchten Werkstoffe

kommerz. Bezeichnung	HPSN Sorte	N	C	O	Al_2O_3 Y_2O_3 TiO_2	MgO	Fe_2O_3	CaO	Na_2O K_2O Li_2O
NH 206/1980	1	34,7- -35,4	0,5- -0,6	2,75 -3,72	0,85 -1,02	2,45 -2,9	1,48 -1,61	0,05	0.05
NH 206/1981	2	35,0	0,35	2,96	0,98	2,56	1,50	0,36	0,10
NH 206/ALN	3	32,5	0,60	4,67	3,03	2,44	1,91	0,38	0,09
NH 202	4	33,6- -35,0	0,29	2,8- -3,85	1,6- 1,8	3,5- -3,7	1,83- -1,95	0,05	0,05
NH 209	5	32.2	0,34	2,61 -4,09	6,81 -8,1	--	1,33	--	--

Die Tabelle zeigt, dass das HPSN nicht nur aus Si_3N_4 und dem zugesetzten Sinterhilfsmittel besteht, sondern dass auch (in geringen Mengen) SiC sowie in keineswegs geringen Anteilen SiO_2 vorliegt. Letzteres bildet mit den zugefügten Oxiden eine Phase bzw. Phasen in den HPSN-Werkstoffen, die in der Regel nach dem Heisspressn glasig erstarren und mit ihren nicht unbedeutenden Volumenanteilen Korngrenzen bedecken bzw. Kornzwischenräume ausfüllen.

Die Sorten 1 und 4 bestehen zu fast 50% aus β-Phase, während Sorte 5 mit 71% etwas niedriger und Sorte 3 mit nur 35% ungewöhnlich niedrig liegt. Bei den meisten Sorten bestimmt also die β-Phase das Gefüge; sie bildet sich während des Heisspressens aus dem Ausgangspulver (>90% alpha) in Form dünner Stäbchen mit einem Achsenverhältnis von rd. 1:15 bis 1:20. Diese sind auf geätzten keramographischen Anschliffen, (Bild 1), insbesondere auf tiefgeätzte REM-Bildern, (Bild 2), gut erkennbar. Offenbar bildet sich während des Heisspressens zuerst ein Skelett von grossen β-Stäbchen, worauf sich die Zwischenräume mit immer kleineren Stäbchen auffüllen.

Die Durchmesser liegen mit grosser Bandbreite zwischen 0,2 und 3,5 μm. An den Kreuzungspunkten mehrerer Nadeln werden "blockhausähnliche" Durchwachsungsstrukturen beobachtet. Diese Strukturmerkmale sind verantwortlich für das mechanische Verhalten der Werkstoffe. Die Dichte der untersuchten Werkstoffe lag in den meisten Fällen bei 3,20 g/cm^3, für Sorte 5 bei 3,30. Die Elastizitätsmoduln E konnten zu 317 bis 324 GN/m^2, je nach Sorte,bestimmt werden.

3. Messverfahren

3.1. Elastische Eigenschaften

Zur Auswertung bruchmechanischer Messgrössen ist eine möglichst genaue Kenntnis der elastischen Daten erforderlich. Für die Bestimmung von Elastizitätsmodul E, Schubmodul G und (abgeleitet) Querkontraktionszahl υ wurde die Resonanzmethode nach Förster [7, 8] verwendet. Als Messeinrichtung stand ein Elastomat 1.024 (Dr.Förster,Reutlingen) zur Verfügung, der durch eine selbstgebaute Zusatzvorrichutng [9] für Messungen im Vakuum (2.10^{-6} bar) bei Temperatur bis 1500 ^{0}C eingesetzt werden konnte. Die Aufhängung und Ankoppelung der Probestäbchen erfolgte durch Graphitfäden.
Die mechanische Dämpfung [10] wurde aus der Breite des Resonanz-Maximums auf der Amplituden-Frequenz-Kurve bestimmt:

(1) $$\Lambda = \pi \Delta f / f_0$$

Hierbei ist Δf die beim Amplitudenverhältnis $A/A_{max} = 1/\sqrt{2} = 0{,}707$ gemessene Breite der A(f)-Kurve und f_0 die Resonanzfrequenz.
Die relative Genauigkeit der Messungen bei Raumtemperatur beträgt für $\Delta E/E = 0{,}6\%$, für $\Delta G/G = 0{,}4\%$; bei hohen Temperaturen steigt die Messunsicherheit auf rd. 1,5%. Für Λ kann wegen der Einflüsse des Messystems keine Fehlergrenze angegeben werden.

3.2. Bruchfestigkeit im Biegeversuch

Für die Messung der Bruchfestigkeit wurde unter Berücksichtigung umfangreicher Vorüberlegungen der 4-Punkt-Biegetest herangezogen. Die Probestäbchen hatten die Abmessungen 2,3 x 3,8 x 28 mm^3 bzw. 3,3 x 4,5 x 50 mm^3 und waren auf eine Planparallelität von mindestens 3 µm überschliffen. Für die Bestimmung des Bruchwiderstandes wurden mittels einer Kupfertrennschreibe von 0,06 mm Dicke mit eingepresstem Diamantpulver (Fa. Safag, Biel, Schweiz) gerade durchgehende Sägekerben mit einem Kerbgrundradius von rd. 35 µm eingebracht, deren relative Tiefe etwa 30% der Probenhöhe betrug. Die Experimente wurden in einer Universalprüfmaschine mit Spindelantrieb (Instron 1114) bei einer Prüfgeschwindigkeit von 50 µm/min durchgeführt. Für die Hochtemperaturversuche wurde eine von W. Grellner [9] konzipierte Apparatur mit Druckplatten und 4 Belastungsrollen aus heissgepresstem SiC verwendet. Die für Nachgiebigkeitsmessungen erforderliche Messung der Durchbiegung erfolgte unter Zwischenschaltung von Al_2O_3-Messtangen über induktive Wegaufnehmer (Fa. EMI, Typ SE 350). Sämtliche Versuche wurden an Luft durchgeführt.

3.3. Rissausbreitung im Doppeltorsionsversuch

Als Prüfmethode zur Ermittlung des Zusammenhanges zwischen der Rissgeschwindigkeit v und der anliegenden Spannungsintensität K_I wurde der Doppeltorsions-(DT)-Versuch eingesetzt [12], der in den letzten Jahren für derartige Messungen auch an anderen keramischen Werkstoffen überwiegend verwendet wurde. Seine bekannten Vorteile sind :

a) Der K_I-Wert ist risslängenunabhängig. Dadurch sind Versuche bei K_I = const leicht realisierbar, und K_I kann ohne Rissvermessungen bestimmt werden.

b) Die Probennachgiebigkeit C ist zur Risslänge proportional; auf diese Weise lässt sich die Risslänge in der im Ofen befindlichen Probe indirekt ermitteln.
c) Die Torsionsbeanspruchung der Probe kann durch Druckkräfte erzeugt werden, was bei hohen Temperaturen den Versuchsaufbau vereinfacht.
Die Probengeometrie und das Messprinzip gehen aus Bild 3 hervor. Die in dieser Arbeit verwendeten Proben hatten die Masse L = 70 mm, W = 22 mm, d = 2 mm. Die Planparallelität wurde durch Läppen auf ± 1 µm gehalten. Die Breite des Torsionsbalkens, W_m, ergibt sich als W/2 abzüglich der halben Breite des Sägeschnittes. Dieser wurde in einem 3-stufigen Verfahren erzeugt: a) Einsägen einer Spitzkerbe mit einer Diamant-Trennscheibe von 0,3 mm Dicke b) Verlängerung dieser Kerbe auf der Zugseite mittels einer 0,06 mm-Kupfer-Diamantscheibe (s.o.) c) Anrisserzeugung in einer weggesteuerten Prüfmaschine bei 5 - 10 µm/s. Bei einem Höchstmass an Sorgfalt bei der Herstellung der Proben und der Erzeugnung des Sägekerbs konnte auf die Anbringung einer Führungsfurche verzichtet werden.
Die bruchmechanische Behandlung des DT-Versuchs ergibt als Beziehung zwischen der Risslänge a und der torionsbedingten Nachgiebigkeit C

(2) $C = B \cdot a + C_0$ mit $B = dC/da = 6\ W_m^2(1+\nu)/d^3WE\zeta$

wobei ζ ein Korrekturfaktor für endlich dünne Stäbe ist [6].
Der Spannungsintensitätsfaktor ergibt sich zu

(3) $K_I = (FW_m/d^2)\ \sqrt{3(1+\upsilon)/W\zeta}$

Bei Proben mit Führungsfurche kommt noch ein Korrekturfaktor hinzu.
Die Rissausbreitungsversuche wurden als Versuche mit konstanter Last (und nicht mit konstanter Geschwindigkeit) gefahren, weil dies einen relativ einfachen Versuchsaufbau und die Berücksichtigung sehr geringer Rissausbreitunsgeschwindigkeiten ermöglicht. $v = \dot{a}$ wurde aus der Verlagerung $\dot{y}$ des Lastangriffspunktes bestimmt: $y = C \cdot F$, die Nachgiebigkeit C folgt

aus Gl. (2). Genau genommen ist diese Methode zur Bestimmung von å nur dann gültig, wenn nicht andere Beiträge zur Durchbiegung ẏ beitragen, nämlich anelastische und plastische Beiträge. Zwar verschwinden die anelastischen Beiträge bei verlängerter Messdauer, aber die plastischen nehmen zu. Dieses Problem lässt sich jedoch durch schnelle Teilentlastungsversuche (0,1 s Messzeit) lösen, bei denen jeweils aus ΔF und der als elastisch anzunehmenden Rückverformung Δy eine momentane Probennachgiebigkeit C_i bestimmt werden kann. Aus ihr folgt wieder mit Gl. (2) die momentane Risslänge a_i. Aus je 2 Werten a_i, a_{i+1} und dem zugehörigen Zeitintervall Δt_i ergibt sich dann eine mittlere Geschwindigkeit $\Delta_i = \Delta a_i/\Delta t_i$.
Die auf diese Weise indirekt bestimmten Risslängen wurden nach Versuchsende mit optischen Messungen verglichen; die Uebereinstimmung war befriedigend (max. Differenz 10%).
Eine bekannte Fehlerquelle bei Rissausbreitungsmessungen mit der DT-Probe liegt darin, dass die Rissfront stets gekrümmt ist, wobei der Riss an der zu belasteten Unterseite weiter fortgeschritten ist als an der druckbelasteten Oberseite [12, 13]. Insbesondere ist zu befürchten, dass die beobachtete Änderung der Rissfrontkrümmung mit zunehmender Risstiefe die für die Auswertung erforderliche Beziehung dC/da = const ungültig macht. Umfangreiche Vorversuche zeigten jedoch, dass der Faktor B in Gl. (2) doch konstant ist und mit einem Fehler von nur 3,5% ermittelt werden kann, wenn man die an der Probenunterseite (Zugseite) ermittelten a-Werte heranzieht, Bild 4. Zur weiteren Kontrolle wurden einige v-K_I-Kurven am gleichen Werkstoff auch im 4-Punkt-Biegeversuch gemessen. Es ergab sich eine sehr gute Uebereinstimmung der Resultate, sodass für die vorliegende Untersuchung von der Zuverlässigkeit der DT-Messungen ausgegangen werden durfte.

3.4. Aufbau der DT-Apparatur

Einen Überblick über den Aufbau der Prüfeinrichtung gibt Bild 5. Die eigentliche Torsionsvorrichtung, Bild 6 oben, befindet sich zwischen dem oberen und dem als Rohr ausgebildeten unteren Druckstempel (beide aus Al_2O_3). Die Probe liegt horizontal auf drei Kugeln auf (SiC, 5 mm Ø), die Krafteinleitung erfolgt am Sägekerb durch eine 4. Kugel. Die Belastung erfolgt

über einen Lasthebel mit dem Übersetzungsverhältnis 1:25, der sowohl durch Gewichte als auch durch einen Magneten belastet werden kann. Zur Vermeidung von Reibungsverlusten wird der obere Druckstempel in einer Kugelbüchse vertikal geführt; er ist zu diesem Zweck wassergekühlt.
Das Wegmessystem beruht auf der Messung der Verschiebung des oberen Druckstempels und der als Auflage für die Kugeln dienenden SiC-Druckplatte. Es besteht aus Al_2O_3-Extensometerstangen mit SiC-Messpitzen und einem induktiven Wegaufnehmer, der sich in einem wassergekühlten Gehäuse unterhalb der Grundplatte befand, Bild 6. Bei 1000^0C konnte eine Langzeitstabilität des Messignals von 0,1 mV über 4 Stunden aufrechterhalten werden. Lastunterschiede von 0,16 N (etwa 0,1% der üblichen Belastungen) waren einwandfrei und reproduzierbar zu erreichen.
Der relative Fehler der Messung von v ist im Wesentlichen durch Fehler bei der Nachgiebigkeitsermittlung durch Wegmessung bedingt und beträgt bei hohen Temperaturen rd. 20%.

3.5. Kriechmessungen im Torsionversuch.

Kriechversuche zur Beurteilung des plastischen Anteils an der Rissausbreitung wurden mit (Einfach-) Torsions-Flachproben durchgeführt. Eine eingehende Analyse dieses Belastungsfalls [6] gestattet die Berechnung der maximalen Schubspannung und die Messung der Schiebungsgeschwingdigkeit $d\gamma/dt$ über die Verschiebung des Lastangriffspunktes, y. Das Ergebnis der Vermessung einer Kriechprobe nach dem Versuch zeigt Bild 7. Wenn man von dem in unmittelbarer Nähe der Probeneinspannung liegenden Bereich absieht, erfolgt die Verformung sowohl in x- als auch in y-Richtung homogen.

4. Ergebnisse.

4.1. Temperaturabhängigkeit der elastischen Konstanten und der Dämpfung.

Die Ergebnisse für die elastischen Kosntanten sind in Bild 8 a/e dargestellt. Aufgetragen wurden jeweils Mittelwerte aus 3 bis 6 Messungen.

In allen 5 geprüften Sorten fallen E- und G-Modul im Bereich zwischen Raumtemperatur und rd. 900 ^{0}C mit rd. 0,02 GN/m^{2}K nur leicht ab. Oberhalb dieser Temperatur wird für die Werkstoffsorten 2, 4 und 5 einerseits, 1 und 3 andererseits ein unterschiedliches Verhalten beobachtet: während letztere einen kontinuierlich steiler werdenden Abfall der Moduln der Temperatur mitaufweisen, zeigen erstere einen mehr oder weniger ausgeprägten Steilabfall (sog. ΔE- bzw. ΔG-Effekt, vgl. [10]). Beide Verhaltensweisen - bei denen die erstere das Ergebnis einer Überlagerung dispergierender Steilabfälle sein dürfte - sind als Anzeichen für das temperaturbedingte Einsetzen anelastischer Vorgänge zu werten. Diese Bewertung wird durch die Ergebnisse der Dämpfungsmessungen gestützt, Bild 9 a/c. Wenn man von dem Plateau bei niedrigen Temperaturen und dem Steilanstieg oberhalb von ca. 1300 ^{0}C absieht, so ist an diesen Kurven das zwischen 900 ^{0}C (Sorte 1) und 1100 ^{0}C (Sorten 4, 5) liegende Dämpfungsmaximum auffällig. (Die etwas aus dem Rahmen fallenden Ergebnisse zu Sorte 2 sollen hier nicht weiter diskutiert werden.) Trägt man die den Maxima zuzuordnenden Dämpfungswerte über 1/T (statt über T in ^{0}C) auf, so zeigt sich, dass diese "peaks" durch Debye-Funktionen dargestellt werden könnnen, vgl. [14] [15]. Die daraus ermittelten Aktivierungsenergie von 400-485 kJ/mol (Sorte 1-4) entsprechen in etwa den eigenen Kriechdaten (Abschn. 4.4.) und Literaturwerten für das viskose Fliessen hochschmelzender Silikatgläser [16] sowie für das Kriechen von HPSN-Werkstoffen [17]. Bei der Y_2O_3-haltigen Sorte 5 wurde Q $\approx$ 300 kJ/mol ermittelt. Dieser Wert ist mit dem für die Sauerstoffdiffusion in Silikatstrukturen vergleichbar, s.[18].

Da der gleichfalls gemessene Temperaturverlauf der Dämpfung eines Saphir-Einkristalls keine derartigen Maxima aufweist, Bild 10, ist zu vermuten, dass die beobachteten Effekte an den hier untersuchten Werkstoffen auf Korngrenzengleitprozesse zurückzuführen sind, bei denen die Viskosität der silikatischen Korngrenzenphase entscheidend ist. Bei der benutzten Versuchsführung handelt es sich um äusserst kleine, praktisch unmessbare Verschiebungen von Körnern gegeneinander. Durch Anbringen von Kratzen als Markierungen auf der polierten Oberfläche von gekerbten Biegeproben und anschliessender Belastung konnten jedoch Korngrenzengleitprozesse auch keramographisch nachgewiesen werden, Bild 11.

4.2. Temperaturabhängigkeit des Bruchwiderstands.

Der Bruchwiderstand muss im Hinblick auf die Hochtemperaturprozesse durch 2 verschiedene K_I-Werte beschrieben werden: der eine, K_{IO}, entspricht demjenigen Punkt auf der Kraft-Durchbiegungskurve F(y), bei dem bei der gewählten Prüfgeschwindigkeit das Einsetzen unterkritischer Rissausbreitung bemerkbar wird. Der andere, K_{Imax} (als der eigentliche Bruchwiderstand) ergibt sich aus der gemessenen Maximallast F_{max} und der zugehörigen Risslänge a_{max}, die im Fall merklicher Rissverlängerung um Δa grösser ist als die Anfangsrisslänge a_o.- Die Messergebnisse sind im Bild 12 a/c dargestellt. Die eingezeichneten Messpunkte sind jeweils Mittelwerte aus 5-7 Messungen.

Bis etwa 900^0C (Sorte 1) bzw. 1400^0C (Sorte 4) sind K_{I0} und K_{Imax} identisch, der Bruch erfolgt also ohne messbare Rissausbreitung. Der Abfall der Werte von Raumtemperatur bis 900^0C ist mit hoher Wahrscheinlichkeit auf die Wirkung des in der Luft enthaltenen Wasserdampfes zurückzuführen, vgl. Abschn.4.4. Fraktographische Untersuchung der Bruchfläche zeigt im genannten Temperaturbereich keine merkliche Veränderung; trans- und interkristalline Bruchanteile liegen nebeneinander vor.

Oberhalb von 900^0C (Sorte 1) bzw. 1100^0C (Sorte 4) setzt die makroskopisch feststellbare Rissausbreitung bei immer niedrigeren Spannungen ein, was sich als Steilabfall von K_{IO} bemerkbar macht. Gleichzeitig wächst K_{Imax} bis 1200^0C (bzw. 1300^0C) an, was auf die Ausbildung von Sekundärrissen infolge der durch Korngrenzengleitung bewirkten Spannungsumverteilung zurückzuführen sein dürfte, Bild 13, s. auch [4]. Diese Sekundärrissbildung führt zu einer Energiestreuung in der weiteren Umgebung der Risspitze und damit zur Erhöhung der Brucharbeit. Dieser Vorgang ist mit einer deutlichen Veränderung der Bruchmorphologie verbunden: Das Bruchgefüge zeigt verschmolzene, durch austretende Korngrenzenphase und Oxidationsprodukte abgerundete Konturen, Bild 14. Die beschriebenen Temperaturverläufe wurden in qualitativ gleicher Form auch an Biegeproben mit kleinen, durch Knoop-Härteeindruck erzeugten Anrissen gefunden [19]; zu dieser Methodik vgl. Ziegler und Munz [20]. - Bei Temperaturen oberhalb von 1200°C (Sorte 1) bzw. 1300°C (Sorte 2) wird offenbar der eben diskutierte energiedissipative Beitrag durch die voranschreitende Erweichung der Korngrenzenphase überkompensiert. Lokale Aufschmelzungen werden häufig, Bild 15, und der Zusammenhalt des Verbundes wird immer schwächer, was sich in dem endgültigen Abfall von K_{Imax} ausdrückt. Ähnliche Ergebnisse - mit ähnlichen Schlussfolgerungen - wurden in der Literatur von Fantozzi u.M. [3] sowie Munz u.M. [2] mitgeteilt.

Die mit Y_2O_3 dotierte Sorte 5 bricht hingegen bis 1400°C ohne messbare Rissausbreitung, sodass $K_{I0} = K_{Imax}$, Bild 12 c.
Der für die MgO-haltigen Sorten beobachtete Abfall zwischen Raumtemperatur und 800°C findet nicht statt. Es entfällt auch der steile Abfall von K_{Io} oberhalb 800°C bzw. von K_{Imax} oberhalb 1300°C - besser ausgedrückt: er ist zu höheren Temperaturen verschoben, die mit der benutzten Messvorrichtung nicht mehr erreichbar waren. Die Bruchflächenmorphologie zeichnet sich durch wesentlich höhere Anteile an transkristallinem Bruch als bei den MgO-haltigen Sorten aus.

Insgesamt entsteht der Eindruck, dass der beträchtliche Y_2O_3-Zusatz die Viskosität der Korngrenzenphase heraufsetzt, sodass das typische Erweichungsverhalten zu höheren Temperaturen verschoben wird. Mikroskopisch lässt sich bei Sorte 5 auch eine im Durchschnitt stärkere Verzahnung des Gefüges erkennen. Diese vorteilhaften Eigenschaften werden bei dem vorliegenden Probenmaterial jedoch durch herstellungsbedingte Gefügehomogenitäten (Bereiche mangelnder Kornverzahmung, Si-, Fe-, Ca- und Cahaltige grobe Einschlüsse) zumindest verdeckt. Die Streuungen in den Messwerteigenschaften sind erheblich.

In der Literatur finden sich Messungen des Bruchwiderstandes einer kommerziellen HPSN/Y_2O_3-Sorte (NCX 34 der Fa. Norton/USA) bei Fields et al. [4], und zwar für Raumtemperatur und für 1400°C. Bei der höheren Temperatur finden diese Autoren eine starke Abhängigkeit von K_I von der Prüfgeschwindgikeit, was auf die Mitwirkung zeitabhängiger Fliessvorgänge vor der Risspitze schliessen lässt und mit den hier dargestellten Beobachtungen im Einklang ist.

4.3. Temperaturabhängigkeit der Rissausbreitungsgeschwindigkeit

Diese Ergebnisse werden in Form doppeltlogarithmismer v-K_I Kurven dargestellt, Bild 16 a/e, entsprechend der Gleichung

$$(4) \qquad v(K_I) = v_o \, (K_I/K_I^0)^n \, \exp(-Q_f/RT)$$

Die Zahlenwerte für n und K_I^0 sind für die 5 Werkstoffe in Tabelle 2 zusammengefasst, aufgegliedert nach Temperaturbereichen. Man erkennt unmittelbar, dass die Spannungsabhängigkeit der Rissausbreitung sehr hoch ist. Die 5 HPSN-Sorten in eine Reihenfolge bezüglich ihrer Festigkeit zu bringen, ist schwer möglich, da diese für jeden Wert von K_I und T gesondert behandelt werden muss. Im Überblick kann man sagen, dass die Sorten 4 und 5 einen hohen Risswiderstand besitzen, während die Sorte 1 weniger gut und 3 erheblich schlechter ist. 2 liegt im Mittelfeld.

Mit steigender Temperatur wird gleiches v bei niedrigerem K_I erreicht, was erneut auf die Mitwirkung thermisch aktivierter Vorgänge schliessen lässt. Bei den MgO-haltigen Sorten nimmt n mit steigender Temperatur ab, bei Sorte 5 (Y_2O_3) bleibt der Spannungsexponent bis 900°C weitgehend konstant. Ein weiteres Hauptmerkmal der Ergebnisse ist das starke Abknicken der v-K_I-Kurven in einen Ast mit n = 2...3 für die Temperaturen oberhalb von 1200°C (Sorte 2) bzw. maximal 1400°C (Sorte 5).Dieses Abknicken erfolgt bei um so kleineren K_I-Werten, je höher die Temperatur liegt. Bei höheren Spannungsintensitäten kommt wieder die hohe Spannungsempfindlichkeit der übrigen Kurven zum Tragen. Die Temperaturgrenze für das Auftreten dieses Mechanismus-Überganges ist im übrigen mit der Lage der K_{Imax}-Maximal (Bild 12) vergleichbar.

Ermittelt man die effektiven Aktivierungsenergien der Rissausbreitung, so erhält man im unteren Temperaturbereich (bis ca. 800°C) durchweg Werte von 15-25 kJ/mol, im Temperaturbereich 800-1000°C solche von 400-500 (niedrige Spannungen), die mit zunehmender Spannung auf ca. 200 abgebaut werden. Hieraus darf aber nicht, wie das bei Al_2O_3 möglich ist [22], auf eine linear mit K_I abnehmende Aktivierungsenthalpie geschlossen werden: der auf $K_I = 0$ extrapolierte Wert wäre viel zu hoch. Eine alternative Deutung wird im Abschn. 5 gegeben werden. Eine Übersicht über die in der Literatur gefundenen Werte des Spannungsexponenten und der Aktivierungsenergien gibt Tabelle 3. Die hier angegebenen Q_f-Werte stimmen für $T < 800^0C$ befriedigend überein mit denen, die für die Modellsubstanz Natronkalkglas an Luft gewonnen wurden. Im Bereich 800-1000 ^0C stimmen sie mit den eigenen Kriechmessungen (Abschn. 4.5)sowie mit Literaturwerten über das viskose Fliessen sililatischer Gläser überein [16]. Fraktographisch findet mit steigender Temperatur ein Übergang von transkristallinem Verhalten zu einem Bruchmodus mit zunehmenden interkristallinen Anteilen statt. Eine quantitative Beurteilung dieser Anteile ist jedoch wegen des stark zerklüfteten Gesamtbildes nicht möglich.

4.4. Wasserdampfeinfluss auf das Bruchverhalten.

Da nach dem Stand der Literatur [23] [24] zu vermuten war, dass es in erster Linie die glasartige Phase auf den Korngrenzen ist, welche gegenüber dem Wasserdampfpartialdruck in der Atmosphäre empfindlich ist, wurden zunächst Untersuchungen am Natronkalkglas durchgeführt, welches als Modellsubstanz für diese Phase gelten kann. Dem niedrigen Erweichungspunkt entsprechend, beschränkten sich diese Messungen auf den Temperaturbereich von 20 bis 400^0C.

Zunächst wurde die Aktivierungsenergie der Rissausbreitung dadurch bestimmt, dass v für festes K an jeweils einer Probe bei stufenweiser Erhöhung der Temperatur gemessen wurde. Ferner wurde an 3 Proben mit stufenweiser Lasterhöhung die Spannungsabhängigkeit untersucht. Die Messergebnisse gibt Bild 17 wieder. Die Aktivierungsenergie Q_f liegt unabhängig vom Spannungsniveau bei 19,1 ± 0,8 kJ/mol. Der Spannungsexponent ergibt sich zu 17,5, unabhängig von T. Bei der Analyse des H_2O-Einflusses muss berücksichtigt werden, dass der Sättigungsdampfdruck des Wassers seinerseits von der Temperatur abhängt, sodass die aus Bild 17 abgeleiteten Aktivierungsenergien korri-

giert werden müssen. Als einfachsten möglichen Korrekturfaktor führen wir das Verhältnis $p_W^S(T)/p_W$ ein, wobei p_W^S der T-abhängige Sättigungsdampfdruck, p_W der tatsächliche Dampfdruck des Wassers ist. Mit dieser Korrektur ergeben die Messungen aus Bild 17 nunmehr Q_f = 59 kJ/mol. Dieser Wert steht in sehr guter Übereinstimmung mit einer nachträglichen Auswertung der Messungen von Wiederhorn et al. [25] unter Vakuum und mit denjenigen von Schonert et al. [26] bei konstant gehaltenem p_W im Temperaturbereich 23-100 ^{0}C.
Um die Anwendbarkeit dieser Erkenntnisse zur "Spannungsrisskorrosion" am Glas im Wasserdampf auf Siliziumnitrid zu überprüfen, wurden bei Raumtemperatur und bei 100 ^{0}C einige v-K_I-Kurven in DT-Versuchen gemessen, und zwar an den MgO-dotierten Sorten 2 und 4 sowie an der Sorte 5 (mit Y_2O_3-Zusatz). Beginnt man die Versuche zunächst an Luft und benetzt die Rissfront nachträglich mit Wasser, so erkennt man rein qualitativ die rasche Beschleunigung der Rissausbreitung durch Zugabe von H_2O. Das v-K_I-Diagramm, Bild 18, macht bei unverändertem Spannungsexponenten den starken Wasserdampfeinfluss ebenfalls deutlich; dabei wurde ausser Wasser noch normale Luft (ca. 60% rel.F.) und (nach Abfönen der Probe) Siliconöl als Umgebungsmedium verwendet.
Bemerkenswert ist, dass dieser starke Einfluss nur an dem MgO-haltigen Material beobachtet wird. An Sorte 5 (mit Y_2O_3) wird ein solcher Einfluss nicht beobachtet. Wegen der starken Inhomogenität des Probenmaterials der Sorte 5 wurde dies auch an einer Probe überprüft - und bestätigt - die nacheinander an Laborluft, in deionisiertem Wasser und (nach 4-stündiger Trocknung bei 150 ^{0}C über Silika-Gel) in Silikonöl belastet wurde.

4.5. Kriechverhalten zwischen 1100 und 1400 ^{0}C.

Die Ergebnisse beziehen sich auf Messungen der Torsionsrate $\dot{\gamma}$ nach jeweils 0,3% plastischer Verformung. Sie sind im Sinne der konventionellen Kriechgleichung.

(5) $$\dot{\gamma} = \text{const}\cdot\tau^n \exp(-Q_c/RT)$$

dargestellt s. Bild 19. (τ : torsionswirksame Scherspannung).-

Eine eingehende Untersuchung des Kriechens von HPSN war im Rahmen dieser Arbeit nicht beabsichtigt; auf die Literatur [27] wird hingewiesen. Sowohl für Sorte 1 (MgO) als auch für Sorte 5 (Y_2O_3) ergeben sich sehr ähnliche Werte für den Spannungsexponenten n (2,2 bzw. 1,9) bzw. für die Aktivierungsenergie Q_c : Sorte 1 - 450 bis 520 kJ/mol; Sorte 5 - 500 bis 520 kJ/mol. Diese Resultate stimmen gut mit Literaturwerten überein, s.o. und [17], [28]. Allerdings ist bei gleicher Belastung und Temperatur die Kriechgeschwindigkeit der Sorte 1 etwa 40 bis 50 mal höher als die der Sorte 5. Die Vermutung liegt nahe, dass dies mit dem niedrigeren Erweichungspunkt und der damit verbundenen niedrigeren Viskosität der Korngrenzenphase in den beiden Werkstoff-Varianten zusammenhängt.
Wie zu Beginn dieses Abschnittes erwähnt, wurden die zur Bestimmung der Kriechdaten n und Q_c herangezogenen $\dot{\gamma}$-Werte nicht im stationären Zustand der Kriechkurve bestimmt - der bei Si_3N_4 in dieser Form gar nicht realisiert ist. Zusätzliche Versuche bei T = 1300 ^{0}C sollten daher zeigen, wie die Kriechverformung im Torsionsversuch sich bei langanhaltender Beanspruchung verhält. Die Versuche wurden über etwa 80 h (mit einem Lastwechsel von 40 nach 60 MN/m^2 nach 48 h) erstreckt und erreichten reproduzierbare Scherungen von 7 %. Durch freundliche Unterstützung von Herrn Dr. Grathwohl, U. Karlsruhe, wurden dort Kriechversuche in Biegung als Vergleich durchgeführt. Diese fallen im Hinblick auf den Verlauf der Kriechkurve unterschiedlich aus: der Dehnungswert ist (auf Torsionsprobe umgerechnet) ca. 40 mal niedriger. Auch erreicht die Kriechgeschwindigkeit im Biegeversuch einen angenähert konstanten (stationären) Wert. Im Torsionsversuch fällt $\dot{\gamma}$ mit zunehmender Verformung immer weiter ab, Bild 20. Auch letzterer Befund findet in der Literatur Parallelen: Sowohl im Zug- [30] als auch im Druckversuch [31] stellt sich kein stationärer Zustand ein, der Werkstoff verfestigt sich ständig. Angesichts der im Abschn. 2 behandelten Mikrostruktur der HPSN-Werkstoffe liegt die Deutung nahe, dass bei Beginn der Belastung eine begrenzte Anzahl gleitfähiger, nicht verzahnterBereiche vorliegt, dessen Verformungsmöglichkeit jedoch durch das Aneinanderstossen von β-Si_3N_4-Nadeln rasch erschöpft ist; die

Si_3N_4-Kristalle selbst verformen sich bei 1300 ^0C wegen mangelnder Versetzungsbeweglichkeit praktisch noch nicht.- Inwieweit die beobachtete Verfestigung durch Heissgaskorrosion der Umgebung der Rissfront verursacht ist, kann aufgrund unserer Ergebnisse nicht entschieden werden.

5. Schlussbetrachtung - Zusammenfassung.

Die hohe, durch kovalente Bindungskräfte verursachte Steifigkeit und Formänderungsfestigkeit der Si_3N_4- und SiC-Werkstoffe ist einerseits vorteilhaft, indem sie dem Werkstoff bis zu hohen Temperaturen hohe Festigkeitswerte verleiht. Sie ist andererseits nachteilig, weil sie für die Sprödigkeit im ganzen Temperaturbereich verantwortlich ist, und weil sie andererseits die Sinterfähigkeit beeinträchtigt. Erst oberhalb von 1700 ^0C beginnen die Versetzungen in Si_3N_4 die starken Peierlskräfte im Gitter zu überwinden und damit "verformungsfähig" zu werden.

Die Schwierigkeit, reines Siliziumnitrid zu dichten Sinterkörpern zu verarbeiten, hat im Lauf der technologischen Entwicklung zur Beigabe von Sinterhilfsmitteln in Mengenanteilen von mehreren Prozent geführt; in dieser Arbeit wurden hauptsächlich MgO und Y_2O_3 untersucht. Beide Oxide liegen im Fertigprodukt nicht mehr als solche vor; vielmehr bilden sie während des Heisspressens mit SiO_2 (welches teils als Verunreinigung des Ausgangspulvers, teils als Oxidationsprodukt mit Luftsauerstoff vorliegt) silikatische Phasen, die beim Abkühlen glasig erstarren.

Das Heisspressen von HPSN, dessen Ergebnis für die mechanischen Eigenschaften massgeblich ist, ist somit eine Umschreibung für ein Reaktionssintern unter Druck in Gegenwart einer viskosen Phase, wobei folgende Vorgänge ablaufen: a) Phasenumwandlung α-β-Si_3N_4 unter Ausbildung des charakteristischen Nadelgefüges; b) Reaktion zwischen zugesetzten Oxiden und SiO_2 (z.T. unter Lösung von N) unter Bildung einer die Si_3N_4-Zwischenräume füllenden Glasphase; c) Verdichten des 3-Phasen-Gefüges aus β-Nadeln, Rest-α und Glasphase.

Auswirkungen der "Sinterhilfen", welche die soeben genannten Vorgänge im gewünschten Sinne beeinflussen, müssen sich fast notwendig auf die mechanische Festigkeit, insbesondere bei hoher Temperatur, im unerwünschten Sinn auswirken. Selbst bei Raumtemperatur können sie durch ihre im Vergleich zu Si_3N_4 geringere Festigkeit und ihre Korrosionsanfälligkeit gegen Wasserdampf qualitätsmindernd wirken. Beides wird durch die Ergebnisse dieser Untersuchung bestätigt.

Auch bei einem vorwiegend aus streichholzähnlichen, regellos gelagerten Kritalliten (hier: β-Si_3N_4) aufgebautem Gefüge sind im Sprödebruchbereich (d.h. bei niedrigen Temperaturen) sowohl trans- als auch interkristalline Beiträge zur Rissöffnung zu erwarten, sofern man die Betrachtung auf Mikrobereiche beschränkt. So erwartet man interkristalline Auftrennungen längs solcher Korn- bzw. Phasengrenzen, die sich zwanglos in die Morphologie einer Bruchfläche einfügen lassen. Ferner sind "pull-out"-Prozesse solcher β-Nadeln zu erwarten, die angenähert senkrecht zur mittleren geometrischen Bruchfläche angeordnet sind. Sobald jedoch nichtorthogonal zueinander orientierte Nadeln aneinandergrenzen, müssen interkristalline Bruchbeiträge der geschilderten Art zur Spannungskonzentration über den Querschnitt anderer, "quer" liegender Nadeln führen - und damit zu transkristallinen Bruchereignissen. Diese wiederum bauen neue Spannungsverteilungen auf, welche interkristalline Mikrorisse aufweiten helfen, usw.. Makroskopisch gesehen, brechen derartige Gefüge weitgehend transkristallin, wobei der interkristalline Anteil sich nach der Scher- bzw. Normalfestigkeit der Korngrenzen bzw. der Haftung zwischen Siliziumnitrid und Zwischenkornphase richtet, ausserdem natürlich nach den geometrischen Daten der β-Nadeln.

Dieser interkritalline Anteil muss zumindest bei niedrigen Temperaturen als festigkeitsmindernd bewertet werden, da die kovalent gebundenen β-Nadeln die höchtsten Festigkeitswerte einbringen. Nach den in dieser Arbeit erzielten Ergebnissen ist der interkristalline Anteil bei den MgO-dotierten Sorten höher als bei Y_2O_3-dotiertem HPSN. Letzteres zeigt bis zu hohen Temperaturen einen fast ausschliesslich transkrisllinen Bruchmodus, obwohl der Volumenanteil an Zwischenkornphase ("Glasphase") höher liegt. Der somit bestehende Vorteil des Y-Materials wird noch dadurch erhöht, dass die Y-haltige Glasphase weit weniger dem korrosiven Angriff an der Rissspitze durch Wasserdampf unterliegt als die MgO-haltige Phase. Mit steigender Temperatur macht sich die einsetzende Viskosität der Korngrenzenphase auf zweierlei Weise bemerkbar: sie ermöglicht durch kleine interkristalline Abgleitungen eine Umverteilung der elastischen Spannungsspitzen, sodass um die Rissfront herum zusätzliche, energiestreuende Mikrorissbildungen ausgelöst werden: K_{Imax} steigt an. Andererseits tragen sie, wenn genügend Zeit zur Verfügung steht, zur messbaren Verformung der Probe bei. Dies kann bei den für Bruchwiderstandsmessungen angewendeten Geschwindigkeiten am MgO-haltigen Material bereits ab ca. 900^{0}C beobachtet werden, bei den Y_2O_3-haltigen Proben wegen der höheren Viskosität ihrer Korngrenzenphase erst bei höherer Temperatur bzw. niedrigerer Geschwindigkeit. In Versuchen mit konstanter Last werden entsprechende Kriechvorgänge beobachtet, die sich der thermisch aktivierten Rissausbreitung überlagern, sodass zur Festlegung von v-K_I-Kurven eine besondere Messtechnik erforderlich ist. Wiederum zeigt das Y-haltige Material den höheren Kriechwiderstand als das Mg-haltige. Bei noch höheren Temperaturen führt die Erhöhung der Gleitgeschwindigkeit und das Einsetzen von Umlösungsprozessen in der Nähe der Rissfront zur allgemeinen Festigkeitsabfall, der sich auch in erheblichen makroskopischen Kriechverformungen bemerkbar. macht. Sehr wahrscheinlich sind Oxidationsprozesse durch Luftsauerstoff hieran beteiligt.

Abschliessend möchten die Verfasser Herrn Dr. F.W. Kleinlein für Diskussionen und wichtige Anregungen während der Durchführung dieser Arbeit danken.

6. Schrifttum

[1] Evans, A. G. — in : Ceramics for High Performance Application, Hrsg v. J. J. Burke et al., Brook Hill (1974) S. 373-396

[2] Munz, D., Himsolt, G., Eschweiler J. — ASTM STP 745, Philadelphia (1981) S. 69-84

[3] Orange, G., Epicier T., Fantozzi, G. — in : Nitrogen Ceramics II Hrsg. v. F. L. Riley, Noordhoff, Leyden (1983)

[4] Fields, R. J., Chuang, T. J., Fuller, E. R., Tigh, N. J. — wie : [3]

[5] Gulden, M. E., Metcalfe, A. G. — J. Amer. Ceram. Soc. 59 (1976) S. 391-396

[6] Kříž, K. — Einfluss der Mikrostruktur auf die langsame Rissausbreitung und mechanische Eigenschaften von heissgepresstem Siliziumnitrid zwischen Raumtemperatur und 1500°C. Dr.-Ing. Dissertation Erlangen 1983, 176 S.

[7] Förster, F. — Z. f. Metallkunde 29 (1937), S. 109-115

[8] Spiner, S., Tefft, W. E. — Proc. ASTM 61 (1961), S. 1221-1238

[9] Greelner, W. — Bruchverhalten von Werkstoffen des Systems Al_2O_3-TiC bei erhöhten Temperaturen, Dr.-Ing. Dissertation Erlangen 1980

[10] Hennicke, H. W. — Anelastizität und innere Reibung keramischer Werkstoffe, Handbuch der Keramik, Schmidt (1978), S. 1-13

[11] Bretfeld, H., Kleinlein, F. W., Munz, D., Pabst, R. F., Richter, H. — Ermitlung des Bruchwiderstandes an Oxidkeramik und Hartmetallenmit verschiedenen Methoden. Z. Werkstofftech. 12 (1981) S. 167-174

[12] Williams, D. P.; Evans, A. G. — J. Mater. Sci. 7 (1972) S. 1137-1146

[13] Li, L.; Weick, J.; Pabst, R. F. — Ber. Dt. Keram. Ges. 57 (1980) S. 5-9

[14] Nowick, A. S.; Berry, B. S. — Anelastic Relaxation in Crystalline Solids, Academic Press, New York (1972)

[15] Tsai, R. L.; Raj, R. — J. Amer. Ceram. Soc. 63 (1980) S. 513-517

[16] Schaeffer, H. A. — Habilitationsschrift, Univ. Erlangen (1980)

[17] Kossowsky, D. G.; Miller, D. G; Diaz, E. S. — J. Mater. Sci. 10 (1975) S. 983-997

[18] Schachtner, R. — Untersuchung der Tracerdiffusion von ^{26}Mg, ^{30}Si und ^{18}O in einkristallinem Forsterit und von ^{18}O in einkristallinem SiO_2

[19] Govila, R. K. — J. Amer. Ceram. Soc. 63 (1980) S. 319-325

[20] Ziegler, G.; Munz. D. — Ber. Dt. Keram. 56 (1979), S. 128-131

[21] Knoch, H.; Gazza, G. E. — J. Amer. Ceram. Soc. 62 (1979) S. 634-635

[22] Devezas, T. C.; Kleinlein, F. W.; Ilschner, B. — Z. Werkstofftech. 15 (1984) S. 65 - 72

[23] Gerberich, W. W.; Stout, M. — J. Amer. Ceram. Soc. 59 (1976) S. 222-225

[24] Wiederhorn, S. M.; Bolz, L. H. — J. Amer. Ceram. Soc. 53 (1970) S. 543-548

[25] Wiederhorn, S. M. — J. Amer. Ceram. Soc. 50 (1967) S. 407-414

[26] Schonert, K.; Umhauer, H.; Klemm, W. — in : Fracture 1969 (ICF 2) Brighton, England, S. 474-482

[27] Karunaretuc, B. S. B Lewis, M. H. — J. Mater. Sci. 15 (1980) S. 449-462

[28] Ud Din, S. Nicholson, P. S. — J. Mater. Sci. 10 (1975) S. 1375-1380

[29] Arons, R. M. Tien, J. K. — J. Mater. Sci. 15 (1980) S. 2046-2058

[30] Lange, F. F. Davis, B. I. Clark, D. R. — J. Mater. Sci. 15 (1980) S. 601-610 und 616-618

[31] Evans, A. G. Wiederhorn, S. M. — J. Mat. Sci. 9 (1974) S. 270-278

[32] Mendiratta, M. G. Petrovic, J. J. — J. Am. Ceram. Soc. 61 (1978) S. 226-230

[33] Henshall, J. J. Rowcliffe, D. J. Edington, J. W. — J. Am. Ceram. Soc. 62 (1979) S. 36-41

[34] Evans, A. G. Russel, L. R. Richerson, D. W. — Metall. Trans. A. 6 (1975) S. 707-716

[35] Annis, C. G. Cargill, J. S. — in : Fracture Mechanics of Ceramics, Vol. 4, Plenum Press, New York (1978), S. 737-744

[36] Tighe, N. J. — J. Mater. Sci. 13 (1978) S. 1455-1463

[37] Steinmann, D. — Dr.-Ing. Dissertation, Univ. Karlsruhe (1982)

Tabelle 2: Rissausbreitungsdaten der HPSN-Sorten 1 bis 5 bei $v^{O} = 10^{-8}\ ms^{-1}$ $K_I{}^{O}$ in $MNm^{-3/2}$

Temperatur	RT		700°C		800°C		900°C		1000°C		1100°C	
HPSN-Sorte	n	$K_I{}^{O}$	n	$K_I{}^{O}$	n	$K_I{}^{O}$	n	$K_I{}^{O}$	n	$K_I{}^{O}$	n	$K_I{}^{O}$
1	59	6,34	—	—	48	5,86	32	5,00	28	4,47	—	—
2	145	6,92	74	6,22	—	—	27	4,72	23	4,18	—	—
3	60	4,07	—	—	25	3,10	23	2,79	31	2,52	—	—
4	96	7,28	—	—	58	6,65	56	6,34	26	5,02	22	4,51
5	87	7,01	82	6,00	—	—	81	5,60	—	—	—	—

Material	Temp. [°C]	n	$K_f{}^{o}$ $[MNm^{-3/2}]$	ΔQ_f [kJ/mol]	Messmethoden	Quelle
<u>Norton</u>	1250	10/50	4,53			
HS 130	1300	10	3,78	921	DT-Proben	[31]
	1350	10	3,03			
	1400	10	2,56			
	1100	8,8	1,9			
	1200	9,3	2,0		Biegeproben	[32]
	1300	6,1	1,7		σ = const	
	1000	90	5,67		Biegeproben	[33]
	1100	38	4,57		σ = const	
<u>Norton</u>						
"Standard"	1400	5,5	1,09			
"sehr rein"	1400	7,2	2,20	712	DT-Proben	[34]
$Si_3N_4 + SiC$	1400	4,6	0,49			
<u>Norton</u>						
NC 132	1204	30	3,47		DT-Proben	[35]
	1200	30	4,69		DT-Proben	[36]
	1400	5,5	1,07			
	1300	5,6	1,74			
	1350	5,6	1,57	~690	DT-Proben	[19]
	1400	5,5	1,0			
<u>Annawerk</u>						
"Qualität A"	1200	25,6				
	1300	31,2				
"Qualität B"	1200	18,5				
	1300	19,0			Biegeproben	
"Qualität C"	1200	27,2			σ = const	[37]
	1300	12,6				
"Qualität D"	1200	22,4				

Tabelle 3: Literaturdaten zur langsamen Rißausbreitung in HPSN

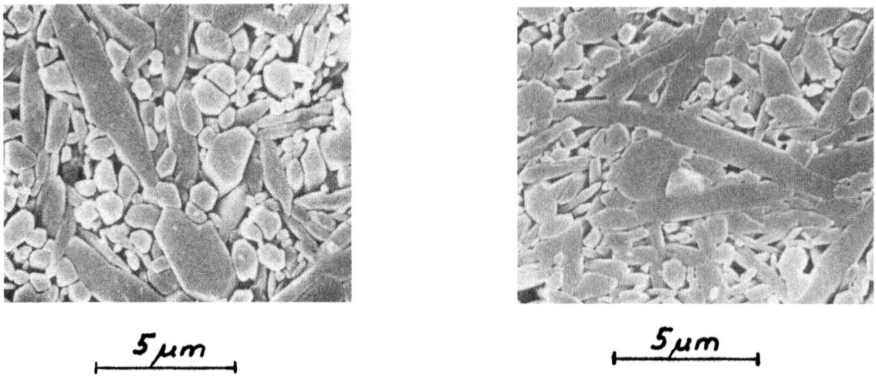

Bild 1: Kornstruktur polierter und geätzter Oberflächen der HPSN-Sorten 1 (links) und 5 (rechts)

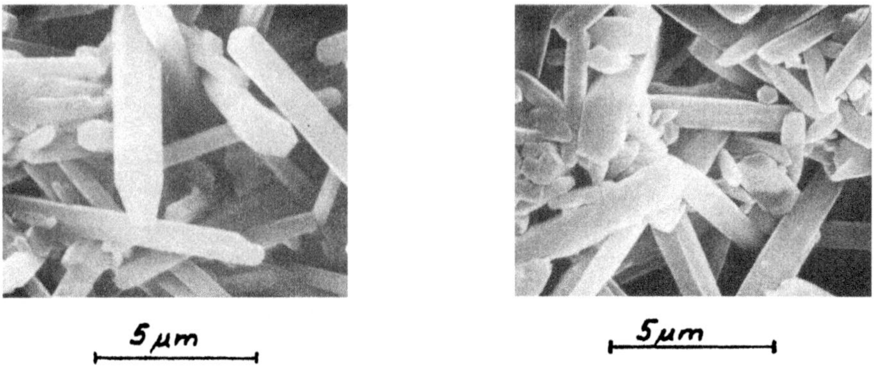

Bild 2: Korngefüge (überätzt/REM) von HPSN Sorte 1 (links) und Sorte 5 (rechts)

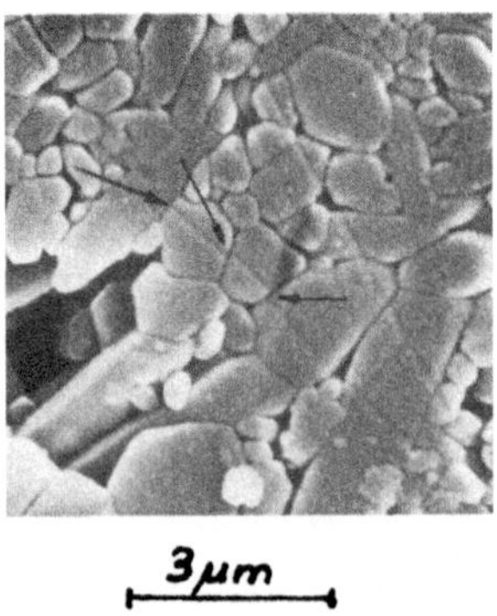

Bild 11: Nachweis der Kornverschiebung längs Korngrenzen an Sorte 1 bei 1100 °C (s.Pfeile)

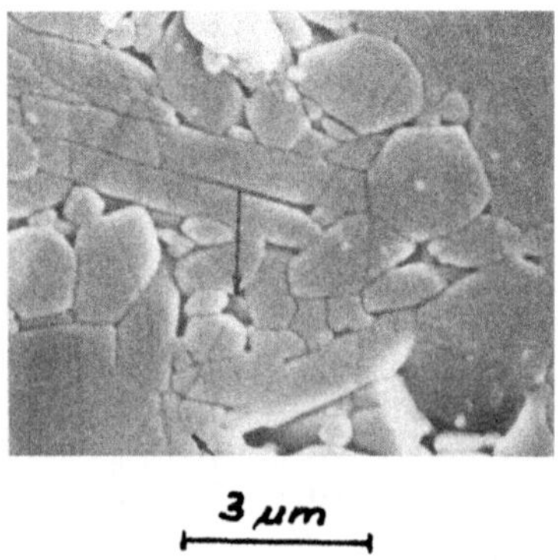

Bild 14: Bruchflächen der HPSN-Sorte 4, Bruchtemperatur : 1300 °C

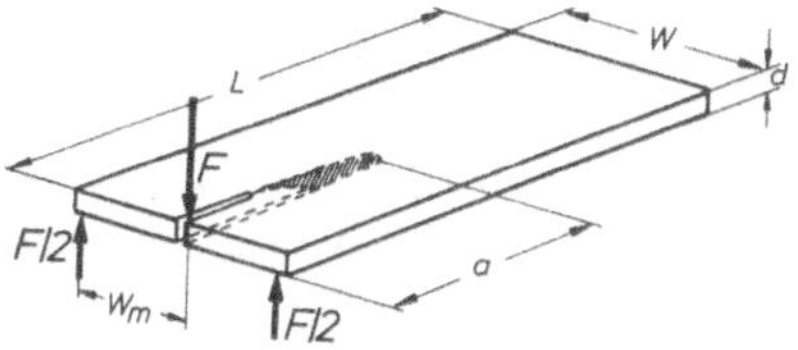

Bild 3: Versuchsgeometrie der Doppeltorsionsprobe

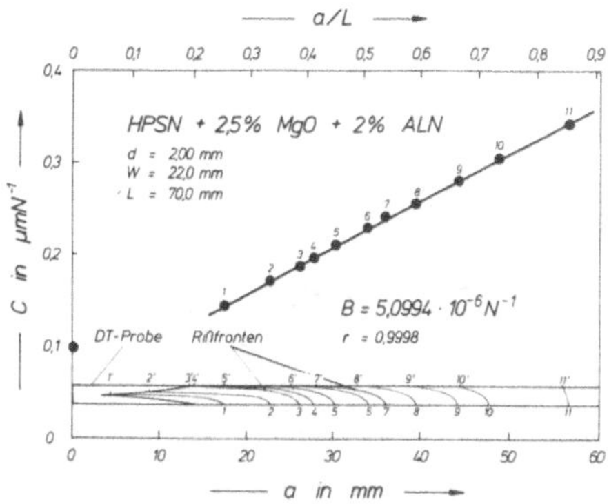

Bild 4: Einfluss der Rissfrontform auf die Nachgiebigkeitskalibrierung

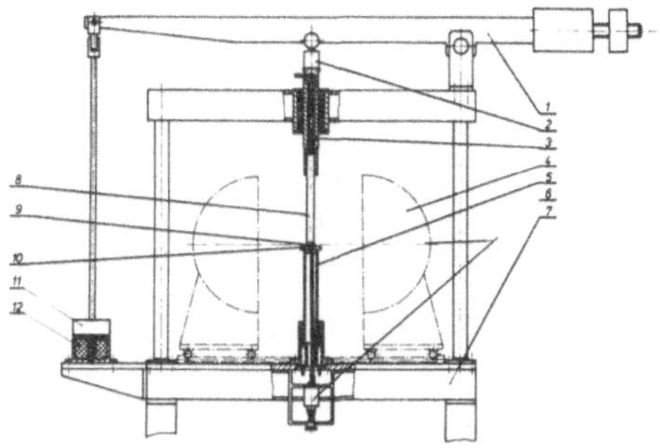

Bild 5: Schematische Darstellung der Hochtemperatur-Doppeltorsionsapparatur

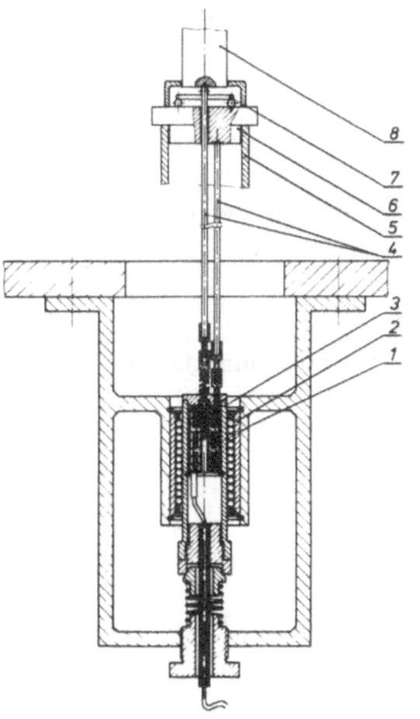

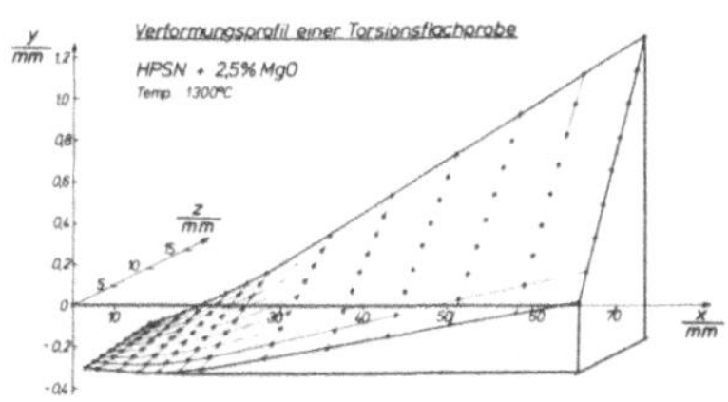

Bild 7: Verformungsprofil einer Torsionsflachprobe nach dem Kriechen

Bild 6: Schematische Darstellung des Wegmess-Systems aus Bild 5

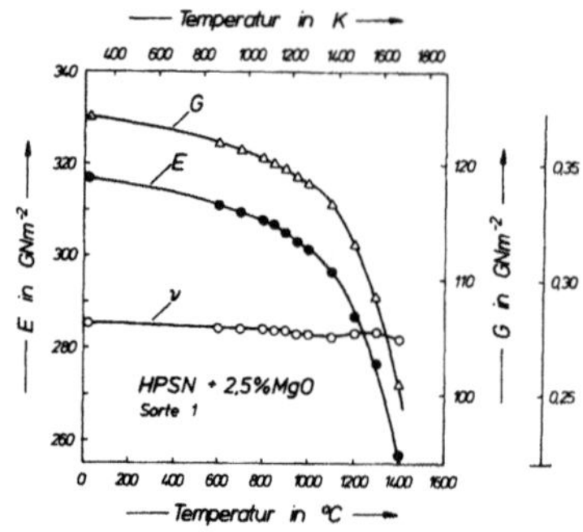

a)

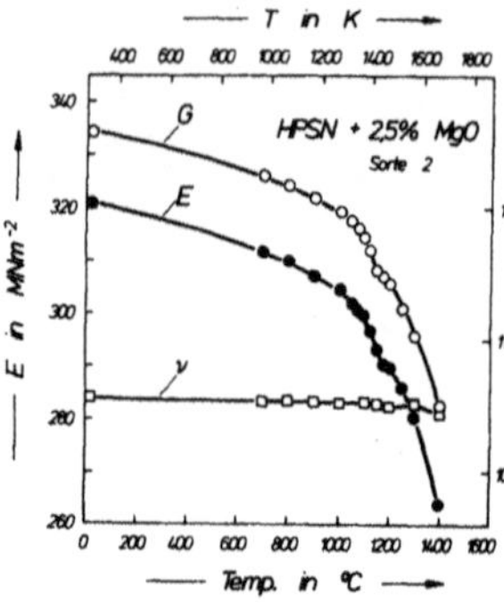

b)

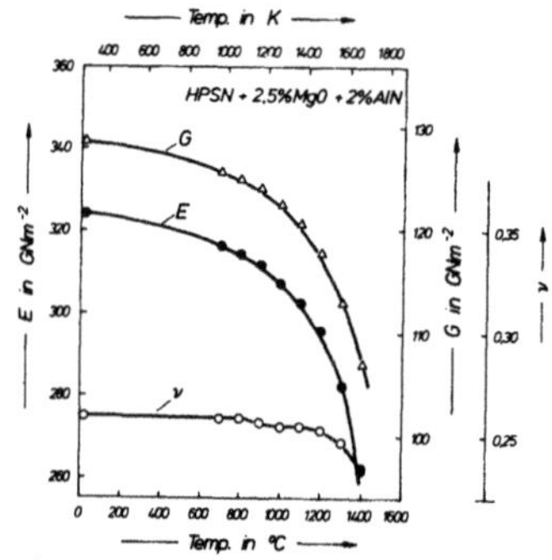

c)

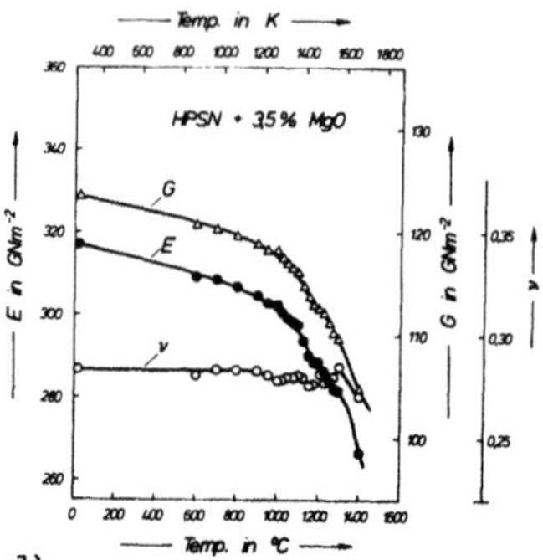

d)

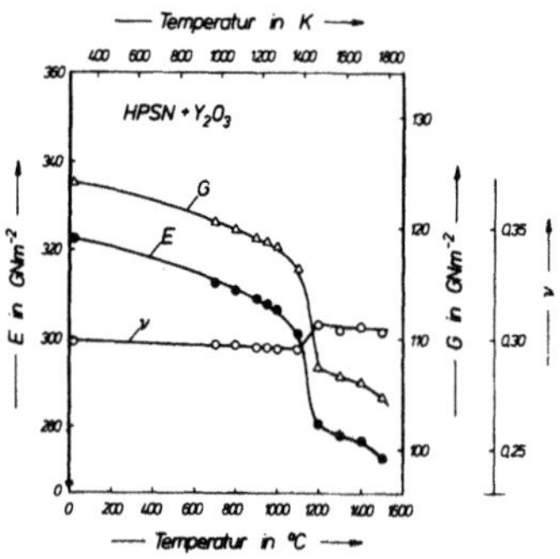

e)

Bild 8:

Temperaturabhängigkeit der elastischen Konstanten der HPSN-Sorten 1 bis 5 (a - e)

Bild 9:
s. folgende Seite

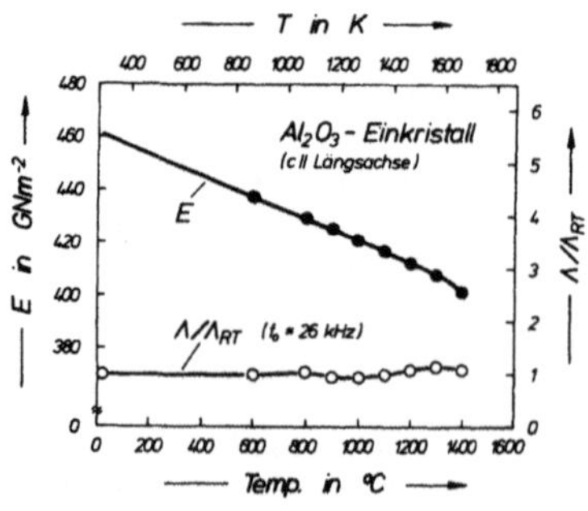

Bild 10:

Temperaturabhängigkeit des E-Moduls und der Dämpfung eines Saphir-Einkristalls

Bild 11:
s. Halbton-Bildseite

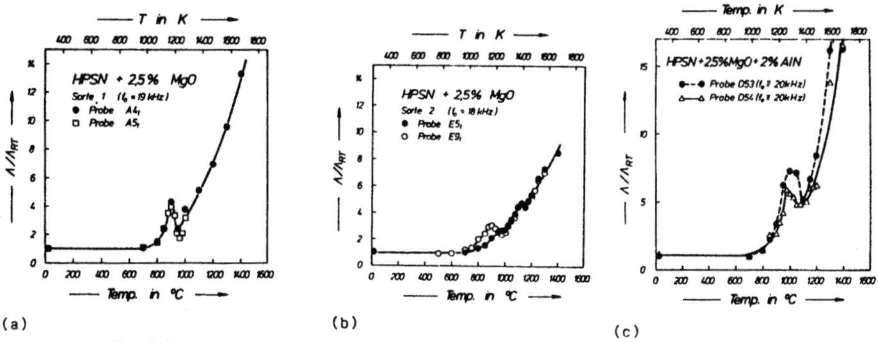

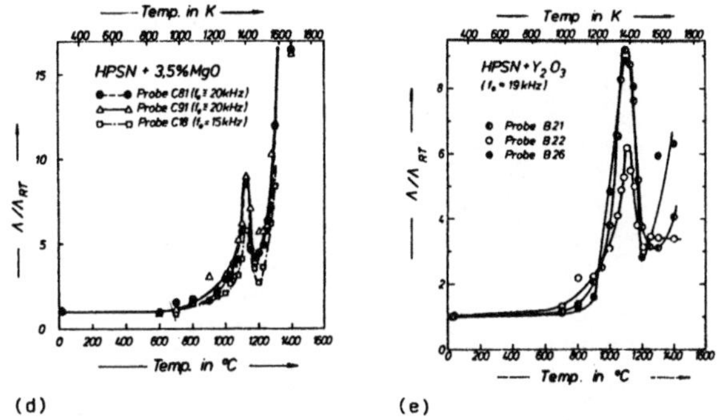

Bild 9:

Temperaturverlauf der anelastischen Dämpfung der HPSN-Sorten 1 bis 5 (a - e)

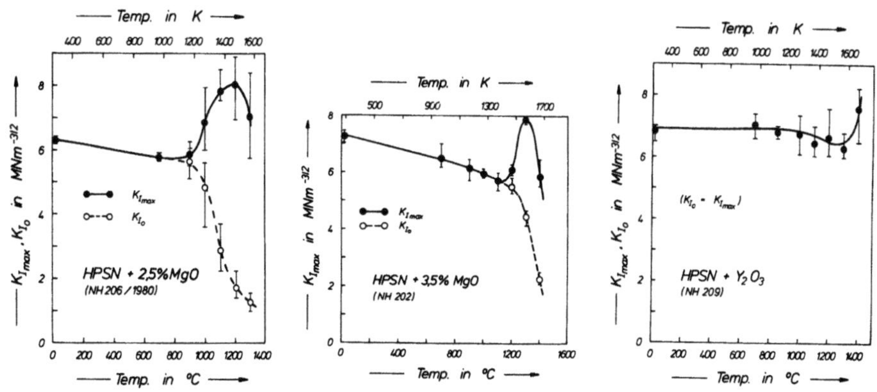

Bild 12: Temperaturverlauf von K_{Io} und K_{Imax} für 3 HPSN-Sorten

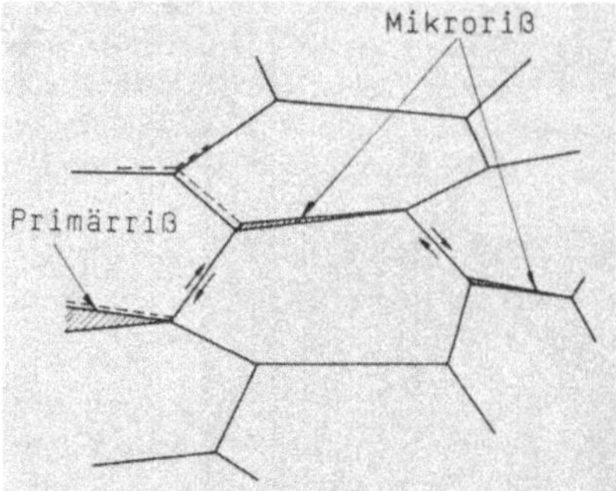

Bild 13:

Mikrorissbildung infolge Spannungsumverteilung durch viskose Gleitung an Korngrenzen (nach [4])

Bild 14:
s. Halbton-Bildseite

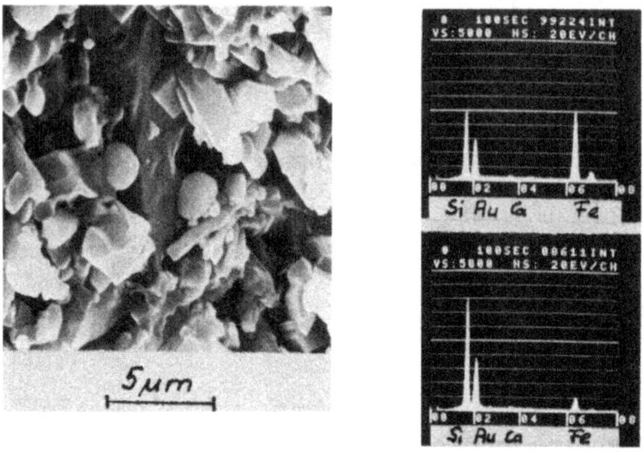

Bild 15:

Fe- und Si-haltige Teilchen auf der Bruchfläche einer bei 1400°C gebrochenen Probe der HPSN-Sorte 4, mit EDAX-Spektren für das Teilchen (oben) bzw. Si_3N_4-Nadel (unten)

Bild 16:
s. folgende Seite

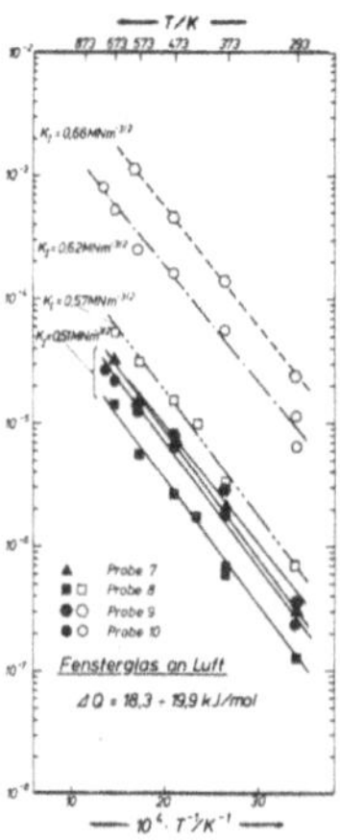

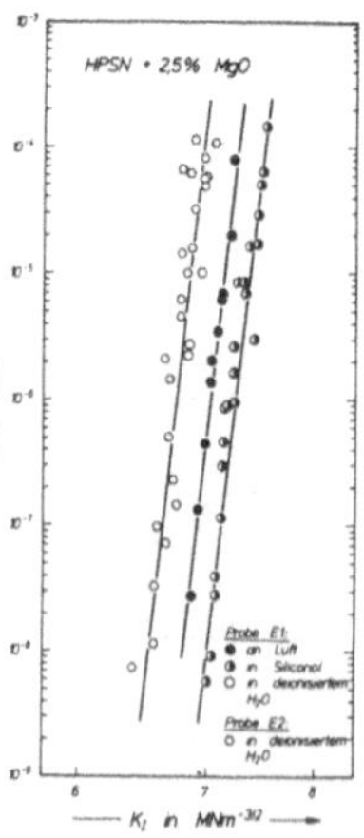

Bild 17: Einfluss von T und K_I auf die Rissausbreitung in Glas an Luft

Bild 18: Einfluss der Wasserdampfaktivität auf die Rissausbreitung in HPSN, Sorte 2

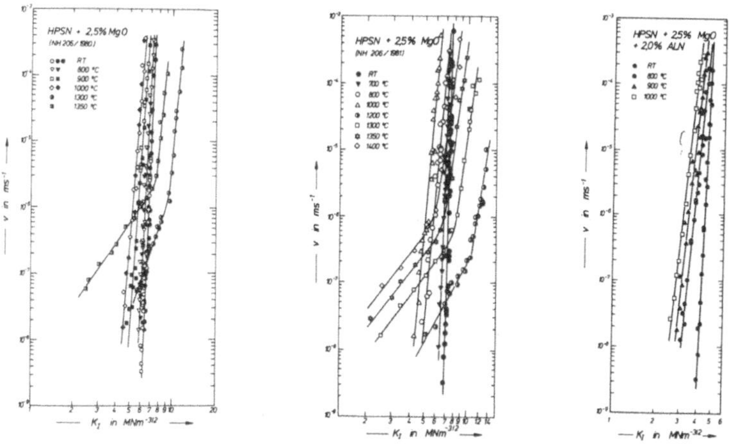

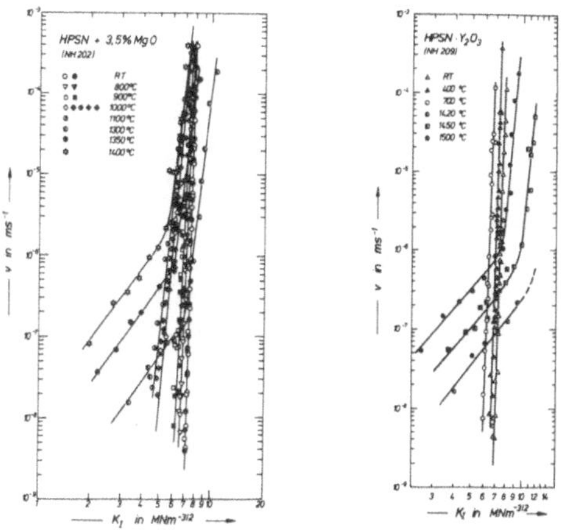

Bild 16:

Rissgeschwindigkeit v als Funktion der Spannungsintensität bei verschiedenen Temperaturen, HPSN-Sorten 1 bis 5 (a - e)

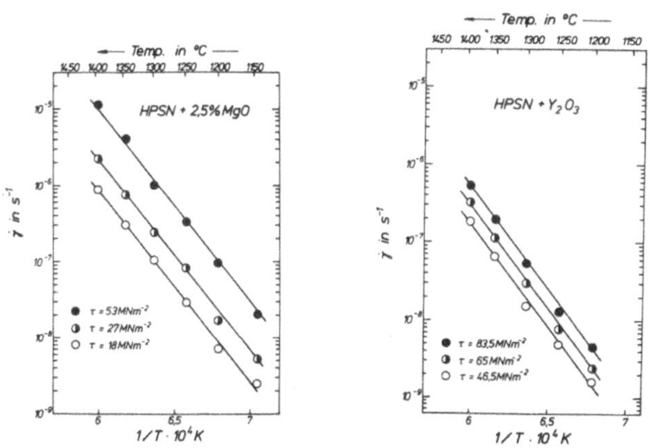

Bild 19 : Spannungs- und Temperatur-Abhängigkeit der Kriechgeschwindigkeit für die HPSN-Sorten 1 (links) u. 5 (rechts)

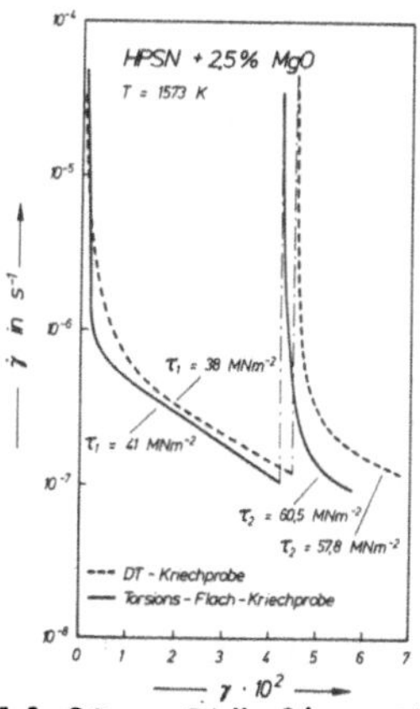

Bild 20 : Ständige Abnahme der Kriechrate mit der Verformung

DRUCKLOSES FÜGEN VON SILICIUMNITRID

M. Erz, H. W. Hennicke

Professur für Keramik und Email
Technische Universität Clausthal

1. Einleitung und Problemstellung

Die Technik des Fügens befaßt sich mit dem Verbinden von Bauteilen, wobei ein örtlicher Zusammenhalt geschaffen wird, der eine Kraftübertragung über die Fügestelle hinweg gewährleisten soll. Dabei kann das Fertigungsverfahren Fügen eingeteilt werden in mechanisches und stoffliches Vereinigen zweier Bauteile. Beim mechanischen Verbund erfolgt die Kraftübertragung durch Formschluß, d. h. durch die Form bzw. geometrische Gestalt der an der Verbindung beteiligten Komponenten, z. B. Schrauben, Nut und Feder. Dagegen basiert der stoffschlüssige Verbund auf physikalisch-chemischen Reaktionen der zu fügenden Werkstoffe miteinander, zum Teil unter Hinzunahme von haftvermittelnden Zusatzwerkstoffen. Hierzu zählen Verfahren wie Kleben, Löten und Schweißen.

Ein Problem für den Einsatz in Gasturbinen ist die Verbindung von verschiedenen Nitridwerkstoffen sowie der Verbund zwischen Siliciumnitrid und metallischen Bauteilen, z. B. die Montage von Turbinenschaufeln aus reaktionsgesintertem (RBSN) an die Nabe aus heißgepreßtem Siliciumnitrid (HPSN) - "Duodensity Rotor" - und die Befestigung des gesamten Rotors an der metallischen Welle.

Die vorliegende Arbeit soll Techniken zum stofflichen Fügen von verschiedenen Siliciumnitridwerkstoffen aufzeigen. Die verwendeten Fügetechniken beschränken sich auf drucklose Verfahren (wirtschaftlicher als Fügen unter Druckanwendung). Es werden ebene Flächen miteinander gefügt, um einen ausschließlich stoffschlüssigen Verbund zu erhalten.

2. Literaturübersicht

2.1 Löten

Der Begriff Löten läßt sich auch für das drucklose Verbinden von keramischen Werkstoffen untereinander und mit Metallen anwenden. Der entscheidende Unterschied besteht jedoch darin, daß bei Keramik-Lötungen die Bauteile insgesamt mit erhitzt werden müssen, während bei Metall-Lötungen nur das Lot und die Lötstelle erwärmt werden. Zur Lötung von keramischen Werkstoffen sind folgende Verfahren bekannt:

2.1.1 Zweistufige Lötungen

Als Vorbereitung für die Lötung wird auf die Oberfläche des keramischen Werkstoffes eine Metallisierung aufgebracht, die mit handelsüblichen Hartloten lötbar ist und einen vakuumdichten Verbund liefert [1]. Eine andere Möglichkeit ist das Aufbringen von Metalloxiden oder -salzen, die beim Einbrennvorgang zum Metall reduziert werden [2]. Die gebräuchlichste Metallisierung ist der Mo-Mn-Prozeß im Bereich der Elektrokeramik [1-4].

Eine Metallisierung von Siliciumnitrid und Siliciumcarbid in zwei Schritten beschreibt Twentyman [5]. Shibalov [6] beschreibt das Weichlöten von Siliciumcarbid mit einem Cu-Sn-Lot nach Metallisierung der Oberfläche mit elektrolytisch abgeschiedenem Nickel.

2.1.2 Einstufige Lötungen

Die Reaktion des aktiven Metalls mit einem keramischen Oxid unter Bildung eigener Oxidphasen kann eine gute Haftung vermitteln [1,3]. Bei Nichtoxidkeramik erfolgt die Verbindung über die immer vorhandene Oxidhaut auf der Oberfläche und die Korngrenzenphase. - Besonders sorgfältig muß bei einstufigen Lötungen auf das Temperatur-Zeit-Programm geachtet werden. (Löt-Temperatur um ca. 100 °C höher als der Schmelzpunkt der Lotlegierung [7]). (Twentyman [5] Lötungen von HPSN mit korrosionsbeständigem Stahl unter Verwendung eines Pd-Ni- bzw. Pd-Ag-Lotes. Iseki u. a. [8] Fügen von siliciuminfiltriertem Siliciumcarbid mit Hilfe von schmelzflüssigem Germanium im Vakuum). Siebels beschreibt den Verbund von HPSN und RBSN mit Ti-Cu-Be-

oder Ti-Cu-Be-Zr-Aktivloten im Vakuum [7].

2.1.2 Nichtmetallische Lote

Die Hauptanwendung von keramischen Loten liegt im Bereich der Aluminiumoxid-Keramik [9]. Gewisse andere Techniken verwenden keramische Suspensionen ("Schlicker") [10].

2.2 Schweißen

2.2.1 Festkörperschweißen

Im Festkörperschweißen ist das Ziel, einen stoffschlüssigen Verbund zu erreichen, der auf Festkörperreaktionen beruht, d.h. ohne Beteiligung einer Schmelzphase abläuft. Daraus können sich lange Reaktionszeiten ergeben, die die technische Anwendung dieses Verfahrens einschränken [1].

2.2.2 Reaktionsschweißen

Das Reaktionsschweißen beruht auf der Kombination eines gebrannten keramischen Bauteils mit einem "grünen" Metall-Pulverpreßling beim Reaktionsbrand zu einem Werkstoffverbund. Twentyman [5,11] beschreibt eine Technik, die einen metallischen Pulverpreßling in Form eines Ringes mit einem keramischen Stab (RBSN, HPSN, SiC) verbindet. Während des Reaktionsbrandes in reduzierender Atmosphäre versintert das Metallpulver und umhüllt dabei die Keramik.

Eine Variante des Reaktionsverbundes ist das vorherige Glasieren der Keramik, so daß das Metall mit der Glasur reagiert. (Mo-Mn-Ni-Legierungen für Verbindungen zwischen HPSN und RBSN mit Flüssigkeitsphasenbildung [11]).

2.2.3 Schmelzschweißen

Da erhebliche Temperaturgradienten ohne Bruch ausgehalten werden müssen, ist es für Siliciumnitridwerkstoffe damit nicht geeignet, da diese sich zersetzen ohne Schmelzphase zu bilden [1].

3. Theoretische Grundlagen

Zum Verbund von Werkstoffen tragen viele Faktoren bei: Physikalische und chemische Wechselwirkungen, Sintern und Diffusion über die Grenzfläche hinweg sowie mechanische Verankerung im mikroskopischen Bereich als Folge von Oberflächenrauhigkeiten. Die Verbundmechanismen sind daher allgemein nicht theoretisch vorhersagbar, sondern müssen durch in der Praxis gewonnene Erfahrungen ermittelt werden. Welcher der im folgenden beschriebenen Mechanismen vorherrschend ist, hängt von den Charakteristika der zu fügenden Werkstoffe und der Verbindungstechnik, d. h. den Prozeßvariablen Druck, Temperatur, Atmosphäre und Zeit und Probenvorbehandlung ab.

Man kann unterteilen in:

1. Physikalische Wechselwirkungen [12,13]

2. Chemische Wechselwirkungen, Einfluß des Bindungstyps [14]

3. Thermodynamische Überlegungen [15]

4. Einfluß der Sintermechanismen (Teilchen-Fläche) [20,21]

4. Benutzte Siliciumnitridwerkstoffe als Fügepartner

Werkstoffe auf der Basis von Siliciumnitrid sind aufgrund ihrer guten thermischen und mechanischen Eigenschaften [16,18] gefragt. Die in der vorliegenden Arbeit verwendeten Werkstoffe beschränken sich auf HPSN und RBSN (Fa. Annawerk, Abt. Ceranox, Rödental), da von diesen Werkstoffen Standardqualitäten erhältlich sind, während sich andere (HIPSN und SSN) noch in der Entwicklung befinden.

Es wurde von den einzelnen Werkstoffen die Rohdichte nach DIN 51065 bestimmt. Die Werte sind in Tab. 1 aufgeführt. Als für die Verbundherstellung besonders wichtiger Werkstoffkennwert wurde der lineare Wärmeausdehnungskoeffizient WAK zwischen Raumtemperatur und 1000 ^{o}C mit einem Dilatometer nach Leitz-Bollenrath in Anlehnung an DIN 52328 bestimmt. Anhand von Röntgenbeugungsaufnahmen konnte ein Überblick über den Gehalt von α- und β-Siliciumnitrid gewonnen werden.

Das HPSN besteht ausschleißlich aus β-Siliciumnitrid. Die RBSN-Werkstoffe enthalten überwiegend α-Siliciumnitrid und einen geringen Anteil β-Siliciumnitrid.
Die Rohdichten der HPSN-Qualitäten lagen bei 3,14 bis 3,19 g/cm^3

und die von RBSN zwischen 2,21 bis 2,43 g/cm^3.

Der lineare Wärmeausdehnungskoeffizient (zwischen 20 und 1000 ^{o}C) wurde zwischen 3,0 und 3,2.10^{-6} (Grad K^{-1}) bestimmt, wobei die RBSN-Qualitäten jedoch ohne deutlichen Porositätseinfluß mehr an der unteren Grenze des angegebenen Bereiches lagen.

5. Experimentelles

Sowohl für die Nitridierung von Silicium als auch für die Herstellung der Verbundproben mußte ein Ofen aufgebaut werden, der es erlaubt, Proben in einer definierten, genau einstellbaren Gasatmosphäre zu brennen.

Es handelt sich um einen umgebauten Laborofen der Fa. Naber, Bauart LHT 8/R 17, der mit einem zusätzlichen, vorsetzbaren Türteil mit einer Bohrung von ca. 100 mm Durchmesser zum Einsatz der gasdichten Muffel mit Deckel versehen wurde.

Mit je fünf an den Längsseiten in Reihe geschalteten Molybdändisilicit-Heizelementen wird der Ofen über die Leistungseinheit beheizt. Er ist mit einem PID-Regler der Fa. Eurotherm ausgestattet. Dieser Regler besitzt eine Schnittstelle zur externen Sollwertvorgabe durch einen Rechner, Commodore CBM 3032. Die Sollwertvorgabe erfolgt nach einem dafür entwickelten Rechnerprogramm. Die erforderlichen Schutzgasgemische wurden aus handelsüblichen Flaschengasen mit nachgeschalteter Reinigung und Dosierung entnommen.

Zur Nachreinigung durchströmt der Stickstoff eine Oxisorb-Gasreinigungspatrone, zur Trocknung eine Waschflasche mit konzentrierter Schwefelsäure und danach zur Beseitigung von evtl. vorhandenen Sauerstoffresten eine Waschflasche mit einer Quecksilber-Aluminium-Legierung. (Nach Steinmetz [19] liegt der Sauerstoffpartialdruck bei 540-580 ^{o}C unter 10^{-27} bar).

Ein Teil der Versuche zum Fügen mit Metallfolien wurde in einem Hochtemperatur-Vakuumglühofen der Fa. Degussa, Wolfgang, Bauart HVO ta, durchgeführt.

6. Verbund mit artfremder Zwischenschicht

Es wird die Herstellung eines Verbundes von HPSN und RBSN unter Verwendung eines Zusatzwerkstoffes in der Grenzfläche untersucht. Die vorliegende Arbeit befaßt sich mit reinen Metallen, um die Reaktionsmechanismen der reinen Stoffe zu erfassen, bevor in späteren Untersuchungen Legierungen angewendet werden können. Der Zusatzwerkstoff kann in Form einer Folie oder auch als Pulver in die Zwischenschicht eingebracht werden, wobei sich die hier durchgeführten Untersuchungen auf die Verwendung von Metallfolien beschränken.

Es wurden hier die niedrig schmelzenden Metalle Kupfer und Aluminium sowie die refraktären Metalle Tantal, Molybdän und Wolfram verwendet.

Bei der Verwendung von Kupfer- und Aluminiumfolie soll die Verbindung durch Löten hergestellt werden, da über flüssige Metallphasen ein optimaler Kontakt der Werkstoffoberflächen erreicht wird, der die notwendige Voraussetzung für mögliche Reaktionen und die Ausbildung einer Haftschicht darstellt.

Die verwendeten Metalle haben alle einen niedrigen Sauerstoffpartialdruck und sind, wenn sie in Kontakt mit Luft kommen, ebenso wie das Siliciumnitrid immer mit einer Oxidschicht überzogen.

6.1 Nitridbildungsreaktionen

Thermodynamisch betrachtet sind eine Reihe von Nitriden stabiler als Siliciumnitrid, z. B. die Nitride von Niob, Tantal, Zirkon und Titan sowie die Nitride der leichteren Elemente Beryllium, Bor, Aluminium, Magnesium und Calcium. Es sind also bei Aluminium- und Tantalfolie Reaktionen mit dem Stickstoff der Atmosphäre oder direkt mit dem Siliciumnitrid wahrscheinlich. Nach Grieveson [26] sind die Nitride im allgemeinen weniger stabil als die Oxide der Elemente. Bei ihrer Herstellung ist also ein extrem niedriger Sauerstoffpartialdruck gefordert.

6.2 Silicidbildungsreaktionen

Siliciumnitrid ist bei niedrigen Temperaturen stabiler als die Silicide der Folien-Metalle. Bei Molybdän und Tantal ist eine Silicidbildung jedoch bei Temperaturen oberhalb 1400-1500 ^{o}C

thermodynamisch möglich.

6.3 Experimentelles

6.3.1 Verwendete Metallfolien

Folgende Metallfolien wurden verwendet:

- Aluminiumfolie (d = 10 µm)
- Kupferfolie (d =100 µm)
- Elektrolytkupferfolie (d = 5 µm)
- Tantal-, Molybdän- und Wolframfolien (d = 30 µm, d = 50 µm) der Fa. Metallwerk Plansee.

Aus den Siliciumnitridwerkstoffen wurden Plättchen mit den Maßen 10 x 10 x 5 mm herausgesägt. Die Folien wurden etwas größer zugeschnitten. In allen Fällen wurde eine Schichtanordnung HPSN/Folie/RBSN für die Versuchsdurchführung gewählt, bei der jeweils die metallische Zwischenschicht verändert wurde. Um schon vor Versuchsbeginn einen guten Kontakt herzustellen, wurden die sorgfältig in Methanol gereinigten Teile mit einem Druck von 100 MPa aneinander gepreßt.

6.3.2 Versuchsdurchführung

Die Versuche wurden entweder in Vakuum von 10^{-5} bar oder in Stickstoffatmosphäre durchgeführt. Variiert wurden die maximalen Temperaturen und die Haltezeiten.

Werkstoff	Schmelzpunkt nach [23] in °C	Dichte in g/cm³	lin. WAKx10⁶x (20/1000) in 1/K
Si_3N_4	1900x	3,2	3,2
Al	659	2,7	(20/100):23.1
Cu	1083	8,9	(20/100):16.5
Ta	2996	16,6	8,0
Mo	2622	10,2	6,2
W	3400	19,3	5,2

x : Zersetzungspunkt

Tab. 1 Werkstoffeigenschaften der Fügestoffe

6.4 Ergebnisse

Die Bewertung der Versuche erfolgt mittels keramographischer Untersuchungsmethoden. Dazu wurden Anschliffe senkrecht zur Grenzfläche Metall/Keramik hergestellt. Die Präparation dieser

Anschliffe erwies sich als problematisch, da das Siliciumnitrid sehr viel härter als die Metalle ist und demzufolge die metallischen Zwischenschichten sehr viel stärker abgetragen werden.

6.4.1 Fügen mit Kupferfolie

Vorversuche, bei denen Kupferfolie auf HPSN bei 1250 °C in Stickstoffatmosphäre aufgeschmolzen worden war, zeigten viele kleine Tröpfchen, die fest (!) auf der Unterlage hafteten. Das deutet auf ein schlechtes Benetzungsverhalten hin, jedoch ist eine gewisse Haftfestigkeit der Tröpfchen infolge der hohen Oberflächenspannung des Kupfers vorhanden. Es wäre also mit haftvermittelnden Eigenschaften zu rechnen, wenn die Benetzung hergestellt werden könnte.

Ein Verbund unter Beteiligung von oxidischen Phasen gelang in Stickstoffatmosphäre bei einer maximalen Temperatur von 1075 °C. Hier wurde die 100 µm dicke Kupferfolie vor dem Versuch nach [27] in einer 60 °C heißen wäßrigen Lösung aus $KMnO_4$ und $CuSO_4$ 10 Minuten lang behandelt, wobei sich auf der Oberfläche eine dünne Oxidschicht bildete. Die Haftung war hier so gut, daß sich die Verbundproben sägen und anschleifen ließen.

Energiedispersive Punktanalysen und ESMA-Linienprofile deuten darauf hin, daß das Kupfer nicht in die Keramik einzudringen vermag. Kupfer bildet aber keine vollkommen homogene Zwischenschicht, sondern ist von Poren und Rissen durchsetzt. Es zeigen sich große längliche Poren in der Grenzschicht Metall/Keramik sowie Risse, die meist senkrecht zu den Grenzflächen verlaufen.

6.4.2 Fügen mit Aluminiumfolie

Bei diesen Versuchen stand der Gedanke im Vordergrund, die Benetzungseigenschaften des Aluminiums durch Reduktion der Oxidhaut zu verbessern und so den Kontakt Aluminium/Siliciumnitrid herzustellen.

Die Versuche in Vakuum wurden mit reiner und mit Kohlenstoff bedampfter Folie bei Temperaturen zwischen 1050 und 1250 °C durchgeführt. Die unbedampfte Folie zeigte keine Reaktionen mit dem Si_3N_4. Die bedampften Folien zeigten bei 1050 und 1150 °C ebenfalls keine Reaktionen.Bei 1250 °C waren von der Folie nach dem Versuch keine Rückstände mehr zu erkennen. Es zeigte sich eine beginnende Zersetzung der HPSN- und in noch stärkerem Maße der RBSN-Oberfläche.

Ein Verbund mit Aluminiumfolie konnte demgegenüber bei Temperaturen zwischen 1400 und 1450 °C in nachgereinigter Stickstoffatmosphäre hergestellt werden. Im Lichtmikroskop zeigt sich ein allmählicher Übergang vom RBSN zur Zwischenschicht und dann die deutliche Phasengrenze zum HPSN. Teilweise treten längliche, parallel zur Zwischenschicht verlaufende Poren auf. Mit ESMA gemessene Linienprofile sowie Elementverteilungsbilder im REM der Elemente Aluminium und Silicium zeigen eine hohe Konzentration von Aluminium in der Zwischenschicht, wobei jedoch der Übergangsbereich zum Siliciumnitrid, insbesondere zum RBSN hin, sehr breit ist. Im RBSN wird bis zu einer Tiefe von 200 µm Aluminium nachgewiesen. Gleichzeitig wird auch in der Zwischenschicht in gleichmäßiger Verteilung Silicium gefunden.

6.4.3 Fügen mit Tantal-, Molybdän- und Wolframfolien

Nach den In Kap. 6.1 angesprochenen Grundlagen wurden die Versuche zur Verbundherstellung zwischen HPSN und RBSN durch eine Zwischenschicht hochschmelzender Metalle bei Temperaturen zwischen 1400 und 1470 °C durchgeführt. Weder in Vakuum noch in Stickstoffatmosphäre war ein Verbund herstellbar. Es zeigte sich bei keinem dieser Metalle eine Reaktion mit dem Siliciumnitrid. Es traten besonders im Vakuum bei diesen hohen Temperaturen Zersetzungserscheinungen an den Siliciumnitridoberflächen auf.

Bei den Versuchen in Stickstoffatmosphäre versprödete vor allem das Tantal sehr stark. Es veränderte sich farblich und wurde gelblich bis rosa. Alle drei Metalle verzogen sich in der Form. Der metallische Glanz ging verloren und wich einer matten grauen Oberfläche.

7. Verbund mit arteigener Zwischenschicht

Ziel ist es, einen Verbund von Siliciumnitridbauteilen mit einer Zwischenschicht herzustellen, die ebenfalls aus Siliciumnitrid besteht. Das hat gegenüber dem Fügen mit Metallen den Vorteil, daß Spannungen in der Fügezone minimiert werden, da die sonst immer vorhandenen Unterschiede in der Wärmeausdehnung fehlen.

Das Prinzip dieser Fügetechnik beruht darauf, zwischen die zu fügenden Siliciumnitridoberflächen eine dünne Schicht eines Siliciumpulvers zu bringen und die gesamte Anordnung zu nitridieren. Dabei entsteht auch in der Zwischenschicht Siliciumnitrid, so daß das Bauteil schließlich einheitlich aus Siliciumnitrid besteht. Man nutzt hier die Eigenschaft des Siliciumpulvers aus, beim Reaktionssintern keine Volumeneffekte zu zeigen, also weder zu wachsen noch zu schwinden.

Besondere Bedeutung hat dieses Verfahren beim Verbinden von unterschiedlichen Siliciumnitridwerkstoffen, z. B. von dichtem HPSN mit porösem RBSN. Beim Verbund mit RBSN ergibt sich die weitere Möglichkeit, nicht das fertige Bauteil zu fügen, sondern einen Siliciumpulverpreßling als Grünling mit dem HPSN in Kontakt zu bringen und dann zu nitridieren.

Ein Reaktionsverbund dieser Art ist nicht ohne geeignete Vorbehandlung der Werkstoffoberflächen möglich. Die Keramik ist bereits thermisch durchreagiert und die Oberflächen sind, bedingt durch den hohen kovalenten Bindungsanteil, von sich aus nicht zu Reaktionen mit dem Siliciumpulver in der Lage. Diese Oberflächenvearbeitung wurde durch Bestrahlung mit einem Hochenergie-Laser durchgeführt. Hier ist die gezielte Bearbeitung einzelner ebener oder rotationssymmetrischer Flächen möglich und auch technisch mit relativ geringem Aufwand realisierbar.

Für die Herstellung eines Reaktionsverbundes waren folgende Vorversuche erforderlich:

a) Oberflächenbehandlung von Siliciumnitridwerkstoffen mit einem Hochenergie-Laser

b) Nitridierung von Silicium.

7.1 Vorbehandlung von Siliciumnitridwerkstoffen mit einem Hochenergie-Laser

Untersucht wurde die Frage, inwieweit es möglich ist, die Oberflächen von RBSN und HPSN durch Bestrahlung mit Hochenergie-Laser zu verändern. Dabei steht die Aktivierung der Oberfläche im Vordergrund, d. h. durch die kurzzeitige punktuelle Erhitzung und die darauf folgende sehr schnelle Abkühlung soll an der Oberfläche ein fehlgeordneter und damit energiereicherer Zustand entstehen.

Der Mechanismus der Materialbearbeitung mit Laserlicht beruht auf der Absorption dieses Lichtes durch den Werkstoff und der Umwandlung dieser Energie in Wärme. Von wesentlichem Einfluß sind hierbei die spezifischen Eigenschaften der Laserstrahlung und die optischen und thermischen Eigenschaften des Werkstoffes [20,21].

Beim Auftreffen der Lichtwelle auf die Oberfläche eines Werkstoffes wird entsprechend dem Reflexionsvermögen des Materials ein gewisser Bruchteil der Lichtenergie reflektiert. Der andere Teil wird im Werkstoff absorbiert. Reflexion und Absorption sind abhängig von der Wellenlänge der Laserstrahlung.

Das Reflexionsvermögen ist von der Oberflächenbeschaffenheit abhängig und läßt sich durch Polieren erhöhen bzw. durch Aufrauhen wie z. B. mit Sandstrahlung erniedrigen. Bei den aufgerauhten Oberflächen treten Vielfachreflexionen auf, die das Absorptionsvermögen verbessern.

Neben dem Absorptionsvermögen hat die Wärmeleitung des Materials einen entscheidenden Einfluß auf das um den Brennfleck herum aufgeheizte Volumen.

Eine weitere entscheidende Materialeigenschaft sind die mit der Wärmedehnung verbundenen Volumeneffekte. Anhand des thermischen Ausdehnungskoeffizienten kann man die bei der Bearbeitung erzeugten thermisch induzierten Spannungen beurteilen.

7.2 Materialbearbeitung mit Laserstrahlen

Der Laser ist als Werkzeug für die verschiedensten Aufgaben einsetzbar, die man grob in drei Bereiche einteilen kann [22]:

- Aufheizen ohne Aufschmelzen der Oberfläche wird bei Metallen zum Umwandlungshärten verwendet.
- Aufschmelzen der Oberflächenschichten auf Metallen, das Legieren und Veredeln von Metallen an der Oberfläche mit anderen Werkstoffen.
- Verdampfen der Oberflächenschicht bedeutet einen Materialab-

trag. Auf diese Weise werden Werkstoffe gekerbt, gebohrt und geschnitten.

7.1.2 Diskussion

Die Bearbeitung von Siliciumnitrid mit Lasertrahlen führt zu einem von der Energiedichte der Strahlung abhängigen Materialabtrag. Es bildet sich bei der Zersetzung gasförmiger Stickstoff, während das Silicium oberhalb der Zersetzungstemperatur zunächst als Schmelze vorliegen muß.

Diese Vorgänge brauchen eine gewisse Zeit. Es kann nicht die gesamte entstandene Siliciumschmelze auf einmal verdampfen. Während der Bestrahlung mit dem Laser wirkt die hohe Temperatur auf ein Oberflächenelement nur Tausendstelsekunden ein. Es kommt also zunächst nur zur Bildung von Siliciumschmelze. Die Verdampfung setzt sofort mit Bildung der Schmelzphase ein, aber es ist in der kurzen Zeit kein großer Materialverlust möglich.

Die groben Siliciumtropfen auf den mit kontinuierlicher Laserstrahlung bearbeiteten HPSN-Proben bestehen aus erstarrter Siliciumschmelze.

Für den Fall, daß sich der Laserstrahl mit der Geschwindigkeit v über die Oberfläche bewegt, bedeutet das eine Strömung der Schmelze nach hinten. Auf diese Weise bilden sich beim kontinuierlichen Betrieb Tropfen, die alle ungefähr die gleiche Größe haben. Unregelmäßigkeiten entstehen durch die Überlappung der vom Laser beschriebenen Bahnen, wodurch Bereiche der Oberfläche, die nur von den Randzonen des Strahls erfaßt werden, zweimal vom Laser bestrahlt werden.

Im Vergleich zum dichten HPSN ist die Oberfläche des mit Laser bearbeiteten RBSN mit einer sehr viel gleichmäßigeren Siliciumschicht versehen. Sie bildet sich durch Infiltration der offenen Poren im RBSN mit der entstandenen Siliciumschmelze. Dieser Vorgang wird unterstützt durch die Kapillarwirkung der Poren und durch den Druck des sich zersetzenden Materials.

7.2 Experimentelles

Es standen für die Versuche zur Nitridierung von Silicium zwei Pulver zur Verfügung: Ein relativ grobkörniges Siliciumpulver der Fa. Dynamit-Nobel, von dem die Fraktion kleiner 63 µm verwendet wurde, und ein für das Reaktionssintern entwickeltes Pulver der Fa. Degussa.

Der durch Röntgenfluoreszenzanalyse bestimmte Eisengehalt lag bei beiden Pulvern unter 1 %. Ein Teil des zweiten Pulvers wurde im Vakuum von 10 bar bei 900 °C geglüht, um die Oxidschicht um die Körner herum zu reduzieren.

Es standen damit drei Ausgangspulver für die Nitridierung zur Verfügung.

Die Kornverteilungen wurden mit einem Granulometer bestimmt. Die spezifische Oberfläche wurde durch Gasadsorption im Areameter bestimmt (Tab. 2). Zusätzlich wurde nach Johne anhand der Auftragung der Kornverteilung im Wahrscheinlichkeitsnetz die spezifische Oberfläche rechnerisch abgeschätzt, da eine Einpunktmessung im Areameter bei Oberflächen dieser Größenordnung nicht genau genug ist. Es ergibt sich jedoch eine recht gute Übereinstimmung.

Die Glühung im Vakuum (Pulver II) führt infolge von Verdampfung des Siliciums zu einer Abnahme des Kornanteils kleiner 10 µm. Damit ergibt sich für das Pulver II auch eine niedrigere spezifische Oberfläche als für Pulver III ohne Vakuumbehandlung.

Zur Ermittlung des Einflusses von Eisen bei der Nitridierung wurde den Pulvern Fe_2O_3 ("Bayferrox 1352", Fa. Bayer, mittl. Korngröße nach Herstellungsangaben 0,3 µm) zugesetzt.

Die Pulver wurden in getrocknetem Methanol (weniger als 0,2 % H_2O) 24 Stunden gemischt und im Wasserbad bei 80 °C unter Rühren in kürzester Zeit getrocknet, um eine Sedimentation des spezifisch schwereren Eisenoxids zu verhindern. Eine Übersicht über die verwendeten Pulver gibt Tab. 2.

Die Pulver wurden durch isostatisches Pressen in Kautschuk-Matrizen bei einem Druck von 180 MPa verdichtet. Die Porosität der so hergestellten Preßlinge beträgt bei Pulver I 33 % und bei den Pulvern II und III 35 %.

7.2.1 Nitridieren

Die Versuche wurden in einem gasdichten Laborofen durchgeführt (vgl. Kap. 5). Zu Beginn wurde der Rezipient mehrfach evakuiert und mit nachgereinigtem Stickstoff geflutet. Als Reaktionsgas diente Stickstoff mit einem Zusatz von 4 % Wasserstoff. Der Volumenstrom des Gasgemisches betrug 8 l/h.

Es wurden zwei verschiedene Temperatur-Zeit-Programme gewählt. Die Nitridierung unterhalb des Siliciumschmelzpunktes erfolgte bei 1350 °C mit einer Haltezeit von 28 Stunden. Die Versuche mit einer höheren Temperatur wurden in zwei Temperaturstufen durchgeführt: Die erste Haltezeit von 12 Stunden lag bei 1355 °C, die zweite bei 1455 °C betrug 15 Stunden. Damit ergibt sich bei beiden Brennprogrammen insgesamt die gleiche Versuchsdauer. Das Aufheizen und Abkühlen erfolgte mit jeweils 1,5 °C/min.

Bez.	Hersteller	spez. Oberfläche in cm^2/g gemess.	berechn.	Fe_2O_3-Zugabe in Gew.% 1	2	3
"I"	Dynamit-Nobel kl. 63 µm	1,6	1,9	O	2,2	4,4
"II"	Degussa im Vak. geglüht	3,0	3,4	O	2,2	4,4
"III"	Degussa	3,6	4,1	O	2,2	4,4

Tab. 2 Für die Nitridierung verwendete Siliciumpulver

7.3 Ergebnisse

7.3.1 Verbund mit Siliciumschlicker / Siliciumnitridoberflächen mit Laserimpulsmethode

In Abb. 1 ist ein Anschliff eines Reaktionsverbundes mit RBSN dargestellt, der durch Angarnieren eines Pulverpreßlings hergestellt wurde. In der unteren Bildhälfte erkennt man die durch den Laserstrahl erzeugten Krater im RBSN, darüber die nitridierte Schlickerschicht. Neben dem grauen Siliciumnitrid und den weißen Siliciumkörnern befindet sich insbesondere in der Zwischenschicht dunkelgraues Material, bei dem es sich um Oxinitrid handelt. Auf der rechten Bildhälfte sind zwei Krater zu sehen, in denen sich Siliciumnitrid aus einer Reaktion des Siliciumpulvers mit Stickstoff in Verbindung mit dem freien Silicium der RBSN-Oberfläche gebildet hat. Am oberen Bildrand ist das nur unvollständig nitridierte Silicium zu sehen.

Einen Reaktionsverbund mit HPSN zeigt Abb. 2. Im unteren Teil ist die mit Laserstrahlen bearbeitete HPSN-Oberfläche im

Anschliff zu sehen. Die dunkelgraue Zwischenschicht, die aus Oxinitrid besteht, dringt in die Krater ein und paßt sich ihrer Oberfläche an. Der Kontakt zu den Oberflächen ist vollkommen gleichmäßig. Im Inneren der Krater sind jedoch Poren und Reste von metallischem Silicium vorhanden. In der Mitte der Zwischenschicht befinden sich längliche Poren, die parallel zur Fügezone verlaufen.

7.3.2 Verbund mit Siliciumschlicker / kontinuierlicher Laserstrahlung

Hier wurde zunächst die Verbindung zweier mit Laserstrahlen bearbeiteter Oberflächen unter Verwendung eines Siliciumschlickers untersucht. Der Verbund wurde mit dem Siliciumpulver "II/2" in einem zweistufigen Nitridierbrand in nachgereinigtem Stickstoff mit Zusatz von 4 % Wasserstoff hergestellt. In Abb. 3 sind Anschliffe dieser Verbundproben dargestellt. Am unteren Bildrand ist der HPSN-Werkstoff, darüber der nitridierte Schlikker und oben der RBSN-Werkstoff zu sehen. Die einzelnen Werkstoffe sind deutlich an ihrer Porosität zu unterscheiden. Die nitridierte Schlickerschicht hat die geringste Dichte. Der RBSN-Werkstoff zeigt sehr fein verteilte Mikroporen, stellenweise treten auch größere Materialfehler auf.

Am Übergang vom HPSN zur Zwischenschicht sind halbkugelförmige Poren zu erkennen, die in Größe und Gestalt den ursprünglich auf der mit dem Laser bearbeiteten Oberfläche gebildeten Siliciumtropfen entsprechen. In den größeren Poren sind stellenweise in der Mitte noch kleinere Siliciumteilchen zu erkennen (Abb. 3).

Die Risse in der HPSN-Oberfläche, die auch bei Bestrahlung mit der niedrigeren Energiedichte auftraten, sind nur noch schwach zu erkennen und zum größten Teil bei der Nitridierung ausgeheilt.

Eine Aussage über den Aufbau des Verbundes ermöglicht die Betrachtung der Bruchflächen. Bei den Bruchproben haftet die nitridierte Schlickerschicht teilweise an der HPSN-, teilweise an der RBSN-Oberfläche. Stellenweise verläuft der Bruch auch direkt durch den RBSN-Werkstoff hindurch. Auf der RBSN-Seite ist an einigen Stellen nadeliges α-Si_3N_4 zu erkennen. Auf der HPSN-Seite tauchen die halbkugelförmigen Poren in der Bruchfläche auf.

7.3.3 Verbund ohne Zwischenschicht (isostatisches Aufpressen)

Durch das direkte Aufpressen des Siliciumpulvers soll die bei der Verwendung eines Schlickers auftretende Zone niedrigerer Dichte vermieden werden. Abb. 4 zeigt eine so hergestellte Verbundprobe, die in einem zweistufigen Nitridierbrand in reinem Stickstoff hergestellt wurde. Die Fügezone ist gleichmäßig über den gesamten Querschnitt ausgebildet. Die mit Silicium angereicherte Schicht an der mit Laser bearbeiteten RBSN-Oberfläche ist nicht mehr zu erkennen; sie ist nitridiert worden. Die Fügezone hat jedoch insgesamt eine niedrigere Dichte als das übrige Siliciumnitrid.

Bruchflächen des Verbundes mit RBSN zeigen auf den RBSN-Oberflächen und auch an dem nitridierten Siliciumpreßling ein weißes Gespinst von nadeligen α-Si_3N_4-Kristallen, das auch durch Röntgenbeugung auf den ebenen Flächen nachgewiesen werden konnte.

7.4 Haftfestigkeit der Verbundproben

Zur Charakterisierung der Haftfestigkeit werden in der Literatur verschiedene mechanische Prüfverfahren beschrieben. Ein Maß für die sich in der Grenzfläche ausbildenden mechanischen, physikalischen und chemischen Haftkräfte liefert die Scherfestigkeit. Die Zugprüfung von Verbundproben beschreibt [3]. Beim Verbund von dünnen Schichten, z. B. Metall auf Keramiksubstraten, kann der "Peel-Test" angewendet werden [3]. Hier wird die Kraft gemessen, die notwendig ist, um eine Metallschicht von der Keramikoberfläche abzuziehen. Die häufigste Methode der Haftfestigkeitsuntersuchung ist jedoch die Biegeprüfung, die auch die bruchmechanische Betrachtung der Verbundfestigkeit an gekerbten Proben erlaubt [24,25].

Bei den hier durchgeführten Haftfestigkeitsuntersuchungen soll ein qualitativer bzw. halbquantitativer Überblick über die Qualität eines Reaktionsverbundes gewonnen werden. Dazu wurden Biegeproben mit einem Querschnitt von 4 x 10 mm hergestellt. Da die Verbundproben senkrecht zur Fügestelle nur 18 - 20 mm hoch und damit für Biegeproben zu klein waren, wurden sie nach beiden

Seiten über eine Kunstharzschicht mit Porzellanstäben gleichen Querschnitts verlängert.

Es wurde der Dreipunkt-Biegeversuch durchgeführt, um zu gewährleisten, daß die Verbundprobe in der Fügezone bricht, die sich genau in der Mitte zwischen den Auflagern an der Stelle des maximalen Biegemomentes befindet. Zugleich ist bei diesem Verfahren die Kunstharzschicht im Übergang zu den Verlängerungsstäben nicht so stark belastet.

Von jeder Verbundart wurden an jeweils fünf Biegeproben die Bruchfestigkeiten bestimmt. Um einen Bezug zum Werkstoff selbst zu erhalten, wurde zusätzlich die Festigkeit des RBSN an Biegestäben der gleichen Art bestimmt. Die Festigkeit vom HPSN konnte nicht gemessen werden, da die Kunstharzschicht zu Fließen begann. Die Ergebnisse sind in Tab. 3 dargestellt.

Verbund	Festigkeit in MPa
RBSN/Si-Preßling	32
RBSN/Si-Schlicker/HPSN	56
RBSN	182

Tab. 3 Haftfestigkeit der Verbundproben

Der isostatisch gepreßte Reaktionsverbund hat die niedrigste Festigkeit; mit 56 MPa erreichen die mit Schlicker gefügten Verbundproben auch nur ca. 30 % der Festigkeit des RBSN-Werkstoffes.

Die Meßmethode ist mit einem Fehler von ca. 10 - 15 % behaftet. Diese Werte geben also die Größenordnung der Verbundfestigkeit an in Abhängigkeit von der verwendeten Fügetechnik in Relation zu der stoffeigenen Festigkeit des RBSN.

7.5 Diskussion der Vorbehandlung mit Laserstrahlen

Die Bearbeitung der Oberflächen ist auf zwei verschiedene Arten möglich:

a) Bei Bestrahlung mit Laserimpulsen entsteht an der Oberfläche ein punktueller Materialabtrag in Form von Einzelkratern, deren Tiefe von der Energiedichte der Strahlung abhängt. Das Problem bei der Verbundherstellung liegt darin, diese Krater wieder möglichst vollständig mit Material auszufüllen. In den breiteren Randzonen ist dies relativ einfach möglich. Im unteren Teil dagegen verengen sich die Krater, so daß sie hier nur sehr schwer mit Siliciumkörnern ausgefüllt werden können. Hier bleiben auch nach der Nitridierung noch größere Poren erhalten.

Neben den hier nur durch die Geometrie der Krater beeinflußten Spannungen im Werkstoff können auch durch die Veränderung des Werkstoffes bei der Laserbearbeitung Spannungen im Gefüge, insbesondere in den Randzonen der Krater, entstehen, die sich auf das Bruchverhalten auswirken. Durch die schnelle Abkühlung wird in den oberflächennahen Bereichen ein Zustand eingefroren, der einer höheren Temperatur entspricht.

b) Bei kontinuierlicher Laserbestrahlung der Oberflächen ist der Materialabtrag insgesamt gleichmäßiger. Während sich beim RBSN in der Schicht, bei der die Energie des Lasers gerade nicht mehr zum Verdampfen ausreicht, eine gleichmäßige Anreicherung von metallischem Silicium in der Oberfläche ergibt, entstehen auf der Oberfläche des HPSN Tropfen, die aus erstarrter Siliciumschmelze mit Verunreinigungen von Eisen bestehen. Das HPSN besitzt nahezu theoretische Dichte. Hier sind in der Oberfläche keine offenen Mikroporen vorhanden, in die die Siliciumschmelze eindringen kann.

Der Reaktionsverbund durch isostatisches Pressen wurde mit dem Siliciumpulver "II/2" mit 4,4 % Fe_2O_3-Zugabe in Stickstoffatmosphäre bei einer Maximaltemperatur von 1455 ^oC hergestellt. Hier ergibt sich ein homogenes durchreagiertes Gefüge. Freies Silicium ist weder im Anschliff noch röntgenographisch nachweisbar. Die Dichte des nitridierten Siliciumpulvers ist höher als die des für diesen Verbund benutzten RBSN-Werkstoffes.

Die Bruchflächen dieses Verbundes zeigen eine nadelige, fein versponnene Phase. Es handelt sich hierbei um α-Si_3N_4, wie auch röntgenographisch nachgewiesen wurde. Es hat hier ein ausgeprägtes Wachstum der α-Si_3N_4-Kristalle in einer bevorzugten Richtung stattgefunden. Beide Siliciumnitridstrukturen haben eine starke Tendenz zum Wachstum in der c-Richtung, durch die die langen Nadeln zustande kommen, wenn in den Porenräumen ausreichend Platz dafür vorhanden ist. Bei Anwesenheit von Verunreinigungen wie Sauerstoff wird dieser Effekt noch verstärkt.

Direkt am Übergang vom RBSN-Werkstoff zum nitridierten Silicium befindet sich eine Zone mit geringerer Dichte, in der ein Wachstum der Nadeln ohne Behinderung stattfinden kann. Die Verfilzung dieser Nadeln trägt zwar zum Verbund bei, jedoch bleibt die Festigkeit dieses Verbundes infolge der geringen Dichte dieser Zone relativ niedrig.

8. Zusammenfassende Diskussion

In der vorliegenden Arbeit werden verschiedene Methoden zum drucklosen Fügen von Siliciumnitridwerkstoffen aufgezeigt. Die Verfahren gliedern sich in zwei Gruppen:

- Verbund mit artfremder Zwischenschicht
- Verbund mit arteigener Zwischenschicht.

Im folgenden werden die im Rahmen dieser Arbeit entwickelten Methoden miteinander verglichen im Hinblick auf die für die Fügetechnik entscheidenden Gesichtspunkte:

- Herstellung des Kontaktes zwischen den Oberflächen;
- Kompatibilität der Werkstoffe;
- zur Haftung führende Reaktionsmechanismen;
- Vorbehandlung der Werkstoffoberflächen als Voraussetzung für den Verbund.

Beim Fügen mit Kupferfolie, die zuvor mit einer dünnen Oxidschicht versehen wurde, entsteht bei Temperaturen oberhalb des Eutektikums im System Kupfer-Sauerstoff, jedoch unterhalb der Schmelzpunkte von Kupfer und Kupferoxid, von der Grenzfläche Cu/Cu_2O aus eine Schmelzphase, die den Kontakt zu den Siliciumnitridwerkstoffen vermittelt.

Beim Fügen mit Aluminiumfolie wie auch beim Reaktionsverbund durch Nitridieren von Silicium wird der Kontakt zwischen den Werkstoffen durch Reaktionen mit der Gasphase hergestellt. Die Reaktionen mit Stickstoff, die zur Nitrid- oder Oxinitridbildung führen, finden mit einer Volumenzunahme von ca. 20 % statt, so daß die Hohlräume in der Grenzschicht ausgefüllt werden.

Eine weitere Voraussetzung für die Verbundherstellung ist die mechanische und chemische Kompatibilität der Werkstoffe. Eine entscheidende Rolle spielen hier die bei Erhöhung oder Erniedrigung der Temperatur in den Werkstoffen stattfindenden Phasenumwandlungen und die damit verbundenen Volumeneffekte.

Die chemische und mechanische Kompatibilität ist beim Reaktionsverbund durch Nitridieren von Silicium am größten, da das gesamte Verbundteil aus Siliciumnitrid besteht. Das Reaktionssintern der Schlickerschicht bzw. des Pulverpreßlings geschieht maßhaltig ohne nach außen wirksame Änderungen der Abmessungen.

Ein stoffschlüssiger Verbund durch Bildung einer chemischen Bindung über die Grenzfläche hinweg liegt nur beim Fügen mit Aluminiumfolie und beim Reaktionsverbund durch Nitridieren von Silicium vor. Hier haben Reaktionen der einzelnen Werkstoffe miteinander und mit der umgebenden Gasphase stattgefunden.

Ein druckloser Verbund aufgrund von Festkörperreaktionen mit den refraktären Metallen Tantal, Molybdän und Wolfram konnte nicht gefunden werden.

Einen entscheidenden Einfluß auf die Wirtschaftlichkeit einer Verbindungstechnik haben die Vorbereitungen der zu fügenden Werkstoffe für den eigentlichen Verbund.

Für den Reaktionsverbund durch Nitridieren von Silicium wurde durch die Bestrahlung der Siliciumnitridoberflächen mit einem Hochenergie-Laser die notwendige Voraussetzung geschaffen. Dabei entsteht in der Oberfläche eine Anreicherung von metallischem Silicium, die dann gemeinsam mit dem aufgetragenen Siliciumpulvernitridiert wird.

Diese Vorbehandlung mit Laserstrahlen ist nach erfolgter Optimierung, der Laserparameter, Energiedichte und Probenvorschub - abgesehen von der anfänglichen Investition - technisch und wirtschaftlich wenig aufwendig.

Die Festigkeiten des Reaktionsverbundes sind in Relation zur Festigkeit der Werkstoffe selbst noch zu niedrig, sind jedoch durch Optimierung des Siliciumpulvers in der Zwischenschicht zu verbessern.

Einen entscheidenden Einfluß auf die Festigkeit eines Verbundes hat die Technik, mit der der Rohling hergestellt wird, denn schon hier muß der Kontakt der Siliciumnitridoberflächen mit der Folie bzw. der Teilchen des Siliciumpulvers geschaffen werden.

Beim isostatischen Aufpressen des Siliciumpulvers entsteht eine schmale Zone niedriger Dichte parallel zur Werkstoffoberfläche, die bei mechanischer Beanspruchung des gefügten Bauteils zum Bruch führt. Der Verbund unter Verwendung eines Schlickers ist bedeutend gleichmäßiger und liefert damit auch einen stabileren Verbund.

Beim Reaktionsverbund durch Nitridieren von Silicium oder von Aluminiumfolie ist im Gegensatz zum Verbund mit Kupferfolie auch bei hohen Temperaturen mit einer ausreichenden Festigkeit zu rechnen. Beim Verbund mit Aluminium wird das Metall völlig aufgebraucht, die Festigkeit bei hohen Temperaturen wird durch die in der Zwischenschicht entstandenen Si-Al-O-N-Verbindungen bestimmt.

Die höchste Temperaturbeständigkeit ist von dem einheitlich aus Siliciumnitrid bestehenden Reaktionsverbund zu erwarten. Nicht zuletzt sind die in dieser Arbeit dargelegten Grundlagen und Voraussetzungen zum erfolgreichen drucklosen Fügen von Siliciumnitridwerkstoffen vom Anwender unter Berücksichtigung einer keramikgerechten Konstruktion an die Anforderungen, die an das fertige Verbundteil in seinem Einsatzbereich gestellt werden, anzupassen.

9. Schrifttum

[1] Rice, R. W. — Joining of Ceramics. in "Advances in Joining Technology", ed. by J. J. Burke, A. E. Gorum, A. Tarpinian; Brook Hill Publ. Comp., Chestnut Hill, Massachusetts 1975, S. 69-111

[2] Twentyman, M. E. — High temperature metallizing, part 1: The mechanism of glass migration in the production of metal-ceramic seals. Journ. Mat. Sci. 10 (1975), S. 765-776

[3] Pattee, H. E. — Joining ceramics to metals and other materials. WRC Bulletin 178, S. 1-41

[4] Heimke, G. — Keramik-Metall-Verbindungen. Sonderdruck aus "Konstruktion, Elemente, Methoden, Nr. 167 (1972), S. 2-7

[5] Twentyman, M. E. — The joining of engineering ceramics. Brit. Ceram. Res. Ass. Final Report, S. 1976-1978

[6] Shibalov, M. V. — Soldering of silicon carbide. Svar. Proiz. (1979), S. 33-35

[7] Siebels, J. — Brazing of silicon nitride. in "Progress in Nitrogen Ceramics", ed. by F. L. Riley, NATO ASI Series E: Applied Sciences-No. 65, Martinus Nijhoff Publ., The Hague 1983, S. 455-463

[8] Iseki, T., Yamashita, K., Suzuki, H. — Joining of self-bonded SiC by Ge metal. Special Ceramics ed. by P. Popper, Brit. Ceram. Res. Ass., Stoke-on-Trent, 7 (1980), S. 1-8

[9] Klomp, J. T., Bolden, T. P. J. — Sealing pure alumina ceramics to metals. Bull. Amer. Ceram. Soc. 49 (1970), S. 204-211

[10] Hennicke, H. W., Müller-Zell, A., Siebels, J. — Fügetechnik von Siliciumnitrid und Siliciumcarbid untereinander und mit Metallen. Keramische Komponenten für Fahrzeug-Gasturbinen II, Hrsg. von W. Bunk, M. Böhmer, Springer-Verlag, Berlin 1981, S. 535-560

[11] Twentyman, M. E. — The joining of engineering ceramics.

Brit. Ceram. Res. Ass. Final Report, 1974-1976

[12] Geirnaert, G. Ceramiques - metaux liquides: Compatibites et angles de mouillages.
Bull. Soc. Franc. Ceram. 104 (1977), S. 7-50

[13] Derjaguin, B. V., Smilga, V. P. Electronic theory of adhesion.
Journ. Appl. Phys. 38 (1967), S. 4609-4616

[14] Kingery, W. D., Bowen, H. K., Uhlmann, D. R. Introduction to ceramics.
John Wiley a. Sons, New York 1976, S. 469-503

[15] Barin, I., Knacke, O. Thermodynamical properties of inorganic substances.
Springer Verlag Berlin 1973

[16] Jack, K. H. Review: Sialons and related nitrogen ceramics.
Journ. Mat. Sci. 11 (1976), S. 1435-1458

[17] Colquhoun, J., Wild, S., Grieveson, P., Jack, K. H. Thermodynamics of the silicon-nitrogen-oxygen-systems.
Proc. Brit. Ceram. Soc. 22 (1973), S. 207-227

[18] Jack, K. H. Nitrogen Ceramics.
17th Mellor Memorial Lectore (1973), S. 376-384

[19] Steinmetz, E. Entfernung von Sauerstoff aus inerten Gasen.
Arch. Ehw. 36 (1965), S. 151-153

[20] Englisch, W. Materialbearbeitung.
in "Laser in Industrie und Technik", Kontakt und Studium, Bd. 13, Lexika Verlag, Grafenau/Württ. 1977, S. 47-95

[21] Ulmer, W. Die Laser-Bearbeitung von Keramik-Substraten.
Sprechsaal 106 (1971), S. 971-978

[22] Ganamathu, D. S. Laser surface treatment.
in "Application of lasers in materials processing", Amer. Ceram. Soc. for Metals 1979, S. 177-211

[23] Handbook of Chemistry and Physics.
Physical constants of inorganic compounds 62. Ed., CRC Press, 1981-1982, B: 73-116

[24] Elssner, G., Pabst, R. F. Neuere werkstoffspezifische Methoden zur Bestimmung der Haftfestigkeit und deren Anwendungsmöglichkeiten.
Vortrag in "Fügen von Keramik, Glas und Metall", Baden-Baden 1980, DVS-Berichte Bd. 66, S. 117-121

[25] Pabst, R. F., Elssner, G. Die Abhängigkeit der Haftfestigkeit von Metallkeramik-Schichtverbindungen von inneren und äußeren Parametern.
Science of Ceramics 8 (1975), S. 283-299

[26] Grieveson, P. Some considerations of the thermodynamics of gas-solid-reactions.
in "Nitrogen Ceramics", ed. by F. L. Riley NATO ASI Series E. Applied Science-No. 23, Noordhoff-Leyden 1977, S. 153-174

[27] Wittmer, M., Boer, C. R., Gudmundson, P., Carlsson, J. Mechanical properties of liquid-phase-bonded copper-ceramic-substrates.
Journ. Amer. Ceram. Soc. 65 (1982), S. 149-153

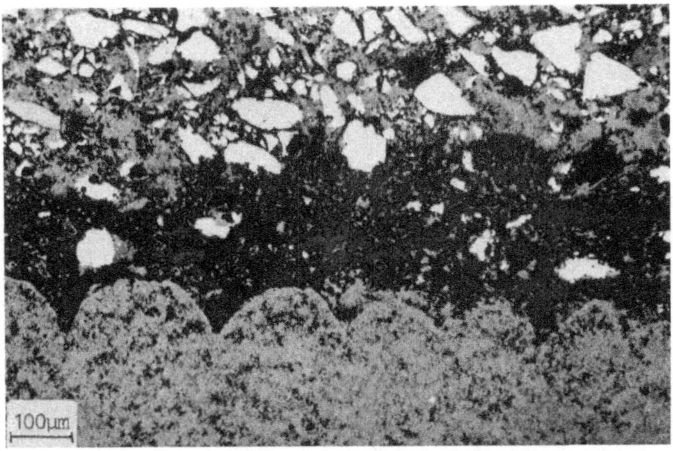

<u>Bild 1:</u> Verbund RBSN(u.)/Si-Schlicker/Si-Preßling(o.), Lichtmikroskop, T= 1350 C, N . (Laserpulsbetrieb)

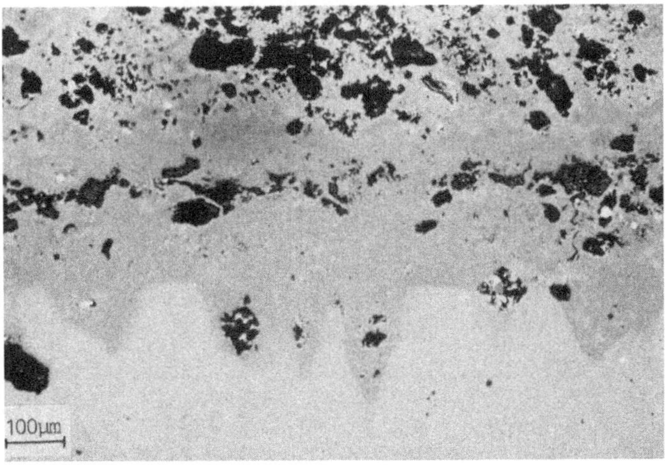

<u>Bild 2:</u> Verbund HPSN(u.)/Si-Schlicker/Si-Preßling(o.), Lichtmikroskop, T=1350 C, N .(Laserpulsbetrieb)

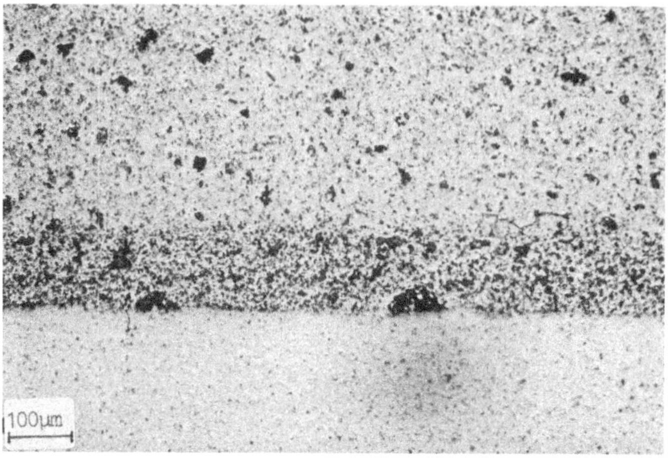

Bild 3: Verbund HPSN(u.)/Si-Schlicker/RBSN(o.),
Lichtmikroskop, T= 1355/1455 C, N . (nach kontiuierl. Laserbehandlung).

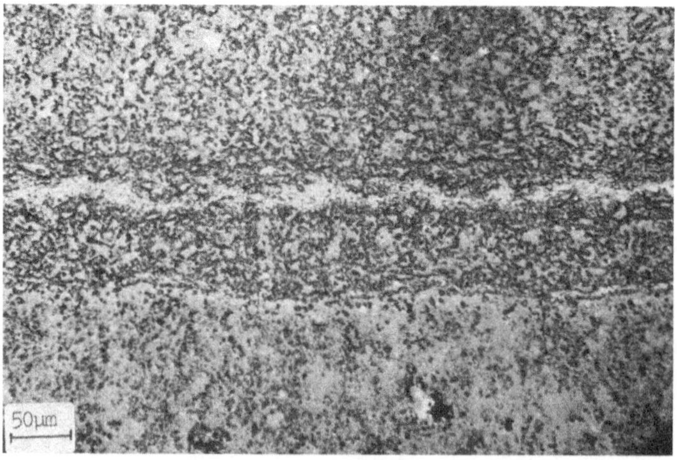

Bild 4: Verbund RBSN(u.)/Si-Preßling(o.)
nach kontinuierl. Laserbearbeitung, Lichtmikroskop

Abrasiv, korrosiv und bei hoher Temperatur mechanisch beanspruchte Teile aus reinem SiC

A. Lipp, H. Knoch, K. Reinmuth, K. Schwetz

Elektroschmelzwerk Kempten GmbH

Übersicht

Das Thema dieses Status Seminars lautet "Keramische Bauteile für Fahrzeuggasturbinen". Bei Beginn der Arbeiten vor etwa 10 Jahren war allen Beteiligten klar, daß es sich hierbei um ein ganz besonders hochgestecktes Ziel handelt. Wie so oft sollte das Vorhandensein der geeigneten Werkstoffe über das Gelingen oder Scheitern des Vorhabens entscheiden. Leider müssen wir heute eingestehen, daß noch viel Arbeit vor uns liegt, ehe eine keramische Fahrzeuggasturbine als echte Alternative zu den konventionellen Antriebsaggregaten in Serie gehen kann. Umso wichtiger sind für alle Partner in diesem Programm die sogenannten spin off's, also Nebenprodukte die auf dem Weg zur Keramikturbine angefallen sind. Dabei handelt es sich keinesfalls um Abfallprodukte. Vielmehr sind es gerade solche Ergebnisse, die die Industrie ermuntern, das einmal gesteckte Ziel nach dem Motto per aspera ad astra doch zu erreichen.

1. Einleitung

Die vorliegende Arbeit beschäftigt sich ausschließlich mit Siliciumcarbid, einem Werkstoff der eine Anzahl von Eigenschaften besitzt, die ihm ein großes Anwendungspotential, auch in extremen Einsatzfällen ermöglichen. Das Adjektiv "rein" im Titel ist dabei nicht allzu wörtlich zu nehmen. Die für die Erzielung von hohen Sinterdichten erforderlichen Additive gestatten es bis heute leider nicht, den Reinheitsgrad des Siliciumcarbids auf SiC-Gehalte von über 99 % zu steigern. Deshalb müssen wir mit Eigenschaften vorlieb nehmen, die zum Teil weit von den möglichen Werten des reinen Siliciumcarbids entfernt sind. So liegt z. B. die tatsächlich erreichte Wärmeleitfähigkeit von selbstgebundenem Siliciumcarbid nur bei rd. 100 W/mK im Vergleich zu den rd. 500 W/mK, die der reine SiC-Kristall besitzt. Bei der Festigkeit ist der Abstand noch um Größenordnungen stärker.

Dennoch lassen sich die bis heute erreichten Eigenschaften an Hochtemperaturfestigkeit, Oxidationsbeständigkeit und Temperaturwechselbeständigkeit durchaus sehen. Sie sind die Grundlage für zahlreiche neue Einsatzgebiete. Daneben besitzt das reine Siliciumcarbid eine hohe Härte und außergewöhnliche Resistenz in allen wässrigen Säuren und Laugen. Die Härte des Siliciumcarbids ist beispielsweise erheblich höher als die des Siliciumnitrids. Gesintertes Siliciumcarbid erweist sich deshalb als hervorragender Werkstoff für verschleißbeanspruchte Bauteile, wie z. B. Gleitringe und Gleitlager im Apparatebau oder erosiv beanspruchte Düsenkörper. Im folgenden werden zwei im Elektroschmelzwerk Kempten bearbeitete Entwicklungsbereiche vorgestellt, wobei der erste verschleißbeanspruchte Bauteile aus reinem Siliciumcarbid umfaßt, der zweite auch temperaturbeanspruchte Bauteile, nämlich Radialturbinenräder für den Abgasturbolader. Die reinen Verschleißteile werden bereits seit längerem verwendet, während der Einsatz des keramischen Abgasturboladers unmittelbar bevorsteht.

2. Verschleißbeanspruchte Bauteile aus reinem Siliciumcarbid

Im chemischen Apparatebau werden an die Korrosionsbeständigkeit exponierter Bauteile besondere Anforderungen gestellt. So muß z. B. bei Pumpen das Fördern chemisch aggressiver Medien beherrscht werden. Im Vergleich zu anderen Hartstoffen zeigt Siliciumcarbid eine hervorragende Beständigkeit in allen sauren und basischen Medien. Gerade bei korrosiver Beanspruchung erweist sich die Überlegenheit des reinen, gesinterten Siliciumcarbids im Vergleich mit metallischem Silicium enthaltenden infiltriertem oder reaktionsgesintertem Siliciumcarbid. Tabelle 1 zeigt einen Vergleich der Korrosionsbeständigkeit von reinem Siliciumcarbid mit zwei siliciuminfiltrierten Qualitäten, die 8 und 12 Gew.-% freies Silicium enthalten. Das Korrosionsverhalten von reinem Siliciumcarbid ist sowohl in sauren als auch in basischen Medien besser als das von siliciuminfiltrierten Siliciumcarbid-Qualitäten. Insbesondere bei der Kombination Salpetersäure + Flußsäure und im basischen Bereich wird bei Si-infiltriertem Siliciumcarbid ein starker Korrosionsangriff beobachtet, der das metallische Silicium aus dem Gefüge herauslöst. Dieses Faktum wirkt sich dann verstärkt negativ aus, wenn dem korrosiven Angriff ein abrasiver überlagert wird. Denn durch das Herauslösen des Siliciums wird das tragende Gefüge geschwächt und setzt einer Abrasion nur noch geringen Widerstand entgegen.

Die Materialeigenschaften des reinen, gesinterten Siliciumcarbids sind in bezug auf Härte, Festigkeit, Temperaturbeständigkeit, Abrasions- und Korrosionswiderstand derart positiv zu beurteilen, daß sie bei gleitender Beanspruchung von Bauteilen im chemischen Apparatebau eine weitestgehend universelle Anwendung gewährleisten. Insbesondere dann, wenn mehrere Verschleißparameter zusammenkommen - wie z. B. Korrosion und Abrasion - ist reines, gesintertes Siliciumcarbid ein überlegener Werkstoff.
Erste umfangreiche Praxistests mit reinem, gesintertem Siliciumcarbid liefen auf dem Gebiet der Gleitringdichtungen. Je nach Modell der Dichtung kommen die verschiedensten Ringgeometrien zum Einsatz, Bild 1 zeigt ein Beispiel. Der gegenwärtige Entwicklungstrend geht jedoch, nicht zuletzt aus Kostengründen, in Richtung des einfachen Rechteckringes, der, abhängig von der Art der Dichtung, in unterschiedlich gestalteten Metallträgern gefaßt ist.
Eine andere interessante Anwendungsmöglichkeit für reines gesintertes Siliciumcarbid sind Hülsen zum Schutz rotierender Wellen vor abrasivem und korrosivem Verschleiß. Wellen-

schutzhülsen,wie in Bild 2 dargestellt, zeigen beim Fördern von z. B. Reaktionsgasen oder industriellen Abgasen ein ausgezeichnetes Standzeitverhalten und tragen wesentlich zur Reduzierung von Wartungs- und Stillstandskosten der Ventilatoren bei.

Die hervorragende Eignung des reinen Siliciumcarbids als Gleitringwerkstoff legt es nahe, diesen Werkstoff auch als Konstruktionsmaterial für Gleitlager einzusetzen. Diese relativ neue Entwicklung eröffnete dem Konstrukteur bisher noch nicht vorhandene Möglichkeiten. Die mechanische und chemische Resistenz des Siliciumcarbids ermöglicht die Positionierung des Lagers im zu fördernden Medium, d.h. die Schmierung des Lagers erfolgt direkt durch das zu fördernde Medium und Abdichtungsprobleme entfallen. Bild 3 zeigt ein Gleitlager, bestehend aus innerer und äußerer Lagerbuchse.

Die Praxiserfahrungen mit Bauteilen aus reinem Siliciumcarbid im chemischen Apparatebau zeigen, daß durch einen sinnvollen Einsatz dieses Materials stets eine hohe Standzeitverlängerung erreicht wurde. Die Einsatzfähigkeit des reinen Siliciumcarbids unter erschwert abrasiv-korrosiven Bedingungen bis zu Temperaturen von mehreren hundert Grad Celsius ermöglichten oft erst einen erfolgreichen Anlagenbetrieb.

Eine weitere Anwendungsmöglichkeit für reines Siliciumcarbid, bei der der Abrasions- und Korrosionswiderstand ausgenützt wird, zeigt Bild 4. Düseneinsätze der gezeigten Art werden in Sprühsystemen eingesetzt, die z. B. bei der Aufbereitung von Erzen oder in Rauchgasentschwefelungsanlagen benötigt werden. Oxidischen Werkstoffen oder solchen aus Hartmetall zeigt sich Siliciumcarbid bei diesen Anwendungen deutlich überlegen.

Auch sogenannte Sandstrahldüsen sind zu einem weiteren Anwendungsgebiet für den neuen Werkstoff reines hochdichtes Siliciumcarbid geworden. Bild 5 zeigt größere Düsen mit lavalförmig ausgebildetem Blaskanal. Solche Laval-Düsen be-

sitzen im Gegensatz zu Düsen mit zylindrischer Bohrung eine höhere Austrittsgeschwindigkeit und damit höhere Strahlleistungen und lassen sich hervorragend aus SSiC herstellen.
Ein etwas ausgefalleneres Bauteil, das aber sehr schön die mannigfaltige Anwendungsmöglichkeit des reinen Siliciumcarbids demonstriert, zeigt Bild 6. Der gezeigte Rührer wird eingesetzt zur Homogenisierung geschmolzener sulfidischer Schlacken. Rührerblatt, Welle und Lager sind aus reinem Siliciumcarbid gefertigt und haben sich für diese Anwendung ausgezeichnet bewährt.

3. Radialturbinenrad für Abgasturbolader

Ein kompliziertes sonderkeramisches Bauteil ist das Radialturbinenrad für Abgasturbolader, Bild 7 . Im Elektroschmelzwerk Kempten wurde ein Herstellungsverfahren für Siliciumcarbid-Turboräder entwickelt, wobei die technischen Voraussetzungen für eine Massenproduktion geschaffen werden sollten. Der Abgasturbolader mit keramischer Turbine hat gerade in jüngster Zeit für Aufsehen gesorgt. Japanische Firmen haben im Herbst 1983 angekündigt, daß sie mit der Großserienfertigung des keramischen Rotors Mitte 1984 beginnen werden. Dabei stehen erhebliche Mittel für die Investitionen bereit. Während in Deutschland die Forderungen an die Keramikturbine bei Umfangsgeschwindigkeiten von 500 m/s und Gaseintrittstemperaturen von 1200 °C liegen, dürften die japanischen Rotoren geringere Leistungsdaten aufweisen. Man nimmt allgemein an, daß sie nicht über 400 m/s liegen und Temperaturen von 900 °C nicht überschreiten.

Bild 8 zeigt schematisch den im ESK entwickelten Herstellungsweg für Radialturbinenrotoren aus reinem Siliciumcarbid. Im ersten Verfahrensschritt wird submikrones α-SiC geeigneter Dotierung mit organischen Plastifizierungsmitteln gemischt. Die Plastifizierungsmittel liegen in einem Volumenanteil von < 50 % vor und bestehen i.a. aus einer Mischung von thermoplastischen Kunststoffen, Gleitmitteln,

Harzen, Weichmachern und Netzmitteln.
Die Mischungsherstellung ist ein kritischer Schritt, der die Qualität der späteren Formkörper entscheidend beeinflußt. Um eine homogene Porenverteilung nach dem Entwachsungsschritt - entsprechend einem homogenen Gefüge nach dem Sintern - zu erhalten, muß das submikrone Siliciumcarbid vor dem Verfahrensschritt des Compoundierens intensiv entagglomeriert werden. Zur Herstellung eines porenfreien, freifließenden Granulates ist es vorteilhaft, die Mischung vor der Granulation unter Vakuum zu entgasen. Nur homogene und porenfreie Granulate garantieren eine gleichmäßige Verarbeitung und die Herstellung von Formkörpern homogener und reproduzierbarer Gründichte. Für eine wirtschaftliche Herstellung großer Stückzahlen geometrisch komplizierter Bauteile, die keiner zeitaufwendigen und teuren Nachbearbeitung bedürfen, ist das Spritzgießverfahren besonders gut geeignet. Von den prinzipiell auswählbaren Spritzgießmaschinen arbeiten Schubschneckenmaschinen infolge der Schneckenplastifizierung homogener und reproduzierbarer als Kolbenspritzmaschinen, insbesondere dann, wenn die Steuerung der Betriebsdaten wie Schneckendrehung, Einspritzdruck, Einspritzgeschwindigkeit, Schließkraft usw. über Mikroprozessoren erfolgen kann. Bei der Gestaltung des Spritzgußwerkzeuges sind einige wichtige Details zu beachten: Der Ausgußkanal ist derart zu lokalisieren, daß Zusammenflußlinien entweder vermieden oder in weniger festigkeitsbeanspruchte Bauteilregionen verlegt werden. Aufgrund des hohen Füllgrades und der relativ grossen Viskosität der Silicumcarbid-Spritzgußmasse sind Zusammenflußlinien Orte erhöhter Fehlerwahrscheinlichkeit im Sinterkörper. Die hohen Werkzeugkosten für ein Turboladerlaufrad machen es ratsam, ein mehrteiliges Werkzeug einzusetzen. In diesem Fall können bei entwicklungsbedingten Design-Änderungen (z.B. Rotor ohne und mit integrierter keramischer Welle) Werkzeugteile ausgewechselt werden, was wesentlich geringere Kosten verursacht.
Ein besonders kritischer Schritt ist das Entwachsen. Beim Entwachsungsprozeß werden die organischen Bestandteile der

Spritzgußmasse während eines thermischen Prozesses, der zwischen Raumtemperatur und etwa 400 °C abläuft, durch Destillation, Depolymerisation, Pyrolyse, Sublimation oder einer Kombination dieser Verfahren rückstandsfrei entfernt. Die Zyklusdauer und Aufheizgeschwindigkeit während des Entwachsungszykluses muß entsprechend dem Bauteilquerschnitt und speziellen Bindersystem eingestellt werden. Dabei lassen sich durch eine thermogravimetrische Analyse Anhaltspunkte für die günstigste Aufheizgeschwindigkeit, den Beginn der Verflüchtigung und die benötigte Endtemperatur ermitteln. Namentlich diejenigen Temperaturintervalle, bei denen eine bestimmte Fraktion der Bindemittel verdampft, erfordern eine besonders langsamen Temperaturanstieg. Dickwandige Teile erfordern wesentlich längere Aufheizzeiten als dünnwandige. Zu kurze Entwachsungszyklen führen zur Bildung hoher Gasdrucke im Zentrum der Teile und zu Rissen, die die Formteile zerstören können.
Fehlerfrei entwachste Formteile werden bei den für Siliciumcarbid typischen Temperaturen von etwa 2100 °C unter Schutzgasatmosphäre gesintert. Die erreichten Sinterdichten liegen bei 96 bis 99 % der theoretischen Dichte des Siliciumcarbids. An dieser Stelle sei erwähnt, daß bis zum erfolgreichen Spritzgießen von Radialturbinenrädern verschiedene Entwicklungsstufen durchschritten werden mußten, die von Biegestäben ausgingen und u.a. auch Schäufelchen für Axialturbinenrotoren enthielten, wie sie in Bild 9 zu sehen sind. Bild 10 zeigt die vorläufig letzte Entwicklungsstufe - einen Radialturbinenrotor mit integrierter keramischer Welle.
Im Zuge der Entwicklungsarbeiten der HIP-Technologie im ESK konnte gezeigt werden, daß sich durch eine heißisostatische Nachverdichtung spritzgegossener und gesinterter Bauteile aus reinem Siliciumcarbid die Dichte, die mittlere Festigkeit und der Weibull-Modul deutlich steigern lassen. Bild 11 zeigt ein Beispiel, das mit spritzgegossenen Biegestäbchen erzielt wurde. Diese Technologie kann selbstverständlich auch herangezogen werden, um Turboladerlauf-

räder bester Qualität herzustellen wie in Bild 10 gezeigt.
Die Proben im Bild 11 wurden schon vor einiger Zeit hergestellt und entsprechen nicht mehr dem neuesten Stand der Werkstoffentwicklung. Inzwischen wurden die Festigkeiten weiter verbessert. Bild 12 zeigt die zur Zeit erreichten Festigkeiten reiner Siliciumcarbid-Werkstoffe bei Raumtemperatur und 1370 °C. Die dem Hochtemperaturwerkstoff Siliciumcarbid inhärente Sprödigkeit hat u.a. zur Folge, daß schon sehr kleine Fehler katastrophale Auswirkungen auf die Festigkeit haben und zum Versagen eines hochbelasteten Bauteiles führen können. Der zerstörungsfreien Werkstoffprüfung und dem Auffinden innerer Fehler kommt deshalb bei der Serienproduktion solcher Formkörper eine große Bedeutung zu. Die Fehleranalyse kann z. B. mit radiographischen Verfahren, wie Röntgendurchstrahlungsaufnahmen mit einer Weichstrahlröhre und visueller Auswertung auf Filmen oder Fernsehschirmen erfolgen. Bei der Optimierung des Herstellungsverfahrens ist es sinnvoll, nach jedem einzelnen Verfahrensschritt, wie Spritzen, Entwachsen und Sintern, eine radiographische Prüfung der Bauteile durchzuführen. Bei stehendem Verfahren kann der Zwischenprüfungsaufwand reduziert werden. Bild 13 zeigt abschließend Durchstrahlungsaufnahmen von Rotoren nach den einzelnen Herstellungsschritten mit typischen Spritzfehlern.

4. Zusammenfassung

Wir glauben, daß die rasche kommerzielle Realisierbarkeit des reinen Siliciumcarbids sich vor allem auf zwei Bereiche konzentriert:

- die Entwicklung von Bauteilen, die dort eingesetzt werden, wo extreme Anforderungen an Erosions- und Korrosionswiderstand im technischen Einsatz gestellt werden.
- die Entwicklung von Hochtemperatur-Bauteilen wie z. B. Radialturbinenräder für Abgasturbolader mit der gleichzeitigen Möglichkeit die Massenherstellung eines kom-

pliziert geformten Bauteiles zu prüfen.
Die Ergebnisse für beide Bereiche können positiv beurteilt werden. Siliciumcarbid-Verschleißbauteile werden in der Technik zunehmend erfolgreich eingesetzt, die Massenproduktion von Radialturbinenrädern kann beherrscht werden.

Korrosives Medium 250 h, Raumtemperatur	Gewichtsverlust in 10^{-6} g/mm² EKasic D	SiC 8 % Si	SiC 12 % Si
Salzsäure (37 %)	0,8	0,8	0,8
Salpetersäure (65 %)	0,8	1,0	1,1
Phosphorsäure (85 %)	0,5	2,8	3,5
Flußsäure (40 %)	nicht meßbar	1,5	4,5
Salzsäure (37 %) + 5 % Flußsäure (40 %)	nicht meßbar	1,4	1,4
Salpetersäure (65 %) + 5 % Flußsäure (40 %)	0,5	110	230
Schwefelsäure (95 %) + 5 % Flußsäure (40 %)	nicht meßbar	1,3	1,3
Natronlauge (40 %)	0,8	95	120
Kalilauge (50 %)	0,8	110	120

Tabelle 1: Korrosionsbeständigkeit von SiC-Werkstoffen, reines SiC "EKasic" im Vergleich zu SiC mit freiem Si.

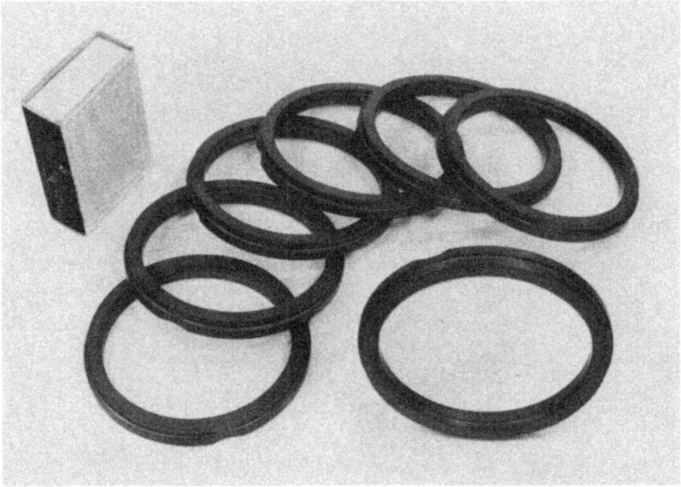

Bild 1: Gleitringe aus reinem SiC: "EKasic"

Bild 2: Wellenschutzhülse aus reinem SiC: "EKasic"

Bild 3: Gleitlager aus reinem SiC: "EKasic"

Bild 4: Verschleißeinsätze für Sprühsysteme aus reinem SiC: "EKasic"

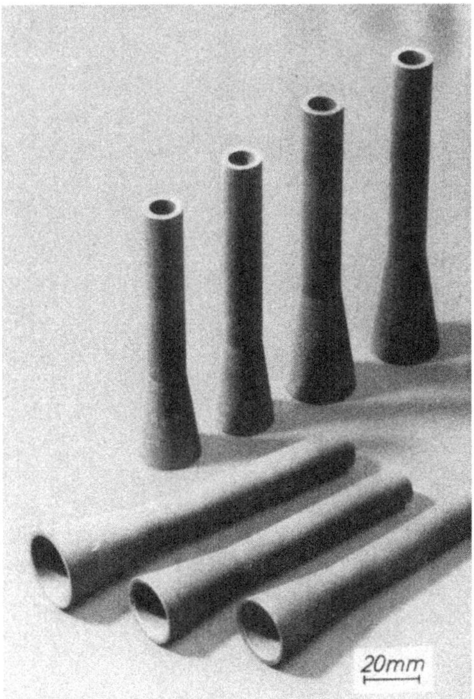

Bild 5: Sandstrahldüsen aus reinem, gesintertem SiC: "EKasic"

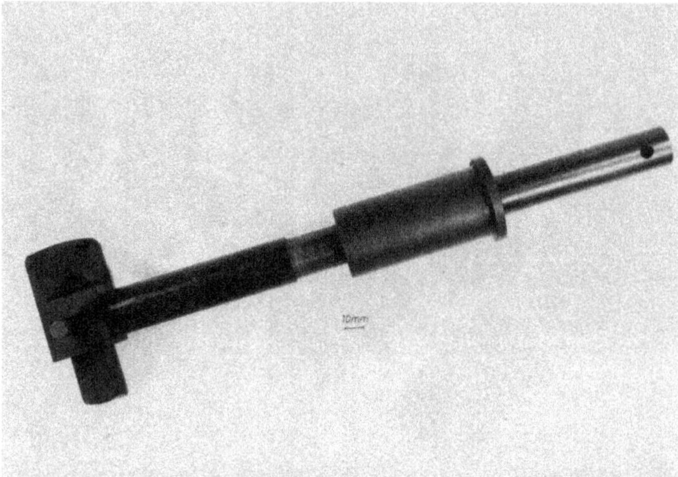

Bild 6: Rührer aus reinem SiC "EKasic" für aggressivste Medien und hohe Temperaturen

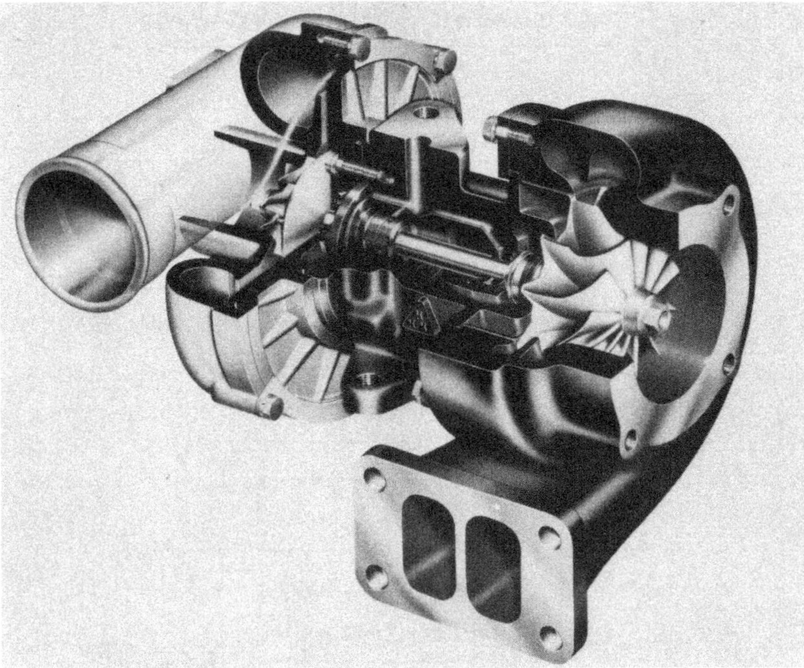

Bild 7: KKK-Turbolader - Bauprogramm K, für LkW-Dieselmotor

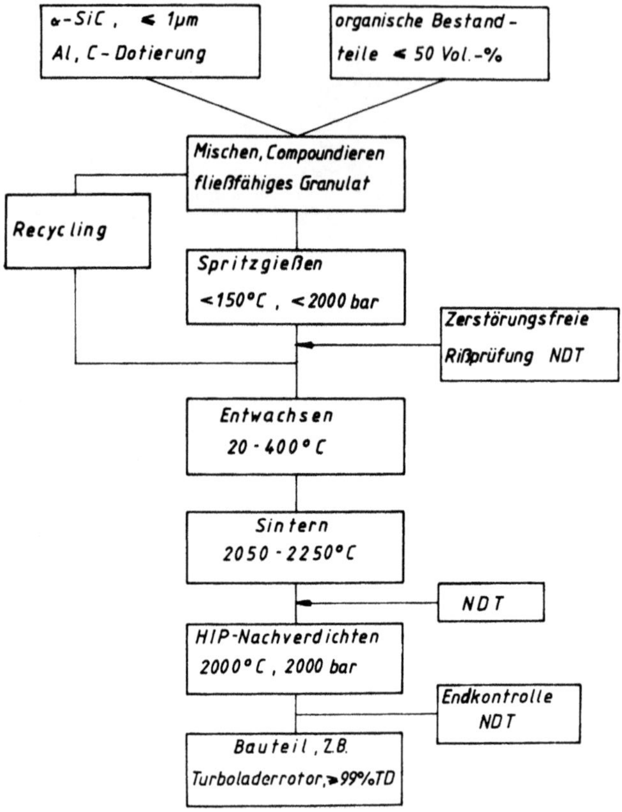

Bild 8: Herstellungsschema für Radialturbinenrotoren nach dem Spritzgußverfahren

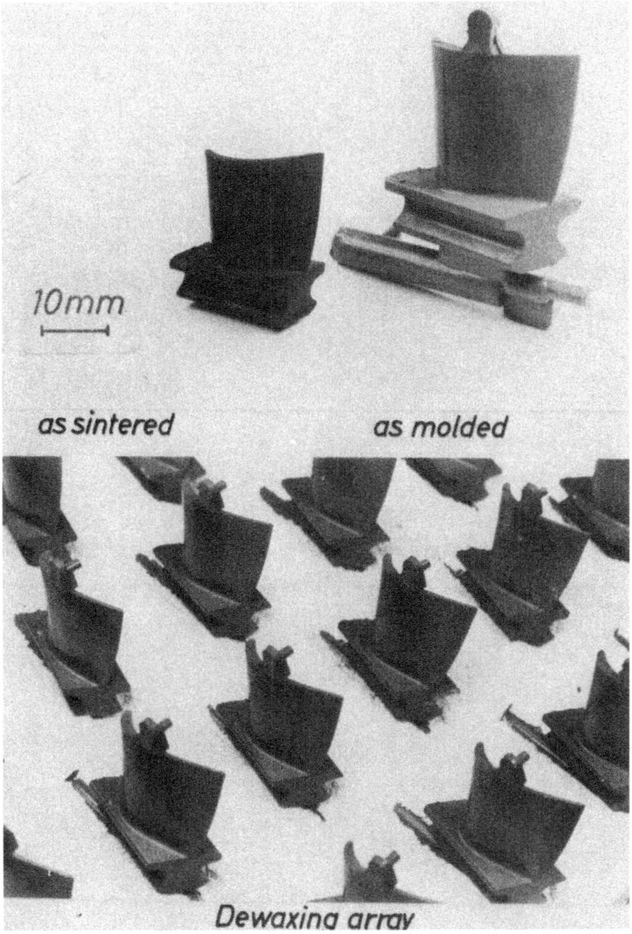

Bild 9: Turbinenschaufeln aus reinem SiC, hergestellt nach dem Spritzgußverfahren

Bild 10: Radialturbinenrotor mit integrierter Welle, spritzgegossen, reines SiC

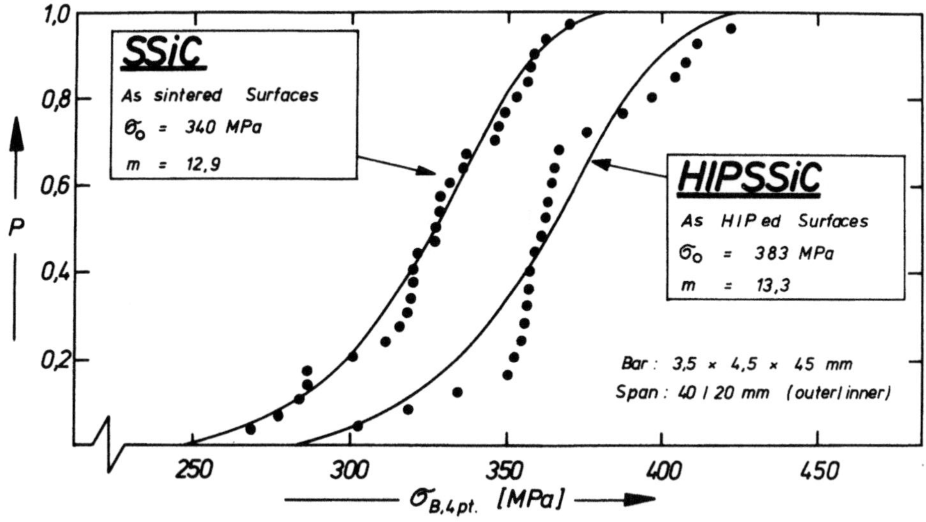

Bild 11: Festigkeit spritzgegossener Biegestäbchen aus reinem SiC nach dem Sintern (SSiC) und nach dem HIP-Prozeß (HIPSSiC), Weibull-Auftragung

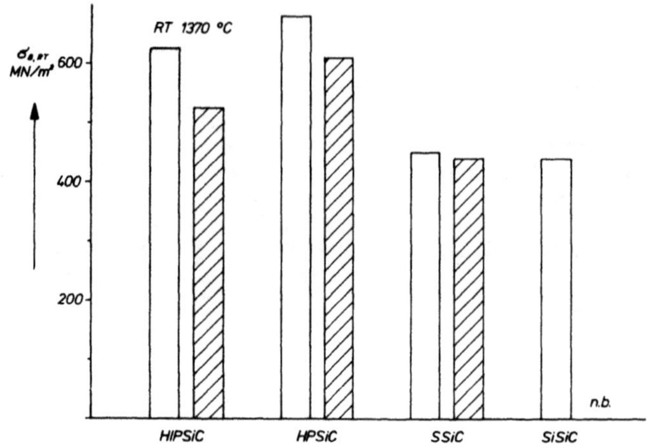

Bild 12: Biegefestigkeit verschiedener SiC-Werkstoffe bei Raumtemperatur (RT) und 1370 °C

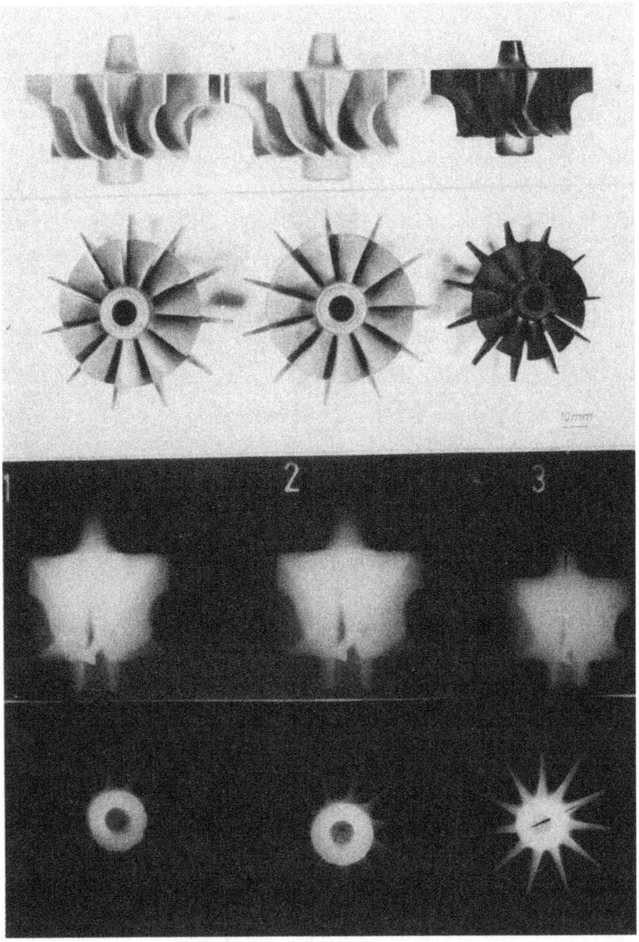

Bild 13: Röntgendurchstrahlungsaufnahmen von spritzgegossenen entwachsten und gesinterten Turboladerrädern aus reinem SiC mit typischen Fehlern

Der Anthrazitstaubbrenner als Beispiel für die Verwendung von SiSiC im Brennerbau

Hugo Eicher, Hermann Ferber, Wilhelm Gerstle
SIGRI ELEKTROGRAPHIT GMBH, Meitingen

1. Einleitung

Über die Entwicklungen und Ergebnisse von Bauteilentwicklungen mit SiSiC im Rahmen des F + E-Programms "Entwicklung einer Fahrzeuggasturbine für hohe Prozeßtemperaturen" wurde bereits früher berichtet.

Die ausgezeichneten Ergebnisse der Brennkammerentwicklungen mit diesem Werkstoff konnten zwischenzeitlich erfolgreich auf ähnlich gelagerte Problemstellungen im allgem. Brennerbau übertragen werden. Bild 1 zeigt eine Zusammenstellung verschiedener Brennkammern.

Die wichtigsten Zielsetzungen im modernen Brennerbau sind:

- Verbesserung des Wirkungsgrades
  Dies wird vielfach durch Anwendung der rekuperativen Arbeitsweise, d.h. durch Vorwärmen des Brennstoffs oder der Verbrennungsluft durch ganze oder teilweise Rückführung des Heißgases, versucht. Hierbei werden hohe Anforderungen bezüglich des Wärmeübertragungsvermögens und der Temperaturbeständigkeit ($>$ 1400°C) an die Konstruktionsteile gestellt.
- kurze Anfahrzeiten
  Vor allem bei Prozeßbrennern sind kurze Anfahrzeiten auf Vollast wichtig. Dies setzt eine gute Temperaturwechselbeständigkeit des eingesetzten Werkstoffes voraus.
- Verlängerte Betriebszeiten bei reduziertem Wartungsaufwand.
  Hier ist vor allem die Erosions- und Korrosionsbeständigkeit sowie das Ermüdungsverhalten der verwendeten Bauteile maßgeblich.

- kompakte Leichtbauweise

  Diese wird vor allem für kleine Brennereinheiten und mobile Anlagen gefordert. Für das Bauteil ist ein Werkstoff mit guter mechanischer Festigkeit und niedriger Dichte vorteilhaft.

Sowohl bei Industriebrennern wie auch kleineren und mittleren Brennergrößen für die Gebäudebeheizung konnten durch Verwendung von SiSiC wesentliche Verbesserungen erzielt werden.

Eine interessante Nebenerscheinung ist bei einigen Brennerversionen die deutliche Senkung des Betriebsgeräusches.

Zusammenfassend kann gesagt werden, daß SiSiC in der Kombination seiner Eigenschaften ein vorteilhafter Konstruktionswerkstoff für den Brennerbau ist, was u.a. eine Reihe neuer Brennerkonzeptionen unter Beweis stellen.

Mit dem Anthrazitbrenner soll nun eine Entwicklung in seinen wesentlichen Stufen vorgestellt werden, bei der die Anforderungen an das Material im Vergleich zu "herkömmlichen" Brennern wesentlich höher sind.
Parallel zu den Entwicklungen und Ausprüfungen der einzelnen Bauteile mußten vor allem für großformatige Teile die Formgebungsverfahren erarbeitet werden.

2. Entwicklung des Anthrazitbrenners

Anthrazit fällt bei der Kohlegewinnung als billiges und bisher kaum verwendetes Nebenprodukt in großen Mengen an. Im Gegensatz zu Braunkohle ist es bisher aufgrund des niedrigen Anteils an vergasbaren Bestandteilen nicht möglich, dieses energiereiche Brennmaterial in Staubbrennern zu verfeuern. Gerade für kleine und mittlere Heizungsanlagen wie sie z.B. in Schulen, Industriebetrieben oder Krankenhäusern üblich sind, würde sich Anthrazitstaub anbieten, da dieser nicht selbstendzündbar ist und daher seine Lagerung problemlos ist.
Aufgabe ist es, für diese Zielgruppen einen Brenner für diskontinuierlichen Betrieb zu entwickeln.

Die gesamte Anlage setzt sich aus den Teilen Staubtank, Fluidisierung, Dosierung, Brenner, Wärmetauscher und Abluftreinigung zusammen - Bild 2.

Im Brenner soll Anthrazitstaub mit Luft gemischt auf einer längeren Strecke über die Vergasungstemperatur bis auf ca. 1000°C gebracht werden. Die gesteuerte Zudosierung von vorerhitzter Sekundärluft soll zu einer möglichst vollständigen Verbrennung führen.

Anforderungen an den Brennerwerkstoff sind:

- Temperaturwechsel: Nach dem Einschalten sollen in ca.2 Minuten 1000°C erreicht werden
- Wärmespannungen: Große Temperaturgradienten innerhalb der Bauteile
- Korrosion: Angriff durch Rauchgas und Schlacke
- Erosion: Restkohle- und Aschepartikel in der Feuerführung

Bild 3 zeigt eine schematische Darstellung.

Es wurde in folgenden Schritten vorgegangen:

- Grundsätzliche Verfahrensuntersuchungen mit Bauteilen aus Stahlblech - diese sollen stufenweise durch SiSiC-Elemente substituiert werden.

Bild 4 a zeigt schematisch die erste Versuchseinrichtung aus Stahlblech. Das Außenrohr der Lanze schmilzt nach kürzester Zeit durch. Unkontrollierter Ausbrand zerstört die Kammer.

- Rippen an der Außenseite der Kammer führen zu einer besseren Wandkühlung, verlängern die Standzeit und ermöglichen genauere Parameterstudien - Bild 4 b.

Das Lanzeninnen- und Außenrohr wird durch SiSiC ersetzt - Bild 4 c. Nach mehreren kurzen Betriebszyklen zeigt das Lanzenaußenrohr Umfangsrisse aufgrund zu großer Temperaturgradienten.

Das Lanzenaußenrohr wird wie in Bild 5 a dargestellt in vier Schüsse zur Eingrenzung des Spannungsaufbaus geteilt. Zwischen die plangeschliffenen Stoßstellen werden Dichtringe eingebaut.

Der Konus und der untere Prallteller werden in SiSiC ausgeführt.

Das Lanzeninnen- und Außenrohr bestehen den Test. Der Konus und der untere Prallteller zeigen nach mehreren mehrstündigen Betriebszyklen radiale Spannungsrisse.

Die SiSiC-Teile der Lanze bewirken eine bessere Wärmeübertragung und ermöglichen eine Verkürzung um einen Rohrschuß - Bild 5 b. Der untere Prallteller wird zur Reduzierung des Spannungsaufbaus zweiteilig ausgeführt. Der obere Prallteller aus Stahl wird durch SiSiC ersetzt. Die Stahlblech-Brennkammer wird durch 5 aufeinandergesetzte Außenrippenrohre substituiert. Zwei im oberen Bereich eingesetzte Zwischenringe mit radialen Bohrungen dienen dabei der Sekundärluftzufuhr. Bild 6 zeigt eine Zusammenstellung von Bauteilen.

Nach mehreren störungsfreien mehrtägigen Betriebszyklen zeigen sich Spannungsrisse am Konus, am unteren Prallteller und den Brennkammerrohrschüssen. Die Brennkammerwandung weist einen leichten Schlackebelag auf.

Prallteller und Konus werden kleiner dimensioniert ohne daß die Lanzenleistung beeinträchtigt wird.

Bei der Brennkammer muß auf Segmentbauweise übergegangen werden. Es wird ein Rohrkranz eingesetzt, durch dessen Rohre die Sekundärluft eingeleitet wird. Durch Bohrungen im oberen Bereich soll die Sekundärluft in die Brennzone dosiert werden - Bild 5 c.

Die Lanze arbeitet problemlos und kann als gelöst gelten. Nach mehrtägigen Betriebszyklen hat sich am Rohrkranz, vor allem in den Zwickeln zwischen den Rohren, ein dicker Schlakkebelag gebildet. Während der Abkühlphase brechen die Rohre.

In Tab. 1 ist die Zusammensetzung der Schlacke aufgeführt.

Bild 7 zeigt das durch Schlacke geschädigte SiSiC-Gefüge.

Eine Wiederholung des Versuchs mit einem Rohrkranz aus R SiC - Bild 8 führt ebenfalls zu starker Schlackebelegung und zum Bruch.

Tab. 2 zeigt einen Vergleich der Eigenschaftswerte von SiSiC und R SiC vor und nach dem Testeinsatz.

Die Brennkammer wird geteilt - Bild 3 - wobei die Unterkammer im Durchmesser vergrößert wird.

Ein 1000-Stundentest ergibt wiederum eine Schädigung der Oberkammer durch Schlackebeaufschlagung. Die Unterkammer ist voll funktionsfähig.

Versuche das Problem durch weitere Unterteilung der Oberkammer zu lösen führen nicht zu einer befriedigenden Lösung, so daß neue Ansätze notwendig sind an denen derzeit gearbeitet wird.

3. Ausblick

Obwohl die geschilderte Aufgabenstellung bislang noch nicht vollständig gelöst werden konnte, hat sich die Eignung von SiSiC selbst für extreme Bedingungen im Brennerbau bestätigt.

Die hier gewonnenen Erfahrungen lassen sich auf eine Reihe artverwandter Problemstellungen übertragen wie z.B. in der Abwärmenutzung und der Abgasreinigung was einen Beitrag zu den aktuellen Themen "Energie" und "Umwelt" bedeutet.

4. <u>Schrifttum</u>

VERFASSER	Ferber, M.K. Tennery, V.J.	Evaluation of Tubular Ceramic Oak Ridge National Laboratory Dezember 1981

Schlackenanalyse

Fe_2O_3	:	8,1	%
SiO_2	:	47,4	%
Al_2O_3	:	28,9	%
CaO	:	2,0	%
MgO	:	2,8	%
Na_2O	:	2,0	%
K_2O	:	4,5	%
SO_3	:	0,5	%
P_2O_5	:	0,4	%
TiO_2	:	1,2	%
Sonstiges	:	2,2	%

Tab. 1: Chemische Analyse einer Anthrazitschlacke

Werkstoff	Anlieferungszustand		nach Test	
	$\bar{\sigma}_B$ [N/mm²]	s	$\bar{\sigma}_B$ [N/mm²]	s
RSiC	117	± 11,5	140	± 19,5
SiSiC	330	± 22,0	247	± 27,0

Tab. 2: $\bar{\sigma}_B$ und s-Werte vor und nach dem Testeinsatz in einer Kohlenstaubfeuerungsanlage

Bild 1: Brennkammern verschiedener Typen aus SiSiC

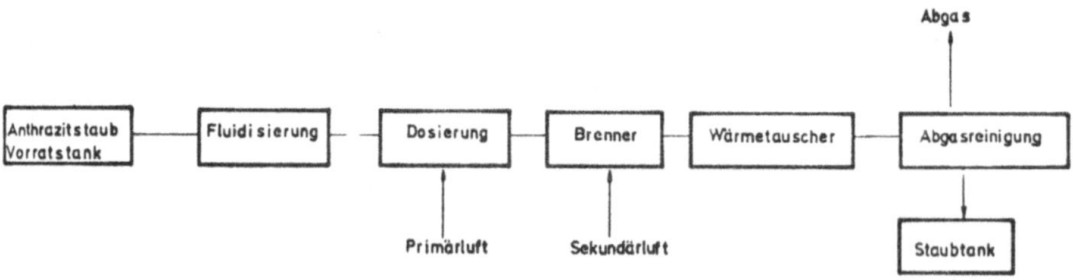

Bild 2: Anthrazitstaub-Feuerungsanlage

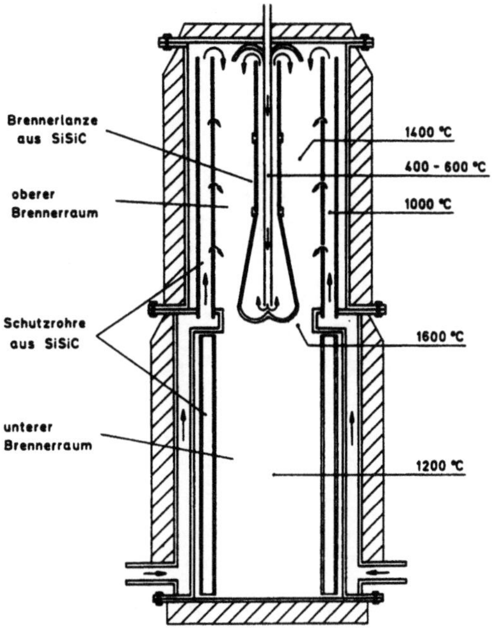

Bild 3: Anthrazitstaubbrenner mit SiSiC Komponenten

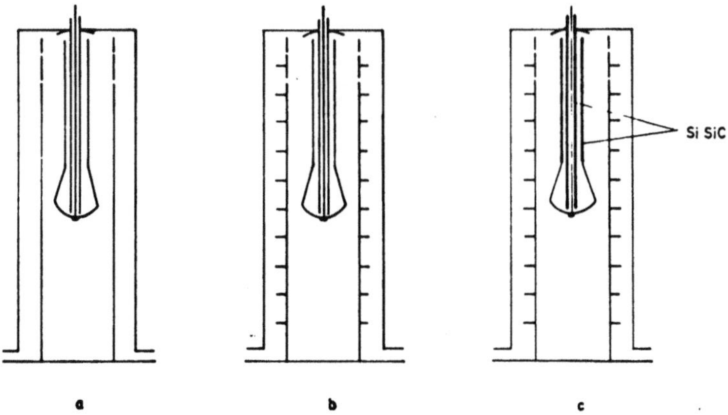

Bild 4: Entwicklungsstufen des Anthrazitbrenners

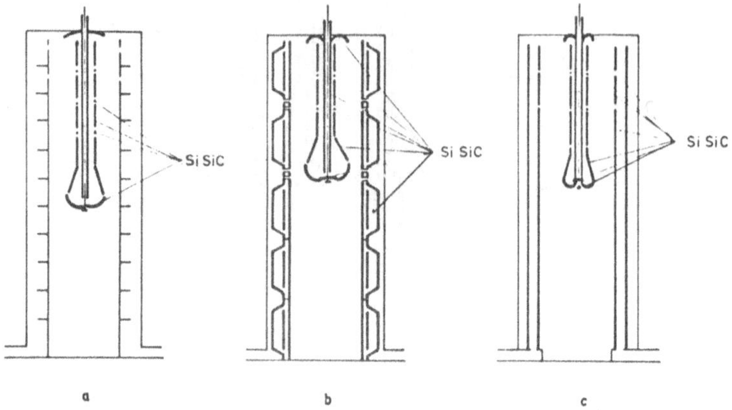

Bild 5: Entwicklungsstufen des Anthrazitbrenners

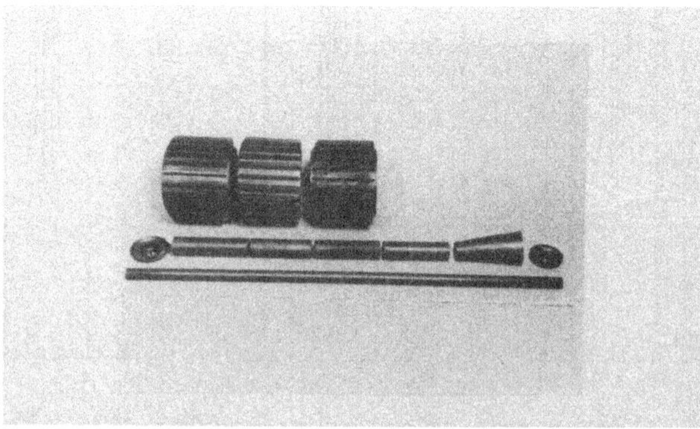

Bild 6: SiSiC-Bauteile für einen Anthrazitstaubbrenner

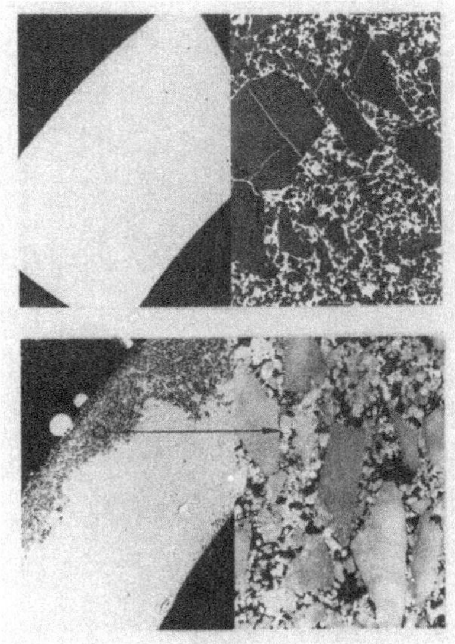

Bild 7: Normalgefüge und durch Anthrazitschlacke geschädigtes Gefüge von SiSiC

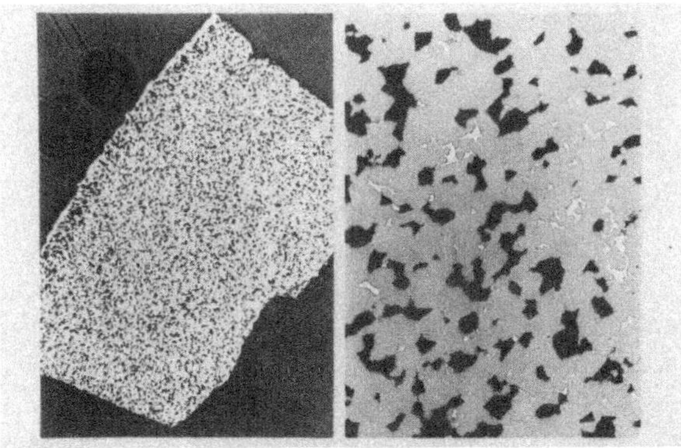

Bild 8: Gefügeanschliffe eines Rohres aus RSiC

Ingenieurkeramische Bauteile für Anwendungen in der Energietechnik, Verfahrenstechnik, Metallurgie und Motorenbau

Dr.A.Krauth; H. Nink

Rosenthal Technik AG
Werksgruppe IV
Ingenieurkeramik
8672 Selb

Zusammenfassung:

Ausgangspunkt der hier vorgestellten Serien- bzw. seriennahen Produkte war das BMFT-geförderte Gasturbinenprojekt mit werkstoff- und verfahrenstechnischer Entwicklung.

Beschrieben werden Werkstoff, Herstellung, Anwendung und erreichbare Toleranzen von Serienprodukten wie Gleitringe für Gleitringdichtungen, Pumpen, Lager, Brennerspitzen und Brenner sowie die seriennahen Produkte wie keramische Isolationsteile im Zylinderkopf bzw. keramische Wärmetauscher für ein Brennwertheizgerät und industrielle Anwendungen.

Komponente	Werkstoff	Herstellungsverfahren	Anwendung
Gleitringe	SiSiC	Trockenpressen Isopressen	Pumpen, Lager
Brennerspitzen	RBSN	Spritzgießen	Schweißen
Brenner	SiSiC	Schlickerguß	Haushalts- und Industriebrenner
Portliner	ATI	Schlickerguß	Motor
Wärmetauscher	RBSN/SiSiC	Folientechnik	Wärmetechnik

1. Einleitung

Das vom BMFT geförderte Gemeinschaftsprojekt "Keramische Bauteile für Fahrzeuggasturbinen" war auch eine Initiative für umfangreiche keramische Werkstoff-Technologie und Designentwicklung in Zusammenarbeit von Hersteller und Anwender. Die etwa 10 Jahre dauernde Arbeit mit dem "statistischen Werkstoff" Keramik brachte für Anwender und Hersteller Erkenntnisse, die sich in statistisch abgesicherten, qualitätsgesicherten Produktionsverfahren für den Hersteller und in ebenfalls statistisch abgesicherten Lebensdauervorhersagen für Bauteile niederschlugen. Die konsequente Durchsetzung solcher Erkenntnisse hat in den letzten Jahren diesen modernen "ingenieurkeramischen" Werkstoffen ein Anwendungsfeld mit großem Marktpotential in der Energietechnik, der Verfahrenstechnik, der Metallurgie und im Motorenbau geöffnet.

2. Ingenieurkeramische Werkstoffe

Die ingenieurkeramische Werkstoffgruppe beinhaltet im wesentlichen Oxide, Karbide und Nitride mit breitgefächerten Eigenschaftsprofilen. Tab. 1 zeigt einen Überblick über die derzeit meist diskutierten und auch verwendeten keramischen Werkstoffe. Eine allgemein gültige, exakte Zuordnung von Werkstoff und Anwendungsfall kann nicht gegeben werden, vielmehr ist es notwendig, jeweils die Vor- und Nachteile der einzelnen Alternativen einander gegenüberzustellen und dann die Wahl zu treffen. Trotz aller Einschränkungen aber ergaben sich im Verlaufe unserer gemeinsamen Arbeiten einige Faustregeln, die eine gewisse Allgemeingültigkeit besitzen.

Oxidische Werkstoffe auf der Basis von Zirkonoxid und Aluminiumtitanat werden eingesetzt, wo Wärmedämmung die wesentliche Funktion der Komponente darstellt. Bei weitgehend selbsttragenden Elementen, mit notwendigerweise hohen Festigkeitsanforderungen,setzt man vorzugsweise Zirkonoxid (partiell stabilisiert) ein. Wird dagegen die keramische Komponente von Metall umhüllt (z.B. umgossen), wird Aluminiumtitanat verwendet, welches zwar eine niedere Biegefestigkeit, aber zum Ausgleich einen sehr günstigen niederen Ausdehnungskoeffizient und Elastizitätsmodul besitzt [1, 2, 3, 4].

Die Karbid-Werkstoffe, hier im wesentlichen das Siliciumcarbid, werden eingesetzt, wenn besondere Oberflächeneigenschaften (z.B. günstige Reibungsbeiwerte) oder günstige Hochtemperatur- bzw. Temperaturwechseleigenschaften gefordert werden [5, 4, 6, 7].

Die Nitridwerkstoffe haben ausgehend vom porösen, reaktionsgesinterten, über das mit Yttriumoxid dotierte, selbstgesinterte Siliciumnitrid bis zum hochfesten, heißgepreßten Siliciumnitrid sehr unterschiedliche Eigenschaften und damit Anwendungsgebiete. Dabei ist einmal die Zähigkeit, ein ander Mal die Restporosität oder die Formtreue während der Reaktion von Bedeutung [8, 9, 10, 11, 12, 13, 14, 15, 16, 17].

3. Anwendungsgebiete ingenieurkeramischer Werkstoffe

Für einen Einsatzfall kommen meist mehrere Eigenschaften des keramischen Werkstoffes zur Geltung. Eine Einteilung nach Werkstoffgruppen erscheint daher wenig sinnvoll. Die Anwendungsgebiete der Ingenieurkeramik werden daher in die vier Bereiche Energietechnik, Verfahrenstechnik, Metallurgie und Motorenbau unterteilt.

3.1 Energietechnik

In der industriellen Energietechnik bietet die moderne Ingenieurkeramik Vorteile bei der Verbrennung und bei der besseren Nutzung der Abwärme.

Der korrosionsfeste Hochtemperaturwerkstoff Siliciumcarbid ermöglicht neue Brennerkonstruktionen, die ihrerseits wieder eine wärmedämmende Leichtbauweise der Ofenwandung im Brennerbereich ermöglichen. Bild 1 zeigt einige, seit längerer Zeit im Betrieb befindliche Brennertypen. In Kombination mit einem ebenfalls aus dem Werkstoff Siliciumcarbid hergestellten Kompakt-Rekuperator für Temperaturen bis 1400 °C lassen sich die Energiebilanzen von Brenn- und Temperöfen wesentlich verbessern. Bild 2 zeigt den Herstellungsprozeß eines solchen Brenners nach dem Schlickergußverfahren.

Kleinere Brenner, die sich sowohl für Industrieöfen aber auch als Schweißdüsen durchgesetzt haben, zeigt Bild 3,4. Diese Brennerspitzen haben gegenüber Metall den Vorteil höherer Temperaturbeständigkeit, gegenüber Alternativ-Keramikwerkstoffen wie Aluminiumoxid, die bessere Temperaturwechselbeständigkeit. Diese Düsen haben sich aus den Werkstoffen Siliciumnitrid, SiSiC und Aluminiumtitanat durchgesetzt. Die genannten Bauteile sind Serienprodukte.

Intensive Entwicklungsarbeit wird bei Rosenthal in die Herstellungstechnik von kompakten, korrosions- und hochtemperaturfesten keramischen Wärmetauschern gesteckt. Die Werkstoffe sind dabei Siliciumnitrid reaktionsgesintert und Siliciumcarbid infiltriert.

Bild 5 zeigt Kreuzstromwärmetauscher aus Siliciumnitrid.
Bild 6 einen Kreuzströmer aus Siliciumcarbid. Bild 7 einen Gegenströmer aus Siliciumnitrid, geeignet für die Wärmeübertrager Gas/flüssig. Die Herstellung solcher Wärmetauscher wurde in den vorausgegangenen Rosenthal Vorträgen [18, 19] bereits beschrieben.
Anwendungsgebiete für solche Wärmetauscher sind Schadgasnachverbrennung, Wärmeauskopplung aus korrosiven Abgasen in der Feuerungs- und Verfahrenstechnik, Rekuperatorbrenner, Säureheizung etc.

Im Bereich der Haushaltsfeuerung können wir auf die erfolgreiche Entwicklung und Vermarktung des autothermen Verdampfungsbrenners CERAMATIK hinweisen. Bei diesem Brenner, Bild 8, werden die bei der Verbrennung entstehenden großen Öltröpfchen, die sich sonst an den Wärmetauscherflächen niederschlagen, im porösen Siliciumnitrid aufgefangen und während der Erhitzung wieder in die Flamme zurückverdampft. Die Energieeinsparung beträgt etwa 5 % gegenüber bisher verwendeten Systemen. Speziell in der Anfahrphase ist wegen der Vermeidung von Randnebelfeldern mit einem sehr geringen Schadstoffgehalt im Abgas zu rechnen. Bild 9 zeigt die keramischen Brennereinsätze aus Siliciumnitrid, hergestellt nach dem Spritzgußverfahren [15]. Als nächster Entwicklungsschritt bei diesem Brennertyp ist in Zusammenarbeit mit Oertli ein Stufenvergasungsbrenner in Arbeit, Bild 10. Hier soll die Flamme nicht mehr ein- und ausgeschaltet, sondern in Stufen bzw. modulierend geregelt werden.

Eine andere Art rückstandsfrei und energiesparend Öl zu verbrennen ist die "schnelle Verbrennung" im MAN-Raketenbrenner. Hier muß bei modernen und heißen Kesseln das Flammrohr zur Vermeidung von Randnebelfeldern relativ weit in den Kessel hineinreichen. Metallische Flammrohre haben hier Verzugs- und Verzunderungsprobleme. Erprobt und inzwischen am Markt eingeführt sind Flammrohre aus RoCAR, dem infiltrierten Siliciumcarbid von Rosenthal, hergestellt nach dem Schlickergießverfahren, siehe Bild 2.

Der nächste Entwicklungsschritt im Bereich der Haushalts-Energietechnik ist die derzeit laufende Entwicklung eines keramischen Brennwertheizgerätes, dessen wichtigster Teil ein keramischer, in Folientechnik aufgebauter Brennerkopf und ein direkt von den Verbrennungsgasen durchströmter keramischer Gegenstromwärmetauscher zur direkten Erwärmung des Umlaufwassers ist.

Diese Entwicklung ist ein Projekt der Arbeitsgemeinschaft Kernforschungsanlage Jülich, Oertli, Viessmann, RWTH-Aachen und Rosenthal. Bei diesem Verfahren wird der gasförmige Brennstoff (z.B. Erdgas oder vergastes Heizöl) mit der Verbrennungsluft im Brennerkopf gemischt, an dessen Austritt gezündet und verbrannt. Die heißen Verbrennungsgase treten dann in das Heizteil (keramischer Wärmetauscher) ein, geben dort ihre Wärme fast vollständig ab und werden dabei selbst (unter Kondensatbildung) weit unter den Taupunkt abgekühlt. Das kalte Einlaufbrauchwasser im zweiten Teil des Wärmetauschersystems wirkt als Wärmesenke, welchen den Restwärmeinhalt der Verbrennungsgase zur Erwärmung des Brauchwassers nutzt. Das Gerät ist für den Schwachlast-Dauerbetrieb geeignet, d.h. Wärmeverluste durch häufiges An- und Abschalten werden vermieden. Bild 11 zeigt die keramischen Komponenten, hergestellt in Folientechnik. Die bisherigen Untersuchungen an Prototypen haben gezeigt:

- Verbrennungsgase können bis auf wenige Grad Celsius über die niedrigste Wassereinlauftemperatur abgekühlt werden
- Kondensatausbeuten von 50 bis 80 % bei Wassereinlauftemperaturen von 40 - 13 °C sind erreichbar
- mit dem in Bild 12 gezeigten Kompaktwärmetauscher - system sind Leistungen bis 15 KW erreichbar
- Wärmenutzung von über 98 % (oberer Heizwert) für Gase und von 97 % für Öl ist möglich.

3.2 Verfahrenstechnik

Von den Anwendungen moderner Hochleistungskeramik für einen Bereich der Verfahrenstechnik sollen hier zunächst keramische Produkte beschrieben werden, deren Besonderheiten in den excellenten Oberflächeneigenschaften liegen.

Gleitringdichtungen für Pumpen (Bild 12)
Lager für Pumpen (Bild 13)
Bauteile für Armaturen (Bild 14)

Für Gleitringdichtungen werden in zunehmendem Maße Ringe aus Siliciumcarbid (infiltriert) eingesetzt. Eine Gleitringdichtung (Bild 15) dichtet rotierende Wellen ab - nicht durch Berühren zweier Flächen, sondern durch die Summe der Kräfte im Dichtspalt, welche auf den kapillar eingedrungenen Flüssigkeitsfilm der Abdichtflüssigkeit wirken. Die auftretenden Geschwindigkeiten können auf bis zu 80 m/sek ansteigen, der abzudrosselnde Druck auf z.B. 5 mm Dichtfläche kann auf 50 bar ansteigen. Der Dichtspalt selbst darf dabei eine Spaltbreite von 0,3 µm haben. Zu berücksichtigen ist beim Anforderungsprofil einer Gleitringdichtung außerdem der Stoff, welchen die Pumpe zu transportieren hat und in den Spalt eindringt. Dieser ist oft genug aggressiv und kann wie z.B. in der Baustoffindustrie auch noch Feststoffteilchen enthalten. Die Anforderungen an einen Gleitring sind daher vielgestaltig:

- gute Wärmeleitfähigkeit
- keine Verformung unter Tempertureinfluß
- verschleißfest
- korrosionsfest
- geringe Spannungsrißkorrosion
- exakte Bearbeitbarkeit.

Die optimierte Lösung all dieser Anforderungen ist der Werkstoff Siliciumcarbid infiltriert. Den SiSiC-Gleitring kann man heute als ein echtes Serienprodukt aus dieser neuen Werkstoffgeneration bezeichnen.

Die Herstellungstechnik für Gleitringe durch Trockenpressen der Gesamtkontur für große Stückzahlen sowie die Technik des Rohlingpressens mit mechanisierter Nachbearbeitung für kleine Stückzahlen ist in Bild 16 dargestellt.

Gleichfalls ein Serienprodukt - aber noch nicht gleichgewichtig mit dem RoCAR Gleitring sind RoCAR Lager und Armaturen. Hier sind ähnliche Eigenschaften wie beim Gleitring gefordert, welche von diesem Werkstoff ebenfalls in ausgezeichneter Weise erfüllt werden.

3.3 Metallurgie

Der Werkstoff Aluminiumtitanat und seine Anwendung in der Metallurgie ist zwar nur über den Umweg Gasturbine - Otto-Motor - Aluminiumguß ein Abfallprodukt aus unserer gemeinsamen Arbeit, aber der Anstoß zu liesen Entwicklungsarbeiten kam von da und so sollen Produkte, welche sich inzwischen Dank der ausgezeichneten Temperaturwechselbeständigkeit, Wärmeisolation und Nichtbenetzbarkeit im Bereich der Aluminium- und Kupferindustrie einen Namen gemacht haben und vor einer serienmäßigen Einführung stehen erwähnt werden. Es sind dies:

- Steigrohre (Bild 17)
- Förderrohre (Bild 18)
- Dosiereinrichtung
- Schieberplatten (Bild 19)

Diese Produkte erlauben gegenüber den vorher verwendeten Produkten erheblich längere Standzeiten.

3.4 Motorenbau

Der Einsatz keramischer Bauteile im Motorenbau - hier gemeint Otto- und Dieselmotor - ist abgesehen von der Zündkerze noch nicht serienreif, jedoch nach unserer Meinung in speziellen Fällen kurz vor einem serienmäßigen Einsatz.

Die Überlegungen keramische Bauteile in Otto-Kolbenmotoren gehen von dem Wunsch der Motorenbauer aus, die Verbrennung mit Luftüberschuß und heißeren Abgasen zur Optimierung des Energieverbrauchs zu fahren. Zu diesem Zweck soll der heiße Bereich des Motors isoliert werden.

Beim Dieselmotor, den man in den meisten Fällen auflädt geht es darum, möglichst keine Abgastemperatur (= Energie) zu verlieren, sondern möglichst am Turbolader umzusetzen.

Im Grunde können die folgenden keramischen Komponentengruppen unterschieden werden:

- Wärmedämmende Auskleidung (Portliner, Auskleidung Auspuffkrümmer, Turboladergehäuse, Kolbenmulde (Bild 20, 21, 22, 23).
- Heißgaskorrosionsbeständige und verschleißfeste Bauteile Wirbelkammer, Auskleidung des Kompressionsraums, Ventilführung, Bild 24
- Bewegte Bauteile Bild 25
  Turbolader-Rotor, Kolben, Kolbenbolzen

Der Serie am nächsten scheint die Auskleidung des Auslaßkanals im Zylinderkopf genannt "Portliner". Diese wärmedämmende keramische Komponente wird nach dem in der feinkeramischen Industrie üblichen Schlickergußverfahren hergestellt. Bild 26 gibt einen Überblick zur Herstellung der Gips-Arbeitsformen für dieses Verfahren.
Der ausgeformte Grünling wird nach dem Trocknen gebohrt, geschnitten und gebrannt.
Der Einguß in den Zylinderkopf erfolgt als verlorener Gießkern, der im Zylinderkopf verbleibt.
Die Entwicklungsarbeiten in Zusammenarbeit mit Automobilfirmen und Gießereien sind soweit gediehen, daß ein Serieneinsatz in Sicht ist.
Diese Entwicklungsarbeiten werden in einem Gemeinschaftsprojekt KEBOD mit den Firmen Audi, KHD, KKK und Rosenthal mit einer BMFT-Förderung durchgeführt.

4. Qualitätssicherung und Produktion

Wegen der eng tolerierten Komponentenkennwerte müssen diese mit statistisch abgesicherten Herstellungsprozessen gefertigt werden. Die Einheit von Verfahrensschritt, Kontrollschritt, Endkontrolle und Funktionstest, Bild 27 , können nur mit exakt spezifizierten Prozeß- und Kontrollverfahren durchgeführt und garantiert werden. Diese Spezifikationen für die unterschiedlichsten Verfahrens- und Kontrollschritteeinschließlich des damit verbundenen Delegationssystems wurden im Laufe des geförderten Gasturbinenprojektes entwickelt und sind jetzt die Basis für die Herstellung eng tolerierter ingenieurkeramischer Bauteile.
Tab. 2 gibt einen Überblick über die derzeit in Serienfertigung erreichbaren Toleranzen für verschiedene Produkte und Herstellungstechiken.

5. Schrifttum

1	NINK, H. KELLER, H. KRAUTH, A.	Keramische Werkstoffe für das Gießen und Schmelzen von Aluminium und Aluminiumlegierungen Gießerei 64 (1977) Heft 10, Seite 282/283
2	WINTER, K.TH. MAIER, H.R. NINK, H. KRAUTH, A.	Ceramique an motoer diesel - aspects de materiaux, de construction et d'application Conference Le Perspectives d'applications des ceramiques aux moteurs diesel. Societe des Ingenieurs de automobile.Federation des Industries Mecaniques. 1.2.1979, Paris
3	KRAUTH, A.	Keramische Bauteile für Otto- und Dieselmotoren 9. Statusseminar "Kraftfahrzeuge und Straßenverkehr" des BMFT, 11. - 12.11.1981 in Bad Dürkheim
4	KRAUTH, A.	Keramische Werkstoffe Veröffentlichung in der Umschau, Heft 11/1983
5	BURGHARDT, H. MAIER, H.R. KRAUTH, A.	Mit Keramik konstruieren - sie nicht ignorieren Veröffentlichung in Zeitschrift "Konstruktion und Design", Heft 12/1980
6	SCHINDLER, S.R. KRAUTH, A.	Entwicklung von hochwarmfesten, korrosionsbeständigen Siliciumcarbid Formkörpern für die Verwendung im Gasturbinenbau Forschungsbericht BMFT, T 79-171, Technologische Forschung und Entwicklung, Dezember 1979
7	SCHINDLER, S.R. KRAUTH, A.	Entwicklung von hochwarmfesten, korrosionsbeständigen Siliciumcarbid-Formkörpern für die Verwendung im Gasturbinenbau Forschungsbericht BMFT, T 82-178, Technologische Forschung und Entwicklung, Oktober 1982

8 MAIER, H.R.
NINK, H.
KRAUTH, A.

Statistische Festigkeitseigenschaften, Krafteinleitung und Bauteilzuverlässigkeit am Beispiel von reaktionsgebundenem Siliciumnitrid

Ber. Dt.Keram. Ges. 54 (1977), Nr. 12, S. 413 bis 416

9 POHLMANN, H.J.
KRAUTH, A.

Keramische Werkstoffe für extreme Beanspruchungen - Ingenieurkeramik für Gießereitechnik und Verbrennungskraftmaschinen

Forschungsvereinigung Verbrennungskraftmaschinen e.V.
Heft R 323 1978, Informationstagung der FV e.V., 9.Dez. 77, Frankfurt/Main

10 MAIER, H.R.
POHLMANN, H.J.
KRAUTH, A.

Design Criteria und Structural Testing of Ceramic Components

Held at London, Dec. 14-14 1977.British Ceramic Society, Basic Science Section Symposium on the Mechanical Engineering Properties and Applications of Ceramics.
Proceedings of the British Ceramic Society No. 26, July 1978. 17 - 30.
The Mechanical Engineering Properties and Applications of Ceramics, edited by Dr.D.J. Godfrey, Shelton House Stoke on Trend

11 MAIER, H.R.
KRAUTH, A.
GEBHARD, W.

Statistische und bruchmechanische Festigkeitsaspekte bei hohen Temperaturen, Laufradschaufeln aus reaktionsgebundenem Siliciumnitrid

Diskussionstagung, Hochtemperatureigenschaften keramischer Werkstoffe, DKG-Fachausschuß Keramische Werkstoffe in der Technik, 16./17.2.1978, Baden-Baden
Ber.Dt.Keram.Ges. 55 (1978), Nr. 8, S. 402-408

12 KRAUTH, A.

Ceramic Recuperative Heat Exchanger

Presentation at the DOE Highway Vehicle System Contractors
Coordination Meeting, May 10, 1978, Troy Michigan

13 SCHINDLER, S.R.
KRAUTH, A.

Beitrag der Keramik zur besseren Energienutzung

Vortrag anläßlich der DKG-Jahrestagung 1980 in Wiesbaden

14	SCHINDLER,St. KRAUTH, A.	Recuperative Ceramic Heat Exchanger Vortrag anläßlich "European Colloquium on Ceramics in advanced Energy Technologies" in Petten, September 23, 1982
15	KRAUTH, A.	Der keramische Verdampfungseinsatz von Rosenthal - Herstellung und Eigenschaften Veröffentlichung im Sprechsaal, Heft 12/1983 S. 1053 - 1055
16	SCHINDLER, S.R. KRAUTH, A.	Entwicklung von hochwarmfesten, korrosionsbeständigen, nichtmetallischen Werkstoffen, insbesondere Siliciumnitrid zur Verwendung im Gasturbinenbau Forschungsbericht BMFT, T 78-51, Technologische Forschung und Entwicklung, Oktober 1977
17	SCHINDLER, S. KRAUTH, A.	Entwicklung von hochwarmfesten, korrosionsbeständigen, nichtmetallischen keramischen Werkstoffen, insbesondere Siliciumnitrid zur Verwendung im Gasturbinenbau Forschungsbericht BMFT, T 83-026, Technologische Forschung und Entwicklung, März 1983
18	BERROTH, K. KRAUTH, A.	Entwicklung von Siliciumnitrid-Bauteilen für den Gasturbinenbau BMFT-Statusseminar "Keramische Bauteile für Fahrzeug-Gasturbinen", 13. - 15.2.1984 in Bad Neuenahr
19	KRAUTH, A. BEROTH, K.	Entwicklung von hochwarmfesten, korrosionsbeständigen Siliciumcarbid-Formkörpern für die Verwendung im Gasturbinenbau BMFT-Statusseminar "Keramische Bauteile für Fahrzeug-Gasturbinen", 13. - 15.2.1984 in Bad Neuenahr

WERKSTOFFEIGENSCHAFTEN		OXIDE			CARBIDE			NITRIDE			
		Al_2O_3	PSZ	Al_2TiO_5	SiSiC	SSiC	HPSiC	RBSN	SRBSN	SSN	HPSN
Werkstoffdichte	g/cm^3	3,95	5,76	3,20	3,08	3,15	3,20	2,50	3,20	3,20	3,20
Biegefestigkeit	MN/m^2	350	650	35	400	400	700	250	500	500	700
Weibullmodul	—	>10	20	>20	>10	>10	10	15	>10	>10	20
Elastizitätsmodul	GN/m^2	380	205	13	370	390	430	180	250	300	310
Rißzähigkeit	$MN/m^{3/2}$	4	9	—	5	3	5	2	3	4	5
Poisson - Zahl	—	0,20	0,23	0,22	0,20	0,16	0,16	0,23	0,27	0,26	0,27
Mittl. Spez. Wärme [295-1275 K]	J/kg·K	850	400	880	950	800	1 000	700	680	850	700
Wärmeleitfähigkeit [295 K]	W/m·K	30	2	2	120	90	80	15	20	20	32
Längenausd. Koeff. [295-1275 K]	$10^{-6}/K$	7,8	10	1,5	4,4	4,5	4,6	3,0	3,3	3,3	3,2
Spez. El. Widerstand [295 K]	Ohm·cm	$>10^{11}$	$>10^{8}$	$>10^{11}$	- 5	-10^{3}	-10^{3}	$>10^{14}$	$>10^{8}$	$>10^{8}$	$>10^{8}$
Gehalt an Fremdphase	%	<1	<1,5	<2	<8-16	<1	<1	<2	<10	<10	<10
Max. Anwendungstemperatur	°C	1 750	1 400	1 200	1 400	1 650	1 650	1 400	1 400	1 400	1 400
Offene Porosität	%	0	0	15	0	>1	0	20-8	>2	>2	0

Tab. 1: Übersicht: Eigenschaften ingenieurkeramischer Werkstoffe

Werkstoff / Komponente		Ro CAR Gleitringe	Ro CAR Brenner	Ro SINIT Schweißdüsen	Ro ALTIT Portliner	Ro ALOX Besteckgriffe
Herstellungstechnik		Trockenpressen	Schlickerguß	Spritzguß	Schlickerguß	Strangpressen
Dichte	$[g/cm^3]$	3,07 ± 0,02	2,95 ± 0,05	2,60 ± 0,05	3,15 ± 0,05	3,90 ± 0,05
Biegefestigkeit	$[N/mm^2]$	380 ± 30	270 ± 20	220 ± 20	30 ± 5	370 ± 30
Weibullfaktor		10 ± 2	10 ± 2	18 ± 3	>20	12 ± 2
Elastizitatsmodul	$[N/mm^2]$	$300-350 \times 10^3$	300×10^3	$170-190 \times 10^3$	20×10^3	380×10^3
Warmeleitfahigkeit	[W/mK]	150	150	12 - 14	1 - 2	30
Warmeausdehnungskoeffizient	[1/K]	$4,4 \times 10^{-6}$	$3,5 \times 10^{-6}$	3,0	$0,5-1 \times 10^{-6}$	7,8
Toleranzen as fired	[DIN 7168]	mittel / fein	mittel	mittel	mittel	mittel
Oberflachengute	as fired	$R_a = 4\,\mu m \pm 1,0$	$R_a = 4\,\mu m \pm 1$	$R_a = 1,0-3,0\,\mu m$	$R_a = 1,0\,\mu m$	$R_a = 1,0-2,0\,\mu m$
	geschliffen	$R_a = 0,35\,\mu m \pm 0,1$	—	—	—	—
	geläppt	$R_a = 0,05\,\mu m \pm 0,005$	—	—	—	—
	poliert	$R_a = 0,03\,\mu m \pm 0,005$	—	—	—	—
Produktionsausbeuten	[%]	85 - 95	80	96 - 98	75 - 85	60 - 80

Tab. 2: Werkstoffdaten für Serienfertigung

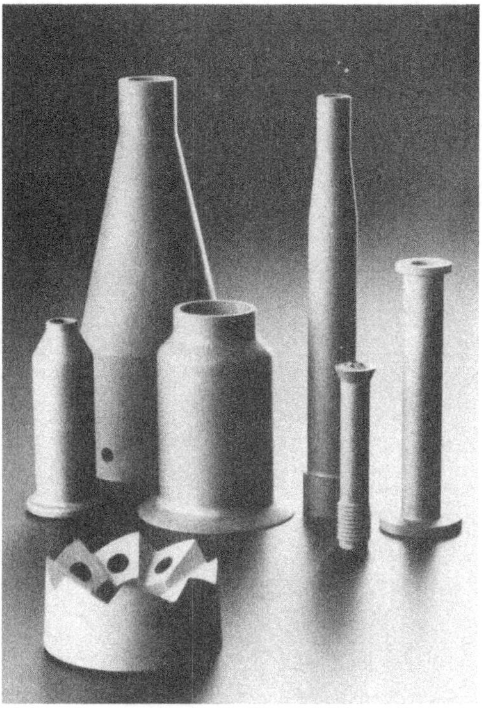

Bild 1: Brennertypen

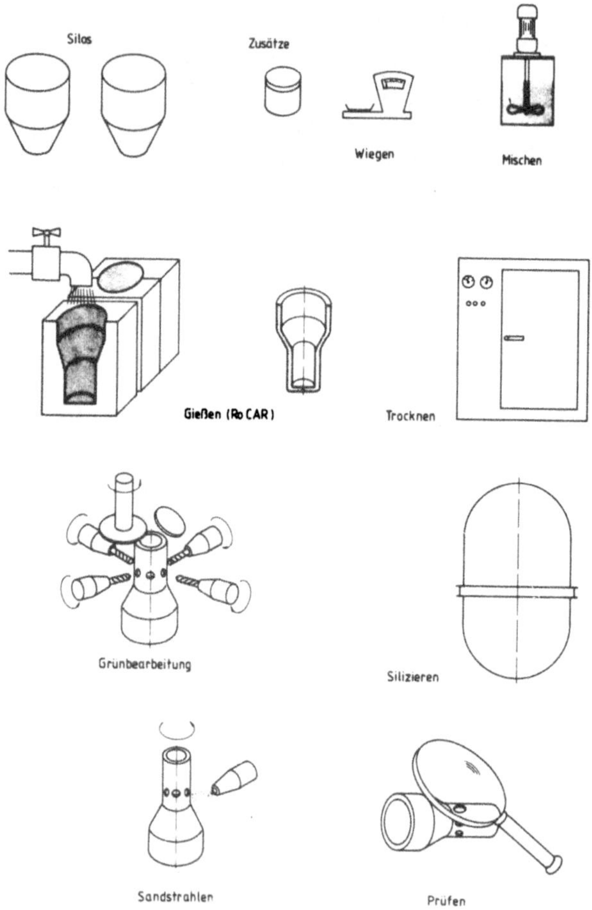

Bild 2: Verfahrenstechnik RoCAR-Schlickerguß

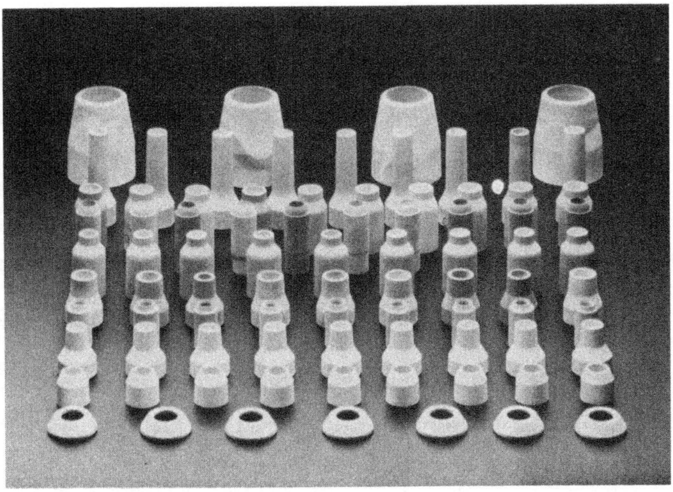

Bild 3: Schweißdüsen

Bild 4: Brenner

Bild 5: Gegenströmer aus Siliciumnitrid

Bild 6: Kreuzstromwärmetauscher aus Siliciumnitrid

Bild 7: Kreuzströmer aus Siliciumcarbid

Bild 8: Verdampfungsbrenner CERAMATIK

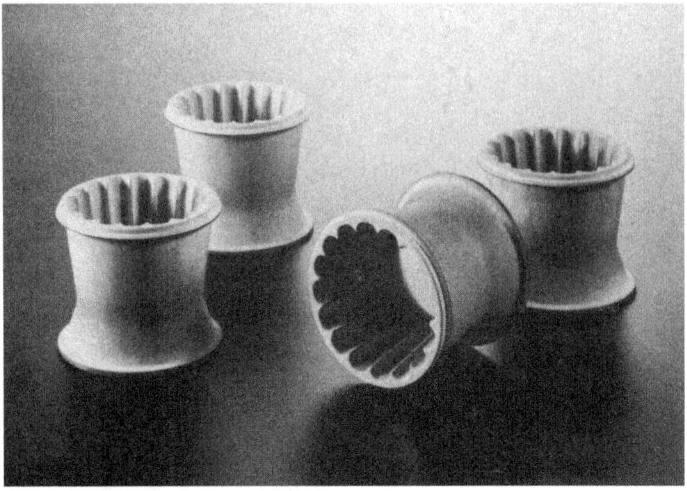

Bild 9: Stufenvergasungsbrenner

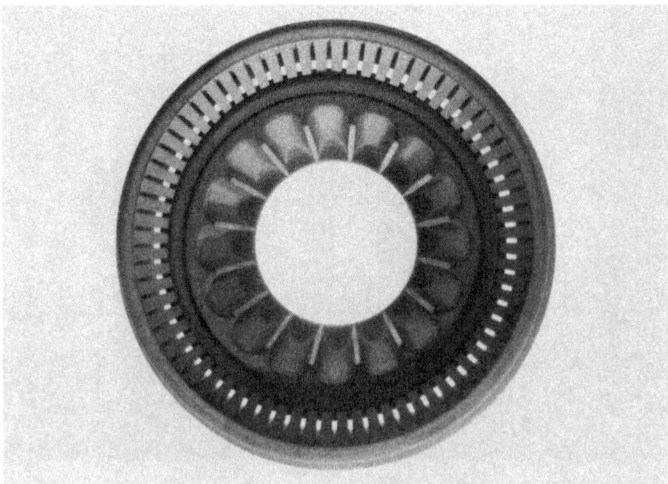

Bild 10: Keramische Brennereinsatze aus Siliciumnitrid

Bild 11: Keramische Komponenten für ein Brennwert-Heizgerät

Bild 12: Gleitringdichtungen für Pumpen

Bild 13: Lager für Pumpen

Bild 14: Bauteile für Armaturen

Bild 15: Gleitringdichtung

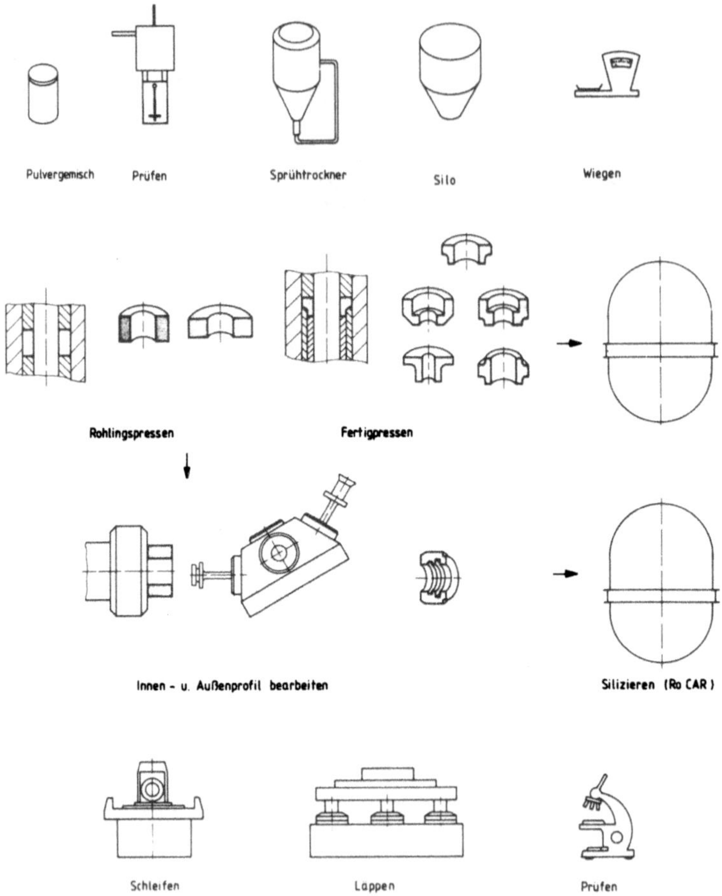

Bild 16: Herstellungstechnik Trockenpressen

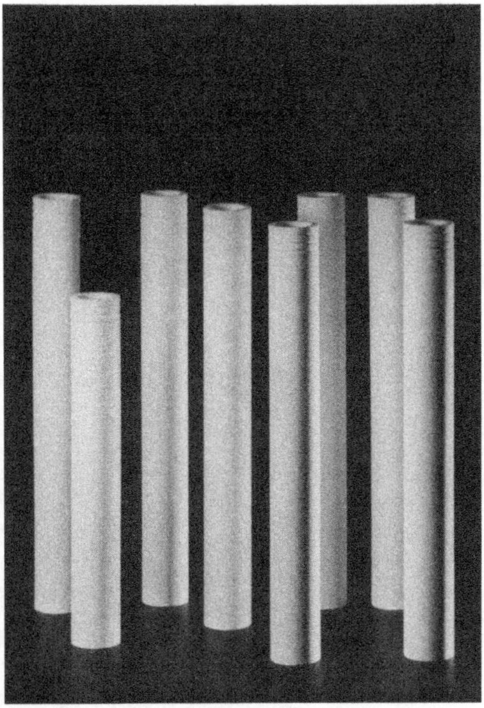

Bild 17: Steigrohre

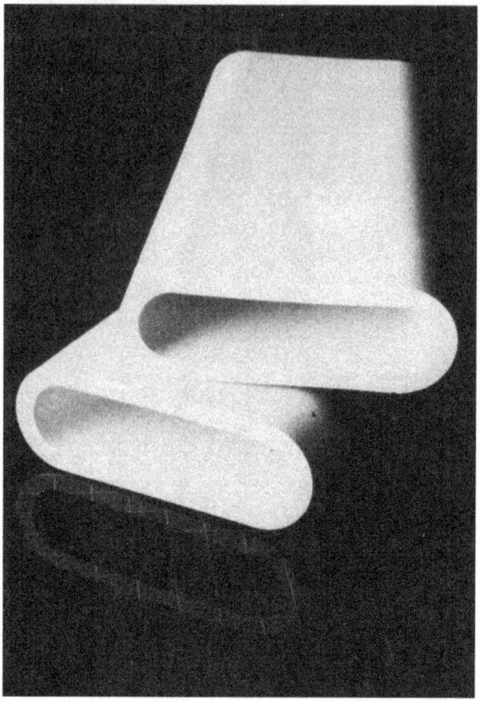

Bild 18: Förderrohre

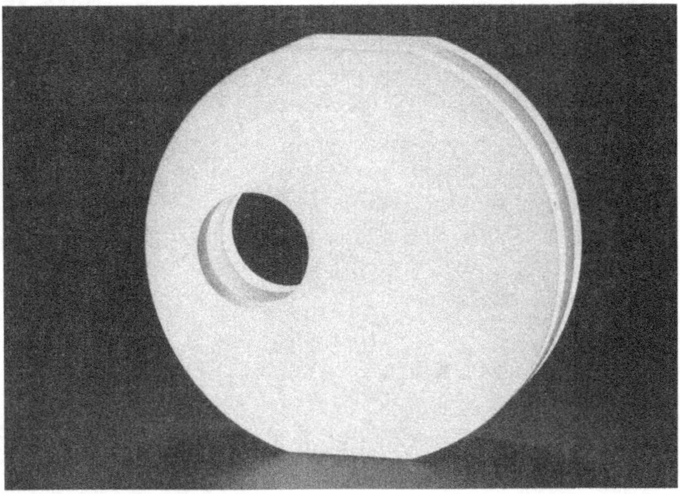

Bild 19. Schieberplatten

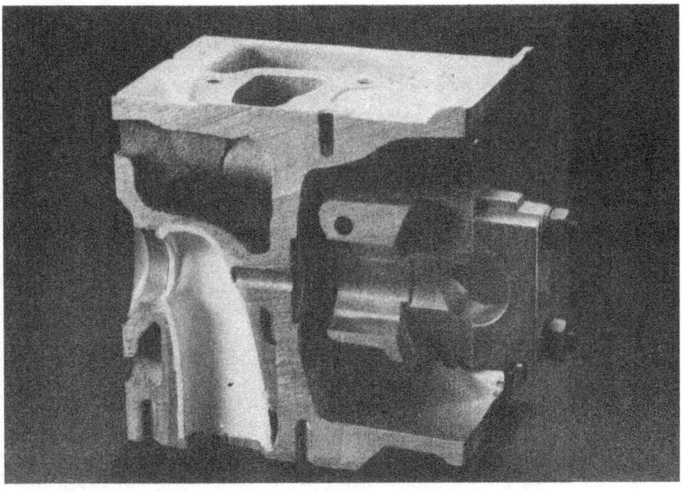

Bild 20: Portliner

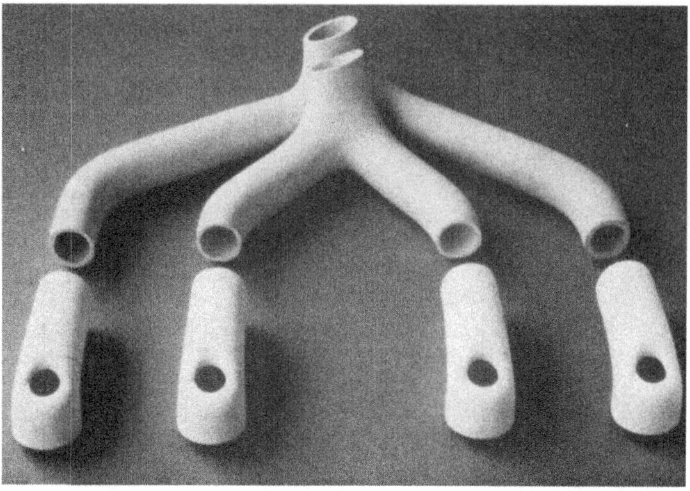

Bild 21: Auskleidung Auspuffkrümmer

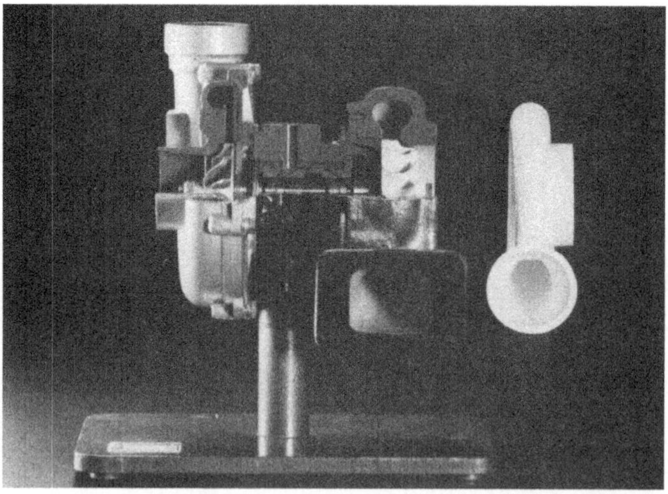

Bild 22: Turboladergehäuse

Bild 23: Kolbenmulde

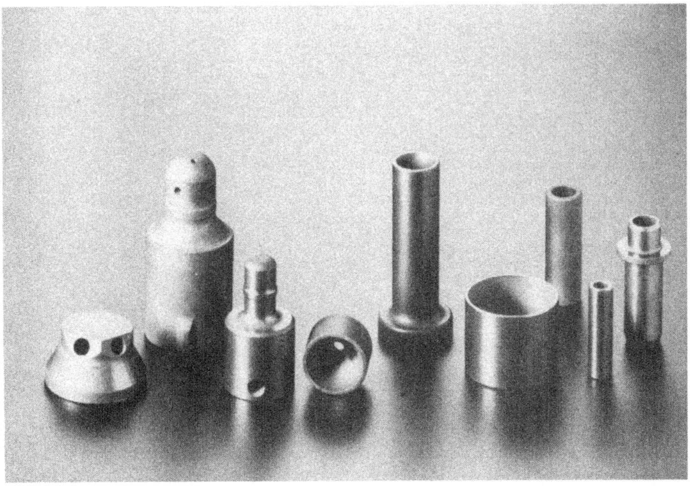

Bild 24: Wirbel- und Vorbrennkammer, Ventilführung, Kolben, Kolbenbolzen

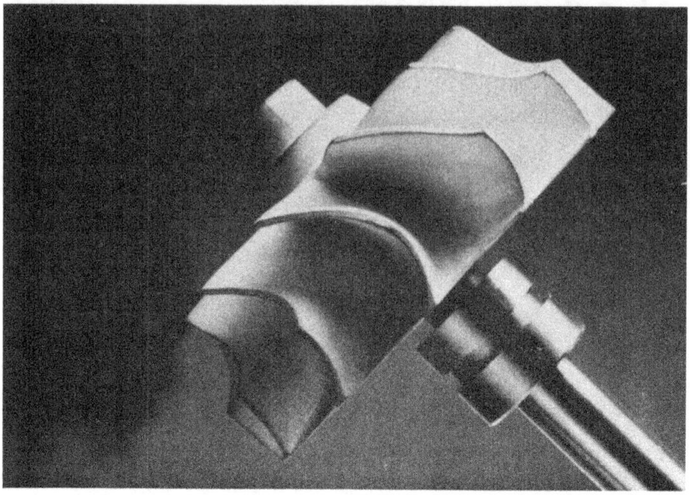

Bild 25: Turboladerrotor

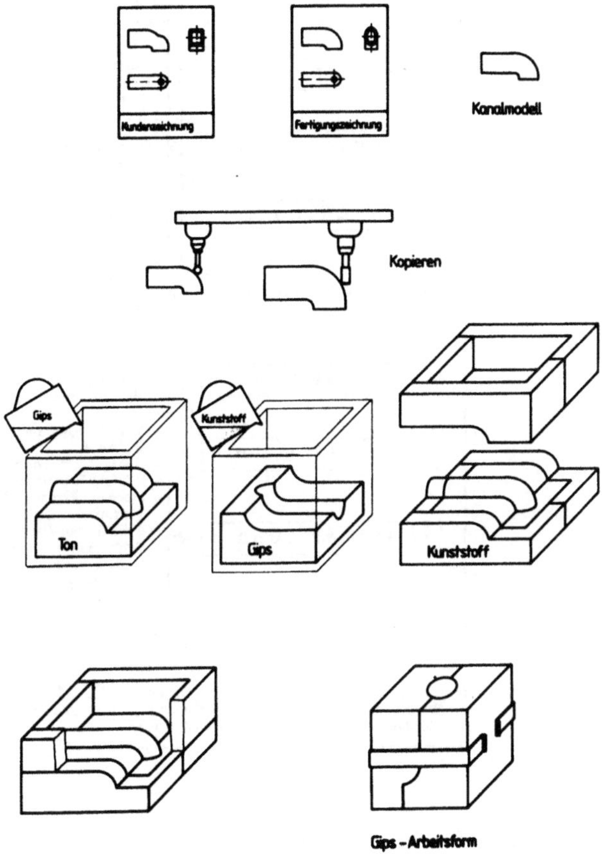

Bild 26: Herstellung der Gipsarbeitsformen

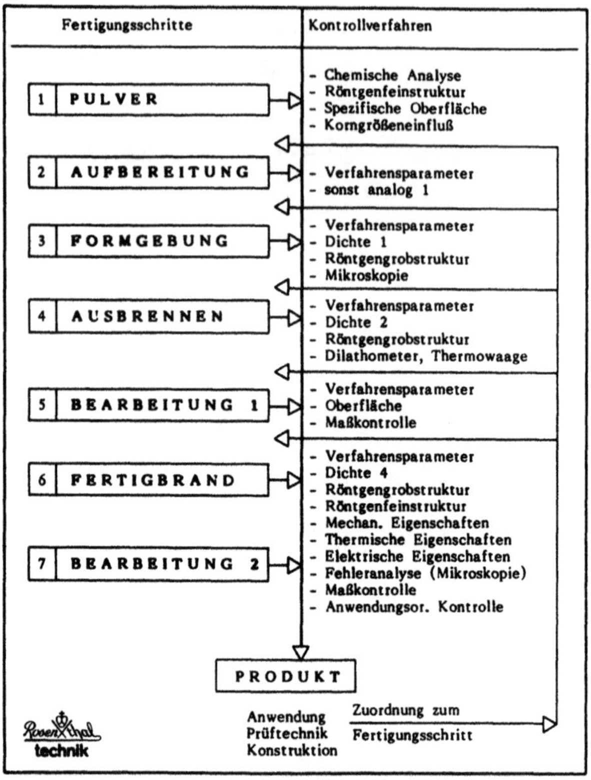

Bild 27: Prozeß- und Kontrollverfahren

Förderungsprogramm

"KERAMISCHE BAUTEILE FÜR FAHRZEUG-GASTURBINEN"

Zusammenfassung - Rückblick - Ausblick

M. Böhmer
DFVLR Deutsche Forschungs- und Versuchsanstalt
für Luft- und Raumfahrt e.V.
Köln-Porz

Meine sehr verehrten Damen und Herren,

Drei Tage Status-Seminar "KERAMISCHE BAUTEILE FÜR FAHRZEUG-GASTURBINEN" haben Ihnen die Abschlußberichte von ca. 25 Vorhaben gegeben und die Ergebnisse aufgezeigt, welche in den vergangenen 9 Jahren innerhalb dieses Programms erreicht wurden. All diese Ergebnisse zu verfolgen ist sicher anstrengend gewesen, wir hoffen jedoch, daß sowohl das Thema an sich als auch die erzielten Ergebnisse für Sie informativ gewesen sind.

Zum Schluß der Tagung möchte ich in meinem Beitrag keine Zusammenfassung aller Ergebnisse bringen, vielmehr sollen einige wenige Punkte herausgegriffen werden, wobei ich versuchen möchte, auch die eine oder andere Frage, welche sich Ihnen im Verlauf der Tagung gestellt hat, anzusprechen und zu beantworten.

Da ist zunächst die etwas provokative Frage nach der 9-jährigen Laufzeit des Programms. 9 Jahre sind sicher für geförderte Vorhaben des BMFT eine lange Laufzeit und, sieht man von Großprojekten der Energie- oder Verkehrstechnik ab, auch stark aus dem Rahmen fallend. Wenn man diese Frage diskutiert, müssen wir uns sicher den Vorwurf gefallen lassen, daß wir alle zu Beginn des Programms die ganze Problematik zu optimistisch gesehen haben. Der Grund ist darin zu sehen, daß die Konstrukteure sich von dem neu angebotenen Werkstoff Siliziumnitrid und später Siliciumcarbid wahre Wunderdinge im Hinblick auf die Realisierung ihres ehrgeizigen Ziels der Kraftfahrzeug-Gasturbine versprochen haben und umgekehrt die Keramiker aufgrund der meisten ihrer bisherigen Produkte nicht mit den harten Anforderungen an Werkstoffeigenschaften und Formgebung, welche vom Gasturbinenbau gestellt werden, gerechnet hatten. So hießen die Schlagworte während der Laufzeit des Projekts für den Konstrukteur das Konstruieren mit dem spröden Werkstoff Keramik und für den Werkstoffhersteller Einhaltung der Festigkeitskennwerte, der Streubreite und der Zuverlässigkeit des hochbeanspruchten Maschinenbaus. Ein Hilfsmittel zur Lösung des Verständigungsproblems zwischen Konstrukteur und Werkstoffhersteller ist unser Arbeitskreis "Strukturmechanik keramischer Bauteile" gewesen, in welchem 2 - 3 mal jährlich Ingenieure und Keramiker zusammengesessen haben, um die angesprochenen Probleme zu diskutieren und Lösungswege zu erarbeiten. Wir, die wir das Projekt über 9 Jahre lang begleitet und beobachtet haben und die täglichen Schwierigkeiten und Probleme sowie die teilweise deprimierenden Rückschläge auf einzelnen Gebieten beobachten konnten, müssen allen Beteiligten unsere Anerkennung aussprechen für das, was innerhalb dieser Zeit erreicht wurde. Wenn Sie alle diese Schwierigkeiten berücksichtigen, welche Sie in den letzten drei Tagen gehört haben, angefangen von der Pulverherstellung und Aufbereitung über die Formgebung bis zum zerstörenden und zerstörungsfreien Prüfverfahren und auf der anderen Seite die Ergebnisse realistisch betrachten, die Bauteile, welche Ihnen in der Ausstellung gezeigt wurden bezüglich ihrer Komplexität und Anforderung sehen und gesehen haben, daß bereits erste keramische Bauteile in Fahrzeugantrieben auf der Straße fahren, so werden Sie mir sicher zustimmen. Betrachten Sie bitte die in Bild 1 dargestellte Verbesserung der mechanischen Eigenschaften der beiden Werkstoffe, mit welchen wir seinerzeit unser Programm begonnen haben, RBSN und HPSN: Innerhalb von 9 Jahren wurden die Festigkeitseigenschaften dieser Werkstoffe um ca. 100 % gesteigert. Aber nicht nur die bekannten Werkstoffe wurden in ihren Eigenschaften verbessert, nein während der Laufzeit des Vorhabens wurden auch völlig neue Wege der Herstellung der Werkstoffe entwickelt, wenn auch teilweise im Ausland, so doch auch mit beachtlichem Erfolg in unserem Programm. Denken Sie an die Einführung des gesinterten Siliciumcarbids, des drucklos gesinterten Siliciumnitrids, des nachgesinterten RBSN sowie des heißisostatischen Pressens und Nachverdichtens von Siliciumnitrid und Siliciumcarbid, alles Verfahren, welche uns für die Zukunft Möglichkeiten und Wege zeigen, kompliziert geformte Bauteile mit für die gewünschte Anwendung ausreichenden Festigkeitseigenschaften herzustellen.

Im Bericht der Projektträgerschaft zu Beginn der Tagung habe ich erwähnt, daß bei Aufstellung des Programms und dem Entschluß zur Förderung der Vorhaben der Gedanke eine große Rolle gespielt hat, daß durch die Entwicklung von Bauteilen für die besonders ehrgeizigen Ziele der Gasturbine der Werkstoff und die notwendigen Formgebungsverfahren soweit entwickelt werden, daß auch eine Reihe anderer Anwendungsgebiete im hochbeanspruchten Maschinenbau erschlossen werden. Beim vorigen Status-Seminar wurde von Ihnen in Diskussionsbeiträgen gefordert, daß wir auch diesen "Spin off" beim abschließenden Status-Seminar präsentieren sollen. Ich hoffe, daß Ihnen die Vorträge dieses Nachmittags und die begleitende Ausstellung einen Eindruck dessen gegeben haben, in welche verschiedenen Anwendungsgebiete und für welche Anforderungen sich die Werkstoffe Siliciumnitrid und Siliciumcarbid bewegen.

Berücksichtigt man alle diese Gesichtspunkte und die zahlreichen erforderlichen Iterationsschritte, so ist eine Förderungs- und Entwicklungszeit von 9 Jahren eher noch knapp bemessen. Gestatten Sie mir an dieser Stelle einen Vergleich: Nach der Erfindung des Werkstoffs Duralumin hat es 10 Jahre gedauert, bis die Konstruktion des ersten aus diesem Werkstoff entwickelten Flugzeugs vorlag. Das Beispiel Duralumin wird immer dafür angeführt, daß durch eine gezielte Entwicklung in sehr kurzer Zeit eine technische Innovation herbeigeführt wurde. Vergleicht man dies jedoch mit unseren Werkstoffen, so muß man betonen, daß die für den metallischen Werkstoff notwendigen Formgebungsverfahren, Verbindungstechniken, Bearbeitungsverfahren und Prüfverfahren im Prinzip vorlagen. Demgegenüber müssen alle diese Schritte bei der Entwicklung keramischer Werkstoffe für hochbeanspruchte Bauteile neu entwickelt werden.

Wo stehen wir heute? Wenn Sie auch heute Nachmittag gehört haben bzw. in der Ausstellung sehen, daß einige Bauteile bereits eine industrielle Anwendung gefunden haben, so muß man dazu einschränkend sagen, daß es sich dabei um Anwendungen handelt, wo eine der besonderen Eigenschaften der Werkstoffe Siliciumnitrid oder Siliciumcarbid ausgenützt wird. Meistens ist es dabei die große Abriebfestigkeit und Härte, denken Sie an Gleitringe, Brennerdüsen, Schweißdüsen oder Schneidwerkzeuge. Wird jedoch eine Kombination mehrerer Eigenschaften gleichzeitig verlangt, so ist der industrielle Masseneinsatz noch nicht unmittelbar zu sehen. Der Werkstoff ist zwar hinsichtlich seiner mechanischen und physikalischen Eigenschaften weitgehend entwickelt, große Probleme gibt es jedoch noch hinsichtlich der Zuverlässigkeit, der Streubreite, der reproduzierbaren Herstellung, kurz der "Serienfähigkeit". Wenn wir in diesem Zusammenhang von Serienfähigkeit sprechen, so darf dies nicht unter ingenieurwissenschaftlichen Gesichtspunkten gesehen werden, wo bei Serienfähigkeit in erster Linie Rationalisierung der Herstellung, Optimierung von Gebrauchseigenschaften sowie Gewichts- und Kosteneinsparungen gesehen werden. Hier muß in der Zukunft all das beachtet werden, was bereits mehrfach angesprochen wurde: ausgehend von der reproduzierbaren Herstellung der Rohstoffe und Aufbereitungsverfahren über dem Bauteil angepaßte Formgebungseigenschaften bis zu den für die Serienfertigung von keramischen Bauteilen unbedingt erforderlichen zerstörungsfreien Prüfverfahren sind noch wichtige Arbeiten erforderlich. Wollen wir dieses Ziel der Serienfertigung erreichen, so sind intensive Anstrengungen erforderlich. Ein solches Ziel kann nicht im kleinen Maßstab erreicht werden, ein großer Personal- und Investitionsaufwand ist notwendig, der nicht von einer einzelnen Industriefirma allein bewältigt werden kann. Konstrukteure und Werkstoffleute müssen weiter und noch intensiver zusammenarbeiten und eine Förderung mit öffentlichen Mitteln würde den Anreiz zur Lösung eines so ehrgeizigen Programmes geben, das für die Wettbewerbsfähigkeit der deutschen Industrie von äußerster Wichtigkeit ist.

Einige dieser Ideen sind bereits in einem neuen Förderprogramm verwirklicht, welches derzeit als Nachfolgeprogramm an das auslaufende Programm "KERAMISCHE BAUTEILE FÜR FAHRZEUG-GASTURBINEN" angelaufen ist. Bild 2 zeigt Ihnen den Titel des neuen Programms, aus welchem klar die Zielrichtung hervorgeht, welche wir uns für die nächsten drei Jahre gesetzt haben: Ausweitung der Werkstoffe auch auf andere hochfeste Keramiken, wie beispielsweise Zirkonoxid und verstärkte Keramiken und Ausweitung auf andere Anwendungen des Werkstoffs nicht nur für die Gasturbine sondern auch im Kolbenmotor und anderen Anwendungen im hochbeanspruchten Maschinenbau. Wenn Sie noch meine Übersicht über die finanzielle Situation des bisherigen Programms aus meiner Einleitung vor

Augen haben, so zeigt Ihnen Bild 3 deutlich, daß die Aufteilung der Mittel sich wieder zugunsten der Keramik-Industrie verschoben hat, d.h. auf Werkstoffseite sind intensive Anstrengungen erforderlich, um die Zuverlässigkeit, Reproduzierbarkeit und letztendlich die Serienfähigkeit der Werkstoffe zu gewährleisten.

Zum Schluß meiner Zusammenfassung darf ich im Namen aller Zuwendungsempfänger dem Bundesministerium für Forschung und Technologie für die Unterstützung unserer Arbeiten danken. Ich möchte Ihnen allen im Namen der Projektträgerschaft und Projektbegleitung sowie der Zuwendungsempfänger für Ihr Interesse an unserem Forschungsprojekt danken und hoffe, daß wir Ihnen neue Ideen mitgeben konnten und Sie hier neue Kontakte haben knüpfen können.

Ich glaube in Ihrem Namen darf ich allen Vortragenden und Diskussionsrednern sowie all denen danken, die die attraktive Ausstellung hier zusammengetragen haben. Ich persönlich bedanke mich bei meinen Mitarbeitern und Kollegen für die Unterstützung bei der Vorbereitung dieses Status-Seminars und wünsche Ihnen zum Abschluß eine gute Heimreise in der Hoffnung, daß wir uns in einigen Jahren auf einem ähnlichen Status-Seminar über unser neues Keramik-Programm wiedersehen werden.

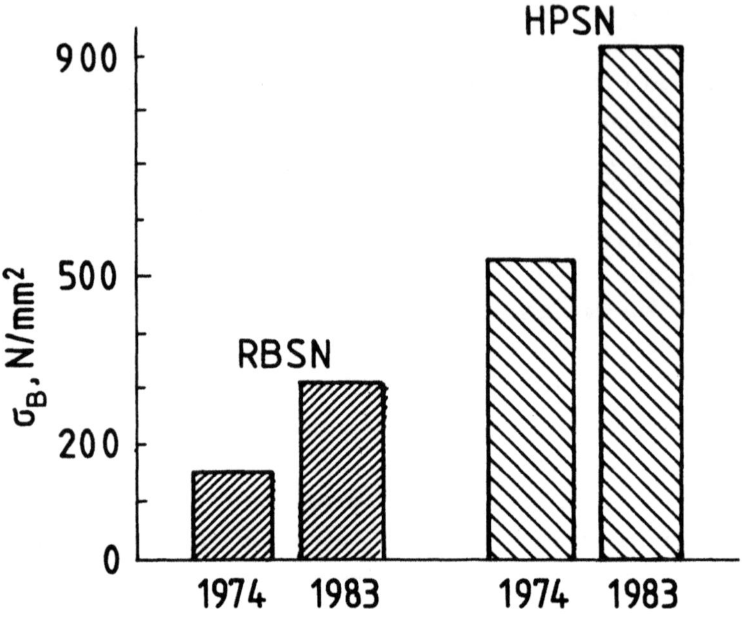

Bild 1

Schematische Darstellung der Verbesserung der 4-Punkt-Biegefestigkeit von reaktionsgesintertem und heißgepreßtem Siliciumnitrid während der Laufzeit des Programms "Keramische Bauteile für Fahrzeug-Gasturbinen"

NEUES BMFT - PROGRAMM
"STRUKTURKERAMIK"

ENTWICKLUNG UND ERPROBUNG VON NICHTMETALLISCHEN ANORGANISCHEN KONSTRUKTIONSWERKSTOFFEN FÜR HOHE MECHANISCHE, THERMISCHE UND KORROSIVE BEANSPRUCHUNGEN IM MASCHINEN- UND APPARATEBAU

Bild 2

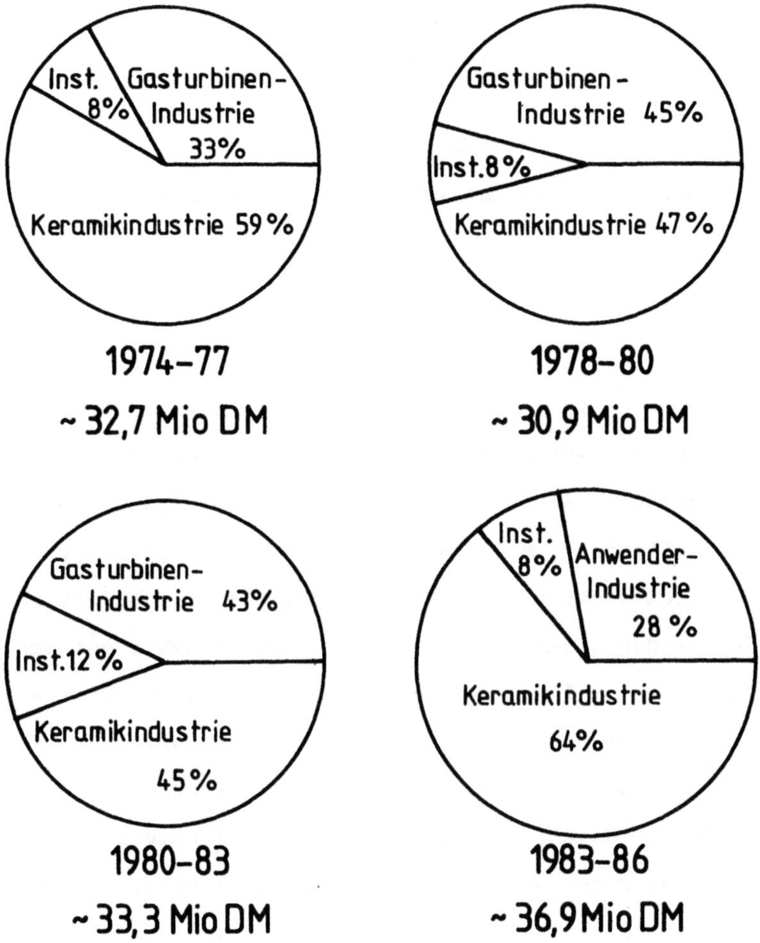

Bild 3
Gesamtmittel im abgelaufenen Programm sowie im neuen Förderprogramm "Strukturkeramik" und ihre Aufteilung auf die verschiedenen Gruppen der Zuwendungsempfänger

SCHLUSSWORT

Dr. Günther Sievers

Bundesministerium für Forschung und Technologie,
Bonn

Das Schlußwort zu einer Veranstaltung sollte im allgemeinen drei Kriterien erfüllen: Es sollte erstens die Ergebnisse zusammenfassen. Ferner sollte etwas darüber gesagt werden, wie es weitergeht und schließlich sollte es möglichst kurz sein. Dabei steht der Wunsch nach der Kürze im Widerspruch zu den beiden anderen Punkten. Wenn dieses heute dennoch möglich ist, so liegt das daran, daß Herr Dr. v. Stackelberg in seinem Eröffnungsreferat ausgeführt hat, welch hohen Stellenwert das Bundesministerium für Forschung und Technologie der Keramikforschung beimißt und auf welchen Gebieten künftig das Schwergewicht bei der Materialforschung liegen soll. Darüber hinaus hat Herr Dr. Böhmer in seinem Referat gerade dargestellt, in welcher Breite sich das Programm über die Gasturbine hinaus in den vergangenen zwölf Monaten entwickelt hat. Ich möchte jedoch in Ergänzung dazu noch zwei Punkte hervorheben:

1. Als ich vor drei Jahren an dieser Stelle die Hoffnung geäußert habe, daß am Ende der 3. Programmphase - also heute - eine funktionsfähige Gasturbine stehen sollte, gab es zu Recht eine Reihe von Zweiflern unter Ihnen. Inzwischen ist aus dieser Hoffnung Realität geworden. In seinem Vortrag am Montag hat Herr Dr. Tiefenbacher diese Maschine vorgestellt; und auch Herr Dr. Langer hat darüber berichtet, daß in seinem Unternehmen keramische Räder unter Betriebsbedingungen 50 Stunden lang getestet wurden, ohne daß Schäden auftraten. Die Turbine hat ihre Funktionsfähigkeit dennoch nachgewiesen, jedoch noch nicht ihre Konkurrenzfähigkeit zum Dieselmotor. Zwar liegen die Kraftstoffverbräuche gar nicht mehr so weit auseinander, das Problem liegt offenbar bei den Herstellungskosten. Ich möchte den etwas spöttischen Ausdruck von der "handgeschnitzten Turbine" dahingehend auslegen, daß es nunmehr an der Zeit ist, die Serienfertigung von Bauteilen konsequent in Angriff zu nehmen. Wenn dieses nicht geschieht, sehe ich die Gefahr, daß wir auf einem Sack mit hervorragenden Forschungsergebnissen sitzen, der irgendwann von anderen geöffnet und dessen Inhalt mit Genuß verwertet wird. In der Sprache der Sportler würde man sagen: Der Athlet, der lange Zeit wie der Sieger aussah, ist auf der Zielgeraden noch abgefangen worden. Dieses darf nicht geschehen, und vor diesem Hintergrund wurde daher auch das Thema "Serienfertigung keramischer Bauteile" in das Programm "Materialforschung" aufgenommen.

2. Ein weiterer Punkt erscheint mir bemerkenswert: Als wir vor ungefähr zehn Jahren mit dem Programm begonnen haben, waren die Bundesrepublik Deutschland und die USA die Vorreiter auf diesem Gebiet. In den folgenden Jahren wuchs das Interesse in anderen Ländern in immer stärkerem Maße, und zur Zeit ist es so, daß in nahezu allen hochentwickelten Industrieländern die Keramikforschung eine sehr hohe Priorität bekommen hat. Das ist sicherlich kein reiner Nachahmereffekt, sondern nach meiner Auffassung hat nicht zuletzt unsere Keramikforschung dazu beigetragen, das große technische Anwendungspotential dieser Werkstoffgruppe zu verdeutlichen. Ich glaube, darauf können Sie zu Recht ein wenig stolz sein. Welches enorme Potential in diesen Werkstoffen steckt, haben die Herren Dr. Krauth, Dr. Lipp und Dr. Eicher in ihren Referaten vorhin sehr klar vorgetragen. Ich möchte dem nichts mehr hinzufügen.

Zum Schluß, meine Damen und Herren spreche ich sicherlich in Ihrem Sinne, wenn ich den Vortragenden und den Diskussionsrednern sehr herzlich für ihre Ausführungen danke. Unser besonderer Dank gilt jedoch Herrn Prof. Bunk, Herrn Dr. Böhmer und Herrn Kißler sowie deren Mitarbeitern für die souveräne Vorbereitung und Abwicklung dieser Veranstaltung.

Ich schließe damit das 3. Status-Seminar "Keramische Bauteile für Fahrzeuggasturbinen" und wünsche Ihnen eine gute Heimfahrt.

Vielen Dank für Ihre Aufmerksamkeit.

Autorenverzeichnis

Arnold, Walter, Dr.
Fraunhofer-Gesellschaft, Institut für zerstörungsfreie Prüfverfahren, Saarbrücken

Berroth, Karl, Dr.
Rosenthal Technik AG, Werksgruppe IV, Selb

Böcker, Wolfgang, Dr.-Ing.
Carborundum Company, Advanced Materials Division, Niagara Falls, New York, USA

Böder, Horst, Dr.rer.nat.
Sigri Elektrographit GmbH, Meitingen

Böhmer, Manfred, Dr.-Ing.
Deutsche Forschungs- und Versuchsanstalt für Luft- und Raumfahrt e.V., Institut für Werkstoff-Forschung, Köln-Porz

Bunk, Wolfgang, Prof. Dr.rer.nat.
Deutsche Forschungs- und Versuchsanstalt für Luft- und Raumfahrt e.V., Institut für Werkstoff-Forschung, Köln-Porz

Cohrt, Henri, Dr.-Ing.
Universität Karlsruhe, Institut für Werkstoffkunde II

Dworak, Ulf, Dr.
Feldmühle AG, Werk Südplastik und -keramik, Plochingen

Eicher, Hugo, Dipl.-Ing. FH
Sigri Elektrographit GmbH, Meitingen

Erz, Marina, Dipl.-Ing.
Technische Universität Clausthal, Lehrstuhl für Glas und Keramik, Institut für Steine und Erden

Ferber, Hermann, Dipl.-Ing. FH
Sigri Elektrographit GmbH, Meitingen

Fingerle, Dieter, Dr.
Feldmühle AG, Werk Südplastik und -keramik, Plochingen

Gerstle, Wilhelm, Dipl.-Ing. FH
Sigri Elektrographit GmbH, Meitingen

Goebbels, Klaus, Dr.
Fraunhofer-Gesellschaft, Institut für zerstörungsfreie Prüfverfahren, Saarbrücken

Grathwohl, Georg, Dr.-Ing.
Universität Karlsruhe, Institut für Werkstoffkunde II

Greil, Peter, Dr.
Max-Planck-Institut für Metallforschung, Institut für Werkstoffwissenschaften, Pulvermetallurgisches Laboratorium, Stuttgart

Grellner, Wolfgang, Dr.
Elektroschmelzwerk Kempten GmbH, Kempten

Gugel, Ernst, Prof. Dr.-Ing.
Cremer-Forschungsinstitut, Rödental

Hagemeister, Klaus, Dipl.-Ing.
Motoren- und Turbinen Union München GmbH, München

Hamminger, Rainer, Dipl.-Ing.
Universität Karlsruhe, Institut für Werkstoffkunde II

Hausner, Hans, Prof. Dr.rer.nat.
TU Berlin, Institut für Nichtmetallische Anorganische Werkstoffe

Heider, Wolfgang, Dipl.-Ing.
Sigri Elektrographit GmbH, Meitingen

Heinrich, Hartmut, Dr.
Volkswagenwerk AG, Wolfsburg

Heinrich, Jürgen, Dr.-Ing.
Deutsche Forschungs- und Versuchsanstalt für Luft- und Raumfahrt e.V., Institut für Werkstoff-Forschung, Köln-Porz

Hennicke, Hans-Walter, Prof. Dr.
Technische Universität Clausthal, Lehrstuhl für Glas und Keramik, Institut für Steine und Erden

Hirsekorn, Sigrun, Dr.
Fraunhofer-Gesellschaft, Institut für zerstörungsfreie Prüfverfahren, Saarbrücken

Hüther, Werner, Dr.-Ing.
Motoren- und Turbinen Union München GmbH, München

Hunold, Klaus, Dr.
Elektroschmelzwerk Kempten GmbH, Kempten

Ilschner, Bernhard, Prof. Dr.
Friedrich-Alexander-Universität Erlangen-Nürnberg, Institut für Werkstoffwissenschaften, Lehrstuhl I: Allgemeine Werkstoffeigenschaften
seit April 1982 Eidgenössische Technische Hochschule Lausanne, Département des Matériaux

Kißler, Hermann, Dipl.-Ing.
Deutsche Forschungs- und Versuchsanstalt für Luft- und Raumfahrt e.V., Institut für Werkstoff-Forschung, Köln-Porz

Kleer, Günther, Dr.-Ing.
Fraunhofer-Institut für Werkstoffmechanik, Freiburg

Knoch, Heiner, Dr.
Elektroschmelzwerk Kempten GmbH, Kempten

Krauth, Axel, Dr.
Rosenthal Technik AG, Werksgruppe IV, Selb

Kříž, Karel, Dr.-Ing.
Friedrich-Alexander-Universität Erlangen-Nürnberg, Institut für Werkstoffwissenschaften, Lehrstuhl I: Allgemeine Werkstoffeigenschaften
seit März 1983 Fichtel & Sachs AG, Schweinfurt

Landfermann, Heide, Dipl.-Ing.
TU Berlin, Institut für Nichtmetallische Anorganische Werkstoffe

Langel, Günter, Dipl.-Ing.
Motoren- und Turbinen Union München GmbH, München

Langer, Manfred, Dipl.-Ing.
Volkswagenwerk AG, Wolfsburg

Leimer, Gerhard, Dr.-Ing.
Annawerk Keramische Betriebe GmbH, Röental

Lipp, Alfred, Dr.
Elektroschmelzwerk Kempten GmbH, München

Lorenz, Josef, Dr.-Ing.
Max-Planck-Institut für Metallforschung, Institut für Werkstoffwissenschaften, Pulvermetallurgisches Laboratorium, Stuttgart

Mörgenthaler, Klaus, Dr.-Ing.
Daimler-Benz AG, Stuttgart

Munz, Dietrich, Prof. Dr.
Universität Karlsruhe, Institut für Zuverlässigkeit und Schadenskunde im Maschinenbau

Nink, Horst, Dipl.-Ing. FH
Rosenthal Technik AG, Werksgruppe IV, Selb

Olapinski, Hans, Dr.
Feldmühle AG, Werk Südplastik und -keramik, Plochingen

Peitzsch, Reinhard, Dipl.-Ing.
TU Berlin, Institut für Nichtmetallische Anorganische Werkstoffe

Petzow, Günter, Prof. Dr.
Max-Planck-Institut für Metallforschung, Institut für Werkstoffwissenschaften, Pulvermetallurgisches Laboratorium, Stuttgart

Pfeiffer-Vollmar, Hans-Wulf, Dipl.-Ing.
Fraunhofer-Institut für Werkstoffmechanik, Freiburg

Porz, Franz, Dr.-Ing.
Institut für Material- und Festkörperforschung des Kernforschungszentrums Karlsruhe

Reinmuth, Klaus, Dr.
Elektroschmelzwerk Kempten GmbH, Kempten

Reiter, Holger, Dr.
Fraunhofer-Gesellschaft, Institut für zerstörungsfreie Prüfverfahren, Saarbrücken

Richter, Herbert, Dr.-Ing.
Fraunhofer-Institut für Werkstoffmechanik, Freiburg

Rosenfelder, Ottmar, Dipl.-Ing.
Universität Karlsruhe, Institut für Zuverlässigkeit und Schadenskunde im Maschinenbau

Schwetz, Karl, Dr.
Elektroschmelzwerk Kempten GmbH, Kempten

Schwier, Gerd, Dr.
Hermann C. Starck Berlin, Werk Goslar

Siebels, Johann, Dipl.-Geophys.
Volkswagenwerk AG, Wolfsburg

Sievers, Günther, Dr.-Ing. Regierungsdirektor
Bundesministerium für Forschung und Technologie, Bonn

Stackelberg von, Wolfhart, Dr.rer.nat., Ministerialrat
Bundesministerium für Forschung und Technologie, Bonn

Thümmler, Fritz, Prof. Dr.-Ing.
Universität Karlsruhe, Institut für Werkstoffkunde II, Institut für Material- und Festkörperforschung des Kernforschungszentrums Karlsruhe

Tiefenbacher, Eberhard, Dipl.-Ing.
Daimler-Benz AG, Stuttgart

Weißkopf, Karl Ludwig, Dipl.-Ing.
Max-Planck-Institut für Metallforschung, Institut für Werkstoffwissenschaften, Pulvermetallurgisches Laboratorium, Stuttgart

Wötting, Gerhard, Dr.-Ing.
Deutsche Forschungs- und Versuchsanstalt für Luft- und Raumfahrt e.V., Institut für Werkstoff-Forschung, Köln- Porz

Zippel, Manfred, Dipl.-Ing.
Universität Stuttgart, Institut für Luftfahrtantriebe